Excel VBA
逆引き辞典パーフェクト

田中 亨 著

本書内容に関するお問い合わせについて

このたびは翔泳社の書籍をお買い上げいただき、誠にありがとうございます。弊社では、読者の皆様からのお問い合わせに適切に対応させていただくため、以下のガイドラインへのご協力をお願い致しております。下記項目をお読みいただき、手順に従ってお問い合わせください。

●ご質問される前に

弊社Webサイトの「正誤表」をご参照ください。これまでに判明した正誤や追加情報を掲載しています。

正誤表　http://www.shoeisha.co.jp/book/errata/

●ご質問方法

弊社Webサイトの「刊行物Q&A」をご利用ください。

刊行物Q&A　http://www.shoeisha.co.jp/book/qa/

インターネットをご利用でない場合は、FAXまたは郵便にて、下記"翔泳社 愛読者サービスセンター"までお問い合わせください。
電話でのご質問は、お受けしておりません。

●回答について

回答は、ご質問いただいた手段によってご返事申し上げます。ご質問の内容によっては、回答に数日ないしはそれ以上の期間を要する場合があります。

●ご質問に際してのご注意

本書の対象を越えるもの、記述個所を特定されないもの、また読者固有の環境に起因するご質問等にはお答えできませんので、予めご了承ください。

●郵便物送付先およびFAX番号

送付先住所　〒160-0006　東京都新宿区舟町５
FAX番号　03-5362-3818
宛先　（株）翔泳社 愛読者サービスセンター

※本書に記載されたURL等は予告なく変更される場合があります。
※本書の出版にあたっては正確な記述につとめましたが、著者や出版社などのいずれも、本書の内容に対してなんらかの保証をするものではなく、内容やサンプルに基づくいかなる運用結果に関してもいっさいの責任を負いません。
※本書に掲載されているサンプルプログラムやスクリプト、および実行結果を記した画面イメージなどは、特定の設定に基づいた環境にて再現される一例です。

はじめに

これから"クラウド"の時代になると、Excelの使われ方が変わります。Excelユーザーは、大きく「見る人」と「作る人」に分かれるでしょう。クラウドが目指す世界は、外出先などでも自由にデータを扱える環境です。そこでは、ラップトップパソコンだけでなく、タブレットや、スマートフォンも使われます。当然、そうした機器で、長い数式や複雑なマクロを作成したり、細かいグラフを作るのは難しいです。となれば、誰かがそれらの資料を作り、サーバーにアップしなければなりません。それが「作る人」です。

企業のサーバーには"ビッグデータ"が蓄積されます。そこから、必要なデータだけを抽出し、求められる形式に加工するには、Excelの持つポテンシャルを最大限に発揮しなければなりません。当然、VBAでの加工や編集も求められます。そう、これからの時代は、ますますVBAが活躍すると言っても過言ではありません。

VBAを自在に扱うには、何よりも基礎を学習することが必須です。何ごとも基本が分からなかったら、思うような結果を得ることは難しいでしょう。しかし、実務は基本だけで達成できるほど簡単ではありません。しかも実務は、時間がありません。短時間で求められる成果を出さなければならないのです。そんなとき、きっと本書があなたの仕事を強力にサポートしてくれることでしょう。

本書は、セルやシートの操作などExcelの基本に加えて、条件分岐や配列などプログラミング的なテクニックも詳細に解説しています。さらに、インターネットには書かれていないような知識や技術も満載です。本書を片手に、Excelのポテンシャルを120%引き出してください。末筆になりますが、本書の執筆機会を与えてくださった、翔泳社の秦和宏さんに、心より感謝を申し上げます。

2016年7月　筆者

本書の読み方

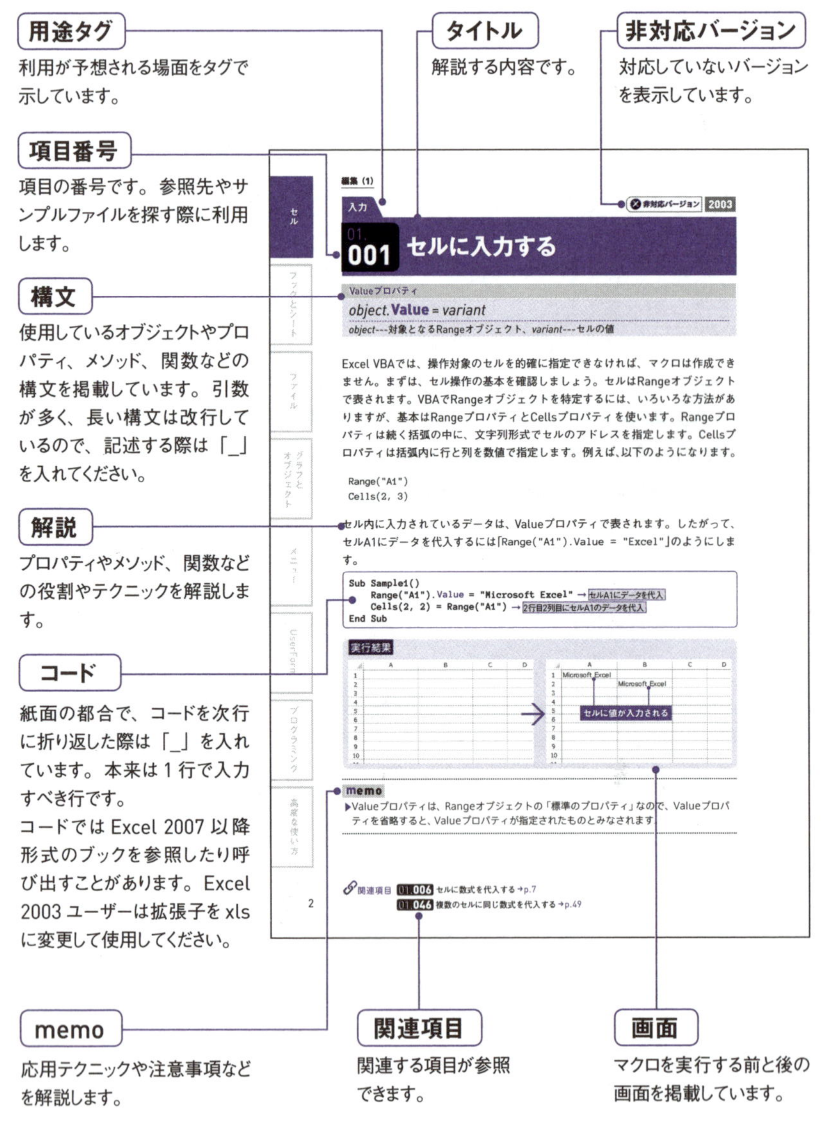

用途タグ

利用が予想される場面をタグで示しています。

タイトル

解説する内容です。

非対応バージョン

対応していないバージョンを表示しています。

項目番号

項目の番号です。参照先やサンプルファイルを探す際に利用します。

構文

使用しているオブジェクトやプロパティ、メソッド、関数などの構文を掲載しています。引数が多く、長い構文は改行しているので、記述する際は「_」を入れてください。

解説

プロパティやメソッド、関数などの役割やテクニックを解説します。

コード

紙面の都合で、コードを次行に折り返した際は「_」を入れています。本来は1行で入力すべき行です。
コードではExcel 2007以降形式のブックを参照したり呼び出すことがあります。Excel 2003ユーザーは拡張子をxlsに変更して使用してください。

memo

応用テクニックや注意事項などを解説します。

関連項目

関連する項目が参照できます。

画面

マクロを実行する前と後の画面を掲載しています。

注意事項

本書に掲載されているコードは、Excel 2016 / 2013 / 2010 / 2007 / 2003にて動作を確認しています。

ただし、MsgBoxやダイアログボックスなどは、Windowsのバージョンによって、デザインなどが異なる場合があります。

また、Windowsの機能を利用するようなコードは、Windowsのバージョンによっては実行できなかったり、異なる結果になる場合があります。

サンプルファイルについて

本書の解説で使用しているデータを、サンプルとしてダウンロードすることができます。以下の URL にアクセスしてください。

http://www.shoeisha.co.jp/book/download/

- 本書のマクロ（コード）は、イベントなど特別なマクロを除いて、標準モジュールに記述してください
- サンプルファイルの中には Excel のファイルやテキストファイルなどを用意しなければ実行できないものがあります。あらかじめファイルを用意してから実行してください。
- サンプルファイルの中には、データの書き換え、Excel の動作環境の変更を行っているものもあります。実行前に動作内容を理解し、個人の責任において実行してください。
- サンプルファイルは十分なテストを行っておりますが、すべての環境での動作を保証するものではありません。
- Excel 2007 以降では従来（Excel 2003）のファイル形式に加えて、新しいファイル形式がサポートされるようになり、こちらがデフォルトで使われるようになりました。ファイル形式は「xlsx」「xlsm」に変わっています。Microsoft は、Excel 2003 ユーザー向けに互換機能パックを提供しています。下記の URL からインストールしてください（※互換機能パックの詳細やシステム要件は、Web サイトで必ず確認してください）。
  https://www.microsoft.com/ja-JP/download/details.aspx?id=3
  インストール後、サンプルファイルを開くと、ファイル形式が変換され、表示されます。Excel 2007 以降の新機能が追加されたファイルは正しく変換できないため、読み取り専用として表示されます。サンプルファイルを実行する際は、変換されたファイルを xls 形式で保存してから使用してください。

Contents

第 1 章　セルの操作　1

第5章 メニューの操作 453

第6章 UserFormの操作 469

第7章 プログラミング 525

第 8 章 高度な使い方 597

第1章

セルの操作

入力

01. 001 セルに入力する

Valueプロパティ

object.**Value** = *variant*

object---対象となるRangeオブジェクト、*variant*---セルの値

Excel VBAでは、操作対象のセルを的確に指定できなければ、マクロは作成できません。まずは、セル操作の基本を確認しましょう。セルはRangeオブジェクトで表されます。VBAでRangeオブジェクトを特定するには、いろいろな方法がありますが、基本はRangeプロパティとCellsプロパティを使います。Rangeプロパティは続く括弧の中に、文字列形式でセルのアドレスを指定します。Cellsプロパティは括弧内に行と列を数値で指定します。例えば､以下のようになります。

```
Range("A1")
Cells(2, 3)
```

セル内に入力されているデータは、Valueプロパティで表されます。したがって、セルA1にデータを代入するには｢Range("A1").Value = "Excel"｣のようにします。

```
Sub Sample1()
    Range("A1").Value = "Microsoft Excel" → セルA1にデータを代入
    Cells(2, 2) = Range("A1") → 2行目2列目にセルA1のデータを代入
End Sub
```

実行結果

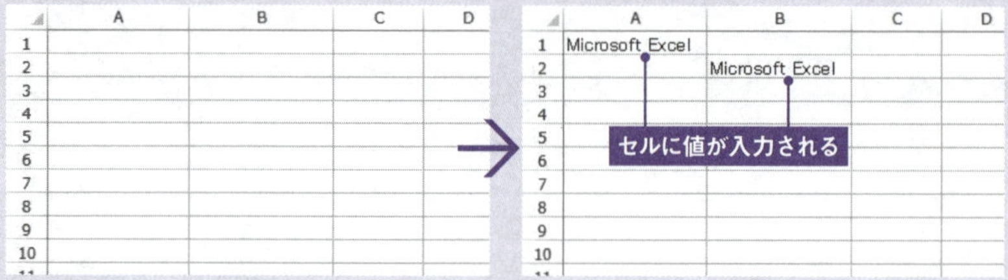

	A	B	C	D
1				
2				
3				
4				
5				
6				
7				
8				
9				
10				

→

	A	B	C	D
1	Microsoft Excel			
2		Microsoft Excel		
3				
4				
5				
6				
7				
8				
9				
10				

セルに値が入力される

memo

▶Valueプロパティは、Rangeオブジェクトの「標準のプロパティ」なので、Valueプロパティを省略すると、Valueプロパティが指定されたものとみなされます。

関連項目 01.006 セルに数式を代入する→p.7
01.046 複数のセルに同じ数式を代入する→p.49

取得

01.002 セルのデータを取得する

Valueプロパティ、Textプロパティ

object.**Value**、*object*.**Text**

object---対象となるRangeオブジェクト

セル(Rangeオブジェクト)に入力されているデータは、Valueプロパティで表されます。したがって、セルのデータを取得するとき、一般的にはValueプロパティを使います。セルに入力されているデータを取得する場合はそれでいいのですが、もし、セルに表示形式が設定されていて、セルに表示されている状態を知りたいときは、Valueプロパティではいけません。そんなときは、Textプロパティを使います。Textプロパティは、セルに表示されている文字列を返すプロパティです。表示形式が反映された結果を取得することができます。

```
Sub Sample2()
    MsgBox Range("A1").Value  → セルA1のデータをMsgBoxに表示
    MsgBox Range("A1").Text   → セルA1のデータの状態をMsgBoxに表示
End Sub
```

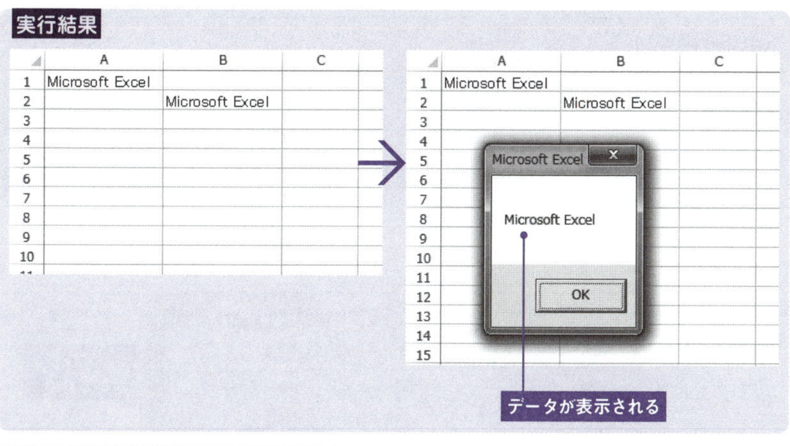

memo

▶Textプロパティは、読み取り専用です。Textプロパティに任意の値を設定することはできないので注意してください。

関連項目 01.003 セルのシリアル値を取得する→p.4

シリアル値／取得

01.003 セルのシリアル値を取得する

Value2プロパティ

object.**Value2**

object---対象となるRangeオブジェクト

セルに入力されているデータはValueプロパティで取得できます。では、セルに日付が入力されている場合はどうでしょう。セルに日付を入力すると、そのセルには「シリアル値」という特別な数値が入力されます。シリアル値は、1900年1月1日を「1」とし、以降1日で1ずつ増加する連続した数値です。例えば、2010年8月16日のシリアル値は「40406」です。セルに日付を入力すると、実際には、セルにこのシリアル値（連続した数値）が入力されます。ただし、同時にExcelが日付の表示形式を設定するので、ユーザーはシリアル値の存在を意識することはありません。では、VBAで、セルに入力されているシリアル値を取得するにはどうしたらいいでしょう。Valueプロパティでは「2010/8/16」のような形式が返ってきます。こんなときは、Value2プロパティを使いましょう。Value2プロパティは、セルに入力されているシリアル値を返すプロパティです。

```
Sub Sample3()
    MsgBox Range("A2").Value
    MsgBox Range("A2").Value2 → セルA2の日付のシリアル値をMsgBoxに表示
End Sub
```

実行結果

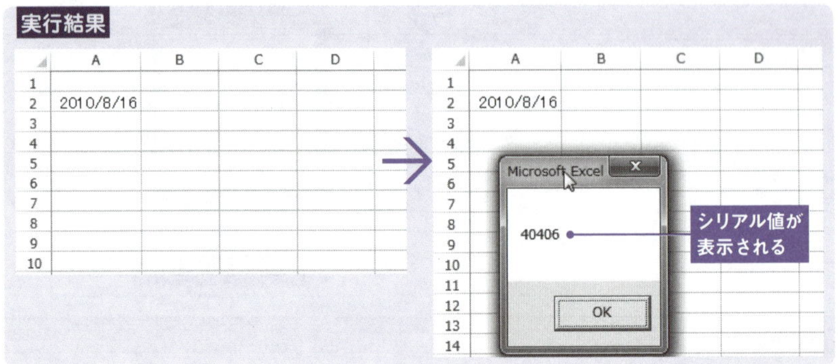

関連項目 01.002 セルのデータを取得する→p.3

コピー

01.004 セルをコピーする

Copyメソッド

object.**Copy** Destination:=*object*

object---対象となるRangeオブジェクト

セルのコピーをマクロ記録すると、次のようなコードが記録されます。

```
Range("A1").Select
Selection.Copy
Range("B1").Select
ActiveSheet.Paste
```

実際の操作がこのように記録されることから、セルをコピーするときは、この4行が必要だと勘違いしているユーザーがとても多いようです。マクロ記録は、実際に行った操作を忠実に記録してくれますが、決して最適化されたコードを生成するわけではありません。マクロ記録によって、Copyメソッドが、セルをコピーする命令だとわかったら、ヘルプを見てみましょう。ヘルプには「Copyメソッドには、貼り付け先を指定できる」と書いてあります。それが、引数Destionationです。セルのコピーは1行で済みますし、直接貼り付け先を指定できるので、アクティブシートがひんぱんに切り替わることもありません。実行速度が速く、ソースコードも短くなる……と、良いことずくめです。

```
Sub Sample4()
    Range("A1").Copy Destination:=Range("B1") → セルA1をセルB1にコピー
End Sub
```

実行結果

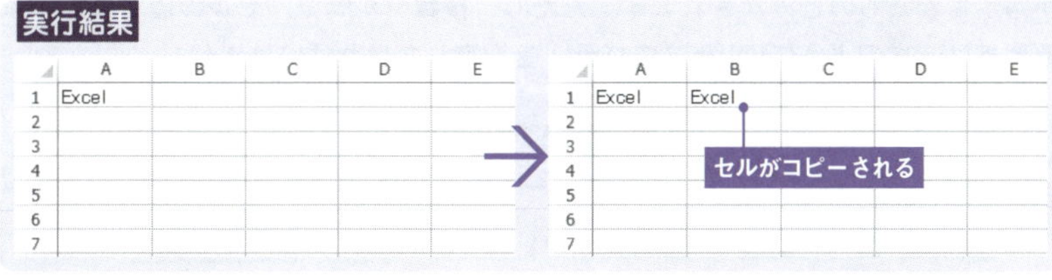

memo

▶Copyメソッドの引数はDestionationの1つだけなので、引数名を省略して

```
Range("A1").Copy Range("B1")
```

と書くこともできます。セルのコピーは、実に簡単ですね。

関連項目 01.005 セルの値だけをコピーする→p.6
01.017 セルの書式をコピーする→p.18

コピー

01.005 セルの値だけをコピーする

Valueプロパティ

object.**Value** = *object*.**Value**

object---対象となるRangeオブジェクト

セルをコピーするにはCopyメソッドを使います。Copyメソッドを使うと、セルに入力されているデータだけではなく、セルに設定した書式や表示形式なども一緒にコピーされます。書式や表示形式は必要なく、セル内のデータだけを別のセルに代入したいときは、どうしたらいいでしょう。Excelには「形式を選択して貼り付け」という機能があります。この中の「値だけを貼り付ける」というオプションを使う手もあります。これには、PasteSpecialメソッドを使います。ちなみに、次のようにします。

```
Selection.Copy
Range("B1").Select
Selection.PasteSpecial Paste:=xlPasteValues, _
Operation:=xlNone, SkipBlanks:=False, Transpose:=False
```

上記はマクロ記録で生成されたコードですが、引数が多くて煩雑です。実は、発想を変えると、もっと簡単な方法でセルの値だけをコピーできます。セルの値だけをコピーするということは、要するに、セルの値を別のセルに代入するわけです。それなら、「Range("B1") = Range("A1")」のようなシンプルな方法で実現できます。
セル(Rangeオブジェクト)は、Valueプロパティを省略するとValueプロパティが指定されたものとみなされます。ただし、複数セル間で、セルの値をコピーするときは、次のようにValueプロパティを指定しなければいけません。

```
Range("B1:B3").Value = Range("A1:A3").Value
```

```
Sub Sample5()
    Range("B1").Value = Range("A1").Value → セルA1の値をセルB1にコピー
End Sub
```

実行結果

	A	B	C	D	E
1	Excel				
2					
3					

→

	A	B	C	D	E
1	Excel	Excel			
2					
3					

セルの値だけがコピーされる

関連項目 01.004 セルをコピーする→p.5
01.017 セルの書式をコピーする→p.18

数式／代入

01.006 セルに数式を代入する

Formulaプロパティ

object.**Formula** = *objform*

object---対象となるRangeオブジェクト、*objform*---A1形式の数式

セルに数式を代入する操作をマクロ記録すると、次のようなコードが生成されます。

```
Selection.FormulaR1C1 = "=SUM(R[-3]C:R[-1]C)"
```

これは、アクティブセルをセルA4に置いて「=SUM(A1:A3)」という数式を代入したところです。生成されたコードでは、見慣れない「=SUM(R[-3]C:R[-1]C)」という数式が記録されています。代入しているプロパティは「R1C1形式」の数式を受け取るFormulaR1C1プロパティです。これは、行と列を相対的な位置関係で表すR1C1形式の数式です。Excelは標準で、セルの位置を、A列、B列、2行目、3行目……など固定された位置で管理する「A1形式」が適用されていますが、オプションでR1C1形式に切り替えることも可能です。
数式の代入をマクロ記録すると、このようにR1C1形式が記録されることから、マクロによる数式の代入はR1C1形式でないといけないと誤解しているユーザーが多いようです。しかし、そんなことはありません。マクロで数式を代入したいのであれば、いつも使い慣れているA1形式の数式を、セルに代入すればいいのです。代入するプロパティは、Valueプロパティでかまいません。Excelは、先頭が「=」で始まる文字列は、すべて数式である、と認識してくれるので、正しく数式が入力されます。

```
Sub Sample6()
    Range("A4") = "=SUM(A1:A3)"  → セルA4に数式を代入する
End Sub
```

実行結果

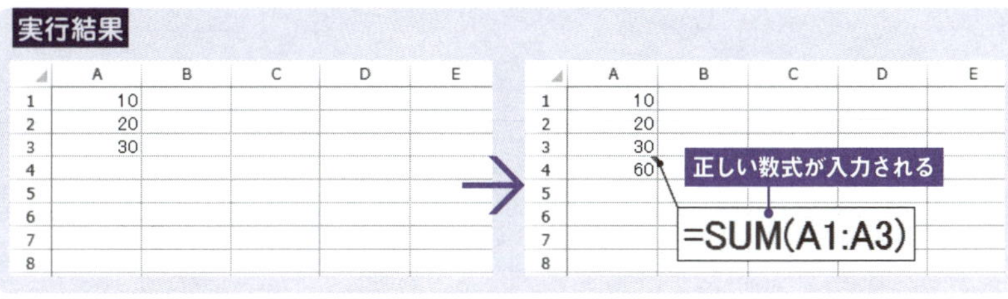

数式／取得

01.007 セルの数式を取得する

Formulaプロパティ

object.**Formula** = *objform*

object---対象となるRangeオブジェクト、*objform*---A1形式の数式

セルに数式を代入するときは「=」で始まる数式を、セルのValueプロパティに代入します。Excelでは、「=」で始まる文字列は、すべて数式として認識してくれます。では、セルに入力されている数式を取得するにはどうしたらいいでしょう。Valueプロパティは、セルに入力されているデータを表すプロパティですが、セルに数式が入力されている場合は、数式の計算結果を返します。セルに入力されている数式は、Formulaプロパティで取得できます。もし、セルに数式が入力されていないとき、Formulaプロパティは、セルに入力されている値を返します。

```
Sub Sample7()
    Dim buf As String
    buf = ActiveCell.Formula
    If InStr(buf, "A1:A3") > 0 Then → アクティブセルの数式に「A1:A3」という文字列が含まれている場合
        ActiveCell.Formula = Replace(buf, "A1:A3", "B1:B3") → 「A1:A3」を「B1:B3」に置換
    End If
End Sub
```

実行結果

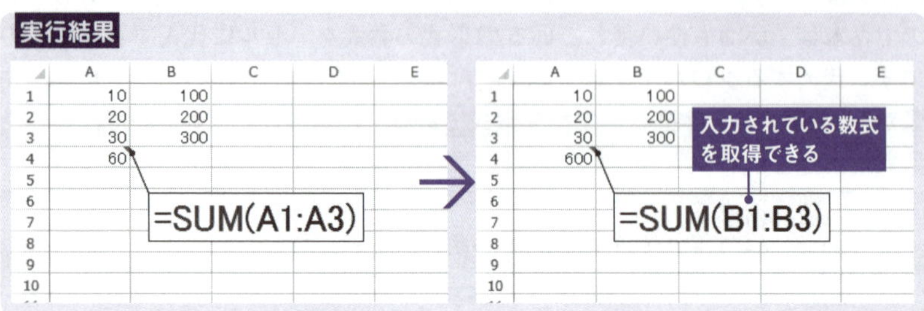

関連項目
01.006 セルに数式を代入する→p.7
01.034 ワークシート関数を使う→p.36
01.047 ワークシート関数を入力する→p.50

表示形式

01.008 セルに表示形式を設定する

NumberFormatLocalプロパティ

object.**NumberFormatLocal** = *string*

object---対象となるRangeオブジェクト、*string*---表示形式

セルに表示形式を設定するには、セル(Rangeオブジェクト)のNumberFormatLocalプロパティに、書式記号を設定します。書式記号とは、[セルの書式設定]ダイアログボックスの[表示形式]タブでユーザー定義書式を定義するときに使用する記号です。例えば、セルA1に数値が入力されているとして、これに「¥1,234」のような、¥記号と3桁カンマを設定するには、

```
Range("A1").NumberFormatLocal = "¥#,###"
```

とします。

```
Sub Sample8()
    Range("A1").NumberFormatLocal = "¥#,###" → セルA1に¥記号と3桁カンマの表示形式を設定
End Sub
```

実行結果

	A	B	C	D	E
1	1234				
2					
3					
4					
5					
6					
7					
8					
9					
10					

→

	A	B	C	D	E
1	¥1,234				
2					
3					
4					
5					
6					
7					
8					
9					
10					

「¥」が日本語の円記号として設定される

memo

▶セルの表示形式を表すプロパティには、NumberFormatとNumberFormatLocalの2つがあります。NumberFormatプロパティは、多国語言語のExcelでも同じように動作するプロパティです。一方のNumberFormatLocalプロパティは、現在マクロを作成している言語に依存するプロパティです。上記の「¥」は、日本では「円」を表す記号ですが、他の言語では別の意味に使われているかもしれません。そこで、「¥」を日本語の円記号として使うときは、NumberFormatLocalプロパティを使います。

関連項目 01.036 3桁カンマ区切りの表示形式を設定する→p.38

シート／選択

01.009 別シートのセルを選択する

Gotoメソッド

object.**Goto** *Reference*

object---対象となるApplicationオブジェクト、*Reference*---移動先のRangeオブジェクト

アクティブシートではないセルを、いきなりSelectプロパティやActivateプロパティで選択しようとするとエラーになります。

```
Sheets("Sheet2").Range("A1").Select     'エラー
```

この原因は、セルをSelectやActivateするときは、選択したいセルがアクティブシートでなければいけないためです。したがって、次のように2行で書けば問題はありません。

```
Sheets("Sheet2").Select
Range("A1").Select
```

しかし、SelectプロパティやActivateプロパティではない命令を使えば、アクティブではないシートのセルを、いきなり選択することもできます。その命令は、ApplicationオブジェクトのGotoメソッドです。Gotoメソッドは、SelectやActivateと同じように、アクティブセルを移動する働きをしますが、アクティブシートではないセルを指定することも可能です。

```
Sub Sample9()
    Application.Goto Sheets("Sheet2").Range("A1:A3")  → Sheet2のセルA1:A3を選択
End Sub
```

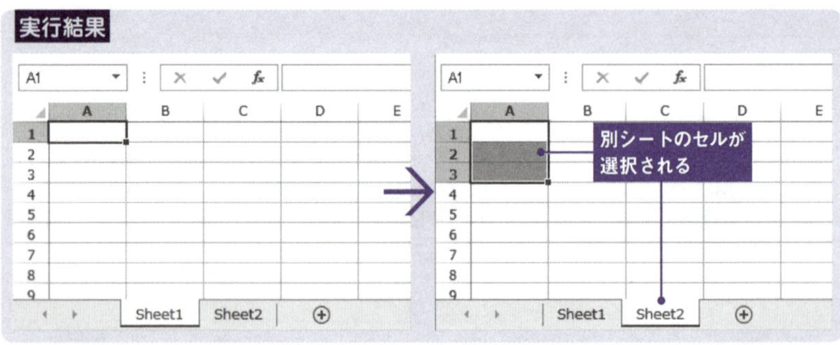

関連項目 01.062 アクティブシートではない別シートのセルを選択する→p.65

結合セル

01.010 結合セルを操作する

Mergeメソッド、MergeAreaプロパティ、MergeCellsプロパティ、UnMergeメソッド

object.**Merge**、*object*.**MergeArea**
object.**MergeCells**、*object*.**UnMerge**

object---対象となるRangeオブジェクト

セルを結合するには、結合したいセル範囲に対してMergeメソッドを実行します。セルの結合を解除するときは、UnMergeメソッドを実行します。結合を解除するときは、結合されているセル範囲全体を指定する必要はなく、結合しているセルのうち、どれか1つに対してUnMergeメソッドを実行することで結合を解除できます。
任意のセルが結合されているかどうかは、MergeCellsプロパティで判定できます。MergeCellsは、そのセルが結合されている(結合セルの一部である)ときは、Trueを返します。また、結合されているセル範囲の大きさは、MergeAreaプロパティでわかります。

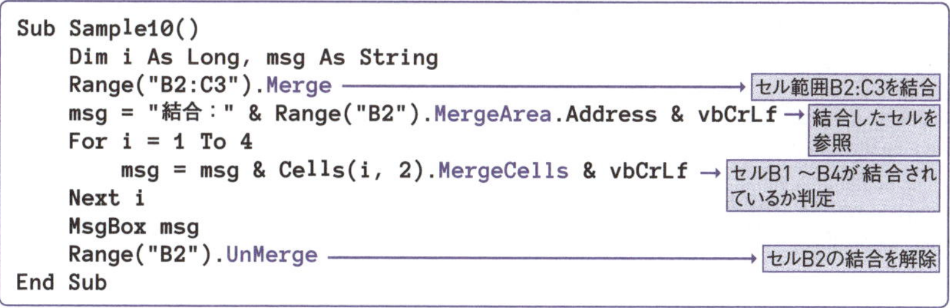

```
Sub Sample10()
    Dim i As Long, msg As String
    Range("B2:C3").Merge                                    → セル範囲B2:C3を結合
    msg = "結合：" & Range("B2").MergeArea.Address & vbCrLf → 結合したセルを参照
    For i = 1 To 4
        msg = msg & Cells(i, 2).MergeCells & vbCrLf        → セルB1～B4が結合されているか判定
    Next i
    MsgBox msg
    Range("B2").UnMerge                                     → セルB2の結合を解除
End Sub
```

実行結果

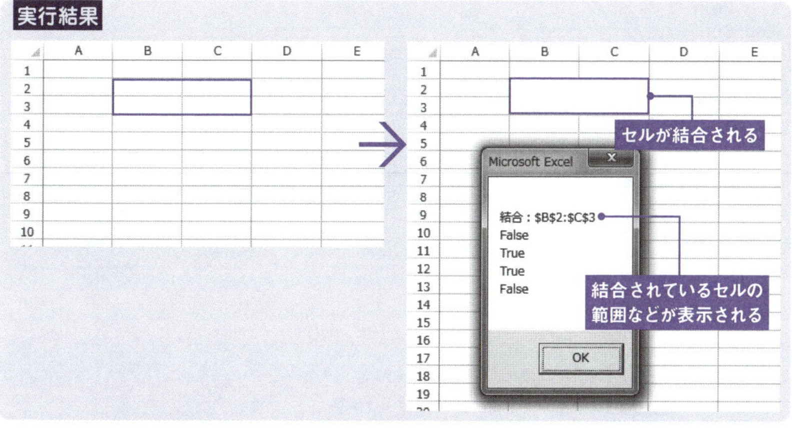

関連項目 01.193 選択範囲の大きさを変更する→p.201

数値

01.011 セルが数値かどうか判定する

IsNumeric関数

IsNumeric(*Expression*)

Expression---調べる変数や式

セルに入力されているデータが数値かどうかを判定するには、IsNumeric関数を使います。IsNumeric関数は、引数が数値のときTrueを返します。下の画面では、A列に次のデータが入力されています。

A1	数値
A2	文字列
A3	日付（シリアル値）
A4	時刻（シリアル値）
A5	数式（=IF(A1>100,"Big","Small")）

セルA1の数値がTrueとなるのは当然ですが、セルA3の日付がFalseと判定されることに留意してください。日付の実体はシリアル値という連続した数値です。しかし、そのセルに日付の表示形式が設定されていると、IsNumericは（純粋な）数値ではないと判定します。一方、同じシリアル値であっても、セルに時刻の表示形式が設定されているときは、IsNumeric関数がTrueを返します。セルに数式が入力されている場合は、数式の計算結果が数値かどうかで判定されます。

```
Sub Sample11()
    Dim i As Long
    For i = 1 To 5
        If IsNumeric(Cells(i, 1)) Then
            Cells(i, 2) = True
        Else
            Cells(i, 2) = False
        End If
    Next i
End Sub
```

セルA1 ～A5のデータが数値であるかを判定

実行結果

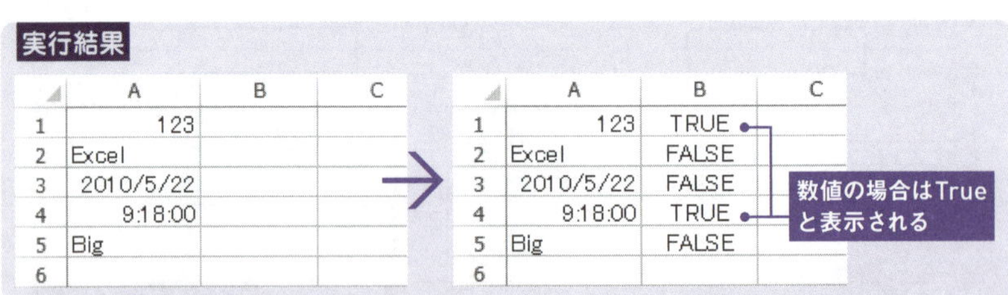

関連項目
01.012 セルが日付かどうか判定する→p.13
01.013 セルが文字列かどうか判定する→p.14
01.027 セルに＃＃＃が表示されているかどうかを判定する→p.29
01.040 セルが範囲内にあるかどうか判定する→p.43

日付

01.012 セルが日付かどうか判定する

IsDate関数

IsDate (*Expression*)

Expression---調べる変数や式

セルに入力されているデータが日付かどうかを判定するには、IsDate関数を使います。IsDate関数は、引数が日付のときTrueを返します。下の画面では、A列に次のデータが入力されています。

A1	数値
A2	日付(シリアル値)
A3	時刻(シリアル値)
A4	数式(=IF(A1>100,"2010/5/22",""))
A5	数式(=DATE(2010,5,22))

Excelでは日付や時間をシリアル値という連続した数値で管理していますが、セルに日付の表示形式が設定されていないと、それは数値と認識されて、IsDate関数がFalseを返します。

DATE関数など、日付を返す数式の計算結果もTrueを返しますが、「=IF(A1>100,"2010/5/22","")」のように、文字列形式の日付を返す数式であっても、その結果が日付と解釈できる場合は、IsDate関数がTrueを返します。ただし、同じシリアル値であっても、時刻の表示形式が設定されていると、IsDate関数がFalseを返すので留意してください。

```
Sub Sample12()
    Dim i As Long
    For i = 1 To 5
        If IsDate(Cells(i, 1)) Then
            Cells(i, 2) = True
        Else
            Cells(i, 2) = False
        End If
    Next i
End Sub
```

セルA1～A5のデータが日付であるかを判定

実行結果

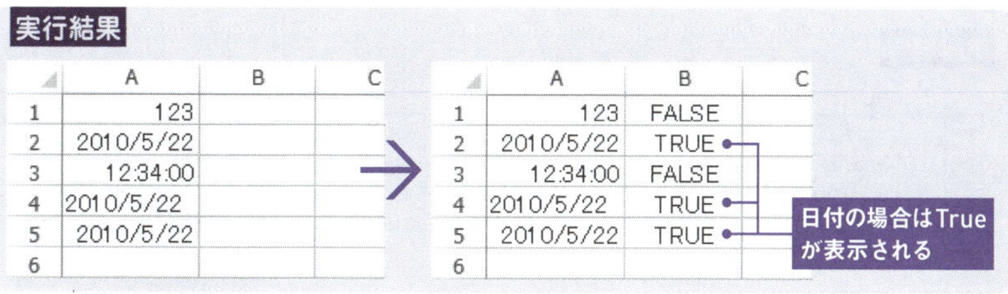

関連項目
01.011 セルが数値かどうか判定する→p.12
01.013 セルが文字列かどうか判定する→p.14
01.027 セルに###が表示されているかどうかを判定する→p.29
01.040 セルが範囲内にあるかどうか判定する→p.43

文字列

01.013 セルが文字列かどうか判定する

TypeName関数

TypeName(*varname*)

varname---対象となるバリアント型変数

セルが数値かどうかを判定するにはIsNumeric関数を使います。また、セルが日付かどうかはIsDate関数で判定できます。では、セルが文字列かどうかを判定するにはどうしたらいいでしょう。文字列かどうかを判定するIsString関数などは、VBAにはありません。そんなときは、TypeName関数を使うと便利です。

TypeName関数は、どんな値でも格納できるバリアント型変数に現在格納されているデータの形式を調べる関数です。このTypeName関数にセルの値を渡すと、その形式を判別することが可能です。下の画面では、A列に次のデータが入力されています。

A1	数値
A2	日付(シリアル値)
A3	時刻(シリアル値)
A4	文字列
A5	数式のエラー(=1/0)

セルのデータが数式のときは、Doubleという文字列を返します。セルのデータがシリアル値の場合は、日付の表示形式が設定されているとDate、時刻の表示形式が設定されているとDoubleを返します。セルのデータが文字列のときは、Stringを返すので、これでセルが文字列かどうかを判定可能です。また、セルの数式がエラーになっていると、TypeName関数はErrorを返します。

```
Sub Sample13()
    Dim i As Long
    For i = 1 To 5
        Cells(i, 2) = TypeName(Cells(i, 1).Value)
    Next i
End Sub
```

セルA1～A5のデータが文字列であるかを判定

実行結果

	A	B
1	123	
2	2010/5/22	
3	9:30:00	
4	Excel	
5	#DIV/0!	
6		

→

	A	B	C	D	E
1	123	Double			
2	2010/5/22	Date			
3	9:30:00	Double			
4	Excel	String			
5	#DIV/0!	Error			
6					

数値の場合はDouble、シリアル値はDate、時刻の表示形式はDouble、文字列はString、エラーはErrorが表示される

関連項目
01.011 セルが数値かどうか判定する→p.12
01.027 セルに＃＃＃が表示されているかどうかを判定する→p.29
01.040 セルが範囲内にあるかどうか判定する→p.43

フリガナ

01.014 セルにフリガナを設定する

SetPhoneticメソッド、Charactersプロパティ、PhoneticCharactersプロパティ

object.**SetPhonetic**
object.**Characters**(*Start*, *Length*).**PhoneticCharacters**

object---対象となるRangeオブジェクト、*Start*---指定文字の開始位置
Length---参照する文字数

Excelにはセルの文字列にフリガナを設定できます。このフリガナには、セルに文字列を入力するとき、キーボードから入力した漢字変換前の読みが設定されます。したがって、他のアプリケーションからコピーした文字列や、マクロで代入した文字列などには、フリガナが設定されません。
セルの文字列にフリガナを設定するには、SetPhoneticメソッドを使います。SetPhoneticは、セル内に入力されている漢字に対して、最も標準的な読みと思われるフリガナを自動的に設定します。この読みは、MS-IMEの辞書から調べます。ただし、使われる辞書は、ユーザーが変換した結果を学習する一般的な辞書ではなく、MS-IMEが内部で使用する隠し辞書です。学習は反映されません。
SetPhoneticはセル内の文字列に対して、一括で標準的な読みをフリガナに設定する便利な機能ですが、文字単位に任意のフリガナを設定することも可能です。そのときは、Charactersプロパティを使って「何文字目から何文字分」と文字列を指定し、PhoneticCharactersプロパティに任意のフリガナを指定します。例えば「1文字目から2文字分」の文字列に対して「スガノ」というフリガナを設定するにはサンプルの5行目のようにします。

```
Sub Sample14()
    Range("A1") = "田中"
    Range("A2") = "菅野"
    Range("A1").SetPhonetic → セルA1のデータのフリガナを設定
    Range("A2").Characters(1, 2).PhoneticCharacters = "スガノ"
End Sub                    セルA2の1文字目から2文字分の文字列に対してフリガナを設定
```

実行結果

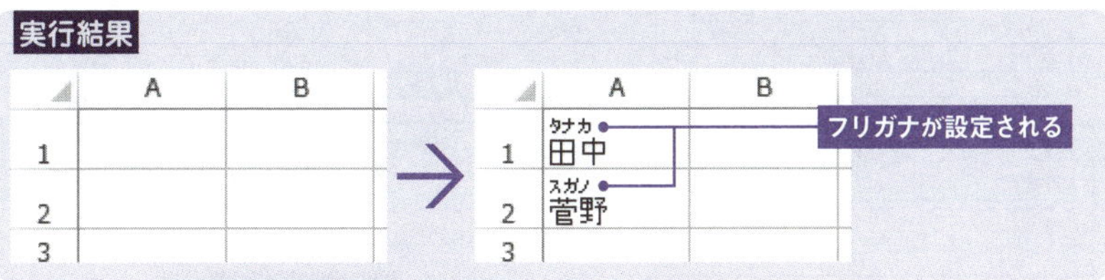

関連項目
01.067 セルのフリガナを取得する（1）→p.71
01.068 セルのフリガナを取得する（2）→p.72
01.072 セルにフリガナを表示／非表示に設定する→p.76

削除

01.015 行や列全体を削除する

Deleteメソッド、EntireRowプロパティ

object.**Delete**、*object*.**EntireRow.Delete**

object---対象となるRangeオブジェクト

行全体を削除するにはどうしたらいいでしょう。わからないときはマクロ記録です。ここでは、6～8行目を削除するとします。まず、行番号6～8をドラッグして、6～8行目全体を選択します。その状態で右クリックして[削除]を実行します。これで6～8行目全体が削除できました。記録されるのは次のようなコードです。

```
Rows("6:8").Select
Selection.Delete Shift:=xlUp
```

まとめると「Rows("6:8").Delete」となりますね。削除したあとシフトする方向を指定している引数Shiftは省略しました。引数Shiftを省略すると、Excelが最も適切と判断した方向にシフトしてくれます。さて、このコードを使って任意の行を削除するには、「Rows("6:8").Delete」の「"6:8"」を変更します。しかし、このように行の番号で指定するのではなく、ふだん使い慣れているRangeやCellsを使って、削除することも可能です。それには、EntireRowプロパティを使います。EntireRowプロパティは「Range("A1").EntireRow」のように使って「セルA1を含む行全体」を表します。

```
Sub Sample15()
    Rows("6:8").Delete → 6行目から8行目を削除
    Range("A6:A8").EntireRow.Delete → セル範囲A6:A8を削除
End Sub
```

実行結果

	A	B	C	D	E
1		4月	5月	6月	
2	田中	760	685	487	
3	山下	843	676	516	
4	鈴木	756	935	637	
5	山本	631	410	173	
6	山田	644	131	349	
7	森	596	275	577	
8	黒沢	870	941	489	
9	原田	283	239	133	
10	小笠原	451	399	793	
11	三井	271	697	799	
12	佐藤	732	934	989	
13	土屋	345	716	741	

→

	A	B	C	D	E
1		4月	5月	6月	
2	田中	760	685	487	
3	山下	843	676	516	
4	鈴木	756	935	637	
5	山本	631	410	173	
6	佐藤	732	934	989	
7	土屋	345	716	741	
8					
9					

行が削除される

関連項目
01.059 特定のセルの行を削除する→p.62
01.060 空白セルの行を削除する→p.63

クリア

01.016 セルのデータをクリアする

ClearContentsメソッド

***object*.ClearContents**

object---対象となるRangeオブジェクト

セルに設定した書式はそのまま残し、入力したデータだけをクリアするのは簡単です。マクロ記録すればわかるように、ClearContentsメソッドを使います。ちなみに、ClearFormatsメソッドはセルに設定されている書式だけをクリアし、Clearメソッドは書式とデータの両方をクリアします。このように、セルのデータだけをクリアするにはClearContentsメソッドを使えばいいのですが、実はもっと簡単な方法があります。それは「Range("A2") = ""」のように、セルに空欄("")を代入します。セルのデータをクリアするということは、セル内が空欄になるということなので、空欄("")を代入するのとClearContentsは同じ結果になります。

```
Sub Sample16()
    Range("A2:A7").ClearContents → セル範囲A2:A7をクリア
    Range("B2:D7") = "" → セル範囲B2:D7に空欄を代入
End Sub
```

実行結果

	A	B	C	D	E
1		4月	5月	6月	
2	田中	760	685	487	
3	山下	843	676	516	
4	鈴木	756	935	637	
5	山本	631	410	173	
6	佐藤	732	934	989	
7	土屋	345	716	741	
8					

↓

	A	B	C	D	E
1		4月	5月	6月	
2					
3					
4					
5					
6					
7					
8					

入力したデータのみが削除される

関連項目 01.001 セルに入力する→p.2

書式／コピー

01.017 セルの書式をコピーする

PasteSpecialメソッド、NumberFormatプロパティ

object.**PasteSpecial**
object.**NumberFormat** = *object*.**NumberFormat**

object---対象となるRangeオブジェクト

セルに¥記号や3桁カンマなどの表示形式が設定されていたとします。この表示形式を別のセルにコピーする方法を考えてみましょう。まず思いつくのは「形式を選択して貼り付け」の「書式」によるコピーです。マクロ記録すると次のようなコードが生成されます。

```
Range("B1").PasteSpecial Paste:=xlPasteFormats
```

PasteSpecialメソッドは、形式を選択して貼り付けを実行する命令です。なお、ここでは「書式」以外の引数は割愛しました。
もちろん、この方法で表示形式をコピーすることができますが、実はもっと簡単な方法もあります。それは、表示形式を表すNumberFormatプロパティを代入する方法です。NumberFormatプロパティは取得も設定も可能です。したがって、セルA2のNumberFormatプロパティを、セルB2に代入すれば、それは表示形式をコピーしたのと同じ結果になります。

```
Sub Sample17()
    Range("A1").Copy
    Range("B1").PasteSpecial Paste:=xlPasteFormats
    Application.CutCopyMode = False
    Range("B2").NumberFormat = Range("A2").NumberFormat
End Sub
```

セルA1の書式をセルB1にコピー

セルA2の書式をセルB2にコピー

実行結果

	A	B	C
1	¥1,234	6789	
2	5月3日	2010/8/22	
3			
4			
5			
6			

→

	A	B	C
1	¥1,234	¥6,789	
2	5月3日	8月22日	
3			
4			
5			
6			

セルの書式がコピーされる

関連項目 01.004 セルをコピーする→p.5
01.005 セルの値だけをコピーする→p.6

罫線

01.018 セルに格子罫線を引く

Bordersプロパティ、LineStyleプロパティ

object.**Borders.LineStyle** = xlContinuous

object---対象となるRangeオブジェクト

セルに罫線を引く操作をマクロ記録すると、目を疑うほど膨大なコードが生成されます。たかが罫線を引くだけなのに、どうして大量のコードが必要なのでしょう。セルの罫線は、手動で設定するときにわかるように、セルの4辺を別々に設定できます。また、複数のセル範囲を対象にする場合は、セル範囲の外枠と内側が区別されます。さらに、セル内には2種類の斜め罫線を引くことができます。このように、セルの罫線は多くのパーツから構成されているので、マクロ記録ではそのすべてが設定されたものとして記録されてしまうのです。

セルの罫線はBorderオブジェクトで表され、その集合体がBordersコレクションです。例えばセルの右側罫線は「Borders(xlEdgeRight)」のように指定します。このBordersコレクションは、括弧内で「どの罫線であるか」を指定しないと、セルの4辺の罫線を返すという特徴があります。したがって、セルに格子の罫線を引くのなら、次の1行で済みます。

```
Range("A2:C4").Borders.LineStyle = xlContinuous
```

罫線の設定には

- LineStyleプロパティ：罫線の種類
- Weightプロパティ：罫線の太さ
- ColorIndexプロパティ：罫線の色

を設定できますが、このうち必ず設定しなければならないのはLineStyleプロパティだけです。標準の太さと標準の色で罫線を引くのなら、設定を省略できます。

```
Sub Sample18()
    Range("A2:C4").Borders.LineStyle = xlContinuous → セル範囲A2:C4に格子罫線を設定
End Sub
```

実行結果

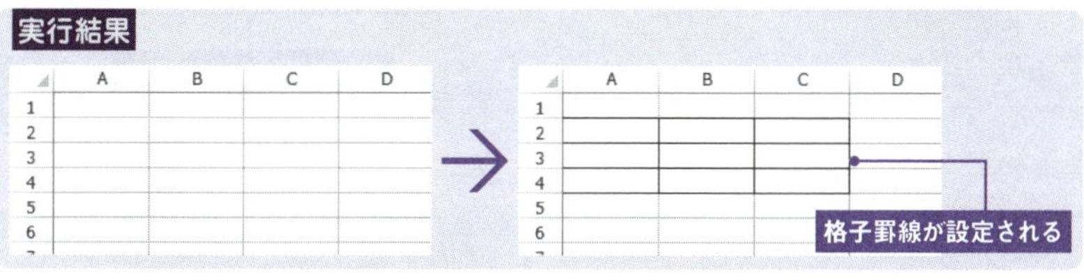

関連項目 01.019 セルに外枠罫線を引く→p.20

罫線

01.019 セルに外枠罫線を引く

BorderAroundメソッド

object.**BorderAround** *Weight*

object---対象となるRangeオブジェクト、*Weight*---罫線の太さ

セルに格子の罫線を引くには、次のようにします。

```
Range("A2:C4").Borders.LineStyle = xlContinuous
```

マクロ記録で生成される膨大なコードは必要ありません。罫線(Borderオブジェクト)の集合体であるBordersコレクションは「(セル4辺のうち)どの罫線か」を指定しないと、4辺罫線のすべてを返すという特徴があるからです。

では、格子罫線の次によく使う外枠罫線を引くときはどうでしょう。Bordersコレクションでは4辺の罫線のすべてが引かれてしまうので、外枠だけを指定することはできません。ここはやはり、膨大なコードに頼るしかないのでしょうか。いいえ、心配はいりません。ほとんど知られていませんが、セル(Rangeオブジェクト)には、外枠罫線を引く専用の命令があります。それがBorderAroundメソッドです。

引数はすべて省略可能ですが、すべて省略すると何も起こりません。また、引数ThemeColorは、Excel 2007で追加された引数ですので、Excel 2003までのバージョンで指定するとエラーになります。セル範囲A2:C4に外枠太罫線を引くには、サンプルの2行目のようにします。

```
Sub Sample19()
    Range("A2:C4").BorderAround Weight:=xlMedium  → セル範囲A2:C4に外枠太罫線を設定
End Sub
```

実行結果

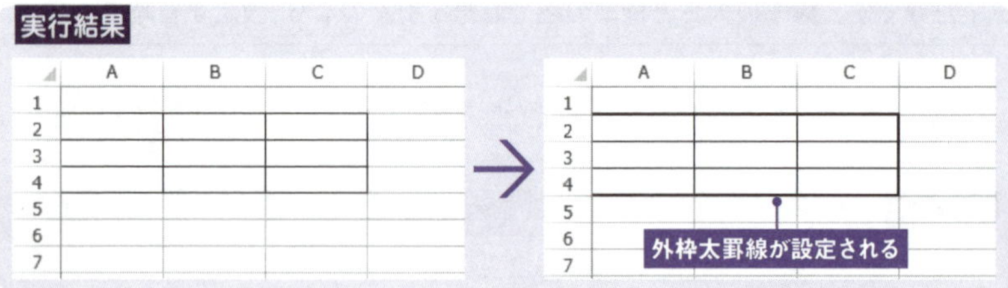

関連項目 01.018 セルに格子罫線を引く→p.19

文字種

01.020 大文字と小文字を区別しない

UCase関数、LCase関数

UCase(*string*)、**LCase**(*string*)

string---対象となる文字列

セルのデータを比較するときは、等しいかどうか判定する比較演算子「=」を使います。例えば、セルA1の文字列が「Excel」かどうかは、「If Range("A1") = "Excel" Then」のように判定します。
これで正しく判定できるのですが、セルに「EXCEL」と大文字で入力されていると、等しくないと判断されます。しかし、ときには大文字と小文字を区別しないで判定したい場合もあります。「Excel」や「EXCEL」「excel」などをすべて同じであると判定したいケースです。そんなときは発想を変えてみます。入力されている文字列をそのまま比較するのではなく、大文字に変換して、その結果を「EXCEL」と比較します。文字列を大文字に変換するのは、UCase関数を使います。
こうした処理は、ファイルの拡張子を判定するようなケースでも役立ちます。Excelの拡張子である「xlsx」や「xlsm」などは、一般的には小文字なので

```
If Right(FileName, 4) = "xlsx" Then    'FileNameは変数とする
```

のように判定できます。拡張子が大文字で保存されている場合は

```
If UCase(Right(FileName, 4)) = "XLSX" Then    'FileNameは変数とする
```

と大文字に変換してから比較すると間違いありません。なお、文字列を小文字に変換するにはLCase関数を使います。

```
Sub Sample20()
    If UCase(Range("A1")) = "EXCEL" Then
        MsgBox "OK"
    Else
        MsgBox "NG"
    End If
End Sub
```

セルA1の文字列を大文字に変換し「EXCEL」と一致する場合はMsgBoxに「OK」と表示

実行結果

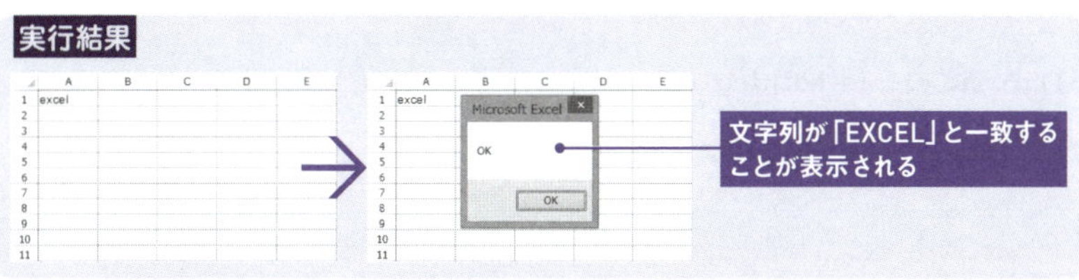

関連項目 07.048 特定のデータが含まれているか判定する→p.573

検索

01.021 セルを検索する

Findメソッド

object.**Find**(*What*)

object---対象となるRangeオブジェクト、*What*---検索内容

セルの検索をマクロ記録すると、例えば次のようなコードが生成されます。

```
Cells.Find(What:="田中").Activate
```

引数Whatは検索語です。実際にはもっとたくさんの引数が記録されますが、ここでは割愛しました。このコードは「全セルから『田中』を探して、そのセルをアクティブにしなさい」という意味です。しかし、マクロから検索を行うとき、検索語が必ず見つかるとは限りません。もし、検索語が見つからなかったとき、サンプルはエラーになります。見つからなかったセルをActivateすることはできないからです。マクロでセルを検索するときは「見つからなかった場合」を想定しなければなりません。

それには、Findメソッドの結果を変数に格納します。見つかった場合、Findメソッドはセル(Rangeオブジェクト)を返すので、受け取る変数の型はRange型がいいでしょう。変数に格納するとき、Setステートメントをつけるのを忘れないでください。

```
Dim FoundCell As Range
Set FoundCell = Range("A:A").Find(What:="田中")
```

検索に成功すると、Findメソッドは見つかったセル(Rangeオブジェクト)を返します。返されるセルが変数に格納されるので、その変数を使って次の処理を行います。もし検索に失敗すると(見つからないと)、FindメソッドはNothingという特別な結果を返します。したがって、Findメソッドを実行した後で、変数がNothingかどうかを判定しましょう。そのとき「FoundCell = Nothing」と「=」で比較することはできません。Nothingというのは「どこも参照していない」という特別な状態だからです。FindメソッドがNothingを返したかどうかは、

```
If FoundCell Is Nothing Then
```

のようにIsキーワードを使います。

```
Sub Sample21()
    Dim FoundCell As Range
    Set FoundCell = Range("A:A").Find(What:="田中") → A列から「田中」を検索
    If FoundCell Is Nothing Then
        MsgBox "見つかりません"                      → 「田中」が見つからなかった場合はメッセージを表示
    Else
        MsgBox FoundCell.Address
    End If
End Sub
```

実行結果

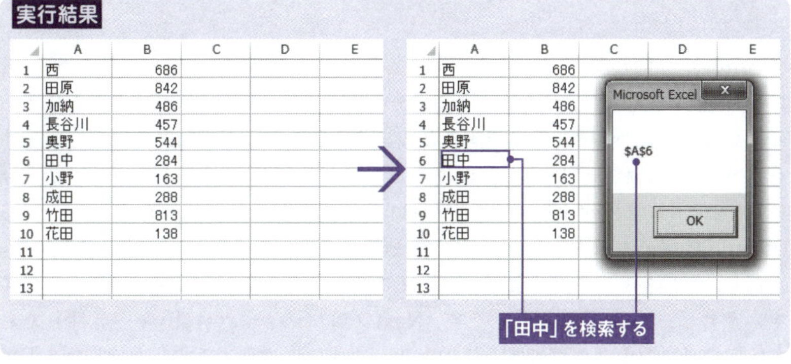

memo

▶Findステートメントは、検索して見つかったRangeオブジェクトを返します。オブジェクト格納するオブジェクト型変数は、代入するときにSetステートメントを付けなければなりません。オブジェクト型変数ではない、一般的な変数の場合は「変数名 = 値」と何も付けずに代入できますが、正確には「Let 変数名 = 値」とLetステートメントを使います。ただし、Letステートメントは省略できるので、一般的にLetステートメントは使われません。

関連項目 01.166 コメント内を検索する→p.174
01.176 すべてのセルを検索する→p.184
01.187 日付を検索する→p.195

参照

01.022 右隣のセルを参照する

Nextプロパティ、Previousプロパティ、Offsetプロパティ

object.**Next**、*object*.**Previous**
object.**Offset**(*RowOffset*,*ColumnOffset*)

object---対象となるRangeオブジェクト、*RowOffset*---対象セル範囲を相対位置とする行数、*ColumnOffset*---対象セル範囲を相対位置とする列数

あるセルから見て、右隣のセルを参照するにはどうしたらいいでしょう。例えば、A列に名前、B列に数値が入力されていたとします。A列から任意の名前を検索して、見つかった行のB列を参照するとします。このような相対的な位置を参照するときは、Offsetプロパティを使うのがセオリーです。例えば、セルA1から見て1列右のセルは「Range("A1").Offset(0, 1)」のように表されます。
Offsetプロパティを使うと、相対的な位置にあるセルを参照できるので便利です。ただし、参照するセルが、必ず「右隣」であるなら、もう少し簡単な方法もあります。それは、Nextプロパティです。Nextプロパティは、[Tab]キーを押したときにアクティブセルが移動する先のセルを返すプロパティです。一般的な、保護されていないワークシートでは、[Tab]キーを押すと右隣のセルにアクティブセルが移動します。なお、[Shift]+[Tab]キーを押したときにアクティブセルが移動する左隣のセルは、Previousプロパティで取得できます。

```
Sub Sample22()
    Dim FoundCell As Range
    Set FoundCell = Range("A:A").Find(What:="田中") → A列から「田中」を検索
    If FoundCell Is Nothing Then
        MsgBox "見つかりません"
    Else
        MsgBox FoundCell.Next.Value → 「田中」が入力されたセルの右隣のセルの値を表示
    End If
End Sub
```

実行結果

	A	B	C	D	E
1	西	686			
2	田原	842			
3	加納	486			
4	長谷川	457			
5	奥野	544			
6	田中	284			
7	小野	163			
8	成田	288			
9	竹田	813			
10	花田	138			
11					

「田中」の右隣のセルを参照する

Microsoft Excel
284
OK

関連項目 02.029 隣のワークシートを操作する→p.253

列幅

01.023 列の幅を設定する

EntireColumnプロパティ、AutoFitメソッド、ColumnWidthプロパティ

object*.EntireColumn.AutoFit、*object*.ColumnWidth = *single

object---対象となるRangeオブジェクト、*single*---列の幅

列の幅を自動調整するには、AutoFitメソッドを実行します。この操作をマクロ記録すると「Columns("A:C").EntireColumn.AutoFit」のようにEntireColumnプロパティが記録されますが、実際には必要ありません。EntireColumnプロパティは「あるセルが存在する列全体」を返すプロパティです。サンプルでは「Columns("A:C")」がすでに「A～C列の列全体」を表しています。もちろん、対象となる列を、RangeやCellsなどで特定するときは「Range("A1:C1").EntireColumn.AutoFit」のように指定します。

列の幅を任意の数値に設定するときは、ColumnWidthプロパティを使います。ColumnWidthプロパティに設定する数値は、標準フォントの文字がセルに何文字表示できるかといった文字数です。列幅の単位は、標準スタイルの1文字分の幅に相当します。プロポーショナルフォントでは、数字の0の幅が列幅の単位になります。

```
Sub Sample23()
    Columns("A:B").AutoFit → A列B列の列幅を自動調整
    Columns("A:A").ColumnWidth = Columns("A:A").ColumnWidth + 1 ┐
End Sub                                            A列の列幅を1文字分増やす
```

実行結果

	A	B	C
1	西	686	
2	田原	842	
3	加納	486	
4	長谷川	457	
5	奥野	544	
6	田中	284	
7	小野	163	
8	成田	288	
9	竹田	813	
10	花田	138	
11			
12			

→

	A	B	C	D
1	西	686		
2	田原	842		
3	加納	486		
4	長谷川	457		
5	奥野	544		
6	田中	284		
7	小野	163		
8	成田	288		
9	竹田	813		
10	花田	138		
11				
12				

列の幅が自動調整される

関連項目 01.144 列の幅を自動調整する→p.152
01.145 選択範囲の列幅を自動調整する→p.153

数式／エラー

01.024 数式がエラーかどうかを判定する

IsError関数、Formulaプロパティ

IsError(*Expression*)、*object*.**Formula**

Expression---調べる変数や式、*object*---対象となるRangeオブジェクト

セルに入力した数式がエラーかどうかを判定してみましょう。VBAには、任意の数式や値がエラーかどうかを調べるIsError関数があります。一般的には、VBA内で何らかのエラーを調べるときに使用しますが、このIsError関数は、セル内の数式がエラーになっているかどうかも判定できます。

```
Sub Sample24()
    If IsError(Range("A1").Value) Then
        MsgBox Range("A1").Formula & vbCrLf & "はエラーです"
    End If
End Sub
```

セルA1の数式がエラーの場合は数式を表示

実行結果

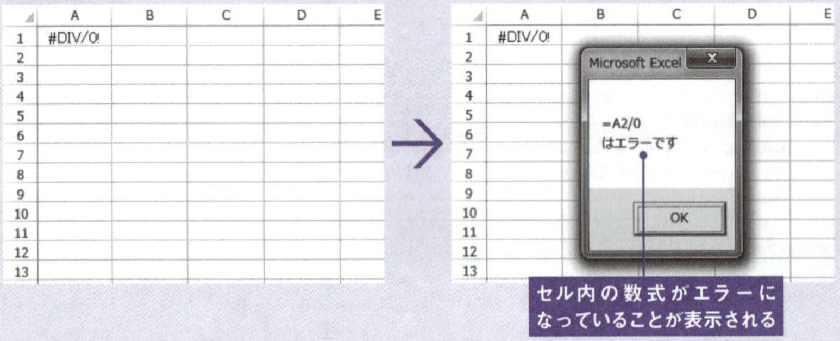

	A	B	C	D	E
1	#DIV/0!				
2					
3					
4					
5					
6					
7					
8					
9					
10					
11					
12					
13					

→

Microsoft Excel

=A2/0
はエラーです

OK

セル内の数式がエラーになっていることが表示される

関連項目
01.025 数式が入力されているかどうか判定する→p.27
01.027 セルに＃＃＃が表示されているかどうかを判定する→p.29

数式

01.025 数式が入力されているかどうか判定する

HasFormulaプロパティ、HasArrayプロパティ

object.**HasFormula**、*object*.**HasArray**

object---対象となるRangeオブジェクト

セルに数式が入力されているかどうかは、セル(Rangeオブジェクト)のHasFormulaプロパティで判定できます。HasFormulaプロパティは、セルに数式が入力されているときTrueを返します。入力されている数式が、配列数式かどうかを判定するには、HasArrayプロパティを使います。配列数式とは、数式内で複数のセルを配列として参照するような数式です。セルに数式を入力して、確定するときは[Ctrl]＋[Shift]＋[Enter]キーを押します。

```
Sub Sample25()
    If ActiveCell.HasFormula Then → アクティブセルに数式が入力されているか判定
        If ActiveCell.HasArray Then → 数式が配列数式か判定
            MsgBox "配列数式が入力されています"
        Else
            MsgBox "普通の数式が入力されています"
        End If
    Else
        MsgBox "数式が入力されていません"
    End If
End Sub
```

実行結果

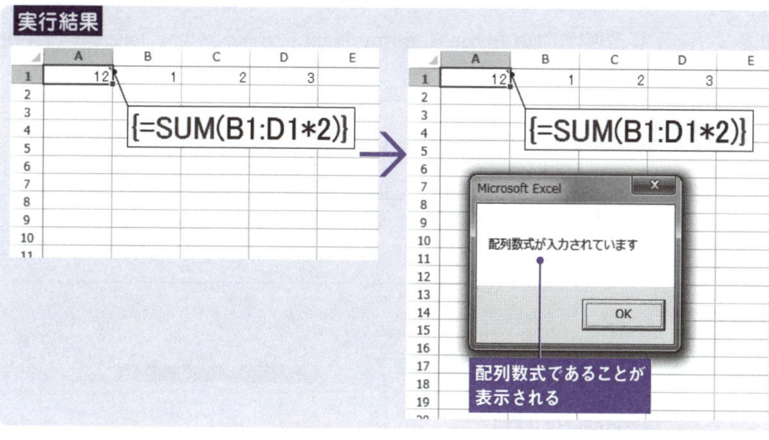

関連項目 01.024 数式がエラーかどうかを判定する→p.26
01.027 セルに＃＃＃が表示されているかどうかを判定する→p.29

数式／参照

01.026 数式が参照しているセルを調べる

Precedentsプロパティ

object.**Precedents**

object---対象となるRangeオブジェクト

セルに数式が入力されているとき、その数式がどのセルを参照しているか調べてみましょう。あるセルが別のセルを参照しているとき、その参照先セルはPrecedentsプロパティで知ることができます。Precedentsプロパティは、参照先のセル(Rangeオブジェクト)を返します。例えば、セルA1に「=SUM(B1:B3)」という数式が入力されているとき、セルA1のPrecedentsプロパティは、「Range("B1:B3")」を返します。さらに、例えばセルB1がセルC1を参照しているようなケースでは、セルA1のPrecedentsプロパティが「Range("B1:B3,C1")」を返します。つまり、セルの値が変化することによって、セルA1に影響をおよぼすであろうセル群です。
ただし、他のセルを参照していないセルに対してPrecedentsプロパティを使うと「該当するセルがありません」というエラーになります。このエラーは事前に探知して回避することができません。一般的には、他のセルを参照しているセルには数式が入力されているので、「If ActiveCell.HasFormula Then」と、数式が入力されているかどうかをチェックするのが有効ですが、もし「=SUM(1,2,3)」のような、どのセルも参照していない数式が入力されていると、エラーを回避できません。そんなときは、On Error Resume Nextステートメントを使って、発生するエラーを無視するといいでしょう。

```
Sub Sample26()
    Dim c As Range
    On Error Resume Next
    For Each c In ActiveCell.Precedents →アクティブセルの数式が参照しているセルを調べる
        c.Interior.ColorIndex = 3       →セルの背景を赤く塗りつぶす
    Next c
End Sub
```

実行結果

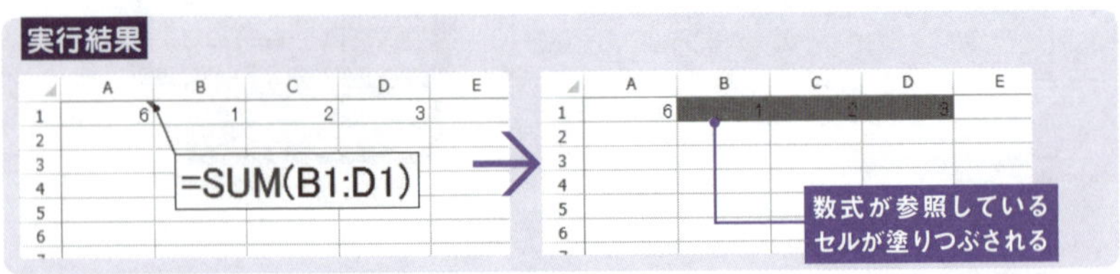

関連項目
01.006 セルに数式を代入する →p.7
01.007 セルの数式を取得する →p.8

エラー

01.027 セルに###が表示されているかどうかを判定する

Textプロパティ、Valueプロパティ、IsError関数

object.**Text**、*object*.**Value**、**IsError**(*Expression*)

object---対象となるRangeオブジェクト、*Expression*---調べる変数や式

セルに数値を入力したとき、列の幅が足りなくて、すべての数値が表示できないとき、セルには「###」のような記号が表示されます。マクロで、こうしたセルを判定してみましょう。「###」はセルに入力されているのではなく、表示されているだけなので、Valueプロパティではわかりません。ここは、セルに表示されている文字列を返すTextプロパティを使います。

しかし、セルに文字列で「#1」のように入力されていると区別がつきません。そこで、ValueプロパティとTextプロパティで比較します。列幅が足りなくて「###」のように表示されているセルは、入力されているデータと表示されている画面が異なっているはずだからです。

まだ安心はできません。数式エラーの「#DIV/0!」や「#NAME」なども左1文字が「#」で始まっています。数式がエラーかどうかは、IsError関数で判定します。

```
Sub Sample27()
    With ActiveCell
        If Not IsError(.Value) Then
            If .Value <> .Text And Left(.Text, 1) = "#" Then
                .EntireColumn.AutoFit → 列幅を調整
            End If
        End If
    End With
End Sub
```

実行結果

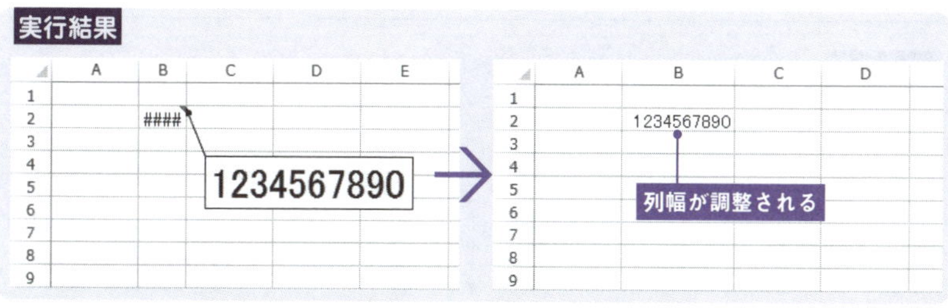

関連項目 01.024 数式がエラーかどうかを判定する→p.26

列番号

01.028 数値から列番号を調べる

Addressプロパティ、Split関数

object.**Address**、**Split**(*expression,delimiter,limit,compare*)

object---対象となるRangeオブジェクト、*expression*---文字列、*delimiter*---文字列の区切りを識別する文字(省略可)、*limit*---返す配列の要素数(省略可)
compare---文字列を判定するときの文字列比較モード(省略可)

Cellsを使ってセルを操作するとき、行と列を数値で指定します。行の数値は、ワークシートを見ればわかりますが、列の位置を数値で指定するときは工夫が必要です。ここでは、列番号の数値が、どこの列を表しているかを調べてみましょう。

例えば、42番目の列はどこでしょう。列はアルファベットで表されるので、「42」をアルファベットに変換しなければなりません。ただし、ABC……と続いて、「Z」の次は「AA」となります。42番目がどのアルファベット(列番号)になるか、数えるのは現実的ではありません。こんなときは、セルのアドレスを利用します。「Cells(1, 42).Address」は、1行目42列目セルのアドレスを返します。結果は「$AP$1」です。ここから、列番号の「AP」を抜き出すには「$AP$1」の「$」をSplit関数で分割します。分割した結果は配列形式になり、列番号を表す文字列は2番目の要素です。したがって「Split("$AP$1", "$")(1)」で取り出せます。これなら、列番号が何文字でも対応可能です。

```
Sub Sample28()
    Dim C As String
    C = Split(Cells(1, 42).Address, "$")(1) → 1行目42列目のアドレスを取得して「$」で分割
    MsgBox "42列目は" & C & "列です"
End Sub
```

実行結果

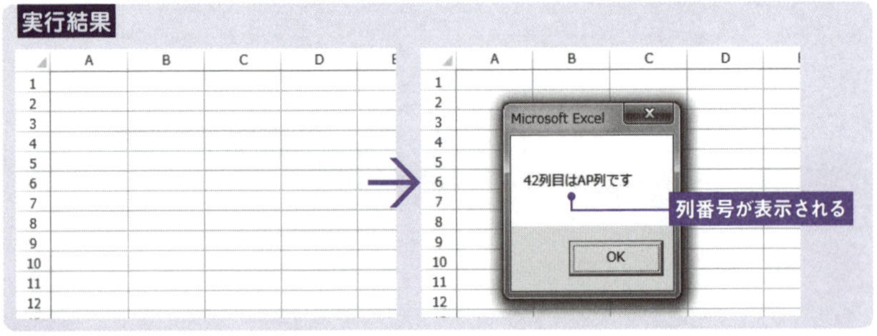

関連項目 07.053 数値で文字を表す→p.578

挿入／コメント

01.029 セルにコメントを挿入する

AddCommentメソッド、Textメソッド、TypeName関数

object.**AddComment.Text**、**TypeName**(*varname*)

object---対象となるRangeオブジェクト、*varname*---バリアント型変数

セルにコメントを挿入するには、セル(Rangeオブジェクト)のAddCommentメソッドを実行します。挿入されたコメントの文字列を指定するには、挿入したコメント(Commentオブジェクト)のTextメソッドで、表示したい文字列を指定します。2つのメソッドを1行で書くとサンプルの3行目のようになります。コメントを挿入して任意の文字列を表示するには、実はこれだけです。しかし、コメントを挿入するときは注意が必要です。それは、すでにコメントが挿入されているセルに対してAddCommentメソッドを実行するとエラーになることです。したがって、コメントを挿入する前に、そのセルにコメントが挿入されていないかどうかを判定しなければなりません。それには、TypeName関数を使います。
TypeName関数は、バリアント型変数に格納されているデータの型を調べる関数ですが、セルのCommentオブジェクトに対して実行すると、すでにコメントが挿入されているときは「Comment」という文字列が返ります。これを利用して、コメントが挿入されているかどうかを判定できます。

```
Sub Sample29()
    If TypeName(ActiveCell.Comment) = "Nothing" Then → コメントの有無を判定
        ActiveCell.AddComment.Text "これはコメントです" → コメントを挿入
    End If
End Sub
```

実行結果

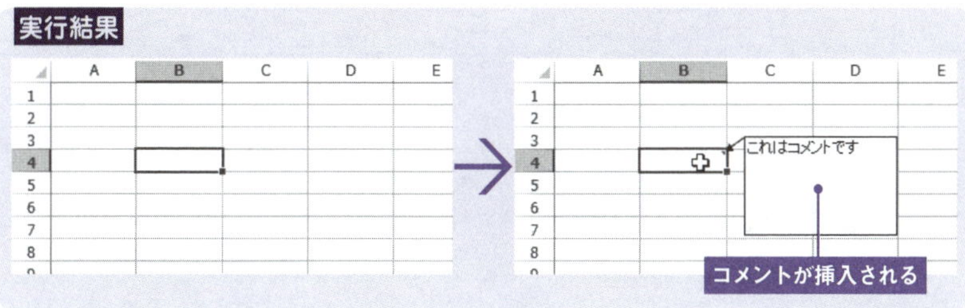

関連項目
01.042 セルのコメントを削除する→p.45
01.043 コメントを編集状態にする→p.46
01.044 セルのコメントに画像を表示する→p.47

文字色

01.030 セル内の一部だけ色を設定する

Charactersプロパティ

object.**Characters**(*Start*,*Length*).Font.ColorIndex

object---対象となるRangeオブジェクト、*Start*---返す先頭の文字(省略可)
Length---返す文字数(省略可)

セル内の文字列に色を設定するには、FontオブジェクトのColorIndexプロパティに色番号を設定します。例えば、アクティブセルの文字色を赤にするには「ActiveCell.Font.ColorIndex = 3」とします。では「東京都新宿区栄町」のような文字列がセルに入力されていて、「新宿区」だけを赤色にするにはどうしたらいいでしょう。

セル内の文字列は、文字単位で書式を設定できます。このとき「何文字目から何文字分」の文字列を操作するかを指定します。そこで使うのがCharactersプロパティです。「Characters(スタート位置, 文字数)」のように指定します。

「新宿区」は4文字目から始まって3文字分なのでサンプルの2行目のようになります。

```
Sub Sample30()
    ActiveCell.Characters(Start:=4, Length:=3).Font.ColorIndex = 3
End Sub
```
4文字目から3文字分の文字の色を変更

実行結果

	A	B	C	D
1				
2		東京都新宿区栄町		
3				
4				
5				
6				

↓

	A	B	C	D
1				
2		東京都新宿区栄町		
3				
4				
5				
6				

文字列の一部に色が設定される

関連項目 01.038 色を設定する→p.40

配列

01.031 大量のセルを配列に入れてから操作する

Rangeオブジェクト

VBAは非常に高速です。基本に忠実なコードを書いていれば、あまり速度を気にすることもありません。しかし、とても大量なセルを操作するときは、大量のセルを一度変数に入れ、その変数を操作した方が速度的に有利な場合もあります。下記のコードは、セルA1 ～A50000の数値を合計しています。For Nextステートメントを使って

```
For i = 1 To 50000
    Result = Result + Cells(i, 1)
Next i
```

とすれば合計できますが、操作対象のセルを一度バリアント型変数に格納し、その変数を配列として操作する方が速くなります。ただし、高速になるのは、大量のデータを扱う場合に限ります。PCのスペックなどによりますが、少なくとも数万個から数十万個のセルでなければ、速度に差が出ないだけでなく、逆に遅くなるかもしれません。また、変数に格納できるのはセルのデータだけなので、書式を設定するなど、変数を介してセルを操作することはできません。

```
Sub Sample31()
    Dim i As Long, Result As Long, C As Variant
    C = Range("A1:A50000") → セルをバリアント型変数に格納
    For i = 1 To 50000
        Result = Result + C(i, 1)   → セルA1 ～A50000の数値を合計
    Next i
    MsgBox Result
End Sub
```

実行結果

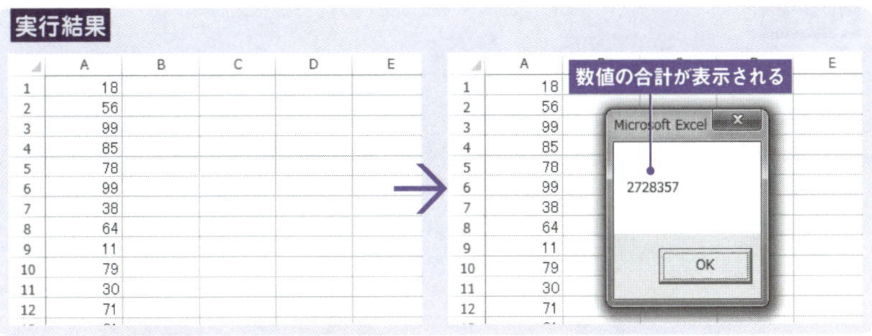

関連項目
01.032 配列をセルに代入する→p.34
01.033 二次元配列をセルに代入する→p.35

配列／代入

01.032 配列をセルに代入する

Resizeプロパティ、UBound関数、LBound関数

object.**Resize**(*RowSize, ColumnSize*)、**UBound**(*arrayname,dimension*)、**LBound**(*arrayname,dimension*)

object---対象となるRangeオブジェクト、*RowSize*---新しい行数(省略可)
ColumnSize---新しい列数(省略可)、*arrayname*---配列変数の名前
dimension---配列の次元(省略可)

配列に格納されたデータは、セルに一括代入することができます。代入するセルの大きさを、配列の大きさと合わせるには、UBound関数やLBound関数を使うと便利です。UBound関数は、引数に指定した配列で最も大きいインデックス番号を返し、LBound関数は最も小さいインデックス番号を返します。サンプルでは、配列を「Dim tmp(3)」と宣言しているので、使用できるインデックス番号は「tmp(0)」「tmp(1)」「tmp(2)」の3つです。この場合、UBound関数は「2」を返し、LBound関数は「0」を返します。
このような一次元配列を複数セルに一括代入するときは、セル範囲A1:C1のように「横方向」のセル範囲にしか代入できません。一次元配列を、セル範囲A1:A3のような「縦方向」のセル範囲に一括代入するには、配列を二次元配列に変換しなければなりません。

```
Sub Sample32()
    Dim tmp(3) As String
    tmp(0) = "東京"
    tmp(1) = "大阪"
    tmp(2) = "福岡"
    Range("A1").Resize(1, UBound(tmp) - LBound(tmp) + 1) = tmp
End Sub
```

代入するセルの大きさを配列の大きさに合わせる

実行結果

	A	B	C	D	E
1	東京	大阪	福岡		
2					
3					
4					
5					
6					
7					
8					
9					
10					

セルに配列が代入される

関連項目 01.031 大量のセルを配列に入れてから操作する→p.33
01.033 二次元配列をセルに代入する→p.35

配列／代入

01.033 二次元配列をセルに代入する

WorksheetFunctionプロパティ

WorksheetFunction.*Function*

Function---ワークシート関数

配列のデータは、複数のセルに一括代入できます。ただし、一般的な一次元配列は、セル範囲A1:C1のような「横方向」のセルにしか入れられません。一次元配列を、セル範囲A1:A3のような「縦方向」のセルに一括代入するときは、一次元配列を二次元配列に変換しなければなりません。

とはいえ､難しく考えることはありません。Excelには「形式を選択して貼り付け」の「行列を入れ替える」という機能があります。それと同じことを実現するのが、ワークシート上で使用するTRANSPOSE関数です。このTRANSPOSE関数をVBAから呼び出して、一次元配列を二次元配列に変換します。VBAからワークシート関数を利用するには、WorksheetFunctionプロパティを使います。

```
Sub Sample33()
    Dim tmp(2) As String
    tmp(0) = "東京"
    tmp(1) = "大阪"
    tmp(2) = "福岡"
    Range("A1:A3") = WorksheetFunction.Transpose(tmp)
End Sub
```

ワークシート関数Transposeを呼び出して配列を二次元に変換

実行結果

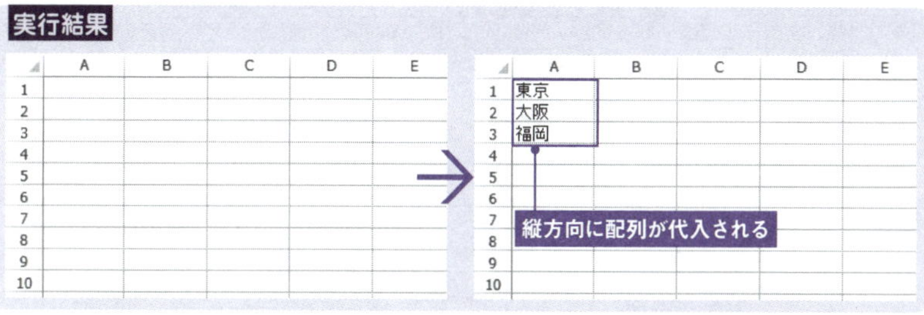

関連項目 01.031 大量のセルを配列に入れてから操作する→p.33
01.032 配列をセルに代入する→p.34

ワークシート関数

01.034 ワークシート関数を使う

WorksheetFunctionプロパティ

WorksheetFunction.*Function*

Function---ワークシート関数

VBAからワークシート関数を利用するには、WorksheetFunctionプロパティを使います。WorksheetFunctionプロパティは、ワークシート関数をメンバに持つコレクションです。ほとんどのワークシート関数はVBAから使用することができますが、LEFT関数のように同じ機能の関数がVBAに備わっている関数や、INDIRECT関数のように特別な関数は、VBAから使用することはできません。VBAでワークシート関数を使用するときは、セルのアドレスではなくRangeオブジェクトを引数に指定します。

```
Sub Sample34()
    Dim i As Long, UP As Long
    For i = 2 To 5
        UP = WorksheetFunction.VLookup(Cells(i, 1), Range("E2:F6"), 2)
        Cells(i, 3) = Cells(i, 2) * UP
    Next i
End Sub
```

ワークシート関数Vlookupを呼び出す

実行結果

	A	B	C	D	E	F
1	製品番号	数量	金額		製品番号	単価
2	A-105	535			A-101	70
3	A-102	728			A-102	80
4	A-104	991			A-103	90
5	A-103	863			A-104	60
6					A-105	50
7						

↓

	A	B	C	D	E	F
1	製品番号	数量	金額		製品番号	単価
2	A-105	535	26750		A-101	70
3	A-102	728	58240		A-102	80
4	A-104	991	59460		A-103	90
5	A-103	863	77670		A-104	60
6					A-105	50
7						

VLOOKUP関数で計算される

関連項目
01.006 セルに数式を代入する→p.7
01.007 セルの数式を取得する→p.8
01.047 ワークシート関数を入力する→p.50
01.165 相対参照と絶対参照を変換する→p.173

入力／文字列

01.035 文字列として入力する

NumberFormatプロパティ、Valueプロパティ

object.**NumberFormat**、*object*.**Value**

object---対象となるRangeオブジェクト

セルに「2/3」や「2-3」などの文字を入力すると、自動的に日付と認識されてしまいます。その方が便利なユーザーも多いかもしれないため、一概に悪い仕様とは言えませんが、それでも「2/3」や「2-1」を日付に変換されたくない場合もあります。こうしたデータを文字列として入力する方法は2つあります。1つは、データの前にシングルコーテーション(')を付ける方法です。Excelは、先頭がシングルコーテーション(')で始まるデータを、文字列と認識します。もう1つは、データを入力する前に、セルの表示形式を文字列に設定する方法です。文字列の表示形式を設定するには、NumberFormatプロパティに「@」を設定します。

```
Sub Sample35()
    Range("B2") = "2-1"
    Range("B3") = "'2-2"
    With Range("B4")
        .NumberFormat = "@"  → セルの表示形式を設定
        .Value = "2-3"
    End With
End Sub
```

実行結果

	A	B	C
1			
2			
3			
4			
5			
6			

→

	A	B	C
1			
2		2月1日	
3		2-2	
4		2-3	
5			
6			

「2-2」や「2-3」などと入力すると文字列として認識される

関連項目
01.001 セルに入力する→p.2
01.006 セルに数式を代入する→p.7
01.013 セルが文字列かどうか判定する→p.14

表示形式

01.036 3桁カンマ区切りの表示形式を設定する

Format関数

Format(*object,format*)

object---対象となるRangeオブジェクト、*format*---書式（省略可）

セルに表示形式を設定したいとき、一般的にはNumberFormatLocalプロパティなどを使って、表示形式を設定します。しかし、3桁カンマ区切りの表示形式を設定するのであれば、もっと簡単な方法があります。それは、3桁カンマで区切られた数値をセルに代入する方法です。3桁カンマで区切られた数値を代入すると、Excelは自動的に通貨形式の表示形式を設定してくれます。数値に3桁カンマをつけるにはFormat関数を使います。

```
Sub Sample36()
    Dim i As Long
    For i = 1 To 7
        Cells(i, 1) = Format(Cells(i, 1), "#,###") → セルA1 ～A7に3桁カンマ区切りの表示形式を設定
    Next i
End Sub
```

実行結果

	A	B	C	D
1	4709			
2	4119			
3	6450			
4	1848			
5	1872			
6	6582			
7	8061			
8				

↓

	A	B	C	D
1	4,709			
2	4,119			
3	6,450			
4	1,848			
5	1,872			
6	6,582			
7	8,061			
8				

数値が3桁カンマ区切りで表示される

関連項目 01.008 セルに表示形式を設定する→p.9

空白セル

01.037 空白セルだけを操作する

SpecialCellsメソッド

object.**SpecialCells**(*Type, Value*)

object---対象となるRangeオブジェクト、*Type*---セルの表示形式を表す定数
Value---バリアント型の値(省略可)

あるセル範囲で、空白のセルだけを操作するには、空白セルだけを一括で取得できると便利です。それにはSpecialCellsメソッドを使います。SpecialCellsメソッドは、[ホーム]タブ→[編集]グループ→[検索と選択]→[ジャンプ]を実行して表示される[ジャンプ]ダイアログボックスで[セル選択]を実行したときと同じ働きをします。

SpecialCellsメソッドの引数には、次のような定数を指定できます。

xlCellTypeAllFormatConditions	表示形式が設定されているセル
xlCellTypeAllValidation	条件の設定が含まれているセル
xlCellTypeBlanks	空の文字列
xlCellTypeComments	コメントが含まれているセル
xlCellTypeConstants	定数が含まれているセル
xlCellTypeFormulas	数式が含まれているセル
xlCellTypeLastCell	使われたセル範囲内の最後のセル
xlCellTypeSameFormatConditions	同じ表示形式が設定されているセル
xlCellTypeSameValidation	同じ条件の設定が含まれているセル
xlCellTypeVisible	すべての可視セル

```
Sub Sample37()
    Range("B2:B6").SpecialCells(xlCellTypeBlanks) = "欠席"
End Sub
```

セルB2～B6の中で空白のセルに「欠席」を設定

実行結果

	A	B	C	D	E
1	名前	点数			
2	田中	85			
3	鈴木				
4	山田	92			
5	黒沢				
6	土屋	78			
7					
8					
9					
10					

→

	A	B	C	D	E
1	名前	点数			
2	田中	85			
3	鈴木	欠席			
4	山田	92			
5	黒沢	欠席			
6	土屋	78			
7					
8					
9					
10					

空白のセルに「欠席」と表示される

関連項目
01.041 セルが空欄かどうか判定する→p.44
01.104 空白セルを絞り込む→p.108
01.170 エラーになっているセルを操作する→p.178

色

非対応バージョン 2003

01.038 色を設定する

Colorプロパティ、RGB関数、TintAndShadeプロパティ

object.**Color**、**RGB**(*red, green, blue*)、*object*.**TintAndShade**

object---対象となるRangeオブジェクト、*red*---赤の割合、*green*---緑の割合
blue---青の割合

色は「赤・緑・青」を組み合わせた数値で表されます。そうした色の数値を生成してくれるのがRGB関数です。RGB関数は「RGB(赤,緑,青)」のように3色の濃さを、0～255の数値で指定します。例えば「RGB(0,0,255)」は青で、「RGB(255,255,0)」は黄です。こうしたRGBの値を指定して色を設定するのがColorプロパティです。Colorプロパティと RGB関数を使えば中間色も指定できますが、Excel 2003まではブックで使用できる色が56色だけでしたので、たとえ中間色を指定しても、56色のうち最も近い色に変換されてしまいました。Excel 2007では使用できる色が1600万色に増えたため、中間色も使用できます。
TintAndShadeプロパティはExcel 2007で追加されたプロパティです。色の明暗を-1～1の数値で指定します。Excel 2007からは、もう1つ色の管理方法が新設されました。それは「テーマ」です。[フォントの色]ボタンや[塗りつぶしの色]ボタンをクリックして表示される色パレットには「テーマの色」というグループがあります。テーマの色は、ブックで選択しているテーマによって変化します。テーマの色を設定するときはThemeColorプロパティに配色の種類を指定します。
なお、Excel 2007以降でも、従来まで使われていた56色の色パレットは残されているので「ColorIndex = 3」のようにして赤を指定することも可能です。

```
Sub Sample38()
    With Range("A1").Font
        .Color = RGB(255, 0, 0)         ' → セルA1の文字色を設定
        .TintAndShade = 0
    End With
    With Range("B1").Interior
        .ThemeColor = xlThemeColorAccent1   ' → セルB1の塗りつぶしを設定
        .TintAndShade = 0.8
    End With
End Sub
```

実行結果

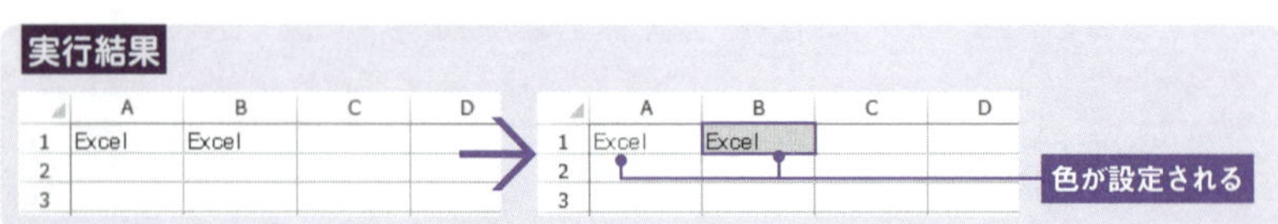

関連項目 01.030 セル内の一部だけ色を設定する→p.32

並べ替え

⊗非対応バージョン 2003

01.039 セルを並べ替える

Sortオブジェクト

object.**Sort**

object…並べ替えの対象となるワークシートなど

セルの並べ替えは、Excel 2007で新しくなりました。Excel 2003まででで使用していたRangeオブジェクトのSortメソッドも、Excel 2007以降で使用できますが、ここでは新設されたSortオブジェクトやSortFieldオブジェクトについて解説します。

新しい並べ替えは、SortFieldオブジェクトに並べ替えの条件などを設定してから、Sortオブジェクトの並べ替え（Applyメソッド）を実行します。SortFieldオブジェクトに条件を設定する前に、まず既存のSortFieldオブジェクトをクリアします。新しいSortFieldオブジェクトを追加するにはAddメソッドを実行します。指定する引数は次の通りです。

Key	キーになるセルを指定する
SortOn	並べ替えの基準（属性）を指定する
Order	昇順／降順を指定する
DataOption	テキストの並べ替え方法を指定する

引数SortOnには、次の定数を指定できます。

xlSortOnCellColor	セルの背景色で並べ替え
xlSortOnFontColor	セルの文字色で並べ替え
xlSortOnIcon	条件付き書式のアイコンで並べ替え
xlSortOnValues	数値で並べ替え

並べ替えの条件などを設定したSortFieldオブジェクトを作成したら、Sortオブジェクトから並べ替えを実行します。SortオブジェクトのSetRangeメソッドで、並べ替えの範囲を指定し、Orientationプロパティに並べ替えの方法を指定したら、Applyメソッドを実行して並べ替えを行います。

編集 (1)

```
Sub Sample39()
    With ActiveSheet.Sort.SortFields → アクティブシートのSortFieldオブジェクト
        .Clear → SortFieldsオブジェクトをクリアする
        .Add Key:=Range("B2"), _ → B列をキーにする
            SortOn:=xlSortOnValues, _ → セルの値をキーにする
            Order:=xlAscending, _ → 昇順
            DataOption:=xlSortNormal → 標準の並べ替え基準
    End With
    With ActiveSheet.Sort → SortFieldに従って並べ替える
        .SetRange Range("A1:B13") → 並べ替えの対象範囲
        .Header = xlYes → 先頭行がヘッダーである
        .Orientation = xlTopToBottom → 上から下に向かってソートを実行
        .Apply
    End With
End Sub
```

実行結果

	A	B	C
1	名前	データ	
2	宮崎	21	
3	宮本	26	
4	中山	11	
5	田中	55	
6	内藤	15	
7	福本	68	
8	松岡	41	
9	竹本	33	
10	森山	13	
11	久保	49	
12	岩本	32	
13	水谷	16	
14			
15			

→

	A	B	C
1	名前	データ	
2	中山	11	
3	森山	13	
4	内藤	15	
5	水谷	16	
6	宮崎	21	
7	宮本	26	
8	岩本	32	
9	竹本	33	
10	松岡	41	
11	久保	49	
12	田中	55	
13	福本	68	
14			
15			

セルが並べ替えられる

関連項目
02.027 ワークシートを並べ替える (1) →p.251
02.028 ワークシートを並べ替える (2) →p.252

範囲

01.040 セルが範囲内にあるかどうか判定する

Intersectメソッド

object.**Intersect**(*Arg1*, *Arg2*, ……)

object---対象となるApplicationオブジェクト、*Arg*---セル範囲

任意のセルが、特定の範囲内にあるかどうかを判定してみます。セルのアドレスはAddressプロパティでわかります。そのアドレスから、現在の行と列を調べて、特定範囲内に存在しているかどうかを判定する方法もありますが、ここでは、それよりも簡単な方法を紹介します、使うのは、ApplicationオブジェクトのIntersectメソッドです。

Intersectメソッドは、引数に指定した複数セル範囲の「共通部分」を返します。例えば、セル範囲A2:C2とセル範囲B1:B3の共通部分は、セルB2です。これをIntersectメソッドで表すと「Intersect(Range("A2:C2"), Range("B1:B3"))」となり、「Range("B2")」が返ります。もし、共通する部分が存在しないときは、IntersectメソッドはNothingを返します。つまり、任意のセルと、特定のセル範囲をIntersectメソッドで調べてみて、返り値がNothingでなければ、そのセルは特定セル範囲内に存在しているということになります。

```
Sub Sample40()
    Dim Pos As Range
    Set Pos = Application.Intersect(ActiveCell, Range("A1:C5"))
    If Pos Is Nothing Then
        MsgBox "A1:C5の範囲外です"
    Else
        MsgBox "OK"
    End If
End Sub
```

アクティブセルがセル範囲A1:C5の範囲内か判定

実行結果

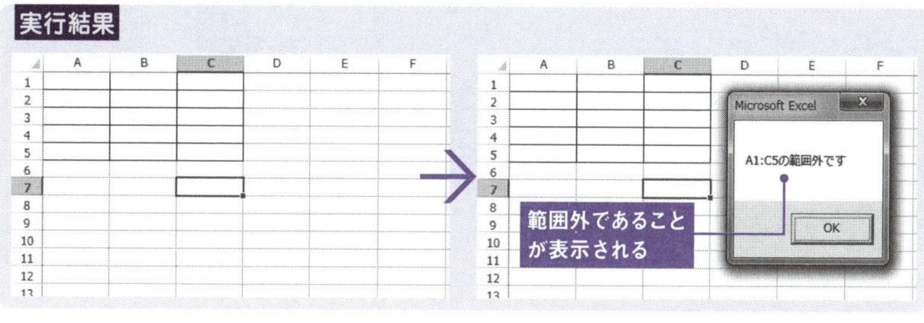
Microsoft Excel
A1:C5の範囲外です
OK
範囲外であることが表示される

関連項目 01.041 セルが空欄かどうか判定する→p.44

空欄

01.041 セルが空欄かどうか判定する

Valueプロパティ

object.**Value** = ""

object---対象となるRangeオブジェクト

セルが空欄かどうかは、RangeオブジェクトのValueプロパティが空欄("")かどうかを「=」で判定します。難しく考える必要はありません。インターネットなどでは、セルが空欄かどうかの判定に「IsEmpty(Range("A1").Value)」や「Len(Range("A1").Value) = 0」など、わざわざ難しい判定をしているコードを散見しますが、Excel VBAであれば「Range("A1").Value = ""」で十分です。ビジネスの現場で使用されるマクロは、何よりも可読性が最重要です。同じ結果を得られるのであれば、できるだけシンプルに書くべきです。

```
Sub Sample41()
    If Range("A1").Value = "" Then → セルが空欄か判定
        MsgBox "空欄セルです"
    Else
        MsgBox "空欄ではありません"
    End If
End Sub
```

実行結果

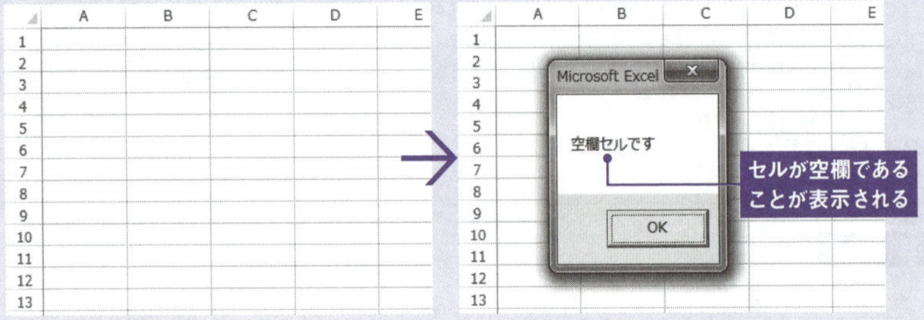

関連項目 01.040 セルが範囲内にあるかどうか判定する →p.43

コメント／削除

01.042 セルのコメントを削除する

Deleteメソッド

*object.*__Delete__

object---対象となるCommentオブジェクト

セルのコメントを削除するには、CommentオブジェクトのDeleteメソッドを使います。削除する前には、セルにコメントを挿入するときと同じように、そのセルにコメントが存在しているかどうかをTypeName関数で確認してください。

```
Sub Sample42()
    If TypeName(ActiveCell.Comment) = "Comment" Then→ コメントの有無を判定
        ActiveCell.Comment.Delete →アクティブセルのコメントを削除
    End If
End Sub
```

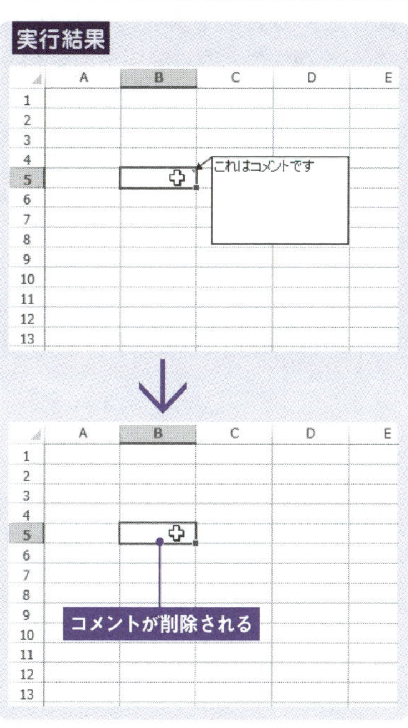

関連項目 01.029 セルにコメントを挿入する→p.31
01.044 セルのコメントに画像を表示する→p.47

コメント

01.043 コメントを編集状態にする

SendKeysステートメント

SendKeys *string*

string---キーコード

セルにコメントを挿入するときは、AddCommentメソッドを使います。これは、ワークシート上で[Shift]＋[F2]キーを押したときと同じです。しかし、両者はまったく同じではありません。ワークシート上で[Shift]＋[F2]キーを押すと、確かにコメントが挿入されます。もしそのセルに、すでにコメントが挿入されていた場合は、既存のコメントが編集状態になりますが、VBAのAddCommentメソッドはエラーになってしまいます。マクロでも同じように、既存のコメントを編集状態にするにはどうしたらいいでしょう。そうした命令は、VBAにありません。専用の命令がないのでしたら、手動操作と同じことを実行しましょう。SendKeysステートメントはキーボードからキーを押すのと同じ働きをします。

```
Sub Sample43()
    If TypeName(ActiveCell.Comment) = "Comment" Then
        SendKeys "+{F2}"
    End If
End Sub
```

アクティブセルにコメントが挿入されている場合は編集状態にする

実行結果

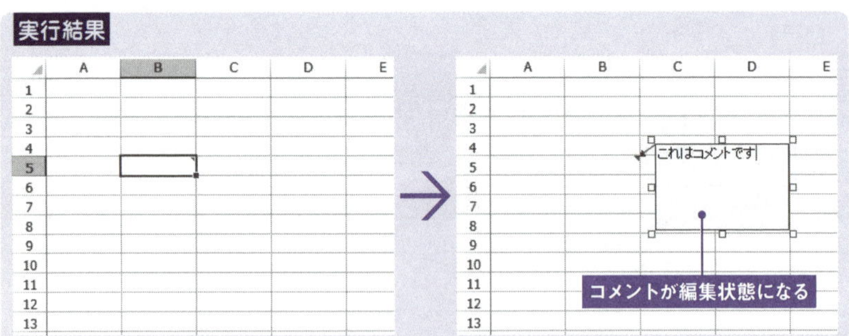
これはコメントです
コメントが編集状態になる

関連項目 01.029 セルにコメントを挿入する→p.31
01.045 コメントの枠を変更する→p.48

コメント／画像

01.044 セルのコメントに画像を表示する

AddCommentメソッド、LoadPicture関数、UserPictureメソッド

object.**AddComment**、**LoadPicture**(*PictureFile*)
object.**UserPicture**(*PictureFile*)

object---対象となるRangeオブジェクト、*PictureFile*---画像ファイル

セルのコメント枠はオートシェイプです。オートシェイプは背景に画像を表示することができます。これを応用すると、画像のコメントを挿入できます。コメントの背景に画像を表示するには、UserPictureメソッドで表示したい画像ファイルを指定します。これだけならマクロ記録でもわかりますが、そうして表示した画像は、コメント枠の大きさに縮小されてしまいます。せっかく画像を表示するのだから、反対に、画像の大きさに合わせて、コメント枠の大きさを自動調整したいところです。これには、画像ファイルをLoadPicture関数でオブジェクトに変換して行います。変換したオブジェクトには高さと幅の情報があるので、それに合わせてコメント枠を変更します。

```
Sub Sample44()
    Dim IMG As Object
    Set IMG = LoadPicture("C:¥Work¥Sample.jpg") → 画像ファイルをオブジェクトに変換
    With ActiveCell.AddComment → アクティブセルにコメントを挿入
        .Shape.Fill.UserPicture "C:¥Work¥Sample.jpg" → コメントに画像を挿入
        .Shape.Height = Application.CentimetersToPoints(IMG.Height) / _
        1000
        .Shape.Width = Application.CentimetersToPoints(IMG.Width) / _
        1000
        .Visible = True
    End With
End Sub
```

（.Shape.Height～.Shape.Width）→ 画像の大きさに合わせて枠の大きさを調整

実行結果

関連項目
01.029 セルにコメントを挿入する→p.31
01.045 コメントの枠を変更する→p.48

コメント／枠

01.045 コメントの枠を変更する

Shapesプロパティ

object.**Shapes**

object---対象となるWorksheetオブジェクト

コメント枠の実体はオートシェイプの四角形です。Excel 2003までは[図形描画]ツールバーを使って、コメント枠の種類を変更できました。しかし、Excel 2007からはツールバーがなくなってしまったので、手動操作でコメント枠を変更することができなくなりました。しかし、機能が削除されたわけではありません。マクロからオートシェイプを設定することで、コメント枠を自在に変更することが可能です。オートシェイプを表す定数の一覧はp.661を参照してください。

```
Sub Sample45()
    If TypeName(ActiveCell.Comment) = "Comment" Then
        With ActiveSheet.Shapes(ActiveCell.Comment.Shape.Name)
            .TextFrame.Characters.Font.Bold = True          ┐
            .TextFrame.Characters.Font.ColorIndex = 2       ├→ コメントのフォント、色、塗りつぶしを設定
            .Fill.PresetGradient 1, 1, 1                    ┘
            .AutoShapeType = msoShapeExplosion1 → オートシェイプを設定
        End With
    End If
End Sub
```

実行結果

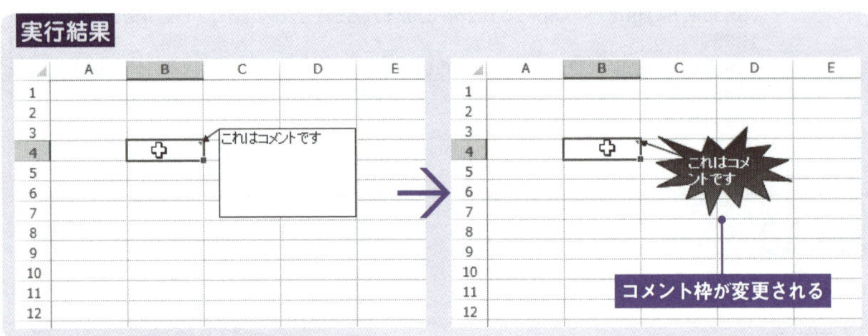

関連項目 付録003 オートシェイプの種類を表す定数→p.661

代入

01.046 複数のセルに同じ数式を代入する

Valueプロパティ

object = *objform*

object---対象となるRangeオブジェクト、*objform*---数式

下図では、セル範囲A1:A5に数値が入力されています。隣のB列に「=A1*2」のように簡単な数式を代入するとします。もちろん、1行目は「=A1*2」ですが2行目以降は「=A2*2」「=A3*2」と参照するセルのアドレスが変化します。こんなとき、それぞれのセルに1つずつ数式を代入するのではなく、サンプルのように複数セルに一括して代入できます。入力されるセルに応じて、参照するセルのアドレスも自動調整されます。これは、複数のセル(ここではセル範囲B1:B5)を選択して、アクティブセルに「=A1*2」と入れ、[Ctrl]+[Enter]キーを押すのと同じ動作です。[Ctrl]+[Enter]キーは、複数セルへの一括入力のキー操作です。同じことはVBAからでも可能です。なお、サンプルではValueプロパティに数式を代入しています。セルの数式はFormulaプロパティで表されますが、Excelは「=」で始まる文字列は自動的に数式と認識されるので、Valueプロパティに代入しても数式と認識されます。

```
Sub Sample46()
    Range("B1:B5") = "=A1*2"  → セル範囲B1:B5に同じ数式を代入
End Sub
```

実行結果

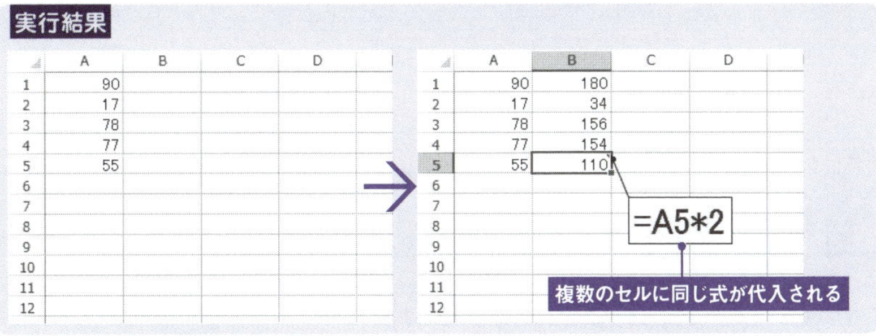

	A	B	C	D
1	90			
2	17			
3	78			
4	77			
5	55			

	A	B	C	D
1	90	180		
2	17	34		
3	78	156		
4	77	154		
5	55	110		

関連項目 01.001 セルに入力する→p.2
01.006 セルに数式を代入する→p.7

ワークシート関数／代入

01.047 ワークシート関数を入力する

Valueプロパティ

object = *Function*

object---対象となるRangeオブジェクト、*Function*---ワークシート関数

セルに関数を入力する操作をマクロ記録すると「`Selection.FormulaR1C1 = "=SUM(R[-5]C:R[-1]C)"`」のようにR1C1形式の数式が記録されます。マクロ記録で記録されることから、VBAでセルにワークシート関数を代入するときは、R1C1形式でなければいけないと誤解しているユーザーが多いようです。そんなことはありません。普段使い慣れているA1形式の数式を、そのまま代入すれば、Excelは普段通りに応えてくれます。

```
Sub Sample47()
    Range("B6") = "=SUM(B1:B5)"   → セルB6にワークシート関数を設定
End Sub
```

実行結果

	A	B	C	D	E
1	90	180			
2	17	34			
3	78	156			
4	77	154			
5	55	110			
6					
7					
8					
9					

↓

	A	B	C	D	E
1	90	180			
2	17	34			
3	78	156			
4	77	154			
5	55	110			
6		634			
7					
8					
9					
10					

=SUM(B1:B5)

ワークシート関数が代入される

関連項目
01.006 セルに数式を代入する→p.7
01.007 セルの数式を取得する→p.8
01.034 ワークシート関数を使う→p.36
01.165 相対参照と絶対参照を変換する→p.173

カウント

01.048 条件に一致するセルの個数を数える

Valueプロパティ

A列に名前が入力されています。この中から「田中」が何個あるかカウントしてみましょう。Excelでは、何かをするとき、そのための機能や仕組みを選ぶことが多くなります。このように「田中が何件あるか」をカウントするとき、その件数を一発で返す仕組みを探すユーザーもいます。しかし、そもそもプログラミングで数をカウントするとはどういうことかを理解していれば、基本的な命令だけで簡単に求められます。「cnt = cnt + 1」は、変数cntを1ずつ増加させます。

```
Sub Sample48()
    Dim i As Long, cnt As Long
    For i = 1 To 9
        If Cells(i, 1) = "田中" Then
            cnt = cnt + 1
        End If
    Next i
    MsgBox "田中は" & cnt & "件です"
End Sub
```

名前が「田中」の場合、変数cntが1増える

実行結果

関連項目 01.049 条件に一致するセルの数値を合計する→p.52
01.050 ワークシート関数を使って条件に一致するセルの数値を合計する→p.53

集計

01.049 条件に一致するセルの数値を合計する

Valueプロパティ

ある条件に一致した数値を合計するときも、「条件に一致するセルの個数を数える」と同じようにプログラミング的な発想で可能です。実際に、手作業で電卓を使って合計を求めるなら、誰もがこう考えるはずです。A列を上から順に見ていって、もし「田中」だったらB列の数値を電卓に足していく……。それと同じことをプログラミングすればよいわけです。

```
Sub Sample49()
    Dim i As Long, Result As Long
    For i = 1 To 9
        If Cells(i, 1) = "田中" Then
            Result = Result + Cells(i, 2)
        End If
    Next i
    MsgBox "田中の合計は" & Result & "です"
End Sub
```

A列が「田中」の場合、B列の数値を足す

実行結果

	A	B	C	D	E
1	田中	14			
2	武藤	59			
3	村井	39			
4	武井	34			
5	堀江	24			
6	野沢	55			
7	榊原	50			
8	田中	90			
9	山田	37			
10					
11					
12					
13					

→

Microsoft Excel

田中の合計は104です

OK

「田中」の右隣のセルの数値の合計が表示される

関連項目 01.048 条件に一致するセルの個数を数える→p.51
01.050 ワークシート関数を使って条件に一致するセルの数値を合計する→p.53

ワークシート関数／集計

01.050 ワークシート関数を使って条件に一致するセルの数値を合計する

WorksheetFunctionプロパティ

WorksheetFunction.*Function*

Function---ワークシート関数

もし下図のような表で、A列が「田中」の隣のセル(B列)だけを合計するとしたら、ほとんどのユーザーがワークシート関数のSUMIF関数を思い浮かべることでしょう。確かに、ワークシート上で計算するのであれば、それが当然です。VBAからワークシート関数を呼び出すには、WorksheetFunctionプロパティを使います。すべてのワークシート関数を使えるわけではありませんが、ケースによっては便利に使えます。VBAからワークシート関数を呼び出すときは、引数にセルのアドレスではなくRangeオブジェクトを指定することに留意してください。

```
Sub Sample50()
    Dim Result As Long
    Result = WorksheetFunction.SumIf(Range("A:A"), "田中", Range("B:B"))
    MsgBox "田中の合計は" & Result & "です"
End Sub
```

SUMIF関数を呼び出す

実行結果

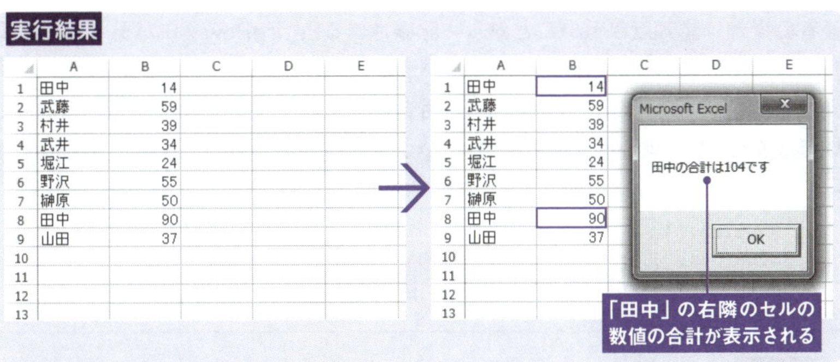

関連項目 01.048 条件に一致するセルの個数を数える→p.51
01.049 条件に一致するセルの数値を合計する→p.52

挿入

01.051 行を挿入する

Insertメソッド、EntireRowプロパティ

object.Rows(*Index*).**Insert**(*Shift*, *CopyOrigin*)
object.**EntireRow**.**Insert**(*Shift*, *CopyOrigin*)

object---対象となるRangeオブジェクト、*Index*---対象となる行番号
Shift---セルを移動する方向(省略可)、*CopyOrigin*---コピー元(省略可)

Excelで行を挿入する操作は2種類あります。1つは、行全体を選択し、右クリックして[挿入]を実行する操作です。もう1つは、任意のセルを右クリックし、[挿入]を実行して表示される[挿入]ダイアログボックスで「行全体」を選択する操作です。両者では、マクロ記録で記録されるコードが異なります。

● 行全体の挿入

```
Rows("4:4").Select
Selection.Insert
```

● セルの挿入-行全体

```
Range("A4").Select
Selection.EntireRow.Insert
```

後者の操作は認知度が低いことから、記録されるEntireRowプロパティも、あまり知られていません。EntireRowプロパティは、任意のセルの行を表します。例えば「Range("A4").EntireRow」は4行目全体です。マクロでは「○行目を削除」だけでなく「あるセルの行全体を削除」という処理も多いです。そんなとき必須のプロパティがEntireRowです。

```
Sub Sample51()
    Rows("4:5").Insert → 4～5行目に挿入
    Range("A7").EntireRow.Insert → 7行目に挿入
End Sub
```

実行結果

	A	B	C	D	E	F
1		4月	5月	6月		
2	東京	670	772	705		
3	大阪	246	301	557		
4	福岡	928	953	217		
5	東京	388	297	807		
6	大阪	178	503	851		
7	福岡	284	186	903		
8	合計	2694	3012	4040		
9						
10						
11						
12						
13						

→

	A	B	C	D	E	F
1		4月	5月	6月		
2	東京	670	772	705		
3	大阪	246	301	557		
4						
5						
6	福岡	928	953	217		
7						
8	東京	388	297	807		
9	大阪	178	503	851		
10	福岡	284	186	903		
11	合計	2694	3012	4040		
12						
13						

行が挿入される

関連項目
01.052 行を挿入して書式を引き継ぐ→p.55
01.053 行を挿入して書式は引き継がない→p.56
01.054 特定のセルの上に行を挿入する→p.57
01.055 特定のセルの下に行を挿入する→p.58

挿入

01.052 行を挿入して書式を引き継ぐ

EntireRowプロパティ、Insertメソッド

object.**EntireRow.Insert** CopyOrigin:=*Const*

object---対象となるRangeオブジェクト
Const---上下どちらの行の書式を適用するかを表す定数

行を挿入したとき、新しく挿入された行に対して、上の行の書式を適用するか、それとも下の行の書式を適用するかを、引数CopyOriginで指定できます。指定できる定数は次の2つです。

xlFormatFromLeftOrAbove	上行の書式を適用する
xlFormatFromRightOrBelow	下行の書式を適用する

```
Sub Sample52()
    Range("A3").EntireRow.Insert CopyOrigin:=xlFormatFromLeftOrAbove
    Range("A7").EntireRow.Insert CopyOrigin:=xlFormatFromRightOrBelow
End Sub
```

3行目に行を挿入し上行の書式を適用

7行目に行を挿入し下行の書式を適用

実行結果

	A	B	C	D	E
1		4月	5月	6月	
2	東京	670	772	705	
3	大阪	246	301	557	
4	福岡	928	953	217	
5	東京	388	297	807	
6	大阪	178	503	851	
7	福岡	284	186	903	
8	合計	2694	3012	4040	
9					
10					
11					
12					
13					

↓

	A	B	C	D	E
1		4月	5月	6月	
2	東京	670	772	705	
3					
4	大阪	246	301	557	
5	福岡	928	953	217	
6	東京	388	297	807	
7					
8	大阪	178	503	851	
9	福岡	284	186	903	
10	合計	2694	3012	4040	
11					
12					
13					

行を挿入すると上や下の行の書式が適用される

関連項目
01.051 行を挿入する→p.54
01.053 行を挿入して書式は引き継がない→p.56
01.054 特定のセルの上に行を挿入する→p.57
01.055 特定のセルの下に行を挿入する→p.58

挿入

01.053 行を挿入して書式は引き継がない

Insertメソッド、EntireRowプロパティ、ClearFormatsメソッド

object.**EntireRow.Insert.ClearFormats**

object---対象となるRangeオブジェクト

行を挿入したときに表示されるスマートタグでは、「上と同じ書式を適用」「下と同じ書式を適用」の他に「書式のクリア」という選択肢があります。書式を適用するときは、引数CopyOriginに定数を指定しますが、「書式のクリア」に該当する定数はありません。マクロ記録するとわかりますが、このときは挿入した行に対してClearFormatsメソッドを実行します。

```
Sub Sample53()
    With Range("A4").EntireRow
        .Insert
        .ClearFormats
    End With
End Sub
```

4行目に行を挿入し書式は引き継がない

実行結果

	A	B	C	D	E
1		4月	5月	6月	
2	東京	670	772	705	
3	大阪	246	301	557	
4	福岡	928	953	217	
5	東京	388	297	807	
6	大阪	178	503	851	
7	福岡	284	186	903	
8	合計	2694	3012	4040	
9					
10					
11					
12					
13					

↓

	A	B	C	D	E
1		4月	5月	6月	
2	東京	670	772	705	
3	大阪	246	301	557	
4					
5	福岡	928	953	217	
6	東京	388	297	807	
7	大阪	178	503	851	
8	福岡	284	186	903	
9	合計	2694	3012	4040	
10					
11					
12					
13					

行を挿入しても書式は引き継がれない

関連項目
01.051 行を挿入する→p.54
01.052 行を挿入して書式を引き継ぐ→p.55
01.054 特定のセルの上に行を挿入する→p.57
01.055 特定のセルの下に行を挿入する→p.58

挿入

01.054 特定のセルの上に行を挿入する

Insertメソッド、EntireRowプロパティ

object.**EntireRow.Insert**(*Shift, CopyOrigin*)

object---対象となるRangeオブジェクト、*Shift*---セルを移動する方向(省略可)
CopyOrigin---コピー元(省略可)

あらかじめ作成した表に対して、ある条件に一致した位置に行を挿入するという処理は一般的です。ここでは「佐藤の上に新しい行を挿入する」マクロを考えてみましょう。まず、こうした繰り返し処理では、For Nextステートメントが使えません。行を挿入すると、調べるセル範囲の大きさが変化するため、繰り返しの回数をあらかじめ決められないからです。こんなときは「セルが空欄になるまで」という条件でDo Loopステートメントを使います。

```
Sub Sample54()
    Dim i As Long
    i = 1
    Do While Cells(i, 1) <> ""
        If Cells(i, 1) = "佐藤" Then
            Cells(i, 1).EntireRow.Insert
            i = i + 1
        End If
        i = i + 1
    Loop
End Sub
```

A列が「佐藤」の場合、行を挿入

実行結果

	A	B	C	D
1	田中	10		
2	鈴木	20		
3	佐藤	30		
4	田中	40		
5	鈴木	50		
6	佐藤	60		
7				
8				
9				
10				

→

	A	B	C	D
1	田中	10		
2	鈴木	20		
3				
4	佐藤	30		
5	田中	40		
6	鈴木	50		
7				
8	佐藤	60		
9				
10				

条件に一致した位置に行が挿入される

関連項目
01.051 行を挿入する→p.54
01.052 行を挿入して書式を引き継ぐ→p.55
01.053 行を挿入して書式は引き継がない→p.56
01.055 特定のセルの下に行を挿入する→p.58

挿入

01.055 特定のセルの下に行を挿入する

Insertメソッド、EntireRowプロパティ

object.**EntireRow.Insert**(*Shift, CopyOrigin*)

object---対象となるRangeオブジェクト、*Shift*---セルを移動する方向（省略可）
CopyOrigin---コピー元（省略可）

01.054 と同じように、ある条件に一致した位置に新しい行を挿入します。01.054 では「佐藤の上」に行を挿入しましたが、今度は「鈴木の下」に挿入します。サンプルの表では同じ結果になりますが、特定セルの下に挿入する方法と、上に挿入する方法の違いを、それぞれ正しく理解してください。

```
Sub Sample55()
    Dim i As Long
    i = 1
    Do While Cells(i, 1) <> ""
        If Cells(i, 1) = "鈴木" Then
            i = i + 1
            Cells(i, 1).EntireRow.Insert
        End If
        i = i + 1
    Loop
End Sub
```

A列が「鈴木」の場合、下行に行を挿入

実行結果

	A	B	C	D
1	田中	10		
2	鈴木	20		
3	佐藤	30		
4	田中	40		
5	鈴木	50		
6	佐藤	60		
7				
8				
9				
10				

→

	A	B	C	D
1	田中	10		
2	鈴木	20		
3				
4	佐藤	30		
5	田中	40		
6	鈴木	50		
7				
8	佐藤	60		
9				
10				

条件に一致した位置に行が挿入される

関連項目
01.051 行を挿入する→p.54
01.052 行を挿入して書式を引き継ぐ→p.55
01.053 行を挿入して書式は引き継がない→p.56
01.054 特定のセルの上に行を挿入する→p.57

挿入

01.056 列を挿入する

Insertメソッド、EntireColumnプロパティ

Columns (*Index*) .**Insert** (*Shift, CopyOrigin*)
object.**EntireColumn.Insert** (*Shift, CopyOrigin*)

object---対象となるRangeオブジェクト、*Index*---対象となる列番号
Shift---セルを移動する方向（省略可）、*CopyOrigin*---コピー元（省略可）

列の挿入も、行の挿入と考え方は同じです。列全体を表すColumnsプロパティを使って「Columns("C:C").Insert」のように書くこともできますし、任意のセルが属する列全体を返すEntireColumnプロパティも便利です。

```
Sub Sample56()
    Columns("C:C").Insert → C列に列を挿入
    Range("F1").EntireColumn.Insert → F列に列を挿入
End Sub
```

実行結果

	A	B	C	D	E	F	G
1		4月	5月	6月	合計		
2	田中	15	31	32	78		
3	鈴木	29	37	11	77		
4	佐藤	89	12	64	165		
5	土屋	87	85	23	195		
6							
7							
8							

↓

	A	B	C	D	E	F	G
1		4月		5月	6月		合計
2	田中	15		31	32		78
3	鈴木	29		37	11		77
4	佐藤	89		12	64		165
5	土屋	87		85	23		195
6							
7							
8							

列が挿入される

関連項目 01.057 特定のセルの左に列を挿入する→p.60
01.058 特定のセルの右に列を挿入する→p.61

挿入

01.057 特定のセルの左に列を挿入する

Insertメソッド、EntireColumnプロパティ、Findメソッド

object.**Find**(*What*)
object.**EntireColumn.Insert**(*Shift, CopyOrigin*)

object---対象となる*Range*オブジェクト、*What*---検索するデータ
Shift---セルを移動する方向（省略可）、*CopyOrigin*---コピー元（省略可）

あらかじめ作成された表の、特定の位置に列を挿入してみましょう。ここでは、1行目に「合計」と入力されているセルの「手前（左）」に新しい列を挿入します。例えば「Range("E1").EntireColumn.Insert」とすれば、セルE1の「左」に列が挿入されます。「合計」と入力されたセルは、Findメソッドで検索しています。

```
Sub Sample57()
    Dim FoundCell As Range
    Set FoundCell = Range("1:1").Find("合計") →1行目から「合計」を検索
    If Not FoundCell Is Nothing Then
        FoundCell.EntireColumn.Insert →「合計」の列の左に列を挿入
    End If
End Sub
```

実行結果

	A	B	C	D	E	F	G
1		4月	5月	6月	合計		
2	田中	15	31	32	78		
3	鈴木	29	37	11	77		
4	佐藤	89	12	64	165		
5	土屋	87	85	23	195		
6							
7							
8							

↓

	A	B	C	D	E	F	G
1		4月	5月	6月		合計	
2	田中	15	31	32		78	
3	鈴木	29	37	11		77	
4	佐藤	89	12	64		165	
5	土屋	87	85	23		195	
6							
7							
8							

条件に一致した位置（「合計」列の左）に列が挿入される

関連項目 01.056 列を挿入する→p.59
01.058 特定のセルの右に列を挿入する→p.61

挿入

01.058 特定のセルの右に列を挿入する

Findメソッド、Offsetプロパティ、Insertメソッド、EntireColumnプロパティ

object.**Find**(*What*)、*object*.**Offset**(*RowOffset*, *ColumnOffset*).**EntireColumn.Insert**(*Shift*, *CopyOrigin*)

object---対象となるRangeオブジェクト、*What*---検索するデータ
RowOffset---オフセットする範囲の行数、*ColumnOffset*---オフセットする範囲の列数
Shift---セルを移動する方向（省略可）、*CopyOrigin*---コピー元（省略可）

01.057 と同じですが、今度は「6月」と入力されたセルを探し、その「右」に新しい列を挿入します。Findメソッドで「6月」セルを検索し、見つかったセルの「1つ右」の列に対してInsertメソッドを実行します。

```
Sub Sample58()
    Dim FoundCell As Range
    Set FoundCell = Range("1:1").Find("6月") →1行目から「6月」を検索
    If Not FoundCell Is Nothing Then
        FoundCell.Offset(0, 1).EntireColumn.Insert →「6月」の1つ右に列を挿入
    End If
End Sub
```

実行結果

	A	B	C	D	E	F	G
1		4月	5月	6月	合計		
2	田中	15	31	32	78		
3	鈴木	29	37	11	77		
4	佐藤	89	12	64	165		
5	土屋	87	85	23	195		
6							
7							
8							

↓

	A	B	C	D	E	F	G
1		4月	5月	6月		合計	
2	田中	15	31	32		78	
3	鈴木	29	37	11		77	
4	佐藤	89	12	64		165	
5	土屋	87	85	23		195	
6							
7							
8							

条件に一致した位置（「6月」列の右）に列が挿入される

関連項目 01.056 列を挿入する→p.59
01.057 特定のセルの左に列を挿入する→p.60

削除

01.059 特定のセルの行を削除する

Deleteメソッド、EntireRowプロパティ

***object*.EntireRow.Delete**

object---対象となるRangeオブジェクト

ある条件に一致した行だけを、すべて削除するような操作は、多くのユーザーが望むマクロの1つです。ここではA列で「小計」と入力された行を削除してみましょう。A列を順番に見ていって、「小計」と入力されていたらその行を削除するのですが、こういう処理では「対象範囲を下から見ていく」のがセオリーです。なぜなら、行を削除してしまうと、1行下のセルが上に繰り上がってしまうからです。例えば、セルA3とセルA4に続けて「小計」が入力されていたとします。3行目を削除すると、それまで4行目だったセルA4が新しくセルA3になります。しかし、セルA3はすでにチェック済みなので、次はそれまで5行目だった新しいセルA4から処理が継続されてしまうからです。

```
Sub Sample59()
    Dim i As Long
    For i = 8 To 1 Step -1
        If Cells(i, 1) = "小計" Then
            Cells(i, 1).EntireRow.Delete
        End If
    Next i
End Sub
```

A列に「小計」があるかを対象範囲の下から判定

行を削除

実行結果

	A	B	C
1	1月	43	
2	2月	85	
3	小計	128	
4	3月	30	
5	4月	73	
6	小計	103	
7	5月	56	
8	6月	43	
9			
10			

→

	A	B	C
1	1月	43	
2	2月	85	
3	3月	30	
4	4月	73	
5	5月	56	
6	6月	43	
7			
8			
9			
10			

条件に一致したセルの行が削除される

関連項目 01.015 行や列全体を削除する→p.16
01.060 空白セルの行を削除する→p.63

空白セル／削除

01.060 空白セルの行を削除する

SpecialCellsプロパティ、EntireRowプロパティ、Deleteメソッド

object.**SpecialCells**(xlCellTypeBlanks).**EntireRow**.**Delete**

object---対象となるRangeオブジェクト

A列が空白だったとき、その行を削除する場合も、前項と同じ考え方で削除できます。Ifの条件を「If Cells(i, 1) = "" Then」とすればいいでしょう。ただし、空白セルを探し出すには、もう1つ便利な方法があります。SpecialCellsプロパティです。このプロパティは、[F5]キーを押して[ジャンプ]ダイアログボックスを開き、[セル選択]ボタンで表示される[選択オプション]ダイアログボックスと同じ働きをします。指定した範囲内で、すべての空白セルを一気に取得できますので、削除の処理も1回で済みます。

```
Sub Sample60()
    Range("A1:A8").SpecialCells(xlCellTypeBlanks).EntireRow.Delete
End Sub
```

セル範囲A1:A8の空白セルの範囲を削除

実行結果

	A	B	C
1	1月	43	
2	2月	85	
3		128	
4	3月	30	
5	4月	73	
6		103	
7	5月	56	
8	6月	43	
9			
10			

→

	A	B	C
1	1月	43	
2	2月	85	
3	3月	30	
4	4月	73	
5	5月	56	
6	6月	43	
7			
8			
9			
10			

空白セルの行が削除される

関連項目 01.015 行や列全体を削除する→p.16
01.059 特定のセルの行を削除する→p.62

アクティブセル／選択

01.061 アクティブセルを調べる

ScreenUpdatingプロパティ、Rangeオブジェクト、Activateメソッド

object1.**ScreenUpdating**、*object2*.**Activate**

object1---対象となるApplicationオブジェクト
object2---対象となるWorksheetオブジェクト

アクティブセルはActiveCellプロパティで取得できます。現在のアクティブセルがどこかは、すぐに調べられます。では、現在アクティブでないワークシートのアクティブセルを調べるには、どうしたらいいでしょう。

それはできません。そもそもアクティブセルというのは、キーボードから入力したデータが代入されるセルのことです。開いていない(アクティブでない)ワークシートには、どうやっても代入できないので、アクティブセルはアクティブシートにしか存在しないのです。別ワークシートでどのセルが選択されているかは、実際にワークシートを開いてみなければわかりません。

```
Sub Sample61()
    Dim Target As Range
    Application.ScreenUpdating = False ──→ 画面表示の更新をオフにする
    ActiveSheet.Next.Activate ──→ アクティブシートの次のワークシートをアクティブにする
    Set Target = ActiveCell
    ActiveSheet.Previous.Activate ─→ アクティブシートの前のワークシートをアクティブにする
    Application.ScreenUpdating = True ──→ 画面表示の更新をオンにする
    MsgBox "右シートのアクティブセルは" & Target.Address & "です"
End Sub
```

実行結果

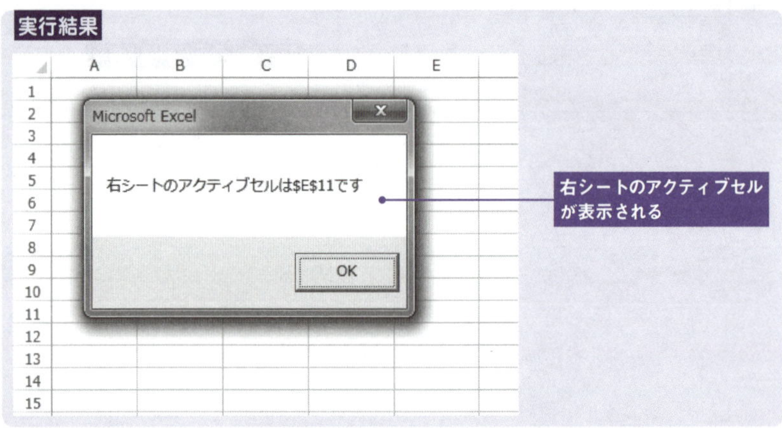

関連項目 01.062 アクティブシートではない別シートのセルを選択する→p.65

選択

01.062 アクティブシートではない別シートのセルを選択する

Selectメソッド

***object*.Select**

object---対象となるRange、Worksheetオブジェクト

開いていない(アクティブでない)ワークシートのセルには、いきなりActivateメソッドやSelectメソッドは使えません。この操作をマクロ記録すると、次のようなコードが記録されます。

```
Sheets("Sheet2").Select
Range("B3").Select
```

これを続けて「Sheets("Sheet2").Range("B3").Select」と書くとエラーになります。これはVBAの仕様です。開いていないワークシートを開いて、任意のセルを選択するときは、ワークシートのSelectメソッドと、セルのSelectメソッドを2つに分けて記述してください。

```
Sub Sample62()
    Sheets("Sheet2").Select → Sheet2を選択
    Range("B3").Select → セルB3を選択
End Sub
```

実行結果

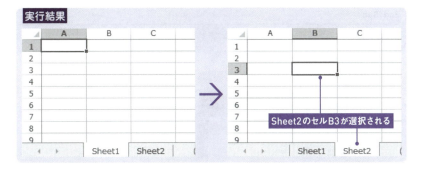

Sheet2のセルB3が選択される

関連項目 01.009 別シートのセルを選択する→p.10
01.061 アクティブセルを調べる→p.64

選択

01.063 非連続のセルが選択されているかどうかを調べる

Areasコレクション

object.**Areas**

object---対象となるRangeオブジェクト

Excelは、[Ctrl]キーを押しながらセルをクリックまたはドラッグすると、連続していない複数のセルを選択できます。こうした、非連続のセルが選択されているかどうかは、Areasコレクションで取得できます。Areasコレクションは、選択されているセル範囲(Selection)内で、連続した領域を返すコレクションです。コレクションですが、Areaオブジェクトというものはありません。Areasコレクションの数(Countプロパティ)を調べることで、非連続のセルが選択されているかどうかが判定できます。

```
Sub Sample63()
    Dim msg As String, i As Long
    If Selection.Areas.Count = 1 Then → 選択されているセル範囲が「1」の場合
        MsgBox "非連続のセルは選択されていません"
    Else
        For i = 1 To Selection.Areas.Count
            msg = msg & Selection.Areas(i).Address & vbCrLf
        Next i                                    選択されているセル範囲のアドレスを判定
        MsgBox "選択されているのは" & vbCrLf & msg
    End If
End Sub
```

実行結果

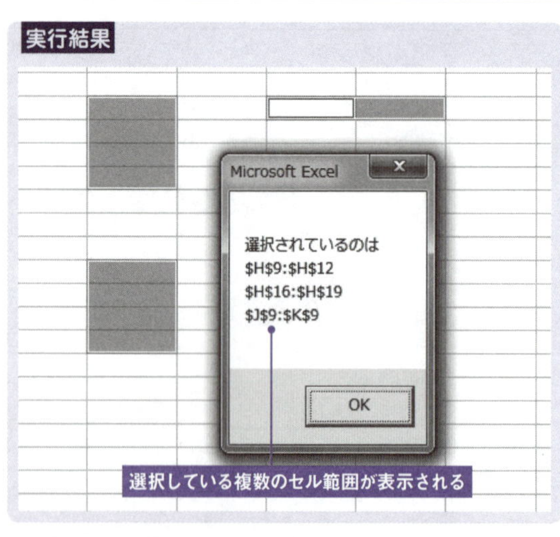

関連項目 01.180 2つのセル範囲を入れ替える→p.188

選択

01.064 行単位のセル範囲を操作する

Rangeプロパティ、Cellsプロパティ

object.**Range**、*object*.**Cells**

object---対象となるRangeオブジェクト

セルを特定するときは、RangeプロパティまたはCellsプロパティを使います。Rangeプロパティはアドレスが固定されているときに使い、Cellsプロパティはマクロ中でセルが移動や変化するときに使います。Rangeプロパティは引数にセルのアドレスを文字列指定しますが、Rangeプロパティにはもう1つの書式があります。それは「Range(始点セル,終点セル)」です。始点セルから終点セルまでのセル範囲を返します。この書式を使うと、表のデータを行単位で特定するのが容易になります。

```
Sub Sample64()
    Dim i As Long
    For i = 2 To 5
        If Cells(i, 2) > 70 Then → B列のセルの数値が70以上の場合
            Range(Cells(i, 1), Cells(i, 5)).Font.Bold = True → 対象となる行のフォントを太字にする
        End If
    Next i
End Sub
```

実行結果

	A	B	C	D	E	F	G
1		4月	5月	6月	合計		
2	田中	42	10	92	144		
3	鈴木	77	99	17	193		
4	佐藤	82	77	24	183		
5	土屋	47	25	91	163		
6							
7							
8							

↓

	A	B	C	D	E	F	G
1		4月	5月	6月	合計		
2	田中	42	10	92	144		
3	**鈴木**	**77**	**99**	**17**	**193**		
4	**佐藤**	**82**	**77**	**24**	**183**		
5	土屋	47	25	91	163		
6							
7							
8							

指定したセル範囲が太字になる

関連項目 01.143 特定のセルを含むセル範囲を取得する→p.151

その他

01.065 セルに印を付ける

IDプロパティ、Unionメソッド

object1.**ID**、*object2*.**Union**(*Arg1*,*Arg2*……)

object1---対象となるRangeオブジェクト、*object2*---対象となるApplicationオブジェクト(省略可)、*Arg*---集合させるセル範囲(Rangeオブジェクト)

RangeオブジェクトにはIDプロパティというプロパティがあります。IDプロパティは、ワークシートをWebページとして保存するとき、ハイパーリンクの参照先ターゲットを設定するプロパティです。ワークシートをWebページとして保存しないのであれば、このIDプロパティは通常では使用しません。しかし、せっかくですから有効活用しましょう。サンプルは、まずユーザーが選択したセルのIDプロパティに「Selected」という文字列を書き込みます。次に、アクティブシートでIDプロパティが「Selected」のセルだけを選択します。2つのマクロは続けて実行する必要はありません。

```
Sub Sample65()
    Dim c As Range
    For Each c In ActiveSheet.UsedRange
        c.ID = ""
    Next c
    For Each c In Selection
        c.ID = "Selected"
    Next c
    MsgBox "選択したセルに印を付けました"
End Sub

Sub Sample65_2()
    Dim c As Range, Target As Range
    For Each c In ActiveSheet.UsedRange
        If c.ID = "Selected" Then
            If Target Is Nothing Then
                Set Target = c
            Else
                Set Target = Union(Target, c)
            End If
        End If
    Next c
    Target.Select
End Sub
```

選択されたセルのIDプロパティに「Selected」という文字列を書き込む

アクティブシートで使用されているセル(UsedRange)のIDプロパティに「Selected」が設定されているセルだけを変数Targetに組み込む

memo

▶IDプロパティはブックとしては保存されません。

実行結果

関連項目 01.038 色を設定する→p.40

選択

01.066 大量のセルを選択する

Unionメソッド

object.**Union**(*Arg1,Arg2*……)

object---対象となるApplicationオブジェクト(省略可)
Arg---集合させるセル範囲(Rangeオブジェクト)

セルを選択するときは「Range("A1").Select」のようにします。複数のセルを選択するのなら「Range("A1,A3,A5").Select」のように、Rangeの引数に複数セルのアドレスをカンマで区切って指定します。しかし、意外に知られていませんが、Rangeの引数に指定する文字列は255文字までという制限があります。255文字を越えるアドレスを指定するとエラーになります。大量のデータを選択する場合、アドレスを文字列として合体すると、この制限が問題になります。そんなときは、Unionメソッドを使います。Unionメソッドは、複数の非連続セルを返します。

```
Sub Sample66()
    Dim i As Long, Target As Range
    For i = 1 To 100
        If Cells(i, 1) > 50 Then
            If Target Is Nothing Then
                Set Target = Cells(i, 1)
            Else
                Set Target = Union(Target, Cells(i, 1))
            End If
        End If
    Next i
    Target.Select
End Sub
```

A列の中で数値が50以上のセルを探して変数Targetに組み込む

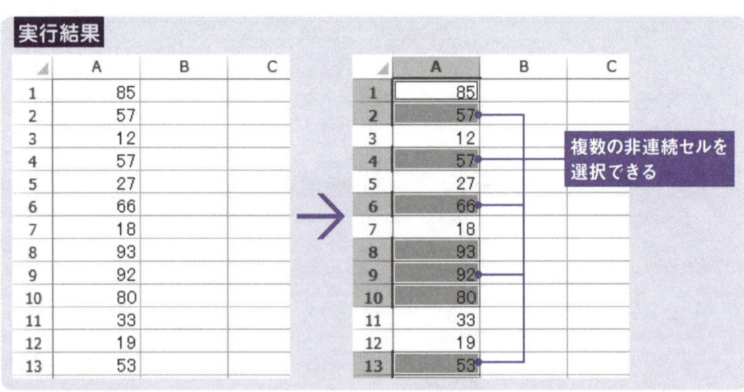

関連項目 01.031 大量のセルを配列に入れてから操作する→p.33

フリガナ

01.067 セルのフリガナを取得する（1）

Phoneticプロパティ

object.**Phonetic**.Text

object---対象となるRangeオブジェクト

セルに文字列を入力すると、セルにフリガナの情報が記録されます。日本語変換で変換した日本語は、変換前にキーボードから入力した「読み」がフリガナになります。アルファベットは、入力したアルファベットがそのままフリガナとして登録されます。なお、Excelのフリガナは標準でカタカナで登録されます。

```
Sub Sample67()
    Dim i As Long
    For i = 1 To 4
        With Cells(i, 1)
            .Offset(0, 1) = .Phonetic.Text
        End With
    Next i
End Sub
```

A列の文字列のフリガナを取得し右隣のセルに表示

実行結果

	A	B	C	D	E
1	田中 直美				
2	Excel 2013				
3	123				
4	たなか				
5					

↓

	A	B	C	D
1	田中 直美	タナカ ナオミ		
2	Excel 2013	Excel 2013		
3	123			
4	たなか	タナカ		
5				

フリガナの情報が表示される

memo

▶セルに入力されているのが数値データの場合は、フリガナがありません。

関連項目
01.014 セルにフリガナを設定する→p.15
01.068 セルのフリガナを取得する（2）→p.72
01.070 セルのフリガナ設定を変更する→p.74
01.071 全種類のフリガナを取得する→p.75

フリガナ

01.068 セルのフリガナを取得する（2）

Phoneticプロパティ

object.**Phonetic**.Count

object---対象となるRangeオブジェクト

セルのフリガナはPhoneticオブジェクトのTextプロパティで取得できます。これは、セルに記録されているフリガナ全体を表します。セルのフリガナは、入力時に変換した文字列ごとに記録されます。例えば「田中直美」を「たなか」「なお」「み」と3回に分けて変換し入力した場合、セルには3つのフリガナ情報が記録されます。記録されているフリガナの数は、PhoneticsコレクションのCountプロパティでわかります。それぞれのフリガナは、「Phonetic(1)」のようにして操作します。

```
Sub Sample68()
    Dim i As Long, msg As String
    With Range("A1")
        For i = 1 To .Phonetics.Count → セルA1の文字列のフリガナ情報の数を調べる
            msg = msg & .Phonetics(i).Text & vbCrLf → それぞれのフリガナ情報をmsgBoxに表示
        Next i
    End With
    MsgBox msg
End Sub
```

実行結果

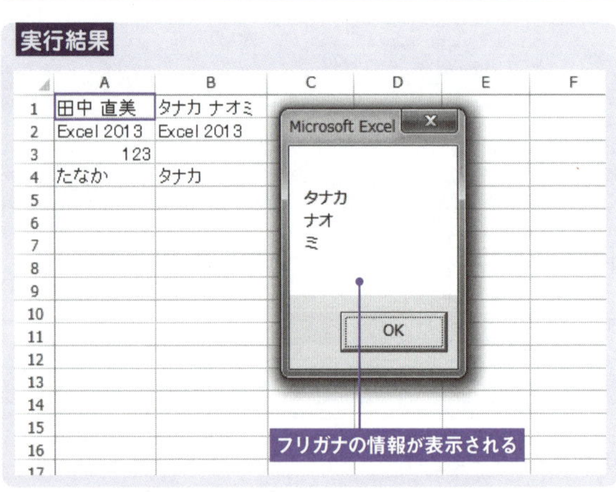

フリガナ

01.069 入力されていない文字列のフリガナを取得する

GetPhoneticメソッド

object.**GetPhonetic**(*Text*)

object---対象となるApplicationオブジェクト
Text---フリガナに変換するテキスト（省略可）

セルに登録されるフリガナは、キーボードから入力した日本語変換前の「読み」です。したがって、キーボードから入力していない文字列には、フリガナ情報が登録されません。フリガナ情報が登録されていないセルに対しては、SetPhoneticメソッドで標準的なフリガナを自動的に設定できます。そうではなく、セルに入れる前にフリガナを取得するには、ApplicationオブジェクトのGetPhoneticメソッドを使います。GetPhoneticメソッドは、セルに関係なく、引数に指定した文字列のフリガナを返します。

```
Sub Sample69()
    Dim UserName As String
    UserName = InputBox("名前を入力してください")
    If UserName = "" Then Exit Sub
    Cells(1, 1) = UserName → セルA1に入力された名前を表示
    Cells(1, 2) = Application.GetPhonetic(UserName) → セルB1に入力された名前のフリガナを表示
End Sub
```

実行結果

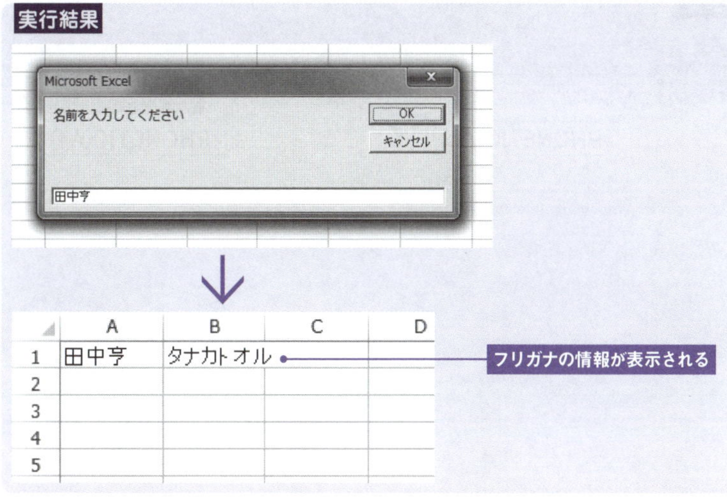

関連項目
01.070 セルのフリガナ設定を変更する→p.74
01.072 セルにフリガナを表示／非表示に設定する→p.76
01.073 ひらがなとカタカナを変換する→p.77

フリガナ／変更

01.070 セルのフリガナ設定を変更する

Phoneticsプロパティ、CharacterTypeプロパティ

object.**Phonetics.CharacterType** = xlHiragana

object---対象となるApplicationオブジェクト

ワークシートで使うPHONETIC関数や、RangeオブジェクトのPhonetic.Textで取得できるフリガナがカタカナなので、Excelのフリガナは標準でカタカナが返るように設定されています。ひらがなのフリガナを取得するには、フリガナが記録されているセルの設定を変更します。フリガナの種類は、CharacterTypeプロパティに次の定数を指定します。

xlHiragana	ひらがなにする
xlKatakanaHalf	半角カタカナにする
xlKatakana	カタカナにする

```
Sub Sample70()
    Dim i  As Long
    For i = 1 To 4
        Cells(i, 1).Phonetics.CharacterType = xlHiragana
    Next i
End Sub
```

A列の文字列のひらがなのフリガナを取得

実行結果

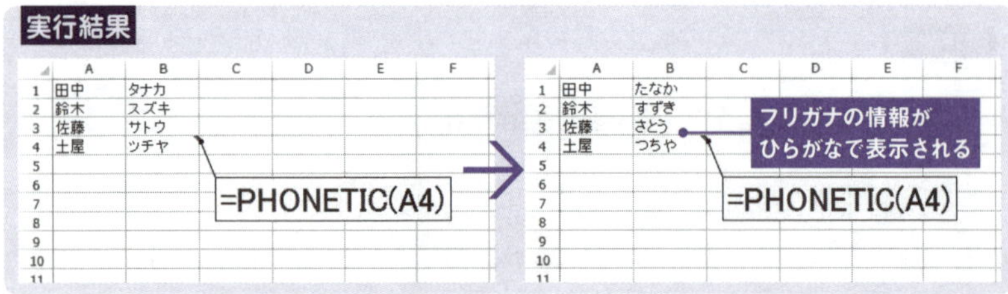

関連項目
01.067 セルのフリガナを取得する（1）→p.71
01.068 セルのフリガナを取得する（2）→p.72
01.072 セルにフリガナを表示／非表示に設定する→p.76
01.073 ひらがなとカタカナを変換する→p.77

フリガナ

01.071 全種類のフリガナを取得する

GetPhoneticメソッド

object.**GetPhonetic**(*Text*)

object---対象となるApplicationオブジェクト
Text---フリガナに変換するテキスト（省略可）

任意の文字列のフリガナを返すGetPhoneticメソッドは便利な特徴があります。引数に漢字を指定すると、その漢字の「読み」を返しますが、続けて「引数を省略して実行」することで、別の「読み」を次々と返してくれます。

```
Sub Sample71()
    Dim UserName As String, buf As String, cnt As Long
    UserName = InputBox("名前を入力してください")
    If UserName = "" Then Exit Sub
    buf = Application.GetPhonetic(UserName) → 入力された名前のフリガナを取得
    Do While buf <> ""
        cnt = cnt + 1
        Cells(cnt, 1) = buf
        buf = Application.GetPhonetic() → 入力された名前の別の読みを取得
    Loop
End Sub
```

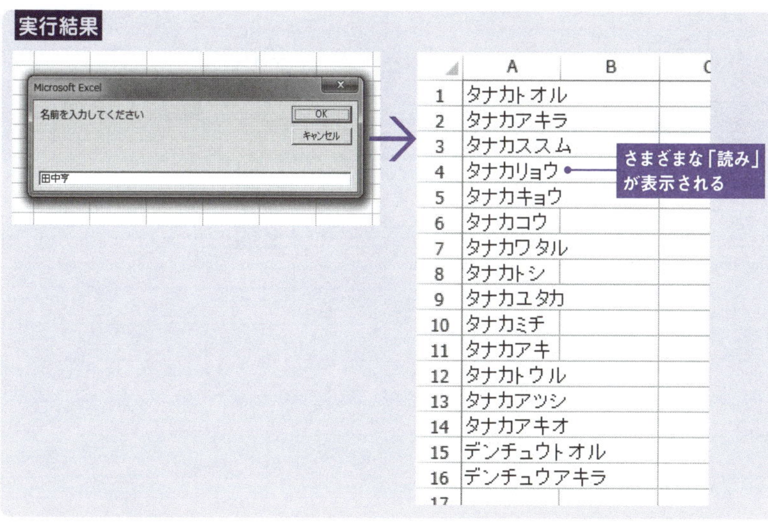

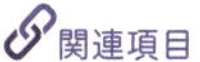関連項目

01.067 セルのフリガナを取得する（1）→p.71
01.068 セルのフリガナを取得する（2）→p.72
01.072 セルにフリガナを表示／非表示に設定する→p.76
01.073 ひらがなとカタカナを変換する→p.77

フリガナ／表示

01.072 セルにフリガナを表示／非表示に設定する

Phoneticプロパティ、Visibleプロパティ

object1.**Phonetic**、*object2*.**Visible**

object1---対象となるRangeオブジェクト、*object2*---対象となるPhoneticオブジェクト

セルにフリガナを表示するかどうかは、PhoneticオブジェクトのVisibleプロパティで設定します。Trueは表示でFalseが非表示です。フリガナの表示／非表示を切り替えるには、Visibleプロパティに現在と反対の値（TrueまたはFalse）を指定します。Not演算子は、値を反転する働きをします。

```
Sub Sample72()
    Dim i As Long
    For i = 1 To 4
        With Cells(i, 1).Phonetic → A列の文字列のフリガナを取得
            .Visible = Not .Visible → フリガナの表示／非表示を切り替え
        End With
    Next i
End Sub
```

実行結果

	A	B
1	田中	
2	鈴木	
3	佐藤	
4	土屋	
5		
6		
7		
8		

→

	A	B
1	タナカ 田中	
2	スズキ 鈴木	
3	サトウ 佐藤	
4	ツチヤ 土屋	
5		
6		

フリガナが表示される

関連項目
01.014 セルにフリガナを設定する→p.15
01.069 入力されていない文字列のフリガナを取得する→p.73
01.070 セルのフリガナ設定を変更する→p.74
01.071 全種類のフリガナを取得する→p.75

文字種／変換

01.073 ひらがなとカタカナを変換する

StrConv関数

StrConv (*string, conversion, LCID*)

string---変換する文字列、*conversion*---何に変換するかを表す定数
LCID---国別情報識別子（省略可）

ひらがなとカタカナを変換するには、StrConv関数を使います。StrConv関数の第1引数には変換前の文字列を指定し、第2引数には何に変換するかを表す定数を指定します。

定数	説明
vbKatakana	カタカナに変換する
vbHiragana	ひらがなに変換する

```
Sub Sample73()
    Dim i As Long
    For i = 1 To 4
        Cells(i, 2) = StrConv(Cells(i, 1), vbKatakana) → A列の文字列をカタカナに変換
        Cells(i, 3) = StrConv(Cells(i, 2), vbHiragana) → B列の文字列をひらがなに変換
    Next i
End Sub
```

実行結果

	A	B	C	D	E
1	たなか				
2	すずき				
3	さとう				
4	つちや				
5					
6					

↓

	A	B	C	D	E
1	たなか	タナカ	たなか		
2	すずき	スズキ	すずき		
3	さとう	サトウ	さとう		
4	つちや	ツチヤ	つちや		
5					
6					

カタカナがひらがなに変換される

ひらがながカタカナに変換される

関連項目 01.074 半角と全角を変換する→p.78
01.075 大文字と小文字を変換する→p.79

文字種／変換

01.074 半角と全角を変換する

StrConv関数

StrConv(*string, conversion, LCID*)

string---変換する文字列、*conversion*---何に変換するかを表す定数
LCID---国別情報識別子(省略可)

半角と全角を変換するには、StrConv関数を使います。StrConv関数の第1引数には変換前の文字列を指定し、第2引数には何に変換するかを表す定数を指定します。

vbWide	全角に変換する
vbNarrow	半角に変換する

```
Sub Sample74()
    Dim i As Long
    For i = 1 To 4
        Cells(i, 2) = StrConv(Cells(i, 1), vbWide) → A列の文字列を全角に変換
        Cells(i, 3) = StrConv(Cells(i, 2), vbNarrow) → B列の文字列を半角に変換
    Next i
End Sub
```

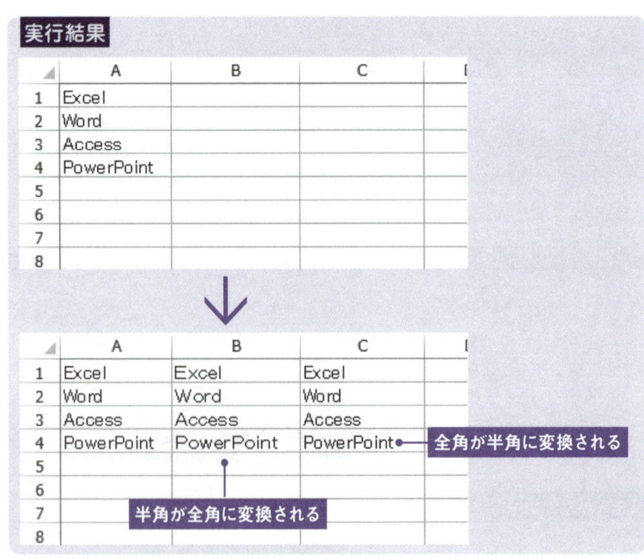

関連項目 01.073 ひらがなとカタカナを変換する→p.77
01.075 大文字と小文字を変換する→p.79

セル ブックとシート ファイル グラフとオブジェクト メニュー UserForm プログラミング 高度な使い方

文字種／変換

01.075 大文字と小文字を変換する

UCase関数、LCase関数

UCase(*string*)、**LCase**(*string*)

string---文字列

大文字と小文字を変換する機会は多くなります。例えば、ブックを開くときは「Workbooks("Book1.xlsx").Open」と「Workbooks("BOOK1.XLSX").Open」は同じに扱われますが、開いたブックの拡張子を判定するときは「xlsx」と「XLSX」は区別されます。大文字と小文字を問わず、どちらでも判定できるようにするには、両方を大文字または小文字に変換してから判定します。文字列を大文字に変換するにはUCase関数、小文字に変換するにはLCase関数を使います。

```
Sub Sample75()
    Workbooks.Open "C:¥Work¥Book1.xlsx"
    With ActiveWorkbook
        If Right(.Name, 4) = "XLsX" Then → そのまま判定
            MsgBox "拡張子はXLSXです"
        Else
            MsgBox "拡張子はXLSXではありません"
        End If
        If UCase(Right(.Name, 4)) = UCase("XLsX") Then → 変換して判定
            MsgBox "拡張子はXLSXです"
        Else
            MsgBox "拡張子はXLSXではありません"
        End If
    End With
End Sub
```

実行結果

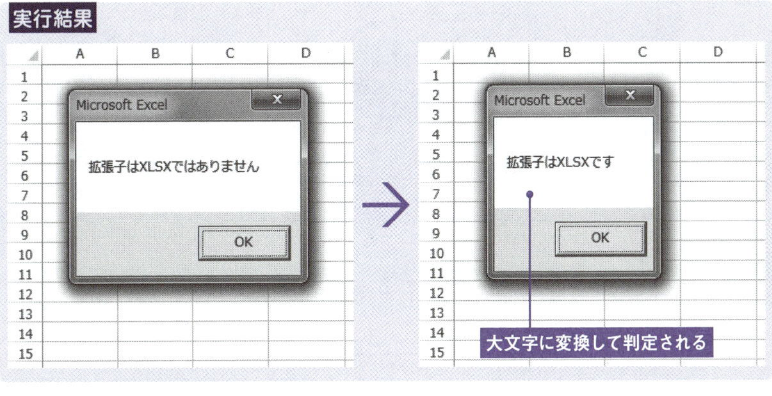

関連項目
01.073 ひらがなとカタカナを変換する→p.77
01.074 半角と全角を変換する→p.78

空白／除去

01.076 空白を除去する(1)

Trim関数

Trim(*string*)

string---文字列

VBAには文字列から空白を除去するTrim関数があります。Trim関数は、半角の空白と、全角の空白の両方を除去しますが、サンプルでもわかるように、除去されるのは「左右の空白」だけです。「Microsoft Excel」の間にある空白は除去されません。

```
Sub Sample76()
    Dim Source As String
    Source = " Microsoft Excel "
    MsgBox Source & "です" & vbCrLf & Trim(Source) & "です"
End Sub
```

文字列の左右の空白を除去しMsgBoxに表示

実行結果

memo

▶ワークシート関数とは異なり、左右の空白だけを除去するLTrim関数やRTrim関数はありません。

関連項目 01.077 空白を除去する (2) →p.81

空白／除去

01.077 空白を除去する（2）

Replace関数

Replace(*expression, find, replace*)

expression---置換する文字列を含む文字列形式、*find*---検索する文字列
replace---置換する文字列

文字列から空白を除去するTrim関数は、手軽ですが汎用性は高くありません。半角の空白だけを除去したり、文字列に含まれるすべての空白を除去したいようなときは、Trim関数ではなくReplace関数を使います。Replace関数は、指定した文字を、別の文字に置換する関数です。置換後の文字に空白("")を指定すれば、指定した文字はすべて削除されます。

```
Sub Sample77()
    Dim Source As String
    Source = " Microsoft Excel "
    MsgBox Source & "です" & vbCrLf & Replace(Source, " ", "") & "です"
End Sub
```

半角の空白を空白に置換しMsgBoxに表示

実行結果

関連項目 01.076 空白を除去する（1）→p.80

計算

01.078 単位が付いた数値を計算する

Val関数

Val(*string*)

string---文字形式

Excelで「100円」など単位のついた数値を扱うときは、セルに「100」と入力し「表示形式」で「円」を表示します。「円」は直接セルに入力してはいけません。なぜなら、「100」は数値なので計算できますが、「円」は文字なので計算できないからです。「100円」もExcelにとっては文字と認識されるため計算できません。これでは困ります。しかし、Excelに不慣れなユーザーは、つい単位まで入力しがちです。そうした「単位のついた数値」を計算するにはどうしたらいいでしょう。Replace関数を使って「円」を空白("")に置換する手もありますが、ここではVal関数を覚えてください。Val関数は文字列を数値に変換する関数ですが、文字列の先頭(左端)から見て「数値に変換できるところまでを数値に変換する」という便利な特徴があります。これを使えば「100回」だろうが「100人」だろうが、単位のついた数値を恐れる必要はありません。

```
Sub Sample78()
    Dim Result As Long, i As Long
    For i = 1 To 3
        Result = Result + Val(Cells(i, 1)) → A列の単位のついた数値から単位を取り、次々と足す
    Next i
    MsgBox Result
End Sub
```

実行結果

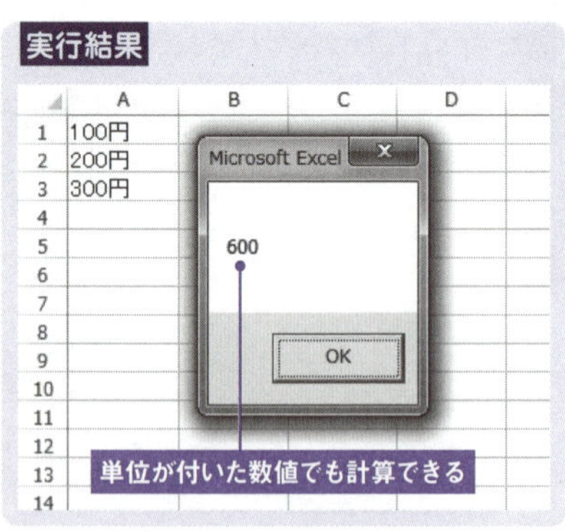

関連項目 01.049 条件に一致するセルの数値を合計する→p.52

入力規則

01.079 入力規則を設定する

Validationオブジェクト

*object.***Validation**

object---対象となるRangeオブジェクト

セルに入力規則を設定するには、ValidationオブジェクトのAddメソッドを実行します。ただし、すでに入力規則が設定されているセルに、さらにAddメソッドを実行するとエラーになります。セル(Rangeオブジェクト)には、入力規則を1種類しか設定できないからです。そこで、念のため、設定する前にDeleteメソッドで削除しておきます。定数xlValidateWholeNumberは「整数」を表します。引数Operatorには、次の定数を指定します。

xlBetween	次の値の間
xlEqual	次の値に等しい
xlGreater	次の値より大きい
xlGreaterEqual	次の値以上
xlLess	次の値より小さい
xlLessEqual	次の値以下
xlNotBetween	次の間の値以外
xlNotEqual	次の値に等しくない

```
Sub Sample79()
    With Range("A1").Validation            ┐→ セルA1の入力規則を削除
        .Delete                            ┘
        .Add Type:=xlValidateWholeNumber, _           ┐
             Operator:=xlBetween, _                   ├→ 「10～90の整数」という入力規則を設定
             Formula1:="10", Formula2:="90"           ┘
    End With
End Sub
```

実行結果

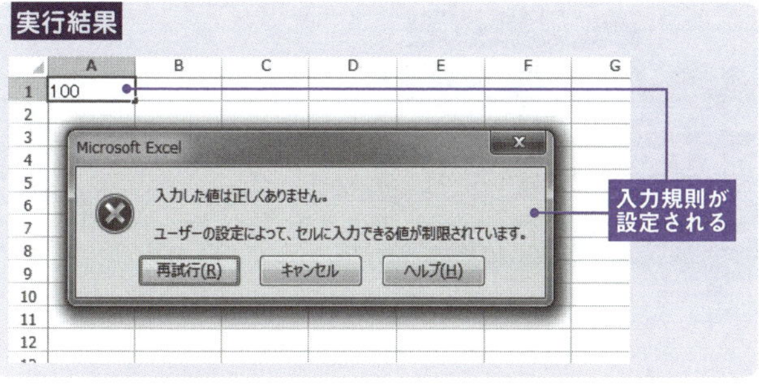

関連項目 01.086 入力規則が設定されているかどうかを判定する→p.90
01.087 無効データをチェックする→p.91

入力規則

01.080 日付に関する入力規則を設定する

Validationオブジェクト

object.**Validation**

object---対象となるRangeオブジェクト

サンプルは「日付」「次の値以上」「2010/7/1」の入力規則を設定しています。Addメソッドの引数Typeには、次の定数を指定します。

定数	内容
xlValidateInputOnly	すべての値
xlValidateWholeNumber	整数
xlValidateDecimal	小数点数
xlValidateDate	日付
xlValidateTextLength	文字列(長さを指定)
xlValidateTime	時刻
xlValidateList	リスト
xlValidateCustom	ユーザー設定

定数xlValidateListを指定すると、セルにリストが作成されます。引数Formula1にはリストに表示するデータをカンマ(,)で区切って指定するか、データが入力されているセル範囲を指定します。

```
Sub Sample80()
    With Range("A1").Validation
        .Delete
        .Add Type:=xlValidateDate, _
             Operator:=xlGreaterEqual, _
             Formula1:="2010/7/1"
    End With
End Sub
```

「2010/7/1」以降という入力規則を設定

実行結果

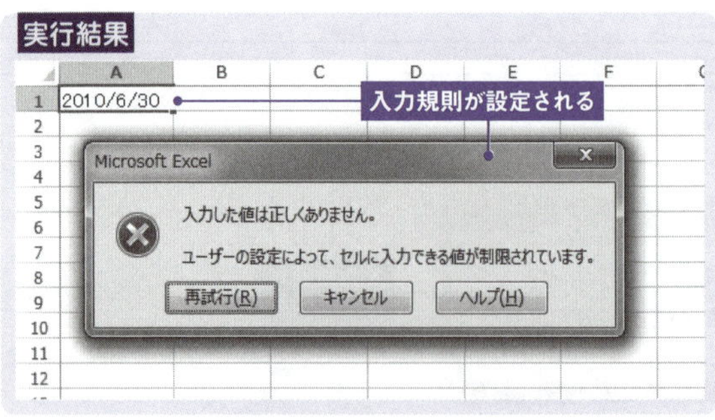

関連項目 01.086 入力規則が設定されているかどうかを判定する→p.90
01.087 無効データをチェックする→p.91

入力規則

01.081 入力規則のリストを設定する

Validationオブジェクト

*object.***Validation**

object---対象となるRangeオブジェクト

入力規則のリストを設定するには、Addメソッドの引数Typeに定数xlValidateListを指定し、引数Formula1にリストに表示するデータを指定します。データを直接入力するときは「Formula1:="田中,鈴木,山田"」のように各データをカンマ(,)で区切って指定します。リストに表示したいデータが、すでにワークシート上に入力されている場合は、そのセル範囲を指定できます。サンプルは、Sheet2のセル範囲A1:A3を指定しています。

```
Sub Sample81()
    With Range("A1").Validation
        .Delete
        .Add Type:=xlValidateList, _
            Formula1:="=Sheet2!A1:A3"
    End With
End Sub
```

Sheet2のセル範囲A1:A3の入力規則のリストを設定

実行結果

	A	B	C
1	▼		
2	田中		
3	鈴木		
4	山田		
5			
6			
7			

入力規則のリストが設定される

memo

▶別シートのセル範囲を直接指定できるのは、Excel 2007以降です。Excel 2003までは、参照したいセル範囲にあらかじめ名前を設定して、その名前を指定しないとエラーになるので注意してください。

関連項目 01.086 入力規則が設定されているかどうかを判定する→p.90
01.087 無効データをチェックする→p.91

入力規則

01.082 入力時のメッセージを表示する入力規則を設定する

Validationオブジェクト

object.**Validation**

object---対象となるRangeオブジェクト

入力規則では、そのセルにアクティブセルを移動したとき、入力時のメッセージを表示することができます。入力時のメッセージは、Addメソッドの引数InputTitleと引数InputMessageに指定します。引数InputMessageには改行コードを指定することも可能です。

```
Sub Sample82()
    With Range("A1").Validation
        .Delete
        .Add Type:=xlValidateDate, _
            Operator:=xlGreaterEqual, _
            Formula1:="2010/7/1"
        .InputTitle = "日付の入力"
        .InputMessage = "7月1日以降の日付を入力してください"
    End With
End Sub
```

「2010/7/1」以降という入力規則を設定

メッセージを設定

実行結果

	A	B	C	D
1				
2				
3				
4				
5				
6				
7				
8				
9				

日付の入力
7月1日以降の日付
を入力してください

入力時のメッセージが表示される

関連項目
01.086 入力規則が設定されているかどうかを判定する→p.90
01.087 無効データをチェックする→p.91

入力規則

01.083 入力規則とエラーメッセージを設定する

Validationオブジェクト

*object.***Validation**

object---対象となるRangeオブジェクト

入力規則では、指定した範囲外のデータが入力されたとき、エラーメッセージを表示できます。エラーメッセージは、引数ErrorTitleと引数ErrorMessageに指定します。引数ErrorMessageには改行コードを指定することも可能です。

```
Sub Sample83()
    With Range("A1").Validation
        .Delete
        .Add Type:=xlValidateDate, _
            Operator:=xlGreaterEqual, _
            Formula1:="2010/7/1"
        .ErrorTitle = "誤った日付です"
        .ErrorMessage = "入力できるのは7月1日以降です"
    End With
End Sub
```

「2010/7/1」以降という入力規則を設定

エラーメッセージを設定

実行結果

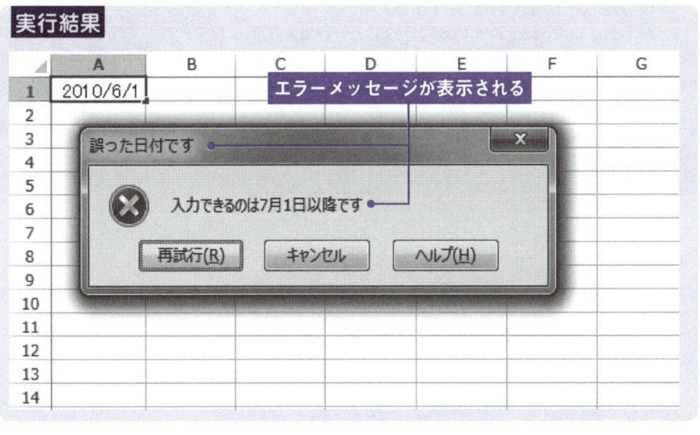

関連項目 01.086 入力規則が設定されているかどうかを判定する→p.90
01.087 無効データをチェックする→p.91

入力規則

01.084 入力規則とエラーメッセージのスタイルを設定する

Validationオブジェクト

object.**Validation**

object---対象となるRangeオブジェクト

標準の入力規則では、指定した範囲以外のデータが入力されると「入力した値は正しくありません」というエラーメッセージが表示されて、指定した範囲外のデータは入力できません。こうした入力規則のレベルは、エラーメッセージの「スタイル」で設定できます。スタイルには「停止」「注意」「情報」の3種類があります。これらは引数AlertStyleに次の定数を指定します。

xlValidAlertStop	停止
xlValidAlertWarning	注意
xlValidAlertInformation	情報

```
Sub Sample84()
    With Range("A1").Validation
        .Delete
        .Add Type:=xlValidateDate, _
            Operator:=xlGreaterEqual, _
            AlertStyle:=xlValidAlertWarning, _    → エラーメッセージのスタイル「注意」を設定
            Formula1:="2010/7/1"
    End With
End Sub
```

実行結果

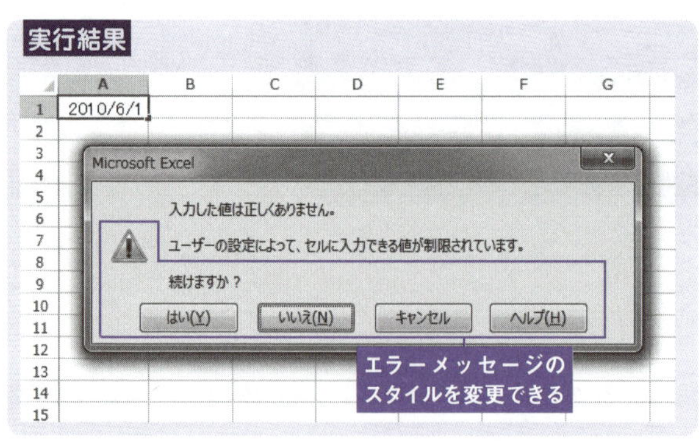

関連項目 01.086 入力規則が設定されているかどうかを判定する→p.90
01.087 無効データをチェックする→p.91

入力規則

01.085 日本語入力に関する入力規則を設定する

Validationオブジェクト

object.**Validation**

object---対象となるRangeオブジェクト

入力規則では、アクティブセルを移動したとき、自動的に日本語入力(IME)を切り替える設定があります。日本語入力の設定は、引数IMEModeに次の定数を指定します。

xlIMEModeAlpha	半角英数字
xlIMEModeAlphaFull	全角英数字
xlIMEModeDisable	無効
xlIMEModeHiragana	ひらがな
xlIMEModeKatakana	カタカナ
xlIMEModeKatakanaHalf	カタカナ(半角)
xlIMEModeNoControl	コントロールなし
xlIMEModeOff	オフ(英語モード)
xlIMEModeOn	オン

サンプルでは、日本語入力だけを設定しています。このように、入力できる範囲に規則を設定しない場合は、引数Typeに定数xlValidateInputOnlyを指定します。

```
Sub Sample85()
    With Range("A1").Validation
        .Delete
        .Add Type:=xlValidateInputOnly
        .IMEMode = xlIMEModeOn → 日本語入力をオンにする
    End With
End Sub
```

実行結果

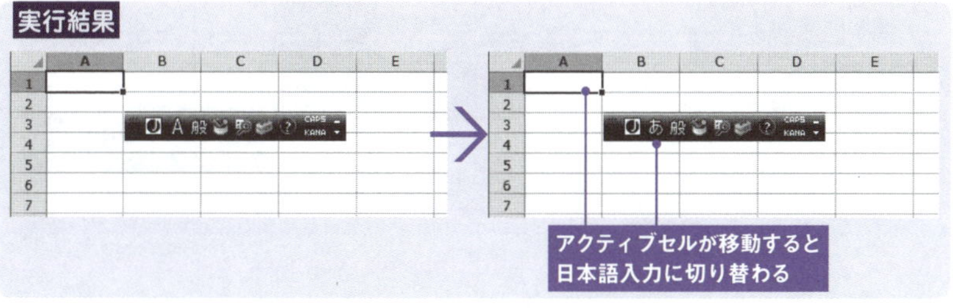
アクティブセルが移動すると
日本語入力に切り替わる

関連項目 01.087 無効データをチェックする→p.91

入力規則

01.086 入力規則が設定されているかどうかを判定する

Validationオブジェクト

object.**Validation**

object---対象となるRangeオブジェクト

任意のセルに、入力規則が設定されているかどうかを一発で判定するプロパティなどはありません。セルに入力規則が設定されているかどうかは、セルの入力規則(Validationオブジェクト)を操作してみて、エラーになるかどうかで判断します。エラーにならなかったら、そのセルには入力規則が設定されているということです。サンプルは、選択したセル範囲内で、入力規則が設定されているセルの背景を赤色で塗りつぶします。

```
Sub Sample86()
    Dim c As Range
    On Error Resume Next
    For Each c In Selection
        Err.Clear
        If c.Validation.Type > 0 Then
            If Err.Number = 0 Then
                c.Interior.ColorIndex = 3
            End If
        End If
    Next c
End Sub
```

セルの入力規則がエラーにならなかった場合、セルの背景の色を変更

実行結果

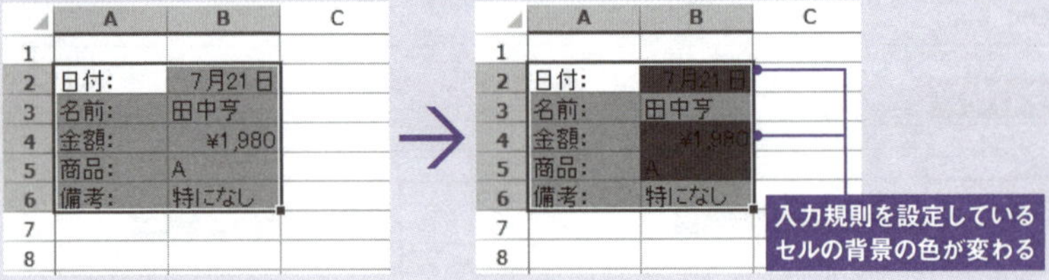

	A	B	C
1			
2	日付:	7月21日	
3	名前:	田中亨	
4	金額:	¥1,980	
5	商品:	A	
6	備考:	特になし	
7			
8			

→

	A	B	C
1			
2	日付:	7月21日	
3	名前:	田中亨	
4	金額:	¥1,980	
5	商品:	A	
6	備考:	特になし	
7			
8			

入力規則を設定しているセルの背景の色が変わる

関連項目 01.087 無効データをチェックする→p.91

入力規則

01.087 無効データをチェックする

CircleInvalidメソッド、ClearCirclesメソッド

object.**CircleInvalid**、*object*.**ClearCircles**

object---対象となるWorksheetオブジェクト

入力規則は、その名の通り「入力に対しての規則」なので、マクロによる代入や、値の貼り付けなどを使うと、規則に反した無効データを簡単に代入できます。無効データのチェックはWorksheetオブジェクトのCircleInvalidメソッドを実行します。赤い楕円のクリアは、ClearCirclesメソッドです。チェックを実行して表示される赤い楕円はShapeオブジェクトです。実行する前のShapeオブジェクト数と比較することで、無効データがいくつあるかわかります。

```
Sub Sample87()
    Dim cnt As Long, i As Long
    cnt = ActiveSheet.Shapes.Count
    ActiveSheet.CircleInvalid  →アクティブシートの無効データのセルに丸印をつける
    If cnt <> ActiveSheet.Shapes.Count Then
        DoEvents
        MsgBox ActiveSheet.Shapes.Count - cnt & _  →無効データの個数をMsgBoxに表示
               "の無効データが入力されています"
    End If
    ActiveSheet.ClearCircles  →丸印を消去
End Sub
```

実行結果

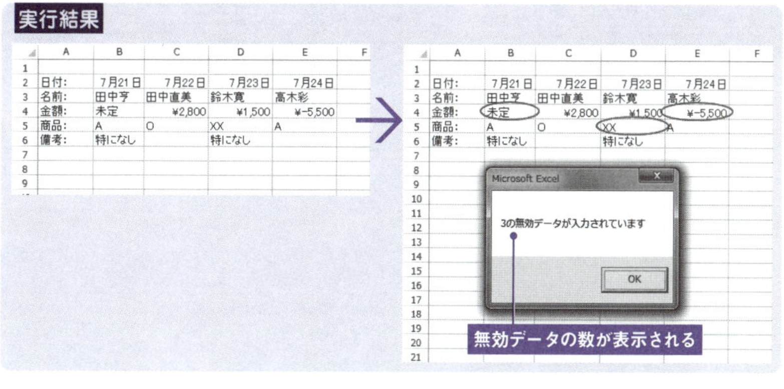

関連項目 01.086 入力規則が設定されているかどうかを判定する→p.90

オートフィルタ

01.088 オートフィルタを設定する

AutoFilterメソッド

object.**AutoFilter**

object---対象となるRangeオブジェクト

オートフィルタを設定するときは、AutoFilterメソッドを実行します。このときの対象は、オートフィルタを設定したい表内のセルであれば、どこでもかまいません。表全体を指定する必要はありません。AutoFilterメソッドは、オートフィルタを設定すると同時に、表を絞り込むこともできます。

```
Sub Sample88()
    Range("A1").AutoFilter  → 表内にオートフィルタを設定
End Sub
```

実行結果

	A	B	C	D
1	日付	地域	名前	金額
2	2009/12/11	東京	鈴木	4604
3	2010/3/23	神奈川	田中	1239
4	2010/3/21	千葉	鈴木	4723
5	2010/2/16	神奈川	鈴木	5661
6	2009/12/24	神奈川	田中	7067
7	2009/11/30	東京	田中	5240
8	2010/3/22	東京	田中	1720
9	2010/1/18	神奈川	田中	3281
10	2009/11/3	東京	鈴木	3377
11	2009/12/6	神奈川	田中	3089
12	2009/11/9	千葉	田中	3954
13	2009/12/19	千葉	鈴木	7968
14	2010/3/3	神奈川	田中	9145

→

	A	B	C	D
1	日付 ▼	地域 ▼	名前 ▼	金額 ▼
2	2009/12/11	東京	鈴木	4604
3	2010/3/23	神奈川	田中	1239
4	2010/3/21	千葉	鈴木	4723
5	2010/2/16	神奈川	鈴木	5661
6	2009/12/24	神奈川	田中	7067
7	2009/11/30	東京		5240
8	2010/3/22	東京		1720
9	2010/1/18	神奈川		3281
10	2009/11/3	東京	鈴木	3377
11	2009/12/6	神奈川	田中	3089
12	2009/11/9	千葉	田中	3954
13	2009/12/19	千葉	鈴木	7968
14	2010/3/3	神奈川	田中	9145

オートフィルタが設定される

関連項目
01.089 オートフィルタを解除する→p.93
01.090 オートフィルタを設定して絞り込む→p.94
01.091 オートフィルタを設定してオートフィルタ矢印を非表示にする→p.95
01.093 オートフィルタが設定されているかどうかを判定する→p.97

オートフィルタ／解除

01.089 オートフィルタを解除する

AutoFilterメソッド

object.**AutoFilter**

object---対象となるRangeオブジェクト

オートフィルタを解除するときも、AutoFilterメソッドを実行します。引数を何も指定しないでAutoFilterメソッドを実行すると、オートフィルタの設定と解除を繰り返します。対象のセル範囲は、一般的にはオートフィルタが設定されている表内のセルを指定しますが、実は、どのセルを指定しても解除できます。Excelでは、ワークシート上に1つしかオートフィルタを設定できないからです。

```
Sub Sample89()
    Range("A1").AutoFilter →表内のオートフィルタを解除
End Sub
```

実行結果

	A	B	C	D
1	日付	地域	名前	金額
2	2009/12/11	東京	鈴木	4604
3	2010/3/23	神奈川	田中	1239
4	2010/3/21	千葉	鈴木	4723
5	2010/2/16	神奈川	鈴木	5661
6	2009/12/24	神奈川	田中	7067
7	2009/11/30	東京	田中	5240
8	2010/3/22	東京	田中	1720
9	2010/1/18	神奈川	田中	3281
10	2009/11/3	東京	鈴木	3377
11	2009/12/6	神奈川	田中	3089
12	2009/11/9	千葉	田中	3954
13	2009/12/19	千葉	鈴木	7968
14	2010/3/3	神奈川	田中	9145

→

	A	B	C	D
1	日付	地域	名前	金額
2	2009/12/11	東京	鈴木	4604
3	2010/3/23	神奈川	田中	1239
4	2010/3/21	千葉	鈴木	4723
5	2010/2/16	神奈川	鈴木	5661
6	2009/12/24	神奈川	田中	7067
7	2009/11/30	東京	田中	5240
8	2010/3/22	東京	田中	1720
9	2010/1/18	神奈川	田中	3281
10	2009/11/3	東京	鈴木	3377
11	2009/12/6	神奈川	田中	3089
12	2009/11/9	千葉	田中	3954
13	2009/12/19	千葉	鈴木	7968
14	2010/3/3	神奈川	田中	9145

オートフィルタが解除される

関連項目
01.088 オートフィルタを設定する→p.92
01.090 オートフィルタを設定して絞り込む→p.94
01.091 オートフィルタを設定してオートフィルタ矢印を非表示にする→p.95
01.093 オートフィルタが設定されているかどうかを判定する→p.97

オートフィルタ

01.090 オートフィルタを設定して絞り込む

AutoFilterメソッド

object.**AutoFilter** (*Field, Criteria1*)

object---対象となるRangeオブジェクト
Field---フィルタの対象となるフィールド番号、*Criteria1*---抽出条件となる文字列

AutoFilterメソッドは、引数を指定しないで実行すると、オートフィルタの設定と解除を繰り返します。この場合の設定とは、タイトル行にオートフィルタ矢印が表示されるかどうかです。また、AutoFilterメソッドは、引数を指定して実行することで、オートフィルタの設定と同時に、絞り込みを行うことも可能です。引数Fieldには、絞り込む列の位置を数値で指定します。引数Criteria1は、1つめの条件です。サンプルでは「東京」という文字で絞り込んでいます。

```
Sub Sample90()
    Range("A1").AutoFilter Field:=2, Criteria1:="東京"
End Sub
```
2列目を「東京」という文字で絞り込む

実行結果

	A	B	C	D
1	日付	地域	名前	金額
2	2009/12/11	東京	鈴木	4604
3	2010/3/23	神奈川	田中	1239
4	2010/3/21	千葉	鈴木	4723
5	2010/2/16	神奈川	鈴木	5661
6	2009/12/24	神奈川	田中	7067
7	2009/11/30	東京	田中	5240
8	2010/3/22	東京	田中	1720
9	2010/1/18	神奈川	田中	3281
10	2009/11/3	東京	鈴木	3377
11	2009/12/6	神奈川	田中	3089
12	2009/11/9	千葉	田中	3954
13	2009/12/19	千葉	鈴木	7968
14	2010/3/3	神奈川	田中	9145

	A	B	C	D
1	日付	地域	名前	金額
2	2009/12/11	東京	鈴木	4604
7	2009/11/30	東京	田中	5240
8	2010/3/22	東京	田中	1720
10	2009/11/3	東京	鈴木	3377
17	2010/3/5	東京	田中	8893
19	2009/12/31	東京	山田	2549
20	2009/12/19	東京	山田	3185
23	2009/11/19	東京	山田	6550
24	2010/1/31	東京	鈴木	9182
25	2010/1/1	東京	山田	7896
27	2010/2/22	東京	鈴木	2008
28	2010/2/18	東京	田中	2416
29	2009/12/11	東京	鈴木	5973

オートフィルタが設定され「東京」という文字で絞り込まれる

関連項目
01.088 オートフィルタを設定する→p.92
01.089 オートフィルタを解除する→p.93
01.091 オートフィルタを設定してオートフィルタ矢印を非表示にする→p.95
01.093 オートフィルタが設定されているかどうかを判定する→p.97

オートフィルタ

01.091 オートフィルタを設定してオートフィルタ矢印を非表示にする

AutoFilterメソッド

object.**AutoFilter** (*Field, Criteria1,VisibleDropDown*)

object---対象となるRangeオブジェクト、*Field*---フィルタの対象となるフィールド番号、*Criteria1*---抽出条件となる文字列、*VisibleDropDown*---Trueの場合オートフィルタ矢印を表示、Falseの場合は非表示

AutoFilterメソッドの引数VisibleDropDownにFalseを指定すると、絞り込んだ列のオートフィルタ矢印を非表示にできます。

```
Sub Sample91()
    Range("A1").AutoFilter Field:=3, Criteria1:="田中", _
                                     VisibleDropDown:=False
End Sub
```

3列目を「田中」という文字で絞り込みオートフィルタ矢印を非表示

実行結果

	A	B	C	D
1	日付	地域	名前	金額
2	2009/12/11	東京	鈴木	4604
3	2010/3/23	神奈川	田中	1239
4	2010/3/21	千葉	鈴木	4723
5	2010/2/16	神奈川	鈴木	5661
6	2009/12/24	神奈川	田中	7067
7	2009/11/30	東京	田中	5240
8	2010/3/22	東京	田中	1720
9	2010/1/18	神奈川	田中	3281
10	2009/11/3	東京	鈴木	3377
11	2009/12/6	神奈川	田中	3089
12	2009/11/9	千葉	田中	3954
13	2009/12/19	千葉	鈴木	7968
14	2010/3/3	神奈川	田中	9145

	A	B	C	D
1	日付	地域	名前	金額
7	2009/11/30	東京	田中	5240
8	2010/3/22	東京	田中	1720
17	2010/3/5	東京	田中	8893
28	2010/2/18	東京	田中	2416
39	2010/3/8	東京	田中	7298
64	2009/12/1	東京	田中	6251
67	2010/2/5	東京	田中	8306
70	2010/3/11	東京	田中	5134
80	2009/11/3	東京	田中	2323
81	[illegible]	[illegible]	[illegible]	[illegible]
88	[illegible]	[illegible]	[illegible]	[illegible]
91	[illegible]	東京	田中	[illegible]
93	2010/2/17	東京	田中	1650

絞り込んだ列のオートフィルタ矢印が非表示になる

関連項目
01.088 オートフィルタを設定する→p.92
01.089 オートフィルタを解除する→p.93
01.090 オートフィルタを設定して絞り込む→p.94
01.093 オートフィルタが設定されているかどうかを判定する→p.97

オートフィルタ／表示

01.092 すべてのオートフィルタ矢印を非表示にする

AutoFilterメソッド

object.**AutoFilter**(*Field, Criteria1,VisibleDropDown*)

object---対象となるRangeオブジェクト、*Field*---フィルタの対象となるフィールド番号、*Criteria1*---抽出条件となる文字列、*VisibleDropDown*---Trueの場合オートフィルタ矢印を表示、Falseの場合は非表示

サンプルのように、すべての列(フィールド)に対して「VisibleDropDown:=False」を指定すれば、すべての列でオートフィルタ矢印を隠すことができます。マクロでオートフィルタを操作し、その結果をユーザーに見せるだけのような場合に便利です。

```
Sub Sample92()
    Range("A1").AutoFilter Field:=1, VisibleDropDown:=False
    Range("A1").AutoFilter Field:=2, VisibleDropDown:=False
    Range("A1").AutoFilter Field:=3, Criteria1:="田中", _
    VisibleDropDown:=False
    Range("A1").AutoFilter Field:=4, VisibleDropDown:=False
End Sub
```

すべてのオートフィルタ矢印を非表示

実行結果

	A	B	C	D
1	日付	地域	名前	金額
2	2009/12/11	東京	鈴木	4604
3	2010/3/23	神奈川	田中	1239
4	2010/3/21	千葉	鈴木	4723
5	2010/2/16	神奈川	鈴木	5661
6	2009/12/24	神奈川	田中	7067
7	2009/11/30	東京	田中	5240
8	2010/3/22	東京	田中	1720
9	2010/1/18	神奈川	田中	3281
10	2009/11/3	東京	鈴木	3377
11	2009/12/6	神奈川	田中	3089
12	2009/11/9	千葉	田中	3954
13	2009/12/19	千葉	鈴木	7968
14	2010/3/3	神奈川	田中	9145

→

	A	B	C	D
1	日付	地域	名前	金額
3	2010/3/23	神奈川	田中	1239
6	2009/12/24	神奈川	田中	7067
7	2009/11/30	東京	田中	5240
8	2010/3/22	東京	田中	1720
9	2010/1/18	神奈川	田中	3281
11	2009/12/6	神奈川	田中	3089
12	2009/11/9	千葉	田中	3954
14	2010/3/3	神奈川	田中	9145
16	2010/2/13	神奈川	田中	6646
17	[illegible]	[illegible]	[illegible]	[illegible]
26	[illegible]	[illegible]	[illegible]	[illegible]
28	2010/2/18	東京	田中	2416
31	2010/1/7	神奈川	田中	4534

オートフィルタ矢印が非表示になる

関連項目 01.091 オートフィルタを設定してオートフィルタ矢印を非表示にする→p.95
01.094 オートフィルタの適用範囲を調べる→p.98

オートフィルタ

01.093 オートフィルタが設定されているかどうかを判定する

AutoFilterModeプロパティ

object.**AutoFilterMode**

object---対象となるWorksheetオブジェクト

オートフィルタが設定されているかどうかは、ワークシート(Worksheetオブジェクト)のAutoFilterModeプロパティで判定できます。AutoFilterModeプロパティは、ワークシート上でオートフィルタが設定されているとTrueを返します。

```
Sub Sample93()
    If ActiveSheet.AutoFilterMode Then → アクティブシートにオートフィルタが設定されている場合
        MsgBox "設定されています"
    Else
        MsgBox "設定されていません"
    End If
End Sub
```

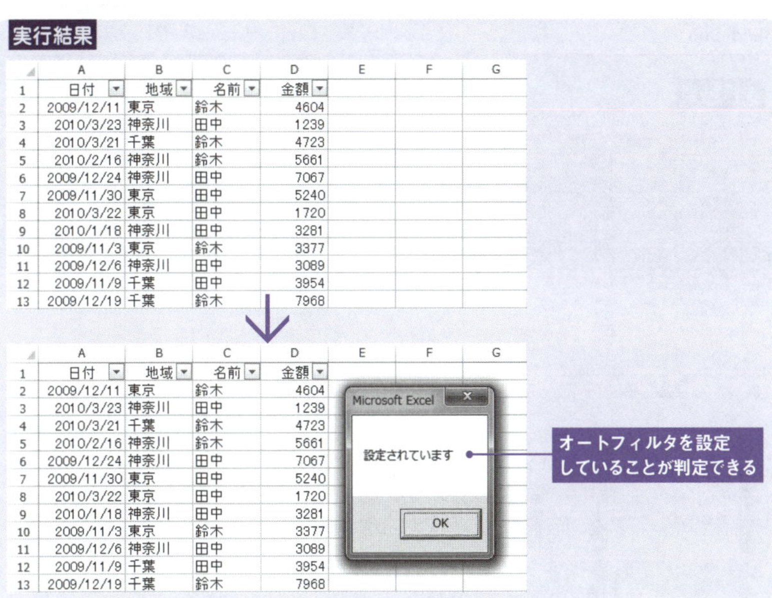

実行結果

	A	B	C	D	E	F	G
1	日付	地域	名前	金額			
2	2009/12/11	東京	鈴木	4604			
3	2010/3/23	神奈川	田中	1239			
4	2010/3/21	千葉	鈴木	4723			
5	2010/2/16	神奈川	鈴木	5661			
6	2009/12/24	神奈川	田中	7067			
7	2009/11/30	東京	田中	5240			
8	2010/3/22	東京	田中	1720			
9	2010/1/18	神奈川	田中	3281			
10	2009/11/3	東京	鈴木	3377			
11	2009/12/6	神奈川	田中	3089			
12	2009/11/9	千葉	田中	3954			
13	2009/12/19	千葉	鈴木	7968			

↓

	A	B	C	D	E	F	G
1	日付	地域	名前	金額			
2	2009/12/11	東京	鈴木	4604			
3	2010/3/23	神奈川	田中	1239			
4	2010/3/21	千葉	鈴木	4723			
5	2010/2/16	神奈川	鈴木	5661			
6	2009/12/24	神奈川	田中	7067			
7	2009/11/30	東京	田中	5240			
8	2010/3/22	東京	田中	1720			
9	2010/1/18	神奈川	田中	3281			
10	2009/11/3	東京	鈴木	3377			
11	2009/12/6	神奈川	田中	3089			
12	2009/11/9	千葉	田中	3954			
13	2009/12/19	千葉	鈴木	7968			

Microsoft Excel
設定されています
OK
オートフィルタを設定していることが判定できる

関連項目
01.095 絞り込まれているかどうかを判定する(1) →p.99
01.096 絞り込まれているかどうかを判定する(2) →p.100

オートフィルタ

01.094 オートフィルタの適用範囲を調べる

AutoFilterプロパティ、Rangeプロパティ

object.**AutoFilter.Range**

object---対象となるWorksheetオブジェクト

ワークシート上には、1つしかオートフィルタを設定できません。したがって、すでに設定されているオートフィルタは、「ActiveSheet.AutoFilter」や「Sheets("Sheet1").AutoFilter」のようにしてアクセスできます。現在設定されているオートフィルタの適用範囲は、AutoFilterオブジェクトのRangeプロパティでわかります。この適用範囲とは、絞り込んだ結果の範囲ではなく、オートフィルタを設定している表全体の範囲です。

```
Sub Sample94()
    If ActiveSheet.AutoFilterMode Then
        MsgBox ActiveSheet.AutoFilter.Range.Address → オートフィルタの適用範囲をMsgBoxに表示
    End If
End Sub
```

実行結果

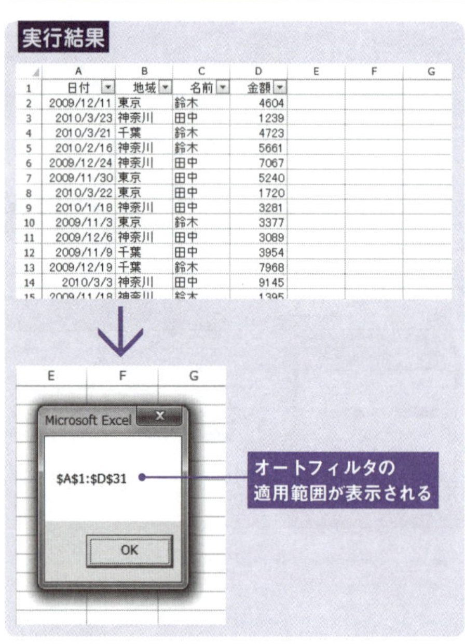

関連項目 01.092 すべてのオートフィルタ矢印を非表示にする→p.96

オートフィルタ　✕非対応バージョン 2003

01.095 絞り込まれているかどうかを判定する(1)

FilterModeプロパティ

object.AutoFilter.**FilterMode**

object---対象となるWorksheetオブジェクト

オートフィルタが設定されているかどうかはAutoFilterModeプロパティでわかりますが、では何らかの条件で絞り込まれているかは、どうやって判断すればいいのでしょう。それには、FilterModeプロパティを使います。FilterModeプロパティは、オートフィルタが絞り込まれているとTrueを返します。ただし、FilterModeプロパティは、Excel 2007で追加されたプロパティです。Excel 2003まででは使えないので注意してください。

```
Sub Sample95()
    If ActiveSheet.AutoFilterMode Then
        If ActiveSheet.AutoFilter.FilterMode Then → オートフィルタによって絞り込まれている場合
            MsgBox "絞り込まれています"
        Else
            MsgBox "絞り込まれていません"
        End If
    End If
End Sub
```

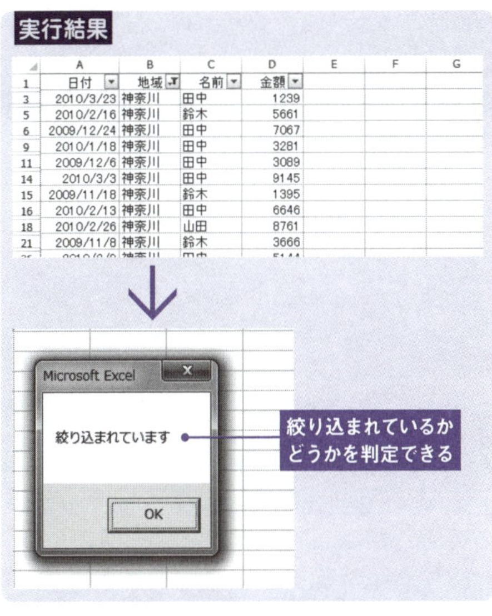
実行結果
Microsoft Excel
絞り込まれています
OK
絞り込まれているかどうかを判定できる

関連項目 01.093 オートフィルタが設定されているかどうかを判定する→p.97
01.096 絞り込まれているかどうかを判定する(2)→p.100

オートフィルタ

01.096 絞り込まれているかどうかを判定する(2)

Filtersコレクション、Countプロパティ、Onプロパティ

object.AutoFilter.**Filters.Count**、*object*.AutoFilter.**Filters.On**

object---対象となるWorksheetオブジェクト

では、Excel 2003までのバージョンで、オートフィルタが絞り込まれているかどうかを判定するには、どうしたらいいでしょう。オートフィルタ矢印が表示されている各列は、Filterオブジェクトで表されます。FilterオブジェクトのOnプロパティは、その列が絞り込まれているとTrueを返します。

```
Sub Sample96()
    Dim i As Long
    If ActiveSheet.AutoFilterMode Then
        For i = 1 To ActiveSheet.AutoFilter.Filters.Count
            If ActiveSheet.AutoFilter.Filters(i).On Then
                MsgBox i & "列目で絞り込まれています"
            End If
        Next i
    End If
End Sub
```

絞り込まれているかを判定

実行結果

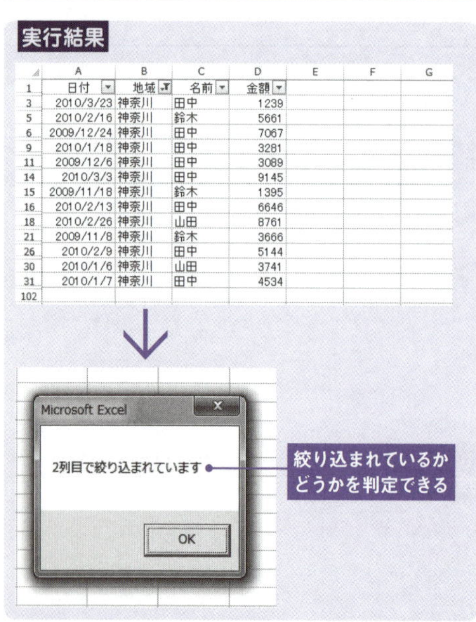

	A	B	C	D	E	F	G
1	日付	地域	名前	金額			
3	2010/3/23	神奈川	田中	1239			
5	2010/2/16	神奈川	鈴木	5661			
6	2009/12/24	神奈川	田中	7067			
9	2010/1/18	神奈川	田中	3281			
11	2009/12/6	神奈川	田中	3089			
14	2010/3/3	神奈川	田中	9145			
15	2009/11/18	神奈川	鈴木	1395			
16	2010/2/13	神奈川	田中	6646			
18	2010/2/26	神奈川	山田	8761			
21	2009/11/8	神奈川	鈴木	3666			
26	2010/2/9	神奈川	田中	5144			
30	2010/1/6	神奈川	山田	3741			
31	2010/1/7	神奈川	田中	4534			
102							

Microsoft Excel
2列目で絞り込まれています
OK
絞り込まれているかどうかを判定できる

関連項目 01.093 オートフィルタが設定されているかどうかを判定する→p.97
01.095 絞り込まれているかどうかを判定する(1)→p.99

オートフィルタ

01.097 絞り込んだ件数を調べる

WorksheetFunctionプロパティ

WorksheetFunction.*Function*

Function---ワークシート関数

オートフィルタ(AutoFilterオブジェクト)には「絞り込んだ結果が何件か」を返すプロパティがありません。絞り込んだ結果の件数を調べるには、ワークシート関数のSUBTOTAL関数をVBAから呼び出します。

```
Sub Sample97()
    Dim cnt As Long
    cnt = WorksheetFunction.Subtotal(3, Range("C:C")) - 1
    MsgBox cnt & "件あります"
End Sub
```

SUBTOTAL関数で絞り込んだ結果の件数を調べる

実行結果

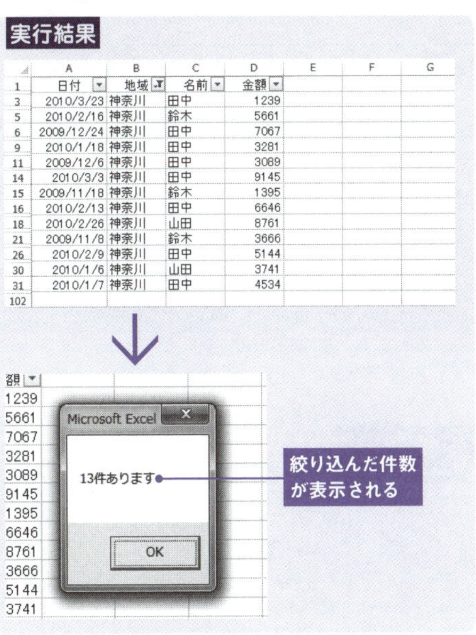

関連項目 01.098 絞り込んだ結果の数値合計を求める→p.102
01.099 絞り込んだ条件を調べる→p.103

オートフィルタ

01.098 絞り込んだ結果の数値合計を求める

WorksheetFunctionプロパティ

WorksheetFunction.*Function*

Function---ワークシート関数

絞り込んだ件数と同様に、絞り込まれている数値の合計を求めるときも、ワークシート関数のSUBTOTAL関数を使うと便利です。

```
Sub Sample98()
    Dim Result As Long
    Result = WorksheetFunction.Subtotal(9, Range("D:D"))
    MsgBox "合計は" & Result & "です"
End Sub
```

SUBTOTAL関数で絞り込んだ結果の数値合計を求める

実行結果

	A	B	C	D	E	F	G
1	日付	地域	名前	金額			
3	2010/3/23	神奈川	田中	1239			
5	2010/2/16	神奈川	鈴木	5661			
6	2009/12/24	神奈川	田中	7067			
9	2010/1/18	神奈川	田中	3281			
11	2009/12/6	神奈川	田中	3089			
14	2010/3/3	神奈川	田中	9145			
15	2009/11/18	神奈川	鈴木	1395			
16	2010/2/13	神奈川	田中	6646			
18	2010/2/26	神奈川	山田	8761			

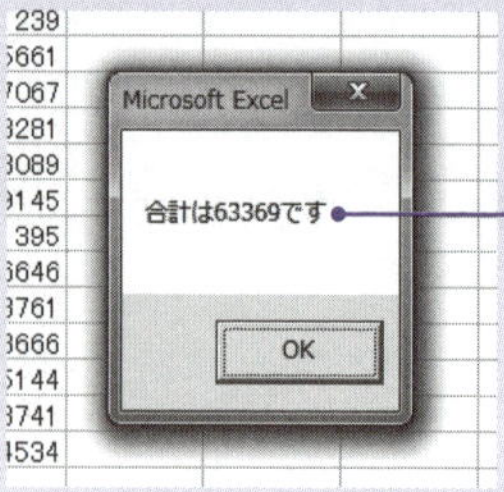

Microsoft Excel

合計は63369です

OK

絞り込んだ結果の数値合計が表示される

関連項目 01.097 絞り込んだ件数を調べる→p.101
01.099 絞り込んだ条件を調べる→p.103

オートフィルタ

01.099 絞り込んだ条件を調べる

Filtersコレクション、Countプロパティ、Onプロパティ、Criteria1プロパティ

object.AutoFilter.**Filters.Count**、*object*.AutoFilter.**Filters.On**、*object*.AutoFilter.**Filters.Criteria1**

object---対象となるWorksheetオブジェクト

どの列が絞り込まれているかは、各列を表すFilterオブジェクトのOnプロパティで判定できます。指定した条件は、Criteria1プロパティとCriteria2プロパティに設定されます。サンプルでは、Criteria1プロパティで1番目の条件しか取得していませんが、「○または×」「○から×」など2つの条件を指定しているときは、Criteria2プロパティを参照してください。

```
Sub Sample99()
    Dim i As Long, msg As String
    With ActiveSheet.AutoFilter
        For i = 1 To .Filters.Count
            If .Filters(i).On = True Then → 絞り込まれている列を調べる
                msg = msg & i & "列目："
                msg = msg & .Filters(i).Criteria1 & vbCrLf → 条件を調べる
            End If
        Next i
    End With
    MsgBox msg
End Sub
```

実行結果

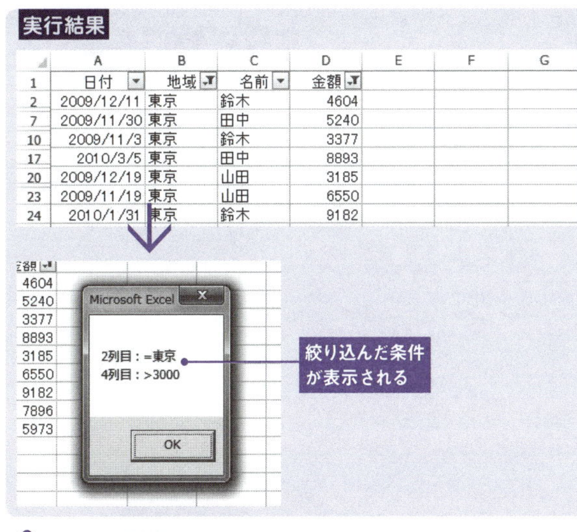

01.097 絞り込んだ件数を調べる→p.101
01.098 絞り込んだ結果の数値合計を求める→p.102

オートフィルタ／文字列

01.100 文字列で絞り込む(1)

AutoFilterメソッド

object.**AutoFilter**(*Field*, *Criteria1*)

object---対象となるRangeオブジェクト
Field---フィルタの対象となるフィールド番号、*Criteria1*---抽出条件となる文字列

文字列データの「○と等しい」で絞り込むには、Criteria1プロパティに絞り込みたい文字列を指定します。「○と等しくない」で絞り込むには、指定する文字列の前に「<>」を付けます。

```
Sub Sample100()
    Range("A1").AutoFilter Field:=2, Criteria1:="東京"  → 2列目を「東京」という文字で絞り込む
    Range("A1").AutoFilter Field:=3, Criteria1:="<>田中"  → 3列目を「田中」という文字を含まない条件で絞り込む
End Sub
```

実行結果

	A	B	C	D
1	日付	地域	名前	金額
2	2009/12/11	東京	鈴木	4604
3	2010/3/23	神奈川	田中	1239
4	2010/3/21	千葉	鈴木	4723
5	2010/2/16	神奈川	鈴木	5661
6	2009/12/24	神奈川	田中	7067
7	2009/11/30	東京	田中	5240
8	2010/3/22	東京	田中	1720
9	2010/1/18	神奈川	田中	3281
10	2009/11/3	東京	鈴木	3377
11	2009/12/6	神奈川	田中	3089
12	2009/11/9	千葉	田中	3954
13	2009/12/19	千葉	鈴木	7968
14	2010/3/3	神奈川	田中	9145
15	2009/11/18	神奈川	鈴木	1395
16	2010/2/13	神奈川	田中	6646

→

	A	B	C	D
1	日付	地域	名前	金額
2	2009/12/11	東京	鈴木	4604
10	2009/11/3	東京	鈴木	3377
19	2009/12/31	東京	山田	2549
20	2009/12/19	東京	山田	3185
23	2009/11/19	東京	山田	6550
24	2010/1/31	東京	鈴木	9182
25	2010/1/1	東京	山田	7896
27	2010/2/22	東京	鈴木	2008
29	2009/12/11	東京	鈴木	5973
32				
33				
34				
35				
36				
37				

「東京」を含み「田中」を含まない条件で絞り込まれる

関連項目
01.101 文字列で絞り込む(2) →p.105
01.102 文字列で絞り込む(3) →p.106

オートフィルタ／文字列

01.101 文字列で絞り込む(2)

AutoFilterメソッド

object.**AutoFilter**(*Field, Criteria1*)

object---対象となるRangeオブジェクト
Field---フィルタの対象となるフィールド番号、*Criteria1*---抽出条件となる文字列

「○で始まる」や「○で終わる」あるいは「○を含む」という条件で文字列を絞り込むには、ワイルドカードを使います。ワイルドカードの「?」は任意の1文字に該当し、「*」は文字数に関係ない任意の文字に該当します。

○で始まる	○*
○で終わる	*○
○を含む	*○*
○で始まる3文字	○??

```
Sub Sample101()
    Range("A1").AutoFilter Field:=3, Criteria1:="*田*"
End Sub
```

3列目を「田」という文字を含む条件で絞り込む

実行結果

	A	B	C	D
1	日付	地域	名前	金額
2	2009/12/11	東京	鈴木	4604
3	2010/3/23	神奈川	田中	1239
4	2010/3/21	千葉	鈴木	4723
5	2010/2/16	神奈川	鈴木	5661
6	2009/12/24	神奈川	田中	7067
7	2009/11/30	東京	田中	5240
8	2010/3/22	東京	田中	1720
9	2010/1/18	神奈川	田中	3281
10	2009/11/3	東京	鈴木	3377
11	2009/12/6	神奈川	田中	3089
12	2009/11/9	千葉	田中	3954
13	2009/12/19	千葉	鈴木	7968
14	2010/3/3	神奈川	田中	9145
15	2009/11/18	神奈川	鈴木	1395

→

	A	B	C	D
1	日付	地域	名前	金額
3	2010/3/23	神奈川	田中	1239
6	2009/12/24	神奈川	田中	7067
7	2009/11/30	東京	田中	5240
8	2010/3/22	東京	田中	1720
9	2010/1/18	神奈川	田中	3281
11	2009/12/6	神奈川	田中	3089
12	2009/11/9	千葉	田中	3954
14	2010/3/3	神奈川	田中	9145
16	2010/2/13	神奈川	田中	6646
17	2010/3/5	東京	田中	8893
18	2010/2/26	神奈川	山田	8761
19	2009/12/31	東京	山田	2549
20	2009/12/19	東京	山田	3185
22	2009/11/20	千葉	山田	2224

「田」を含む条件で絞り込まれる

関連項目 01.100 文字列で絞り込む(1) →p.104
01.102 文字列で絞り込む(3) →p.106

オートフィルタ／文字列

01.102 文字列で絞り込む(3)

AutoFilterメソッド

object.**AutoFilter** (*Field, Criteria1, Operator, Criteria2*)

object---対象となるRangeオブジェクト
Field---フィルタの対象となるフィールド番号、*Criteria1*---抽出条件となる文字列
Operator---条件を表す定数、*Criteria2*---2番目の抽出条件となる文字列

「○または×」という条件で絞り込むには、引数Operatorに定数xlOrを指定し、2つの条件をCriteria1とCriteria2に指定します。「○かつ×」の場合は、引数Operatorに定数xlAndを指定します。

```
Sub Sample102()
    Range("A1").AutoFilter Field:=3, Criteria1:="田中", _
                           Operator:=xlOr, Criteria2:="鈴木"
End Sub
```

3列目を「鈴木」と「田中」という文字を含む条件で絞り込む

実行結果

	A	B	C	D
1	日付	地域	名前	金額
2	2009/12/11	東京	鈴木	4604
3	2010/3/23	神奈川	田中	1239
4	2010/3/21	千葉	鈴木	4723
5	2010/2/16	神奈川	鈴木	5661
6	2009/12/24	神奈川	田中	7067
7	2009/11/30	東京	田中	5240
8	2010/3/22	東京	田中	1720
9	2010/1/18	神奈川	田中	3281
10	2009/11/3	東京	鈴木	3377
11	2009/12/6	神奈川	田中	3089
12	2009/11/9	千葉	田中	3954
13	2009/12/19	千葉	鈴木	7968
14	2010/3/3	神奈川	田中	9145
15	2009/11/18	神奈川	鈴木	1395

	A	B	C	D
1	日付	地域	名前	金額
2	2009/12/11	東京	鈴木	4604
3	2010/3/23	神奈川	田中	1239
4	2010/3/21	千葉	鈴木	4723
5	2010/2/16	神奈川	鈴木	5661
6	2009/12/24	神奈川	田中	7067
7	2009/11/30	東京	田中	5240
8	2010/3/22	東京	田中	1720
9	2010/1/18	神奈川	田中	3281
10	2009/11/3	東京	鈴木	3377
11	2009/12/6	神奈川	田中	3089
12	2009/11/9	千葉	田中	3954
13	2009/12/19	千葉	鈴木	7968
14	2010/3/3	神奈川	田中	9145
15	2009/11/18	神奈川	鈴木	1395

「田中」「鈴木」を含む条件で絞り込まれる

関連項目 01.100 文字列で絞り込む(1) →p.104
01.101 文字列で絞り込む(2) →p.105

オートフィルタ／数値

01.103 数値で絞り込む

AutoFilterメソッド

object.**AutoFilter** (*Field, Criteria1, Operator, Criteria2*)

object---対象となるRangeオブジェクト
Field---フィルタの対象となるフィールド番号、*Criteria1*---抽出条件となる文字列
Operator---条件を表す定数、*Criteria2*---2番目の抽出条件となる文字列

数値を絞り込むときは、条件に比較演算子を使います。ただし「nと等しい」の場合は、文字列と同じように「=」を省略できます。

4000と等しい	Criteria1:="4000"
4000より大きい	Criteria1:=">4000"
4000以上	Criteria1:=">=4000"
4000より小さい	Criteria1:="<4000"
4000以下	Criteria1:="<=4000"

```
Sub Sample103()
    Range("A1").AutoFilter Field:=4, Criteria1:=">4000", _
                        Operator:=xlAnd, Criteria2:="<=4500"
End Sub
```

4列目を「4000」より大きく、かつ「4500」以下という条件で絞り込む

実行結果

	A	B	C	D
1	日付	地域	名前	金額
2	2009/12/11	東京	鈴木	4604
3	2010/3/23	神奈川	田中	1239
4	2010/3/21	千葉	鈴木	4127
5	2010/2/16	神奈川	鈴木	5661
6	2009/12/24	神奈川	田中	7067
7	2009/11/30	東京	田中	5240
8	2010/3/22	東京	田中	1720
9	2010/1/18	神奈川	田中	3281
10	2009/11/3	東京	鈴木	3377
11	2009/12/6	神奈川	田中	3089
12	2009/11/9	千葉	田中	4102
13	2009/12/19	千葉	鈴木	7968
14	2010/3/3	神奈川	田中	9145
15	2009/11/18	神奈川	鈴木	1395

	A	B	C	D
1	日付	地域	名前	金額
4	2010/3/21	千葉	鈴木	4127
12	2009/11/9	千葉	田中	4102
17	2010/3/5	東京	田中	4490
22	2009/11/20	千葉	山田	4324
31	2010/1/7	神奈川	田中	4434
32				
33				
34				
35				
36				
37				
38				
39				
40				

「4000」より大きく、かつ「4500」以下の条件で絞り込まれる

関連項目 01.104 空白セルを絞り込む→p.108

オートフィルタ／空白セル

01.104 空白セルを絞り込む

AutoFilterメソッド

*object.***AutoFilter**(*Field, Criteria1*)

object---対象となるRangeオブジェクト
Field---フィルタの対象となるフィールド番号、*Criteria1*---抽出条件となる文字列

「空白セル」で絞り込むときは、条件に「"="」を指定します。反対に「空白でないセル」で絞り込むときは、条件に「"<>"」を指定します。

```
Sub Sample104()
    Range("A1").AutoFilter Field:=2, Criteria1:="="
    Range("A1").AutoFilter Field:=4, Criteria1:="<>"
End Sub
```

2列目が空白であるという条件で絞り込む

4列目が空白ではないという条件で絞り込む

実行結果

	A	B	C	D
1	日付	地域	名前	金額
2	2009/12/11	東京	鈴木	
3	2010/3/23	神奈川	田中	1239
4	2010/3/21		鈴木	
5	2010/2/16	神奈川	鈴木	5661
6	2009/12/24	神奈川	田中	
7	2009/11/30	東京	田中	5240
8	2010/3/22	東京	田中	
9	2010/1/18	神奈川	田中	3281
10	2009/11/3		鈴木	3377
11	2009/12/6	神奈川	田中	
12	2009/11/9	千葉	田中	4102
13	2009/12/19	千葉	鈴木	
14	2010/3/3		田中	
15	2009/11/18	神奈川	鈴木	1395

→

	A	B	C	D
1	日付	地域	名前	金額
10	2009/11/3		鈴木	3377
19	2009/12/31		山田	2549
24	2010/1/31		鈴木	9182
28	2010/2/18		田中	2416
30	2010/1/6		山田	3741
32				
33				
34				
35				
36				
37				
38				
39				
40				

「地域」が空白で「金額」が空白ではない条件で絞り込まれる

関連項目 01.103 数値で絞り込む→p.107

オートフィルタ／日付

01.105 日付で絞り込む(1)

AutoFilterメソッド

object.**AutoFilter** (*Field, Criteria1*)

object---対象となるRangeオブジェクト
Field---フィルタの対象となるフィールド番号、*Criteria1*---抽出条件となる文字列

オートフィルタを日付で絞り込むのは難しいです。セルに設定されている表示形式や、引数Criteria1の指定によって結果が異なります。また、Excelのバージョンによっても、結果が違います。まず、セルに標準の表示形式「*2001/3/14」が設定されている場合です。このとき、引数Criteria1に「"2009/12/20"」と文字列形式の日付を指定したとします。結果は次のようになります。

●条件に文字列を指定

・Excel 2007/2003：失敗

・Excel 2013/2010：成功

Excel 2007/2003では、引数Criteria1に「DateValue("2009/12/20")」と関数を使うか、日付リテラルの「#12/20/2009#」としなければなりません。ただし、こちらはExcel 2013/2010では失敗します。

●条件にDateValue関数または日付リテラルを指定

・Excel 2007/2003：成功

・Excel 2013/2010：失敗

```
Sub Sample105()
    Range("A1").AutoFilter Field:=1, Criteria1:="2009/12/20"
End Sub
```
1列目に「2009/12/20」を含む条件で絞り込む

実行結果

	A	B	C	D
1	日付	地域	名前	金額
2	2009/12/11	東京	鈴木	4604
3	2010/3/23	神奈川	田中	1239
4	2010/3/21	千葉	鈴木	4127
5	2010/2/16	神奈川	鈴木	5661
6	2009/12/20	神奈川	田中	7067
7	2009/11/30	東京	田中	5240
8	2010/3/22	東京	田中	1720
9	2010/1/18	神奈川	田中	3281
10	2009/11/3	東京	鈴木	3377
11	2009/12/6	神奈川	田中	3089
12	2009/11/9	千葉	田中	4102
13	2009/12/19	千葉	鈴木	7968
14	2010/3/3	神奈川	田中	9145

	A	B	C	D
1	日付	地域	名前	金額
6	2009/12/20	神奈川	田中	7067
15	2009/12/20	神奈川	鈴木	1395
22	2009/12/20	千葉	山田	4324
32				
33				
34				
35				
36				
37				
38				
39				
40				
41				

「2009/12/20」を含む条件で絞り込まれる

関連項目
01.106 日付で絞り込む (2) →p.110
01.107 日付で絞り込む (3) →p.111
01.108 日付で絞り込む (4) →p.112

オートフィルタ／日付

01.106 日付で絞り込む(2)

AutoFilterメソッド

object.**AutoFilter**(*Field*, *Criteria1*)

object---対象となるRangeオブジェクト
Field---フィルタの対象となるフィールド番号、*Criteria1*---抽出条件となる文字列

セルに「2001/3/14」や「3月14日」など、先頭に「*」が付かない表示形式が設定されている場合、引数Criteria1には「"2009/12/20"」のように、セルに表示されている形式の日付を文字列で指定します。先頭に「*」が付いていない表示形式が指定されているときは、引数Criteria1に「DateValue("2009/12/20")」や、日付リテラルの「#12/20/2009#」を指定すると、絞り込みに失敗します。

```
Sub Sample106()
    Range("A1").AutoFilter Field:=1, Criteria1:="2009/12/20"
End Sub
```

1列目に「2009/12/20」を含む条件で絞り込む

実行結果

	A	B	C	D
1	日付	地域	名前	金額
2	2009/12/11	東京	鈴木	4604
3	2010/3/23	神奈川	田中	1239
4	2010/3/21	千葉	鈴木	4127
5	2010/2/16	神奈川	鈴木	5661
6	2009/12/20	神奈川	田中	7067
7	2009/11/30	東京	田中	5240
8	2010/3/22	東京	田中	1720
9	2010/1/18	神奈川	田中	3281
10	2009/11/3	東京	鈴木	3377
11	2009/12/6	神奈川	田中	3089
12	2009/11/9	千葉	田中	4102
13	2009/12/19	千葉	鈴木	7968
14	2010/3/3	神奈川	田中	9145
15	2009/12/20	神奈川	鈴木	1395

→

	A	B	C	D
1	日付	地域	名前	金額
6	2009/12/20	神奈川	田中	7067
15	2009/12/20	神奈川	鈴木	1395
22	2009/12/20	千葉	山田	4324
32				
33				
34				
35				
36				
37				
38				
39				
40				
41				
42				

「2009/12/20」を含む条件で絞り込まれる

関連項目
01.105 日付で絞り込む(1) →p.109
01.107 日付で絞り込む(3) →p.111
01.108 日付で絞り込む(4) →p.112

オートフィルタ／日付

非対応バージョン 2007 2003

01.107 日付で絞り込む(3)

AutoFilterメソッド

object.**AutoFilter** (*Field*, *Criteria1*, xlFilterValues, *Criteria2*)

object---対象となるRangeオブジェクト
Field---フィルタの対象となるフィールド番号、*Criteria1*---抽出条件となる文字列
Criteria2---2番目の抽出条件となる文字列

Excel 2010では、オートフィルタで日付を絞り込むとき、リストから年月日を指定できるようになりました。こうした、日付をグループ化する絞り込みを行うときは、引数Operatorに定数xlFilterValuesを指定し、Criteria2に条件を表す配列を指定します。配列の書式は次の通りです。

```
Array(数値1,日付1,数値2,日付2,…)
```

数値には0～5を指定します。この数値は、それぞれ次の意味です。

0	後ろに指定した日付の年
1	後ろに指定した日付の月
2	後ろに指定した日付の日
3	後ろに指定した時刻の時
4	後ろに指定した時刻の分
5	後ろに指定した時刻の秒

サンプルでは「2009年の日付と2010年2月の日付」を指定しています。

```
Sub Sample107()
    Range("A1").AutoFilter Field:=1, Operator:=xlFilterValues, _
                        Criteria2:=Array(0, "2009/12/31", 1, "2010/2/27")
End Sub
```

1列目に「2009年」「2010年2月」を含む条件で絞り込む

実行結果

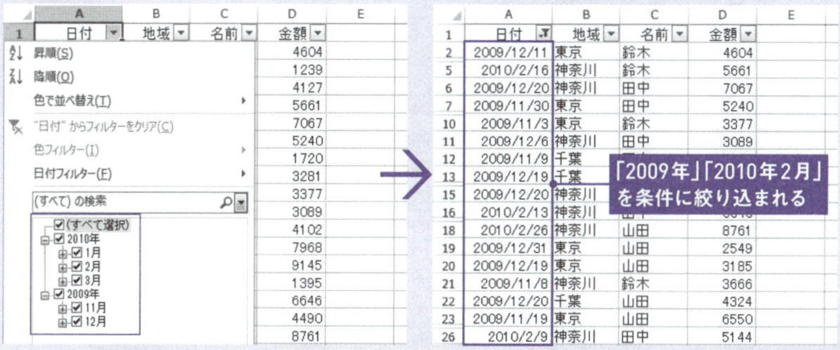

	A	B	C	D	E
1	日付	地域	名前	金額	
				4604	
				1239	
				4127	
				5661	
				7067	
				5240	
				1720	
				3281	
				3377	
				3089	
				4102	
				7968	
				9145	
				1395	
				6646	
				4490	
				8761	

昇順(S)
降順(O)
色で並べ替え(T)
"日付" からフィルターをクリア(C)
色フィルター(I)
日付フィルター(F)
(すべて) の検索
(すべて選択)
2010年
1月
2月
3月
2009年
11月
12月

	A	B	C	D	E
1	日付	地域	名前	金額	
2	2009/12/11	東京	鈴木	4604	
5	2010/2/16	神奈川	鈴木	5661	
6	2009/12/20	神奈川	田中	7067	
7	2009/11/30	東京	田中	5240	
10	2009/11/3	東京	鈴木	3377	
11	2009/12/6	神奈川	田中	3089	
12	2009/11/9	千葉			
13	2009/12/19	千葉			
15	2009/12/20	神奈川			
16	2010/2/13	神奈川			
18	2010/2/26	神奈川	山田	8761	
19	2009/12/31	東京	山田	2549	
20	2009/12/19	東京	山田	3185	
21	2009/11/8	神奈川	鈴木	3666	
22	2009/12/20	千葉	山田	4324	
23	2009/11/19	東京	山田	6550	
26	2010/2/9	神奈川	田中	5144	

「2009年」「2010年2月」を条件に絞り込まれる

関連項目
01.105 日付で絞り込む (1) →p.109
01.106 日付で絞り込む (2) →p.110
01.108 日付で絞り込む (4) →p.112

オートフィルタ／日付

× 非対応バージョン 2007 2003

01.108 日付で絞り込む(4)

AutoFilterメソッド

object.**AutoFilter**(*Field, Operator, Criteria1*)

object---対象となるRangeオブジェクト、*Field*---フィルタの対象となるフィールド番号
Criteria1---抽出条件となる文字列、*Operator*---どんな絞り込みを行うかを表す定数

Excel 2010では、オートフィルタに「日付フィルタ」という機能が追加されました。これは絞り込みたい日付を、昨年・今週・今年の初めから今日まで・第1四半期などで指定できます。日付フィルタで絞り込むには、引数Criteria1に日付を意味する定数を指定します。定数には、次の種類があります。

xlFilterToday	今日
xlFilterYesterday	昨日
xlFilterTomorrow	明日
xlFilterThisWeek	今週
xlFilterLastWeek	先週
xlFilterNextWeek	来週
xlFilterThisMonth	今月
xlFilterLastMonth	先月
xlFilterNextMonth	来月
xlFilterThisQuarter	今四半期
xlFilterLastQuarter	前四半期
xlFilterNextQuarter	来四半期
xlFilterThisYear	今年
xlFilterLastYear	昨年
xlFilterNextYear	来年
xlFilterYearToDate	今年の初めから今日まで
xlFilterAllDatesInPeriodQuarter1	期間内の全日付(第1四半期)
xlFilterAllDatesInPeriodQuarter2	期間内の全日付(第2四半期)
xlFilterAllDatesInPeriodQuarter3	期間内の全日付(第3四半期)
xlFilterAllDatesInPeriodQuarter4	期間内の全日付(第4四半期)
xlFilterAllDatesInPeriodJanuary	期間内の全日付(1月)
xlFilterAllDatesInPeriodFebruray	期間内の全日付(2月)
xlFilterAllDatesInPeriodMarch	期間内の全日付(3月)
xlFilterAllDatesInPeriodApril	期間内の全日付(4月)
xlFilterAllDatesInPeriodMay	期間内の全日付(5月)
xlFilterAllDatesInPeriodJune	期間内の全日付(6月)
xlFilterAllDatesInPeriodJuly	期間内の全日付(7月)
xlFilterAllDatesInPeriodAugust	期間内の全日付(8月)
xlFilterAllDatesInPeriodSeptember	期間内の全日付(9月)
xlFilterAllDatesInPeriodOctober	期間内の全日付(10月)
xlFilterAllDatesInPeriodNovember	期間内の全日付(11月)
xlFilterAllDatesInPeriodDecember	期間内の全日付(12月)

memo

▶「期間内の全日付（2月）」を意味する定数は「xlFilterAllDatesInPeriodFebruray」です。2月の英単語は「February」ですが、VBAの定数では「Februray」とスペルが間違えています。

```
Sub Sample108()
    Range("A1").AutoFilter Field:=1, Operator:=xlFilterDynamic, _
                                    Criteria1:=xlFilterLastYear
End Sub
```

1列目に「昨年」を含む条件で絞り込む

実行結果

	A	B	C	D	E
1	日付	地域	名前	金額	
2	2009/12/11	東京	鈴木	4604	
3	2010/3/23	神奈川	田中	1239	
4	2010/3/21	千葉	鈴木	4127	
5	2010/2/16	神奈川	鈴木	5661	
6	2009/12/20	神奈川	田中	7067	
7	2009/11/30	東京	田中	5240	
8	2010/3/22	東京	田中	1720	
9	2010/1/18	神奈川	田中	3281	
10	2009/11/3	東京	鈴木	3377	
11	2009/12/6	神奈川	田中	3089	
12	2009/11/9	千葉	田中	4102	
13	2009/12/19	千葉	鈴木	7968	
14	2010/3/3	神奈川	田中	9145	

↓

	A	B	C	D	E
1	日付	地域	名前	金額	
2	2009/12/11	東京	鈴木	4604	
6	2009/12/20	神奈川	田中	7067	
7	2009/11/30	東京	田中	5240	
10	2009/11/3	東京	鈴木	3377	
11	2009/12/6	神奈川	田中	3089	
12	2009/11/9	千葉	田中	4102	
13	2009/12/19	千葉	鈴木	7968	
15	2009/12/20	神奈川	鈴木	1395	
19	2009/12/31	東京	山田	2549	
20	2009/12/19	東京	山田	3185	
21	2009/11/8	神奈川	鈴木	3666	
22	2009/12/20	千葉	山田	4324	
23	2009/11/19	東京	山田	6550	
29	2009/12/11	東京	鈴木	5973	

「昨年」を条件に絞り込まれる

関連項目
01.105 日付で絞り込む（1）→p.109
01.106 日付で絞り込む（2）→p.110
01.107 日付で絞り込む（3）→p.111

オートフィルタ／コピー

01.109 絞り込んだ結果をコピーする

AutoFilterメソッド、CurrentRegionプロパティ

object.**AutoFilter**(*Field, Criteria1*)
object.**CurrentRegion**.Copy

object---対象となるRangeオブジェクト
Field---フィルタの対象となるフィールド番号、*Criteria1*---抽出条件となる文字列

オートフィルタで絞り込んだ結果を、別のシートにコピーしてみましょう。セルのコピーは「コピー元.Copy 貼り付け先」です。オートフィルタで絞り込んだ状態とは、条件に一致しない行の高さが「0」に設定されて隠れています。絞り込まれているとはいえ、行全体をコピーしては、隠れている行までコピーされてしまうのでしょうか。心配はいりません。そこはExcelがうまくやってくれます。オートフィルタで絞り込んだセル範囲を操作するときは、表示されているセル（絞り込まれているセル）だけが対象になります。

```
Sub Sample109()
    Range("A1").AutoFilter Field:=2, Criteria1:="東京"
    Range("A1").CurrentRegion.Copy Sheets("Sheet2").Range("A1")
End Sub
```

2列目を「東京」という文字列を含む条件で絞り込む

結果をSheet2にコピー

実行結果

	A	B	C	D
1	日付	地域	名前	金額
2	2009/12/11	東京	鈴木	4604
3	2010/3/23	神奈川	田中	1239
4	2010/3/21	千葉	鈴木	4127
5	2010/2/16	神奈川	鈴木	5661
6	2009/12/20	神奈川	田中	7067
7	2009/11/30	東京	田中	5240
8	2010/3/22	東京	田中	1720
9	2010/1/18	神奈川	田中	3281
10	2009/11/3	東京	鈴木	3377
11	2009/12/6	神奈川	田中	3089
12	2009/11/9	千葉	田中	4102
13	2009/12/19	千葉	鈴木	7968
14	2010/3/3	神奈川	田中	9145
15	2009/12/20	神奈川	鈴木	1395

→

	A	B	C	D	E
1	日付	地域	名前	金額	
2	########	東京	鈴木	4604	
3	########	東京	田中	5240	
4	########	東京	田中	1720	
5	########	東京	鈴木	3377	
6	2010/3/5	東京	田中	4490	
7	########	東京	山田	2549	
8	########	東京	山田	3185	
9	########	東京	山田	6550	
10	########	東京	鈴木	9182	
11	2010/1/1	東京	山田	7896	
12	########	東京	鈴木	2008	
13	########	東京	田中	2416	
14	########	東京	鈴木	5973	
15					

絞り込んだ結果がコピーされる

関連項目 01.110 絞り込んだ結果だけ取得する→p.115

オートフィルタ

01.110 絞り込んだ結果だけ取得する

AutoFilterメソッド、CurrentRegionプロパティ

object.**AutoFilter**(*Field, Criteria1*)
object.**CurrentRegion**.Copy

object---対象となるRangeオブジェクト
Field---フィルタの対象となるフィールド番号、*Criteria1*---抽出条件となる文字列

マクロでオートフィルタを使うときは、絞り込んで終了……ということは少なくなります。たいていは、絞り込んだ結果に対して、件数を調べたり合計を求めたりします。あるいは、絞り込んだデータをさらに調べるかもしれません。意外と難しいのが、タイトル行を除いた実データのセル範囲を特定することです。そんなときは発想を転換しましょう。タイトル行を含むデータ範囲はCurrentRegionプロパティで簡単に取得できます。このときExcelは、ちゃんと表示されているセルだけを返してくれます。そこで、タイトル行を含むデータ全体を別のシートにコピーして、タイトル行(ここでは1行目)を削除しましょう。

```
Sub Sample110()
    Range("A1").AutoFilter Field:=3, Criteria1:="田中"
    If WorksheetFunction.Subtotal(3, Range("C:C")) > 1 Then
        Worksheets.Add
        ActiveSheet.Next.Range("A1").CurrentRegion.Copy Range("A1")
        Range("A1").EntireRow.Delete
    End If
End Sub
```

3行目に「田中」という文字列を含む条件で絞り込む

セルA1を含む連続したセル範囲をアクティブシートのセルA1にコピー

実行結果

	A	B	C	D
1	日付	地域	名前	金額
2	2009/12/11	東京	鈴木	4604
3	2010/3/23	神奈川	田中	1239
4	2010/3/21	千葉	鈴木	4127
5	2010/2/16	神奈川	鈴木	5661
6	2009/12/20	神奈川	田中	7067
7	2009/11/30	東京	田中	5240
8	2010/3/22	東京	田中	1720
9	2010/1/18	神奈川	田中	3281
10	2009/11/3	東京	鈴木	3377
11	2009/12/6	神奈川	田中	3089
12	2009/11/9	千葉	田中	4102
13	2009/12/19	千葉	鈴木	7968

	A	B	C	D	E
1	########	神奈川	田中	1239	
2	########	神奈川	田中	7067	
3	########	東京	田中	5240	
4	########	東京	田中	1720	
5	########	神奈川	田中	3281	
6	########	神奈川	田中	3089	
7	########	千葉	田中	4102	
8	2010/3/3	神奈川	田中	9145	
9	########	神奈川	田中	6646	
10	2010/3/5	東京	田中	4490	
11	2010/2/9	神奈川	田中	5144	
12	########	東京	田中	2416	
13	2010/1/7	神奈川	田中	4434	

タイトル行を除いた実データのセル範囲を取得できる

関連項目 01.109 絞り込んだ結果をコピーする→p.114

条件付き書式

01.111 条件付き書式を設定する(1)

FormatConditionsコレクション、Addメソッド

FormatConditions.Add(*Type, Operator, Formula1, Formula2*)

Type---定数(表を参照)、*Operator*---セルの値、もしくは数式を表す定数(省略可)
Formula1---条件付き書式に関連させる値、またはオブジェクト式(省略可)
Formula2---条件付き書式に2番目に関連させる値、またはオブジェクト式(省略可)

サンプルは、セル範囲A1:A10に「セルの値が40 ～ 60」の条件付き書式を設定しています。条件付き書式は、FormatConditionオブジェクトで表されます。条件付き書式を設定するには、FormatConditionsコレクションに、新しいFormatConditionオブジェクトを追加します。引数Typeには、次の定数を指定します。

xlCellValue	セルの値
xlExpression	数式

引数Typeに、定数xlCellValueを指定した場合は、引数Operatorに次の定数を指定します。

xlBetween	次の値の間
xlEqual	次の値と等しい
xlGreater	次の値より大きい
xlGreaterEqual	次の値以下
xlLess	次の値より小さい
xlLessEqual	次の値以下
xlNotBetween	次の値以外
xlNotEqual	次の値と等しくない

なお、Excel 2007からは、引数Typeに次の定数を指定できます。

xlAboveAverageCondition	平均以上の条件
xlBlanksCondition	空白の条件
xlCellValue	セルの値
xlColorScale	カラースケール
xlDatabar	データバー
xlErrorsCondition	エラー条件
xlExpression	演算
XlIconSet	アイコンセット
xlNoBlanksCondition	空白の条件なし
xlNoErrorsCondition	エラー条件なし
xlTextString	テキスト文字列
xlTimePeriod	期間

xlTop10	上位の10の値
xlUniqueValues	一意の値

```
Sub Sample111()
    With Range("A1:A10").FormatConditions
        .Add Type:=xlCellValue, _
             Operator:=xlBetween, _
             Formula1:="40", Formula2:="60"
        .Item(1).Interior.ColorIndex = 3
    End With
End Sub
```

セル範囲A1:A10に「セルの値が40 ～ 60」の条件付き書式を設定

セルの色を設定

実行結果

	A	B	C
1	10		
2	20		
3	30		
4	40		
5	50		
6	60		
7	70		
8	80		
9	90		
10	100		
11			
12			
13			

↓

	A	B	C
1	10		
2	20		
3	30		
4	40		
5	50		
6	60		
7	70		
8	80		
9	90		
10	100		
11			
12			
13			

40～60の値のセルに色が設定される

関連項目 01.112 設定されている条件付き書式の数を調べる→p.118
01.113 条件付き書式を削除する→p.119

条件付き書式

01.112 設定されている条件付き書式の数を調べる

FormatConditionsコレクション、Countプロパティ

object.**FormatConditions.Count**

object---対象となるRangeオブジェクト

セルには複数の条件付き書式を設定できます。設定できる条件付き書式は、Excel 2003までは3つ。Excel 2007以降では、設定できる条件の数はPCに搭載されているメモリの量に依存します。事実上は、無制限と考えていいでしょう。セルに設定されている条件付き書式の数は、FormatConditionsコレクションのCountプロパティでわかります。

```
Sub Sample112()
    MsgBox Range("A1:A10").FormatConditions.Count → セル範囲A1:A10に設定されている条件付き書式の数を調べMsgBoxに表示
End Sub
```

実行結果

	A	B
1	10	
2	20	
3	30	
4	40	
5	50	
6	60	
7	70	
8	80	
9	90	
10	100	
11		
12		
13		
14		
15		

→

Microsoft Excel

3

OK

設定した条件付き書式の数が表示される

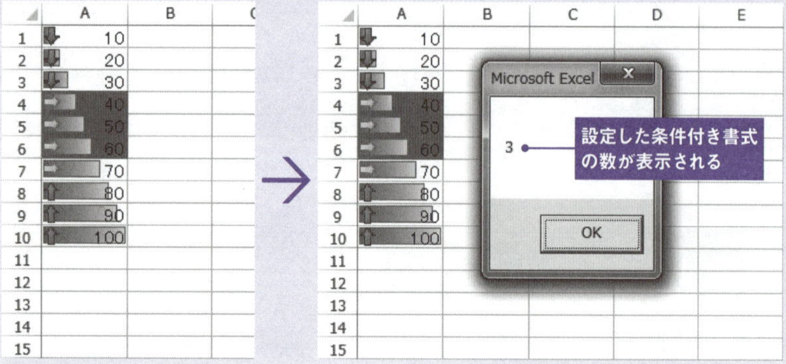

関連項目 01.111 条件付き書式を設定する (1) →p.116

条件付き書式／削除

01.113 条件付き書式を削除する

FormatConditionオブジェクト、Deleteメソッド

object.**FormatConditions.Delete**

object---対象となるRangeオブジェクト

条件付き書式の条件を削除するには、FormatConditionオブジェクトのDeleteメソッドを使います。条件の削除をマクロ記録すると、一度すべての条件を削除し、削除しなかった条件を再設定するというコードが記録されますが、実際には個別に削除できます。

```
Sub Sample113()
    Range("A1:A10").FormatConditions(1).Delete → 1つめの条件を削除
    Range("A1:A10").FormatConditions.Delete → すべての条件を削除
End Sub
```

実行結果

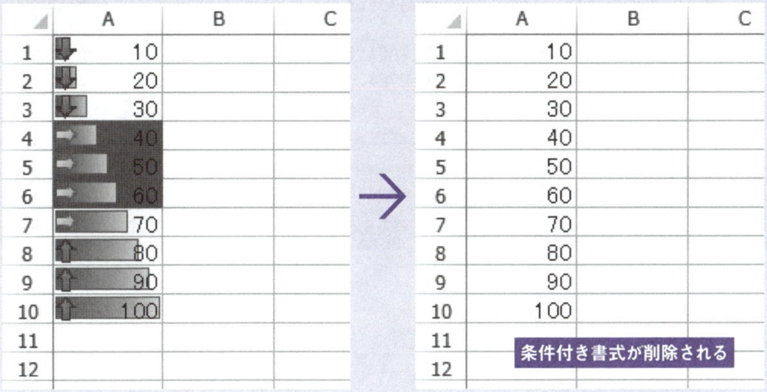

	A	B	C
1	10		
2	20		
3	30		
4	40		
5	50		
6	60		
7	70		
8	80		
9	90		
10	100		
11			
12			

→

	A	B	C
1	10		
2	20		
3	30		
4	40		
5	50		
6	60		
7	70		
8	80		
9	90		
10	100		
11			
12			

条件付き書式が削除される

関連項目 01.111 条件付き書式を設定する (1) →p.116

条件付き書式

01.114 条件付き書式を設定する(2)

FormatConditionsコレクション、Addメソッド

FormatConditions.Add(*Type, Formula1*)

Type---セルの値、もしくは数式を表す定数(p.116の表を参照)
Formula1---条件付き書式に関連させる値、またはオブジェクト式(省略可)

サンプルは、セル範囲A1:A10に「数式が」「=A1=MAX($A$1:$A$10)」の条件付き書式を設定しています。「数式が」の条件付き書式を設定するときは、引数TypeにxlExpressionを指定して、引数Formula1に数式を指定します。Formula1に指定する数式で、相対参照で指定しているアドレスは、選択範囲内(ここではセル範囲A1:A10)のアクティブセルの位置と関連します。サンプルでは「Range("A1:A10").Cells(1)」はセルA1なので、相対参照で指定するセルもA1になります。

```
Sub Sample114()
    With Range("A1:A10").FormatConditions
        .Add Type:=xlExpression, _
             Formula1:="=A1=MAX($A$1:$A$10)"
        .Item(1).Interior.ColorIndex = 3
    End With
End Sub
```

セル範囲A1:A10に「一番大きな値」の条件付き書式を設定

セルの色を設定

実行結果

	A	B	C
1	10		
2	20		
3	30		
4	40		
5	50		
6	60		
7	70		
8	80		
9	90		
10	100		
11			
12			
13			

→

	A	B	C
1	10		
2	20		
3	30		
4	40		
5	50		
6	60		
7	70		
8	80		
9	90		
10	100		
11			
12			
13			

一番大きな値のセルに色が設定される

関連項目 01.113 条件付き書式を削除する→p.119

条件付き書式

01.115 条件付き書式を設定する(3)

FormatConditionsコレクション、Addメソッド

FormatConditions.Add(*Type, Operator, Formula1*)

Type---セルの値、もしくは数式を表す定数(p.116の表を参照)
Operator---条件を表す定数(p.116の表を参照／省略可)
Formula1---条件付き書式に関連させる値、またはオブジェクト式(省略可)

サンプルは、セル範囲A1:A10に[セルの強調表示ルール]→[指定の値より大きい]で「60より大きい」の条件付き書式を設定しています。「指定の値より大きい」を指定するときは、引数Typeに定数xlCellValueを指定して、引数Operatorに定数xlGreaterを指定します。Excel 2007のリボンに追加された、条件付き書式の[セルの強調表示ルール]は、同等の条件付き書式をワンタッチで指定できるようにした機能です。同じコードで、Excel 2003に設定することも可能です。

```
Sub Sample115()
    With Range("A1:A10").FormatConditions
        .Add Type:=xlCellValue, _
            Operator:=xlGreater, _
            Formula1:="=60"
        .Item(1).Interior.Color = RGB(255, 0, 0)
    End With
End Sub
```

（`With`～`Formula1:="=60"` → セル範囲A1:A10に「60より大きい」の条件付き書式を設定）
（`.Item(1).Interior.Color = RGB(255, 0, 0)` → セルの色を設定）

実行結果

	A	B	C
1	10		
2	20		
3	30		
4	40		
5	50		
6	60		
7	70		
8	80		
9	90		
10	100		
11			
12			
13			

→

	A	B	C
1	10		
2	20		
3	30		
4	40		
5	50		
6	60		
7	70		
8	80		
9	90		
10	100		
11			
12			
13			

60より大きな値のセルに色が設定される

関連項目 01.111 条件付き書式を設定する(1) →p.116
01.113 条件付き書式を削除する →p.119

条件付き書式

非対応バージョン 2003

01.116 条件付き書式を設定する(4)

FormatConditionsコレクション、AddAboveAverageメソッド

FormatCondition.AddAboveAverage

サンプルは、セル範囲A1:A10に[上位/下位ルール]で「平均より上」の条件付き書式を設定しています。この機能は、Excel 2007で追加されました。AddAboveAverageメソッドはAddAboveAverageオブジェクトを返します。AddAboveAverageオブジェクトは、セル範囲内で、平均または標準偏差より、上または下の値を見つけるために使用されます。AddAboveAverageメソッドで挿入したAddAboveAverageオブジェクトのAboveBelowプロパティには、次の定数を指定します。

XlAboveAverage	平均より上
XlAboveStdDev	標準偏差より上
XlBelowAverage	平均より下
XlBelowStdDev	標準偏差より下
XlEqualAboveAverage	平均以上
XlEqualBelowAverage	平均以下

```
Sub Sample116()
    With Range("A1:A10").FormatConditions
        .AddAboveAverage
        .Item(1).AboveBelow = xlAboveAverage
        .Item(1).Interior.Color = RGB(255, 0, 0)
    End With
End Sub
```

AboveAverageオブジェクトは、セル範囲内で、平均または標準偏差より上または下の値を見つけるために使用

実行結果

	A	B	C
1	10		
2	20		
3	30		
4	40		
5	50		
6	60		
7	70		
8	80		
9	90		
10	100		
11			
12			
13			
14			

→

	A	B	C
1	10		
2	20		
3	30		
4	40		
5	50		
6	60		
7	70		
8	80		
9	90		
10	100		
11			
12			
13			
14			

平均より上の値のセルに色が設定される

関連項目 01.113 条件付き書式を削除する→p.119

条件付き書式　✕非対応バージョン 2003

01.117 条件付き書式でグラデーションのデータバーを設定する

FormatConditionsコレクション、AddDatabarメソッド

FormatCondition.AddDatabar

サンプルは、セル範囲A1:A10に[データバー]→[塗りつぶし(グラデーション)]の条件付き書式を設定しています。この機能は、Excel 2007で追加されました。AddDatabarメソッドは、指定された範囲で、データバーの条件付き書式ルールを示すDatabarオブジェクトを返します。条件付き書式のデータバーは、Excel 2007で追加された機能ですが、データバーを単色で表示する機能はExcel 2010で追加されました。Excel 2007では、データバーを単色表示できません。したがって、Excel 2007でデータバーを設定するときは、BarFillTypeプロパティの設定を省略してください。BarFillTypeプロパティを省略すると、グラデーションが指定されたものとみなされます。

```
Sub Sample117()
    With Range("A1:A10").FormatConditions
        .AddDatabar
        .Item(1).BarFillType = xlDataBarFillGradient
        .Item(1).BarColor.ThemeColor = xlThemeColorAccent1
    End With
End Sub
```

データバーを設定

データバーのグラデーションと色を設定

実行結果

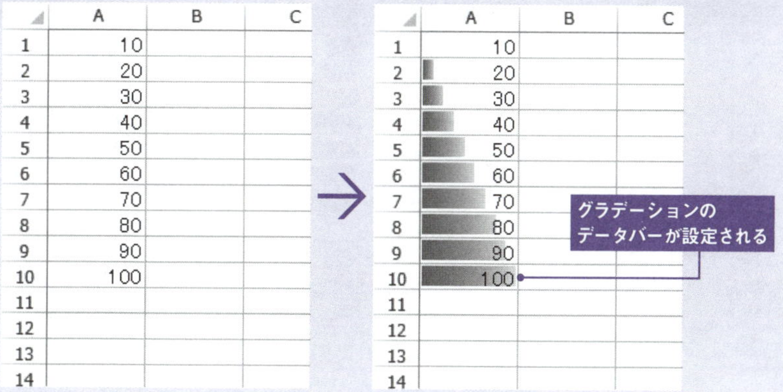

	A	B	C
1	10		
2	20		
3	30		
4	40		
5	50		
6	60		
7	70		
8	80		
9	90		
10	100		
11			
12			
13			
14			

→

	A	B	C
1	10		
2	20		
3	30		
4	40		
5	50		
6	60		
7	70		
8	80		
9	90		
10	100		
11			
12			
13			
14			

グラデーションのデータバーが設定される

関連項目 01.118 条件付き書式で単色のデータバーを設定する→p.124
01.119 データバーの数値を非表示にする→p.125

条件付き書式

✖非対応バージョン 2007 2003

01.118 条件付き書式で単色のデータバーを設定する

FormatConditionsコレクション、AddDatabarメソッド

FormatCondition.AddDatabar

サンプルは、セル範囲A1:A10に[データバー]→[塗りつぶし(単色)]の条件付き書式を設定しています。この機能は、Excel 2010で追加されました。AddDatabarメソッドは、指定された範囲で、データバーの条件付き書式ルールを示すDatabarオブジェクトを返します。データバーの単色を指定するときは、BarFillTypeプロパティに定数xlDataBarFillSolidを指定します。BarFillTypeプロパティを省略すると、データバーのグラデーションを表す定数xlDataBarFillGradientが指定されたものとみなされます。

```
Sub Sample118()
    With Range("A1:A10").FormatConditions
        .AddDatabar
        .Item(1).BarFillType = xlDataBarFillSolid
        .Item(1).BarColor.ThemeColor = xlThemeColorAccent2
    End With
End Sub
```

データバーを設定

データバーを単色に設定

実行結果

	A	B	C
1	10		
2	20		
3	30		
4	40		
5	50		
6	60		
7	70		
8	80		
9	90		
10	100		
11			
12			
13			
14			

→

	A	B	C
1	10		
2	20		
3	30		
4	40		
5	50		
6	60		
7	70		
8	80		
9	90		
10	100		
11			
12			
13			
14			

単色のデータバーが設定される

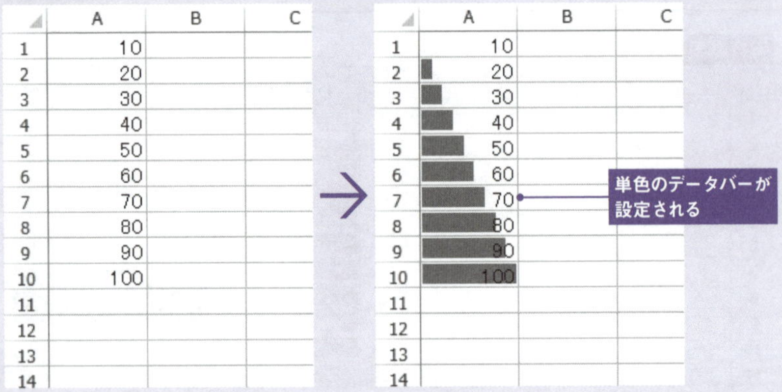

関連項目 01.117 条件付き書式でグラデーションのデータバーを設定する→p.123

条件付き書式

✕ 非対応バージョン 2003

01.119 データバーの数値を非表示にする

FormatConditionオブジェクト

FormatCondition.ShowValue

条件付き書式のデータバーを設定すると、データバーだけでなく、セル内の数値も表示されたままになります。セル内の数値を非表示にして、データバーだけを表示するには、条件付き書式(FormatConditionオブジェクト)のShowValueプロパティにFalseを指定します。サンプルでは、セル範囲A1:A10に設定した条件付き書式のうち、先頭(1番目)の条件を操作しています。

```
Sub Sample119()
    Range("A1:A10").FormatConditions.Item(1).ShowValue = False
End Sub
```

データバーの数値を非表示にする

実行結果

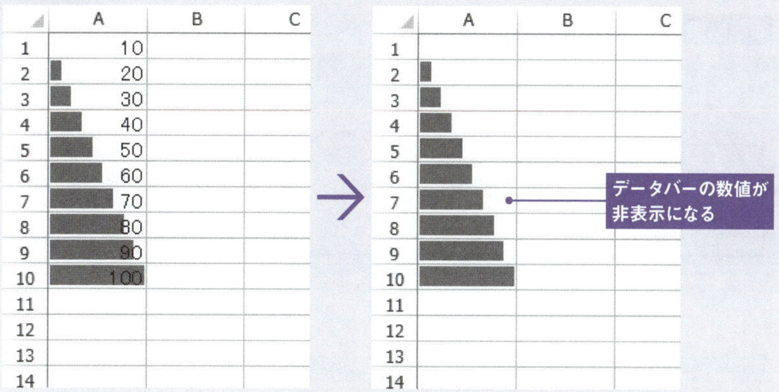

	A	B	C
1	10		
2	20		
3	30		
4	40		
5	50		
6	60		
7	70		
8	80		
9	90		
10	100		
11			
12			
13			
14			

→

	A	B	C
1			
2			
3			
4			
5			
6			
7			
8			
9			
10			
11			
12			
13			
14			

データバーの数値が非表示になる

関連項目
01.122 最短のバーと最長のバーを設定する→p.128
01.123 データバーの方向を指定する→p.130
01.124 バーの枠線を設定する→p.131
01.125 マイナスのバーを設定する→p.132

条件付き書式

非対応バージョン 2003

01.120 ルールの優先順位を変更する

FormatConditionオブジェクト、SetFirstPriorityメソッド

FormatCondition.SetFirstPriority

同じセルに複数設定した条件付き書式には、ルールが適用される優先順位があります。ルールの優先順位は[ルールの管理]を実行して表示される[条件付き書式ルールの管理]ダイアログボックスで指定できます。上に登録されているのが、最も優先順位の高いルールです。FormatConditionオブジェクトのSetFirst Priorityメソッドを実行すると、指定したルールの優先順位を最上位にします。

```
Sub Sample120()
    With Range("A1:A10").FormatConditions
        .Item(.Count).SetFirstPriority
    End With
End Sub
```

ルールの個数を判定して最後に追加されたルールを最上位にする

実行結果

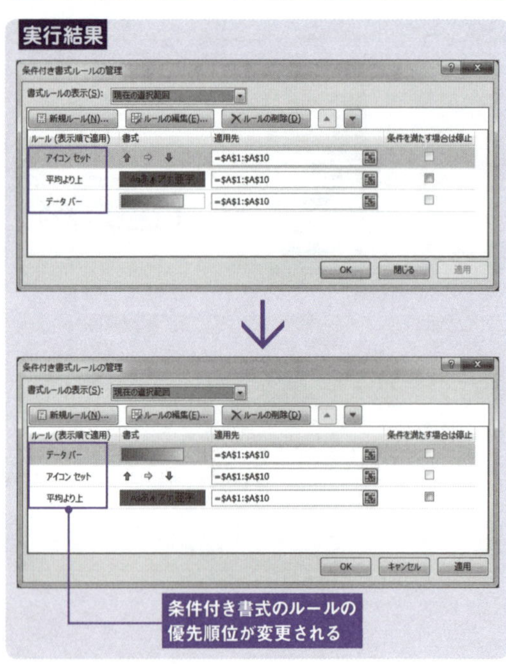

関連項目 01.121 条件を満たす場合に停止する→p.127

条件付き書式

✖ 非対応バージョン 2003

01.121 条件を満たす場合に停止する

FormatConditionオブジェクト、StopIfTrueプロパティ

FormatConditions.StopIfTrue

同じセルに複数の条件付き書式が設定されているとき、あるルールの条件に一致したら、それ以降のルールを適用させないようにできます。これは、Excel 2007で追加された機能です。条件が一致したとき、それ以降のルールを適用させないようにするには、FormatConditionオブジェクトのStopIfTrueプロパティにTrueを設定します。なお、データバー、カラースケール、アイコンセットの条件付き書式で、StopIfTrueプロパティを設定することはできません。

```
Sub Sample121()
    Range("A1:A10").FormatConditions(1).StopIfTrue = True ┐
End Sub                                   条件1が一致したときそれ以降のルールは適用させない
```

実行結果

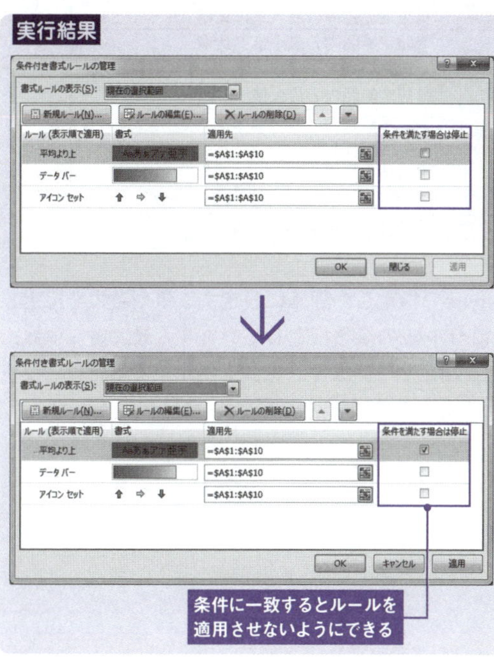

関連項目 01.120 ルールの優先順位を変更する→p.126

条件付き書式

✖ 非対応バージョン 2003

01.122 最短のバーと最長のバーを設定する

FormatConditionオブジェクト、MinPointプロパティ、MaxPointプロパティ、Modifyメソッド

FormatConditions.MinPoint.Modify (*newtype* ,*newvalue*)
FormatConditions.MaxPoint.Modify (*newtype* ,*newvalue*)

newtype---バーを評価する定数、*newvalue*---評価に設定する値や数式

データバーを設定するとき、最短のバーと最長のバーを、それぞれどのように評価するかを指定できます。最短のバーはMinPointプロパティで表され、最長のバーはMaxPointプロパティで表されます。設定するときは、Modifyメソッドを使います。Modifyメソッドの書式は次の通りです。

```
Modify newtype, newvalue
```

引数newtypeには、バーを評価する方法を次の定数で指定します。

定数	内容
xlConditionValueAutomaticMax	設定範囲内の最大値に比例
xlConditionValueAutomaticMin	設定範囲内の最小値に比例
xlConditionValueFormula	数式で指定
xlConditionValueHighestValue	設定範囲内の最大値
xlConditionValueLowestValue	設定範囲内の最小値
xlConditionValueNone	条件値なし
xlConditionValueNumber	数値で指定
xlConditionValuePercent	パーセンテージで指定(0 ～ 100)
xlConditionValuePercentile	百分位で指定(0 ～ 100)

引数newvalueには、引数newtypeで指定した評価に設定する値や数式を指定します。サンプルでは、最小値にセルA2の値を指定しています。最大値には数式を使って、2番目に大きい数値を指定しています。数式を指定する場合は、セルのアドレスを絶対参照にしなければなりません。

```
Sub Sample122()
    With Range("A1:A10").FormatConditions
        With .Item(1)                                      最小値にセルA2の値を設定
            .MinPoint.Modify newtype:=xlConditionValueNumber, _
                             newvalue:=Range("A2")
            .MaxPoint.Modify newtype:=xlConditionValueFormula, _
                             newvalue:="=LARGE($A$1:$A$10,2)"
        End With                                    最大値に2番目に大きい値を設定
    End With
End Sub
```

実行結果

	A	B	C
1	10		
2	20		
3	30		
4	40		
5	50		
6	60		
7	70		
8	80		
9	90		
10	100		
11			
12			
13			
14			

→

	A	B	C
1	10		
2	20		
3	30		
4	40		
5	50		
6	60		
7	70		
8	80		
9	90		
10	100		
11			
12			
13			
14			

最小値はセルA2の値、最大値は2番目に大きい数値が設定される

関連項目
01.119 データバーの数値を非表示にする→p.125
01.123 データバーの方向を指定する→p.130
01.124 バーの枠線を設定する→p.131
01.125 マイナスのバーを設定する→p.132

条件付き書式

✕ 非対応バージョン 2007 2003

01.123 データバーの方向を指定する

FormatConditionオブジェクト、Directionプロパティ

FormatConditions.Direction

データバーが表示される方向を指定するには、Directionプロパティに次の定数を指定します。

xlContext	シートの設定に従う
xlLTR	左から右
xlRTL	右から左

このプロパティは、Excel 2010で追加されました。

```
Sub Sample123()
    Range("A1:A10").FormatConditions.Item(1).Direction = xlRTL
End Sub
```

データバーの方向を右から左にする

実行結果

	A	B	C
1	10		
2	20		
3	30		
4	40		
5	50		
6	60		
7	70		
8	80		
9	90		
10	100		
11			
12			
13			
14			

→

	A	B	C
1	10		
2	20		
3	30		
4	40		
5	50		
6	60		
7	70		
8	80		
9	90		
10	100		
11			
12			
13			
14			

データバーの方向が変更される

関連項目
01.119 データバーの数値を非表示にする→p.125
01.122 最短のバーと最長のバーを設定する→p.128
01.124 バーの枠線を設定する→p.131
01.125 マイナスのバーを設定する→p.132

条件付き書式

非対応バージョン 2007 2003

01.124 バーの枠線を設定する

FormatConditionオブジェクト、BarBorderオブジェクト

FormatConditions.BarBorder.*Type*

Type---枠線の表示を表す定数

データバーの枠線はBarBorderオブジェクトで表されます。枠線を表示するかしないかは、Typeプロパティに次の定数を指定します。

xlDataBarBorderSolid	表示する
xlDataBarBorderNone	表示しない

枠線を表示する場合、枠線の色を指定できます。枠線の色はFormatColorオブジェクトで表されます。サンプルの「.Color.Color」は、左のColorプロパティがFormatColorオブジェクトを返し、右のColorプロパティは、FormatColorオブジェクトの色を表すプロパティです。「.Color.ColorIndex」や「.Color.ThemeColor」を使うことも可能です。

```
Sub Sample124()
    With Range("A1:A10").FormatConditions.Item(1).BarBorder
        .Type = xlDataBarBorderSolid
        .Color.Color = RGB(0, 255, 0) → 枠線の色を設定
    End With
End Sub
```
データバーの枠線を表示

実行結果

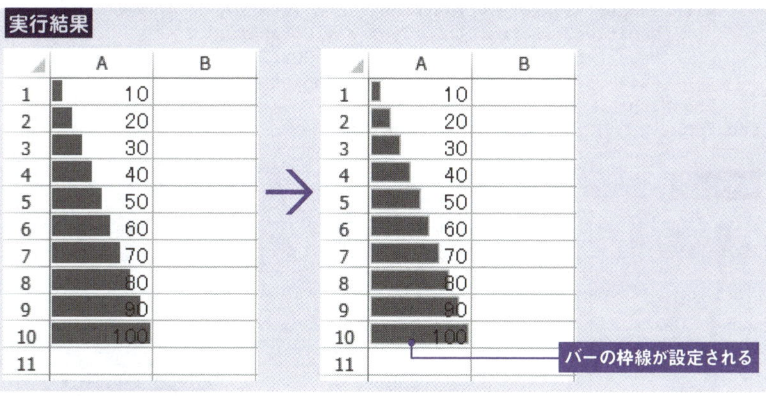

関連項目
01.119 データバーの数値を非表示にする→p.125
01.122 最短のバーと最長のバーを設定する→p.128
01.123 データバーの方向を指定する→p.130
01.125 マイナスのバーを設定する→p.132

セル
ブックとシート
ファイル
グラフとオブジェクト
メニュー
UserForm
プログラミング
高度な使い方

条件付き書式 ✖非対応バージョン 2007 2003

01.125 マイナスのバーを設定する

NegativeBarFormatオブジェクト、ColorTypeプロパティ、Colorプロパティ
AxisPositionプロパティ

FormatConditions.**NegativeBarFormat.ColorType**
FormatConditions.**NegativeBarFormat.Color**
FormatConditions.**AxisPosition**

データバーを設定した範囲内にマイナスの数値があるとき、マイナスのデータバーを区別して表示できます。これは、Excel 2010で追加された機能です。マイナスのバーを塗りつぶす色は、NegativeBarFormatオブジェクトのColorTypeプロパティに次の定数を指定します。

xlDataBarColor	独自に指定
xlDataBarSameAsPositive	プラスの色と同じ

定数xlDataBarColorを指定した場合は、Colorプロパティで色を指定できます。マイナスのバーとプラスのバーを区切る軸は、AxisPositionプロパティで指定します。

xlDataBarAxisAutomatic	数値の比率に応じて軸の位置が決まる
xlDataBarAxisMidpoint	常にセルの中心に軸が表示される
xlDataBarAxisNone	軸は表示されずすべてのバーは左から表示される

```
Sub Sample125()
    With Range("A1:A10").FormatConditions.Item(1)
        .NegativeBarFormat.ColorType = xlDataBarColor
        .NegativeBarFormat.Color.Color = RGB(255, 0, 0)
        .AxisPosition = xlDataBarAxisMidpoint
    End With
End Sub
```

マイナスのバーに独自の色を設定
色を設定
軸を設定

実行結果

	A	B	C
1	-50		
2	-40		
3	-30		
4	-20		
5	-10		
6	10		
7	20		
8	30		
9	40		
10	200		
11			

→

	A	B	C
1	-50		
2	-40		
3	-30		
4	-20		
5	-10		
6	10		
7	20		
8	30		
9	40		
10	200		
11			

マイナスのバーが設定され常にセルの中心に軸が表示される

関連項目
01.119 データバーの数値を非表示にする→p.125
01.122 最短のバーと最長のバーを設定する→p.128
01.123 データバーの方向を指定する→p.130
01.124 バーの枠線を設定する→p.131

条件付き書式

✕ 非対応バージョン 2003

01.126 カラースケールの条件付き書式を設定する

FormatConditionsコレクション、AddColorScaleメソッド、Typeプロパティ、FormatColorオブジェクト

FormatConditions.AddColorScale (*ColorScaleType*)
ColorScaleCriteria.**Type**、ColorScaleCriteria.**FormatColor**

ColorScaleType---塗り分ける色数

サンプルは、セル範囲A1:A10に[カラースケール]の条件付き書式を設定しています。塗り分ける色は2色です。この機能は、Excel 2007で追加されました。カラースケールを設定するときは、FormatConditionsコレクションのAddColorScaleメソッドを実行します。引数ColorScaleTypeには、塗り分ける色数(2または3)を指定します。各色は、ColorScaleCriteriaオブジェクトとして設定します。

ColorScaleCriteria(1)	最小値の色
ColorScaleCriteria(2)	中間値の色
ColorScaleCriteria(3)	最大値の色

各色のTypeプロパティには、次の定数を指定します。

xlConditionValueAutomaticMax	設定範囲内の最大値に比例
xlConditionValueAutomaticMin	設定範囲内の最小値に比例
xlConditionValueFormula	数式で指定
xlConditionValueHighestValue	設定範囲内の最大値
xlConditionValueLowestValue	設定範囲内の最小値
xlConditionValueNone	条件値なし
xlConditionValueNumber	数値で指定
xlConditionValuePercent	パーセンテージで指定(0 ～ 100)
xlConditionValuePercentile	百分位で指定(0 ～ 100)

```
Sub Sample126()
    With Range("A1:A10").FormatConditions
        .AddColorScale ColorScaleType:=2
        With .Item(1).ColorScaleCriteria
            .Item(1).Type = xlConditionValueLowestValue
            .Item(1).FormatColor.ThemeColor = xlThemeColorAccent1
            .Item(2).Type = xlConditionValueNumber
            .Item(2).Value = 80
            .Item(2).FormatColor.ThemeColor = xlThemeColorAccent2
        End With
    End With
End Sub
```

→2色で塗り分けることを設定

最小値の色をセル範囲A1:A10の最小値に設定

最大値の色を「80」に設定

実行結果

	A	B	C
1	10		
2	20		
3	30		
4	40		
5	50		
6	60		
7	70		
8	80		
9	90		
10	100		
11			
12			

↓

	A	B	C
1	10		
2	20		
3	30		
4	40		
5	50		
6	60		
7	70		
8	80		
9	90		
10	100		
11			
12			

［カラースケール］の条件付き書式が設定される

関連項目
01.113 条件付き書式を削除する→p.119
01.127 アイコンセットの条件付き書式を設定する→p.135

条件付き書式

⊗非対応バージョン 2003

01.127 アイコンセットの条件付き書式を設定する

FormatConditionsコレクション、AddIconSetConditionメソッド

FormatConditions.AddIconSetCondition

サンプルは、セル範囲A1:A10に[アイコンセット]の条件付き書式を設定しています。アイコンセットの種類を指定していませんので、標準の「xl3TrafficLights1：3つの信号(枠なし)」が指定されたとみなされます。

```
Sub Sample127()
    Range("A1:A10").FormatConditions.AddIconSetCondition →アイコンセットを設定
End Sub
```

実行結果

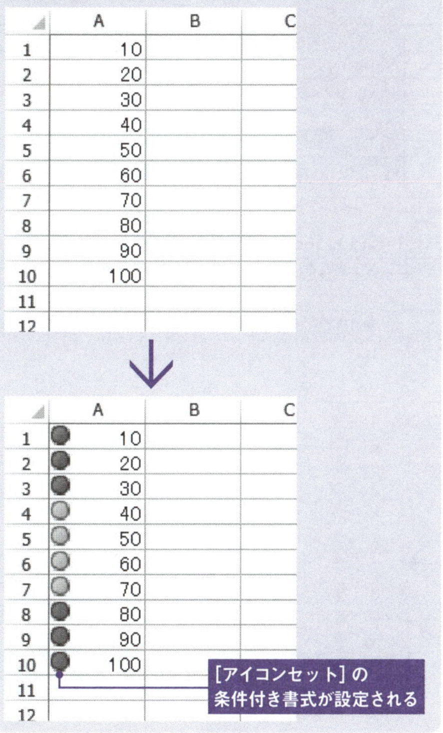

	A	B	C
1	10		
2	20		
3	30		
4	40		
5	50		
6	60		
7	70		
8	80		
9	90		
10	100		
11			
12			

↓

	A	B	C
1	● 10		
2	● 20		
3	● 30		
4	● 40		
5	● 50		
6	● 60		
7	● 70		
8	● 80		
9	● 90		
10	● 100		
11			
12			

[アイコンセット]の条件付き書式が設定される

関連項目 01.128 アイコンセットを変更する→p.136

条件付き書式

非対応バージョン 2003

01.128 アイコンセットを変更する

FormatConditionオブジェクト、IconSetプロパティ、IconSetsプロパティ

FormatConditions.IconSet、*object*.**IconSets**

object---対象となるWorkbookオブジェクト

アイコンセットの種類を設定するには、条件付き書式(FormatConditionオブジェクト)のIconSetプロパティに、WorkbookオブジェクトのIconSetsプロパティによって取得できるアイコンセットを設定します。IconSetsプロパティには、次の定数を指定できます。

xl3Arrows	3つの矢印(色分け)	xl3TrafficLights2	3つの信号(枠あり)
xl3Triangles	3種類の三角形	xl4TrafficLights	4つの信号
xl4Arrows	4つの矢印(色分け)	xl3Symbols	3つの記号(丸囲み)
xl5Arrows	5つの矢印(色分け)	xl3Flags	3つのフラグ
xl3ArrowsGray	3つの矢印(灰色)	xl3Symbols2	3つの記号(丸囲みなし)
xl4ArrowsGray	4つの矢印(灰色)	xl3Stars	3種類の星
xl5ArrowsGray	5つの矢印(灰色)	xl5Quarters	白黒の丸
xl3TrafficLights1	3つの信号(枠なし)	xl5Boxes	5種類のボックス
xl3Signs	3つの四角形	xl4CRV	4つの評価
xl4RedToBlack	赤と黒の丸	xl5CRV	5つの評価

```
Sub Sample128()
    Range("A1:A10").FormatConditions(1).IconSet = ActiveWorkbook. _
IconSets(xl3Arrows) → 3つの矢印のアイコンセットを設定
End Sub
```

実行結果

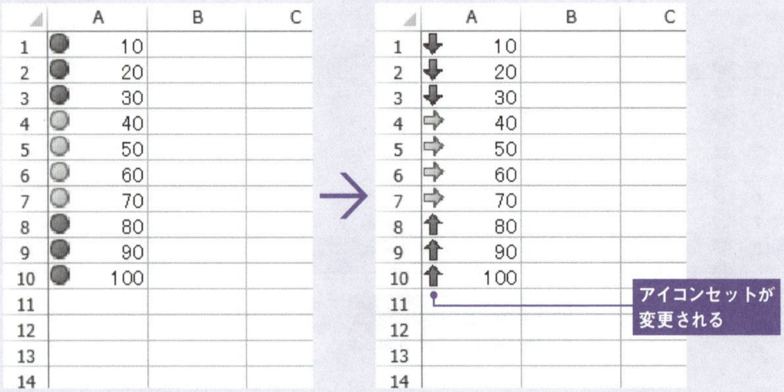

	A	B	C
1	10		
2	20		
3	30		
4	40		
5	50		
6	60		
7	70		
8	80		
9	90		
10	100		
11			
12			
13			
14			

→

	A	B	C
1	10		
2	20		
3	30		
4	40		
5	50		
6	60		
7	70		
8	80		
9	90		
10	100		
11			
12			
13			
14			

アイコンセットが変更される

関連項目 01.129 アイコンの順序を逆にする→p.137
01.130 アイコンだけ表示する→p.138

条件付き書式

✕ 非対応バージョン 2003

01.129 アイコンの順序を逆にする

FormatConditionオブジェクト、ReverseOrderプロパティ

FormatConditions.ReverseOrder

アイコンの表示順序を逆順にするかどうかは、FormatConditionオブジェクトのReverseOrderプロパティで設定します。ReverseOrderプロパティにTrueを設定すると、アイコンの表示順序が逆になります。

```
Sub Sample129()
    Range("A1:A10").FormatConditions(1).ReverseOrder = True
End Sub
```

アイコンセットの表示順序を逆にする

実行結果

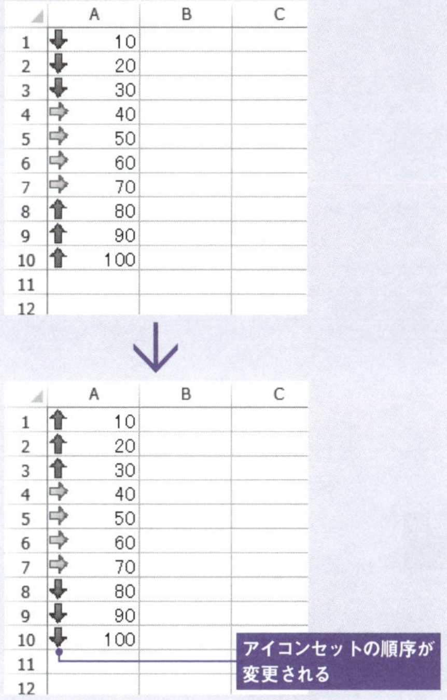

	A	B	C
1	10		
2	20		
3	30		
4	40		
5	50		
6	60		
7	70		
8	80		
9	90		
10	100		
11			
12			

↓

	A	B	C
1	10		
2	20		
3	30		
4	40		
5	50		
6	60		
7	70		
8	80		
9	90		
10	100		
11			
12			

アイコンセットの順序が変更される

関連項目
01.128 アイコンセットを変更する→p.136
01.130 アイコンだけ表示する→p.138

条件付き書式

⊗ 非対応バージョン 2003

01.130 アイコンだけ表示する

FormatConditionオブジェクト、ShowIconOnlyプロパティ

FormatConditions.ShowIconOnly

アイコンセットの条件付き書式を設定したセルで、セル内のデータを非表示にして、アイコンだけを表示するには、FormatConditionオブジェクトのShowIconOnlyプロパティにTrueを設定します。

```
Sub Sample130()
    Range("A1:A10").FormatConditions(1).ShowIconOnly = True
End Sub
```

アイコンセットだけを表示

実行結果

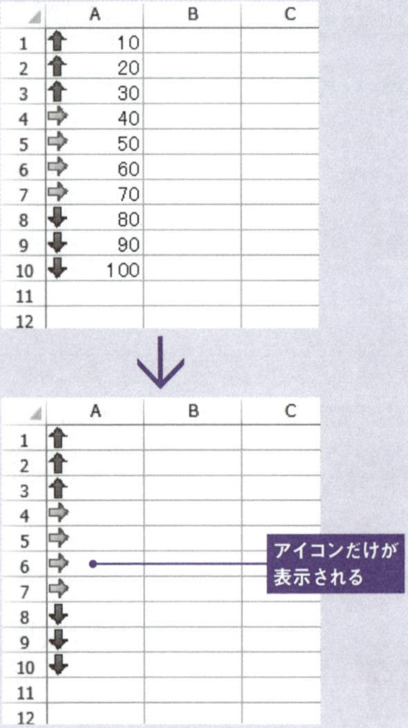

	A	B	C
1	⇧ 10		
2	⇧ 20		
3	⇧ 30		
4	⇨ 40		
5	⇨ 50		
6	⇨ 60		
7	⇨ 70		
8	⇩ 80		
9	⇩ 90		
10	⇩ 100		
11			
12			

↓

	A	B	C
1	⇧		
2	⇧		
3	⇧		
4	⇨		
5	⇨		
6	⇨		
7	⇨		
8	⇩		
9	⇩		
10	⇩		
11			
12			

アイコンだけが表示される

関連項目
01.128 アイコンセットを変更する→p.136
01.129 アイコンの順序を逆にする→p.137

ハイパーリンク／挿入

01.131 ハイパーリンクを挿入する

Hyperlinksコレクション、Addメソッド

Hyperlinks.Add (*Anchor, Address, TextToDisplay*)

Anchor---対象となるオブジェクトの値、*Address*---ハイパーリンクのアドレス
TextToDisplay---ハイパーリンクに表示する文字列(省略可)

セルにハイパーリンクを挿入するには、HyperlinksコレクションのAddメソッドを実行します。引数Anchorにはハイパーリンクを挿入するセルを指定し、引数Addressには表示したいWebページのURLを指定します。引数TextToDisplayには、セルに表示する文字列を指定します。指定したセルには、この文字列が代入されます。引数AddressにURLを指定した場合、ハイパーリンクをクリックすると、標準のブラウザが起動します。

```
Sub Sample131()
    ActiveSheet.Hyperlinks.Add _
                        Anchor:=Range("B3"), _
                        Address:="http://officetanaka.net/", _
                        TextToDisplay:="技術情報サイト"
End Sub
```

セルB3にハイパーリンクを挿入しセルに「技術情報サイト」と表示

実行結果

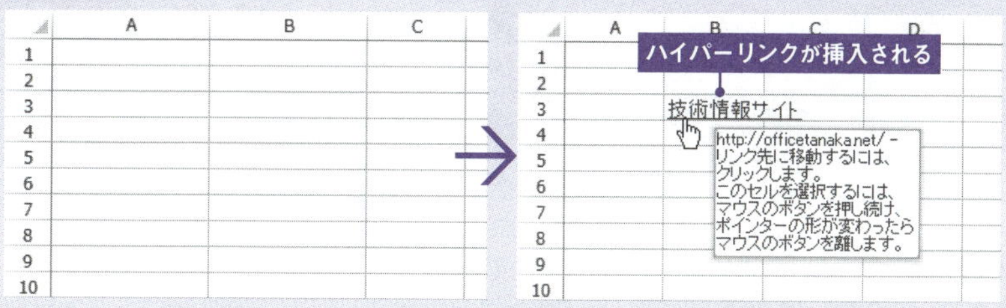

ハイパーリンク／挿入

01.132 ハイパーリンクのリンク先にメールアドレスを指定する

Hyperlinksコレクション、Addメソッド

Hyperlinks.Add(*Anchor, Address, TextToDisplay*)

Anchor---対象となるオブジェクトの値、*Address*---ハイパーリンクのアドレス
TextToDisplay---ハイパーリンクに表示する文字列(省略可)

ハイパーリンクのリンク先にメールアドレスを指定する場合は、メールアドレスの先頭に「mailto:」を付けます。リンクをクリックすると標準のメールソフトが起動して、メールの本文を入力できます。

```
Sub Sample132()
    ActiveSheet.Hyperlinks.Add _
                    Anchor:=Range("B3"), _
                    Address:="mailto:abc@xyz", _
                    TextToDisplay:="メール送信"
End Sub
```

セルB3にハイパーリンクを挿入しリンク先にメールアドレスを指定

実行結果

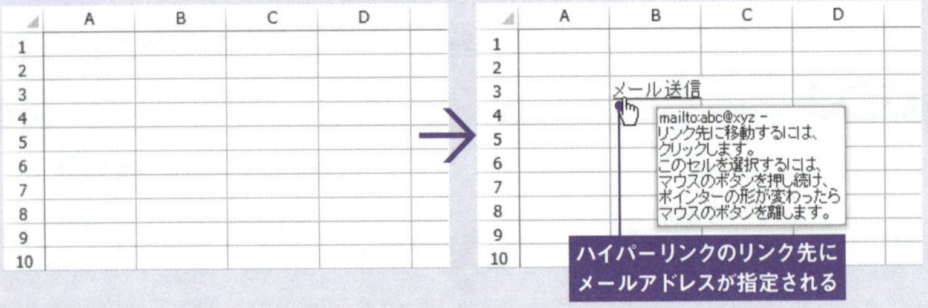

	A	B	C	D
1				
2				
3				
4				
5				
6				
7				
8				
9				
10				

→

	A	B	C	D
1				
2				
3		メール送信		
4				
5				
6				
7				
8				
9				
10				

mailto:abc@xyz -
リンク先に移動するには、クリックします。
このセルを選択するには、マウスのボタンを押し続け、ポインターの形が変わったらマウスのボタンを離します。

ハイパーリンクのリンク先にメールアドレスが指定される

memo

▶メールのタイトルも同時に指定したい場合、ハイパーリンクの引数Addressで「mailto:abc@xyz?subject=ご確認ください」のように指定することもできます。

関連項目
01.137 ハイパーリンクを開く→p.145
01.138 ハイパーリンク先ファイルを新規に作成する→p.146
01.139 ハイパーリンクを削除する→p.147
01.140 ハイパーリンクをクリアする→p.148

ハイパーリンク

01.133 メールの件名を指定する

Hyperlinkオブジェクト、EmailSubjectプロパティ

Hyperlinks.EmailSubject

ハイパーリンクのリンク先にメールアドレスを指定している場合、リンクをクリックすると標準のメールソフトが起動して、メールの本文を入力できます。このとき、タイトルも同時に指定したい場合は、HyperlinkオブジェクトのEmailSubjectプロパティにタイトルの文字列を設定しておきます。引数Addressに「mailto:abc@xyz?subject=ご確認ください」と設定されていても、EmailSubjectプロパティの方が優先されます。

```
Sub Sample133()
    ActiveSheet.Hyperlinks(1).EmailSubject = "資料です" → メールのタイトルを指定
End Sub
```

実行結果

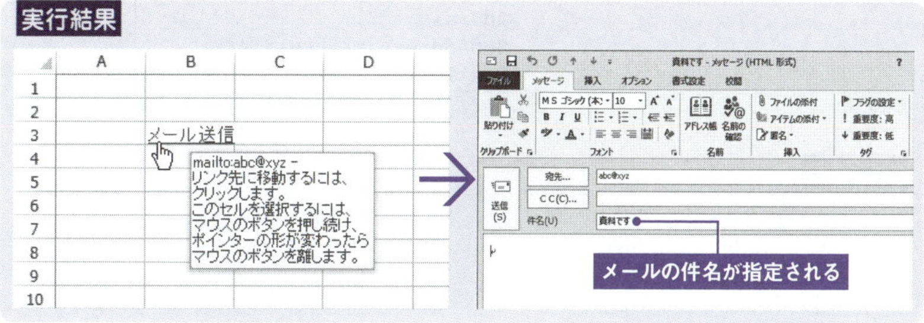

関連項目
01.137 ハイパーリンクを開く→p.145
01.138 ハイパーリンク先ファイルを新規に作成する→p.146
01.139 ハイパーリンクを削除する→p.147
01.140 ハイパーリンクをクリアする→p.148

ハイパーリンク／挿入

01.134 ハイパーリンクを挿入して任意のセルにジャンプさせる

Hyperlinksコレクション、Addメソッド

Hyperlinks.Add(*Anchor, Address, SubAddress,TextToDisplay*)

Anchor---対象となるオブジェクトの値、*Address*---ハイパーリンクのアドレス
TextToDisplay---ハイパーリンクに表示する文字列（省略可）

ハイパーリンクは、任意のセルにジャンプさせることも可能です。例えば、同じブックの「Sheet3のセルA1」にジャンプさせるには、サンプルのように「Sheet3!A1」と指定します。別のブックにジャンプさせるときは「[Book2.xlsx]Sheet3!A1」のようにブック名を指定しますが、ジャンプ先のブックが開いていないとエラーになります。Addメソッドの引数Addressには空欄を指定します。省略してはいけません。

```
Sub Sample134()
    ActiveSheet.Hyperlinks.Add Anchor:=Range("B3"), _
                               Address:="", _
                               SubAddress:="Sheet3!A1", _
                               TextToDisplay:="メニューシート"
End Sub
```

セルB3にハイパーリンクを挿入しジャンプ先にSheet3のセルB3を指定

実行結果

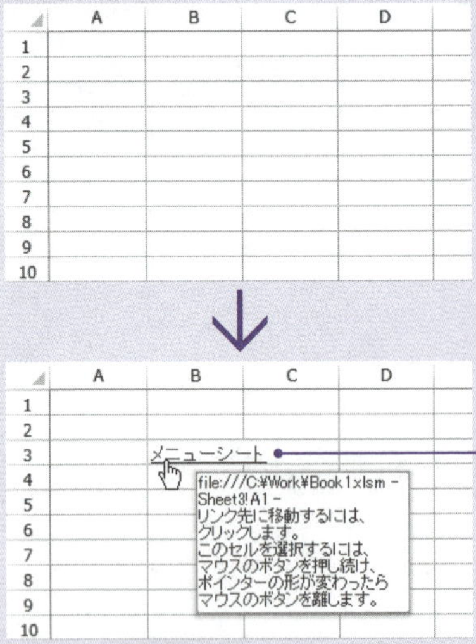

	A	B	C	D
1				
2				
3				
4				
5				
6				
7				
8				
9				
10				

↓

	A	B	C	D
1				
2				
3		メニューシート		
4				
5				
6				
7				
8				
9				
10				

file:///C:¥Work¥Book1.xlsm - Sheet3!A1 - リンク先に移動するには、クリックします。このセルを選択するには、マウスのボタンを押し続け、ポインターの形が変わったらマウスのボタンを離します。

ハイパーリンクのジャンプ先に任意のセルを指定できる

関連項目
01.137 ハイパーリンクを開く→p.145
01.138 ハイパーリンク先ファイルを新規に作成する→p.146
01.139 ハイパーリンクを削除する→p.147
01.140 ハイパーリンクをクリアする→p.148

ハイパーリンク／挿入

01.135 ハイパーリンクを挿入してジャンプ先にブックを指定する

Hyperlinksコレクション、Addメソッド

Hyperlinks.Add (*Anchor, Address, TextToDisplay*)

Anchor---対象となるオブジェクトの値、*Address*---ハイパーリンクのアドレス
TextToDisplay---ハイパーリンクに表示する文字列（省略可）

ハイパーリンクのジャンプ先に、ファイル名を指定すると、そのファイルを開くことができます。Excelのブックを指定した場合は、現在作業中のExcelを開きます。Excelのブックだけでなく、例えば「Address:="C:¥Work¥リンク先.txt"」のように、任意のデータファイルを指定することも可能です。この場合、ファイルに関連づけられているアプリケーションが起動して、指定したファイルを開きます。なお、指定したファイルが存在しないときはエラーになります。

```
Sub Sample135()
    ActiveSheet.Hyperlinks.Add Anchor:=Range("B3"), _
                               Address:="C:¥Work¥リンク先.xlsx", _
                               TextToDisplay:="資料ブック"
End Sub
```

ハイパーリンクを挿入しジャンプ先に「リンク先.xlsx」というExcelファイルを指定

実行結果

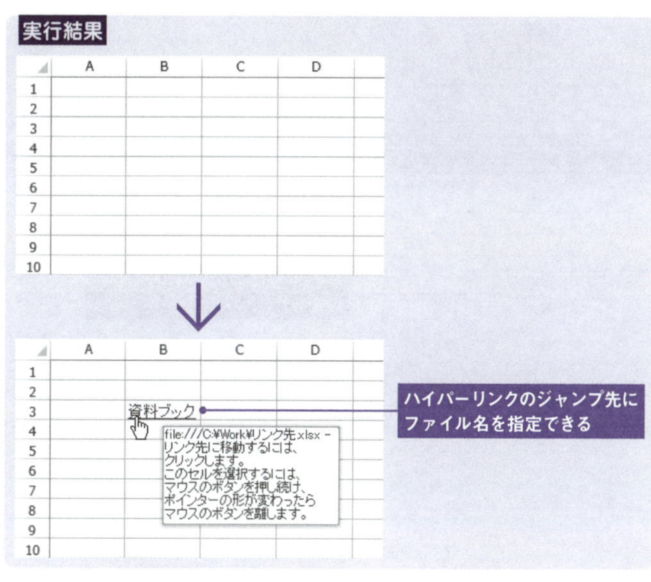

関連項目
01.137 ハイパーリンクを開く→p.145
01.138 ハイパーリンク先ファイルを新規に作成する→p.146
01.139 ハイパーリンクを削除する→p.147
01.140 ハイパーリンクをクリアする→p.148

ハイパーリンク

01.136 ハイパーリンクのツールチップを設定する

Hyperlinkオブジェクト、ScreenTipプロパティ

Hyperlinks.ScreenTip

挿入したハイパーリンクにマウスポインタを合わせると「リンク先に移動するには〜」といったツールチップがポップアップします。このツールチップは、HyperlinkオブジェクトのScreenTipプロパティで任意の文字列に変更できます。標準のツールチップに戻すには、ScreenTipプロパティに空欄("")を指定します。

```
Sub Sample136()
    ActiveSheet.Hyperlinks(1).ScreenTip = "クリックしてください"
End Sub
```

ツールチップを設定

実行結果
- 01.138 ハイパーリンク先ファイルを新規に作成する → p.146
- 01.139

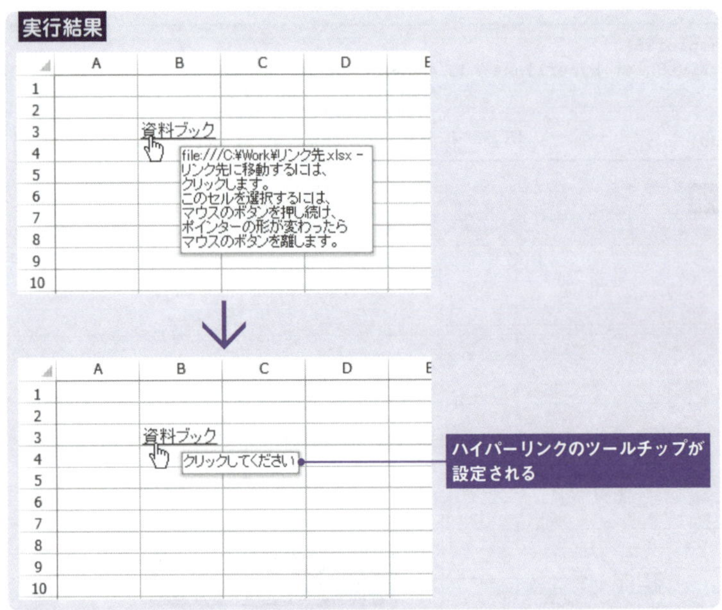

ハイパーリンク

01.137 ハイパーリンクを開く

Hyperlinkオブジェクト、Followメソッド

Hyperlinks.Follow

セルに挿入したハイパーリンクを開くには、HyperlinkオブジェクトのFollowメソッドを実行します。

```
Sub Sample137()
    ActiveSheet.Hyperlinks(1).Follow → セルに挿入したハイパーリンクを開く
End Sub
```

実行結果

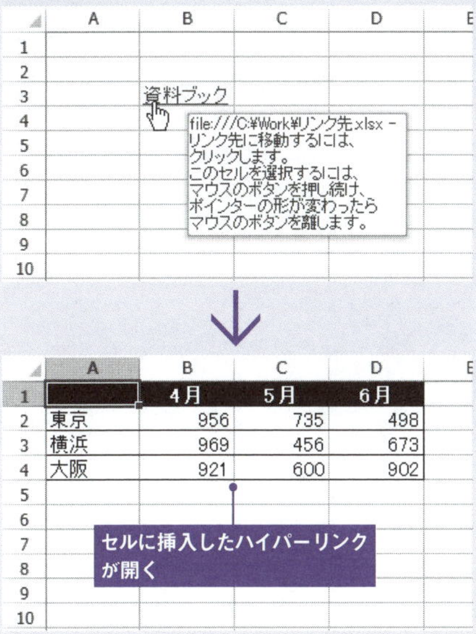

	A	B	C	D	E
1					
2					
3		資料ブック			
4					
5					
6					
7					
8					
9					
10					

file:///C:¥Work¥リンク先.xlsx - リンク先に移動するには、クリックします。このセルを選択するには、マウスのボタンを押し続け、ポインターの形が変わったらマウスのボタンを離します。

↓

	A	B	C	D	E
1		4月	5月	6月	
2	東京	956	735	498	
3	横浜	969	456	673	
4	大阪	921	600	902	
5					
6					
7					
8					
9					
10					

セルに挿入したハイパーリンクが開く

関連項目 01.131 ハイパーリンクを挿入する→p.139

ハイパーリンク。

01.138 ハイパーリンク先ファイルを新規に作成する

Hyperlinkオブジェクト、CreateNewDocumentメソッド

Hyperlinks.CreateNewDocument (*Filename*, *EditNow*, *Overwrite*)

Filename---ドキュメントのファイル名
EditNow---Trueの場合、ドキュメントを作成後、ドキュメントを開く
Overwrite---Trueの場合、同じフォルダの既存ファイルを上書きする

ハイパーリンクのリンク先に別ファイルを指定しているとき、CreateNewDocumentメソッドを実行すると、その名前の新しいファイルを作成して開くことができます。

```
Sub Sample138()
    With ActiveSheet.Hyperlinks(1)
        .CreateNewDocument .Address, True, True
    End With
End Sub
```

ハイパーリンクのリンク先に別ファイルを指定し新しいファイルを作成して開く

実行結果

資料ブック

file:///C:¥Work¥リンク先.xlsx - リンク先に移動するには、クリックします。このセルを選択するには、マウスのボタンを押し続け、ポインターの形が変わったらマウスのボタンを離します。

ハイパーリンク先ファイルが新規に作成される

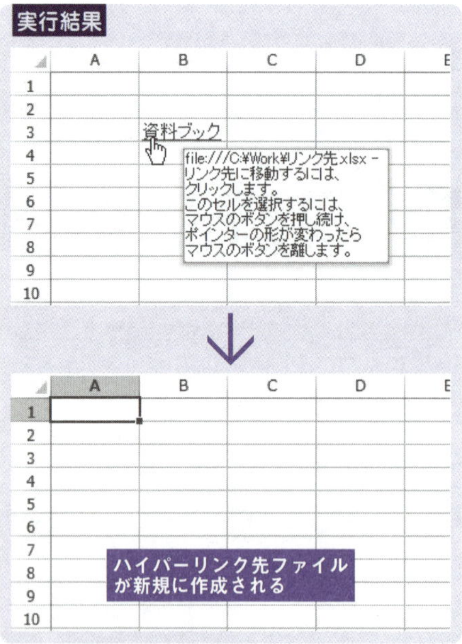

関連項目 01.135 ハイパーリンクを挿入してジャンプ先にブックを指定する →p.143

ハイパーリンク／削除

01.139 ハイパーリンクを削除する

Hyperlinkオブジェクト、Deleteメソッド

object.**Hyperlinks.Delete**

object---対象となるRangeオブジェクト

ハイパーリンクを削除するときは、HyperlinkオブジェクトのDeleteメソッドを実行します。ハイパーリンクには、自動的に「青文字＋下線」の書式が設定されますが、これはユーザーが自由に変更できます。ハイパーリンクを設定したセルに対して「太文字＋20ポイント」などの書式を設定することも可能です。ただし、HyperlinkオブジェクトのDeleteメソッドを実行すると、こうしたユーザーが独自に設定した書式は、すべてクリアされて標準の状態に戻ります。

```
Sub Sample139()
    Range("B3").Hyperlinks.Delete → セルB3のハイパーリンクを削除
End Sub
```

実行結果

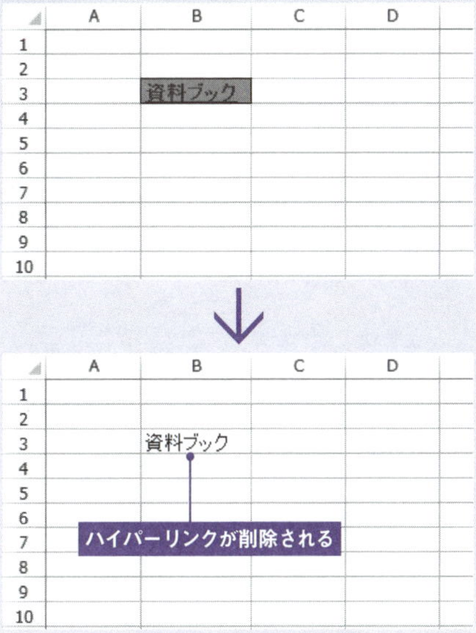

	A	B	C	D
1				
2				
3		資料ブック		
4				
5				
6				
7				
8				
9				
10				

↓

	A	B	C	D
1				
2				
3		資料ブック		
4				
5				
6				
7				
8				
9				
10				

ハイパーリンクが削除される

関連項目 01.131 ハイパーリンクを挿入する→p.139
01.140 ハイパーリンクをクリアする→p.148

ハイパーリンク／クリア

⊗ 非対応バージョン 2007 2003

01.140 ハイパーリンクをクリアする

ClearHyperlinksメソッド

object.**ClearHyperlinks**

object---対象となるRangeオブジェクト

Deleteメソッドでハイパーリンクを削除すると、ユーザーが設定した独自の書式もクリアされてしまいます。そうではなく、書式はそのままで、ハイパーリンクだけをクリアするには、ClearHyperlinksメソッドを実行します。ClearHyperlinksメソッドは、Excel 2010で追加された機能です。

```
Sub Sample140()
    Range("B3").ClearHyperlinks → セルB3のハイパーリンクをクリア
End Sub
```

実行結果

	A	B	C	D	E
1					
2					
3		資料ブック			
4					
5					
6					
7					
8					
9					
10					

file:///C:¥Work¥リンク先.xlsx - リンク先に移動するには、クリックします。このセルを選択するには、マウスのボタンを押し続け、ポインターの形が変わったらマウスのボタンを離します。

↓

	A	B	C	D	E
1					
2					
3		資料ブック			
4					
5					
6					
7					
8					
9					
10					

書式はそのままでハイパーリンクだけがクリアされる

関連項目 01.139 ハイパーリンクを削除する→p.147

改行

01.141 セル内改行されているか調べる

InStr関数

InStr (*string1, string2*)

string1---検索対象となる文字列式、string2---string1内で検索する文字列式

Windowsで一般的に使われている改行コードは、16進数の「0D」と「0A」の2文字です。VBAでは、この改行コードに「vbCrLf」という定数が割り当てられています。したがって「MsgBox "A" & vbCrLf & "B"」とすれば、改行された文字列を表示できます。セル内で改行されているかどうかは、セル内の文字に、こうした改行コードが含まれているかどうかを判定すればわかります。ただし注意が必要です。Excelでは、セル内で[Alt]+[Enter]キーを押して改行したとき、挿入される改行コードは「0A」の1文字です。InStr関数で判定するときは、16進数の「0A」を表す定数「vbLf」を探してください。

```
Sub Sample141()
    If InStr(ActiveCell, vbLf) > 0 Then→ アクティブセルがセル内で改行されているか判定
        MsgBox "改行されています"
    Else
        MsgBox "改行されていません"
    End If
End Sub
```

実行結果

関連項目 01.142 セル内の改行コードを削除する→p.150

改行／削除

01.142 セル内の改行コードを削除する

Replace関数

Replace(*expression, find, replace*)

expression---置換する文字列を含む文字列形式
find---検索する文字列、*replace*---置換する文字列

Excelでは、セル内で[Alt]＋[Enter]キーを押して改行したとき、挿入される改行コードは、16進数の「0A」1文字です。セル内改行されている文字列から、改行コードを削除するには、この「0A」を除去します。サンプルでは、Replace関数で改行コードを空欄("")に置換しています。VBAでは、一般的に使われる改行コードに、次のような定数が割り当てられています。

0D	vbCr
0A	vbLf
0D0A	vbCrLf

```
Sub Sample142()
    ActiveCell = Replace(ActiveCell, vbLf, "") → アクティブセルの改行コードを空欄に置換
End Sub
```

関連項目 01.141 セル内改行されているか調べる→p.149

セル範囲

01.143 特定のセルを含むセル範囲を取得する

CurrentRegionプロパティ

object.**CurrentRegion**

object---対象となるRangeオブジェクト

Excelは「ひとかたまりのセル範囲」を認識できます。グラフやピボットテーブルを作るとき、データが入力されているすべての範囲を選択しなくても、範囲内に存在する任意のセルを選択しておけば、そのセルが含まれている「ひとかたまりのセル範囲」を自動で認識してくれます。同じことは、CurrentRegionプロパティで実現できます。

```
Sub Sample143()
    ActiveCell.CurrentRegion.Select → アクティブセルを含むひとかたまりのセル範囲を選択
    MsgBox Range("C1").CurrentRegion.Address → ひとかたまりのセル範囲のアドレスを MsgBoxに表示
End Sub
```

実行結果

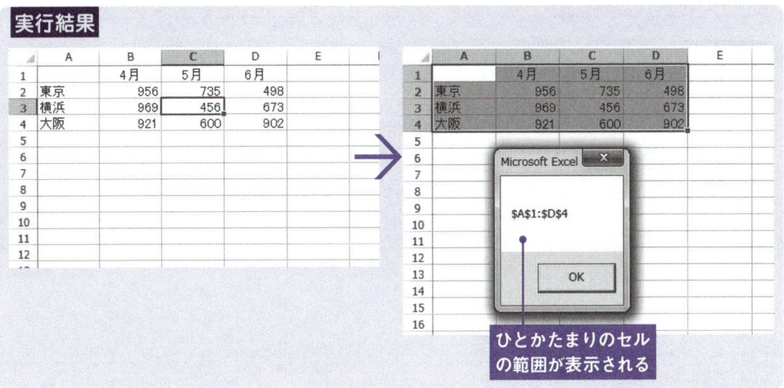

関連項目 01.064 行単位のセル範囲を操作する→p.67

列幅

01.144 列の幅を自動調整する

AutoFitメソッド、EntireColumnプロパティ

***object1*.AutoFit、*object2*.EntireColumn.AutoFit**

object1---対象となるColumnオブジェクト、*object2*---対象となるRangeオブジェクト

入力されているセルに合わせて列幅を自動調整するには、AutoFitメソッドを使います。AutoFitメソッドの対象として指定できるのは、セル(Rangeオブジェクト)ではなく列(Columnオブジェクト)です。A列を自動調整しようとして「Range("A1").AutoFit」とするとエラーになります。セルA1が属する列(A列)を取得するには「Range("A1").EntireColumn」のようにEntireColumnプロパティを使います。

```
Sub Sample144()
    Columns("A:A").AutoFit → A列の列幅を自動調整
    Range("B1").EntireColumn.AutoFit → B列の列幅を自動調整
End Sub
```

実行結果

	A	B	C	D	E
1		4月	5月	6月	
2	東京	956	735	498	
3	横浜	969	456	673	
4	大阪	921	600	902	
5					
6					
7					

↓

	A	B	C	D	E	F
1		4月	5月	6月		
2	東京	956	735	498		
3	横浜	969	456	673		
4	大阪	921	600	902		
5						
6						
7						

列の幅が自動調整される

関連項目 01.023 列の幅を設定する→p.25
01.145 選択範囲の列幅を自動調整する→p.153

列幅

01.145 選択範囲の列幅を自動調整する

Columnsプロパティ、AutoFitメソッド

***object*.Columns.AutoFit**

object---対象となるRangeオブジェクト

列幅を自動調整するには、列見出しの境界をダブルクリックします。この操作をVBAで実現するのがAutoFitメソッドです。Excelにはもう1つ「選択範囲の列幅を自動調整する」機能があります。例えば、セルA1に長い文字列がタイトルとして入力されていると、A列を自動調整すると、このタイトルに合わせた列幅になってしまいます。タイトルを除いた、実データだけで自動調整するときは、自動調整したいセル範囲内の列に対してAutoFitメソッドを実行します。

```
Sub Sample145()
    Range("A3:A5").Columns.AutoFit → セル範囲A3:A5のデータに合わせて列幅を自動調整
End Sub
```

実行結果

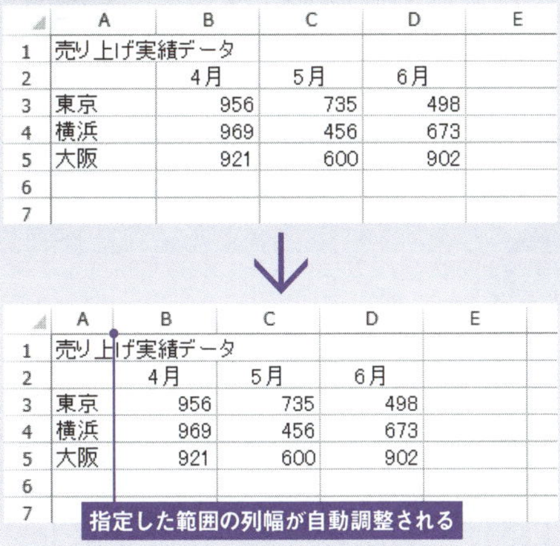

	A	B	C	D	E
1	売り上げ実績データ				
2		4月	5月	6月	
3	東京	956	735	498	
4	横浜	969	456	673	
5	大阪	921	600	902	
6					
7					

↓

	A	B	C	D	E
1	売り上げ実績データ				
2		4月	5月	6月	
3	東京	956	735	498	
4	横浜	969	456	673	
5	大阪	921	600	902	
6					
7					

指定した範囲の列幅が自動調整される

関連項目 01.023 列の幅を設定する→p.25
01.144 列の幅を自動調整する→p.152

シリアル値

01.146 日付(年月日)からシリアル値を取得する

DateSerial関数

DateSerial (*year, month, day*)

year---年を表す数、または数式、*month*---月を表す数、または数式
day---日を表す数、または数式

日付(年月日)が、複数のセルに数値として入力されていると、これはシリアル値ではないため、計算や変換はできません。このように分割入力されている数値をシリアル値に変換するには、DateSerial関数を使います。DateSerial関数の書式は上のようになり、年月日をそれぞれ数値で指定します。あり得ない数値を指定すると、Excelが適切な日付に置き換えてくれます。例えば「DateSerial(2010, 13, 32)」は、「2011/2/1」を返します。

```
Sub Sample146()
    Dim D As Date
    D = DateSerial(Range("A2"), Range("B2"), Range("C2"))
    MsgBox D
End Sub
```

セルA2、B2、C2の数字からシリアル値を取得しMsgBoxに表示

実行結果

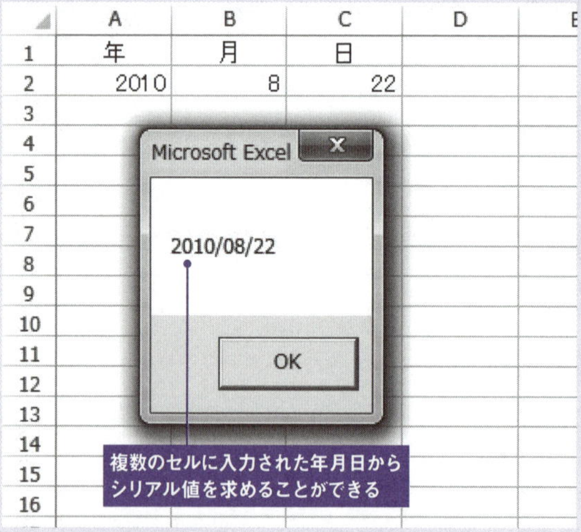

	A	B	C	D
1	年	月	日	
2	2010	8	22	

Microsoft Excel

2010/08/22

OK

複数のセルに入力された年月日からシリアル値を求めることができる

関連項目 01.147 文字列からシリアル値を取得する→p.155

シリアル値

01.147 文字列からシリアル値を取得する

IsDate関数、DateValue関数

IsDate (*expression*)、**DateValue** (*date*)

expression---日付式、または文字列形式を含むバリアント型
date---日付を表す文字列式

文字列形式の日付をシリアル値に変換するには、DateValue関数を使います。日付に変換できない文字列を変換しようとするとエラーになるので、事前にIsDate関数で、日付に変換できる文字列かどうかを判定します。「平成22年5月3日(月)」のように、曜日まで入力されていると、日付には変換できません。

```
Sub Sample147()
    If IsDate(Range("B2")) Then → セルB2の文字列が日付に変換できるか判定
        MsgBox DateValue(Range("B2")) → 変換できる場合はシリアル値に変換して
                                        MsgBoxに表示
    Else
        MsgBox Range("B2") & "は日付に変換できません"
    End If
End Sub
```

実行結果

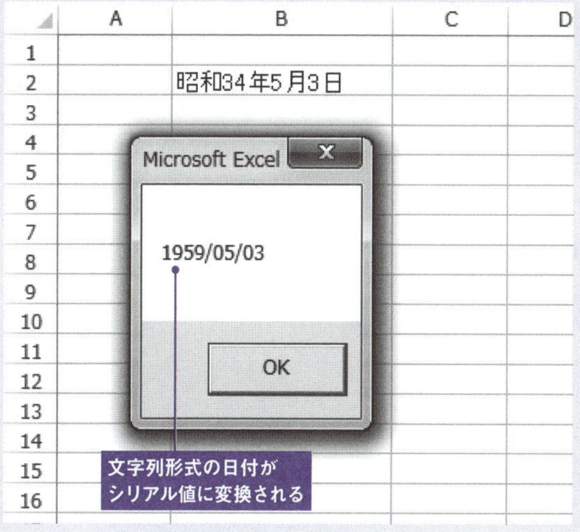

	A	B	C	D
1				
2		昭和34年5月3日		

Microsoft Excel
1959/05/03
OK

文字列形式の日付が
シリアル値に変換される

関連項目 01.146 日付(年月日)からシリアル値を取得する→p.154

シリアル値

01.148 日付から年を取得する

Year関数

Year (*date*)

date---日付を表す文字列式

日付(シリアル値)から年を取得するには、Year関数を使います。「日付の左から4文字」が年であるという判断では、Windowsの設定が変わった場合などで誤動作を起こします。年を取得するときは、素直にYear関数を使いましょう。

```
Sub Sample148()
    MsgBox Year(Range("B2")) → セルB2の日付から年を取得
End Sub
```

実行結果

関連項目 01.149 日付から月を取得する→p.157
01.150 日付から日を取得する→p.158

シリアル値

01.149 日付から月を取得する

Month関数

Month (*date*)

date---日付を表す文字列式

日付(シリアル値)から月を取得するには、Month関数を使います。日付関数のYear関数、Month関数、Day関数は、引数に文字列や空白("")を指定するとエラーになりますが、空欄のセルは「0」とみなされるので、シリアル値の「0」が示す「1899/12/30」が返ります。

```
Sub Sample149()
    MsgBox Month(Range("B2")) → セルB2の日付から月を取得
End Sub
```

実行結果

	A	B	C	D
1				
2		2010/8/22		

Microsoft Excel

8

OK

日付から月を取得できる

関連項目 01.148 日付から年を取得する→p.156
01.150 日付から日を取得する→p.158

シリアル値

01.150 日付から日を取得する

Day関数

Day(*date*)

date---日付を表す文字列式

日付(シリアル値)から日を取得するには、Day関数を使います。

```
Sub Sample150()
    MsgBox Day(Range("B2")) → セルB2の日付から日を取得
End Sub
```

実行結果

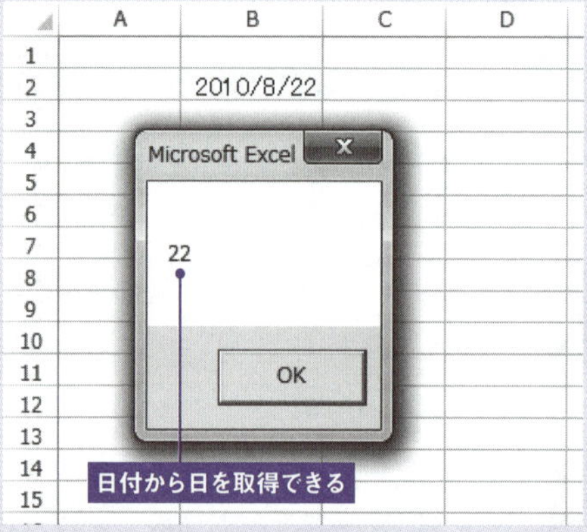

	A	B	C	D
1				
2		2010/8/22		
3				
4				
5				
6				
7				
8				
9				
10				
11				
12				
13				
14				
15				

Microsoft Excel
22
OK

日付から日を取得できる

memo

▶日付から年月日を抜き出すにはFormat関数を使うこともできます。Format関数は、セルに表示形式を設定した結果を返す関数です。日付 (シリアル値) が入力されているセルに「yyyy」の表示形式を設定すれば年が返ります。したがって「Year (Range ("A2")) 」は「Format (Range ("A2") , "yyyy") 」と同じ結果になります。

関連項目 01.148 日付から年を取得する→p.156
01.149 日付から月を取得する→p.157

シリアル値

01.151 日付から曜日を取得する(1)

Weekday関数

Weekday(*date*)

date---日付を表す文字列式

日付(シリアル値)から曜日を取得するには、いくつかの方法があります。1つは、Weekday関数を使う方法です。Weekday関数は、曜日を表す数値を返します。標準では、日曜が「1」で土曜が「7」です。Weekday関数で調べた曜日を示す数値から、Choose関数などで曜日の文字列に変換します。

```
Sub Sample151()
    Dim n As Long
    n = Weekday(Range("B2")) → セルB2から曜日を表す数値を取得
    MsgBox Choose(n, "日", "月", "火", "水", "木", "金", "土")
End Sub
```

「日、月……」というリストと曜日を表す数値を対応させMsgBoxに表示

実行結果

	A	B	C	D
1				
2		2010/8/22		

Microsoft Excel

日

OK

日付から曜日を取得できる

関連項目 01.152 日付から曜日を取得する(2) →p.160
01.153 日付から曜日を取得する(3) →p.161

シリアル値

01.152 日付から曜日を取得する(2)

Weekday関数、WeekdayName関数

Weekday(*date*)、**WeekdayName**(*weekday*)

date---日付を表す文字列式、*weekday*---曜日を表す数値

Weekday関数で調べた数値は、WeekdayName関数で曜日を表す文字列に変換することもできます。WeekdayName関数が返す曜日文字列の書式は変更できません。

```
Sub Sample152()
    Dim n As Long
    n = Weekday(Range("B2")) → セルB2から曜日を表す数値を取得
    MsgBox WeekdayName(n) → 曜日を表す数値を曜日文字列に変換しMsgBoxに表示
End Sub
```

実行結果

	A	B	C	D
1				
2		2010/8/22		
3				
4				
5				
6				
7				
8				
9				
10				
11				
12				
13				
14				
15				
16				

Microsoft Excel
日曜日
OK

日付から曜日を表す文字列を取得できる

関連項目 01.151 日付から曜日を取得する(1) →p.159
01.153 日付から曜日を取得する(3) →p.161

シリアル値

01.153 日付から曜日を取得する(3)

Format関数

Format (*expression, format*)

expression---任意の式、*format*---定義済み書式または表示書式指定文字(省略可)

日付(シリアル値)から曜日を取得するには、Format関数を使うと便利です。Format関数は、セルに表示形式を設定した結果を返す関数です。[セルの書式設定]ダイアログボックスで使用できる書式記号が使えます。Format関数を使って、年月日を調べることも可能ですが、Year関数、Month関数、Day関数は数値を返すのに対して、Format関数は常に文字列を返します。

```
Sub Sample153()
    MsgBox Format(Range("B2"), "aaa") & vbCrLf & _ → 曜日を日本語(省略形)で取得
           Format(Range("B2"), "aaaa") & vbCrLf & _ → 曜日を日本語で取得
           Format(Range("B2"), "ddd") & vbCrLf & _ → 曜日を英語(省略形)で取得
           Format(Range("B2"), "dddd") → 曜日を英語で取得
End Sub
```

実行結果

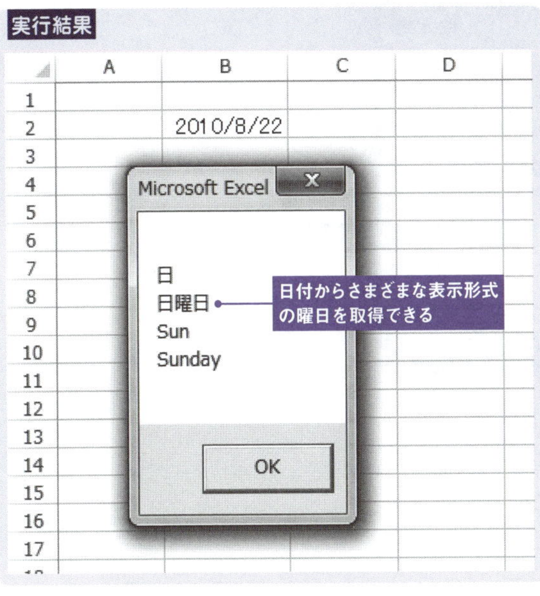

関連項目 01.151 日付から曜日を取得する(1) →p.159
01.152 日付から曜日を取得する(2) →p.160

シリアル値

01.154 日付を計算する

＋演算子

セルに日付(シリアル値)が入力されているとき、日付を数値のように計算できます。

```
Sub Sample154()
    MsgBox "日数は" & vbCrLf & _
            Range("B3") - Range("B2") & vbCrLf & _   → セルB3の日付からセルB2の日付を引く
            Range("B3") & "の1週間後は" & vbCrLf & _
            Range("B3") + 7   → セルB3の日付に7を足す
End Sub
```

実行結果

関連項目 01.157 時間を計算する→p.165

シリアル値

01.155 月末の日を取得する

DateSerial関数

DateSerial(*year, month, day*)

year---年を表す数、または数式、*month*---月を表す数、または数式
day---日を表す数、または数式

ある月の月末日を調べるにはどうしたらいいでしょう。例えば、8月の月末は31日です。この「8月31日」は「9月1日」の前日です。つまり、月末日とは、翌月1日の前日ということです。DateSerial関数で翌月1日のシリアル値を取得し、そこから「1」を引けば月末の日になります。

```
Sub Sample155()
    Dim D As Date
    With Range("B2")
        MsgBox DateSerial(Year(.Value), _
                    Month(.Value) + 1, 1) - 1
    End With
End Sub
```

「9/1」から「1」を引いた日付をMsgBoxに表示

実行結果

関連項目
01.156 和暦に変換する→p.164
01.158 日付が今年の第何週目か調べる→p.166
01.159 日付が今年の何日目か調べる→p.167
01.160 日付がどの四半期であるか調べる→p.168

シリアル値／変換

01.156 和暦に変換する

Format関数

Format (*expression, format*)

expression---任意の式、*format*---定義済み書式または表示書式指定文字(省略可)

日付(シリアル値)の西暦を和暦に変換するには、Format関数を使います。Format関数は、セルの表示形式を設定した結果を返す関数です。和暦に関しては、次のような書式記号を使用できます。

g	元号をアルファベットで返す
gg	元号の先頭1文字を返す
ggg	元号を返す
e	和暦年を返す

```
Sub Sample156()
    MsgBox Format(Range("B2"), "g") & vbCrLf & _
           Format(Range("B2"), "gg") & vbCrLf & _
           Format(Range("B2"), "ggg") & vbCrLf & _
           Format(Range("B2"), "e")
End Sub
```

日付から元号(アルファベット)を取得
日付から元号(先頭の1文字)を取得
日付から元号を取得
日付から和暦年を取得

実行結果

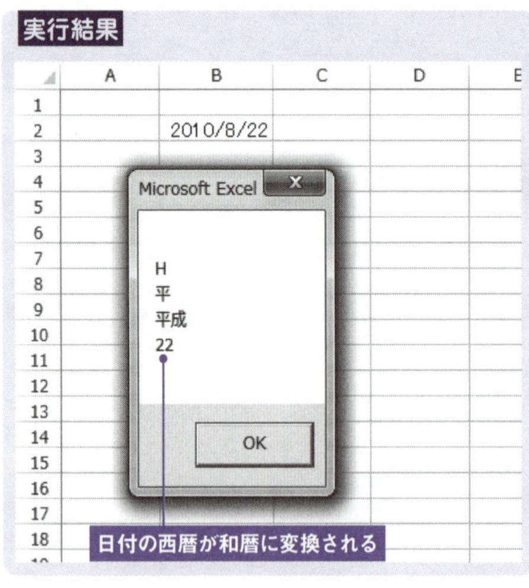

関連項目
01.155 月末の日を取得する→p.163
01.158 日付が今年の第何週目か調べる→p.166
01.159 日付が今年の何日目か調べる→p.167
01.160 日付がどの四半期であるか調べる→p.168

シリアル値

01.157 時間を計算する

Format関数、TimeValue関数

Format(*expression, format*)、**TimeValue**(*time*)

expression---任意の式、*format*---定義済み書式または表示書式指定文字(省略可)
time---時刻を表す文字列式

時間(シリアル値)の計算も、足し算や引き算が可能ですが、時間を表すシリアル値は小数なので、そのままで普段使う時間にはなりません。時分秒を表すには、計算結果をFormat関数で変換するといいでしょう。「1時間32分」を「92分」のように表すには、時間を単位(ここでは分)で割ります。1分を表すシリアル値は、TimeValue関数で取得できます。

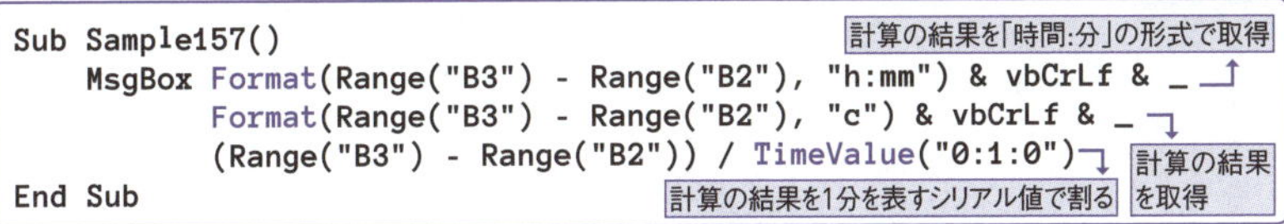

```
Sub Sample157()
    MsgBox Format(Range("B3") - Range("B2"), "h:mm") & vbCrLf & _
           Format(Range("B3") - Range("B2"), "c") & vbCrLf & _
           (Range("B3") - Range("B2")) / TimeValue("0:1:0")
End Sub
```

計算の結果を「時間:分」の形式で取得
計算の結果を取得
計算の結果を1分を表すシリアル値で割る

分単位の時間を取得できる

実行結果

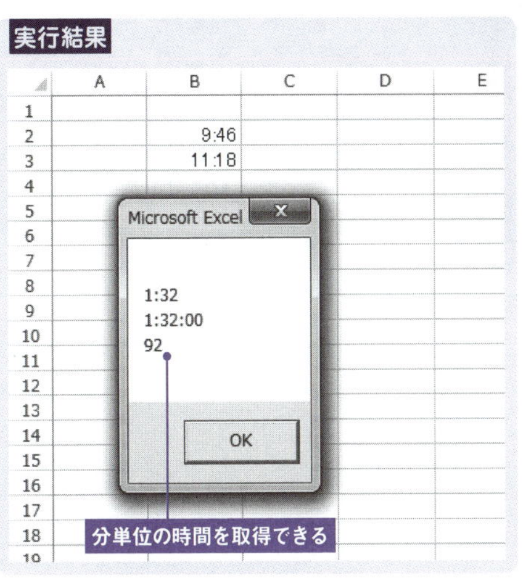

関連項目 01.154 日付を計算する→p.162

シリアル値

01.158 日付が今年の第何週目か調べる

Format関数

Format (*expression, format*)

expression---任意の式、*format*---定義済み書式または表示書式指定文字(省略可)

日付が、その年の第何週にあたるかは、Format関数の書式記号wwで取得できます。

```
Sub Sample158()
    MsgBox Format(Range("B2"), "ww") → セルB2の日付が年の第何週かをMsgBoxに表示
End Sub
```

実行結果

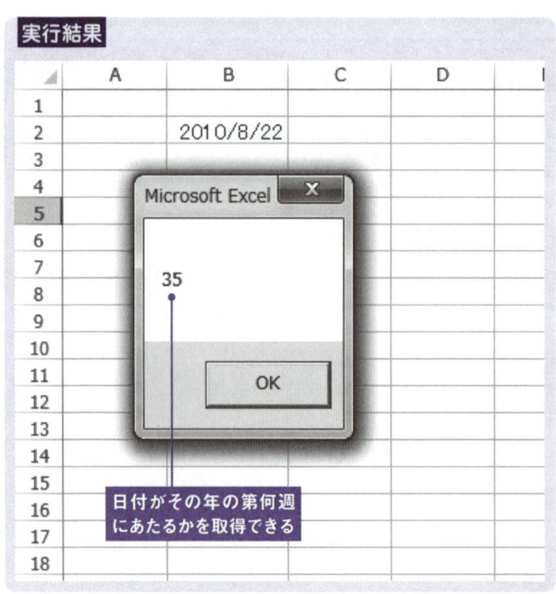

関連項目
01.155 月末の日を取得する→p.163
01.156 和暦に変換する→p.164
01.159 日付が今年の何日目か調べる→p.167
01.160 日付がどの四半期であるか調べる→p.168

シリアル値

01.159 日付が今年の何日目か調べる

Format関数

Format (*expression, format*)

expression---任意の式、*format*---定義済み書式または表示書式指定文字（省略可）

日付が、その年の何日目にあたるかは、Format関数の書式記号yで取得できます。

```
Sub Sample159()
    MsgBox Format(Range("B2"), "y") → セルB2の日付が年の何日目かをMsgBoxに表示
End Sub
```

実行結果

	A	B	C	D
1				
2		2010/8/22		

Microsoft Excel

234

OK

日付がその年の何日目にあたるかを取得できる

関連項目
01.155 月末の日を取得する➜p.163
01.156 和暦に変換する➜p.164
01.158 日付が今年の第何週目か調べる➜p.166
01.160 日付がどの四半期であるか調べる➜p.168

シリアル値

01.160 日付がどの四半期であるか調べる

Format関数

Format(*expression*, *format*)

expression---任意の式、*format*---定義済み書式または表示書式指定文字（省略可）

日付の四半期は、Format関数の書式記号qで取得できます。第1四半期は1 ～ 3月です。四半期のスタート月を変更することはできません。

```
Sub Sample160()
    MsgBox Format(Range("B2"), "q") → セルB2の日付がどの四半期かをMsgBoxに表示
End Sub
```

実行結果

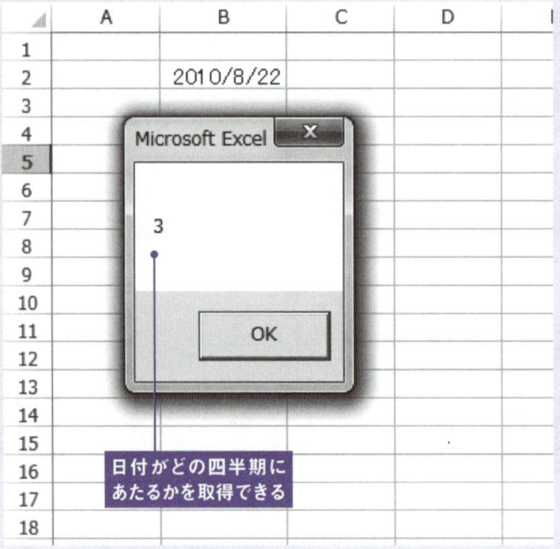

	A	B	C	D
1				
2		2010/8/22		

Microsoft Excel
3
OK

日付がどの四半期にあたるかを取得できる

選択

01.161 セルが選択されているかどうか判定する

TypeName関数

TypeName(*varname*)

varname---バリアント型 の変数

Selectionプロパティは、現在選択されているオブジェクトを返します。必ずしもセルとは限りません。セルが選択されているかどうかは、TypeName関数で調べることができます。

```
Sub Sample161()
    If TypeName(Selection) = "Range" Then →セルが選択されている場合
        MsgBox "セルが選択されています"
    Else
        MsgBox "選択されているのは、" & TypeName(Selection) & "です"
    End If
End Sub
```

選択されているオブジェクトの種類をMsgBoxに表示

実行結果

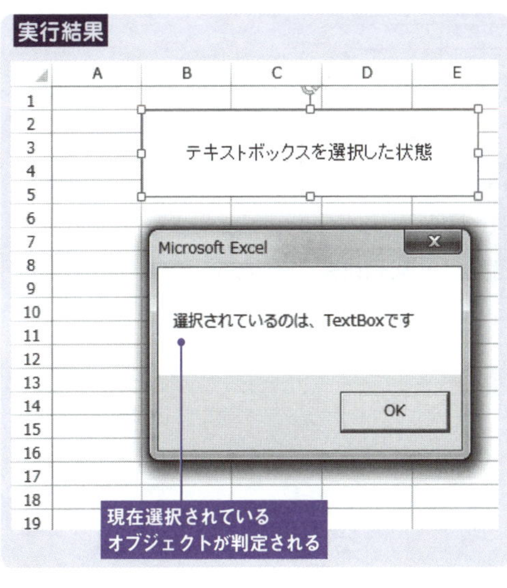

関連項目 01.162 確実にセルを操作する→p.170

その他

01.162 確実にセルを操作する

RangeSelectionプロパティ

object.**RangeSelection**

object---対象となるWindowオブジェクト

何が選択されているかにかかわらず、確実にセルを操作したいのであれば、Selectionではなく、RangeSelectionプロパティを使いましょう。RangeSelectionプロパティは、ワークシート(Worksheetオブジェクト)のプロパティではなく、Windowオブジェクトのプロパティです。

```
Sub Sample162()
    MsgBox ActiveWindow.RangeSelection.Address
End Sub
```

→ アクティブウィンドウのワークシートで選択されているセルのアドレスをMsgBoxに表示

実行結果

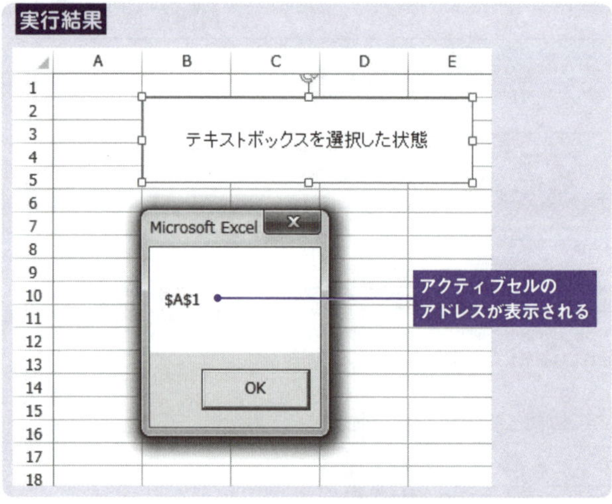

関連項目 01.161 セルが選択されているかどうか判定する→p.169

名前

01.163 セルに名前を付ける

Nameオブジェクト、Nameプロパティ、Addメソッド

Names.Add Name

セルの名前は、Nameオブジェクトで表されます。セルに名前を付けるということは、新しいNameオブジェクトを追加することです。操作をマクロ記録すると、セルのアドレスがR1C1形式で記録されますが、使い慣れたA1形式でも問題ありません。

```
Sub Sample163()
    Names.Add Name:="前期", RefersTo:="=$B$2:$B$5" → 名前を定義しセル範囲B2:B5に設定
End Sub
```

実行結果

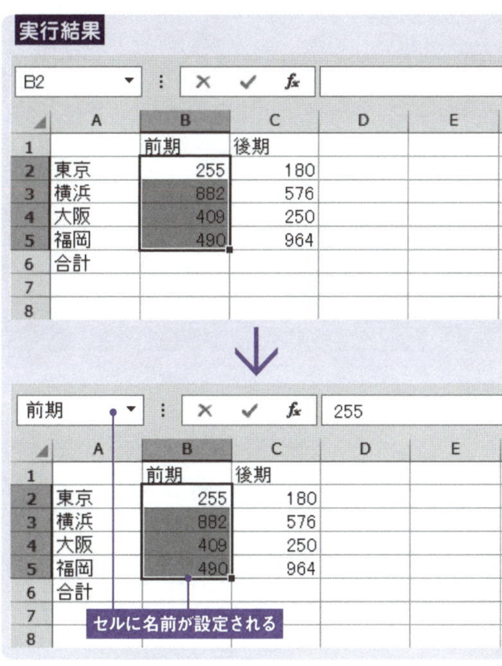

関連項目 01.164 セルの名前を削除する→p.172

名前／削除

01.164 セルの名前を削除する

Nameオブジェクト、Nameプロパティ、Deleteメソッド

Names.Delete

セルの名前を削除するには、NameオブジェクトのDeleteメソッドを使います。

```
Sub Sample164()
    Names("前期").Delete → セルの名前「前期」を削除
End Sub
```

実行結果

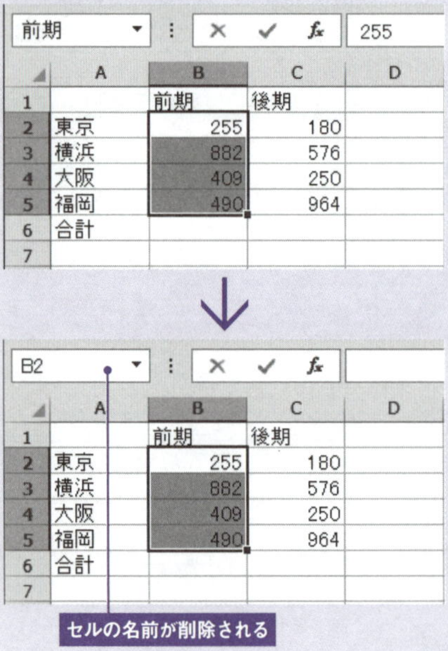

名前ボックス: 前期　数式バー: 255

	A	B	C	D
1		前期	後期	
2	東京	255	180	
3	横浜	882	576	
4	大阪	409	250	
5	福岡	490	964	
6	合計			
7				

↓

名前ボックス: B2

	A	B	C	D
1		前期	後期	
2	東京	255	180	
3	横浜	882	576	
4	大阪	409	250	
5	福岡	490	964	
6	合計			
7				

セルの名前が削除される

関連項目 01.163 セルに名前を付ける →p.171

参照／変換

01.165 相対参照と絶対参照を変換する

Applicationオブジェクト、ConvertFormulaメソッド

Application.ConvertFormula (*Formula, FromReferenceStyle, ToReferenceStyle, ToAbsolute, RelativeTo*)

Formula---変換元の数式、*FromReferenceStyle*---変換元の参照形式
ToReferenceStyle ---変換後の参照形式(A1 ／R1C1)
ToAbsolute---変換後の参照形式(相対参照／絶対参照)、*RelativeTo*---相対参照の基点セル

数式内で参照しているアドレスの相対参照と絶対参照を変換するには、Applicationオブジェクトのconvertformulaメソッドを使います。
先頭の引数Formulaには、変換元の数式を指定します。数式は先頭が「=」で始まらなければいけません。2番目の引数FromReferenceStyleには、変換元の数式が「A1 ／R1C1参照形式のどちらかなのか」を次の定数で指定します。

xlA1	A1参照形式	xlR1C1	R1C1参照形式

```
Sub Sample165()
    With Range("C6")
        .Formula = Application.ConvertFormula(.Formula, xlA1, xlA1, _
                                              xlAbsolute)
    End With
End Sub
```

セルC6の数式内で参照しているアドレスを絶対参照に変換

実行結果

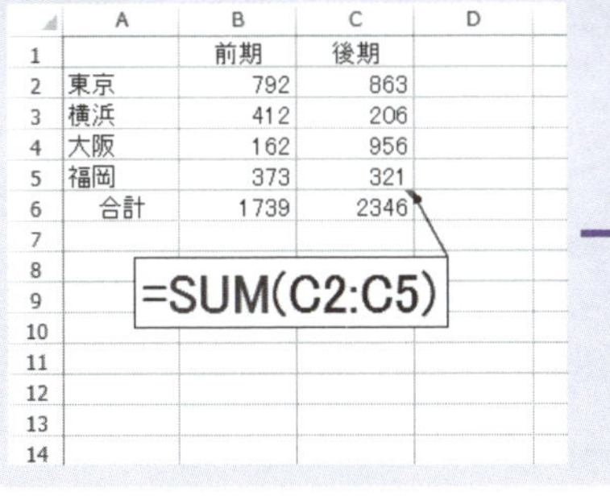

→

	A	B	C	D
1		前期	後期	
2	東京	792	863	
3	横浜	412	206	
4	大阪	162	956	
5	福岡	373	321	
6	合計	1739	2346	

=SUM($C$2:$C$5)

絶対参照に変換される

関連項目
01.006 セルに数式を代入する→p.7
01.007 セルの数式を取得する→p.8
01.034 ワークシート関数を使う→p.36
01.047 ワークシート関数を入力する→p.50

コメント／検索

01.166 コメント内を検索する

Findメソッド

*object.***Find**(*What, LookIn, LookAt*)

object---対象となるRangeオブジェクト、*What*---検索するデータ
LookIn---情報の種類(省略可)、*LookAt*---バリアント型の値(省略可)

セル内のデータを検索するFindメソッドは、引数LookInに定数xlCommentsを指定すると、コメント内を検索できます。検索した文字(ここでは「売上」)が見つかると、Findメソッドは、そのコメントが挿入されているセル(Rangeオブジェクト)を返します。

```
Sub Sample166()
    Dim FoundCell As Range
    Set FoundCell = Cells.Find(What:="売上", _
                               LookIn:=xlComments, _
                               LookAt:=xlPart)
    If Not FoundCell Is Nothing Then
        FoundCell.Comment.Visible = True
    End If
End Sub
```

コメントから「売上」を検索する

実行結果

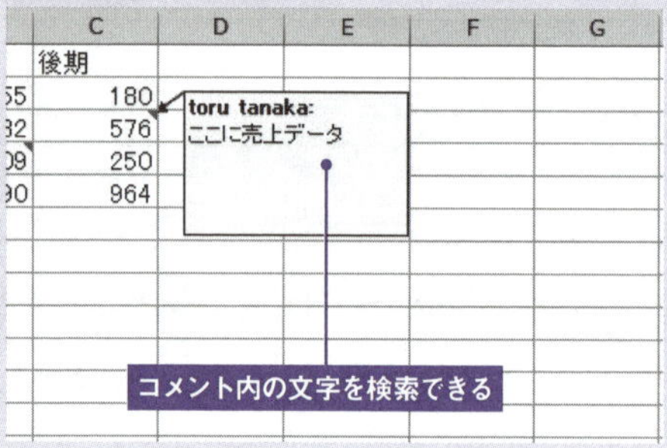

	C	D	E	F	G
	後期				
55	180	toru tanaka: ここに売上データ			
32	576				
09	250				
90	964				

コメント内の文字を検索できる

関連項目 01.167 複数のコメント内を検索する →p.175

コメント／検索

01.167 複数のコメント内を検索する

Commentオブジェクト

ワークシートに複数のコメントが挿入されていて、その中から特定の文字が含まれるコメントだけをすべて検索するには、コメントの中を1つずつチェックする手もあります。サンプルは、まずセル範囲A1:D7内でコメントが挿入されているセルを探し、次にコメントの中に「注意」という文字が含まれているかどうかを判定しています。

```
Sub Sample167()
    Dim c As Range
    For Each c In Range("A1:D7")
        If TypeName(c.Comment) = "Comment" Then
            If InStr(c.Comment.Text, "注意") > 0 Then
                c.Interior.ColorIndex = 3
            End If
        End If
    Next c
End Sub
```

セル範囲A1:D7内でコメントが挿入されているセルを探す

コメントから「注意」を探してセルの色を変更

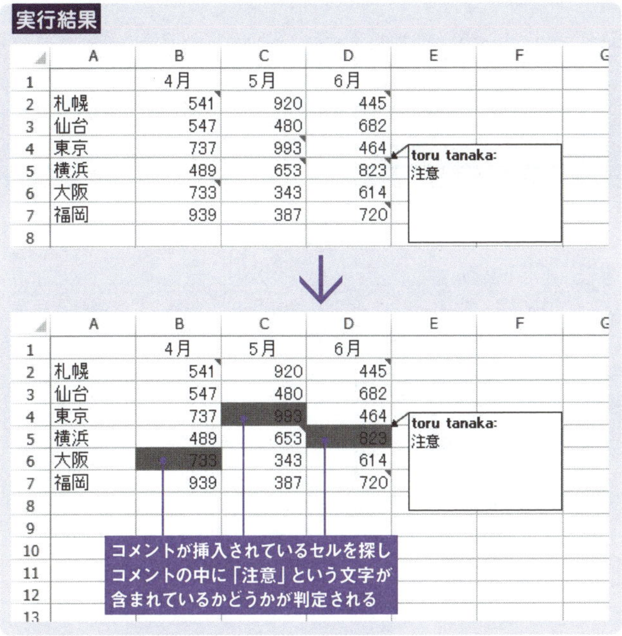

実行結果

	A	B	C	D	E	F	G
1		4月	5月	6月			
2	札幌	541	920	445			
3	仙台	547	480	682			
4	東京	737	993	464			
5	横浜	489	653	823			
6	大阪	733	343	614			
7	福岡	939	387	720			
8							

toru tanaka:
注意

↓

	A	B	C	D	E	F	G
1		4月	5月	6月			
2	札幌	541	920	445			
3	仙台	547	480	682			
4	東京	737	993	464			
5	横浜	489	653	823			
6	大阪	733	343	614			
7	福岡	939	387	720			
8							
9							
10							
11							
12							
13							

toru tanaka:
注意

コメントが挿入されているセルを探しコメントの中に「注意」という文字が含まれているかどうかが判定される

関連項目 01.166 コメント内を検索する→p.174

選択

01.168 特定のセルを操作する

SpecialCellsメソッド

object.**SpecialCells**(*type*)

object---対象となるRangeオブジェクト、*type*---XlCellTypeクラスの定数

[F5]キーを押して開く[ジャンプ]ダイアログボックスの[セル選択]ボタンをクリックすると、さまざまな条件でセルを選択できる[セル選択]ダイアログボックスが表示されます。このダイアログボックスでは、特定のセルを選択することしかできませんが、VBAを使えば選択せずに操作することも可能です。サンプルは、表内の空白セルだけ背景を赤く塗りつぶします。

```
Sub Sample168()
    With Range("A1").CurrentRegion
        .SpecialCells(xlCellTypeBlanks).Interior.Color = RGB(255, 0, 0)
    End With
End Sub
```

空白のセルの色を変更

実行結果

	A	B	C	D	E
1	店名	4月	5月	6月	合計
2	札幌	898	716	364	1,978
3	仙台		529	500	1,029
4	東京	587	327	206	1,120
5	横浜	331	856		1,187
6	大阪	168	446	510	1,124
7	福岡	558	414	847	1,819
8	平均	508	548	#NAME?	1,376
9					
10					
11					
12					

↓

	A	B	C	D	E
1	店名	4月	5月	6月	合計
2	札幌	898	716	364	1,978
3	仙台		529	500	1,029
4	東京	587	327	206	1,120
5	横浜	331	856		1,187
6	大阪	168	446	510	1,124
7	福岡	558	414	847	1,819
8	平均	508	548	#NAME?	1,376
9					
10					
11					
12					

空白セルの背景が赤く塗りつぶられる

関連項目
01.037 空白セルだけを操作する→p.39
01.174 空白行を削除する→p.182

選択

01.169 数値が入力されているセルのみを操作する

SpecialCellsメソッド

object.**SpecialCells**(xlCellTypeConstants, *Value*)

object---対象となるRangeオブジェクト、*Value*---バリアント型の値（省略可）

サンプルは、表内で数値が入力されているセルだけ値をクリアします。数式や文字列が入力されているセルは対象外です。

```
Sub Sample169()
    With Range("A1").CurrentRegion
        .SpecialCells(xlCellTypeConstants, xlNumbers).ClearContents
    End With
End Sub
```

数値が入力されているセルをクリア

実行結果

	A	B	C	D	E
1	店名	4月	5月	6月	合計
2	札幌	898	716	364	1,978
3	仙台		529	500	1,029
4	東京	587	327	206	1,120
5	横浜	331	856		1,187
6	大阪	168	446	510	1,124
7	福岡	558	414	847	1,819
8	平均	508	548	#NAME?	1,376
9					
10					
11					
12					

↓

	A	B	C	D	E
1	店名	4月	5月	6月	合計
2	札幌				0
3	仙台				0
4	東京				0
5	横浜				0
6	大阪				0
7	福岡				0
8	平均	#DIV/0!	#DIV/0!	#NAME?	0
9					
10					
11					
12					

数値が入力されているセルの値がクリアされる

関連項目 01.174 空白行を削除する→p.182

選択

01.170 エラーになっているセルを操作する

SpecialCellsメソッド

object.**SpecialCells**(xlCellTypeFormulas, *Value*)

object---対象となるRangeオブジェクト、*Value*---バリアント型の値（省略可）

サンプルは、表内でエラーになっているセルを探し、そのセルのアドレスと入力されている数式を表示します。

```
Sub Sample170()
    Dim c As Range, msg As String
    With Range("A1").CurrentRegion
        For Each c In .SpecialCells(xlCellTypeFormulas, xlErrors)
            msg = msg & c.Address(False, False) & " " & c.Formula & vbCrLf
        Next c
    End With
    If msg <> "" Then
        MsgBox "次のセルがエラーです" & vbCrLf & msg
    Else
        MsgBox "エラーはありません"
    End If
End Sub
```

数式がエラーになっているセルを探す

アドレスと数式を判定

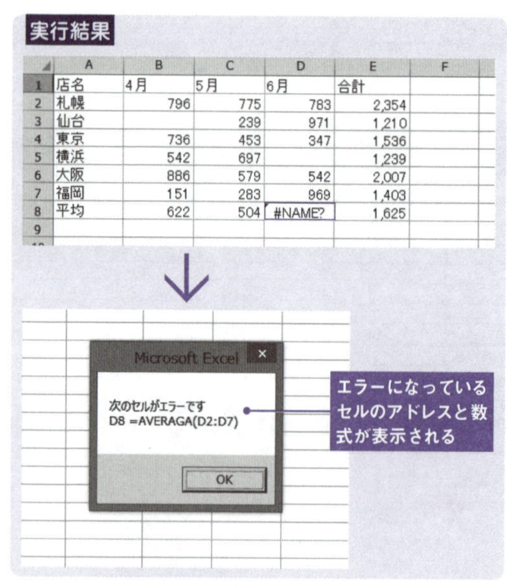

	A	B	C	D	E	F
1	店名	4月	5月	6月	合計	
2	札幌	796	775	783	2,354	
3	仙台		239	971	1,210	
4	東京	736	453	347	1,536	
5	横浜	542	697		1,239	
6	大阪	886	579	542	2,007	
7	福岡	151	283	969	1,403	
8	平均	622	504	#NAME?	1,625	
9						
D8 =AVERAGA(D2:D7)

OK

> エラーになっているセルのアドレスと数式が表示される

178

関連項目 01.174 空白行を削除する→p.182

選択

01.171 表内のコメントを操作する

SpecialCellsメソッド

object.**SpecialCells**(xlCellTypeComments)

object---対象となるRangeオブジェクト

サンプルは、表内に挿入されているすべてのコメントをセルA11から下に列挙します。

```
Sub Sample171()
    Dim c As Range, cnt As Long
    With Range("A1").CurrentRegion
        cnt = 11
        For Each c In .SpecialCells(xlCellTypeComments)
            Cells(cnt, 1) = c.Address(False, False)
            Cells(cnt, 2) = c.Comment.Text
            cnt = cnt + 1
        Next c
    End With
End Sub
```

コメントが入力されているセルを探す

A列の11行目以降にセルのアドレスを表示

B列の11行目以降にコメントを表示

実行結果

	A	B	C	D	E
1	店名	4月	5月	6月	合計
2	札幌	898	716	364	1,978
3	仙台		529	500	1,029
4	東京	587	327	206	1,120
5	横浜	331	856		1,187
6	大阪	168	446	510	1,124
7	福岡	558	414	847	1,819
8	平均	508	548	#NAME?	1,376
9					
10					
11					

↓

	A	B	C	D	E
1	店名	4月	5月	6月	合計
2	札幌	898	716	364	1,978
3	仙台		529	500	1,029
4	東京	587	327	206	1,120
5	横浜	331	856		1,187
6	大阪	168	446	510	1,124
7	福岡	558	414	847	1,819
8	平均	508	548	#NAME?	1,376
9					
10					
11	B4	未計上分あり			
12	C6	キャンペーン分計上済み			
13	E9	今期目標は2000万			
14					

表内のコメントがセルA11から下に列挙される

関連項目 01.043 コメントを編集状態にする→p.46

選択

01.172 条件付き書式が設定されていないセルを操作する

SpecialCellsメソッド、Intersectメソッド

object1.**SpecialCells** (xlCellTypeAllFormatConditions)
object2.**Intersect** (*Arg1*, *Arg2*)

object1---対象となるRangeオブジェクト
object2---対象となるApplicationオブジェクト、*Arg1*---セル範囲、*Arg2*---セル範囲

サンプルは、データを入力するセル範囲B2:D7内で、条件付き書式が設定されていないセルを調べます。

```
Sub Sample172()
    Dim c As Range, msg As String, R As Range
    Set R = Range("B2:D7").SpecialCells(xlCellTypeAllFormatConditions)
    For Each c In Range("B2:D7")
        If Application.Intersect(c, R) Is Nothing Then
            msg = msg & c.Address(False, False) & vbCrLf
        End If
    Next c
    MsgBox "次のセルに条件付き書式が設定されていません" & vbCrLf & msg
End Sub
```

セル範囲B2:D7で条件付き書式が設定されているセルを判定

条件付き書式が設定されていないセルのアドレスを取得

実行結果

	A	B	C	D	E
1	店名	4月	5月	6月	合計
2	札幌	898	716	364	1,978
3	仙台		529	500	1,029
4	東京	587	327	206	1,120
5	横浜	331	856		1,187
6	大阪	168	446	510	1,124
7	福岡	558	414	847	1,819
8	平均	508	548	#NAME?	1,376
9					
10					
11					
12					

Microsoft Excel

次のセルに条件付き書式が設定されていません
C4
B5
C7

OK

条件付き書式を設定していないセルが表示される

関連項目 01.173 入力規則が設定されていないセルを操作する→p.181

選択

01.173 入力規則が設定されていないセルを操作する

SpecialCellsメソッド、Intersectメソッド

object1.**SpecialCells**(xlCellTypeAllValidation)
object2.**Intersect**(*Arg1*, *Arg2*)

object1---対象となるRangeオブジェクト
object2---対象となるApplicationオブジェクト、*Arg1*---セル範囲、*Arg2*---セル範囲

サンプルは、セル範囲B2:D7内で、入力規則が設定されていないセルの背景を青色で塗りつぶします。

```
Sub Sample173()
    Dim c As Range, msg As String, R As Range
    Set R = Range("B2:D7").SpecialCells(xlCellTypeAllValidation)
    For Each c In Range("B2:D7")
        If Application.Intersect(c, R) Is Nothing Then
            c.Interior.Color = RGB(0, 0, 255)
        End If
    Next c
End Sub
```

セル範囲B2:D7で入力規則が設定されているセルを判定

入力規則が設定されていないセルの色を設定

実行結果

	A	B	C	D	E
1	店名	4月	5月	6月	合計
2	札幌	898	716	364	1,978
3	仙台		529	500	1,029
4	東京	587	327	206	1,120
5	横浜	331	856		1,187
6	大阪	168	446	510	1,124
7	福岡	558	414	847	1,819
8	平均	508	548	#NAME?	1,376
9					
10					
11					
12					

↓

	A	B	C	D	E
1	店名	4月	5月	6月	合計
2	札幌	898	716	364	1,978
3	仙台		529	500	1,029
4	東京	587	327	206	1,120
5	横浜	331	856		1,187
6	大阪	168	446	510	1,124
7	福岡	558	414	847	1,819
8	平均	508	548	#NAME?	1,376
9					
10					
11					
12					

入力規則を設定していないセルの背景が青色で塗りつぶされる

関連項目 01.172 条件付き書式が設定されていないセルを操作する→p.180

空白／削除

01.174 空白行を削除する

SpecialCellsメソッド、EntireRowプロパティ、Deleteメソッド

object.**SpecialCells**(xlCellTypeBlanks).**EntireRow.Delete**

object---対象となるRangeオブジェクト

表内の空白行をすべて削除するには、どうしたらいいでしょう。A列を上から順に見ていき、もしセルが空白だったら行を削除する……そんな手間をかけるより、SpecialCellsメソッドを使えば、1行で削除できます。

```
Sub Sample174()
    Range("A1:A13").SpecialCells(xlCellTypeBlanks).EntireRow.Delete
End Sub
```

セル範囲A1:A13の空白行を削除

実行結果

	A	B	C	D
1	名前	住所	金額	
2	小川	品川区	¥9,959	
3				
4	西野	大田区	¥2,063	
5				
6	吉沢	渋谷区	¥8,311	
7	安藤	中野区	¥5,176	
8	川村	杉並区	¥5,583	
9	桜木	豊島区	¥9,140	
10				
11				
12	山口	板橋区	¥7,470	
13	桐原	練馬区	¥8,262	
14				
15				

↓

	A	B	C	D
1	名前	住所	金額	
2	小川	品川区	¥9,959	
3	西野	大田区	¥2,063	
4	吉沢	渋谷区	¥8,311	
5	安藤	中野区	¥5,176	
6	川村	杉並区	¥5,583	
7	桜木	豊島区	¥9,140	
8	山口	板橋区	¥7,470	
9	桐原	練馬区	¥8,262	
10				
11				
12				
13				
14				
15				

空白行が削除される

関連項目 01.060 空白セルの行を削除する→p.63

重複

01.175 重複しないリストを作る

Collectionオブジェクト

A列にたくさんの名前が入力されていたとします。この中から「重複しない名前のリスト」を作成するには、どうしたらいいでしょう。これには、Collectionオブジェクトを使います。Collectionオブジェクトとはユーザーが独自の要素を追加してコレクションを作成できるオブジェクトです。Collectionオブジェクトには重複したKeyを設定することができません。この特性を利用すると、重複しないリストを作成することが可能です。

```
Sub Sample175()
    Dim MyData As New Collection, i As Long
    On Error Resume Next
    For i = 2 To 101
        MyData.Add Cells(i, 1), Cells(i, 1)
    Next i
    Range("E2") = MyData.Count
    For i = 1 To MyData.Count
        Cells(i + 2, "E") = MyData(i)
    Next i
End Sub
```

セル範囲A2:A101の名前の重複しないリストを取得

セルE2に重複しない名前の数を表示

セルE3以降に取得したリストを表示

実行結果

	A	B	C	D	E	F
1	名前	金額				
2	黒沢	¥1,876		人数:		
3	森	¥2,814				
4	原田	¥4,219				
5	土屋	¥2,393				
6	山下	¥5,482				
7	田中	¥4,653				
8	黒沢	¥2,359				
9	土屋	¥2,071				
10	三井	¥2,936				
11	土屋	¥6,950				
12	小笠原	¥8,127				
13	原田	¥9,377				
14	土屋	¥9,847				
15	山田	¥5,485				
16	山本	¥2,962				

→

	A	B	C	D	E	F
1	名前	金額				
2	黒沢	¥1,876		人数:	12	
3	森	¥2,814			田中	
4	原田	¥4,219			山下	
5	土屋	¥2,393			鈴木	
6	山下	¥5,482			山本	
7	田中	¥4,653			山田	
8	黒沢	¥2,359			森	
9	土屋	¥2,071			黒沢	
10	三井	¥2,936			原田	
11	土屋	¥6,950			小笠原	
12	小笠原	¥8,127			三井	
13	原田	¥9,377			佐藤	
14	土屋	¥9,847			土屋	
15	山田	¥5,485				
16	山本	¥2,962				

重複しない名前のリストが作成される

関連項目 01.177 重複しているか判定する→p.185
01.181 重複データを削除する→p.189

検索

01.176 すべてのセルを検索する

FindNextメソッド

object.**FindNext**(*After*)

object---対象となるRangeオブジェクト、*After*---バリアント型の値（省略可）

FindNextメソッドは、直前の検索を繰り返す命令です。セル内を同じ条件ですべて検索するには、最初に見つかったセルに戻るまで、次々とFindNextメソッドを実行します。サンプルは、見つかったセルを選択しています。

```
Sub Sample176()
    Dim FoundCell As Range, FirstCell As Range, Target As Range
    Set FoundCell = Cells.Find(What:="田中") →「田中」を検索
    Set FirstCell = FoundCell
    Set Target = FoundCell
    Do
        Set FoundCell = Cells.FindNext(FoundCell) →「田中」の検索を繰り返す
        If FoundCell.Address = FirstCell.Address Then
            Exit Do
        Else
            Set Target = Union(Target, FoundCell)
        End If
    Loop
    Target.Select →見つかったセルを選択
    MsgBox Target.Count & "件見つかりました" →見つかったセルの数をMsgBoxに表示
End Sub
```

実行結果

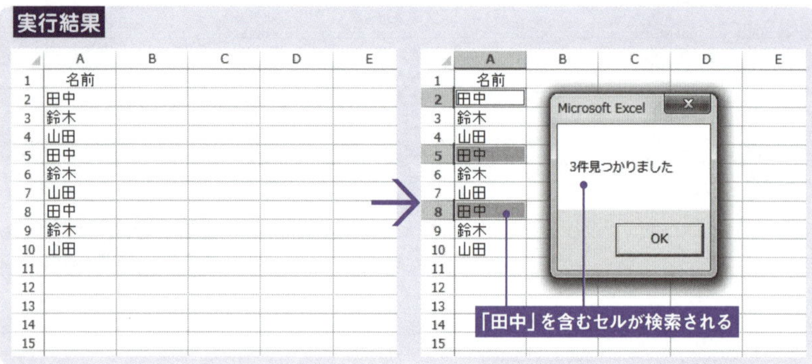

関連項目
01.021 セルを検索する→p.22
01.166 コメント内を検索する→p.174
01.187 日付を検索する→p.195

重複

01.177 重複しているか判定する

For Nextステートメント

あるデータが重複しているかどうか判定するには、どうしたらいいでしょう。重複しているということは、同じデータが2つ以上あるということなので、データが入力されているすべてのセルをチェックして、2つ以上あるデータが重複していると判断できます。いわゆる力わざですね。

```
Sub Sample177()
    Dim i As Long, j As Long, cnt As Long
    For i = 2 To 13
        cnt = 0
        For j = 2 To 21
            If Cells(i, "C") = Cells(j, "A") Then cnt = cnt + 1
        Next j
        If cnt > 1 Then
            Cells(i, "D") = "重複"
        End If
    Next i
End Sub
```

A列とC列に同じ名前がある場合、変数cntに「1」を足す

変数cntが1以上の場合、D列に「重複」と表示

実行結果

	A	B	C	D	E
1	名前		名前	チェック	
2	西野		小川		
3	佐山		佐山		
4	小倉		西野		
5	小川		藤浦		
6	安藤		吉沢		
7	安藤		安藤		
8	桜木		川村		
9	吉沢		桜木		
10	川村		上原		
11	佐山		小倉		
12	吉沢		山口		
13	吉沢		桐原		
14	上原				
15	桜木				
16	山口				
17	桜木				
18	藤浦				
19	桐原				
20	山口				
21	桜木				

→

	A	B	C	D	E
1	名前		名前	チェック	
2	西野		小川		
3	佐山		佐山	重複	
4	小倉		西野		
5	小川		藤浦		
6	安藤		吉沢	重複	
7	安藤		安藤	重複	
8	桜木		川村		
9	吉沢		桜木	重複	
10	川村		上原		
11	佐山		小倉		
12	吉沢		山口	重複	
13	吉沢		桐原		
14	上原				
15	桜木				
16	山口				
17	桜木				
18	藤浦				
19	桐原				
20	山口				
21	桜木				

データが重複しているかどうかが判定される

関連項目
01.175 重複しないリストを作る→p.183
01.178 オートフィルタで重複しているか判定する→p.186
01.179 COUNTIF関数で重複しているか判定する→p.187
01.181 重複データを削除する→p.189

重複

01.178 オートフィルタで重複しているか判定する

AutoFilterメソッド、WorksheetFunctionプロパティ

object.**AutoFilter**(*Field, Criteria1*)
WorksheetFunction.*Function*

object---対象となるRangeオブジェクト、*Field*---フィルタの対象となるフィールド番号、*Criteria1*---抽出条件となる文字列、*Function*---ワークシート関数

重複しているかどうかの判定に、オートフィルタを使う手もあります。任意のデータをオートフィルタで絞り込んだ結果、該当する行が2つ以上あったら、それは重複しているということです。サンプルで「> 2」と判定しているのは、タイトル行が含まれるからです。

```
Sub Sample178()
    Dim i As Long
    For i = 2 To 13
        Range("A1").AutoFilter 1, Cells(i, "C") →「C列の名前」を抽出条件とする
        If WorksheetFunction.Subtotal(3, Range("A:A")) > 2 Then
            Cells(i, "D") = "重複"
        End If
    Next i
    Range("A1").AutoFilter →オートフィルタを解除
End Sub
```

A列に該当する行が2つ以上ある場合、D列に「重複」を表示

実行結果

	A	B	C	D	E
1	名前		名前	チェック	
2	西野		小川		
3	佐山		佐山		
4	小倉		西野		
5	小川		藤浦		
6	安藤		吉沢		
7	安藤		安藤		
8	桜木		川村		
9	吉沢		桜木		
10	川村		上原		
11	佐山		小倉		
12	吉沢		山口		
13	吉沢		桐原		
14	上原				
15	桜木				
16	山口				
17	桜木				
18	藤浦				
19	桐原				
20	山口				
21	桜木				

→

	A	B	C	D	E
1	名前		名前	チェック	
2	西野		小川		
3	佐山		佐山	重複	
4	小倉		西野		
5	小川		藤浦		
6	安藤		吉沢	重複	
7	安藤		安藤	重複	
8	桜木		川村		
9	吉沢		桜木	重複	
10	川村		上原		
11	佐山		小倉		
12	吉沢		山口	重複	
13	吉沢		桐原		
14	上原				
15	桜木				
16	山口				
17	桜木				
18	藤浦				
19	桐原				
20	山口				
21	桜木				

データが重複しているかどうかが判定される

関連項目
01.175 重複しないリストを作る→p.183
01.177 重複しているか判定する→p.185
01.179 COUNTIF関数で重複しているか判定する→p.187
01.181 重複データを削除する→p.189

重複

01.179 COUNTIF関数で重複しているか判定する

WorksheetFunctionプロパティ

WorksheetFunction.*Function*

Function---ワークシート関数

重複しているかどうかを判定するということは、そのデータが何個あるか調べるということです。もしワークシート上で行うなら、迷わずCOUNTIF関数を使うことでしょう。であれば、VBAからCOUNTIF関数を呼び出せば簡単に判定できます。

```
Sub Sample179()
    Dim i As Long
    For i = 2 To 13
        If WorksheetFunction.CountIf(Range("A:A"), Cells(i, "C")) > 1 Then
            Cells(i, "D") = "重複"
        End If
    Next i
End Sub
```

C列の名前がA列にある場合、D列に「重複」と表示

実行結果

	A	B	C	D	E
1	名前		名前	チェック	
2	西野		小川		
3	佐山		佐山		
4	小倉		西野		
5	小川		藤浦		
6	安藤		吉沢		
7	安藤		安藤		
8	桜木		川村		
9	吉沢		桜木		
10	川村		上原		
11	佐山		小倉		
12	吉沢		山口		
13	吉沢		桐原		
14	上原				
15	桜木				
16	山口				
17	桜木				
18	藤浦				
19	桐原				
20	山口				
21	桜木				

→

	A	B	C	D	E
1	名前		名前	チェック	
2	西野		小川		
3	佐山		佐山	重複	
4	小倉		西野		
5	小川		藤浦		
6	安藤		吉沢	重複	
7	安藤		安藤	重複	
8	桜木		川村		
9	吉沢		桜木	重複	
10	川村		上原		
11	佐山		小倉		
12	吉沢		山口	重複	
13	吉沢		桐原		
14	上原				
15	桜木				
16	山口				
17	桜木				
18	藤浦				
19	桐原				
20	山口				
21	桜木				

データが重複しているかどうかが判定される

関連項目
01.175 重複しないリストを作る→p.183
01.177 重複しているか判定する→p.185
01.178 オートフィルタで重複しているか判定する→p.186
01.181 重複データを削除する→p.189

入れ替え

01.180 2つのセル範囲を入れ替える

Copyメソッド、Addメソッド

object.**Copy**(*Destination*)、Worksheets.**Add**

object---対象となるRangeオブジェクト、*Destination*---コピー先のセル範囲

プログラムで何かを入れ替えるときは、まずはAをどこかに格納し、次にBをAに代入します。最後に格納していたAをBに代入して終了です。では、2つのセルやセル範囲を入れ替えるにはどうしたらいいでしょう。問題は、Aを「どこに」格納するかです。一般的な変数ではセルの書式が格納できません。オブジェクト型変数では、Bを代入した時点でオブジェクト変数の中も変わってしまいます。こんなときは、別の空いているセルにAを一時待避させます。では、確実に空いているセルとはどこでしょう。それは、新しく挿入したワークシート上のセルです。

```
Sub Sample180()
    Worksheets.Add → 新しいワークシートを挿入
    ActiveSheet.Next.Activate → アクティブシートを次のワークシートにする
    With ActiveSheet
        Selection.Areas(1).Copy .Previous.Range("A1") → 選択しているセル1を前のワークシートのセルA1にコピー
        Selection.Areas(2).Copy Selection.Areas(1) → 選択しているセル2をセル1にコピー
        .Previous.Range("A1").CurrentRegion.Copy Selection.Areas(2) → 前のワークシートのセルA1をセル2にコピー
        Application.DisplayAlerts = False → 挿入したワークシートを削除する際、警告が表示されないように設定
        .Previous.Delete → 挿入したワークシートを削除
        Application.DisplayAlerts = True
    End With
End Sub
```

実行結果

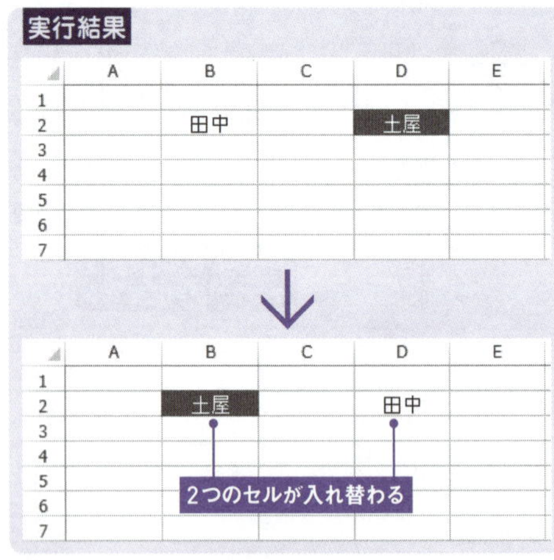

関連項目 01.063 非連続のセルが選択されているかどうかを調べる→p.66

重複／削除　✕非対応バージョン 2003

01.181 重複データを削除する

RemoveDuplicatesメソッド

object.**RemoveDuplicates**(*Columns*, *Header*)

object---対象となるRangeオブジェクト、*Columns*---重複する値を含む列のインデックスの値、*Header*----先頭列のヘッダーがある場合は定数xlYes

重複データを削除する機能はExcel 2007から追加されました。セル範囲から重複しているデータを削除するには、RemoveDuplicatesメソッドを使います。RemoveDuplicatesメソッドの引数Columnsには、重複をチェックする列の位置を配列で指定します。引数Headerには、先頭行をタイトル行とみなすかどうかを表す定数xlYesまたは定数xlGuessを指定します。RemoveDuplicatesメソッドでは、重複しているデータのうち、先頭行だけが残されます。

```
Sub Sample181()
    Range("A1:C7").RemoveDuplicates Columns:=Array(1, 2), Header:=xlYes
End Sub
```

セル範囲A1:C7の重複データを削除

実行結果

	A	B	C	D	E
1	日付	名前	金額		
2	7月10日	田中	8,712		
3	7月6日	土屋	3,872		
4	7月15日	鈴木	3,491		
5	7月10日	田中	3,514		
6	7月22日	大久保	8,224		
7	7月6日	土屋	4,922		
8					
9					
10					

↓

	A	B	C	D	E
1	日付	名前	金額		
2	7月10日	田中	8,712		
3	7月6日	土屋	3,872		
4	7月15日	鈴木	3,491		
5	7月22日	大久保	8,224		
6					
7					
8					
9					
10					

重複データが削除される

関連項目
01.175 重複しないリストを作る→p.183
01.177 重複しているか判定する→p.185
01.178 オートフィルタで重複しているか判定する→p.186
01.179 COUNTIF関数で重複しているか判定する→p.187

スパークライン／挿入

非対応バージョン 2007 2003

01.182 スパークラインを挿入する

SparklineGroupsコレクション、Addメソッド

object.**SparklineGroups.Add**(*Type*, *SourceData*)

object---対象となるRangeオブジェクト、*Type*---スパークラインの種類を表す定数(p.192参照)、*SourceData*---元となる数値のセル範囲

スパークラインを挿入する機能はExcel 2010で追加されました。スパークラインを追加するには、SparklineGroupsコレクションのAddメソッドを使います。引数Typeには、スパークラインの種類を表す定数を指定します(p.192参照)。引数SourceDataには、スパークラインの元になる数値が入力されているセル範囲を指定します。

```
Sub Sample182()
    Range("E2:E7").SparklineGroups.Add Type:=xlSparkLine, _
    SourceData:="B2:D7"
End Sub
```

セル範囲E2:E7にセル範囲B2:D7を元にした折れ線のスパークラインを挿入

実行結果

	A	B	C	D	E
1		4月	5月	6月	
2	札幌	6122	1988	7779	
3	仙台	1796	1746	2456	
4	東京	9328	7272	6828	
5	横浜	8161	2333	1816	
6	大阪	5904	9690	7333	
7	福岡	8354	1072	3090	
8					
9					

↓

	A	B	C	D	E
1		4月	5月	6月	
2	札幌	6122	1988	7779	
3	仙台	1796	1746	2456	
4	東京	9328	7272	6828	
5	横浜	8161	2333	1816	
6	大阪	5904	9690	7333	
7	福岡	8354	1072	3090	
8					
9					

スパークラインが挿入される

関連項目
01.183 スパークラインをクリアする→p.191
01.184 スパークラインの種類を設定する→p.192
01.185 空白セルのプロット方法を設定する→p.193
01.186 非表示列をプロットする→p.194

スパークライン／クリア

✖非対応バージョン 2007 2003

01.183 スパークラインをクリアする

SparklineGroupsコレクション、Clearメソッド、ClearGroupメソッド

object.**SparklineGroups.Clear**
object.**SparklineGroups.ClearGroups**

object---対象となるRangeオブジェクト

単一セルのスパークラインをクリアするには、Clearメソッドを使います。スパークラインのグループ全体をクリアするには、ClearGroupメソッドを使います。

```
Sub Sample183()
    Range("E2").SparklineGroups.Clear → セルE2のスパークラインをクリア
    Range("E2:E7").SparklineGroups.ClearGroups → セル範囲E2:E7のスパークラインをクリア
End Sub
```

実行結果

	A	B	C	D	E
1		4月	5月	6月	
2	札幌	6122	1988	7779	
3	仙台	1796	1746	2456	
4	東京	9328	7272	6828	
5	横浜	8161	2333	1816	
6	大阪	5904	9690	7333	
7	福岡	8354	1072	3090	
8					
9					
10					

↓

	A	B	C	D	E
1		4月	5月	6月	
2	札幌	6122	1988	7779	
3	仙台	1796	1746	2456	
4	東京	9328	7272	6828	
5	横浜	8161	2333	1816	
6	大阪	5904	9690	7333	
7	福岡	8354	1072	3090	
8					
9					
10					

スパークラインがクリアされる

関連項目
01.182 スパークラインを挿入する→p.190
01.184 スパークラインの種類を設定する→p.192
01.185 空白セルのプロット方法を設定する→p.193
01.186 非表示列をプロットする→p.194

スパークライン　✕非対応バージョン 2007 2003

01.184 スパークラインの種類を設定する

SparklineGroupsコレクション、Typeプロパティ

object.**SparklineGroups.Type**

object---対象となるRangeオブジェクト

スパークラインの種類を設定するには、Typeプロパティに次の定数を指定します。

xlSparkLine	折れ線
xlSparkColumn	縦棒
xlSparkColumnStacked100	勝敗

スパークラインの種類は、スパークラインを挿入するAddメソッドの引数Typeでも指定できます。使用できる定数は同じです。

```
Sub Sample184()
    Range("E2:E7").SparklineGroups(1).Type = xlSparkColumn
End Sub
```

セル範囲E2:E7のスパークラインを縦棒に設定

実行結果

	A	B	C	D	E
1		4月	5月	6月	
2	札幌	6122	1988	7779	
3	仙台	1796	1746	2456	
4	東京	9328	7272	6828	
5	横浜	8161	2333	1816	
6	大阪	5904	9690	7333	
7	福岡	8354	1072	3090	
8					
9					
10					

↓

	A	B	C	D	E
1		4月	5月	6月	
2	札幌	6122	1988	7779	
3	仙台	1796	1746	2456	
4	東京	9328	7272	6828	
5	横浜	8161	2333	1816	
6	大阪	5904	9690	7333	
7	福岡	8354	1072	3090	
8					
9					
10					

縦棒のスパークラインが設定される

関連項目
01.182 スパークラインを挿入する→p.190
01.183 スパークラインをクリアする→p.191
01.185 空白セルのプロット方法を設定する→p.193
01.186 非表示列をプロットする→p.194

スパークライン　✕非対応バージョン 2007 2003

01.185 空白セルのプロット方法を設定する

SparklineGroupsコレクション、DisplayBlanksAsプロパティ

***object*.SparklineGroups.DisplayBlanksAs**

object---対象となるRangeオブジェクト

空白セルをスパークラインにプロットするときの方法は、DisplayBlanksAsプロパティに次の定数を指定します。

xlInterpolated	補完してプロットする
xlNotPlotted	プロットしない
xlZero	値0としてプロットする

```
Sub Sample185()
    Range("G2:G7").SparklineGroups(1).DisplayBlanksAs = xlInterpolated
End Sub
```

空白セルをセル範囲G2:G7のスパークラインにプロット

実行結果

	A	B	C	D	E	F	G
1		4月	5月	6月	7月	8月	
2	札幌	6122	1988		7779	7635	
3	仙台	1796	1746		2456	1194	
4	東京	9328	7272		6828	4907	
5	横浜	8161	2333		1816	5159	
6	大阪	5904	9690		7333	6793	
7	福岡	8354	1072		3090	8500	
8							
9							

↓

	A	B	C	D	E	F	G
1		4月	5月	6月	7月	8月	
2	札幌	6122	1988		7779	7635	
3	仙台	1796	1746		2456	1194	
4	東京	9328	7272		6828	4907	
5	横浜	8161	2333		1816	5159	
6	大阪	5904	9690		7333	6793	
7	福岡	8354	1072		3090	8500	
8							
9							

空白セルにスパークラインがプロットされる

関連項目
01.182 スパークラインを挿入する→p.190
01.183 スパークラインをクリアする→p.191
01.184 スパークラインの種類を設定する→p.192
01.186 非表示列をプロットする→p.194

スパークライン

01.186 非表示列をプロットする

SparklineGroupsコレクション、DisplayHiddenプロパティ

***object*.SparklineGroups.DisplayHidden**

object---対象となるRangeオブジェクト

標準のスパークラインでは、非表示列はプロットされません。非表示列もプロットするには、DisplayHiddenプロシージャにTrueを設定します。

```
Sub Sample186()
    Range("G2:G7").SparklineGroups(1).DisplayHidden = True
End Sub
```

セル範囲G2:G7のスパークラインの非表示列をプロット

実行結果

	A	B	F	G	H
1		4月	8月		
2	札幌	6122	7635		
3	仙台	1796	1194		
4	東京	9328	4907		
5	横浜	8161	5159		
6	大阪	5904	6793		
7	福岡	8354	8500		
8					
9					

↓

	A	B	F	G	H
1		4月	8月		
2	札幌	6122	7635		
3	仙台	1796	1194		
4	東京	9328	4907		
5	横浜	8161	5159		
6	大阪	5904	6793		
7	福岡	8354	8500		
8					
9					

非表示列がプロットされる

関連項目
01.182 スパークラインを挿入する→p.190
01.183 スパークラインをクリアする→p.191
01.184 スパークラインの種類を設定する→p.192
01.185 空白セルのプロット方法を設定する→p.193

日付／検索

01.187 日付を検索する

Findメソッド

object.**Find**(*What, LookIn*)

object---対象となるRangeオブジェクト、*What*---検索内容
LookIn---情報の種類(省略可)

セルにシリアル値が入力されている場合、Findメソッドで日付を検索するときは、引数WhatにDateValue関数などで変換したシリアル値を指定します。「What:="2010/7/10"」のように文字列形式で指定すると、検索に失敗します。また、引数LookInには、定数xlFormulasを指定します。

```
Sub Sample187()
    Dim FoundCell As Range
    Set FoundCell = Cells.Find(What:=DateValue("2010/7/10"), _
        LookIn:=xlFormulas)
    If FoundCell Is Nothing Then
        MsgBox "見つかりません"
    Else
        MsgBox FoundCell.Offset(0, 1)
    End If
End Sub
```

「2010/7/10」をシリアル値に変換して検索

見つかった場合、隣のセルの文字列をMsgBoxに表示

実行結果

関連項目
01.021 セルを検索する→p.22
01.166 コメント内を検索する→p.174
01.176 すべてのセルを検索する→p.184

日付／検索

01.188 数式で入力されている日付を検索する（1）

Findメソッド

object.**Find**(*What, LookIn*)

object---対象となるRangeオブジェクト、*What*---検索内容
LookIn---情報の種類（省略可）

セルにシリアル値が入力されているのではなく「=A2+1」のような数式が入力されている場合は、そのセルに設定されている表示形式によって検索の方法が異なります。サンプルは、セルA2にシリアル値「2010/7/1」を入力し、セルA3以降は「=A2+1」という数式を入力してコピーしています。表示形式に「*2001/3/14」のように先頭に「*」の付く標準の表示形式を設定しているときは、Findメソッドの引数WhatにはDateValue関数を指定してください。そして、引数LookInには定数xlValuesを指定します。

```
Sub Sample188()
    Dim FoundCell As Range
    Set FoundCell = Cells.Find(What:=DateValue("2010/7/10"), _
    LookIn:=xlValues)
    If FoundCell Is Nothing Then
        MsgBox "見つかりません"
    Else
        MsgBox FoundCell.Offset(0, 1)
    End If
End Sub
```

「2010/7/10」をシリアル値に変換して検索

見つかった場合、隣のセルの文字列をMsgBoxに表示

関連項目
01.166 コメント内を検索する→p.174
01.187 日付を検索する→p.195
01.189 数式で入力されている日付を検索する（2）→p.197

日付／検索

01.189 数式で入力されている日付を検索する(2)

Findメソッド

object.**Find**(*What*, *LookIn*)

object---対象となるRangeオブジェクト、*What*---検索内容
LookIn---情報の種類（省略可）

01.188 で解説したようにセルにシリアル値が入力されているのではなく「=A2+1」のような数式が入力されている場合は、そのセルに設定されている表示形式によって検索の方法が異なります。サンプルは、セルA2にシリアル値「2010/7/1」を入力し、セルA3以降は「=A2+1」という数式を入力してコピーしています。表示形式に「3月14日」のように先頭に「*」の付かない表示形式を設定しているときは、Findメソッドの引数Whatには、セルに表示されている通りに「"7月10日"」と文字列を指定してください。DateValue関数では失敗します。そして、引数LookInには定数xlValuesを指定します。

```
Sub Sample189()
    Dim FoundCell As Range
    Set FoundCell = Cells.Find(What:="7月10日", LookIn:=xlValues)
    If FoundCell Is Nothing Then
        MsgBox "見つかりません"
    Else
        MsgBox FoundCell.Offset(0, 1)
    End If
End Sub
```

「7月10日」を検索

実行結果

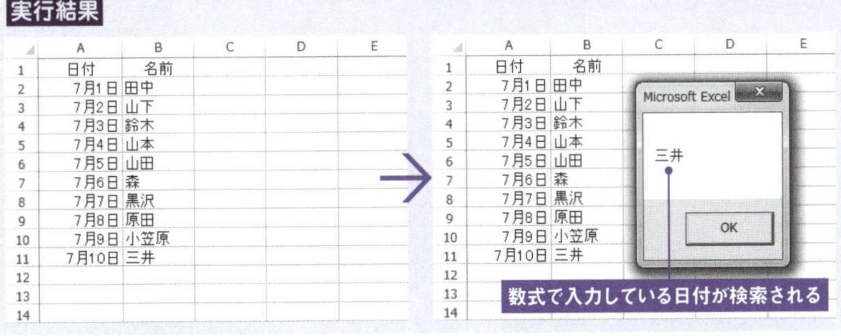

関連項目
01.166 コメント内を検索する→p.174
01.187 日付を検索する→p.195
01.188 数式で入力されている日付を検索する（1）→p.196

連続データ

01.190 連続データを作成する

AutoFillメソッド

object.**AutoFill**(*Destination*)

object---対象となるRangeオブジェクト
Destination---連続データの書き込み先のRangeオブジェクト

連続データを作成するときは、AutoFillメソッドを使います。これは、セルのフィルハンドルをドラッグするのと同じ操作です。AutoFillメソッドの引数には、連続データを作成するセル範囲を指定します。

```
Sub Sample190()
    Range("A1") = "月曜日"
    Range("A1").AutoFill Range("A1:A4") → セル範囲A1:A4に連続データを作成
End Sub
```

実行結果

	A	B
1	月曜日	
2	火曜日	
3	水曜日	
4	木曜日	
5		
6		
7		
8		

曜日の連続データが作成される

関連項目 01.191 プログラムの内部で連続データを作成する→p.199

連続データ

01.191 プログラムの内部で連続データを作成する

AutoFillメソッド

object.**AutoFill**(*Destination*)

object---対象となるRangeオブジェクト
Destination---連続データの書き込み先のRangeオブジェクト

AutoFillメソッドは便利な機能ですが、ワークシート上でしか実行できません。プログラムの内部で連続データだけを生成したいときは、ダミーのワークシートを挿入して連続データを作成し、配列に入れるなどしてからダミーのワークシートを削除します。

```
Sub Sample191()
    Dim tmp As Variant
    Worksheets.Add  → 新しいワークシートを挿入
    Range("A1") = "月曜日"
    Range("A1").AutoFill Range("A1:A4") → セル範囲A1:A4に連続データを作成
    tmp = Range("A1:A4").Value
    Application.DisplayAlerts = False → 挿入したワークシートを削除する際、警告が表示されないように設定
    ActiveSheet.Delete  → 挿入したワークシートを削除
    Application.DisplayAlerts = True
    MsgBox tmp(1, 1) & vbCrLf & tmp(2, 1) & vbCrLf & _  → 配列の各要素をMsgBoxに表示
           tmp(3, 1) & vbCrLf & tmp(4, 1)
End Sub
```

実行結果

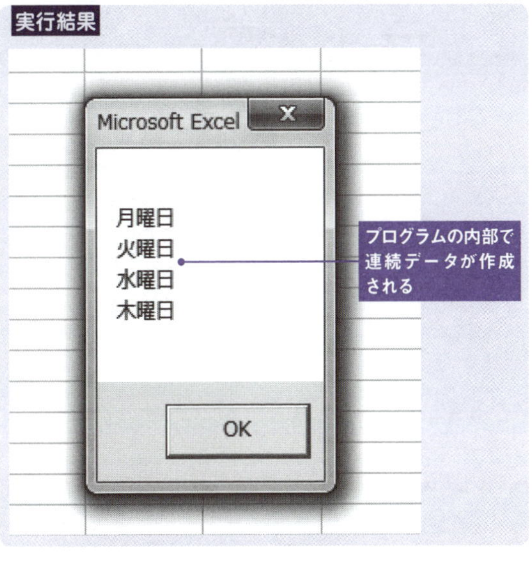

関連項目 01.190 連続データを作成する→p.198

参照

01.192 相対的な位置のセルを操作する

Offsetプロパティ

*object.***Offset** (*RowOffset,ColumnOffset*)

object---対象となるRangeオブジェクト、*RowOffset*---対象セル範囲を相対位置とする行数、*ColumnOffset*---対象セル範囲を相対位置とする列数

Offsetプロパティは、あるセルから見て「○行下で×列右」のように、相対的な位置にあるセルを返します。サンプルのように、すでに入力されているデータの末尾に、新しいデータを追記するようなときに便利です。

```
Sub Sample192()
    With Cells(Rows.Count, 1).End(xlUp) → データが入っている最終行
        .Offset(1, 0) = "7月8日"  → 1行下にデータを追記
        .Offset(1, 1) = "山口"  → 1行下1列右にデータを追記
        .Offset(1, 2) = "642"  → 1行下2列右にデータを追記
    End With
End Sub
```

実行結果

	A	B	C	D
1	日付	名前	金額	
2	7月1日	桜木	342	
3	7月2日	吉沢	221	
4	7月3日	小川	107	
5	7月4日	佐山	632	
6	7月5日	西野	617	
7	7月6日	安藤	604	
8	7月7日	藤浦	644	
9				
10				
11				
12				

→

	A	B	C	D
1	日付	名前	金額	
2	7月1日	桜木	342	
3	7月2日	吉沢	221	
4	7月3日	小川	107	
5	7月4日	佐山	632	
6	7月5日	西野	617	
7	7月6日	安藤	604	
8	7月7日	藤浦	644	
9	7月8日	山口	907	
10				
11				
12				

入力しているデータの末尾に新しいデータが追記される

関連項目 01.193 選択範囲の大きさを変更する→p.201

セル範囲

01.193 選択範囲の大きさを変更する

Resizeプロパティ

object.**Resize**(*RowSize*, *ColumnSize*)

object---対象となるRangeオブジェクト、*RowSize*---新しい行数（省略可）
ColumnSize---新しい列数（省略可）

単一のセルは「1行×1列の大きさ」と表されます。こうしたセル範囲の大きさを変更するには、Resizeプロパティを使います。サンプルでは、A列の単一セルを「1行×3列の大きさ」に変更して、色を塗っています。

```
Sub Sample193()
    Dim i As Long
    For i = 2 To 9
        If Format(Cells(i, 1), "aaa") = "日" Then
            Cells(i, 1).Resize(1, 3).Interior.Color = RGB(255, 0, 0)
        End If
    Next i
End Sub
```

A列i行目の単一セルを1行×3列の大きさに広げる

実行結果

	A	B	C	D
1	日付	名前	金額	
2	7月1日	桜木	342	
3	7月2日	吉沢	221	
4	7月3日	小川	107	
5	7月4日	佐山	632	
6	7月5日	西野	617	
7	7月6日	安藤	604	
8	7月7日	藤浦	644	
9	7月8日	山口	907	
10				
11				
12				

→

	A	B	C	D
1	日付	名前	金額	
2	7月1日	桜木	342	
3	7月2日	吉沢	221	
4	7月3日	小川	107	
5	7月4日	佐山	632	
6	7月5日	西野	617	
7	7月6日	安藤	604	
8	7月7日	藤浦	644	
9	7月8日	山口	907	
10				
11				
12				

A列の単一セルが「1行×3列」の大きさに変更されて色が塗られる

関連項目 01.192 相対的な位置のセルを操作する →p.200

背景

01.194 セルの背景色を設定する

ColorIndexプロパティ

object.Interior.**ColorIndex**

object---対象となるRangeオブジェクト

セルの背景色を設定するには、InteriorオブジェクトのColorIndexプロパティに色番号を指定します。指定している「3」は、Excelの標準的な色パレットで赤色が登録されている色番号です。

```
Sub Sample194()
    Range("B2").Interior.ColorIndex = 3 → セルB2の背景色を赤に設定
End Sub
```

実行結果

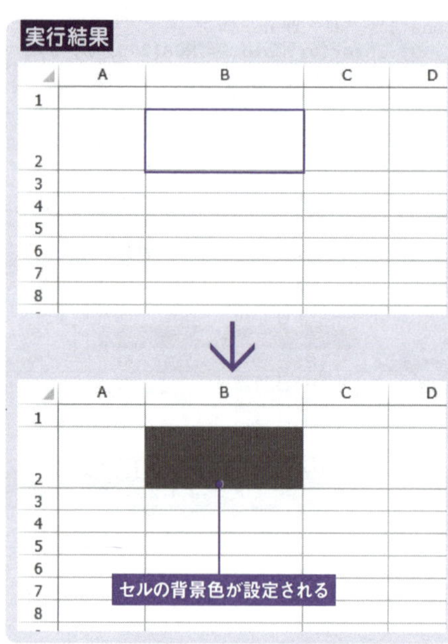

関連項目
01.195 RGB関数でセルの背景色を設定する→p.203
01.196 ThemeColorプロパティでセルの背景色を設定する→p.204
01.197 TintAndShadeプロパティでセルの背景色を設定する→p.205
01.198 セルの背景パターンを設定する→p.206

背景

01.195 RGB関数でセルの背景色を設定する

Colorプロパティ、RGB関数

object.Interior.**Color** = **RGB**

object---対象となるRangeオブジェクト

色を設定できるオブジェクトには、色番号を指定するColorIndexプロパティと、RGB関数によって色を指定するColorプロパティがあります。RGB関数は、赤(R)・緑(G)・青(B)をそれぞれ0～255の数値で指定します。数値によって、淡い中間色を指定することもできますが、Excel 2003まではワークシート上で56色までしか表現できません。Excel 2007以降は1600万色まで表示できるので、淡い中間色を表現することも可能です。

```
Sub Sample195()
    Range("B2").Interior.Color = RGB(255, 0, 0) → セルB2の背景色を赤に設定
End Sub
```

実行結果

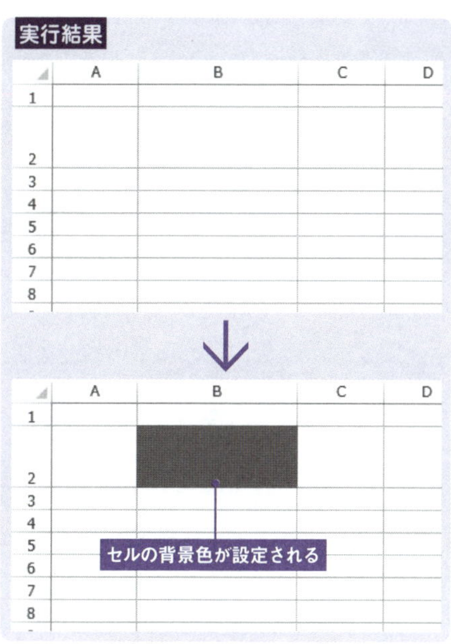

関連項目
01.194 セルの背景色を設定する→p.202
01.196 ThemeColorプロパティでセルの背景色を設定する→p.204
01.197 TintAndShadeプロパティでセルの背景色を設定する→p.205
01.198 セルの背景パターンを設定する→p.206

背景

⊗ 非対応バージョン 2003

01.196 ThemeColorプロパティでセルの背景色を設定する

ThemeColorプロパティ

object.Interior.**ThemeColor**

object---対象となるRangeオブジェクト

Excel 2007からは「テーマ」という機能が実装されました。文字の色や背景色などで使用する色パレットは、上部に「テーマの色」が並んでいます。これらは絶対的な色を示しているのではなく「現在設定されているテーマの"アクセント"に割り当てられている色」を表しています。したがって「テーマの色」は設定しているテーマによって変化します。テーマの色を設定するにはThemeColorプロパティに、テーマの色を表す定数を指定します。

```
Sub Sample196()
    Range("B2").Interior.ThemeColor = xlThemeColorAccent2 ┐
End Sub                                    セルB2の背景色を設定
```

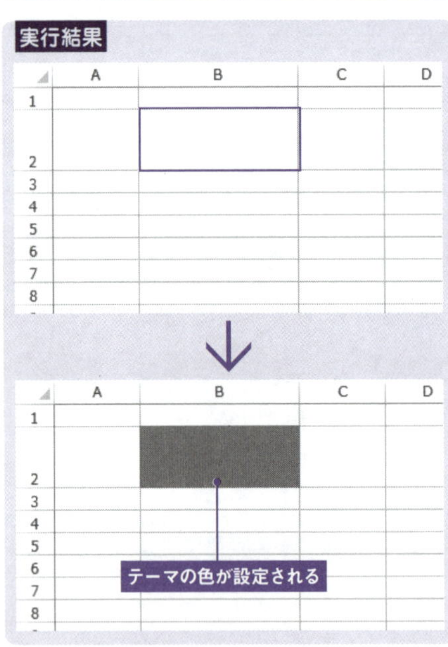

関連項目
01.194 セルの背景色を設定する→p.202
01.195 RGB関数でセルの背景色を設定する→p.203
01.197 TintAndShadeプロパティでセルの背景色を設定する→p.205

背景

非対応バージョン 2003

01.197 TintAndShadeプロパティでセルの背景色を設定する

TintAndShadeプロパティ

object.Interior.Color.**TintAndShade**

object---対象となるRangeオブジェクト

TintAndShadeプロパティは、色の明暗を表すプロパティです。ColorプロパティやThemeColorプロパティなどで指定した色を、明るく表示するか、暗く表示するかを決めます。TintAndShadeプロパティには、「-1」（最も暗い）から「1」（最も明るい）までの数値を指定します。実際には「-1」を指定するとどんな色であっても黒色になり、「1」を指定すると白色になります。

```
Sub Sample197()
    With Range("B2").Interior
        .Color = RGB(255, 0, 0)          ' セルB2の背景色を暗い赤に設定
        .TintAndShade = -0.5
    End With
    With Range("B3").Interior
        .Color = RGB(255, 0, 0)          ' セルB3の背景色を明るい赤に設定
        .TintAndShade = 0.5
    End With
End Sub
```

実行結果

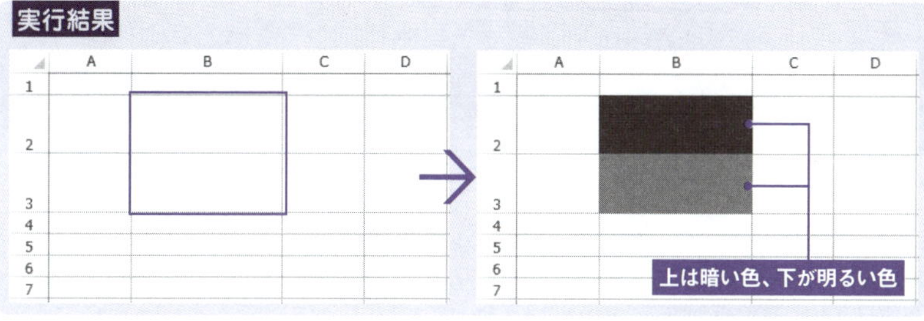

関連項目
01.194 セルの背景色を設定する→p.202
01.195 RGB関数でセルの背景色を設定する→p.203
01.196 ThemeColorプロパティでセルの背景色を設定する→p.204

背景

01.198 セルの背景パターンを設定する

Patternプロパティ、PatternColorプロパティ

object.Interior.**Pattern**.**PatternColor**

object---対象となるRangeオブジェクト

セルの背景にパターンを設定するときは、InteriorオブジェクトのPatternプロパティに、パターンを表す定数を指定します。パターンの色は、InteriorオブジェクトのColorプロパティやColorIndexプロパティなどで指定します。

```
Sub Sample198()
    With Range("B2").Interior
        .Pattern = xlPatternGrid
        .PatternColor = RGB(0, 255, 0)
    End With
End Sub
```

セルB2に緑の格子模様のパターンを設定

実行結果

セルの背景にグリッド状のパターンが設定される

関連項目
01.194 セルの背景色を設定する→p.202
01.195 RGB関数でセルの背景色を設定する→p.203
01.196 ThemeColorプロパティでセルの背景色を設定する→p.204
01.197 TintAndShadeプロパティでセルの背景色を設定する→p.205

背景

✕ 非対応バージョン 2003

01.199 セルの背景にグラデーションを設定する

Patternプロパティ、Gradientプロパティ、Degreeプロパティ、Addメソッド

Interior.**Pattern**、Interior.**Gradient**、Gradient.**Degree**
Gradient.ColorStops.**Add**

Excel 2007からはセルの背景にグラデーションを設定できるようになりました。グラデーションを設定するには、InteriorオブジェクトのPatternプロパティにxlPatternLinearGradientを設定します。GradientオブジェクトのDegreeプロパティは、色が変化する方向の角度を指定します。

0°	色1が左
90°	色1が上
180°	色1が右
360°	色1が下

続いてグラデーションを構成する色を2つ指定しますが、その前に色の情報をクリアしておきます。色はColorStopオブジェクトで表され、Addメソッドで追加します。Addメソッドの引数(0)は「0番目に追加せよ」という意味です。追加したColorStopオブジェクトは、ColorプロパティやThemeColorプロパティで色を設定します。ColorIndexプロパティは使えません。

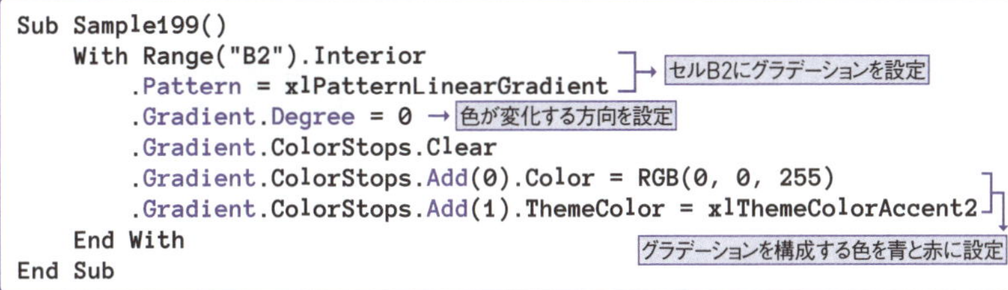

```
Sub Sample199()
    With Range("B2").Interior
        .Pattern = xlPatternLinearGradient
        .Gradient.Degree = 0
        .Gradient.ColorStops.Clear
        .Gradient.ColorStops.Add(0).Color = RGB(0, 0, 255)
        .Gradient.ColorStops.Add(1).ThemeColor = xlThemeColorAccent2
    End With
End Sub
```


実行結果

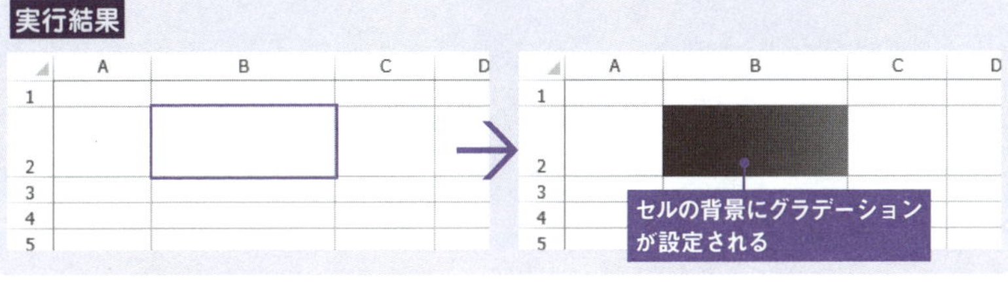

関連項目 01.198 セルの背景パターンを設定する→p.206
01.200 セルの背景に対角線方向や放射状のグラデーションを設定する→p.208

背景

非対応バージョン 2003

01.200 セルの背景に対角線方向や放射状のグラデーションを設定する

Patternプロパティ、Gradientプロパティ、Degreeプロパティ、Addメソッド

Interior.Pattern、Interior.Gradient、Gradient.Degree
Gradient.ColorStops.Add

Patternプロパティに定数xlPatternRectangularGradientを指定すると、対角線方向や放射状のグラデーションを設定できます。上下左右の位置はRectangleLeftプロパティなどで指定します。

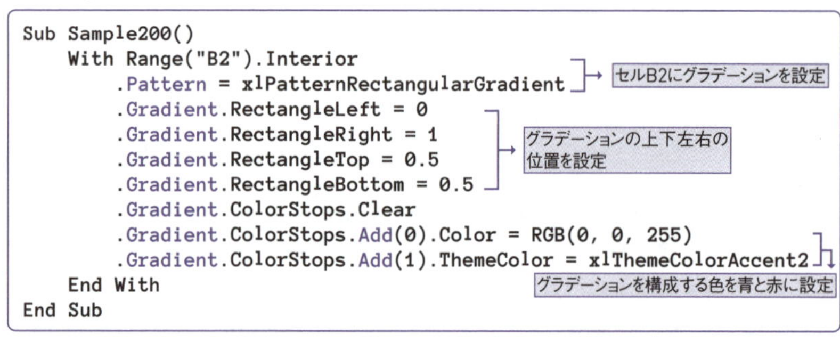

```
Sub Sample200()
    With Range("B2").Interior
        .Pattern = xlPatternRectangularGradient
        .Gradient.RectangleLeft = 0
        .Gradient.RectangleRight = 1
        .Gradient.RectangleTop = 0.5
        .Gradient.RectangleBottom = 0.5
        .Gradient.ColorStops.Clear
        .Gradient.ColorStops.Add(0).Color = RGB(0, 0, 255)
        .Gradient.ColorStops.Add(1).ThemeColor = xlThemeColorAccent2
    End With
End Sub
```

セルB2にグラデーションを設定
グラデーションの上下左右の位置を設定
グラデーションを構成する色を青と赤に設定

実行結果

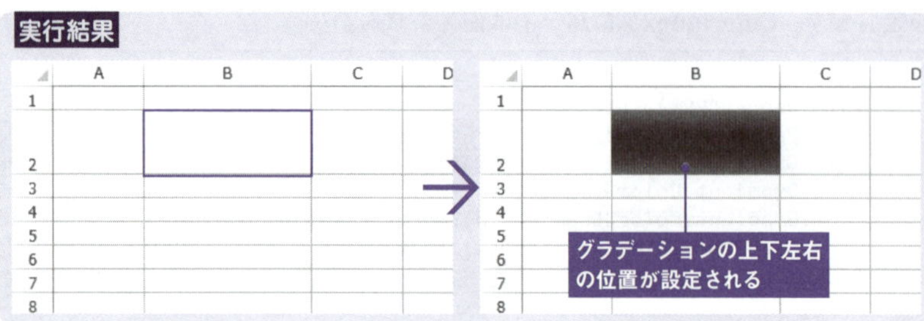
A
B
C
D
1
2
3
4
5
6
7
8
グラデーションの上下左右の位置が設定される

関連項目 01.198 セルの背景パターンを設定する→p.206
01.199 セルの背景にグラデーションを設定する→p.207

ピボットテーブル

01.201 ピボットテーブルを作成する

PivotCachesコレクション、CreatePivotTableメソッド、PivotFieldsコレクション、Orientationプロパティ

PivotCaches.Add (*SourceType* ,*SourceData*) .
CreatePivotTable (*TableDestination*)
PivotFields.Orientation

SourceType---ピボットテーブルのキャッシュデータのソース
SourceData---新しいピボットテーブルのキャッシュデータ
TableDestination---ピボットテーブルレポートの配置先範囲（左上端のセル）

ピボットテーブルを作成するときは、まずピボットキャッシュを作り、そのキャッシュからピボットテーブルを作成します。ピボットテーブルの作成をマクロ記録すると、膨大で難解なコードが記録されますが、整理すると、ピボットテーブルの作成に最低限必要なコードは、このサンプル程度になります。

```
Sub Sample201()
    Dim D As Range
    Set D = ActiveCell.CurrentRegion
    Sheets.Add → 新しいワークシートを挿入
    ActiveWorkbook.PivotCaches.Add(xlDatabase, D).CreatePivotTable _
    Range("A3") → セルA3にピボットテーブルを挿入
    With ActiveSheet.PivotTables(1)
        .PivotFields("名前").Orientation = xlRowField → 「名前」を行フィールドに配置
        .PivotFields("商品").Orientation = xlColumnField → 「商品」を列フィールドに配置
        .PivotFields("金額").Orientation = xlDataField → 「金額」をデータフィールドに配置
    End With
    Range("A3").Activate
End Sub
```

実行結果

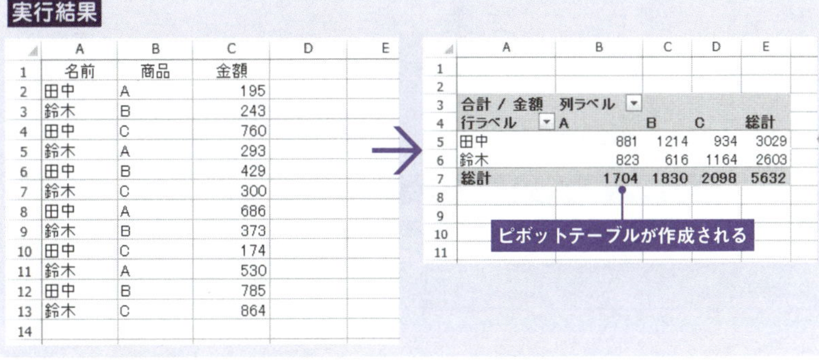

	A	B	C
1	名前	商品	金額
2	田中	A	195
3	鈴木	B	243
4	田中	C	760
5	鈴木	A	293
6	田中	B	429
7	鈴木	C	300
8	田中	A	686
9	鈴木	B	373
10	田中	C	174
11	鈴木	A	530
12	田中	B	785
13	鈴木	C	864

	A	B	C	D	E
3	合計 / 金額	列ラベル			
4	行ラベル	A	B	C	総計
5	田中	881	1214	934	3029
6	鈴木	823	616	1164	2603
7	総計	1704	1830	2098	5632

関連項目
01.204 フィールドのアイテムを取得する→p.212
01.205 特定のデータだけコピーする→p.213
01.206 特定の集計結果を取得する→p.214

ピボットテーブル

01.202 ピボットテーブルの存在を確認する

PivotTablesコレクション、PivotTableオブジェクト

PivotTables.Count、**PivotTables**.Name

ピボットテーブルが存在するかどうかは、ワークシートにPivotTableオブジェクトが存在するかどうかで確認できます。また、ピボットテーブルの名前はNameプロパティで調べられます。

```
Sub Sample202()
    If ActiveSheet.PivotTables.Count > 0 Then
        MsgBox ActiveSheet.PivotTables(1).Name
    Else
        MsgBox "ピボットテーブルはありません"
    End If
End Sub
```

アクティブシートにピボットテーブルがある場合は名前をMsgBoxに表示

実行結果

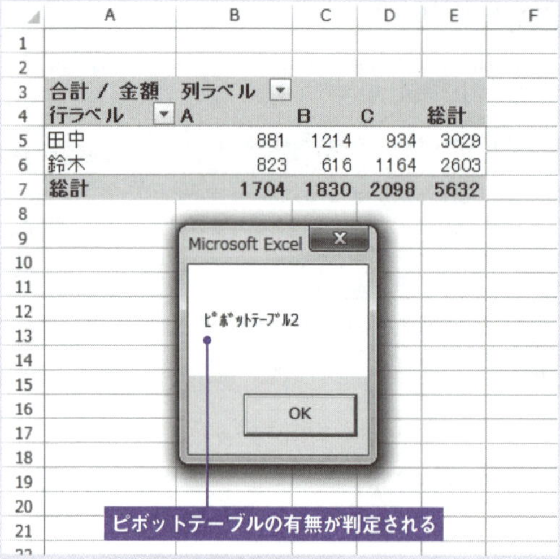

	A	B	C	D	E	F
1						
2						
3	合計 / 金額	列ラベル				
4	行ラベル	A	B	C	総計	
5	田中	881	1214	934	3029	
6	鈴木	823	616	1164	2603	
7	総計	1704	1830	2098	5632	

Microsoft Excel

ﾋﾟﾎﾞｯﾄﾃｰﾌﾞﾙ2

OK

ピボットテーブルの有無が判定される

関連項目 01.203 レイアウト内容を調べる→p.211

ピボットテーブル

01.203 レイアウト内容を調べる

PivotTablesコレクション、Orientationプロパティ

PivotFields.**Orientation**

ピボットテーブルの、列フィールドや行フィールドなどのすべてのフィールドはPivotFieldオブジェクトとして操作できます。サンプルでは、それぞれのフィールドにレイアウトされている項目名を取得しています。Orientationプロパティは、フィールドの位置を次の定数で設定／取得します。

xlHidden	非表示フィールド
xlRowField	行フィールド
xlColumnField	列フィールド
xlPageField	ページフィールド
xlDataField	データフィールド

サンプルで、データフィールドにレイアウトした「金額」のOrientationプロパティが「0」を返すのは、おそらくバグでしょう。

```
Sub Sample203()
    Dim i As Long, msg As String
    With ActiveSheet.PivotTables(1)
        For i = 1 To .PivotFields.Count
            msg = msg & .PivotFields(i).Name & "(" & _
                        .PivotFields(i).Orientation & ")" & vbCrLf
        Next i
    End With
    MsgBox msg
End Sub
```

各フィールドの項目名をMsgBoxに表示

実行結果

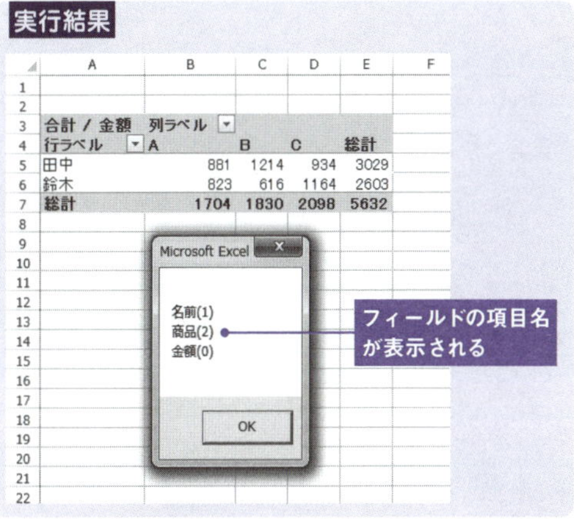

関連項目 01.202 ピボットテーブルの存在を確認する→p.210

ピボットテーブル

01.204 フィールドのアイテムを取得する

PivotFieldオブジェクト、PivotItemオブジェクト

PivotFields.PivotItems

フィールドに集計されているアイテムは、PivotItemオブジェクトとして操作できます。サンプルでは、行フィールドにレイアウトした「名前」に集計されているアイテムを表示しています。

```
Sub Sample204()
    Dim i As Long, msg As String
    With ActiveSheet.PivotTables(1)
        For i = 1 To .PivotFields("名前").PivotItems.Count
            msg = msg & .PivotFields("名前").PivotItems(i) & vbCrLf
        Next i
    End With
    MsgBox msg
End Sub
```

「名前」に集計されているアイテムを判定

実行結果

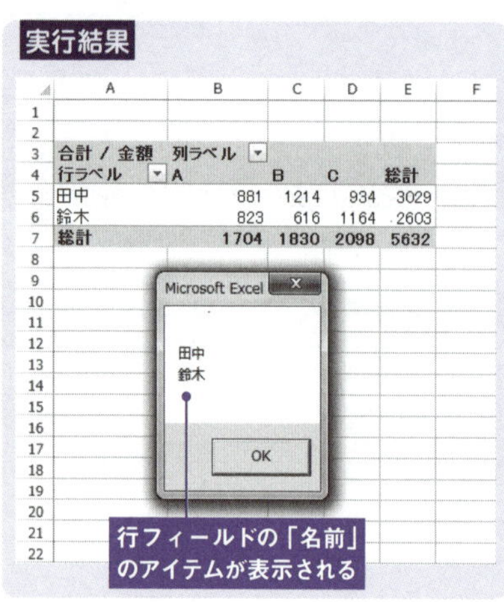
合計 / 金額 列ラベル
行ラベル A B C 総計
田中 881 1214 934 3029
鈴木 823 616 1164 2603
総計 1704 1830 2098 5632
Microsoft Excel
田中
鈴木
OK
行フィールドの「名前」のアイテムが表示される

関連項目
01.201 ピボットテーブルを作成する→p.209
01.205 特定のデータだけコピーする→p.213
01.206 特定の集計結果を取得する→p.214

ピボットテーブル／コピー

01.205 特定のデータだけコピーする

DataRangeプロパティ

PivotItems.**DataRange**

PivotItemオブジェクトのDataRangeプロパティは、そのアイテムが集計されているセル範囲を返します。Rangeオブジェクトを返すのでコピーもできます。

```
Sub Sample205()
    With ActiveSheet.PivotTables(1)
        .RowFields("名前").PivotItems("田中").DataRange.Copy Range("G1")
    End With
End Sub
```

「名前」が「田中」のデータをセルG1にコピー

実行結果

	A	B	C	D	E	F	G	H	I
1							881	1214	934
2									
3	合計 / 金額	列ラベル							
4	行ラベル	A	B	C	総計				
5	田中	881	1214	934	3029				
6	鈴木	823	616	1164	2603				
7	総計	1704	1830	2098	5632				
8									
9									
10									

「田中」のデータがコピーされる

関連項目
01.201 ピボットテーブルを作成する→p.209
01.204 フィールドのアイテムを取得する→p.212
01.206 特定の集計結果を取得する→p.214

ピボットテーブル

01.206 特定の集計結果を取得する

GetDataメソッド

object.**GetData**(*Name*)

object---対象となるPivotTableオブジェクト
Name---ピボットテーブルレポートの単一セル

GetDataメソッドは、指定したフィールドやアイテムの集計結果を取得できます。

```
Sub Sample206()
    Dim msg As String
    With ActiveSheet.PivotTables(1)
        msg = "田中の総計："
        msg = msg & .GetData("名前[田中] 総計") & vbCrLf → 「田中」の「総計」の結果を取得
        msg = msg & "鈴木のB商品："
        msg = msg & .GetData("名前[鈴木] 商品[B]") → 「鈴木」の「商品」「B」の結果を取得
    End With
    MsgBox msg
End Sub
```

実行結果

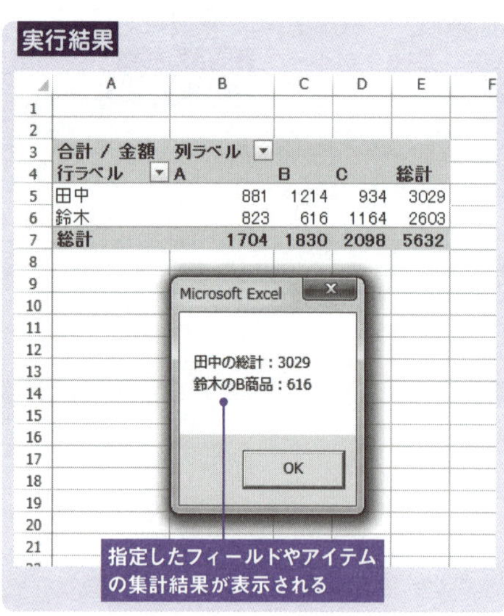

関連項目
01.201 ピボットテーブルを作成する→p.209
01.204 フィールドのアイテムを取得する→p.212
01.205 特定のデータだけコピーする→p.213

セル

01.207 テーブルに変換する

ListObjectsコレクション、Addメソッド

ListObjects.Add

範囲をテーブルに変換するには、ListObjectsコレクションのAddメソッドを実行します。マクロ記録では、テーブルに変換すると同時に、テーブルの名前を設定するコードが記録されますが、あえて名前を設定しなくても、テーブルを作れば自動的に(便宜的な)名前が設定されます。

```
Sub Sample207()
    ActiveSheet.ListObjects.Add xlSrcRange, Range("A1").CurrentRegion
End Sub
```

テーブルに変換

実行結果

	A	B
1	名前	金額
2	田中	459
3	鈴木	384
4	佐々木	186
5	菊池	542
6	土屋	375
7	大久保	215
8		

→

	A	B
1	名前	金額
2	田中	459
3	鈴木	384
4	佐々木	186
5	菊池	542
6	土屋	375
7	大久保	215
8		

テーブルに変換される

関連項目 01.208 テーブルの装飾をクリアする→p.216
01.209 テーブルに新しいデータを追加する→p.217

セル

01.208 テーブルの装飾をクリアする

ListObjectオブジェクト、TableStyleプロパティ

ListObject.TableStyle = *Name*

Name---設定するスタイルの名前

ショートカットキーやマクロでテーブルを作成すると、標準で「テーブルスタイル(中間)2」というスタイルが設定されます。こうした、あらかじめ組み込まれているテーブルスタイルを適用したくないときは、スタイルをクリアしましょう。テーブルのスタイルをクリアするには、TableStyleプロパティに空欄を代入します。

テーブルに指定できるスタイルは、WorkbookオブジェクトのTableStylesコレクションに登録されています。任意のスタイルをテーブルに適用するには、TableStylesコレクション内で指定したいスタイルの名前を探し、その名前をListObjectオブジェクトのTableStyleプロパティに設定します。

```
Sub Sample208()
    ActiveSheet.ListObjects(1).TableStyle = "" →テーブルスタイルをクリア
End Sub
```

実行結果

	A	B
1	名前	金額
2	田中	459
3	鈴木	384
4	佐々木	186
5	菊池	542
6	土屋	375
7	大久保	215
8		

→

	A	B
1	名前	金額
2	田中	459
3	鈴木	384
4	佐々木	186
5	菊池	542
6	土屋	375
7	大久保	215
8		

テーブルの装飾がクリアされる

関連項目 01.207 テーブルに変換する→p.215

セル

01.209 テーブルに新しいデータを追加する

ListRowsコレクション、Addメソッド

ListRows.Add

テーブルは、Excelがデータベースとして管理する特別な領域です。テーブルに新しいデータを追加するとき、「Range("A8") = "桜井"」のようにセルのアドレスを指定することもできますが、これはテーブルのお作法に反しています。たとえば、一般のワークシートと同じ感覚で、

```
Cells(Rows.Count, 1).End(xlUp).Offset(1, 0) = "桜井"
Cells(Rows.Count, 2).End(xlUp).Offset(1, 0) = 999
```

のようにすると予期しない結果になります。実際に試してください。
テーブル内の"行"は、ListRowオブジェクトで表されます。新しい行を挿入するときは、まずListRowsコレクションのAddメソッドで"空の行"を追加し、その追加したセルに値を代入します。

```
Sub Sample209()
    With ActiveSheet.ListObjects(1).ListRows.Add  → 空行を追加
        .Range(1) = "桜井"  ┐
        .Range(2) = 999     ┘→ 値を代入
    End With
End Sub
```

実行結果

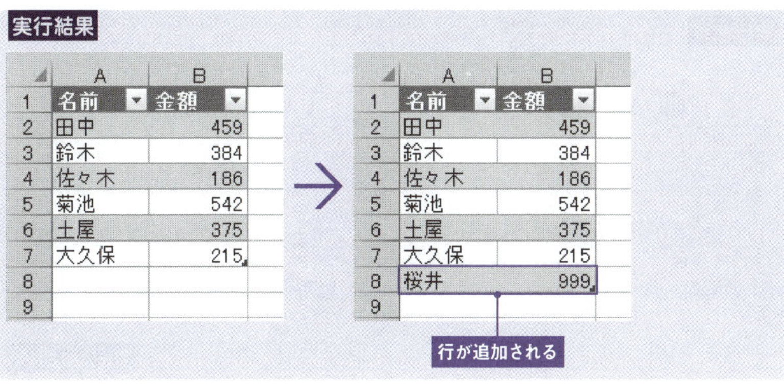

関連項目 01.210 テーブルに新しい列を追加する→p.218
01.211 テーブルに行を挿入する→p.219

セル

01.210 テーブルに新しい列を追加する

ListColumnsコレクション、Addメソッド

ListColumns.Add

テーブルの列はListColumnオブジェクトで表されます。列全体がListColumnsコレクションです。テーブルに新しい列を追加するには、このListColumnsコレクションのAddメソッドを実行します。列のタイトルは、Nameプロパティに任意の文字列を指定します。ただし、そのテーブル内ですでに使われているタイトルは指定できません。同じタイトルを指定すると無視されて「列1」など便宜的なタイトルが付けられます。
テーブル内の列を指定するときは、構造化参照を使います。下記サンプルコードでは「Range("テーブル1[計算]")」のようにテーブル名を決め打ちしていますが、汎用的なマクロにするには、テーブル名をListObjects(1).Nameで取得してください。

```
Sub Sample210()
    With ActiveSheet.ListObjects(1).ListColumns  ┐→ 空の列を追加
        .Add                                     ┘
        .Item(.Count).Name = "計算" → 列のタイトルを指定
    End With
    Range("テーブル1[計算]").Value = "=[@金額]*10"        ┐→ 値を代入
    Range("テーブル1[計算]").NumberFormat = "#,##0"      ┘
End Sub
```

実行結果

	A	B	C
1	名前	金額	
2	田中	459	
3	鈴木	384	
4	佐々木	186	
5	菊池	542	
6	土屋	375	
7	大久保	215	
8	桜井	999	
9			

→

	A	B	C
1	名前	金額	計算
2	田中	459	4,590
3	鈴木	384	3,840
4	佐々木	186	1,860
5	菊池	542	5,420
6	土屋	375	3,750
7	大久保	215	2,150
8	桜井	999	9,990
9			

列が追加される

関連項目 01.209 テーブルに新しいデータを追加する→p.217
01.211 テーブルに行を挿入する→p.219

01.211 テーブルに行を挿入する

ListColumnオブジェクト、DataBodyRangeプロパティ

ListColumn.DataBodyRange

テーブルで、特定の列内を検索し、行を挿入します。Findメソッドで検索する列は、ListColumnオブジェクトのDataBodyRangeプロパティで指定します。DataBodyRangeプロパティは、列タイトルや集計行を除く、テーブルのデータ領域を表します。

Offsetプロパティを使って、見つかったセルの1行下に新しい行を挿入(Insert)していますが、このとき"行"ではなく"セル"を挿入している点に留意してください。テーブルは、Excelがデータベースとして管理する特別な領域です。セル単体の挿入や削除は許されていません。データベースのレコードがずれるからです。テーブルでは、セルを挿入／削除することで、テーブル内の行が挿入／削除されます。

```
Sub Sample211()
    Dim FoundCell As Range
    With ActiveSheet.ListObjects(1)
        Set FoundCell = .ListColumns("名前").DataBodyRange.Find("菊池")
        FoundCell.Offset(1, 0).Insert
    End With
End Sub
```

→見つかったセルの1行下に新しい行を挿入

「名前」の列にある「菊池」を検索

実行結果

	A	B	C
1	名前	金額	計算
2	田中	459	4,590
3	鈴木	384	3,840
4	佐々木	186	1,860
5	菊池	542	5,420
6	土屋	375	3,750
7	大久保	215	2,150
8	桜井	999	9,990
9			
10			

→

	A	B	C
1	名前	金額	計算
2	田中	459	4,590
3	鈴木	384	3,840
4	佐々木	186	1,860
5	菊池	542	5,420
6			0
7	土屋	375	3,750
8	大久保	215	2,150
9	桜井	999	9,990
10			

行を挿入できる

関連項目 01.209 テーブルに新しいデータを追加する→p.217
01.210 テーブルに新しい列を挿入する→p.218

セル
ブックとシート
ファイル
グラフとオブジェクト
メニュー
UserForm
プログラミング
高度な使い方

セル

01.212 テーブルをオートフィルタで絞り込む

Rangeプロパティ、AutoFilterメソッド

Range.AutoFilter

テーブルには、自動的にオートフィルタが設定されます。このオートフィルタを操作するには、一般のセル範囲と同様にAutoFilterメソッドを使いますが、「ListObjects(1).AutoFilter」としてはいけません。ListObjectオブジェクトは、Excelが管理する特別な領域です。オートフィルタは、その特別な領域ではなく、テーブル内の"セル範囲"で使える機能です。ListObjectオブジェクトのRangeプロパティは、テーブルのセル範囲を表します。

```
Sub Sample212()
    ActiveSheet.ListObjects(1).Range.AutoFilter 2, ">400" → オートフィルタで金額が「400超」を絞り込む
End Sub
```

実行結果

	A	B	C
1	名前	金額	計算
2	田中	459	4,590
3	鈴木	384	3,840
4	佐々木	186	1,860
5	菊池	542	5,420
6	土屋	375	3,750
7	大久保	215	2,150
8	桜井	999	9,990
9			

→

	A	B	C
1	名前	金額	計算
2	田中	459	4,590
5	菊池	542	5,420
8	桜井	999	9,990
9			
10			
11			
12			
13			

オートフィルタで絞り込みできる

関連項目 01.213 テーブルの列見出しを探す→p.221

セル

01.213 テーブルの列見出しを探す

ListColumnオブジェクト、Columnプロパティ

ListColumn.Column

ある列見出しを探すには、ListColumnオブジェクトのNameプロパティを調べます。見つかった列見出しが、テーブル内で左から何番目にあるかは、ListColumnオブジェクトのIndexプロパティで取得できます。しかし、必ずしもテーブルがA列から始まっているとは限りません。「テーブル内で左から何番目」ではなく、その列見出しが「ワークシートの何列目」かを調べるのでしたら、ListColumnオブジェクトのRangeプロパティを使ってセル範囲を取得し、そのセル範囲のColumnプロパティ（列位置）を調べてください。

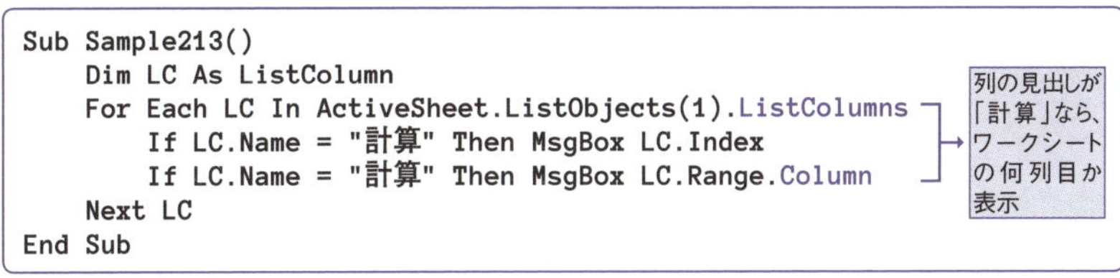

```
Sub Sample213()
    Dim LC As ListColumn
    For Each LC In ActiveSheet.ListObjects(1).ListColumns
        If LC.Name = "計算" Then MsgBox LC.Index
        If LC.Name = "計算" Then MsgBox LC.Range.Column
    Next LC
End Sub
```

列の見出しが「計算」なら、ワークシートの何列目か表示

実行結果

列位置が表示される

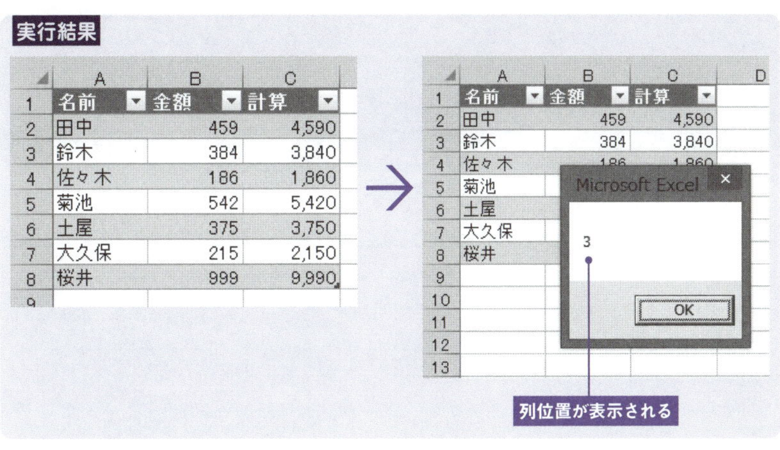

関連項目 01.212 テーブルをオートフィルタで絞り込む→p.220

第2章

ブックとシートの操作

開く

02.001 ブックを開く

Openメソッド

object.**Open**(*Filename*)

object---対象となるWorkbookオブジェクト、*Filename*---ブックのファイル名

ブックを開くときは、WorkbooksコレクションのOpenメソッドを使います。Workbooksコレクションとは、現在Excelで開いている全ブックの集合体(コレクション)です。この集合体に、新しいメンバーを招き入れるようなイメージです。

```
Sub Sample1()
    Workbooks.Open Filename:="C:¥Book1.xlsx" →「Book1.xlsx」を開く
End Sub
```

実行結果

	A	B	C	D	E
1					
2					
3					
4					
5					
6					
7					
8					
9					
10					

↓

	A	B	C	D	E
1	売上	4月	5月	6月	
2	田中	856	781	583	
3	鈴木	939	772	612	
4	山田	852	131	733	
5					
6					
7					
8					
9					
10					

ブックが開く

memo

▶ブックを開くと、開いたブックが必ずアクティブブックになります。開いたブックをそのまま編集する場合は、アクティブブック(ActiveWorkbook)を操作してください。

関連項目
02.003 開いたブックを変数に格納する→p.226
02.004 ブックを閉じる→p.227
02.005 新しいブックを挿入する→p.228

マクロ

02.002 マクロが保存されているブックを操作する

ThisWorkbookプロパティ

object.**ThisWorkbook**

object---対象となるApplicationオブジェクト

ブックを特定する場合、一般的には「Workbooks("Book1.xlsx")」のように、ブックの名前を指定します。他にも、現在の状況を利用してブックを特定することができます。例えば、現在表示されているアクティブブックは、ActiveWorkbookプロパティを使って特定が可能です。アクティブになっているブックではなく「現在実行しているマクロが記述されているブック」を特定するときは、ThisWorkbookプロパティを使います。実行中のマクロから見て「自分自身のブック」を操作する機会は多いので、ぜひ覚えておきたいプロパティです。

```
Sub Sample2()
    Workbooks.Open Filename:="C:¥Book1.xlsx"
    ActiveWorkbook.Sheets(1).Range("A1").Copy _
                    ThisWorkbook.Sheets(1).Range("B1")
End Sub
```

「Book1.xlsx」を開く

アクティブブックのセルA1をマクロを実行しているブックのセルB1にコピー

実行結果

	A	B	C	D
1				
2				
3				
4				
5				
6				
7				
8				
9				
10				

	A	B	C	D
1	売上	4月	5月	6月
2	田中	882	807	609
3	鈴木	965	797	638
4	山田	878	157	576
5				
6				
7				
8				
9				
10				

アクティブブック

	A	B	C	D
1		売上		
2				
3				
4				
5				
6				
7				
8				
9				
10				

マクロが保存されているブックを操作できるようになる

関連項目 02.009 マクロが含まれているかどうか判定する（1）→p.232
02.011 マクロが含まれているかどうか判定する（2）→p.234

開く

02.003 開いたブックを変数に格納する

Setステートメント

Set *objectvar* = *objectexpression*

objectvar---変数、またはプロパティ名
objectexpression---オブジェクト名、変数、関数かメソッドで構成された式

VBAには「何かを返す命令」が、いくつか存在します。ブックを開くときに使うWorkbooksコレクションのOpenメソッドもその1つです。Openメソッドは「開いたブック(Workbookオブジェクト)」を返します。Openメソッドでブックを開くと、開いたブックが必ずアクティブブックになります。開いたブックをそのまま操作するのであれば、ActiveWorkbookプロパティを使えばいいのですが、開いた後でアクティブブックを切り替える場合には困ります。そんなときは、開いたブックを変数に格納しておくと便利です。ブックを格納する変数は、Workbook型あるいはObject型、Variant型などで宣言します。そして、格納するときには、先頭にSetステートメントを使うことを忘れないでください。

```
Sub Sample3()
    Dim Target As Workbook
    Set Target = Workbooks.Open(Filename:="C:¥Book1.xlsx")
    ThisWorkbook.Activate
    Target.Sheets(1).Range("A1").Copy Range("B1")
End Sub
```

開いたブックを変数Targetに格納して以降は変数を使って開いたブックを操作する

実行結果

	A	B	C	D
1				
2				
3				
4				
5				
6				
7				

Book1.xlsx

	A	B	C	D
1	売上	4月	5月	6月
2	田中	882	807	609
3	鈴木	965	797	638
4	山田	878	157	576
5				
6				
7				

	A	B	C	D
1		売上		
2				
3				
4				
5				
6				
7				

「Book1.xlsx」のセルA1がセルB1にコピーされる

関連項目
02.001 ブックを開く→p.224
02.004 ブックを閉じる→p.227
02.005 新しいブックを挿入する→p.228

閉じる

02.004 ブックを閉じる

Closeメソッド

object.**Close**(*SaveChanges*)

object---対象となるWorkbookオブジェクト
SaveChanges---Trueの場合は自動的にブックが上書き保存され、Falseでは保存されない

ブックを閉じるには、WorkbookオブジェクトのCloseメソッドを使います。閉じる作業自体は、それほど難しくありませんが、ブックを閉じるときの「変更を保存しますか」という確認メッセージが邪魔になる場合があります。確認メッセージが表示されると、そこでマクロが止まってしまいます。これでは自動処理になりません。「変更を保存しますか」の確認メッセージが表示される原因は2つあります。1つは、そのブックに何らかの変更を加えた場合です。2つ目の原因は、そのブックに「自動再計算関数」や「他ブックへのリンク」が挿入されている場合です。自動再計算関数とは、何もしなくてもExcelが自動的に再計算を行い、その結果(Excel的には)何らかの変更が加えられたと認識されてしまう関数です。NOW関数、INDIRECT関数、OFFSET関数などがあります。「変更を保存しますか」の確認を表示しないでブックを閉じるには、Closeメソッドの引数SaveChangesにTrueまたはFalseを指定します。Trueを指定したときは、自動的にブックが上書き保存され、Falseを指定すると保存せずにブックが閉じられます。

```
Sub Sample4()
    Dim Target As Workbook
    Set Target = Workbooks.Open(Filename:="C:¥Book1.xlsx")
    ThisWorkbook.Activate
    Target.Sheets(1).Range("A1").Copy Range("B1")
    Target.Close SaveChanges:=False → ブックを閉じる際に保存しない
End Sub
```

実行結果

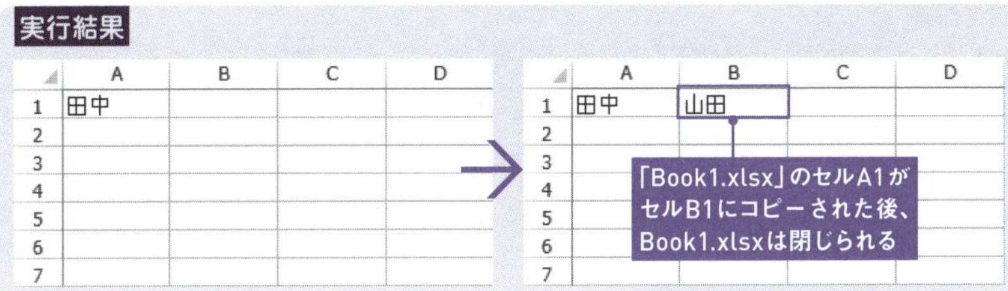
A
B
C
D
田中
田中
山田
「Book1.xlsx」のセルA1がセルB1にコピーされた後、Book1.xlsxは閉じられる

関連項目
02.001 ブックを開く → p.224
02.003 開いたブックを変数に格納する → p.226
02.005 新しいブックを挿入する → p.228

新規作成

02.005 新しいブックを挿入する

Addメソッド

object.**Add**

object---対象となるWorkbooksコレクション

ブックを新規作成するときは、WorkbooksコレクションのAddメソッドを使います。ブックを開くOpenメソッドが、開いたブック(Workbookオブジェクト)を返すように、このAddメソッドも「新規作成したブック(Workbookオブジェクト)」を返します。引き続き、新規作成したブックを操作するときは、そのブックをオブジェクト型変数に格納しておくと便利です。

```
Sub Sample5()
    Dim Target As Workbook, Data As Workbook
    Set Target = Workbooks.Open(Filename:="C:¥Book1.xlsx")
    Set Data = Workbooks.Add → 新しいブックを挿入
    Data.Sheets(1).Name = Target.Sheets(1).Name
End Sub
```

実行結果

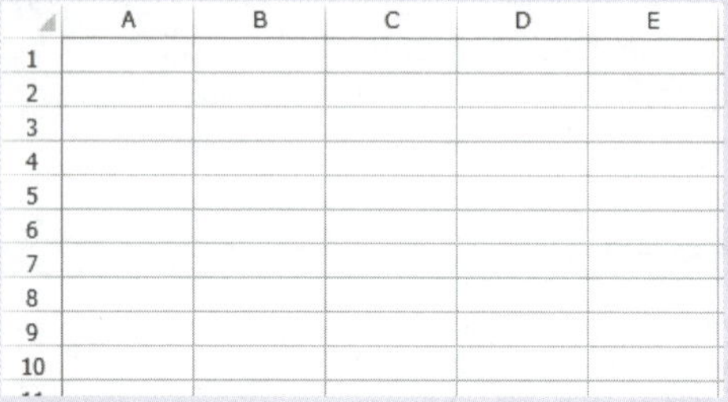

	A	B	C	D	E
1					
2					
3					
4					
5					
6					
7					
8					
9					
10					

新しいブックが挿入される

memo

▶オブジェクト型変数に格納するときは、Setを付けることを忘れないでください。

関連項目
02.001 ブックを開く→p.224
02.003 開いたブックを変数に格納する→p.226
02.004 ブックを閉じる→p.227

保存

02.006 ブックに名前を付けて保存する

SaveAsメソッド

object.**SaveAs** (*FileName*)

object---対象となるWorkbookオブジェクト、*FileName*---保存するファイル名(省略可)

ブックに名前を付けて保存するには、WorkbookオブジェクトのSaveAsメソッドを実行します。SaveAsメソッドの引数Filenameには保存するブックの名前とパスを指定できます。Excel 2007から、ブックの種類によって拡張子が変わりました。マクロを含まないブックは拡張子「xlsx」で、マクロを含むブックは拡張子「xlsm」で保存しなければなりません。これは、ただ拡張子を指定するだけでなく、ファイルの形式が異なります。SaveAsメソッドでブックを保存するときも、適切な拡張子を指定しないとエラーになります。

```
Sub Sample6()
    ActiveWorkbook.SaveAs Filename:="C:¥Work¥Book1.xlsm"
End Sub
```

アクティブブックをファイル名「Book1.xlsm」として保存する

実行結果

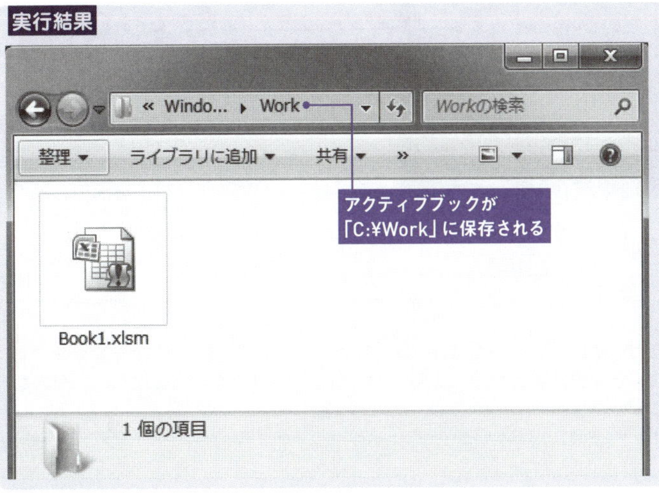

memo

▶SaveAsメソッドで保存しようとした場所に、すでに同名のファイルが存在したとき「置き換えますか」という確認メッセージが表示されます。ここで[いいえ]または[キャンセル]ボタンをクリックすると、SaveAsメソッドはエラーになります。

関連項目 02.007 ブックの保存場所を取得する→p.230
02.008 ブックを上書き保存する→p.231

保存

02.007 ブックの保存場所を取得する

FullNameプロパティ

object.**FullName**

object---対象となるWorkbookオブジェクト

ブックが保存されている場所を調べるには、WorkbookオブジェクトのFullNameプロパティを使うと便利です。FullNameプロパティは、ブックが保存されているパスとブックの名前を返します。

```
Sub Sample7()
    MsgBox ActiveWorkbook.FullName → アクティブブックの保存場所、パス、ブック名をMsgBoxに表示
End Sub
```

実行結果

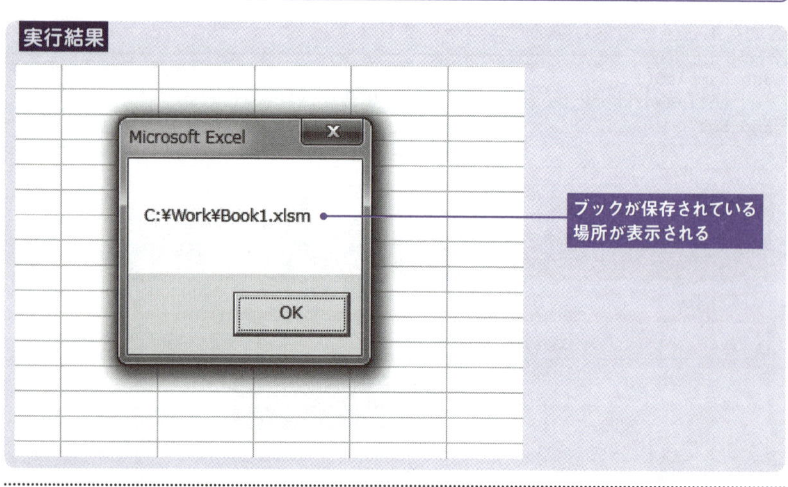

memo

▶もし、パスだけを知りたいときは、WorkbookオブジェクトのPathプロパティを使います。Pathプロパティの結果は「C:¥Work」のように、フォルダ名の最後に「¥」が付かないので注意してください。

関連項目
02.043 ブックのパスを取得する→p.267
02.044 ブックの名前を取得する→p.268
02.045 ブックのフルネームを取得する→p.269

保存

02.008 ブックを上書き保存する

Saveメソッド

object.**Save**

object---対象となるWorkbookオブジェクト

ブックを上書き保存するときはWorkbookオブジェクトのSaveメソッドを実行します。すでに名前を付けて保存してあるブックの場合、同じフォルダに同じ名前で上書き保存されます。まだ、名前を付けて保存していないブックに対してSaveメソッドを実行すると、カレントフォルダに「マクロなしブック(xlsx)形式」で保存されます。保存しようとしたブックにマクロが記述されていた場合は「マクロを含むブックをxlsx形式では保存できません」という旨の確認メッセージが表示されます。

```
Sub Sample8()
    ActiveWorkbook.Save → アクティブブックを上書き保存する
End Sub
```

実行結果

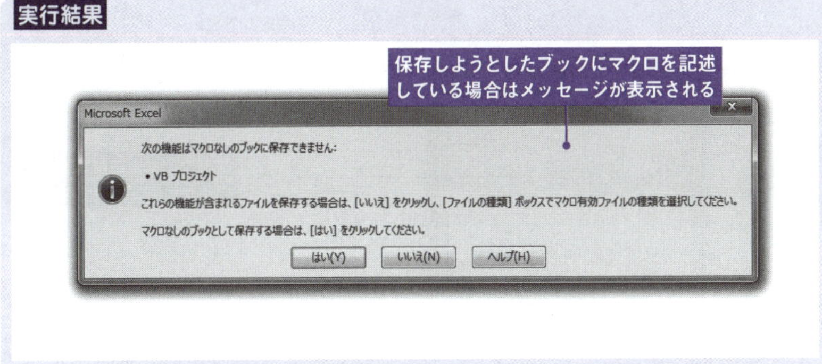

関連項目
02.006 ブックに名前を付けて保存する→p.229
02.075 1枚のワークシートだけ別ブックで保存する→p.299

マクロ

⊗非対応バージョン 2003

02.009 マクロが含まれているかどうか判定する(1)

HasVBProjectプロパティ

object.**HasVBProject**

object---対象となるWorkbookオブジェクト

ブックにマクロが含まれているかどうかは、WorkbookオブジェクトのHasVBProjectプロパティでわかります。HasVBProjectプロパティは、ブックにプロシージャやモジュールが含まれているとTrueを返します。

```
Sub Sample9()
    If ActiveWorkbook.HasVBProject = True Then  → アクティブブックにマクロが含まれているかを判定
        MsgBox "マクロを含んでいます"
    Else
        MsgBox "マクロを含んでいません"
    End If
End Sub
```

実行結果

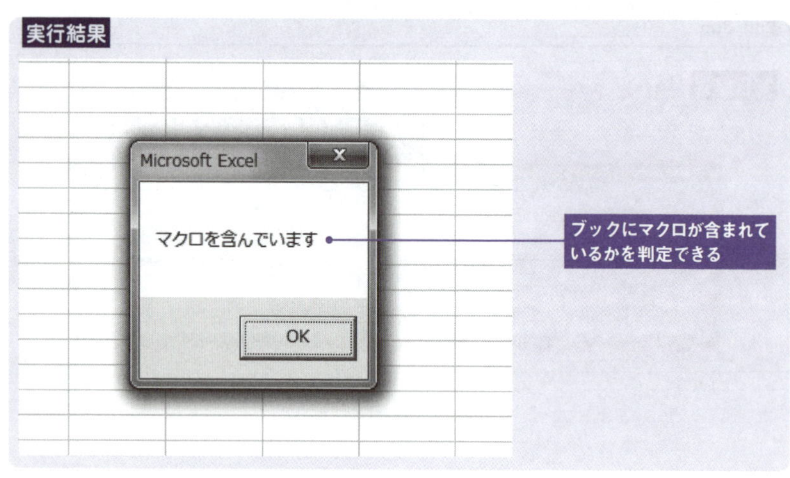

memo

▶HasVBProjectプロシージャは、Excel 2007で追加されたプロパティです。Excel 2003まででは使えません。Excel 2003までのバージョンで、ブックにマクロが含まれているかどうかを判定するには、Excelの設定を変更したり、VBEオブジェクトを操作するなど、かなり面倒な操作が必要になります。

関連項目
02.002 マクロが保存されているブックを操作する→p.225
02.010 互換モードで開いているかどうか判定する→p.233
02.011 マクロが含まれているかどうか判定する（2）→p.234
02.012 ブックが変更されているかどうか判定する→p.236

互換モード

✕ 非対応バージョン 2003

02.010 互換モードで開いているかどうか判定する

Excel8CompatibilityModeプロパティ

*object.***Excel8CompatibilityMode**

object---対象となるWorkbookオブジェクト

Excel 2007以降では、Excel 2003で作成した旧形式のブック(*.xls)も開くことができます。ただし、そうした旧形式のブックでは、Excel 2007以降で追加・変更された機能などが使用できないため「互換モード」として開きます。ブックが互換モードで開いているかどうかは、WorkbookオブジェクトのExcel8CompatibilityModeプロパティで判定できます。ブックが互換モードで開かれていると、ワークシートの大きさが256列×65536行に制限されたり、テーブルで構造化参照ができなかったり、作成されるピボットテーブルが自動的に旧バージョンになるなどの特徴があります。

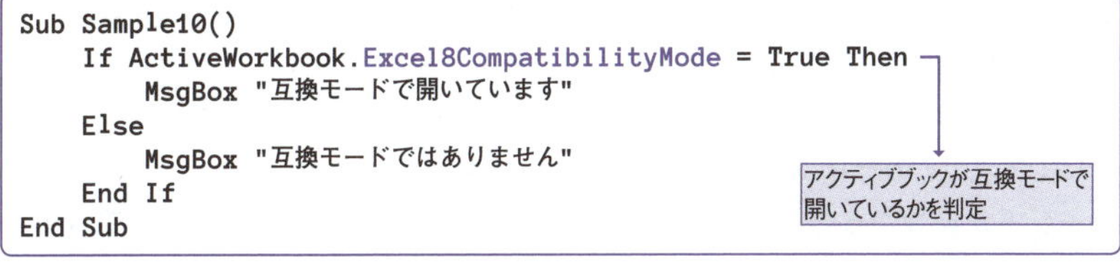

```
Sub Sample10()
    If ActiveWorkbook.Excel8CompatibilityMode = True Then
        MsgBox "互換モードで開いています"
    Else
        MsgBox "互換モードではありません"
    End If
End Sub
```

アクティブブックが互換モードで開いているかを判定

実行結果

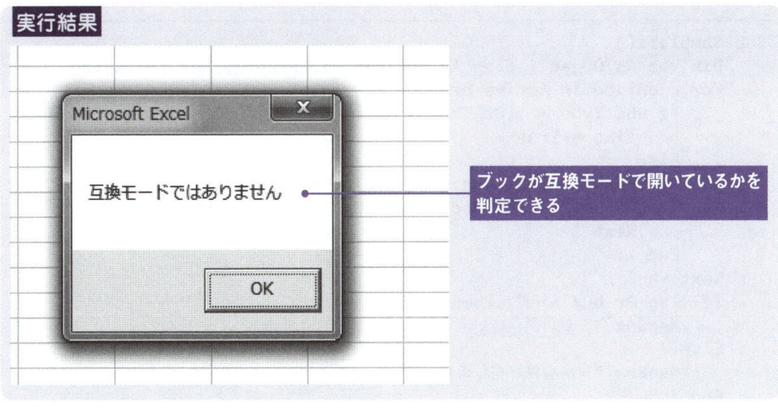

関連項目
02.009 マクロが含まれているかどうか判定する (1) →p.232
02.011 マクロが含まれているかどうか判定する (2) →p.234
02.012 ブックが変更されているかどうか判定する →p.236

マクロ

02.011 マクロが含まれているかどうか判定する(2)

VBProjectプロパティ、VBComponentsプロパティ

***object.*VBProject.VBComponents**

Excel 2007からは、WorkbookオブジェクトにHasVBProjectプロパティが追加されました。HasVBProjectプロパティは、ブックにマクロが含まれているとTrueを返します。Excel 2003までのバージョンにはHasVBProjectプロパティがないので、ブックにマクロが含まれているかどうかは、VBProjectを自分で調べなければなりません。

WorkbookオブジェクトのVBComponentsコレクションは、「Sheet1」や「ThisWorkbook」などのドキュメントモジュールや、「Module1」などの標準モジュールが含まれます。標準モジュールが存在するかどうかは、VBComponentオブジェクトのTypeプロパティを調べればわかります。しかし、どんなブックにも最低1つのWorksheetオブジェクトが存在しますし、ブック自体を表すThisWorkbookモジュールもあります。これらのモジュールにもマクロを記述することができるので、そうしたドキュメントモジュールでは、モジュール内の全行に対して「その行はプロシージャかどうか」を判定します。もし、1つでもプロシージャが見つかったら、そのドキュメントモジュールにはマクロが存在することがわかります。

```
Sub Sample11()
    Dim vbc As Object, flag As Boolean, i As Long, buf As String
    For Each vbc In ActiveWorkbook.VBProject.VBComponents
        If vbc.Type <> 100 Then
            flag = True
        Else
            For i = 1 To vbc.CodeModule.CountOfLines
                buf = vbc.CodeModule.ProcOfLine(i, 0)
            Next i
        End If
    Next vbc
    If flag Or buf <> "" Then
        MsgBox "マクロが存在します"
    Else
        MsgBox "マクロは存在しません"
    End If
End Sub
```

If vbc.Type <> 100 Then → VBProject内の全モジュールが「100」ではない、つまり標準モジュールまたはクラスモジュールかを判定

For ～ Next i → コードの行数を判定

実行結果

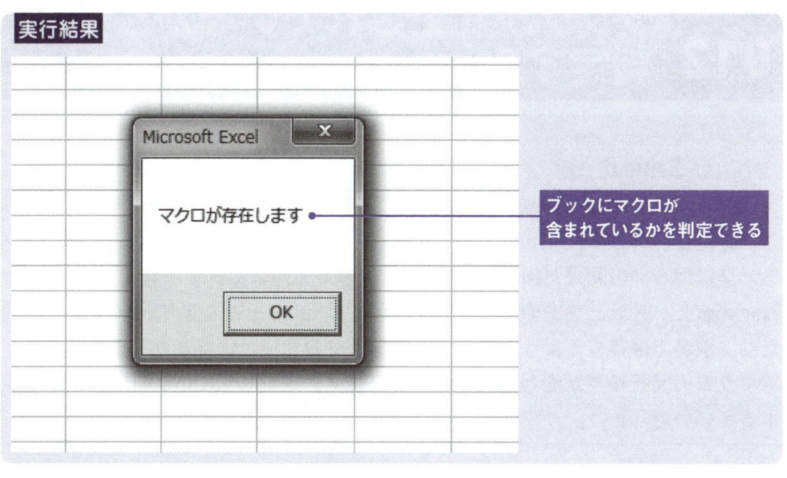
Microsoft Excel
マクロが存在します
OK
ブックにマクロが
含まれているかを判定できる

memo

▶サンプルを実行するには、Excelのオプションで［VBAプロジェクトオブジェクトモデルへのアクセスを信頼する］チェックボックス（2003の場合は［Visual Basicプロジェクトへのアクセスを信頼する］）がオンになっていなければなりません。このオプションは、標準ではオフになっています。サンプルのように、マクロでVBEにアクセスする場合には、手動でこの設定を変更する必要があります。
サンプルではVBProject内の全モジュール（VBComponent）を調べています。モジュールのTypeプロパティが「100でない」ということは、そのモジュールは「標準モジュール」または「クラスモジュール」ということですから、マクロが存在することになります。なのでflagにTrueを設定しておきます。Typeプロパティが100のモジュールは「Sheet1」や「ThisWorkbook」などのオブジェクトモジュールです。これらはすべてのブックに存在します。オブジェクトモジュールが存在するだけでは「マクロが存在する」ことになりません。しかし、これらのオブジェクトモジュールに1行でもマクロが書かれていたら、それは「マクロが存在する」ことになります。なので、オブジェクトモジュールに関しては、コードの行数を調べています。

関連項目
02.002 マクロが保存されているブックを操作する→p.225
02.009 マクロが含まれているかどうか判定する（1）→p.232
02.010 互換モードで開いているかどうか判定する→p.233
02.012 ブックが変更されているかどうか判定する→p.236

変更

02.012 ブックが変更されているかどうか判定する

Savedプロパティ

object.**Saved**

object---対象となるWorkbookオブジェクト

ブックに何らかの変更が加えられていて、その変更がまだ保存されていないとき、WorkbookオブジェクトのSavedプロパティはFalseを返します。ブックを閉じたり、別名で保存するような場合、そのブックの変更が保存されているかによってマクロの実行結果が変わるケースもあります。事前にSavedプロパティで確認するといいでしょう。

```
Sub Sample12()
    If ActiveWorkbook.Saved = True Then
        MsgBox "変更されていません"
    Else
        MsgBox "変更されています"
    End If
End Sub
```

アクティブブックの変更が保存されていない場合、MsgBoxにメッセージを表示

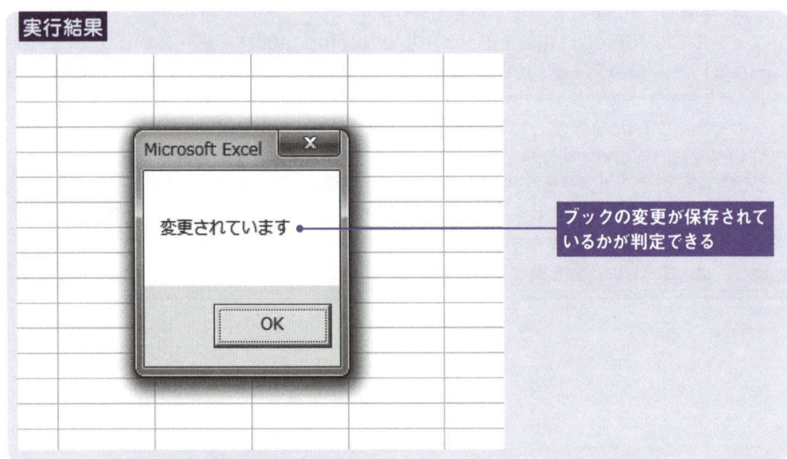
実行結果
Microsoft Excel
変更されています
OK
ブックの変更が保存されているかが判定できる

関連項目
02.009 マクロが含まれているかどうか判定する（1）→p.232
02.010 互換モードで開いているかどうか判定する→p.233
02.011 マクロが含まれているかどうか判定する（2）→p.234

挿入

02.013 新しいワークシートを挿入する

Addメソッド

object.**Add**

object---対象となるWorksheetオブジェクト

新しいワークシートを挿入するには、WorksheetsコレクションのAddメソッドを使います。実行すると、アクティブシートの左側に、新しいワークシートが挿入されます。

```
Sub Sample13()
    Worksheets.Add  → アクティブシートの左側にワークシートを挿入
End Sub
```

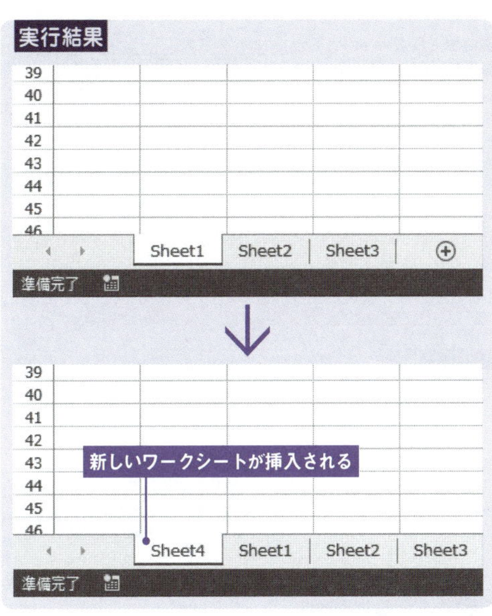

関連項目 02.014 指定した位置にワークシートを挿入する→p.238

挿入

02.014 指定した位置にワークシートを挿入する

Addメソッド

object.**Add**(*Before*, *After*)

object---対象となるWorksheetオブジェクト、*Before*---ワークシートを指定すると、その直前に新しいワークシートが挿入される(省略可)
After---ワークシートを指定すると、その直後に新しいワークシートが挿入される(省略可)

ワークシートを挿入するAddメソッドには、引数Beforeと引数Afterが用意されています。それぞれ、どの位置に新しいワークシートを挿入するかを指定することが可能です。特に、末尾(右端)に新しいワークシートを挿入するときは、サンプルのように引数Afterに、現在の最後尾(右端)のワークシートを指定します。

```
Sub Sample14()
    Worksheets.Add Before:=Sheets("Sheet2") → Sheet2の左側にワークシートを挿入
    Worksheets.Add After:=Sheets(Sheets.Count)→ 最後尾にワークシートを挿入
End Sub
```

実行結果

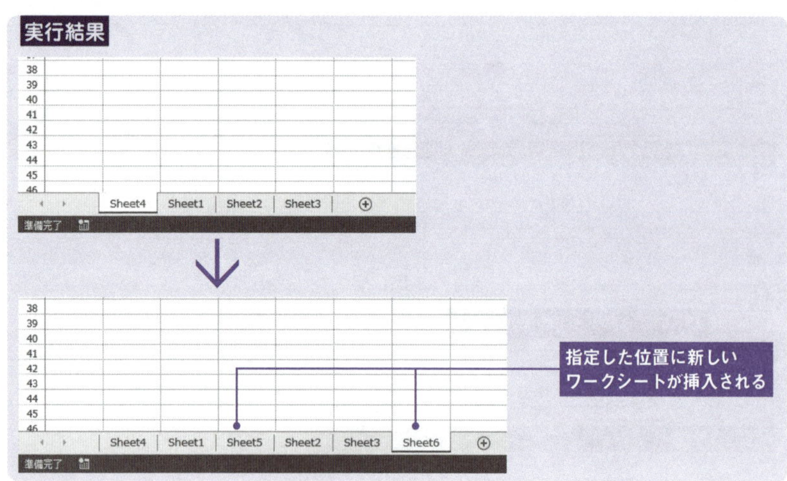

関連項目 02.013 新しいワークシートを挿入する→p.237

名前

02.015 ワークシートの名前を設定する(1)

Nameプロパティ

object.**Name**

object---対象となるWorksheetオブジェクト

ワークシートの名前は、WorksheetオブジェクトのNameプロパティで操作できます。別の名前を設定するときは、このNameプロパティに文字列を指定します。ただし、ワークシートの名前を設定するときは注意が必要です。すでに存在する名前を指定するとエラーになりますし、ワークシートの名前に指定できない文字(「*」や「[」など)を指定した場合もエラーになります。

```
Sub Sample15()
    ActiveSheet.Name = "Sample" → アクティブシートの名前を設定
End Sub
```

実行結果

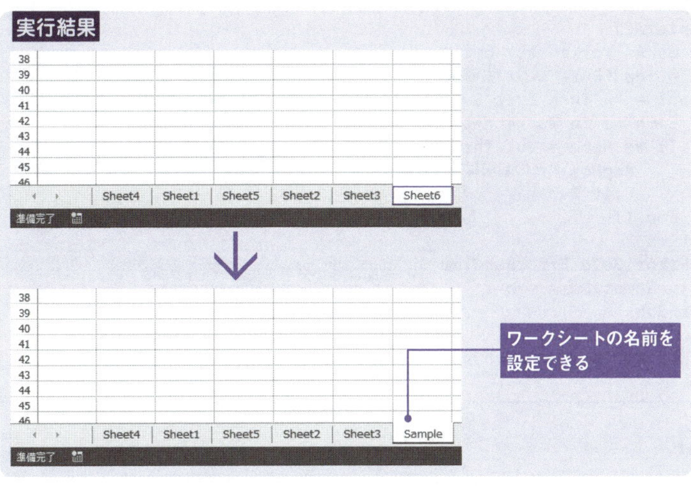

関連項目 02.016 ワークシートの名前を設定する (2) →p.240
02.068 ワークシート見出しの色を設定する →p.292

名前

02.016 ワークシートの名前を設定する(2)

Nameプロパティ

object.**Name**

object---対象となるWorksheetオブジェクト

ワークシートの名前を設定するのは、WorksheetオブジェクトのNameプロパティですが、実はさまざまなことを想定しなければなりません。サンプルは、アクティブシートの名前を、ユーザーが指定した文字列で設定するマクロです。まず入力された名前がすでに存在しているかどうかを判定します。次に、名前に設定できない文字が含まれているかですが、これを1文字ずつ判定するのは大変です。そこで、試しに名前を変更してみて、もしエラーが発生したら、指定できない文字が含まれていたと判断します。たかがワークシートの名前を設定するだけなのに、意外と面倒な操作です。

```
Sub Sample16()
    Dim ws As Worksheet, buf As String
    buf = InputBox("新しい名前は？") → ダイアログボックスに名前を入力できるようにする
    If buf = "" Then Exit Sub
    For Each ws In Worksheets
        If ws.Name = buf Then                       ┐
            MsgBox "その名前はすでに存在します"      ┘→ 名前がすでに存在するか判定
            Exit Sub
        End If
    Next ws
    On Error GoTo ErrorHandler  ┐
    ActiveSheet.Name = buf      ┘→ 指定できない文字が含まれているか判定
    Exit Sub
ErrorHandler:
    MsgBox Err.Number & vbCrLf & Err.Description
End Sub
```

実行結果

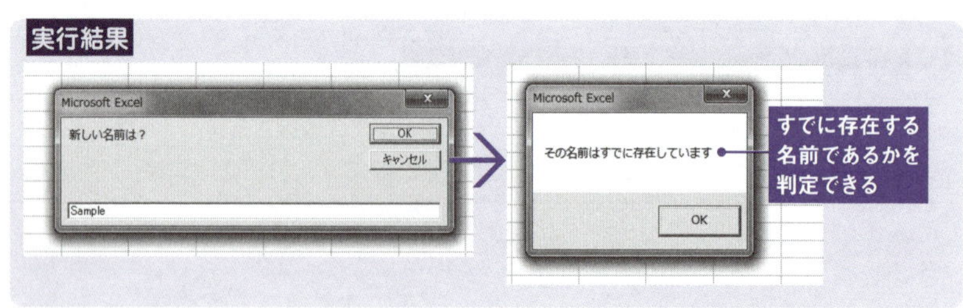

関連項目 02.015 ワークシートの名前を設定する（1）→p.239
02.068 ワークシート見出しの色を設定する→p.292

削除

02.017 ワークシートを削除する

Deleteメソッド

*object.***Delete**

object---対象となるWorksheetオブジェクト

ワークシートを削除するときは、WorksheetオブジェクトのDeleteメソッドを実行します。これ自体は、それほど難しくない操作ですが、「本当に削除しますか」と毎回表示されるのは不便です。マクロで自動処理をしていて、不要になったワークシートを削除するとき、ここで処理が止まってしまっては、自動化になりません。「本当に削除しますか」の確認メッセージを表示しないで削除するには、削除の前に、Excelの確認メッセージを抑止します。これで黙ってワークシートが削除されます。ただし、そのままではマクロが終了した後も、Excelからのさまざまなメッセージが表示されないので、削除が終わったら抑止を戻します。

```
Sub Sample17()
    Application.DisplayAlerts = False  → 確認メッセージを抑止
    ActiveSheet.Delete  → アクティブシートを削除
    Application.DisplayAlerts = True  → 抑止を戻す
End Sub
```

実行結果

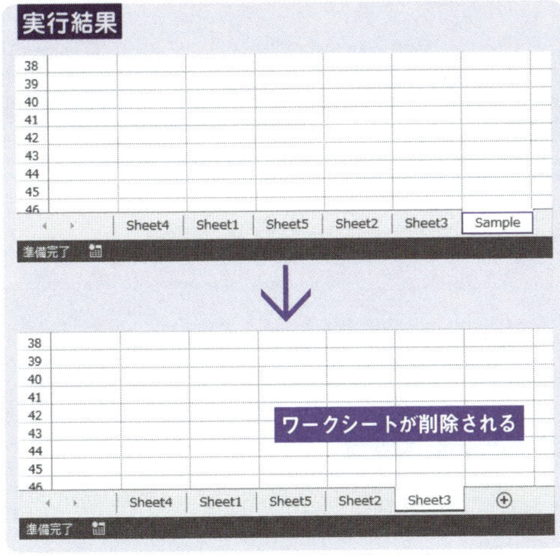

関連項目
02.018 ワークシートをコピーする→p.242
02.019 ワークシートを移動する→p.243

コピー

02.018 ワークシートをコピーする

Copyメソッド

object.**Copy**(*Before, After*)

object---対象となるWorksheetオブジェクト
Before---ワークシートを指定すると、その直前にコピーされる(省略可)
After---ワークシートを指定すると、その直後にコピーされる(省略可)

ワークシートをコピーするには、WorksheetオブジェクトのCopyメソッドを使います。例えば、アクティブシートを左端にコピーするには、サンプルのようにします。コピーされたワークシートは「Sheet1 (2)」のように、元のシート名の後ろに括弧で連番が付加されます。また、ワークシートをコピーすると、コピーされた新しいワークシートが必ずアクティブシートになることを覚えておきましょう。

```
Sub Sample18()
    ActiveSheet.Copy Before:=Sheets(1) → アクティブシートを左端のシートの直前にコピー
End Sub
```

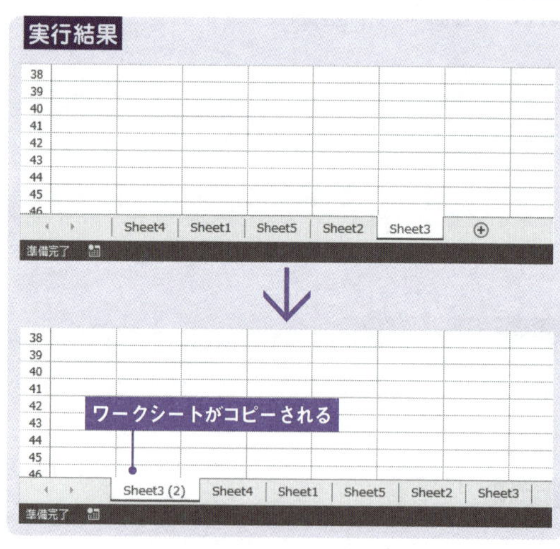

関連項目 02.017 ワークシートを削除する→p.241
02.019 ワークシートを移動する→p.243

移動

02.019 ワークシートを移動する

Moveメソッド

object.**Move**(*Before*, *After*)

object---対象となるWorksheetオブジェクト
Before---ワークシートを指定すると、その直前に移動される（省略可）
After---ワークシートを指定すると、その直後に移動される（省略可）

ワークシートを移動する際は、WorksheetオブジェクトのMoveメソッドを使います。引数は、シートをコピーするCopyメソッドと同じです。

```
Sub Sample19()
    ActiveSheet.Move after:=Sheets(Sheets.Count) → アクティブシートを最後尾に移動
End Sub
```

実行結果

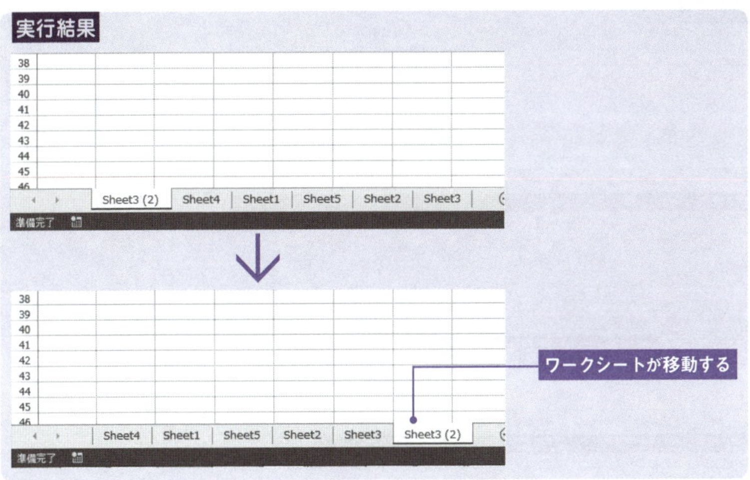

関連項目 02.017 ワークシートを削除する→p.241
02.018 ワークシートをコピーする→p.242

表示

02.020 ワークシートを非表示にする(1)

Visibleプロパティ

object.**Visible** = False

object---対象となるWorksheetオブジェクト

ワークシートを非表示にするには、WorksheetオブジェクトのVisibleプロパティにFalseを設定します。VisibleプロパティにFalseを設定した非表示シートは、Excelの手動操作で、ユーザーが再表示できます。

```
Sub Sample20()
    ActiveSheet.Visible = False → アクティブシートを非表示にする
End Sub
```

実行結果

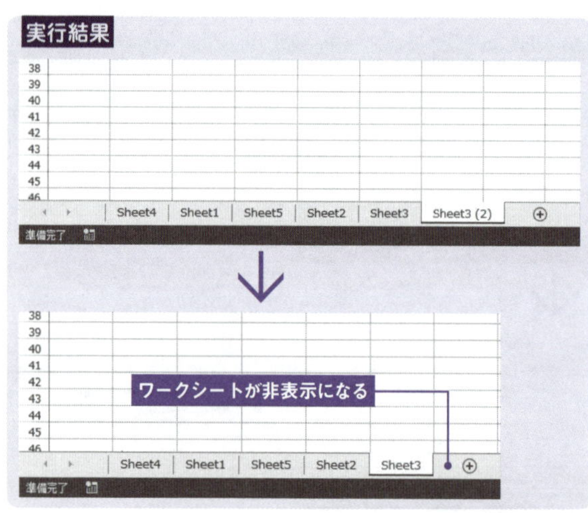

関連項目 02.021 非表示シートを再表示する→p.245
02.022 ワークシートを非表示にする (2)→p.246

表示

02.021 非表示シートを再表示する

Visibleプロパティ

object.**Visible** = True

object---対象となるWorksheetオブジェクト

非表示シートを再表示するには、WorksheetオブジェクトのVisibleプロパティにTrueを設定します。サンプルは、現在非表示になっているすべてのシートを再表示します。

```
Sub Sample21()
    Dim ws As Worksheet
    For Each ws In Worksheets
        If ws.Visible = False Then
            ws.Visible = True
        End If
    Next ws
End Sub
```

→ すべての非表示シートを表示

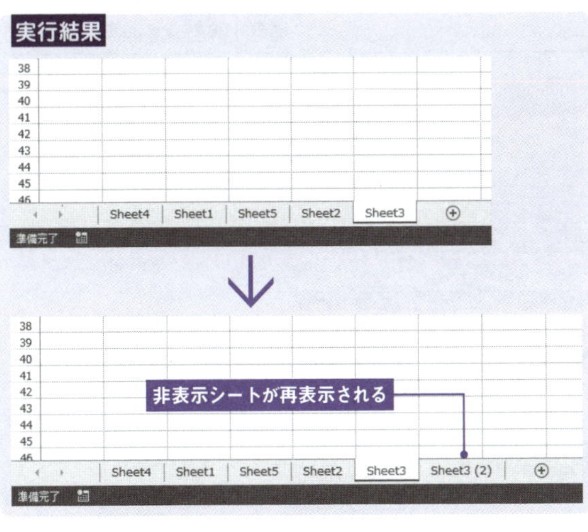

関連項目 02.020 ワークシートを非表示にする (1) →p.244
02.022 ワークシートを非表示にする (2) →p.246

表示

02.022 ワークシートを非表示にする（2）

Visibleプロパティ

object.**Visible** = xlSheetVeryHidden

object---対象となるWorksheetオブジェクト

WorksheetオブジェクトのVisibleプロパティにFalseを設定すると、そのワークシートを非表示にできます。ただし、そうして非表示にしたシートは、Excelの［再表示］ダイアログボックスで、ユーザーが再表示することが可能です。VBAを使うと、手動では再表示できない非表示シートにすることができます。それには、Visibleプロパティに定数xlSheetVeryHiddenを指定します。定数xlSheetVeryHiddenを指定した非表示シートは、［再表示］ダイアログボックスにリストアップされません。再表示するには、VBEのプロパティウィンドウか、マクロでVisibleプロパティを設定します。

```
Sub Sample22()
    ActiveSheet.Visible = xlSheetVeryHidden → アクティブシートを非表示にして
                                               再表示できないように設定
End Sub
```

実行結果

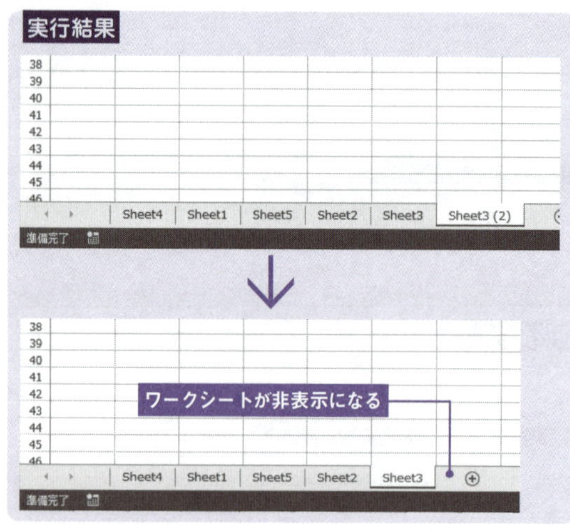

関連項目
02.020 ワークシートを非表示にする（1）→p.244
02.021 非表示シートを再表示する→p.245

保護

02.023 ワークシートを保護する

Protectメソッド

object.**Protect**(*Password*)

object---対象となるWorksheetオブジェクト、*Password*---パスワードの文字列（省略可）

ワークシートを保護するには、WorksheetオブジェクトのProtectメソッドを使ってパスワードを設定します。サンプルでは、「1234」というパスワードを設定しています。

```
Sub Sample23()
    ActiveSheet.Protect Password:="1234" → アクティブシートを保護しパスワードを設定
End Sub
```

実行結果

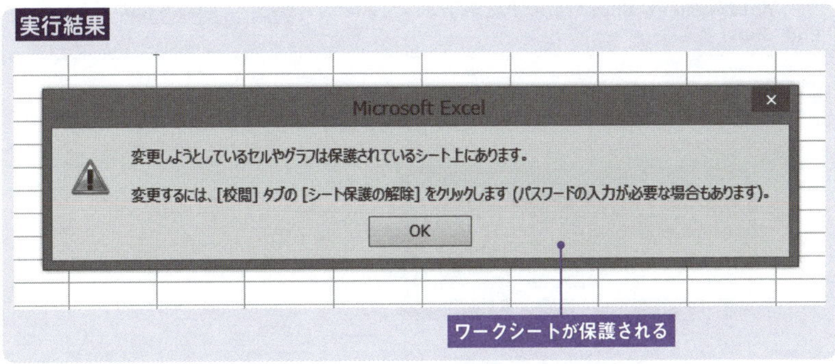

関連項目 02.024 ワークシートの保護を解除する→p.248

保護

02.024 ワークシートの保護を解除する

Unprotectメソッド

object.**Unprotect**(*Password*)

object---対象となるWorksheetオブジェクト、*Password*---パスワードの文字列（省略可）

ワークシートの保護を解除するには、WorksheetオブジェクトのUnprotectメソッドを使います。ワークシートの保護にパスワードが設定されている場合は、Unprotectメソッドの引数にパスワードを指定できます。パスワードで保護されているワークシートに、パスワードを指定しないでUnprotectメソッドを実行すると、パスワードを入力する画面が開きます。

```
Sub Sample24()
    ActiveSheet.Unprotect Password:="1234" → ワークシートの保護を解除
End Sub
```

実行結果

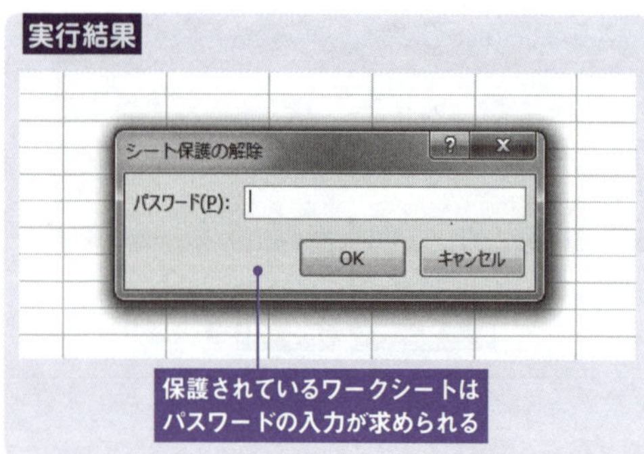

保護されているワークシートは
パスワードの入力が求められる

関連項目 02.023 ワークシートを保護する→p.247

印刷

02.025 ワークシートを印刷する

PrintOutメソッド

object.**PrintOut**

object---対象となるWorksheetオブジェクト

ワークシートの印刷をマクロ記録すると「ActiveWindow.SelectedSheets.PrintOut」というコードが記録されます。Excelは、ワークシートの表示領域をWindowsオブジェクトとして管理していて、そこにワークシートなどのSheetオブジェクトが表示されているとみなしています。したがって、記録されたコードに間違いはないのですが、ただ印刷するだけならサンプルのように、使い慣れたWorksheetオブジェクトに対してPrintOutメソッドを実行しましょう。

```
Sub Sample25()
    ActiveSheet.PrintOut → アクティブシートを印刷
End Sub
```

実行結果

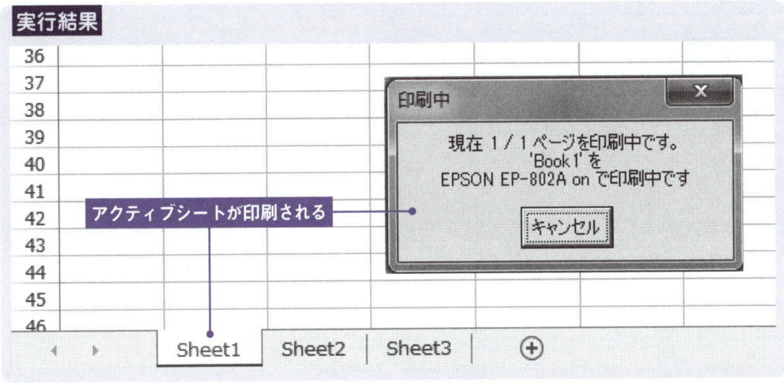

02.026 ワークシートを印刷プレビューする→p.250
02.035 ワークシートの表示を変更する→p.259
02.082 印刷する前にプレビューを表示する→p.306

印刷

02.026 ワークシートを印刷プレビューする

PrintPreviewメソッド

***object*.PrintPreview**

object---対象となるWorksheetオブジェクト

印刷プレビューも印刷と同様、Worksheetオブジェクトに対して直接実行できます。Excel 2010では「バックステージビュー」という機能が追加され、印刷プレビューの画面は、全画面で表示されなくなりました。好みの問題もありますが、従来のような全画面での印刷プレビューの方が見やすいと感じるユーザーもいることでしょう。Excel 2010では、手動で従来のプレビュー画面を表示することはできませんが、マクロを使えば可能です。サンプルの「ActiveSheet.Print Preview」をQATに登録しておけば、いつでも全画面でプレビューできます。

```
Sub Sample26()
    ActiveSheet.PrintPreview  → アクティブシートの印刷プレビューを表示
End Sub
```

実行結果

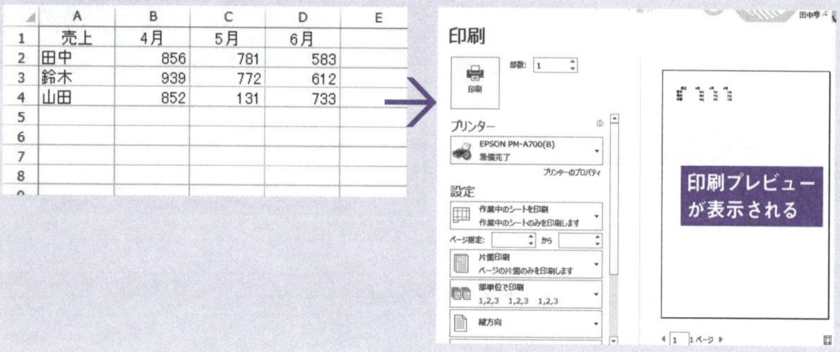

	A	B	C	D	E
1	売上	4月	5月	6月	
2	田中	856	781	583	
3	鈴木	939	772	612	
4	山田	852	131	733	
5					
6					
7					
8					

→

印刷
部数: 1
印刷
プリンター
EPSON PM-A700(B)
準備完了
プリンターのプロパティ
設定
作業中のシートを印刷
作業中のシートのみを印刷します
ページ指定: から
片面印刷
ページの片面のみを印刷します
部単位で印刷
1,2,3 1,2,3 1,2,3
縦方向
1 1ページ

印刷プレビューが表示される

関連項目
02.025 ワークシートを印刷する→p.249
02.035 ワークシートの表示を変更する→p.259
02.082 印刷する前にプレビューを表示する→p.306

位置

02.027 ワークシートを並べ替える(1)

Moveメソッド

*object.***Move** (*Before, After*)

object---対象となるWorksheetオブジェクト
Before---ワークシートを指定すると、その直前に移動される(省略可)
After---ワークシートを指定すると、その直後に移動される(省略可)

例えば[1月] [2月] ……のように複数のワークシートがあったとき、ワークシートは左から順に並んでいて欲しいものです。Excelでは、ワークシートを簡単に挿入する機能はありますが、すでに存在しているワークシートを、名前の昇順や降順で並べ替える標準機能はありません。標準機能になければマクロでやりましょう。データを並べ替えるアルゴリズムは、昔から数多く公開されています。サンプルは、まずすべてのワークシート名を配列に入れ、配列の中をソートしています。最後に、並べ替わった配列にしたがって、実際のワークシートを移動します。

```
Sub Sample27()
    Dim i As Long, j As Long, swap As String
    ReDim buf(Sheets.Count)
    For i = 1 To Sheets.Count                 → すべてのワークシートの名前を取得
        buf(i) = Sheets(i).Name
    Next i
    For i = 1 To Sheets.Count
        For j = Sheets.Count To i Step -1
            If buf(i) > buf(j) Then
                swap = buf(i)                  → 配列を並べ替える
                buf(i) = buf(j)
                buf(j) = swap
            End If
        Next j
    Next i
    Sheets(buf(1)).Move Before:=Sheets(1)
    For i = 2 To Sheets.Count                  → シートを並べ替える
        Sheets(buf(i)).Move After:=Sheets(i - 1)
    Next i
End Sub
```

実行結果

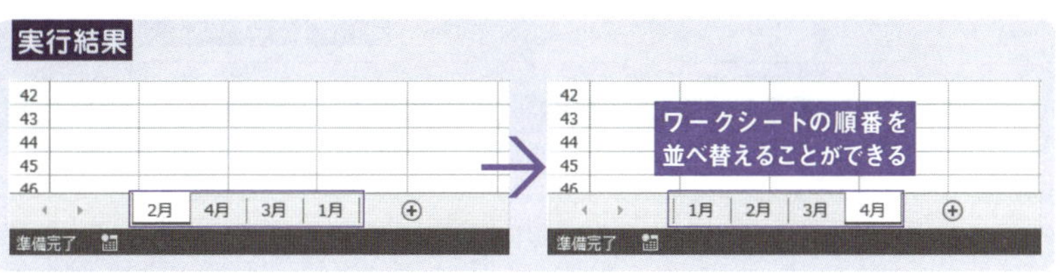

関連項目 02.028 ワークシートを並べ替える (2) →p.252

位置

02.028 ワークシートを並べ替える(2)

Moveメソッド

object.**Move**(*Before, After*)

object---対象となるWorksheetオブジェクト
Before---ワークシートを指定すると、その直前に移動される(省略可)
After---ワークシートを指定すると、その直後に移動される(省略可)

02.027 でワークシートを並べ替えるマクロを紹介しましたが、配列内の並べ替えは、ちょっと難しいです。確かに、Excelにはワークシートを並べ替える機能はありませんが、セルを並べ替えるのは簡単です。何も、ワークシートの名前を配列に入れなくても、セルに入れて並べ替えれば簡単に実現できます。問題は、どこのセルにワークシート名を書き込むかです。こうした作業用のセルを使うときは、いっそのこと作業用のワークシートを挿入すると便利です。処理が終わったら、作業用のワークシートは削除してしまえばいいのですから。

```
Sub Sample28()
    Dim i As Long
    With Sheets.Add
        For i = 1 To Sheets.Count
            .Cells(i, 1) = Sheets(i).Name
        Next i
        .Range("A1").CurrentRegion.Sort .Range("A1")
        Sheets(.Cells(1, 1).Value).Move Before:=Sheets(1)
        For i = 2 To Sheets.Count
            Sheets(.Cells(i, 1).Value).Move After:=Sheets(i - 1)
        Next i
        Application.DisplayAlerts = False
        .Delete
        Application.DisplayAlerts = True
    End With
End Sub
```

すべてのシート名を挿入したワークシートのセルに書き出す

シート名を並べ替える

並べ変わった順にシートの位置を移動

実行結果

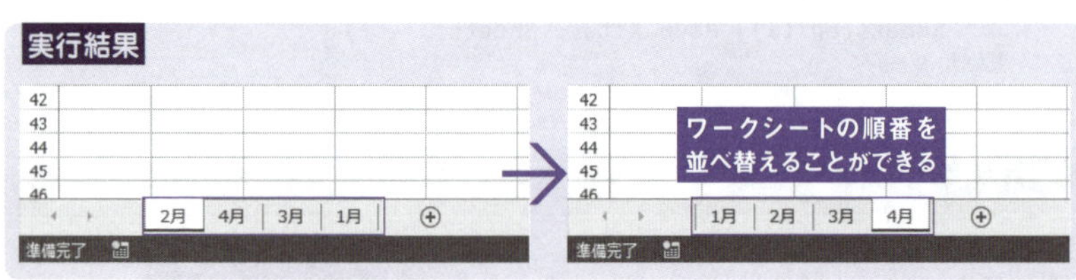

関連項目 02.027 ワークシートを並べ替える (1) →p.251

位置

02.029 隣のワークシートを操作する

Nextプロパティ、Previousプロパティ

object.**Next**、*object*.**Previous**

object---対象となるWorksheetオブジェクト

ワークシートの位置を特定するとき、一般的にはインデックス値を使います。インデックス値は左端が「1」なので「Sheets(1)」は左端のワークシートを表します。任意のワークシートから見て、右隣のシートや左隣のシートを操作するときは、このインデックス値を使って「Sheets(Sheets("Sheet1").Index + 1)」のようにしますが、右隣と左隣に限定すれば、一発で取得できるプロパティがあります。右隣のワークシートを返すNextプロパティと、左隣のワークシートを返すPreviousプロパティです。

```
Sub Sample29()
    ActiveSheet.Next.Select → アクティブシートの右隣のワークシートを選択
    MsgBox "左のシートは" & ActiveSheet.Previous.Name
End Sub
```

アクティブシートの左隣のワークシートの名前をMsgBoxに表示

実行結果

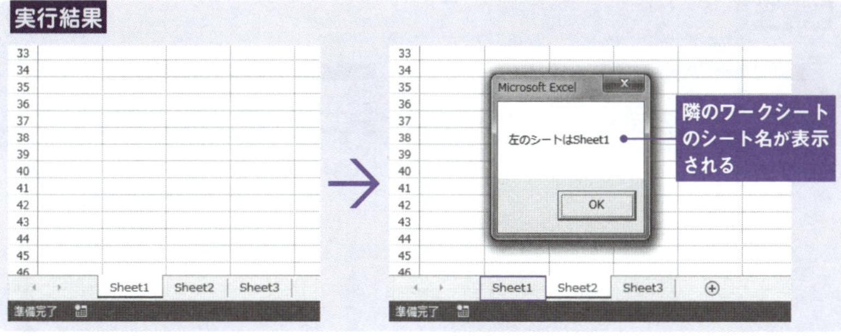

関連項目 01.022 右隣のセルを参照する→p.24
02.067 連続名の複数のワークシートを挿入する→p.291

ビュー

02.030 ユーザー設定のビューを登録する(1)

CustomViewオブジェクト、Addメソッド

CustomView.Add (*ViewName, PrintSettings, RowColSettings*)

ViewName---新しいビューの名前
PrintSettings---ビューに印刷設定を含む場合はTrue(省略可)
RowColSettings---ビューにフィルタ情報を含む非表示列や行を含むを含む場合はTrue(省略可)

「ユーザー設定のビュー」はあらかじめ設定したワークシートの状態を記録しておき、ワンタッチで切り替える機能です。あまり知られていませんが、巨大な表で表示を切り替えるときなどに威力を発揮します。ユーザー設定のビューを登録するには、あらかじめ登録したい状態を作っておき、CustomViewsコレクションのAddメソッドを実行します。

```
Sub Sample30()
    ActiveWorkbook.CustomViews.Add ViewName:="標準表示", _
                                   PrintSettings:=True, _
                                   RowColSettings:=True
End Sub
```

ユーザー設定のビューを登録

実行結果

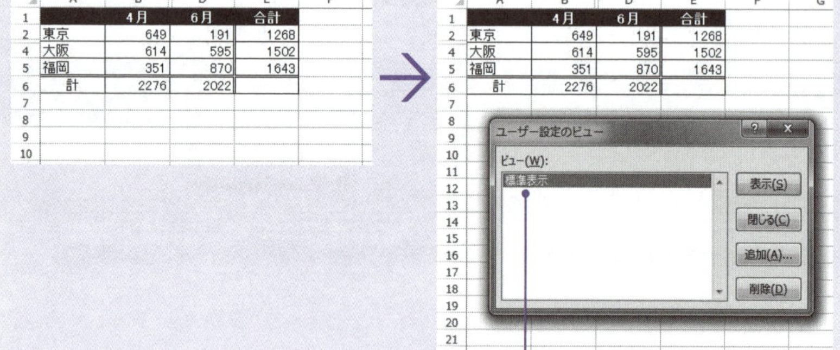

関連項目
02.031 ユーザー設定のビューを登録する (2) →p.255
02.032 ユーザー設定のビューの設定を調べる →p.256
02.033 ユーザー設定のビューを切り替える →p.257
02.034 ユーザー設定のビューを削除する →p.258

ビュー

02.031 ユーザー設定のビューを登録する(2)

CustomViewsプロパティ、Addメソッド

CustomView.Add (*ViewName*)

ViewName---新しいビューの名前

ユーザー設定のビューを登録するには、CustomViewsコレクションのAddメソッドを実行します。手作業で登録するとき、同じ名前のビューを登録しようとすると「すでに存在しています。上書きしますか？」という確認が表示されますが、Addメソッドでは確認が表示されずに上書きされます。マクロで登録するときは、すでに同じ名前が存在するかを自分で調べなければなりません。

```
Sub Sample31()
    Dim ViewName As String, i As Long, flag As Boolean
    ViewName = InputBox("名前を入力してください") → ダイアログボックスに名前を入力できるようにする
    If ViewName <> "" Then
        With ActiveWorkbook.CustomViews
            For i = 1 To .Count
                If ViewName = .Item(i).Name Then
                    MsgBox ViewName & "は設定済みです"   → 同じ名前が存在する場合はメッセージを表示
                    Exit Sub
                End If
            Next i
            .Add ViewName:=ViewName → ビューの名前を設定
        End With
    End If
End Sub
```

実行結果

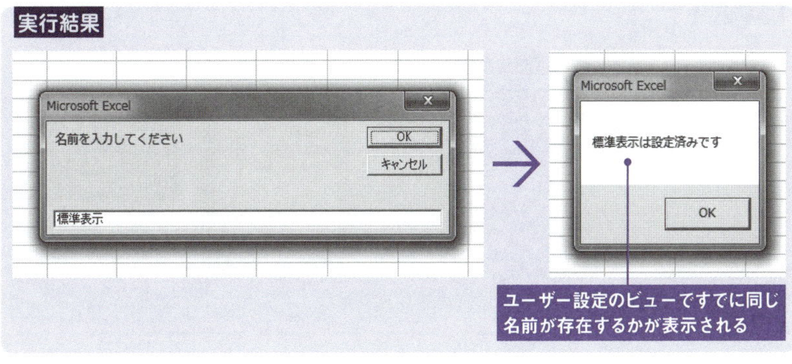
Microsoft Excel
名前を入力してください
OK
キャンセル
標準表示
Microsoft Excel
標準表示は設定済みです
OK
ユーザー設定のビューですでに同じ名前が存在するかが表示される

関連項目
02.030 ユーザー設定のビューを登録する (1) →p.254
02.032 ユーザー設定のビューの設定を調べる →p.256
02.033 ユーザー設定のビューを切り替える →p.257
02.034 ユーザー設定のビューを削除する →p.258

ビュー

02.032 ユーザー設定のビューの設定を調べる

CustomViewオブジェクト

object.**CustomView**

object---対象となるWorkBookオブジェクト

登録したユーザー設定のビューを表示すると、ワークシートがどのような状態になるかは、表示してみなければわかりません。どの列が非表示になるなどの情報はVBAから調べることができません。VBAから取得できるのは、そのビューは「印刷設定が有効かどうか」「フィルタの状態を再現するかどうか」の2つです。

```
Sub Sample32()
    Dim msg As String
    With ActiveWorkbook.CustomViews
        If .Item("標準表示").PrintSettings Then → 印刷設定を判定
            msg = "印刷：設定" & vbCrLf
        Else
            msg = "印刷：未設定" & vbCrLf
        End If
        If .Item("標準表示").RowColSettings Then → フィルタの状態を判定
            msg = msg & "フィルタ：設定"
        Else
            msg = msg & "フィルタ：未設定"
        End If
        MsgBox .Item("標準表示").Name & vbCrLf & msg
    End With
End Sub
```

実行結果

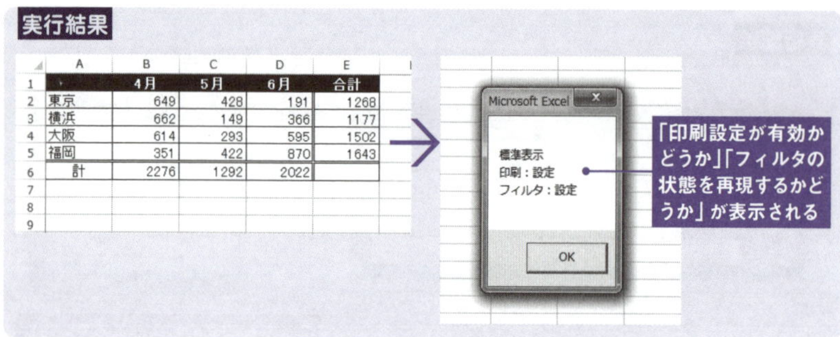

	A	B	C	D	E
1		4月	5月	6月	合計
2	東京	649	428	191	1268
3	横浜	662	149	366	1177
4	大阪	614	293	595	1502
5	福岡	351	422	870	1643
6	計	2276	1292	2022	
7					
8					
9					

関連項目
02.030 ユーザー設定のビューを登録する（1）→p.254
02.031 ユーザー設定のビューを登録する（2）→p.255
02.033 ユーザー設定のビューを切り替える→p.257
02.034 ユーザー設定のビューを削除する→p.258

ビュー

02.033 ユーザー設定のビューを切り替える

CustomViewオブジェクト、Showメソッド

CustomView.Show

登録してあるユーザー設定のビューを切り替えるには、CustomViewオブジェクトのShowメソッドを実行します。サンプルでは、1番目に登録したビューに切り替えています。

```
Sub Sample33()
    With ActiveWorkbook.CustomViews
        .Item(1).Show
        MsgBox .Item(1).Name & "にしました"
    End With
End Sub
```

アクティブブックのビューを1番目に登録したビューに変更

実行結果

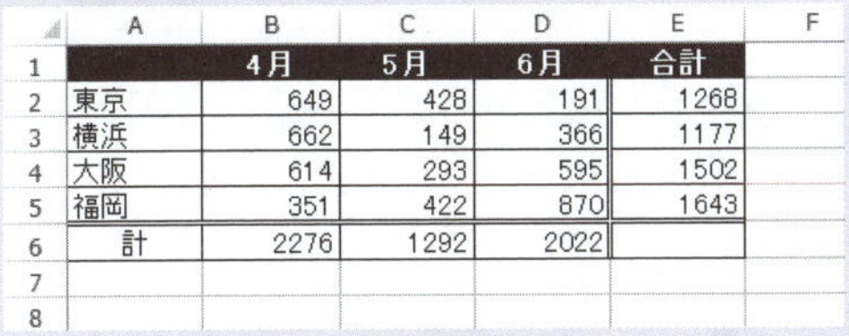

	A	B	C	D	E	F
1		4月	5月	6月	合計	
2	東京	649	428	191	1268	
3	横浜	662	149	366	1177	
4	大阪	614	293	595	1502	
5	福岡	351	422	870	1643	
6	計	2276	1292	2022		
7						
8						

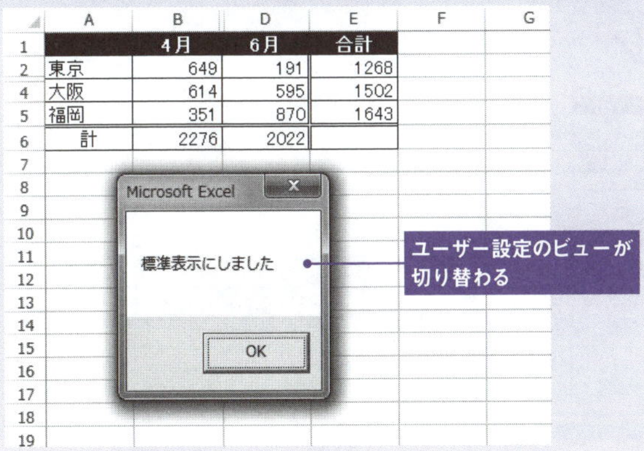

↓

	A	B	D	E	F	G
1		4月	6月	合計		
2	東京	649	191	1268		
4	大阪	614	595	1502		
5	福岡	351	870	1643		
6	計	2276	2022			

Microsoft Excel
標準表示にしました
OK

ユーザー設定のビューが切り替わる

関連項目
02.030 ユーザー設定のビューを登録する（1）→p.254
02.031 ユーザー設定のビューを登録する（2）→p.255
02.032 ユーザー設定のビューの設定を調べる→p.256
02.034 ユーザー設定のビューを削除する→p.258

ビュー

02.034 ユーザー設定のビューを削除する

CustomViewsコレクション、Deleteメソッド

CustomView.Delete

登録してあるユーザー設定のビューを削除するには、CustomViewsコレクションのDeleteメソッドを実行します。「削除しますか？」の確認メッセージは表示されません。

```
Sub Sample34()
    ActiveWorkbook.CustomViews("標準表示").Delete  → ユーザー設定のビューを削除
End Sub
```

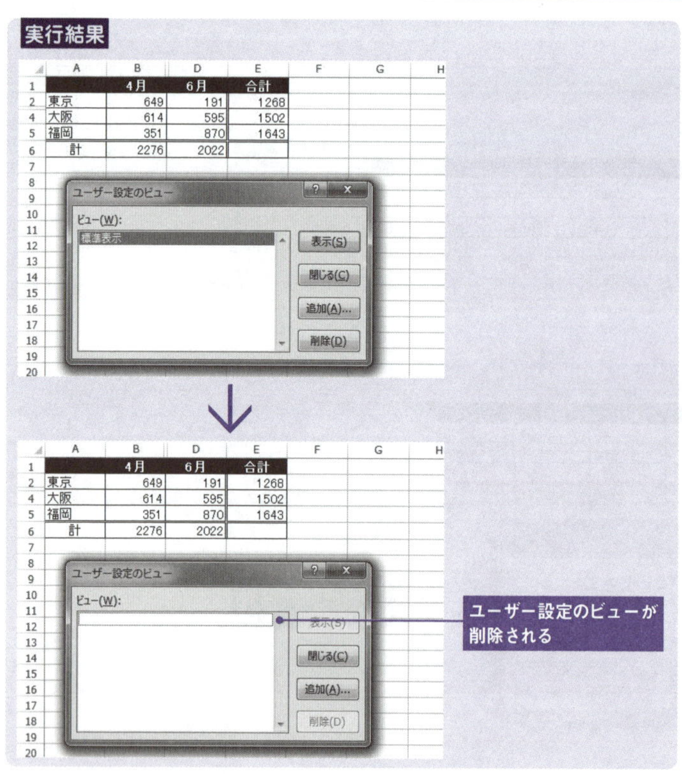

関連項目
02.030 ユーザー設定のビューを登録する (1) →p.254
02.031 ユーザー設定のビューを登録する (2) →p.255
02.032 ユーザー設定のビューの設定を調べる →p.256
02.033 ユーザー設定のビューを切り替える →p.257

表示

02.035 ワークシートの表示を変更する

Viewメソッド

object.**View**

object---対象となるWindowオブジェクト

ワークシートの画面は「標準」と「改ページプレビュー」を変更できます。Excel 2007からは新しく「ページレイアウト」も追加されました。こうした画面の状態を変更するには、WindowオブジェクトのViewメソッドに、表示したい状態を表す定数を指定します。指定できる定数は次の通りです。

定数	内容
xlPageLayoutView	ページレイアウト（Excel 2007以降）
xlPageBreakPreview	改ページプレビュー
xlNormalView	標準

```
Sub Sample35()
    ActiveWindow.View = xlPageLayoutView → アクティブウィンドウの表示を
                                          ページレイアウトに変更
End Sub
```

実行結果

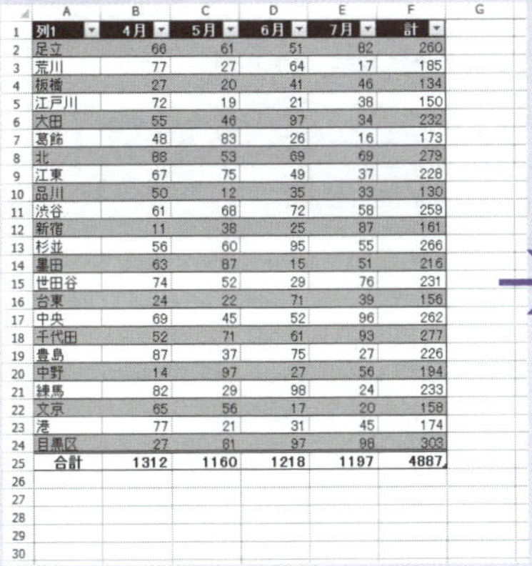

	A	B	C	D	E	F	G
1	列1	4月	5月	6月	7月	計	
2	足立	66	61	51	82	260	
3	荒川	77	27	64	17	185	
4	板橋	27	20	41	46	134	
5	江戸川	72	19	21	38	150	
6	大田	55	46	97	34	232	
7	葛飾	48	83	26	16	173	
8	北	88	53	69	69	279	
9	江東	67	75	49	37	228	
10	品川	50	12	35	33	130	
11	渋谷	61	68	72	58	259	
12	新宿	11	38	25	87	161	
13	杉並	56	60	95	55	266	
14	墨田	63	87	15	51	216	
15	世田谷	74	52	29	76	231	
16	台東	24	22	71	39	156	
17	中央	69	45	52	96	262	
18	千代田	52	71	61	93	277	
19	豊島	87	37	75	27	226	
20	中野	14	97	27	56	194	
21	練馬	82	29	98	24	233	
22	文京	65	56	17	20	158	
23	港	77	21	31	45	174	
24	目黒区	27	81	97	98	303	
25	合計	1312	1160	1218	1197	4887	
26							
27							
28							
29							
30							

→

1	4月	5月	6月	7月	計
2	66	61	51	82	260
3	77	27	64	17	185
4	27	20	41	46	134
5	72	19	21	38	150
6	55	46	97	34	232
7	48	83	26	16	173
8	88	53	69	69	279
9	67	75	49	37	228
10	50	12	35	33	130
11	61	68	72	58	259
12	11	38	25	87	161
13	56	60	95	55	266
14	63	87	15	51	216
15	74	52	29	76	231
16	24	22	71	39	156
17	69	45	52	96	262
18	52	71	61	93	277
19	87	37	75	27	226
20	14	97	27	56	194
21	82	29	98	24	233
22	65	56	17	20	158
23	77	21	31	45	174
24	27	81	97	98	303
25	1312	1160	1218	1197	4887
26					
27					
28					

ワークシートの表示方法が変更される

関連項目
02.036 改ページの区切り線を表示／非表示する → p.260
02.037 画面の表示倍率を設定する（1）→ p.261
02.038 画面の表示倍率を設定する（2）→ p.262

表示／印刷

02.036 改ページの区切り線を表示／非表示する

DisplayPageBreaksプロパティ

object.**DisplayPageBreaks**

object---対象となるWorksheetオブジェクト

印刷を実行したり、画面の表示を切り替えると、ワークシート上に改ページの位置を表す区切り線が表示されます。印刷するときは便利ですが、その後作業を続けるときは、この線を邪魔に感じるかもしれません。改ページの区切り線は、Excelのオプション画面でしか操作できないので、表示／非表示を切り替えるマクロを作っておくと便利です。サンプルは、実行するたびに表示／非表示を切り替えます。

```
Sub Sample36()
    With ActiveSheet
        .DisplayPageBreaks = Not .DisplayPageBreaks → 改ページの区切り線の
    End With                                          表示／非表示を切り替え
End Sub
```

実行結果

	B	C	D	E	F
1	4月	5月	6月	7月	計
2	66	61	51	82	260
3	77	27	64	17	185
4	27	20	41	46	134
5	72	19	21	38	150
6	55	46	97	34	232
7	48	83	26	16	173
8	88	53	69	69	279
9	67	75	49	37	228
10	50	12	35	33	130
11	61	68	72	58	259
12	11	38	25	87	161
13	56	60	95	55	266
14	63	87	15	51	216
15	74	52	29	76	231
16	24	22	71	39	156
17	69	45	52	96	262
18	52	71	61	93	277
19	87	37	75	27	226
20	14	97	27	56	194
21	82	29	98	24	233
22	65	56	17	20	158
23	77	21	31	45	174
24	27	81	97	98	303
25	1312	1160	1218	1197	4887
26					

→

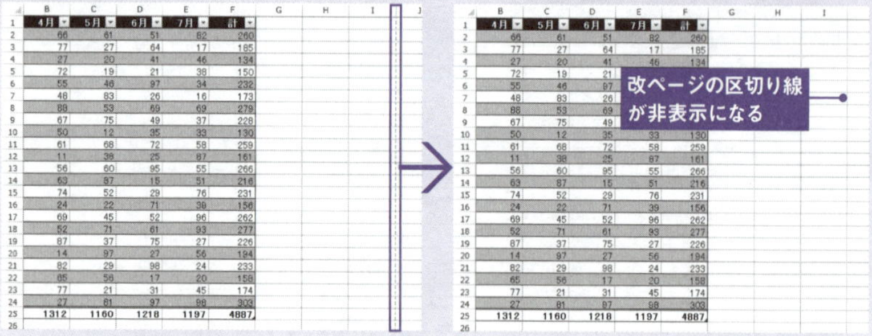

改ページの区切り線が非表示になる

	B	C	D	E	F
1	4月	5月	6月	7月	計
2	66	61	51	82	260
3	77	27	64	17	185
4	27	20	41	46	134
5	72	19	21	38	150
6	55	46	97	34	232
7	48	83	26	16	173
8	88	53	69	69	279
9	67	75	49	37	228
10	50	12	35	33	130
11	61	68	72	58	259
12	11	38	25	87	161
13	56	60	95	55	266
14	63	87	15	51	216
15	74	52	29	76	231
16	24	22	71	39	156
17	69	45	52	96	262
18	52	71	61	93	277
19	87	37	75	27	226
20	14	97	27	56	194
21	82	29	98	24	233
22	65	56	17	20	158
23	77	21	31	45	174
24	27	81	97	98	303
25	1312	1160	1218	1197	4887
26					

関連項目
02.035 ワークシートの表示を変更する→p.259
02.037 画面の表示倍率を設定する（1）→p.261
02.038 画面の表示倍率を設定する（2）→p.262

倍率

02.037 画面の表示倍率を設定する（1）

Zoomプロパティ

object.**Zoom**

object---対象となるWindowオブジェクト

画面の表示倍率を設定するには、Zoomプロパティに倍率を表す数値を指定します。指定できる数値は、10 ～ 400です。「100」は100%を表します。

```
Sub Sample37()
    ActiveWindow.Zoom = 200  → アクティブウィンドウの表示倍率を200%に設定
End Sub
```

実行結果

	B	C	D	E	F
1	4月	5月	6月	7月	計
2	66	61	51	82	260
3	77	27	64	17	185
4	27	20	41	46	134
5	72	19	21	38	150
6	55	46	97	34	232
7	48	83	26	16	173
8	88	53	69	69	279
9	67	75	49	37	228
10	50	12	35	33	130
11	61	68	72	58	259
12	11	38	25	87	161
13	56	60	95	55	266
14	63	87	15	51	216
15	74	52	29	76	231
16	24	22	71	39	156
17	69	45	52	96	262
18	52	71	61	93	277
19	87	37	75	27	226
20	14	97	27	56	194
21	82	29	98	24	233
22	65	56	17	20	158
23	77	21	31	45	174
24	27	81	97	98	303
25	1312	1160	1218	1197	4887

↓

	A	B	C	D
1	列1	4月	5月	6月
2	足立	66	61	51
3	荒川	77	27	64
4	板橋	27	20	41
5	江戸川	72	19	21
6	大田	55	46	97
7	葛飾	48	83	26
8	北			69
9	江東	67	75	49
10	品川	50	12	35
11	渋谷	61	68	72
12	新宿	11	38	25
13	杉並	56	60	95
14	墨田	63	87	15
15	世田谷	74	52	29

200%に拡大表示される

関連項目
02.035 ワークシートの表示を変更する→p.259
02.036 改ページの区切り線を表示／非表示する→p.260
02.038 画面の表示倍率を設定する（2）→p.262

倍率

02.038 画面の表示倍率を設定する(2)

Zoomプロパティ

object.**Zoom**

object---対象となるWindowオブジェクト

画面の表示では、数値で倍率を表示するのではなく、選択したセル範囲がちょうど画面いっぱいに表示されるよう、自動調整することができます。選択範囲に自動調整するには、あらかじめ表示したいセル範囲を選択して、ZoomプロパティにTrueを設定します。

```
Sub Sample38()
    Range("A1:D10").Select
    ActiveWindow.Zoom = True
End Sub
```

セル範囲A1:D10を画面いっぱいに表示

実行結果

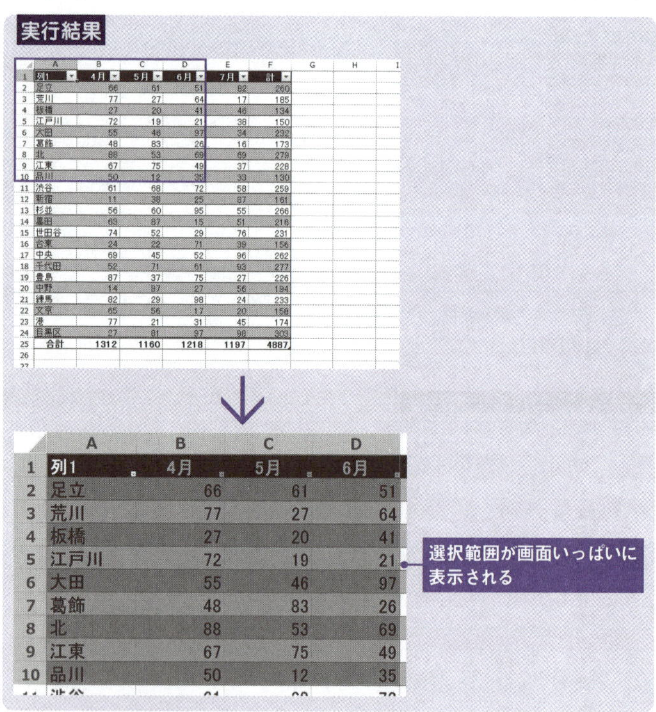

関連項目
02.035 ワークシートの表示を変更する→p.259
02.036 改ページの区切り線を表示／非表示する→p.260
02.037 画面の表示倍率を設定する (1) →p.261

数式バー／表示

02.039 数式バーを表示／非表示する

DisplayFormulaBarプロパティ

object.**DisplayFormulaBar**

object---対象となるApplicationオブジェクト

数式バーを表示するかどうかは、ApplicationオブジェクトのDisplayFormulaBarプロパティで設定します。DisplayFormulaBarプロパティにTrueを設定すると数式バーが表示され、Falseを設定すると非表示になります。

```
Sub Sample39()
    Application.DisplayFormulaBar = False →数式バーを非表示に設定
End Sub
```

実行結果

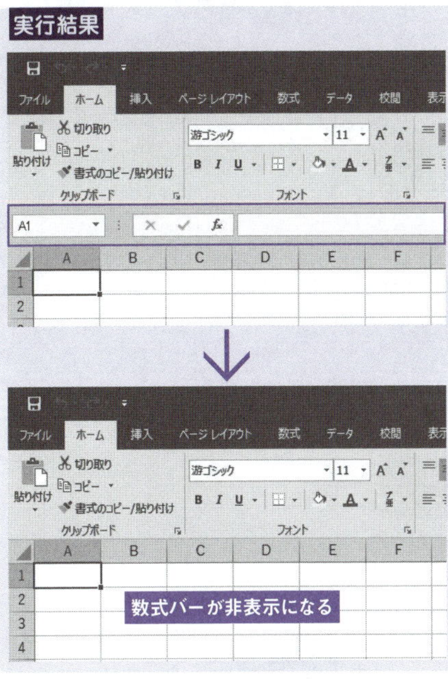

関連項目 02.040 数式バーの高さを設定する（1）→p.264
02.041 数式バーの高さを設定する（2）→p.265

セル
ブックとシート
ファイル
グラフとオブジェクト
メニュー
UserForm
プログラミング
高度な使い方

数式バー／表示

非対応バージョン 2003

02.040 数式バーの高さを設定する(1)

FormulaBarHeightプロパティ

object.**FormulaBarHeight**

object---対象となるApplicationオブジェクト

Excel 2007からは、数式バーの高さを変更できるようになりました。数式バーの高さを変更するには、ApplicationオブジェクトのFormulaBarHeightプロパティに「数式バー内に表示する文字列の行数」を指定します。FormulaBarHeightプロパティに「1」より小さい数値を指定したり、Excelの画面を超えて数式バーを広げようとするとエラーになります。

```
Sub Sample40()
    Application.FormulaBarHeight = 5 → 数式バーの高さを設定
End Sub
```

実行結果

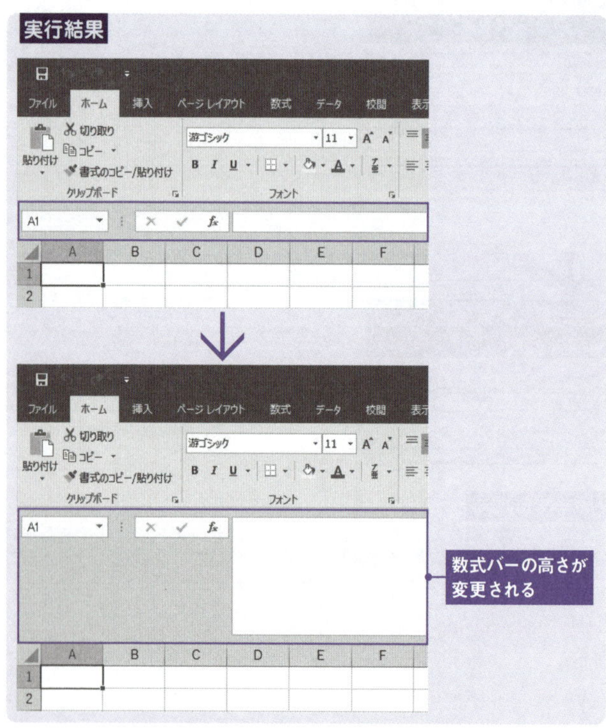

関連項目 02.039 数式バーを表示／非表示する→p.263
02.041 数式バーの高さを設定する(2)→p.265

数式バー／表示

✕非対応バージョン 2003

02.041 数式バーの高さを設定する（2）

FormulaBarHeightプロパティ

object.**FormulaBarHeight**

object---対象となるApplicationオブジェクト

セル内で改行していると、数式バーにすべてのデータが表示されない場合があります。Excel 2007からは数式バーの高さを変更できるようになりましたが、セル内の行数に合わせて手動で変更しなければなりません。数式バーの高さは行数で指定するので、セル内の行数がわかれば、ちょうどよい高さに数式バーを調整できます。セル内の改行コードは「vbLf」なので、その数を数えればセル内の行数がわかります。

```
Sub Sample41()
    Dim n As Long
    With ActiveCell
        n = Len(.Value) - Len(Replace(.Value, vbLf, ""))   ←セル内の改行コードの数を判定
    End With
    Application.FormulaBarHeight = n + 1 → 改行コードの数に合わせて数式バーの高さを設定
End Sub
```

実行結果

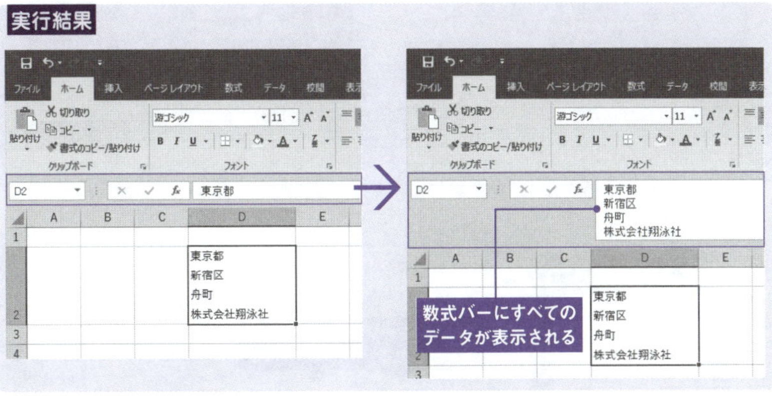

関連項目 02.039 数式バーを表示／非表示する→p.263
02.040 数式バーの高さを設定する（1）→p.264

データ

02.042 ブックを開かないでデータを取得する

ExecuteExcel4Macroメソッド

object.**ExecuteExcel4Macro**(*String*)

object---対象となるApplicationオブジェクト
String---開いていないブックのセルのアドレス

Excelで開いていないブックのデータを直接読み込むには、Excel 4.0マクロの命令を使います。引数には、次の書式で指定します。

'ブックのパス[ブックの名前]シート名'!R1C1形式のアドレス

```
Sub Sample42()
    Dim buf As String
    buf = ExecuteExcel4Macro("'C:¥Work¥[Book1.xlsx]Sheet1'!R2C3")
    MsgBox buf
End Sub
```

「Book1.xlsx」のSheet1、セルC2のデータを取得

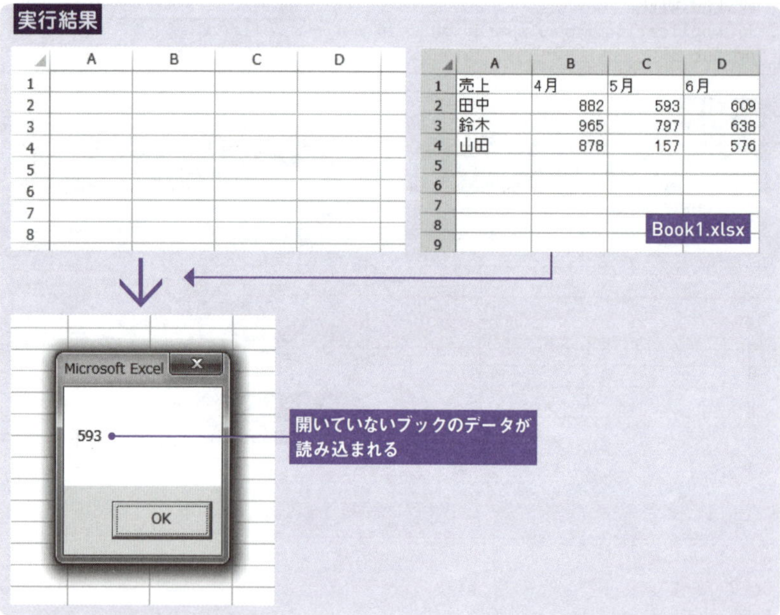

実行結果

	A	B	C	D
1	売上	4月	5月	6月
2	田中	882	593	609
3	鈴木	965	797	638
4	山田	878	157	576

Book1.xlsx

Microsoft Excel
593
OK

開いていないブックのデータが読み込まれる

関連項目 02.001 ブックを開く→p.224
02.003 開いたブックを変数に格納する→p.226

パス

02.043 ブックのパスを取得する

Pathプロパティ

object.**Path**

object---対象となるWorkBookオブジェクト

ブックが保存されているパスは、ブック(Workbookオブジェクト)のPathプロパティで取得できます。Pathプロパティの返り値は、通常は最後に「¥」が付きません。ただし、パスがドライブのルート(「C:¥」や「D:¥」)などの場合は、最後に「¥」が付きます。

```
Sub Sample43()
    Dim PathName As String
    PathName = ActiveWorkbook.Path → アクティブブックのパスを取得
    MsgBox PathName
End Sub
```

実行結果

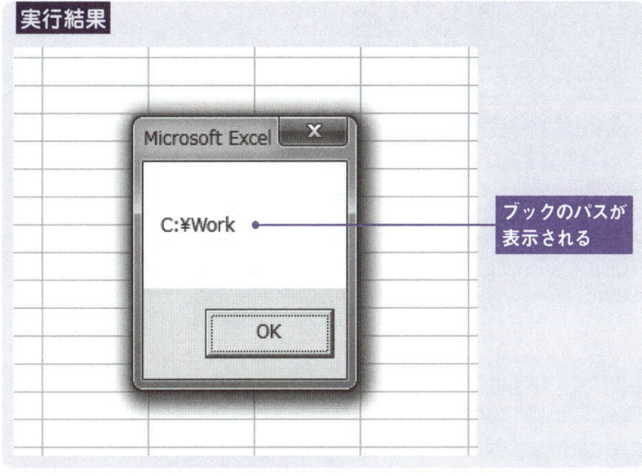

memo

▶まだ保存していないブックのPathプロパティは、空欄("")を返します。

関連項目
02.007 ブックの保存場所を取得する→p.230
02.044 ブックの名前を取得する→p.268
02.045 ブックのフルネームを取得する→p.269

ファイル名

02.044 ブックの名前を取得する

Nameプロパティ

*object.*Name

object---対象となるWorkbookオブジェクト

ブックの名前は、ブック(Workbookオブジェクト)のNameプロパティで取得できます。Nameプロパティには、フォルダ名などのパス情報は含まれません。

```
Sub Sample44()
    Dim FileName As String
    FileName = ActiveWorkbook.Name → アクティブブックのブック名を取得
    MsgBox FileName
End Sub
```

実行結果

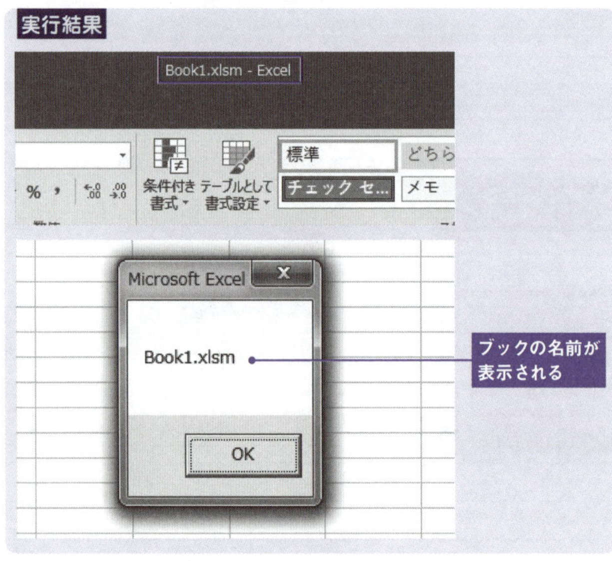

memo

▶まだ保存していないブックのNameプロパティは、便宜的に付けられた、拡張子のない「Book2」や「Book3」などの名前が返ります。

関連項目
02.007 ブックの保存場所を取得する→p.230
02.043 ブックのパスを取得する→p.267
02.045 ブックのフルネームを取得する→p.269

フルネーム

02.045 ブックのフルネームを取得する

FullNameプロパティ

object.**FullName**

object---対象となるWorkbookオブジェクト

パスと名前を合わせたブックのフルネームは、ブック（Workbookオブジェクト）のFullNameプロパティで取得できます。

```
Sub Sample45()
    Dim FileName As String
    FileName = ActiveWorkbook.FullName → アクティブブックのブック名とパスを取得
    MsgBox FileName
End Sub
```

実行結果

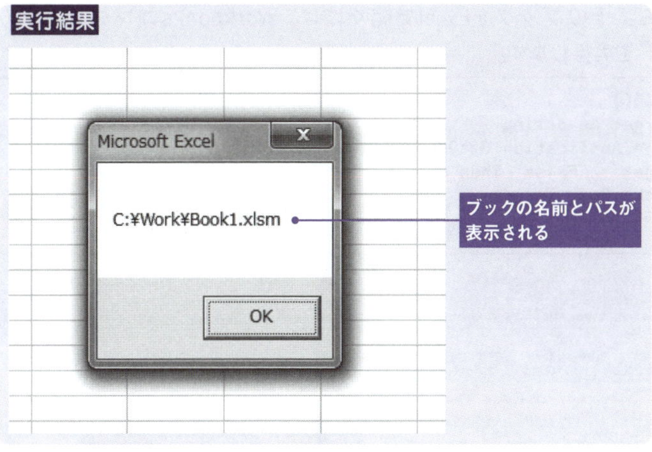

関連項目
02.007 ブックの保存場所を取得する→p.230
02.043 ブックのパスを取得する→p.267
02.044 ブックの名前を取得する→p.268

開く

02.046 [ファイルを開く]ダイアログでブックを開く

GetOpenFilenameメソッド

object.**GetOpenFilename**(*FileFilter, FilterIndex*)

object---対象となるApplicationオブジェクト
FileFilter---ファイルの候補を指定する文字列(省略可)
FilterIndex---フィルタの文字列の中で何を既定値とするかを指定(省略可)

[ファイルを開く]ダイアログボックスを表示するには、いくつかの方法があります。最も一般的に使われるのは、ApplicationオブジェクトのGetOpenFilenameメソッドです。GetOpenFilenameメソッドの[ファイルを開く]ダイアログボックスでは、ファイルを選択して[開く]ボタンをクリックしても、GetOpenFilenameメソッドは選択したファイルのフルネームを返すだけで、自動的には開かれません。そのブックをExcelで開くには、WorkbooksコレクションのOpenメソッドを実行します。

```
Sub Sample46()
    Dim Target As String
    Target = Application.GetOpenFilename("Excelブック,*.xl??")
    If Target = "False" Then Exit Sub
    Workbooks.Open Target
End Sub
```

[ファイルを開く]ダイアログボックスでファイルの種類を「Excelブック」として参照するように設定

選択したブックを開く

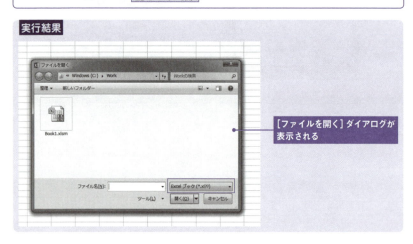

実行結果

[ファイルを開く]ダイアログが表示される

関連項目

02.047 [ファイルを開く] ダイアログで自動的にブックを開く→p.271
02.048 [ファイルを開く] ダイアログを詳細に設定する→p.272
02.049 Dialogコレクションを使って [ファイルを開く] ダイアログを開く→p.273
02.050 [ファイルを開く] ダイアログで開くフォルダを指定する→p.274

開く

02.047 [ファイルを開く]ダイアログで自動的にブックを開く

FindFileメソッド

***object*.FindFile**

object---対象となるApplicationオブジェクト

ApplicationオブジェクトのFindFileメソッドは、GetOpenFilenameメソッドと同じように[ファイルを開く]ダイアログボックスを表示しますが、ファイルを選択して[開く]ボタンをクリックすると、「Workbooks.Open」を設定しなくても、自動的に開いてくれます。

```
Sub Sample47()
    If Application.FindFile = False Then
        MsgBox "キャンセルされました"
    End If
End Sub
```

[ファイルを開く]ダイアログボックスを表示しキャンセルした場合はMsgBoxを表示するように設定

実行結果

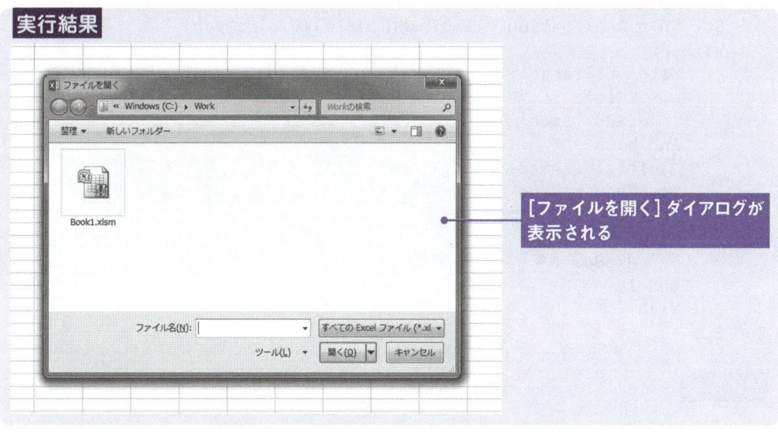

関連項目
02.046 [ファイルを開く] ダイアログでブックを開く →p.270
02.048 [ファイルを開く] ダイアログを詳細に設定する →p.272
02.049 Dialogコレクションを使って [ファイルを開く] ダイアログを開く →p.273
02.050 [ファイルを開く] ダイアログで開くフォルダを指定する →p.274

開く

02.048 [ファイルを開く]ダイアログを詳細に設定する

FileDialogオブジェクト

*object.***FileDialog**(msoFileDialogOpen)

object---対象となるApplicationオブジェクト

FileDialogオブジェクトで[ファイルを開く]ダイアログボックスを開くと、ボタンの名前を変更したり、最初に開くフォルダを指定することが可能です。表示するアイコンの大きさなども指定できますが、Windowsのバージョンによっては、無視される項目もあります。選択したファイルのパスは、文字列形式でFileDialogSelectedItemsコレクションに格納されるので、選択したファイルを個別に調べることも可能です。FileDialogオブジェクトのExecuteメソッドを実行すると、[開く]や[保存]などユーザーが選択したアクションが実行されます。

```
Sub Sample48()
    Dim FD As FileDialog
    Set FD = Application.FileDialog(msoFileDialogOpen)
    With FD
        With .Filters
            .Clear
            .Add "Excelブック", "*.xls; *.xlsx; *.xlsm", 1
        End With
        .InitialFileName = "C:¥tmp¥"
        If .Show = True Then
            .Execute
        Else
            MsgBox "キャンセルされました"
        End If
    End With
End Sub
```

- Set FD = … → [ファイルを開く]ダイアログボックスでユーザーがファイルを開くことができるように設定
- .InitialFileName → ダイアログボックスで表示するフォルダ
- If .Show = True Then → ダイアログボックスを開いて[開く]ボタンが押された場合
- .Execute → [開く]動作を実行

実行結果

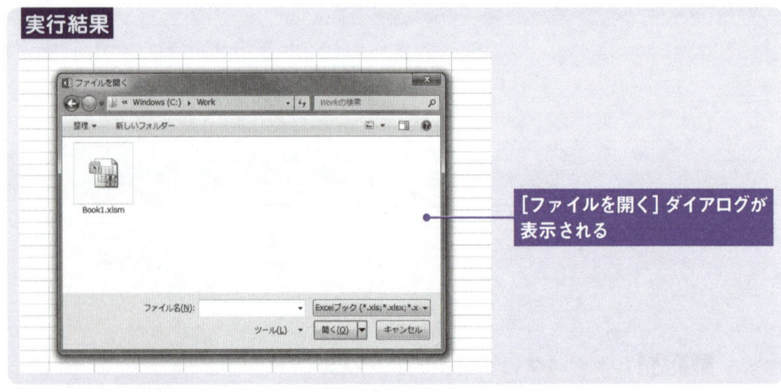

関連項目 02.046 [ファイルを開く] ダイアログでブックを開く→p.270
02.047 [ファイルを開く] ダイアログで自動的にブックを開く→p.271

開く

02.049 Dialogsコレクションを使って[ファイルを開く]ダイアログを開く

Dialogsコレクション

object.**Dialogs**(xlDialogOpen).Show

object---対象となるApplicationオブジェクト

Excelの組み込みダイアログボックスを使って、[ファイルを開く]ダイアログボックスを表示できます。組み込みダイアログボックスはDialogsコレクションで表されます。[ファイルを開く]ダイアログボックスの定数はxlDialogOpenです。Showメソッドを実行するとダイアログボックスが開き、[開く]ボタンをクリックすると、自動的に開かれます。

```
Sub Sample49()
    Application.Dialogs(xlDialogOpen).Show → [ファイルを開く]ダイアログボックスが開く
End Sub
```

実行結果

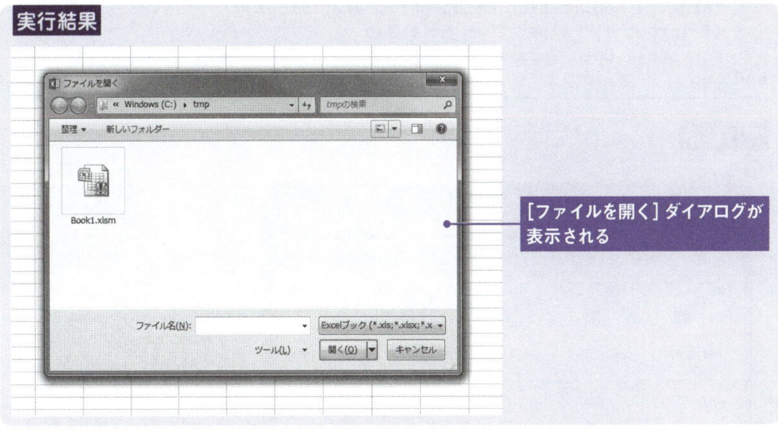

関連項目
02.046 [ファイルを開く] ダイアログでブックを開く→p.270
02.047 [ファイルを開く] ダイアログで自動的にブックを開く→p.271
02.050 [ファイルを開く] ダイアログで開くフォルダを指定する→p.274

開く

02.050 [ファイルを開く]ダイアログで開くフォルダを指定する

ChDriveステートメント、ChDirステートメント

ChDrive *drive*、**ChDir** *path*

drive---ドライブを表す文字列式、*path*---フォルダを表す文字列式

GetOpenFilenameメソッドやFindFileメソッドで[ファイルを開く]ダイアログボックスを表示したとき、ダイアログボックスにはカレントフォルダのファイルが表示されます。任意のフォルダを開きたいときは、ダイアログボックスを表示する前に、ChDriveステートメントやChDirステートメントで、カレントフォルダを移動しておきます。

```
Sub Sample50()
    Dim Target As String
    ChDrive "C" → ドライブを指定
    ChDir "C:¥tmp¥Sub1" ──→ フォルダを指定
    Target = Application.GetOpenFilename("Excelブック,*.xl??")
    If Target = "False" Then Exit Sub
    Workbooks.Open Target
End Sub
```

実行結果

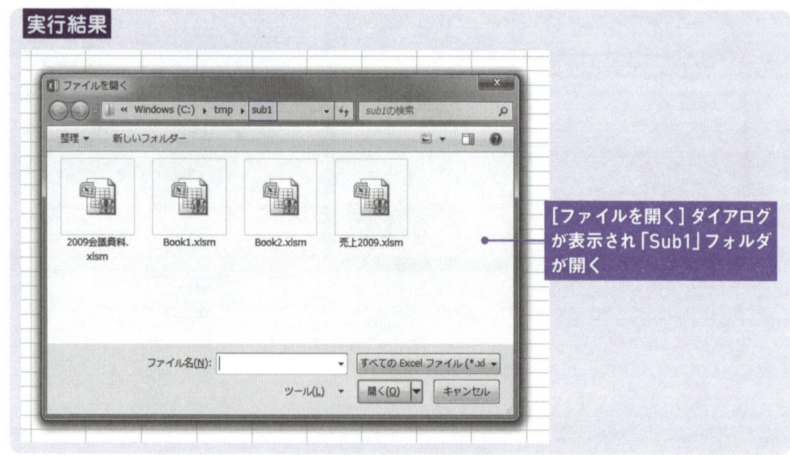

関連項目
02.046 [ファイルを開く]ダイアログでブックを開く →p.270
02.047 [ファイルを開く]ダイアログで自動的にブックを開く →p.271
02.049 Dialogコレクションを使って[ファイルを開く]ダイアログを開く →p.273

開く

02.051 [ファイルを開く]ダイアログのフィルタリング

Dialogsコレクション

*object.***Dialogs**(xlDialogOpen).Show(*Arg*)

object---対象となるApplicationオブジェクト、*Arg*---フィルタ対象

GetOpenFilenameメソッドなどの[ファイルを開く]ダイアログボックスは、ダイアログボックスに表示するファイルの拡張子を指定することができますが、例えば「2009という文字を含む」ファイルだけを表示することはできません。そうした、ファイル名のフィルタリングをしたいときは、Excelの組み込みダイアログボックスであるDialogsコレクションを使います。

```
Sub Sample51()
    Application.Dialogs(xlDialogOpen).Show "*2009*.xls?"
End Sub
```

[ファイルを開く]ダイアログボックスで「2009」という文字列を含むファイルを表示

実行結果

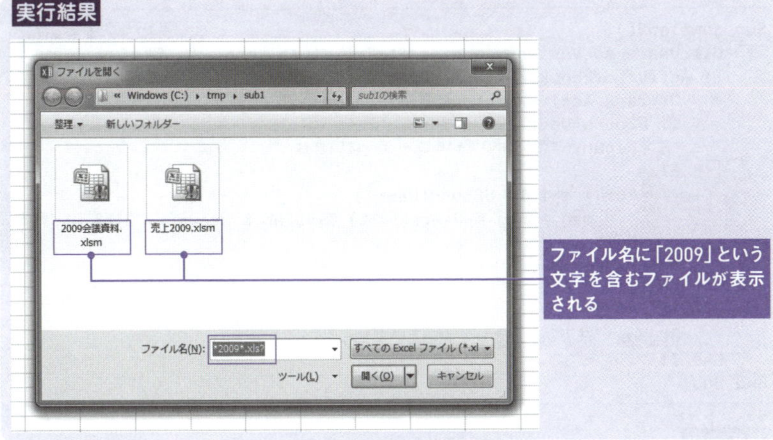

関連項目 02.048 [ファイルを開く] ダイアログを詳細に設定する→p.272
02.050 [ファイルを開く] ダイアログで開くフォルダを指定する→p.274

セル
ブックとシート
ファイル
グラフとオブジェクト
メニュー
UserForm
プログラミング
高度な使い方

共有ブック

02.052 共有ブックを誰が開いているか調べる

MultiUserEditingプロパティ、UserStatusプロパティ

object.**MultiUserEditing**、*object*.**UserStatus**

object---対象となるApplicationオブジェクト

ブックを共有ブックとして開いていると、ブック(Workbookオブジェクト)のMultiUserEditingプロパティがTrueを返します。同時に開いているユーザーに関する情報は、UserStatusプロパティが次のような二次元配列で返します。

UserStatus(n, 1):ユーザー名
UserStatus(n, 2):開いた日時
UserStatus(n, 3):共有ブックかどうか

「UserStatus(n, 2)」の日時は「1/10/2007 1:23」のような書式なので、必要であればFormat関数などで書式を変換してください。

```
Sub Sample52()
    Dim Users As Variant, msg As String, i As Long
    If ActiveWorkbook.MultiUserEditing Then
        Users = ActiveWorkbook.UserStatus
        If UBound(Users) = 1 Then
            MsgBox "他に開いているユーザーはいません"
        Else
            For i = 1 To UBound(Users)
                msg = msg & Users(i, 1) & vbTab & Users(i, 2) & vbCrLf
            Next i
            MsgBox msg
        End If
    Else
        MsgBox "共有ブックとして開いていません"
    End If
End Sub
```

アクティブブックが共有ブックとして開いているか判定

同時に開いているユーザー情報を取得

実行結果

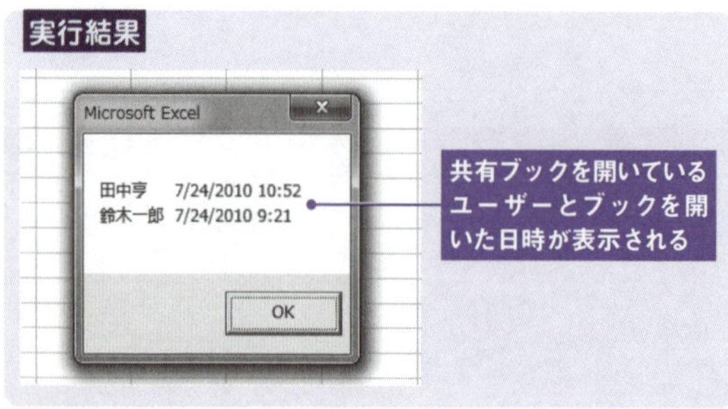

関連項目 02.056 他の人がブックを開いているかどうか調べる→p.280

共有ブック

02.053 通知を希望しないでブックを開く

Workbooksコレクション、Openメソッド

Workbooks.Open (*FileName, Notify*)

FileName---開くブックのファイル名、*Notify*---ファイルを通知リストに追加する場合はTrue、通知を行わない場合はFalse(省略可)

共有ブックではないブックを、すでに誰かが開いていた場合、同じブックを開こうとすると「すでに開かれています」というメッセージが表示されます。このとき[読み取り専用]ボタンと[通知]ボタンがあり、[通知]ボタンをクリックし、先に開いていたユーザーがそのブックを閉じると、こちら側に「編集できるようになりました」と通知されます。この通知を受け取らないで開くには、Openメソッドの引数NotifyにFalseを指定します。ただし、引数NotifyにFalseを指定すると「開きますか」の確認ダイアログボックスが表示されます。サンプルでは、これを抑止するためにApplicationオブジェクトのDisplayAlertsプロパティにFalseを指定しています。

```
Sub Sample53()
    Application.DisplayAlerts = False → 確認メッセージを抑止
    Workbooks.Open FileName:="E:¥Sample1.xlsm", Notify:=False → 「Sample1.xlsm」を通知を受けずに開く
    Application.DisplayAlerts = True → 抑止を解除
End Sub
```

実行結果

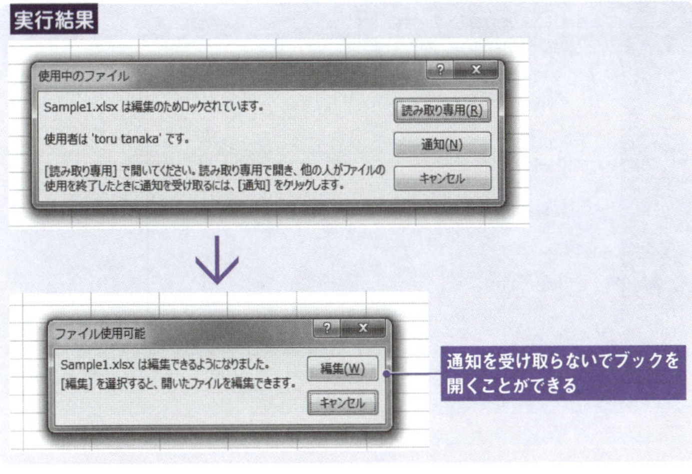

関連項目 02.056 他の人がブックを開いているかどうか調べる→p.280

履歴

02.054 開いたブックを履歴に登録する

Workbooksコレクション、Openメソッド

Workbooks.Open (*FileName, AddToMru*)

FileName---開くブックのファイル名、*AddToMru*---最近使用したファイルの一覧に登録するのはTrue、しない場合はFalse(既定値)

Excelで開いたファイルは履歴に残され、Excel 2003までは[ファイル]メニューの下部に、Excel 2007は[Office]ボタン、Excel 2010は[ファイル]タブをクリックし「最近使用したファイル(ドキュメント)」から開くことができます。ただし、マクロで開いたブックは、この履歴に登録されません。Openメソッドで開くと同時に、履歴にも登録するには、引数AddToMruにTrueを指定します。

```
Sub Sample54()
    Workbooks.Open FileName:="E:¥Sample1.xlsm", AddToMru:=True
End Sub
```

「Sample1.xlsm」を開いて履歴に登録

実行結果

「Sample1.xlsm」が履歴に登録される

関連項目 02.055 自動実行マクロを起動しないで開く →p.279

マクロ

02.055 自動実行マクロを起動しないで開く

Workbooksコレクション、Openメソッド、EnableEventsプロパティ

Workbooks.Open(*FileName*)、*object*.**EnableEvents**

FileName---開くブックのファイル名、*object*---対象となるApplicationオブジェクト

ブックに自動実行マクロが登録されていると、ブックを開くと同時にマクロが起動します。自動実行マクロを起動しないでブックを開くには、ブックを開く前に、Excelのイベントを抑止します。イベントを抑止するには、ApplicationオブジェクトのEnableEventsプロパティにFalseを指定します。自動実行マクロは起動しませんが、マクロは有効で開かれます。

```
Sub Sample55()
    Application.EnableEvents = False →イベントを抑止
    Workbooks.Open FileName:="E:¥Sample1.xlsm"→「Sample1.xlsm」を開く
    Application.EnableEvents = True →抑止を解除
End Sub
```

実行結果

	A	B	C	D	E	F	G	H
1								
2								
3								
4								
5								
6								
7								
8								
9								
10								
11								
12								
13								
14								
15								
16								
17								
18								
19								
20								
21								
22								

「Sample1.xlsm」を開いても
自動実行マクロが起動しない

関連項目 02.054 開いたブックを履歴に登録する→p.278

共有ブック

02.056 他の人がブックを開いているかどうか調べる

Openステートメント、On Errorステートメント

On Error Resume Next、**Open** *pathname* For Append As #

pathname---開くブックのファイル名

共有ブックは、同時に複数のユーザーが開くことが可能ですが、共有でないブックは、先に開いたユーザーにしか編集は許可されません。これから開こうとするブックが、すでに誰かのExcelで開かれているかどうかを判定するには、どうしたらいいでしょう。ブックを開いてみて「読み取り専用」になるかどうかを調べる手もありますが、ここでは裏技を紹介します。ブックをファイルとして追記モードで開きます。Openステートメントの追記モードは、そのファイルをすでに誰かが開いているとエラーになります。したがって、追記モードで開いてみて、エラーになったら、すでに誰かが開いているということです。

```
Sub Sample56()
    On Error Resume Next → エラーが起きてもプログラムを中断させない
    Err.Clear
    Open "E:¥Sample1.xlsm" For Append As #1 → 「Sample1.xlsm」を追記モードで開く
    Close #1
    If Err.Number > 0 Then
        MsgBox "すでに開かれています"
    Else
        MsgBox "ブックは開かれていません"
    End If
End Sub
```

実行結果

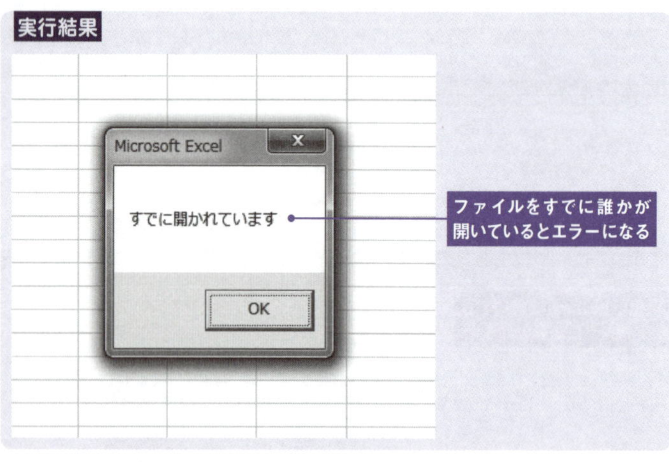

関連項目 02.052 共有ブックを誰が開いているか調べる→p.276
02.053 通知を希望しないでブックを開く→p.277

マクロ

02.057 他のブックのマクロを実行する

Runメソッド

object.**Run**(*Macro*)

object---対象となるApplicationオブジェクト、*Macro*---実行するマクロ

Excelで複数のブックを開いているとします。別のブックに記述されているマクロを実行するには、Callステートメントではなく、Applicationオブジェクトの Runメソッドを使うと参照設定をしなくても可能です。

```
Sub Sample57()
    Application.Run "Sample1.xlsm!Module1.Macro1"
End Sub
```

「Sample1.xlsm」のModule1→Macro1を実行

実行結果

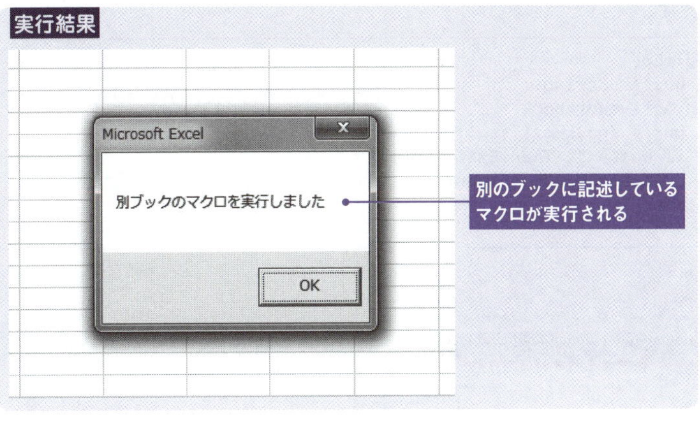

関連項目 07.012 他のプロシージャを呼び出す→p.537

プロパティ

02.058 ブックのプロパティを設定する

Workbookオブジェクト、BuiltinDocumentPropertiesコレクション

object.**BuiltinDocumentProperties**(*Title*)

object---対象となるWorkbookオブジェクト、*Title*---タイトル情報

ブックには「タイトル」や「会社名」などの情報を保存できます。こうしたブックの情報を「ドキュメントプロパティ」と呼びます。ブックのドキュメントプロパティは2種類あります。1つは「タイトル」「作成者」など、項目名があらかじめ決められているプロパティです。そうした、あらかじめ定義されているドキュメントプロパティを「組み込みのドキュメントプロパティ」といいます。組み込みのドキュメントプロパティを設定するには、BuiltinDocumentPropertiesコレクションを操作します。

```
Sub Sample58()
    Dim buf As String
    With ActiveWorkbook
        buf = InputBox("新しいタイトルは？")
        If buf = "" Then Exit Sub
        .BuiltinDocumentProperties("Title").Value = buf
    End With
End Sub
```

ダイアログボックスにタイトルを入力できるようにする

タイトルを設定

実行結果

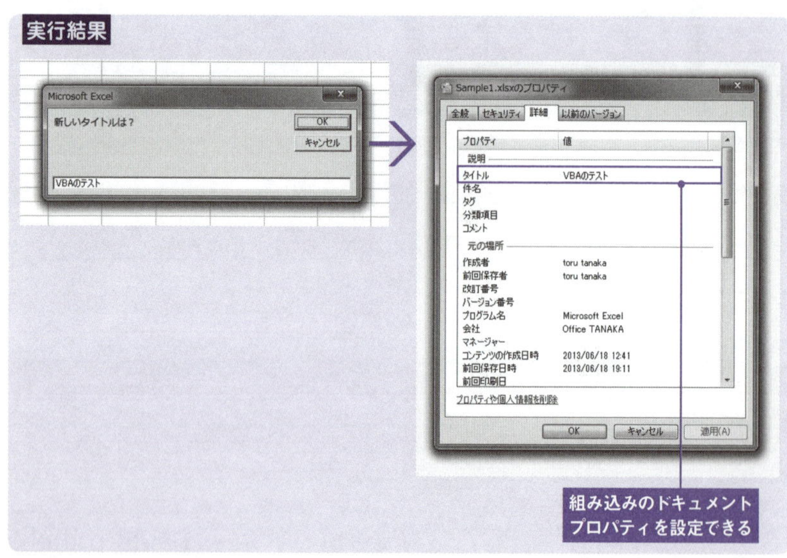

組み込みのドキュメントプロパティを設定できる

関連項目 02.059 ユーザー設定のドキュメントのプロパティを設定する→p.283

プロパティ

02.059 ユーザー設定のドキュメントのプロパティを設定する

Workbookオブジェクト、CustomDocumentPropertiesコレクション

CustomDocumentProperties (*Name, LinkToContent, Type, Value*)

object---対象となるWorkbookオブジェクト、*Name*---プロパティ名、*LinkToContent*---プロパティとコンテナドキュメントの内容をリンクさせるかを設定。*False*の場合は*Value*を設定、*Type*---プロパティのデータの種類（省略可）、*Value*---バリアント型の値

ブックのプロパティのうち、ユーザーが任意の項目名を設定できるものを「ユーザー設定のドキュメントプロパティ」と呼びます。ユーザー設定のドキュメントプロパティを設定するには、CustomDocumentPropertiesコレクションを操作します。

```
Sub Sample59()
    ActiveWorkbook.CustomDocumentProperties.Add _
                            Name:="会議日", _          → プロパティ名を設定
                            LinkToContent:=False, _   → 値をValueにする
                            Type:=msoPropertyTypeDate, _ → 種類を「日付」に設定
                            Value:="2010/08/22"       → 値を設定
End Sub
```

実行結果

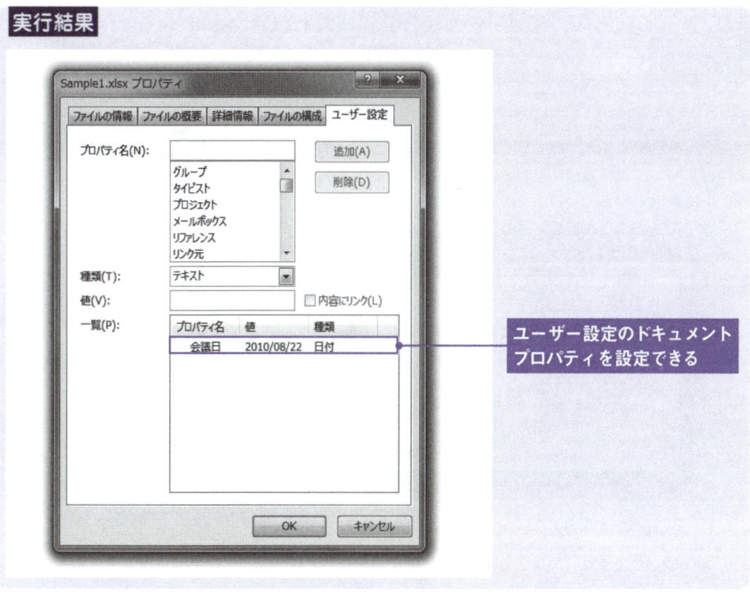

関連項目 02.058 ブックのプロパティを設定する→p.282

マクロ

02.060 ブックを開いたときマクロを自動実行する(1)

Workbookオブジェクト、Openイベント

Private Sub **Workbook_Open**()

ブックを開いたときにマクロを自動実行させるには、ThisWorkbookモジュールに「Private Sub Workbook_Open()」というプロシージャを作成します。VBEのコードペイン上部にあるオブジェクトリストで「Workbook」を選び、右のプロシージャリストで「Open」を選択すると、自動的にプロシージャが作成されます。サンプルは、ブックを開いたときに自動実行されます。

```
Private Sub Workbook_Open()    ' → プロシージャを作成
    MsgBox "Workbook_Open による自動実行"
End Sub
```

実行結果

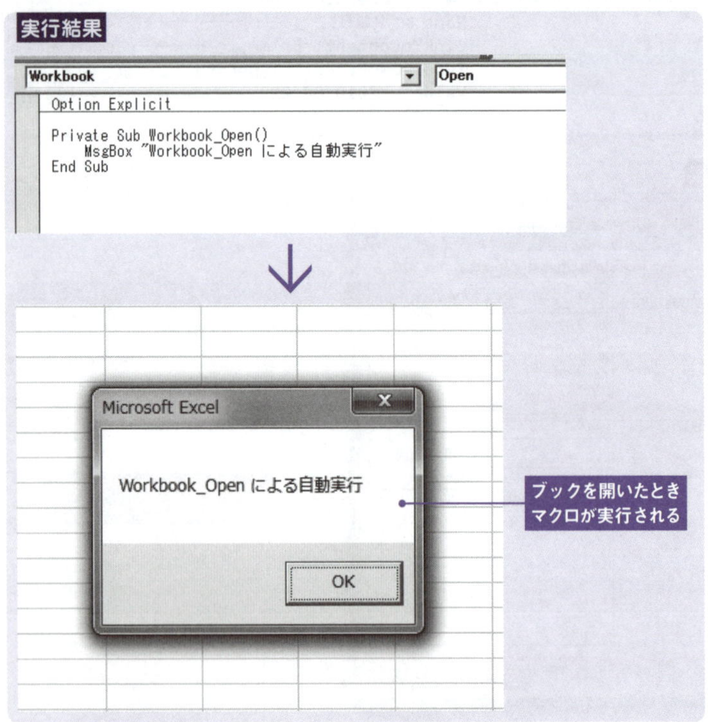

関連項目
02.061 ブックを開いたときマクロを自動実行する (2) →p.285
02.062 ブックを閉じる直前にマクロを自動実行する (1) →p.286
02.063 ブックを閉じる直前にマクロを自動実行する (2) →p.287

マクロ

02.061 ブックを開いたときマクロを自動実行する(2)

Auto_Openプロシージャ

Sub **Auto_Open**()

ブックを開いたときにマクロを自動実行する仕組みは、ThisWorkbookモジュールの「Private Sub Workbook_Open()」の他に、もう1つあります。標準モジュールに「Auto_Open」という名前のプロシージャを作成しておくと、ブックを開いたときに、この「Auto_Open」も自動実行されます。これは、現在のVBAが搭載される前の、Excel 5.0/95時代に使われていた機能です。

```
Sub Auto_Open() ――→ プロシージャを作成
    MsgBox "Auto_Open による自動実行"
End Sub
```

実行結果

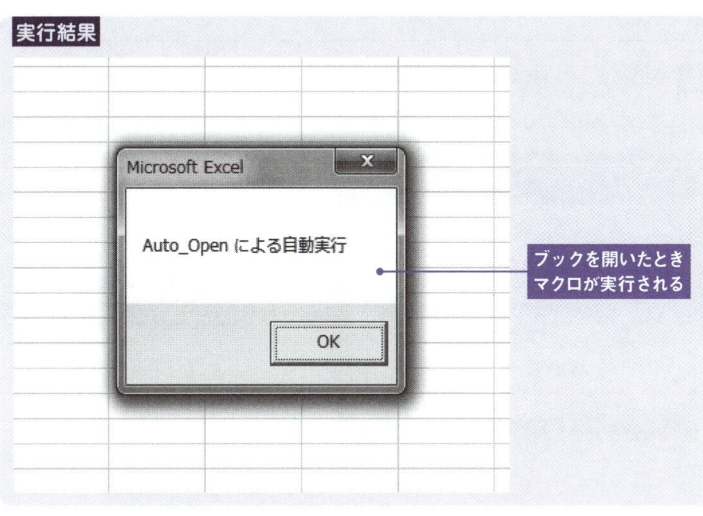

関連項目
02.060 ブックを開いたときマクロを自動実行する (1) →p.284
02.062 ブックを閉じる直前にマクロを自動実行する (1) →p.286
02.063 ブックを閉じる直前にマクロを自動実行する (2) →p.287

マクロ

02.062 ブックを閉じる直前にマクロを自動実行する(1)

Workbookオブジェクト、BeforeCloseイベント

Private Sub **Workbook_BeforeClose**(Cancel As Boolean)

ブックを閉じる直前にマクロを自動実行するには、ThisWorkbookモジュールの「Private Sub Workbook_BeforeClose(Cancel As Boolean)」プロシージャにマクロを記述します。このプロシージャは、ブックを閉じようとしたときに自動実行されます。まだ閉じていないので、引数CancelにTrueを代入することで、閉じる操作をキャンセルすることができます。

```
Private Sub Workbook_BeforeClose(Cancel As Boolean) ———→ プロシージャを作成
    If MsgBox("ブックを閉じますか？", vbYesNo) = vbNo Then
        Cancel = True
    End If
End Sub
```

実行結果

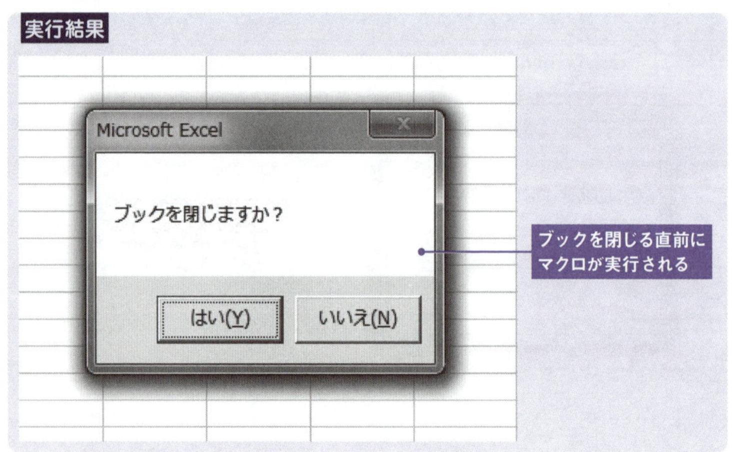
Microsoft Excel
ブックを閉じますか？
はい(Y)
いいえ(N)
ブックを閉じる直前にマクロが実行される

関連項目
02.060 ブックを開いたときマクロを自動実行する (1) →p.284
02.061 ブックを開いたときマクロを自動実行する (2) →p.285
02.063 ブックを閉じる直前にマクロを自動実行する (2) →p.287

マクロ

02.063 ブックを閉じる直前にマクロを自動実行する（2）

Auto_Closeプロシージャ

Sub **Auto_Close**()

ブックを閉じるときに自動実行する仕組みは、ThisWorkbookモジュールの「Private Sub Workbook_BeforeClose()」の他に、もう1つあります。標準モジュールに「Auto_Close」という名前のプロシージャを作成しておくと、ブックを閉じるときに、この「Auto_Close」も自動実行されます。閉じる操作をキャンセルすることはできません。これは、現在のVBAが搭載される前の、Excel 5.0/95時代に使われていた機能です。

```
Sub Auto_Close()  ← プロシージャを作成
    MsgBox "Auto_Close による自動実行"
End Sub
```

実行結果

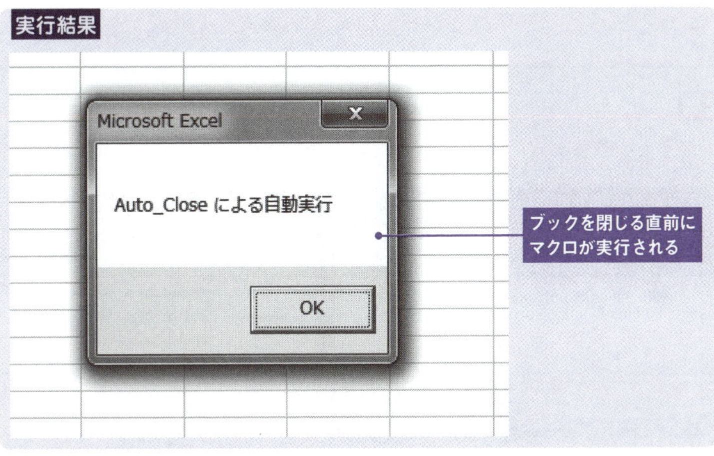

関連項目
02.060 ブックを開いたときマクロを自動実行する（1）→p.284
02.061 ブックを開いたときマクロを自動実行する（2）→p.285
02.062 ブックを閉じる直前にマクロを自動実行する（1）→p.286

マクロ

02.064 保存する直前にマクロを自動実行する

Workbookオブジェクト、BeforeSaveイベント

Private Sub **Workbook_BeforeSave**(ByVal SaveAsUI As Boolean, Cancel As Boolean)

BeforeSaveイベントは、ブックを保存する直前に発生します。引数CancelにTrueを代入することで、保存する操作をキャンセルできます。引数SaveAsUIは、保存を実行したとき[名前を付けて保存]ダイアログボックスが表示される場合にTrueが格納されます。

```
Private Sub Workbook_BeforeSave(ByVal SaveAsUI As Boolean, Cancel As _
Boolean) ――――――――――――→ プロシージャを作成
    If Range("A1") = "" Then
        MsgBox "セルA1が空欄です。" & vbCrLf & _
               "データを入力してから保存してください", vbExclamation
        Cancel = True
    End If
End Sub
```

実行結果

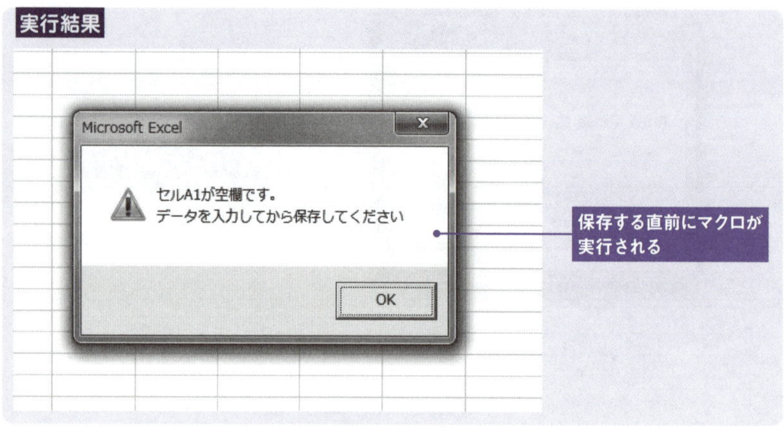

関連項目
02.065 印刷する直前にマクロを自動実行する→p.289
02.066 ワークシートの挿入と同時に名前を設定する→p.290
02.101 セルを選択したときマクロを自動実行する→p.326
02.102 再計算されたときマクロを自動実行する→p.327

マクロ

02.065 印刷する直前にマクロを自動実行する

Workbookオブジェクト、BeforePrintイベント

Private Sub **Workbook_BeforePrint** (Cancel As Boolean)

BeforePrintイベントは、ブックを印刷する直前に発生します。引数CancelにTrueを代入することで、印刷する操作をキャンセルできます。

```
Private Sub Workbook_BeforePrint(Cancel As Boolean) → プロシージャを作成
    MsgBox "このブックは印刷できません", vbExclamation
    Cancel = True
End Sub
```

実行結果

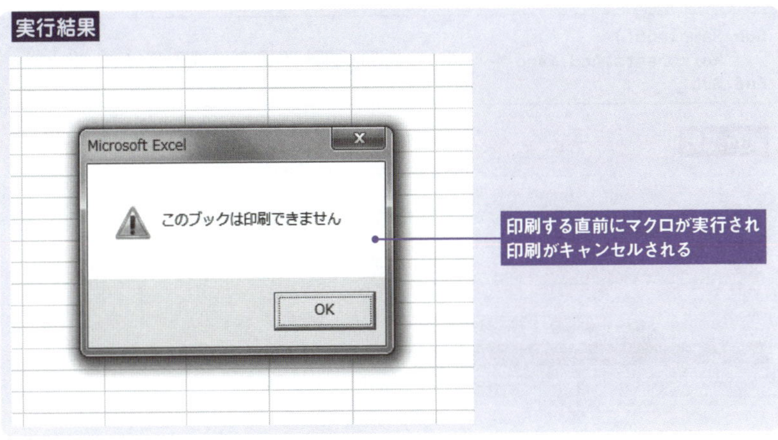
Microsoft Excel
このブックは印刷できません
OK
印刷する直前にマクロが実行され
印刷がキャンセルされる

関連項目
02.064 保存する直前にマクロを自動実行する→p.288
02.066 ワークシートの挿入と同時に名前を設定する→p.290
02.101 セルを選択したときマクロを自動実行する→p.326
02.102 再計算されたときマクロを自動実行する→p.327

マクロ

02.066 ワークシートの挿入と同時に名前を設定する

Addメソッド、Nameプロパティ

object.**Add.Name**

object---対象となるWorksheetオブジェクト

例えば「合計」という名前の新しいワークシートを挿入したいとき、一般的には
(1)新しいワークシートを挿入する
(2)アクティブシートの名前を「合計」に設定する
という2段階の手順を踏みます。もちろん、これで間違いないのですが、実はサンプルのように1行で書くことも可能です。

```
Sub Sample66()
    Worksheets.Add.Name = "合計" →「合計」という名前のワークシートを挿入
End Sub
```

実行結果

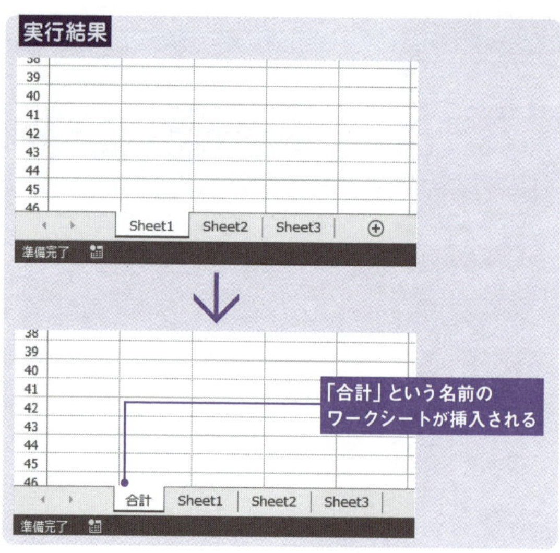

memo

▶「Worksheets.Add」は挿入したワークシート（Worksheetオブジェクト）を返すので、「Worksheets.Add.Name」は「ActiveSheet.Name」と同じことになります。

関連項目
02.064 保存する直前にマクロを自動実行する→p.288
02.065 印刷する直前にマクロを自動実行する→p.289
02.101 セルを選択したときマクロを自動実行する→p.326
02.102 再計算されたときマクロを自動実行する→p.327

挿入

02.067 連続名の複数のワークシートを挿入する

Addメソッド、Nameプロパティ

object.**Add**(*After*).**Name**

object---対象となるWorksheetオブジェクト
After---ワークシートを指定すると、その直後に移動される（省略可）

「1月」「2月」「4月」や「2010-04」「2010-05」「2010-06」といった連続名の複数シートを用意しなければいけないとき、ワークシートを1枚ずつ挿入して名前を変更するのは手間がかかる作業です。こうした連続名の複数シートは、マクロで一気に作成してしまいましょう。サンプルは、既存のワークシートの最後尾に「1月」～「6月」のワークシートを挿入します。

```
Sub Sample67()
    Dim i As Long
    For i = 1 To 6
        Sheets.Add(After:=Sheets(Sheets.Count)).Name = i & "月"
    Next i
End Sub
```

ワークシートの最後尾に「1月」～「6月」という名前のワークシートを挿入

実行結果

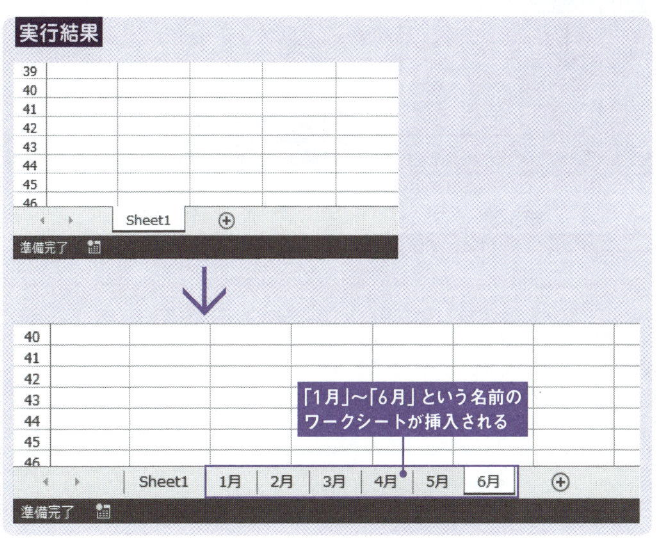

関連項目 02.029 隣のワークシートを操作する→p.253

シート見出し

02.068 ワークシート見出しの色を設定する

Sheetオブジェクト、Tabプロパティ、ColorIndexプロパティ

Sheets.Tab.ColorIndex

ワークシート見出しはTabオブジェクトで操作できます。シート見出しの色は、TabオブジェクトのColorプロパティやColorIndexプロパティを使って設定できます。

```
Sub Sample68()
    Sheets("Sheet3").Tab.ColorIndex = 3 → Sheet3の見出しの色を設定
End Sub
```

実行結果

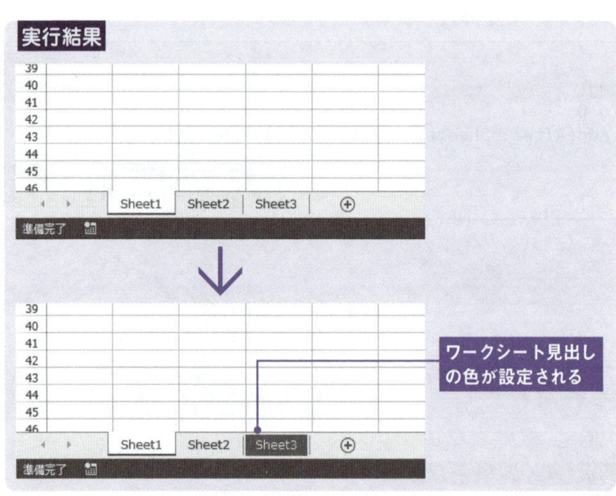

memo

▶Excel 2007以降はThemeColorプロパティでテーマの色を設定したり、TintAndShadeプロパティで色の明暗を指定することも可能です。

関連項目 02.015 ワークシートの名前を設定する（1）→p.239
02.016 ワークシートの名前を設定する（2）→p.240

グループ化

02.069 ワークシートをグループ化する

Selectメソッド

object.**Select** False

object---対象となるWorksheetオブジェクト

例えば、Sheet1からSheet3までをグループ化するには、Sheet1がアクティブシートの状態で、[Shift]キーを押しながらSheet3を選択します。この操作をマクロ記録すると「Sheets(Array("Sheet1", "Sheet2", "Sheet3")).Select」というコードが記録されます。しかし、これではワークシート名が固定されているので使いにくく、あまり参考になりません。任意のワークシートをグループ化するには、サンプルのようにSelectメソッドの引数にFalseを指定します。サンプルは、アクティブシートから右3枚のワークシートをグループ化しています。Falseを指定したSelectメソッドでは、現在選択されているワークシートを解除しません。なお、引数Falseは、Rangeオブジェクトには使えません。

```
Sub Sample69()
    ActiveSheet.Next.Select False → アクティブシートの右隣のワークシートをグループ化
    ActiveSheet.Next.Next.Select False → アクティブシートの2つ右隣のワークシートをグループ化
End Sub
```

実行結果

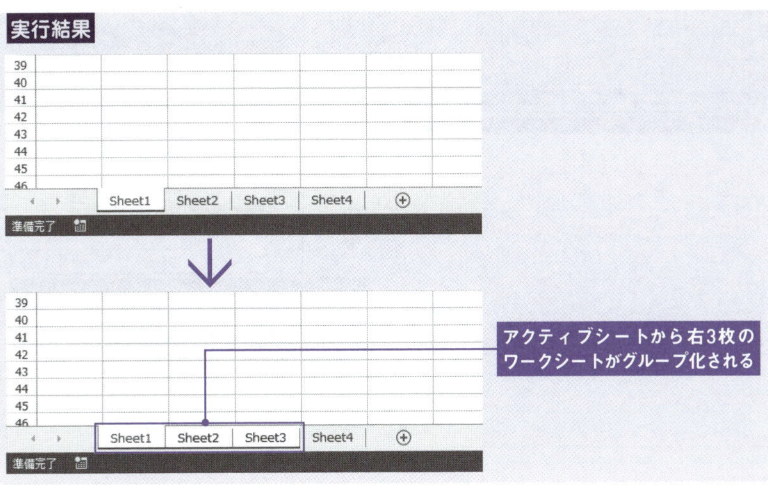

関連項目 02.070 ワークシートがグループ化されているかどうかを判定する→p.294
02.071 グループ化したワークシートを操作する→p.295

グループ化

02.070 ワークシートがグループ化されているかどうかを判定する

SelectedSheetsプロパティ

object.**SelectedSheets**

object---対象となるWindowオブジェクト

現在ワークシートがグループ化されているかどうか判定するには、Windowオブジェクトのselectedsheetsプロパティを使います。SelectedSheetsプロパティは、現在選択されているシートのコレクションを返します。SelectedSheetsプロパティ内のシート数(Countプロパティ)が「1」のときは、アクティブシートだけが選択されている状態です。

```
Sub Sample70()
    If ActiveWindow.SelectedSheets.Count > 1 Then → グループ化されているか判定
        MsgBox "グループ化されています"
    Else
        MsgBox "グループ化されていません"
    End If
End Sub
```

実行結果

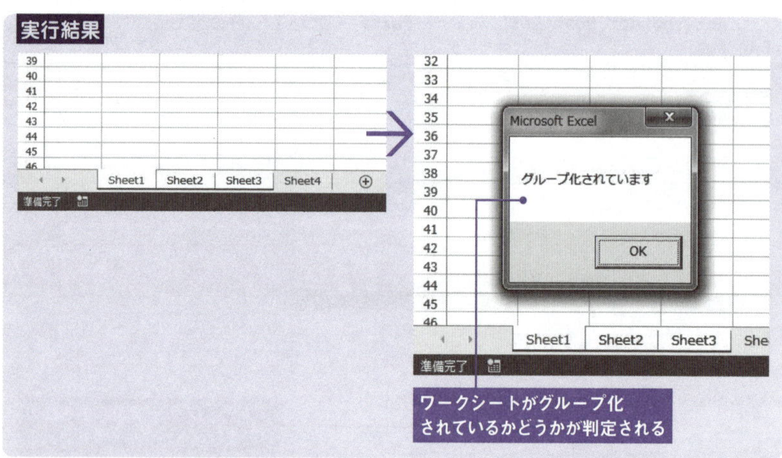

関連項目
02.069 ワークシートをグループ化する→p.293
02.071 グループ化したワークシートを操作する→p.295

グループ化

02.071 グループ化したワークシートを操作する

SelectedSheetsプロパティ

object.**SelectedSheets**

object---対象となるWindowオブジェクト

サンプルは、まず複数のワークシートが現在グループ化されているかどうか調べます(SelectedSheets.Count)。もしグループ化されていたら解除します(ActiveSheet.Select)。Selectメソッドの引数にFalseを指定して、アクティブシートから右3枚のワークシートをグループ化し、それぞれのワークシート見出し色を、アクティブシートと同じ色に設定します。最後にグループ化を解除しています。

```
Sub Sample71()
    Dim ws As Worksheet
    If ActiveWindow.SelectedSheets.Count > 1 Then →グループ化されているか判定
        ActiveSheet.Select →グループ化を解除
    End If
    ActiveSheet.Next.Select False
    ActiveSheet.Next.Next.Select False   →アクティブシートから右3枚のワークシートをグループ化
    For Each ws In ActiveWindow.SelectedSheets
        ws.Tab.ColorIndex = ActiveSheet.Tab.ColorIndex   →アクティブシートの色をそれぞれのワークシートに設定
    Next ws
    ActiveSheet.Select →グループ化を解除
End Sub
```

実行結果

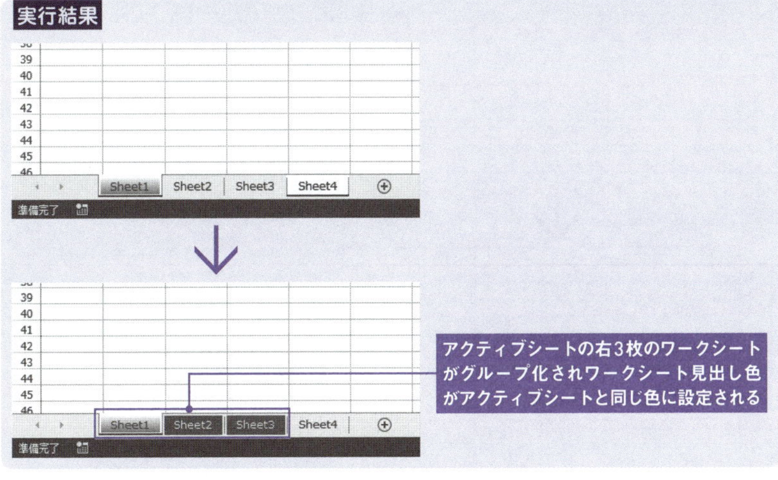

関連項目 02.069 ワークシートをグループ化する→p.293
02.070 ワークシートがグループ化されているかどうかを判定する→p.294

スクロール

02.072 ワークシートをスクロールする

LargeScrollプロパティ、SmallScrollプロパティ

object.**LargeScroll**(*Down, ToRight*)
object.**SmallScroll**(*Up, ToLeft*)

object---対象となるWindowオブジェクト、*Down*---指定したページ数分だけ下にスクロール(省略可)、*ToRight*---指定したページ数分だけ右にスクロール(省略可)、*Up*---指定した行数分だけ上にスクロール(省略可)、*ToLeft*---指定した列数分だけ左にスクロール(省略可)

ワークシートを行単位または列単位でスクロールするには、WindowオブジェクトのSmallScrollメソッドを使います。また、画面単位でスクロールするには、WindowオブジェクトのLargeScrollメソッドを実行します。どちらのメソッドも、方向を示す4種類の引数Up、Down、ToRight、ToLeftを指定できます。サンプルは、ワークシートを「1画面下」「2画面右」にスクロールし、続いて「1行上」「2列左」にスクロールします。

```
Sub Sample72()
    ActiveWindow.LargeScroll Down:=1, ToRight:=2 → 1画面下、2画面右にスクロール
    ActiveWindow.SmallScroll Up:=-1, ToLeft:=-2 → 1行上、2列左にスクロール
End Sub
```

実行結果

関連項目 02.073 特定のセルが見えるようにスクロールする→p.297
02.074 現在表示されているセル範囲を取得する→p.298

スクロール

02.073 特定のセルが見えるようにスクロールする

ScrollRowプロパティ、ScrollColumnプロパティ

***object*.ScrollRow、*object*.ScrollColumn**

object---対象となるWindowオブジェクト

ワークシートを「○行目/○列目までスクロールしたい」のように、任意の行や列を指定するには、WindowオブジェクトのScrollRowプロパティやScrollColumnプロパティに数値を指定します。例えば、ScrollRowプロパティに「3」を設定すると表示されているワークシートの最上行が3行目になり、ScrollColumnプロパティに「5」を設定すると表示されているワークシートの左端列が5列目（E列）になります。

```
Sub Sample73()
    ActiveWindow.ScrollRow = 3 ──→ 最上行の表示を3行目に設定
    ActiveWindow.ScrollColumn = 5 ─→ 左端列の表示を5列目に設定
End Sub
```

実行結果

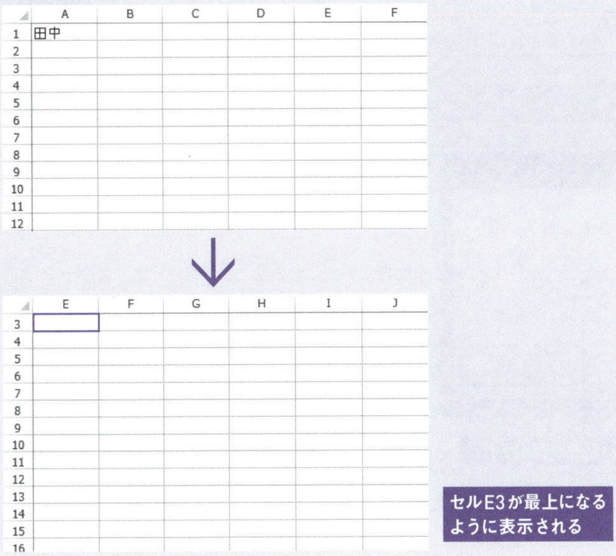

	A	B	C	D	E	F
1	田中					
2						
3						
4						
5						
6						
7						
8						
9						
10						
11						
12						

↓

	E	F	G	H	I	J
3						
4						
5						
6						
7						
8						
9						
10						
11						
12						
13						
14						
15						
16						

セルE3が最上になるように表示される

関連項目 02.072 ワークシートをスクロールする→p.296
02.074 現在表示されているセル範囲を取得する→p.298

セル範囲

02.074 現在表示されているセル範囲を取得する

VisibleRangeプロパティ

object.**VisibleRange**

object---対象となるWindowオブジェクト

現在表示されているセル範囲は、WindowオブジェクトのVisibleRangeプロパティで取得できます。VisibleRangeプロパティはRangeオブジェクトを返すので、AddressプロパティやRowsプロパティなど、一般的なセル操作と同じプロパティを使用できます。

```
Sub Sample74()
    Dim msg As String
    With ActiveWindow.VisibleRange → アクティブウィンドウに表示されているセル範囲を取得
        msg = "表示されているセル範囲：" & .Address & vbCrLf
        msg = msg & "最上行：" & .Rows(1).Row & vbCrLf
        msg = msg & "最下行：" & .Rows(.Rows.Count).Row & vbCrLf
        msg = msg & "左端列：" & .Columns(1).Column & vbCrLf
        msg = msg & "右端列：" & .Columns(.Columns.Count).Column & _
vbCrLf
    End With
    MsgBox msg
End Sub
```

実行結果

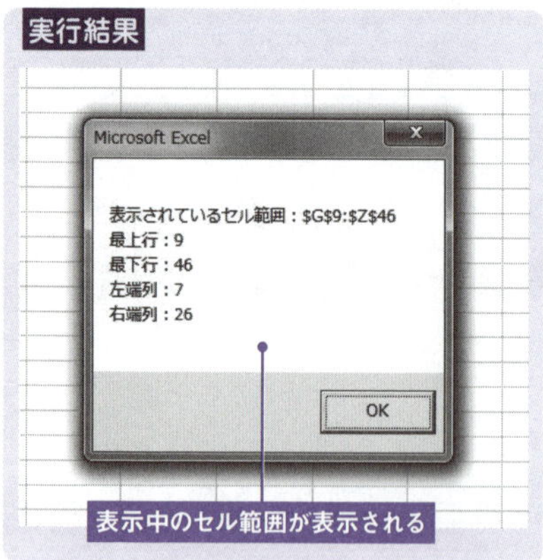

関連項目 02.072 ワークシートをスクロールする→p.296
02.073 特定のセルが見えるようにスクロールする→p.297

保存

02.075 1枚のワークシートだけ別ブックで保存する

Copyメソッド

object.**Copy**

object---対象となるWorksheetオブジェクト

ワークシートのCopyメソッドは、ワークシートを別の位置に複製する機能ですが、コピー先(引数Afterや引数Before)を指定しないと、新しいブックとしてコピーします。サンプルは、アクティブシートだけを別のブックとして複製し、そのブックに「アクティブシートの名前」を付けて保存します。

```
Sub Sample75()
    ActiveSheet.Copy → アクティブシートを新しいブックとしてコピー
    ActiveWorkbook.SaveAs "C:¥Work¥" & ActiveSheet.Name
End Sub
```
新しいブックをアクティブシートの名前で保存

実行結果

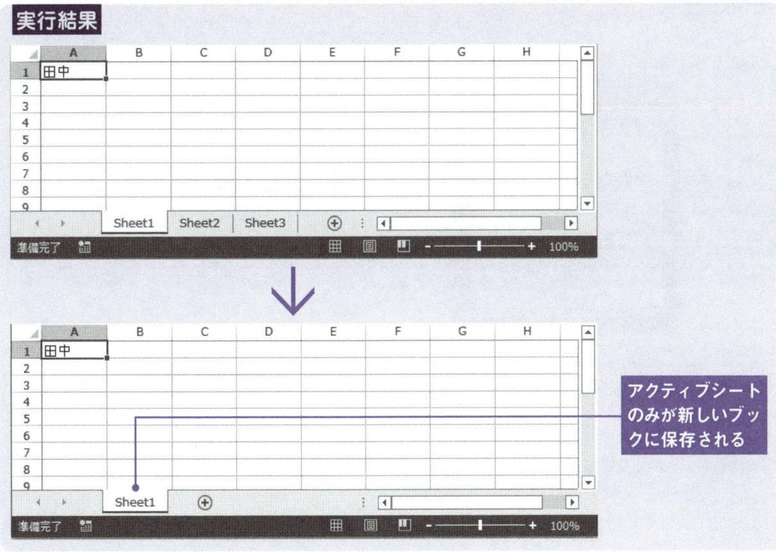

関連項目 02.006 ブックに名前を付けて保存する→p.229
02.008 ブックを上書き保存する→p.231

印刷

02.076 印刷の総ページ数を取得する

ExecuteExcel4Macroメソッド

object.**ExecuteExcel4Macro**(*String*)

object---対象となるApplicationオブジェクト、*String*---Excel 4.0 マクロ言語関数

VBAには、印刷の総ページ数を取得するプロパティなどはありません。しかし、Excel 4.0のマクロには、印刷の総ページ数を取得する命令があります。これをVBAから呼び出すには、ExecuteExcel4Macroメソッドを使います。

```
Sub Sample76()
    Dim n As Long
    n = Application.ExecuteExcel4Macro("GET.DOCUMENT(50)")
    MsgBox "全部で" & n & "ページです"
End Sub
```

印刷の総ページ数を取得

実行結果

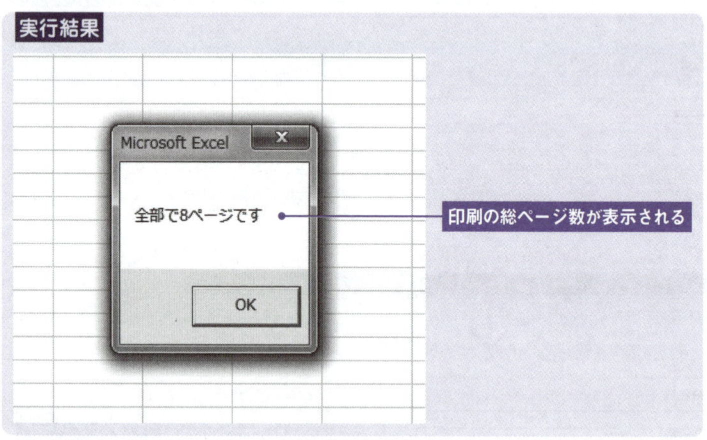
Microsoft Excel
全部で8ページです
OK
印刷の総ページ数が表示される

関連項目
02.077 ブック全体を印刷する→p.301
02.080 印刷部数を指定する→p.304
02.081 印刷するページを指定する→p.305
02.097 1ページ目のページ番号を指定する→p.322

印刷

02.077 ブック全体を印刷する

PrintOutメソッド

object.**PrintOut**

object---対象となるWorkbookオブジェクト

印刷を実行するにはPrintOutメソッドを使います。このPrintOutメソッドは、Worksheetオブジェクトだけでなく、Workbookオブジェクトでも使用可能です。ブック全体を印刷するときは、WorkbookオブジェクトのPrintOutメソッドを実行します。

```
Sub Sample77()
    ActiveWorkbook.PrintOut → アクティブブック全体を印刷
End Sub
```

実行結果

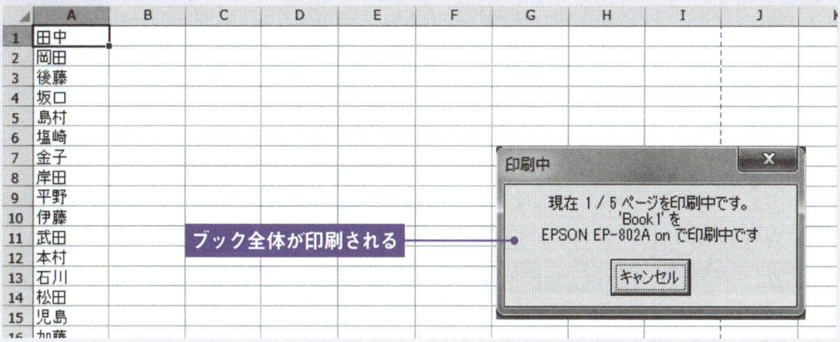

	A	B	C	D	E	F	G	H	I	J
1	田中									
2	岡田									
3	後藤									
4	坂口									
5	島村									
6	塩崎									
7	金子									
8	岸田									
9	平野									
10	伊藤									
11	武田									
12	本村									
13	石川									
14	松田									
15	児島									

印刷中

現在 1 / 5 ページを印刷中です。
'Book1' を
EPSON EP-802A on で印刷中です

キャンセル

ブック全体が印刷される

関連項目
02.076 印刷の総ページ数を取得する→p.300
02.078 特定のセル範囲だけ印刷する→p.302
02.079 複数のワークシートを印刷する→p.303
02.081 印刷するページを指定する→p.305

セル範囲／印刷

02.078 特定のセル範囲だけ印刷する

PrintOutメソッド

object.**PrintOut**

object---対象となるRangeオブジェクト

特定のセル範囲だけ印刷したいときは、印刷したいセル範囲のPrintOutメソッドを実行します。

```
Sub Sample78()
    Range("A1:C4").PrintOut → セル範囲A1:C4を印刷
End Sub
```

実行結果

	A	B	C	D	E	F
1	田中	293	379	781	898	
2	山下	123	648	873	860	
3	鈴木	239	302	350	206	
4	山本	639	902	773	498	
5	山田	185	225	581	175	
6	森	254	495	435	137	
7	黒沢	370	810	812	383	
8	原田	531	748	335	675	
9	小笠原	316	733	143	591	
10	三井	146	341	235	552	
11	佐藤	262	656	373	560	

セル範囲A1:C4のみが印刷される

関連項目
02.077 ブック全体を印刷する→p.301
02.079 複数のワークシートを印刷する→p.303
02.081 印刷するページを指定する→p.305

印刷

02.079 複数のワークシートを印刷する

Selectメソッド、PrintOutメソッド

object.**Select**、*object*.**PrintOut**

object---対象となるWorksheetオブジェクト

複数のワークシートを印刷するには、まず印刷したい複数のワークシートを選択してグループ化します。グループ化するときは、引数にFalseを指定したSelectメソッドを実行すると簡単です。

```
Sub Sample79()
    Sheets("Sheet1").Select → Sheet1を選択
    Sheets("Sheet2").Select False ┐
    Sheets("Sheet4").Select False ┘→ Sheet2とSheet4をグループ化
    ActiveWindow.SelectedSheets.PrintOut → 選択しているワークシートを印刷
End Sub
```

実行結果

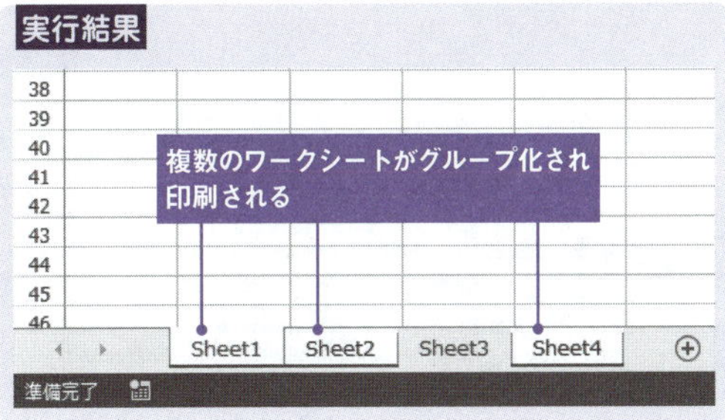

関連項目
02.077 ブック全体を印刷する→p.301
02.078 特定のセル範囲だけ印刷する→p.302
02.081 印刷するページを指定する→p.305

印刷

02.080 印刷部数を指定する

PrintOutメソッド

object.**PrintOut**(*Copies*)

object---対象となるWorksheetオブジェクト、*Copies*---印刷部数(省略可)

同じワークシートを、2部以上をまとめて印刷するときは、PrintOutメソッドの引数Copiesに印刷部数を指定します。サンプルでは、アクティブシートを3部印刷します。

```
Sub Sample80()
    ActiveSheet.PrintOut Copies:=3 → アクティブシートを3部印刷
End Sub
```

実行結果

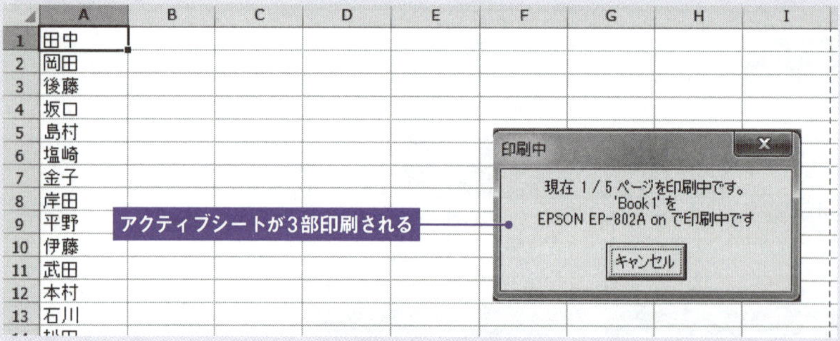

アクティブシートが3部印刷される

印刷

02.081 印刷するページを指定する

PrintOutメソッド

object.**PrintOut** (*From*, *To*)

object---対象となるWorksheetオブジェクト、*From*---印刷を開始するページ番号(省略可)、*To*---印刷を終了するページ番号(省略可)

印刷ページは、PrintOutメソッドの引数Fromと引数Toで指定します。サンプルでは、2～5ページを印刷します。

```
Sub Sample81()
    ActiveSheet.PrintOut From:=2, To:=5 → アクティブシートの2 ～ 5ページを印刷
End Sub
```

実行結果

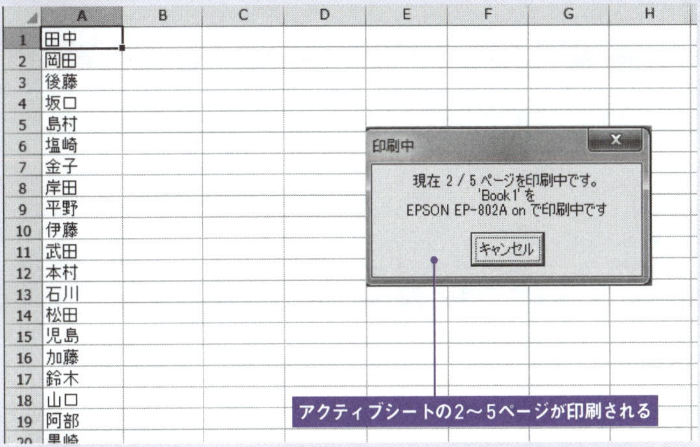

	A	B	C	D	E	F	G	H
1	田中							
2	岡田							
3	後藤							
4	坂口							
5	島村							
6	塩崎							
7	金子							
8	岸田							
9	平野							
10	伊藤							
11	武田							
12	本村							
13	石川							
14	松田							
15	児島							
16	加藤							
17	鈴木							
18	山口							
19	阿部							

印刷中

現在 2 / 5 ページを印刷中です。
'Book1' を
EPSON EP-802A on で印刷中です

キャンセル

アクティブシートの2～5ページが印刷される

関連項目
02.077 ブック全体を印刷する→p.301
02.078 特定のセル範囲だけ印刷する→p.302
02.080 印刷部数を指定する→p.304
02.097 1ページ目のページ番号を指定する→p.322

印刷／クリア

02.082 印刷する前にプレビューを表示する

PrintOutメソッド

object.**PrintOut** (*Preview*)

object---対象となるWorksheetオブジェクト
Preview---Trueの場合は印刷前にプレビューを表示する。既定値はFalse(省略可)

PrintOutメソッドの引数PreviewにTrueを指定すると、印刷する前にプレビュー画面を表示します。プレビュー画面で[印刷]ボタンをクリックしないと、印刷は行われません。これは「ActiveSheet.PrintPreview」と同じ動作です。

```
Sub Sample82()
    ActiveSheet.PrintOut Preview:=True → 印刷する前にプレビュー画面を表示
End Sub
```

実行結果

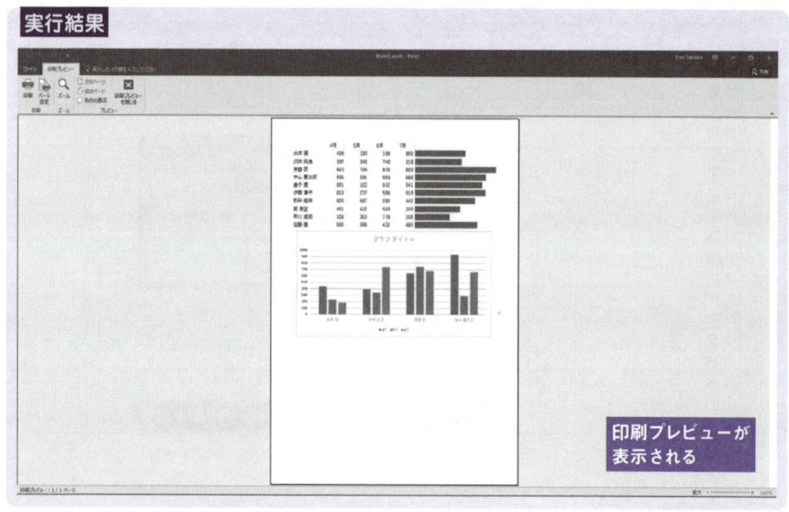

関連項目
02.025 ワークシートを印刷する→p.249
02.026 ワークシートを印刷プレビューする→p.250
02.035 ワークシートの表示を変更する→p.259

印刷

02.083 印刷範囲を設定する

PageSetupオブジェクト、PrintAreaプロパティ

*object.***PageSetup.PrintArea**

object---対象となるWorksheetオブジェクト

印刷範囲を設定するには、PageSetupオブジェクトのPrintAreaプロパティにアドレスを指定します。サンプルのように相対参照で指定しても、自動的に絶対参照として設定されます。印刷範囲を設定しているワークシートでは、印刷を実行したとき、自動的に印刷範囲だけが印刷されます。

```
Sub Sample83()
    ActiveSheet.PageSetup.PrintArea = "A1:F7" → セル範囲A1:F7を印刷範囲に設定
End Sub
```

実行結果

	A	B	C	D	E	F	G
1	田中	293	379	781	898		
2	山下	123	648	873	860		
3	鈴木	239	302	350	206		
4	山本	639	902	773	498		
5	山田	185	225	581	175		
6	森	254	495	435	137		
7	黒沢	370	810	812	383		
8	原田	531	748	335	675		
9	小笠原	316	733	143	591		
10	三井	146	341	235	552		
11	佐藤	262	656	373	560		

セル範囲A1:F7が印刷範囲に設定される

関連項目 02.084 印刷範囲をクリアする→p.308
02.085 印刷範囲を無視して印刷する→p.309

印刷

02.084 印刷範囲をクリアする

PageSetupオブジェクト、PrintAreaプロパティ

object.**PageSetup.PrintArea** = ""

object---対象となるWorksheetオブジェクト

印刷範囲をクリアするには、PageSetupオブジェクトのPrintAreaプロパティに空欄("")を設定します。

```
Sub Sample84()
    ActiveSheet.PageSetup.PrintArea = "" → 印刷範囲をクリア
End Sub
```

実行結果

	A	B	C	D	E	F	G
1	田中	293	379	781	898		
2	山下	123	648	873	860		
3	鈴木	239	302	350	206		
4	山本	639	902	773	498		
5	山田	185	225	581	175		
6	森	254	495	435	137		
7	黒沢	370	810	812	383		
8	原田	531	748	335	675		
9	小笠原	316	733	143	591		
10	三井	146	341	235	552		
11	佐藤	262	656	373	560		

↓

	A	B	C	D	E	F
1	田中	293	379	781	898	
2	山下	123	648	873	860	
3	鈴木	239	302	350	206	
4	山本	639	902	773	498	
5	山田	185	225	581	175	
6	森	254	495	435	137	
7	黒沢	370	810	812	383	
8	原田	531	748	335	675	
9	小笠原	316	733	143	591	
10	三井	146	341	235	552	
11	佐藤	262	656	373	560	

印刷範囲がクリアされる

関連項目 02.083 印刷範囲を設定する→p.307
02.085 印刷範囲を無視して印刷する→p.309

印刷

❌非対応バージョン 2003

02.085 印刷範囲を無視して印刷する

PrintOutメソッド

object*.PrintOut *IgnorePrintAreas

object---対象となるWorksheetオブジェクト
IgnorePrintAreas---Trueの場合は印刷範囲を無視して印刷する。既定値はFalse（省略可）

印刷範囲が設定されているワークシートでは、印刷を実行したとき、設定している印刷範囲だけが印刷の対象になります。印刷範囲をクリアするのではなく、一時的に「印刷範囲を無視して全体を印刷する」ときは、PrintOutメソッドの引数IgnorePrintAreasにTrueを設定します。引数IgnorePrintAreasは、Excel 2007で追加された引数です。

```
Sub Sample85()
    ActiveSheet.PrintOut IgnorePrintAreas:=True → アクティブシートの印刷範囲を無視して印刷
End Sub
```

実行結果

	A	B	C	D	E	F	G
1	田中	293	379	781	898		
2	山下	123	648	873	860		
3	鈴木	239	302	350	206		
4	山本	639	902	773	498		
5	山田	185	225	581	175		
6	森	254	495	435	137		
7	黒沢	370	810	812	383		
8	原田	531	748	335	675		
9	小笠原	316	733	143	591		
10	三井	146	341	235	552		
11	佐藤	262	656	373	560		

この印刷範囲が無視される

関連項目 02.083 印刷範囲を設定する→p.307
02.084 印刷範囲をクリアする→p.308

印刷

02.086 白黒印刷する

PageSetupオブジェクト、BlackAndWhiteプロパティ

object.**PageSetup.BlackAndWhite**

object---対象となるWorksheetオブジェクト

白黒印刷をするときは、PageSetupオブジェクトのBlackAndWhiteプロパティにTrueを設定してからPrintOutメソッドを実行します。白黒印刷をすると、グラフの塗りつぶし色などがパターンで印刷されます。

```
Sub Sample86()
    With ActiveSheet
        .PageSetup.BlackAndWhite = True → 白黒印刷を設定
        .PrintOut → 印刷
    End With
End Sub
```

実行結果

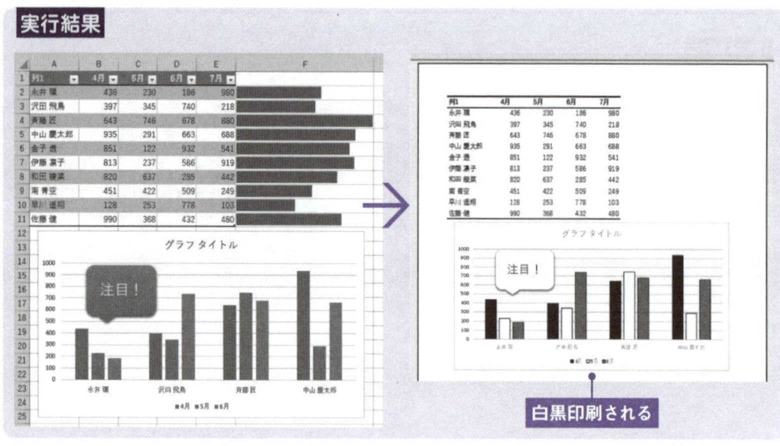

列1	4月	5月	6月	7月
永井 環	436	230	186	980
沢田 飛鳥	397	345	740	218
斉藤 匠	643	746	678	880
中山 慶太郎	935	291	663	688
金子 逸	851	122	932	541
伊藤 凛子	813	237	586	919
和田 陵菜	820	637	285	442
南 青空	451	422	509	249
早川 遥翔	128	253	778	103
佐藤 健	990	368	432	480

関連項目
02.087 コメントを印刷する→p.311
02.088 行列番号を印刷する→p.312
02.089 枠線を印刷する→p.313
02.090 簡易印刷する→p.314
02.091 エラーを印刷しない→p.315

コメント／印刷

02.087 コメントを印刷する

PageSetupオブジェクト、PrintCommentsプロパティ

object.**PageSetup.PrintComments**

object---対象となるWorksheetオブジェクト

コメントを印刷するときは、PageSetupオブジェクトのPrintCommentsプロパティに次の定数を指定します。

xlPrintInPlace	ワークシートの表示と同じ位置に印刷される
xlPrintNoComments	コメントは印刷されない
xlPrintSheetEnd	ワークシートの末尾にコメントだけまとめて印刷される

標準では、定数xlPrintNoCommentsが設定されています。

```
Sub Sample87()
    With ActiveSheet
        .PageSetup.PrintComments = xlPrintSheetEnd → ワークシートの末尾にコメントが印刷されるように設定
        .PrintPreview → プレビュー画面を表示
    End With
End Sub
```

実行結果

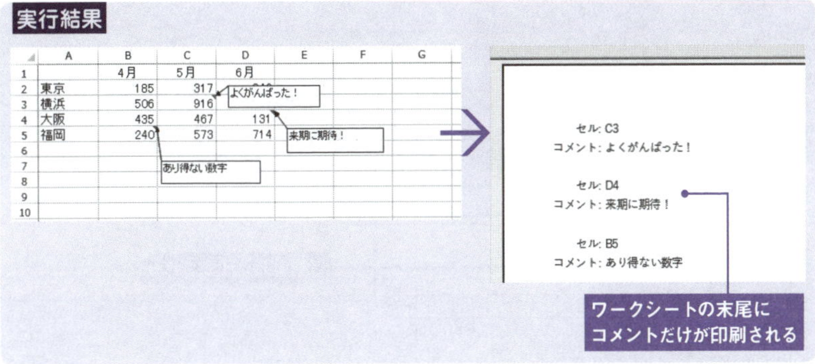

関連項目
02.086 白黒印刷する→p.310
02.088 行列番号を印刷する→p.312
02.089 枠線を印刷する→p.313
02.090 簡易印刷する→p.314
02.091 エラーを印刷しない→p.315

印刷

02.088 行列番号を印刷する

PageSetupオブジェクト、PrintHeadingsプロパティ

object.**PageSetup.PrintHeading**

object---対象となるWorksheetオブジェクト

行列番号を印刷するときは、PageSetupオブジェクトのPrintHeadingsプロパティにTrueを設定します。行列番号は、印刷されるセル範囲だけしか表示されません。

```
Sub Sample88()
    With ActiveSheet
        .PageSetup.PrintHeadings = True → 行列番号の印刷を設定
        .PrintPreview → プレビュー画面を表示
    End With
End Sub
```

実行結果

	A	B	C	D	E	F
1		4月	5月	6月		
2	東京	185	317	342		
3	横浜	506	916	825		
4	大阪	435	467	131		
5	福岡	240	573	714		
6						
7						
8						
9						

↓

	A	B	C	D
1		4月	5月	6月
2	東京	185	317	342
3	横浜	506	916	825
4	大阪	435	467	131
5	福岡	240	573	714

行列番号が印刷される

関連項目
02.086 白黒印刷する→p.310
02.087 コメントを印刷する→p.311
02.089 枠線を印刷する→p.313
02.090 簡易印刷する→p.314
02.091 エラーを印刷しない→p.315

印刷

02.089 枠線を印刷する

PageSetupオブジェクト、PrintGridlinesプロパティ

object.**PageSetup.PrintGridlines**

object---対象となるWorksheetオブジェクト

ワークシートの枠線を印刷するときは、PageSetupオブジェクトのPrintGridlinesプロパティにTrueを設定します。Excelのオプションで枠線の色を変更した場合、変更された色で印刷されます。

```
Sub Sample89()
    With ActiveSheet
        .PageSetup.PrintGridlines = True → 枠線の印刷を設定
        .PrintPreview → プレビュー画面を表示
    End With
End Sub
```

実行結果

	A	B	C	D	E	F
1		4月	5月	6月		
2	東京	185	317	342		
3	横浜	506	916	825		
4	大阪	435	467	131		
5	福岡	240	573	714		
6						
7						
8						
9						

↓

	A	B	C	D
1		4月	5月	6月
2	東京	185	317	342
3	横浜	506	916	825
4	大阪	435	467	131
5	福岡	240	573	714

枠線が印刷される

関連項目

02.086 白黒印刷する→p.310
02.087 コメントを印刷する→p.311
02.088 行列番号を印刷する→p.312
02.090 簡易印刷する→p.314
02.091 エラーを印刷しない→p.315

印刷

02.090 簡易印刷する

PageSetupオブジェクト、Draftプロパティ

***object.*PageSetup.Draft**

object---対象となるWorksheetオブジェクト

簡易印刷をするには、PageSetupオブジェクトのDraftプロパティにTrueを設定します。簡易印刷では、グラフやオートシェイプなどは印刷されません。また、セルの文字色や太字などの属性は印刷されますが、背景の塗りつぶしなどは無視されます。

```
Sub Sample90()
    With ActiveSheet
        .PageSetup.Draft = True ——→ 簡易印刷を設定
        .PrintPreview → プレビュー画面を表示
    End With
End Sub
```

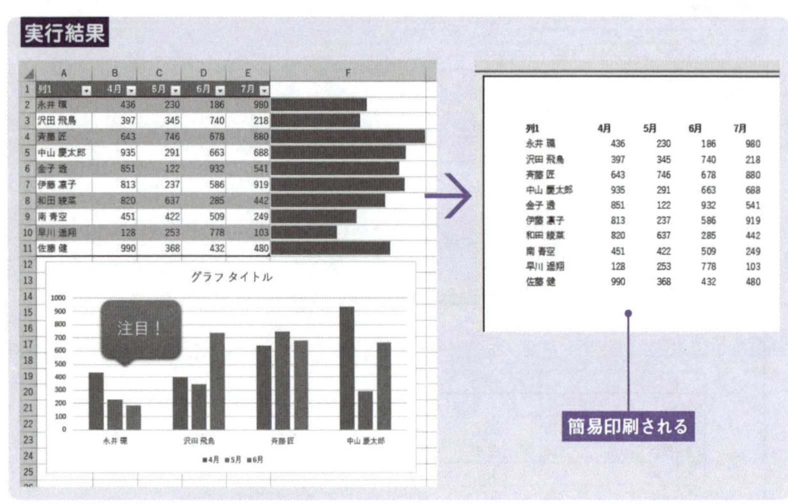

列1	4月	5月	6月	7月
永井 環	436	230	186	980
沢田 飛鳥	397	345	740	218
斉藤 匠	643	746	678	880
中山 慶太郎	935	291	663	688
金子 透	851	122	932	541
伊藤 凛子	813	237	586	919
和田 綾菜	820	637	285	442
南 青空	451	422	509	249
早川 遥翔	128	253	778	103
佐藤 健	990	368	432	480

関連項目
02.086 白黒印刷する→p.310
02.087 コメントを印刷する→p.311
02.088 行列番号を印刷する→p.312
02.089 枠線を印刷する→p.313
02.091 エラーを印刷しない→p.315

エラー／印刷

02.091 エラーを印刷しない

PageSetupオブジェクト、PrintErrorsプロパティ

object.PageSetup.PrintErrors

object---対象となるWorksheetオブジェクト

印刷するワークシート内で、セルの数式がエラーになっていたとき、エラーを印刷させないようにできます。エラーをどう扱うかは、PageSetupオブジェクトのPrintErrorsプロパティに、次の定数を指定します。

xlPrintErrorsBlank	エラーは印刷されない
xlPrintErrorsDash	エラーは「--」と印刷される
xlPrintErrorsDisplayed	表示されている通りに印刷される
xlPrintErrorsNA	エラーは「#N/A」と印刷される

```
Sub Sample91()
    With ActiveSheet
        .PageSetup.PrintErrors = xlPrintErrorsBlank → エラーを印刷しないように設定
        .PrintPreview → プレビュー画面を表示
    End With
End Sub
```

実行結果

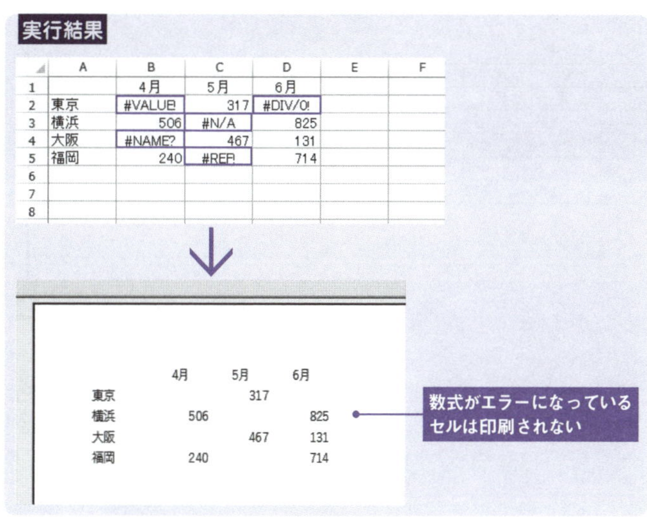

関連項目
02.086 白黒印刷する→p.310
02.087 コメントを印刷する→p.311
02.088 行列番号を印刷する→p.312
02.089 枠線を印刷する→p.313
02.090 簡易印刷する→p.314

セル
ブックとシート
ファイル
グラフとオブジェクト
メニュー
UserForm
プログラミング
高度な使い方

印刷

02.092 用紙の向きを設定する

PageSetupオブジェクト、Orientationプロパティ

***object*.PageSetup.Orientation**

object---対象となるWorksheetオブジェクト

印刷する用紙の向きは、PageSetupオブジェクトのOrientationプロパティで設定します。Orientationプロパティには、次の定数を指定できます。

xlLandscape	横
xlPortrait	縦

```
Sub Sample92()
    With ActiveSheet
        .PageSetup.Orientation = xlPortrait → 用紙の向きを縦に設定
        .PrintPreview → プレビュー画面を表示
    End With
End Sub
```

実行結果

	A	B	C	D
1		4月	5月	6月
2	東京	185	317	342
3	横浜	506	916	825
4	大阪	435	467	131
5	福岡	240	573	714

用紙の向きが縦に設定される

関連項目
02.093 1枚の用紙に印刷する→p.317
02.094 拡大縮小率を指定する→p.318
02.095 用紙の中央に印刷する→p.319

印刷

02.093 1枚の用紙に印刷する

PageSetupオブジェクト、FitToPagesWideプロパティ、FitToPagesTallプロパティ

object.**PageSetup.FitToPagesWide**
object.**PageSetup.FitToPagesTall**

object---対象となるWorksheetオブジェクト

印刷するセル範囲の大きさによらず、1枚の用紙に印刷するには、PageSetupオブジェクトのFitToPagesWideプロパティとFitToPagesTallプロパティに「1」を設定します。印刷のときは、自動的に縮小されます。

```
Sub Sample93()
    With ActiveSheet → ページの拡大縮小を設定
        .PageSetup.Zoom = False
        .PageSetup.FitToPagesWide = 1 ┐→ 縦1ページで横1ページ(1枚の用紙)に
        .PageSetup.FitToPagesTall = 1 ┘   印刷するように設定
        .PrintPreview → プレビュー画面を表示
    End With
End Sub
```

実行結果

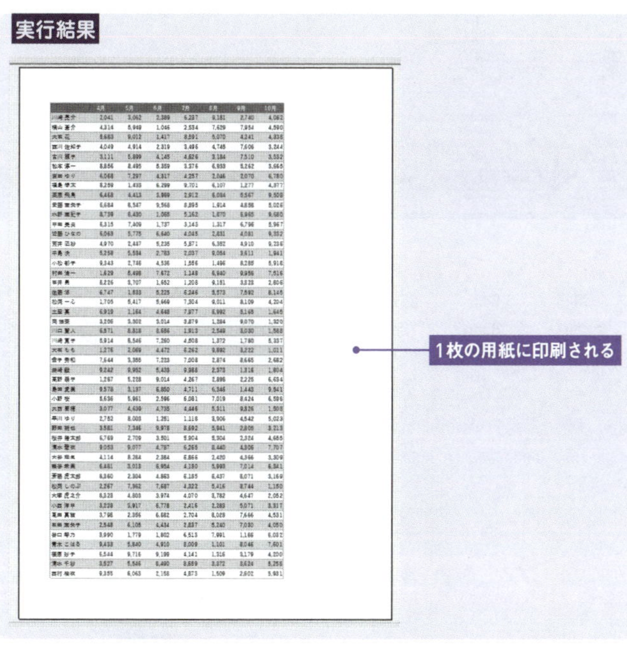

関連項目
02.092 用紙の向きを設定する→p.316
02.094 拡大縮小率を指定する→p.318
02.095 用紙の中央に印刷する→p.319

印刷

02.094 拡大縮小率を指定する

PageSetupオブジェクト、Zoomプロパティ

object.**PageSetup.Zoom**

object---対象となるWorksheetオブジェクト

印刷の拡大縮小率は、PageSetupオブジェクトのZoomプロパティで設定します。Zoomプロパティにはパーセントを表す数値を指定します。サンプルでは「200%」を指定しています。

```
Sub Sample94()
    With ActiveSheet
        .PageSetup.Zoom = 200 → 印刷の拡大率を200%に設定
        .PrintPreview → プレビュー画面を表示
    End With
End Sub
```

実行結果

	A	B	C	D	E	F
1		4月	5月	6月		
2	東京	885	940	857		
3	横浜	867	838	924		
4	大阪	665	782	907		
5	福岡	293	757	744		
6						
7						
8						

↓

	4月	5月	6月
東京	885	840	857
横浜	867	838	724
大阪	665	782	907
福岡	293	757	744

印刷時に「200%」に拡大される

関連項目
02.092 用紙の向きを設定する→p.316
02.093 1枚の用紙に印刷する→p.317
02.095 用紙の中央に印刷する→p.319

印刷

02.095 用紙の中央に印刷する

PageSetupオブジェクト、CenterHorizontallyプロパティ、CenterVerticallyプロパティ

object.**PageSetup**.**CenterHorizontally**
object.**PageSetup**.**CenterVertically**

object---対象となるWorksheetオブジェクト

用紙の中央に印刷するには、PageSetupオブジェクトのCenterHorizontallyプロパティとCenterVerticallyプロパティにTrueを設定します。

```
Sub Sample95()
    With ActiveSheet
        .PageSetup.CenterHorizontally = True  ← 印刷時のページレイアウトを用紙の水平方向中央に設定
        .PageSetup.CenterVertically = True → 印刷時のページレイアウトを用紙の垂直方向中央に設定
        .PrintPreview → プレビュー画面を表示
    End With
End Sub
```

実行結果

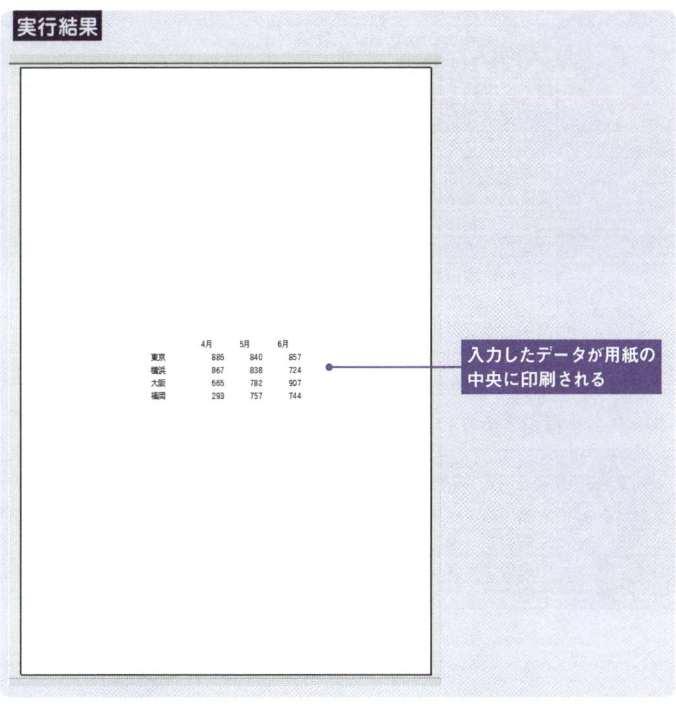

関連項目
02.092 用紙の向きを設定する→p.316
02.093 1枚の用紙に印刷する→p.317
02.094 拡大縮小率を指定する→p.318

印刷

02.096 ヘッダー／フッターを指定する

PageSetupオブジェクト、LeftHeaderプロパティ、CenterHeaderプロパティ、RightFooterプロパティ

object.**PageSetup.LeftHeader**、*object*.**PageSetup.CenterHeader**、*object*.**PageSetup.RightFooter**

object---対象となるWorksheetオブジェクト

ヘッダーとフッターは、PageSetupオブジェクトのLeftHeaderプロパティやRightFooterプロパティなどに設定します。ヘッダーとフッターには任意の文字列を指定できるほか、次の記号を指定することができます。

&D	現在の日付
&T	現在の時刻
&F	ファイル名
&A	シート名
&N	全ページ数
&P	ページ番号
&P+nn	ページ番号にnnを加えた数値
&P-nn	ページ番号からnnを引いた数値
&L	続く文字列を左詰め
&C	続く文字列を中央揃え
&R	続く文字列を右詰め
&"←フォント名→"	指定したフォント
&nn	指定した文字サイズ
&B	文字列を太字にする
&I	文字列を斜体にする
&U	文字列に下線を付ける
&S	文字列に取消線を付ける
&E	文字列に二重下線を付ける
&X	文字列を上付き文字にする
&Y	文字列を下付き文字にする
&&	&という記号を印刷する

ヘッダーやフッターを指定するプロパティには以下のような種類があります。

LeftHeaderプロパティ	左側のヘッダー
CenterHeaderプロパティ	中央のヘッダー
RightHeaderプロパティ	右側のヘッダー
LeftFooterプロパティ	左側のフッター
CenterFooterプロパティ	中央のフッター
RightFooterプロパティ	右側のフッター

```
Sub Sample96()
    With ActiveSheet
        .PageSetup.LeftHeader = "&F" → 左側のヘッダーにファイル名を表示
        .PageSetup.CenterHeader = "極秘資料" → 中央のヘッダーに「極秘資料」と表示
        .PageSetup.RightFooter = "&P" → 右側のフッターにページ番号を表示
        .PrintPreview → プレビュー画面を表示
    End With
End Sub
```

実行結果

	A	B	C	D	E	F
1		4月	5月	6月		
2	東京	885	940	857		
3	横浜	867	838	924		
4	大阪	665	782	907		
5	福岡	293	757	744		
6						
7						
8						

↓

会議資料.xlsx　　極秘資料

ヘッダー／フッターを指定できる

	4月	5月	6月
東京	885	840	857
横浜	867	838	724
大阪	665	782	907
福岡	293	757	744

関連項目 02.076 印刷の総ページ数を取得する→p.300
02.080 印刷部数を指定する→p.304
02.081 印刷するページを指定する→p.305

印刷

02.097 1ページ目のページ番号を指定する

PageSetupオブジェクト、FirstPageNumberプロパティ

object.**PageSetup.FirstPageNumber**

object---対象となるWorksheetオブジェクト

1ページ目のページ番号は、PageSetupオブジェクトのFirstPageNumberプロパティで設定します。

```
Sub Sample97()
    With ActiveSheet
        .PageSetup.FirstPageNumber = 2 → 1ページ目のページ番号を「2」に設定
        .PrintPreview → プレビュー画面を表示
    End With
End Sub
```

実行結果

2 ページ番号が設定される

	4月	5月	6月
東京	885	840	857
横浜	867	838	724
大阪	665	782	907
福岡	293	757	744

関連項目 02.096 ヘッダー／フッターを指定する→p.320
02.098 タイトル行／列を設定する→p.323

印刷

02.098 タイトル行／列を設定する

PageSetupオブジェクト、PrintTitleRowsプロパティ、PrintTitleColumnsプロパティ

object.**PageSetup.PrintTitleRows**
object.**PageSetup.PrintTitleColumns**

object---対象となるWorksheetオブジェクト

タイトル行／列を設定すると、2ページ目以降も設定したタイトル行／列が印刷されるようになります。PageSetupオブジェクトのPrintTitleRowsプロパティには、すべてのページに印刷するタイトル行を設定し、PrintTitleColumnsプロパティにはタイトル列を設定します。

```
Sub Sample98()
    With ActiveSheet
        .PageSetup.PrintTitleRows = "$1:$1" → 行1を行タイトルに設定
        .PageSetup.PrintTitleColumns = "$A:$A" → 列Aを列タイトルに設定
        .PrintPreview → プレビュー画面を表示
    End With
End Sub
```

実行結果

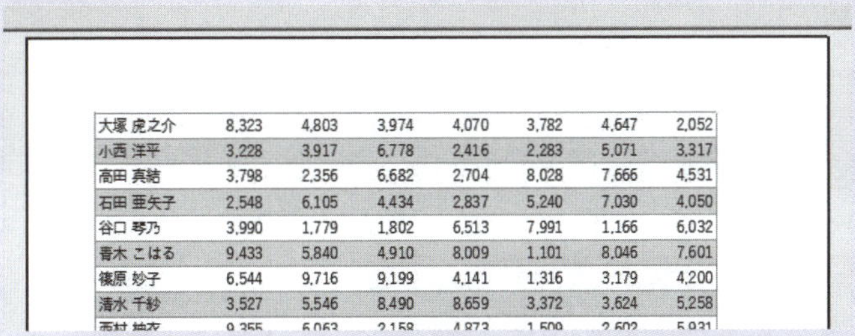

大塚 虎之介	8,323	4,803	3,974	4,070	3,782	4,647	2,052
小西 洋平	3,228	3,917	6,778	2,416	2,283	5,071	3,317
高田 真結	3,798	2,356	6,682	2,704	8,028	7,666	4,531
石田 亜矢子	2,548	6,105	4,434	2,837	5,240	7,030	4,050
谷口 琴乃	3,990	1,779	1,802	6,513	7,991	1,166	6,032
青木 こはる	9,433	5,840	4,910	8,009	1,101	8,046	7,601
篠原 妙子	6,544	9,716	9,199	4,141	1,316	3,179	4,200
清水 千紗	3,527	5,546	8,490	8,659	3,372	3,624	5,258

↓

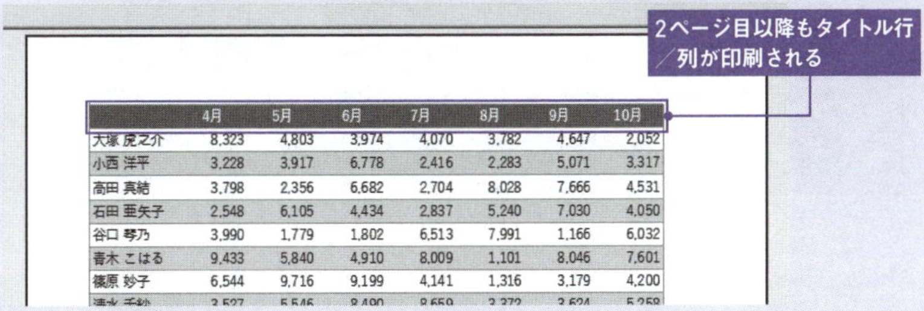

2ページ目以降もタイトル行／列が印刷される

	4月	5月	6月	7月	8月	9月	10月
大塚 虎之介	8,323	4,803	3,974	4,070	3,782	4,647	2,052
小西 洋平	3,228	3,917	6,778	2,416	2,283	5,071	3,317
高田 真結	3,798	2,356	6,682	2,704	8,028	7,666	4,531
石田 亜矢子	2,548	6,105	4,434	2,837	5,240	7,030	4,050
谷口 琴乃	3,990	1,779	1,802	6,513	7,991	1,166	6,032
青木 こはる	9,433	5,840	4,910	8,009	1,101	8,046	7,601
篠原 妙子	6,544	9,716	9,199	4,141	1,316	3,179	4,200

関連項目
02.096 ヘッダー／フッターを指定する→p.320
02.097 1ページ目のページ番号を指定する→p.322
02.109 ワークシート画面を分割する→p.334

印刷 ✕非対応バージョン 2007 2003

02.099 印刷の設定を高速化する

Applicationオブジェクト、PrintCommunicationプロパティ

***object*.Application.PrintCommunication**

object---対象となるWorksheetオブジェクト

印刷の各種設定で操作するPageSetupオブジェクトは、設定に時間がかかるオブジェクトです。ヘッダーや用紙の向き、拡大縮小率など複数の設定をマクロから行うと、設定が終わるまでに意外と時間がかかります。そんなときは、Excelとプリンタとの通信を一時的に遮断します。遮断した状態ではPageSetupオブジェクトの設定が高速に行えるので、設定を終えてから通信を再開し、キャッシュされたすべての設定をプリンタに送信します。なお、PrintCommunicationプロパティは、Excel 2010で追加されたプロパティです。

```
Sub Sample99()
    With ActiveSheet
        Application.PrintCommunication = False → Excelとプリンタの通信を遮断
        .PageSetup.PrintTitleRows = "$1:$1"
        .PageSetup.PrintTitleColumns = "$A:$A"  → 行1列Aをタイトル行／列に設定
        Application.PrintCommunication = True  → Excelとプリンタの通信を再開
        .PrintPreview → プレビュー画面を表示
    End With
End Sub
```

実行結果

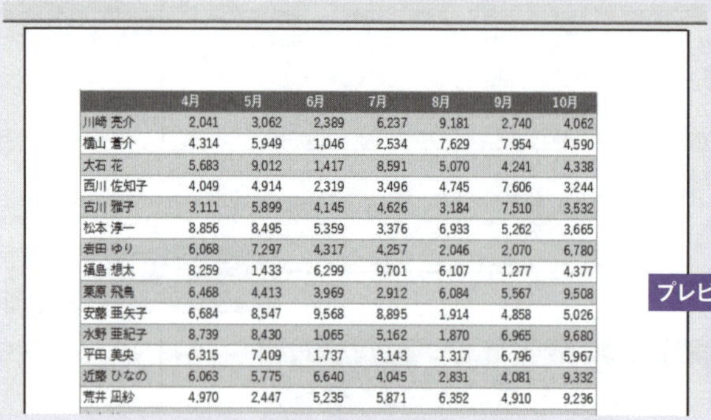

	4月	5月	6月	7月	8月	9月	10月
川崎 亮介	2,041	3,062	2,389	6,237	9,181	2,740	4,062
横山 蒼介	4,314	5,949	1,046	2,534	7,629	7,954	4,590
大石 花	5,683	9,012	1,417	8,591	5,070	4,241	4,338
西川 佐知子	4,049	4,914	2,319	3,496	4,745	7,606	3,244
古川 雅子	3,111	5,899	4,145	4,626	3,184	7,510	3,532
松本 淳一	8,856	8,495	5,359	3,376	6,933	5,262	3,665
岩田 ゆり	6,068	7,297	4,317	4,257	2,046	2,070	6,780
福島 想太	8,259	1,433	6,299	9,701	6,107	1,277	4,377
栗原 飛鳥	6,468	4,413	3,969	2,912	6,084	5,567	9,508
安藤 亜矢子	6,684	8,547	9,568	8,895	1,914	4,858	5,026
水野 亜紀子	8,739	8,430	1,065	5,162	1,870	6,965	9,680
平田 美央	6,315	7,409	1,737	3,143	1,317	6,796	5,967
近藤 ひなの	6,063	5,775	6,640	4,045	2,831	4,081	9,332
荒井 凪紗	4,970	2,447	5,235	5,871	6,352	4,910	9,236

プレビュー画面が表示される

関連項目 08.032 CPUの使用率を抑える→p.630

画像／背景

02.100 ワークシートの背景に印刷されない画像を表示する

SetBackgroundPictureメソッド

object.**SetBackgroundPicture**(*FileName*)

object---対象となるWorksheetオブジェクト、*FileName*---画像ファイル

ワークシートの背景に、画像を敷き詰めて表示するには、Worksheetオブジェクトのメソッドを実行します。背景に表示した画像は印刷されません。

```
Sub Sample100()
    ActiveSheet.SetBackgroundPicture "C:¥Work¥Heart.bmp" → アクティブシートの背景に画像ファイルを設定
End Sub
```

実行結果

	A	B	C	D	E
1		4月	5月	6月	
2	東京	885	940	857	
3	横浜	867	838	924	
4	大阪	665	782	907	
5	福岡	293	757	744	
6					
7					

↓

	A	B	C	D	E
1		4月	5月	6月	
2	東京	885	940	857	
3	横浜	867	838	924	
4	大阪	665	782	907	
5	福岡	293	757	744	
6					
7					

背景に画像が表示される

memo

▶表示した画像を消すには、SetBackgroundPictureメソッドの引数に空欄("")を指定します。

関連項目 04.069 画像を挿入する→p.450

マクロ

02.101 セルを選択したときマクロを自動実行する

SelectionChangeイベント

Private Sub Worksheet_**SelectionChange**(ByVal Target As Range)

ワークシート内で選択セルが移動すると、SelectionChangeイベントが発生します。選択されたセルは、引数Targetに格納されるので、どのセルが選択されたかは引数Targetを調べます。

```
Private Sub Worksheet_SelectionChange(ByVal Target As Range)
    MsgBox Target.Row & "行目" & vbCrLf & _
           Target.Column & "列目" & vbCrLf & _
           "が選択されました"
End Sub
```

移動先のセルのアドレスをMsgBoxに表示

実行結果

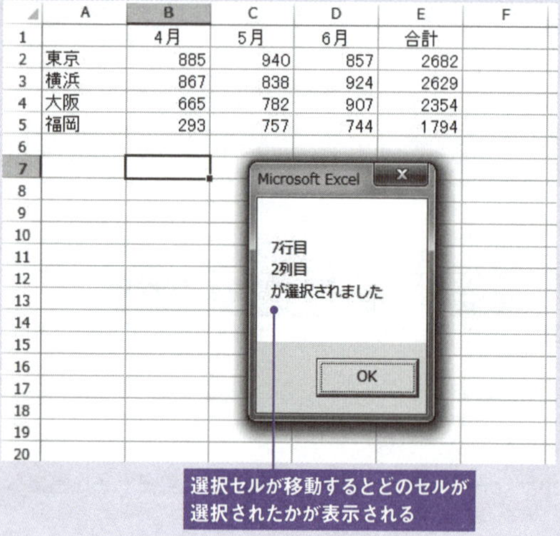

	A	B	C	D	E	F
1		4月	5月	6月	合計	
2	東京	885	940	857	2682	
3	横浜	867	838	924	2629	
4	大阪	665	782	907	2354	
5	福岡	293	757	744	1794	

Microsoft Excel

7行目
2列目
が選択されました

OK

選択セルが移動するとどのセルが選択されたかが表示される

関連項目
02.102 再計算されたときマクロを自動実行する→p.327
02.103 セルの値が変更されたときマクロを自動実行する→p.328
02.107 イベントを抑止する→p.332

マクロ

02.102 再計算されたときマクロを自動実行する

Calculateイベント

Private Sub Worksheet_**Calculate**()

任意の数式が再計算されると、Calculateイベントが発生します。ただし、Calculateイベントでは再計算されたことがわかるだけで、どのセルが変更されたかはわかりません。

```
Private Sub Worksheet_Calculate()
    MsgBox "再計算されました" → 再計算した場合、MsgBoxを表示
End Sub
```

実行結果

	A	B	C	D	E	F
1		4月	5月	6月	合計	
2	東京	885	940	857	2682	
3	横浜	867	838	924	2629	
4	大阪	665	782	907	2354	
5	福岡	293	757	744	1794	
6						
7						

↓

	A	B	C	D	E	F
1		4月	5月	6月	合計	
2	東京	885	940	857	2682	
3	横浜	0	838	924	1762	
4	大阪	665	782	907	2354	
5	福岡	293	757	744	1794	

Microsoft Excel
再計算されました
OK

数式を再計算するとマクロが実行される

関連項目
02.101 セルを選択したときマクロを自動実行する→p.326
02.103 セルの値が変更されたときマクロを自動実行する→p.328
02.105 セルの右クリックでマクロを実行する→p.330
02.106 セルのダブルクリックでマクロを実行する→p.331

マクロ

02.103 セルの値が変更されたときマクロを自動実行する

Changeイベント

Private Sub Worksheet_**Change**(ByVal Target As Range)

セルの値が変更されると、Changeイベントが発生します。引数Targetには、変更されたセルが格納されます。

```
Private Sub Worksheet_Change(ByVal Target As Range)
    MsgBox Target.Address & "が" & vbCrLf & _
           Target.Value & "に変更されました"
End Sub
```

変更されたセルのアドレスと値をMsgBoxに表示

実行結果

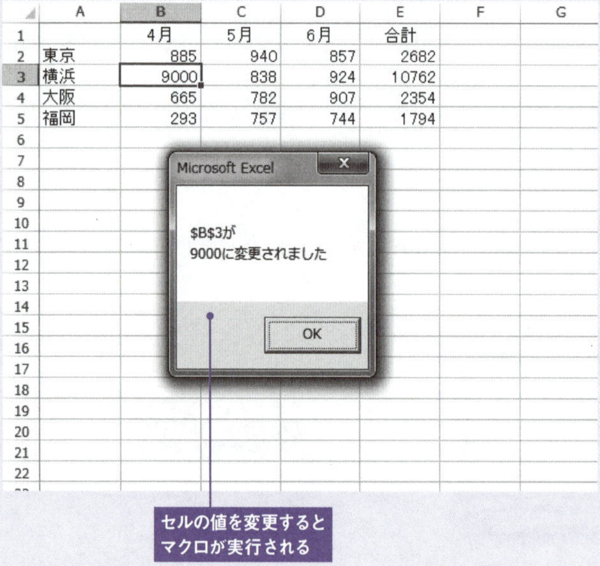

	A	B	C	D	E	F	G
1		4月	5月	6月	合計		
2	東京	885	940	857	2682		
3	横浜	9000	838	924	10762		
4	大阪	665	782	907	2354		
5	福岡	293	757	744	1794		

Microsoft Excel

$B$3が
9000に変更されました

OK

セルの値を変更するとマクロが実行される

関連項目
02.101 セルを選択したときマクロを自動実行する→p.326
02.102 再計算されたときマクロを自動実行する→p.327
02.104 別のワークシートを開かせない→p.329
02.105 セルの右クリックでマクロを実行する→p.330

マクロ

02.104 別のワークシートを開かせない

Deactivateイベント

Private Sub Worksheet_**Deactivate**()

WorksheetオブジェクトのDeactivateイベントは、ワークシートがアクティブでなくなると発生します。必須データが未入力だった場合、入力するまで別のワークシートを開かせたくないようなとき、アクティブシートを戻すことができます。

```
Private Sub Worksheet_Deactivate()
    If Range("A1") = "" Then → セルA1が空欄か判定
        Sheets("Sheet2").Activate → Sheet2をアクティブにする
        Range("A1").Select → セルA1を選択
        MsgBox "セルA1が空欄です"
    End If
End Sub
```

実行結果

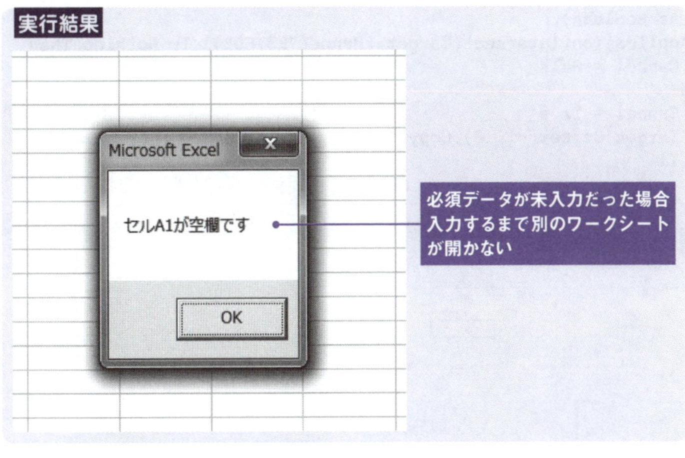

関連項目
02.101 セルを選択したときマクロを自動実行する→p.326
02.103 セルの値が変更されたときマクロを自動実行する→p.328
02.105 セルの右クリックでマクロを実行する→p.330
02.107 イベントを抑止する→p.332

マクロ

02.105 セルの右クリックでマクロを実行する

BeforeRightClickイベント

Private Sub Worksheet_**BeforeRightClick**(ByVal Target As Range, Cancel As Boolean)

セルを右クリックすると、WorksheetオブジェクトのBeforeRightClickイベントが発生します。一般的にセルの右クリックでは、コンテキストメニューが表示されますが、BeforeRightClickイベントはコンテキストメニューが表示されるより前に実行されます。イベントプロシージャ内で、引数CancelにTrueを設定すると、コンテキストメニューは表示されません。右クリックされたセルは、引数Targetに格納されます。サンプルでは、セル範囲E3:E5が右クリックされたら、1つ上のセルをコピーします。それ以外のセルが右クリックされたときは、通常通りコンテキストメニューを表示します。

```
Private Sub Worksheet_BeforeRightClick(ByVal Target As Range, Cancel _
        As Boolean)
    If Application.Intersect(Target, Range("E3:E5")) Is Nothing Then
        Cancel = False
    Else
        Cancel = True
        Target.Offset(-1, 0).Copy Target
    End If
End Sub
```

セル範囲E3:E5以外で右クリックされた場合は通常通り動作

セル範囲E3:E5で右クリックされた場合は1つ上のセルをコピー

実行結果

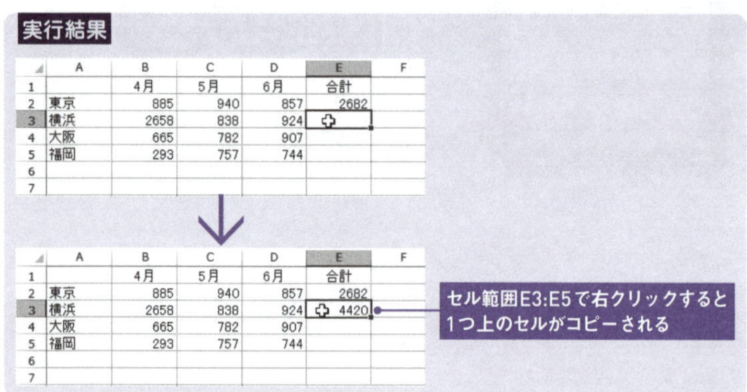

	A	B	C	D	E	F
1		4月	5月	6月	合計	
2	東京	885	940	857	2682	
3	横浜	2658	838	924		
4	大阪	665	782	907		
5	福岡	293	757	744		
6						
7						

↓

	A	B	C	D	E	F
1		4月	5月	6月	合計	
2	東京	885	940	857	2682	
3	横浜	2658	838	924	4420	
4	大阪	665	782	907		
5	福岡	293	757	744		
6						
7						

関連項目
02.101 セルを選択したときマクロを自動実行する→p.326
02.102 再計算されたときマクロを自動実行する→p.327
02.103 セルの値が変更されたときマクロを自動実行する→p.328
02.106 セルのダブルクリックでマクロを実行する→p.331

マクロ

02.106 セルのダブルクリックでマクロを実行する

BeforeDoubleClickイベント

Private Sub Worksheet_**BeforeDoubleClick**(ByVal Target As Range, Cancel As Boolean)

セルをダブルクリックすると、WorksheetオブジェクトのBeforeDoubleClickイベントが発生します。一般的にセルのダブルクリックでは、編集状態になりますが、BeforeDoubleClickイベントは編集状態になるより前に実行されます。イベントプロシージャ内で、引数CancelにTrueを設定すると、編集状態にはなりません。ダブルクリックされたセルは、引数Targetに格納されます。サンプルでは、セル範囲A1:E5内でいずれかのセルがダブルクリックされたら、表全体に格子罫線を引きます。それ以外のセルがダブルクリックされたときは、通常通りセルを編集状態にします。

```
Private Sub Worksheet_BeforeDoubleClick(ByVal Target As Range, Cancel _
        As Boolean)
    If Application.Intersect(Target, Range("A1:E5")) Is Nothing Then
        Cancel = False
    Else
        Cancel = True
        Target.CurrentRegion.Borders.LineStyle = True
    End If
End Sub
```

セル範囲A1:E5以外でダブルクリックされた場合は通常通り動作

セル範囲A1:E5でダブルクリックされた場合は格子罫線を設定

実行結果

	A	B	C	D	E	F
1		4月	5月	6月	合計	
2	東京	885	940	857	2682	
3	横浜	2658	838	924	4420	
4	大阪	665	782	907	2354	
5	福岡	293	757	744	1794	
6						
7						

↓

	A	B	C	D	E	F
1		4月	5月	6月	合計	
2	東京	885	940	857	2682	
3	横浜	2658	838	924	4420	
4	大阪	665	782	907	2354	
5	福岡	293	757	744	1794	
6						
7						

セル範囲A1:E5内でいずれかのセルをダブルクリックすると表全体に格子罫線が設定される

関連項目
02.101 セルを選択したときマクロを自動実行する→p.326
02.102 再計算されたときマクロを自動実行する→p.327
02.103 セルの値が変更されたときマクロを自動実行する→p.328
02.105 セルの右クリックでマクロを実行する→p.330

マクロ

02.107 イベントを抑止する

Applicationオブジェクト、EnableEventsプロパティ

Application.EnableEvents

ワークシートのイベントでマクロを自動実行するときは、イベントの連鎖に注意してください。例えば、セルのデータが変更されたときに発生するChangeイベントの中で、別のセルにデータを書き込むと、その行為によってまたChangeイベントが発生します。そうしたイベントの連鎖をさせないためには、ApplicationオブジェクトのEnableEventsプロパティにFalseを指定して、一時的にイベントを抑止します。

```
Private Sub Worksheet_Change(ByVal Target As Range)
    Application.EnableEvents = False → イベントを抑止
    Target.Offset(0, 1) = Target * 1.05
    Application.EnableEvents = True → 抑止を解除
End Sub
```

実行結果

	A	B	C	D	E	F
1	税抜き	税込み				
2	130	136.5				
3	150	157.5				
4						
5						
6						
7						

↓

	A	B	C	D	E	F
1	税抜き	税込み				
2	130	136.5				
3	150	157.5				
4	230	241.5				
5						
6						
7						

一時的にイベントが抑止される

関連項目 02.101 セルを選択したときマクロを自動実行する→p.326
02.104 別のワークシートを開かせない→p.329

分割

02.108 ウィンドウ枠を固定する(1)

FreezePanesプロパティ

***object*.FreezePanes**

object---対象となるWindowオブジェクト

ウィンドウ枠を固定すると、タイトル行やタイトル列がスクロールされなくなります。ウィンドウ枠を固定するには、固定したい位置にアクティブセルを移動して、WindowオブジェクトのFreezePanesプロパティにTrueを設定します。実行すると、アクティブセルの上と左がウィンドウ枠として固定されます。ウィンドウ枠の固定を解除するには、FreezePanesプロパティにFalseを設定します。

```
Sub Sample108()
    Range("B2").Activate → セルB2をアクティブにする
    ActiveWindow.FreezePanes = True → セルB2の上と左をウィンドウ枠として固定
End Sub
```

実行結果

	A	B	C	D	E	F
1		4月	5月	6月	合計	
2	東京	885	940	857	2682	
3	横浜	2658	838	924	4420	
4	大阪	665	782	907	2354	
5	福岡	293	757	744	1794	
6						
7						
8						

	A	B	C	D	E	F
1		4月	5月	6月	合計	
2	東京	885	940	857	2682	
3	横浜	2658	838	924	4420	
4	大阪	665	782	907	2354	
5	福岡	293	757	744	1794	
6						
7						
8						

アクティブセルの上と左がウィンドウ枠として固定される

関連項目

02.109 ワークシート画面を分割する→p.334
02.110 ウィンドウ枠を固定する（2）→p.335
02.111 分割されているウィンドウ数を取得する→p.336
02.112 分割された画面に表示されている範囲を取得する→p.337
02.113 分割された画面をスクロールする→p.338

分割

02.109 ワークシート画面を分割する

SplitColumnプロパティ、SplitRowプロパティ

object.**SplitColumn**、*object*.**SplitRow**

object---対象となるWindowオブジェクト

ワークシート画面には、縦の分割バーと横の分割バーを、それぞれ1本ずつ設定できます。つまり、最大で4分割にできるわけです。分割する位置は、WindowオブジェクトのSplitColumnプロパティとSplitRowプロパティに、それぞれ列番号と行番号を指定します。サンプルを実行すると、E列とF列の間に縦の分割バーが表示され、10行目と11行目の間に横の分割バーが表示されます。

```
Sub Sample109()
    With ActiveWindow
        .SplitColumn = 5
        .SplitRow = 10
    End With
End Sub
```

（.SplitColumn = 5、.SplitRow = 10 → アクティブウィンドウの5列目、10行目を分割）

実行結果

	A	B	C	D	E	F
1		4月	5月	6月	合計	
2	東京	885	940	857	2682	
3	横浜	2658	838	924	4420	
4	大阪	665	782	907	2354	
5	福岡	293	757	744	1794	
6						
7						

	A	B	C	D	E	X
1		4月	5月	6月	合計	
2	東京	885	940	857	2682	
3	横浜	2658	838	924	4420	
4	大阪	665	782	907	2354	
5	福岡	293	757	744	1794	
6						
7						
8						
9						
10						
40						
41						
42						

E列とF列の間に縦の分割バー、10行目と11行目の間に横の分割バーが表示される

関連項目

02.108 ウィンドウ枠を固定する（1）→p.333
02.110 ウィンドウ枠を固定する（2）→p.335
02.111 分割されているウィンドウ数を取得する→p.336
02.112 分割された画面に表示されている範囲を取得する→p.337
02.113 分割された画面をスクロールする→p.338

分割

02.110 ウィンドウ枠を固定する（2）

FreezePanesプロパティ、SplitColumnプロパティ、SplitRowプロパティ

object.**FreezePanes**、*object*.**SplitColumn**、*object*.**SplitRow**

object---対象となるWindowオブジェクト

ウィンドウ枠の固定は、画面の上と左に「スクロールしない行と列」を設定する機能です。一方、画面の分割は、画面を最大4つの領域に分割して、それぞれの領域を自由に使う機能です。ウィンドウ枠の固定と画面の分割は、似ていますが異なる機能です。そして、両者は共存できません。サンプルでは、SplitColumnプロパティとSplitRowプロパティで画面を分割していますが、その後でFreezePanesプロパティにTrueを設定しているため、画面の分割ではなく、ウィンドウ枠の固定になります。

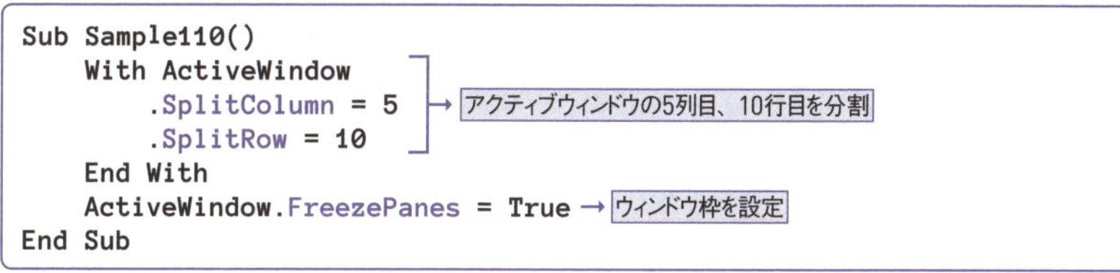

```
Sub Sample110()
    With ActiveWindow
        .SplitColumn = 5
        .SplitRow = 10
    End With
    ActiveWindow.FreezePanes = True
End Sub
```

アクティブウィンドウの5列目、10行目を分割
ウィンドウ枠を設定

実行結果

	A	B	C	D	E	F
1		4月	5月	6月	合計	
2	東京	885	940	857	2682	
3	横浜	2658	838	924	4420	
4	大阪	665	782	907	2354	
5	福岡	293	757	744	1794	
6						
7						
8						
9						
10						
11						
12						
13						

→

	A	B	C	D	E	F
1		4月	5月	6月	合計	
2	東京	885	940	857	2682	
3	横浜	2658	838	924	4420	
4	大阪	665	782	907	2354	
5	福岡	293	757	744	1794	
6						
7						
8						
9						
10						
11						
12						
13						

ウィンドウ枠が固定される

関連項目
02.108 ウィンドウ枠を固定する（1）→p.333
02.109 ワークシート画面を分割する→p.334
02.111 分割されているウィンドウ数を取得する→p.336
02.112 分割された画面に表示されている範囲を取得する→p.337
02.113 分割された画面をスクロールする→p.338

分割

02.111 分割されているウィンドウ数を取得する

Panesコレクション、Countプロパティ

object.**Panes.Count**

object---対象となるWindowオブジェクト

画面が分割されると、それぞれ分割された画面は、Paneオブジェクトとして表されます。Paneオブジェクトの集合体であるPanesコレクションでCountプロパティを調べれば、現在の画面が、何分割されているかがわかります。

```
Sub Sample111()
    MsgBox ActiveWindow.Panes.Count & "分割されています" → 画面の分割数をMsgBoxに表示
End Sub
```

実行結果

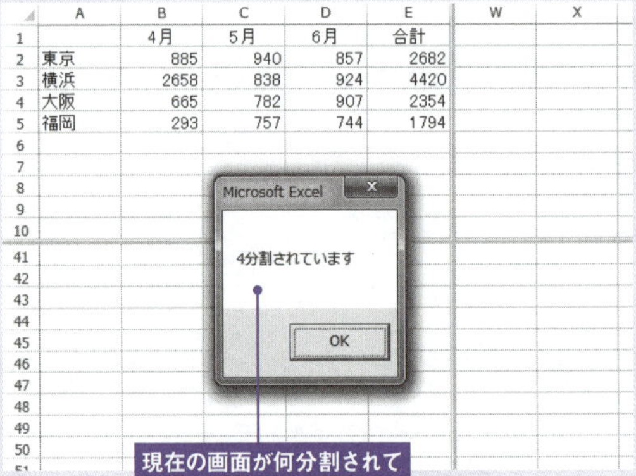

	A	B	C	D	E	W	X
1		4月	5月	6月	合計		
2	東京	885	940	857	2682		
3	横浜	2658	838	924	4420		
4	大阪	665	782	907	2354		
5	福岡	293	757	744	1794		

Microsoft Excel

4分割されています

OK

現在の画面が何分割されているかが判定される

関連項目
02.109 ワークシート画面を分割する→p.334
02.110 ウィンドウ枠を固定する（2）→p.335
02.112 分割された画面に表示されている範囲を取得する→p.337
02.113 分割された画面をスクロールする→p.338

分割

02.112 分割された画面に表示されている範囲を取得する

Paneオブジェクト、VisibleRangeプロパティ

Panes.VisibleRange

分割された各画面領域を表すPaneオブジェクトは、その領域に表示されているセル範囲をVisibleRangeプロパティで取得することができます。サンプルでは、分割している画面ごとに表示されているセル範囲のアドレスを調べています。

```
Sub Sample112()
    Dim i As Long, msg As String
    With ActiveWindow
        For i = 1 To .Panes.Count → 画面の分割数を取得
            msg = msg & .Panes(i).VisibleRange.Address & vbCrLf
        Next i
    End With
    MsgBox msg
End Sub
```

分割している画面ごとに表示されているセル範囲のアドレスを取得

実行結果

	A	B	C	D	E	W	X
1		4月	5月	6月	合計		
2	東京	885	940	857	2682		
3	横浜	2658	838	924	4420		
4	大阪	665	782	907	2354		
5	福岡	293	757	744	1794		

Microsoft Excel

$A$1:$E$10
$W$1:$AQ$10
$A$41:$E$76
$W$41:$AQ$76

OK

分割されている画面に表示されているセル範囲

memo

▶VisibleRangeプロパティはRangeオブジェクトを返すので、そのセル範囲だけ文字の色を変えるなども可能です。

関連項目
02.109 ワークシート画面を分割する→p.334
02.110 ウィンドウ枠を固定する (2) →p.335
02.111 分割されているウィンドウ数を取得する→p.336
02.113 分割された画面をスクロールする→p.338

分割／スクロール

02.113 分割された画面をスクロールする

Paneオブジェクト、LargeScrollプロパティ

Panes.LargeScroll(*Down*)

Down---指定したページ数分だけ下にスクロール（省略可）

分割された画面は、それぞれ別のWindowオブジェクトとして操作できます。サンプルでは、もしすでに画面が分割されていたら、分割を解除します。続いて全体の画面を上下の2分割にし、区切りの分割バーを5行目に挿入します。次に、上の画面を[PageDown]で1画面下にスクロールし、下の画面を「90行目が見えるように」スクロールします。

```
Sub Sample113()
    With ActiveWindow
        If .Panes.Count > 1 Then
            .SplitColumn = 0
            .SplitRow = 0
        End If
        Range("A1").Select
        .SplitRow = 5
        .Panes(1).LargeScroll Down:=1
        .Panes(2).ScrollRow = 90
    End With
End Sub
```

（If～End If：画面が分割されている場合は分割を解除）
（.SplitRow = 5：分割バーを5行目に挿入）
（.Panes(1).LargeScroll Down:=1：1画面下にスクロール）
（.Panes(2).ScrollRow = 90：90行目が見えるようにスクロール）

実行結果

	A	B	C	D
6				
7				
8				
9				
10				
90				
91				
92				
93				
94				
95				
96				
97				

画面が分割され90行目が見えるようにスクロールされる

関連項目
02.109 ワークシート画面を分割する→p.334
02.110 ウィンドウ枠を固定する（2）→p.335
02.111 分割されているウィンドウ数を取得する→p.336
02.112 分割された画面に表示されている範囲を取得する→p.337

分割／整列

02.114 複数のウィンドウを整列する

Windowオブジェクト、Arrangeメソッド

Windows.Arrange(*ArrangeStyle*)

ArrangeStyle---XlArrangeStyleクラスの定数(省略可)

Excel上で複数開いているウィンドウ(ブック)を、上下左右などに整列するには、WindowオブジェクトのArrangeメソッドを使います。Arrangeメソッドの引数ArrangeStyleには、次の定数を指定します。

定数	説明
xlArrangeStyleCascade	すべてのタイトルバーが見えるように表示される
xlArrangeStyleTiled	すべて画面に表示されるようにサイズを調整して並べる
xlArrangeStyleHorizontal	画面の上から下へ縦積みにする
xlArrangeStyleVertical	画面の左から右へ横並びにする

```
Sub Sample114()
    Windows.Arrange ArrangeStyle:=xlArrangeStyleTiled → 開いている複数の画面をすべて表示できるように並べる
End Sub
```

実行結果

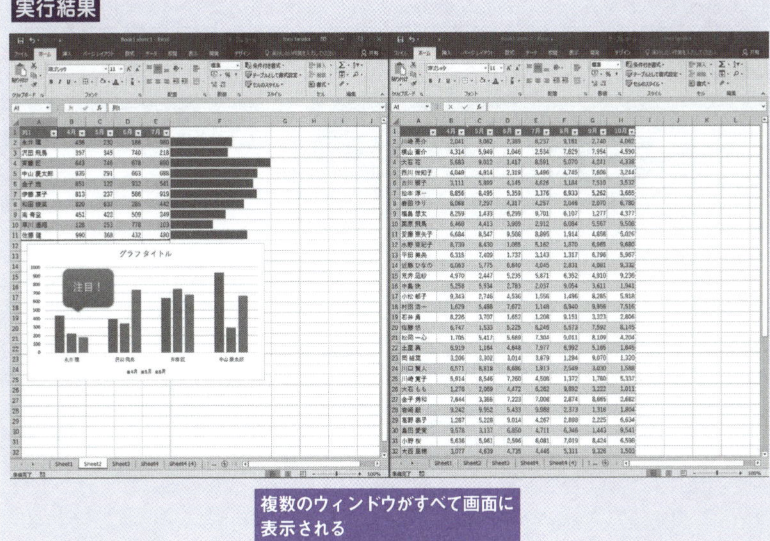

複数のウィンドウがすべて画面に表示される

関連項目
02.115 新しいウィンドウを開く→p.340
02.116 別のワークシートを同時に表示する→p.341
02.117 すべての複製ウィンドウを閉じる→p.342

分割／開く

02.115 新しいウィンドウを開く

NewWindowメソッド

object.**NewWindow**

object---対象となるWindowオブジェクト

あるウィンドウ(ブック)の複製を作り、新しいウィンドウとして開きます。タイトルバーには、ファイル名の後ろに「:2」が表示されます。Arrangeメソッドで整列できるのは、ウィンドウ(ブック)です。同じブックの、異なるワークシートを、整列して表示することはできません。そんなときは、ウィンドウ(ブック)の複製を作り、別のブックとして整列します。どちらのウィンドウで行った操作も、元のファイルに保存されます。作業が終わったら、「:2」の付いた複製ウィンドウを閉じます。複製ウィンドウを閉じないままブックを保存すると、次に開いたときも2つのウィンドウとなります。

```
Sub Sample115()
    ActiveWindow.NewWindow → アクティブウィンドウの複製を新たなウィンドウとして開く
End Sub
```

実行結果

Book1.xlsm:2 - Excel
してください
分割
表示しない
再表示
並べて比較
同時にスクロール
ウィンドウの位置を元に戻す
ウィンドウの切り替え
マクロ
ウィンドウ
マクロ

アクティブウィンドウの複製が表示される

関連項目
02.114 複数のウィンドウを整列する→p.339
02.116 別のワークシートを同時に表示する→p.341
02.117 すべての複製ウィンドウを閉じる→p.342

分割

02.116 別のワークシートを同時に表示する

NewWindowメソッド、Arrangeメソッド

object.**NewWindow**
object.**Arrange**(*ArrangeStyle, ActiveWorkbook*)

object---対象となるWindowオブジェクト、*ArrangeStyle*---XlArrangeStyleクラスの定数(省略可)、*ActiveWorkbook*---Trueの場合は現在表示されているウィンドウを整列。Falseではすべてのウィンドウを整列(既定値はFalse／省略可)

ブック内の別のワークシートを同時に表示するには、ブック(ウィンドウ)の複製を作成し、同じブックを別のウィンドウとして整列させせます。

```
Sub Sample116()
    ActiveWindow.NewWindow → アクティブウィンドウの複製を作成
    Windows.Arrange ArrangeStyle:=xlArrangeStyleVertical, _
                    ActiveWorkbook:=True
    Windows(1).Activate
    Sheets("Sheet1").Activate
    Windows(2).Activate
    Sheets("Sheet2").Activate
End Sub
```

- Windows.Arrange ～ ActiveWorkbook:=True → 現在表示されているウィンドウを左から右に並べる
- Windows(1).Activate / Sheets("Sheet1").Activate → 1つ目のブックのSheet1をアクティブにする
- Windows(2).Activate / Sheets("Sheet2").Activate → 2つ目のブックのSheet2をアクティブにする

実行結果

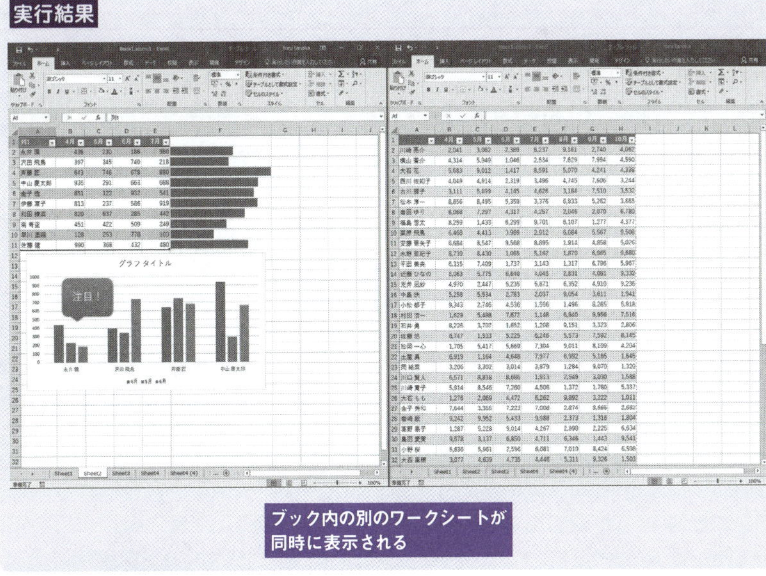

ブック内の別のワークシートが同時に表示される

関連項目
02.114 複数のウィンドウを整列する→p.339
02.115 新しいウィンドウを開く→p.340
02.117 すべての複製ウィンドウを閉じる→p.342

分割／閉じる

02.117 すべての複製ウィンドウを閉じる

Closeメソッド、WindowStateプロパティ、Like演算子

object.**Close**、*object*.**WindowState**

object---対象となるWindowオブジェクト

複製ウィンドウ群は、1つのブックを複数のウィンドウに表示しているだけなので、つまるところ実体は1つです。ウィンドウに対して行った操作は、別のウィンドウにも反映されますし、どれか1つのウィンドウを残して保存すれば、どのウィンドウに対して行った操作でも、ちゃんと保存されます。サンプルは、現在開いているウィンドウの中で、タイトルバーの右2文字に数値が付く複製ウィンドウをすべて閉じます。

```
Sub Sample117()
    Dim w As Window
    For Each w In Windows
        If Right(w.Caption, 2) Like ":#" Then
            w.Close
        End If
    Next w
    ActiveWindow.WindowState = xlMaximized
End Sub
```

タイトルバーの右2文字に数値が付く複製ウィンドウを閉じる

アクティブウィンドウの表示を最大化

実行結果

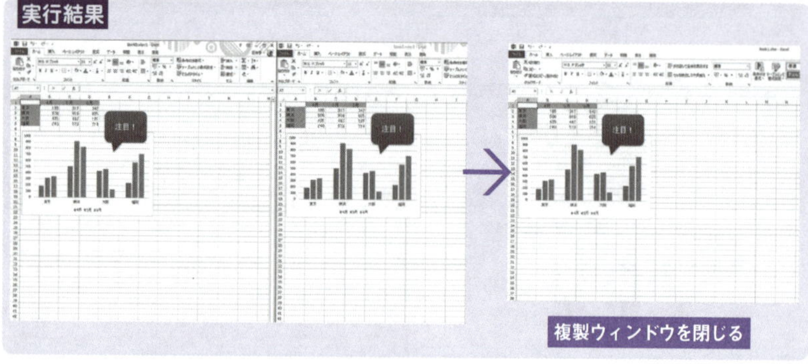

複製ウィンドウを閉じる

関連項目
02.114 複数のウィンドウを整列する→p.339
02.115 新しいウィンドウを開く→p.340
02.116 別のワークシートを同時に表示する→p.341

第3章

ファイルの操作

存在確認

03.001 ファイルの存在を確認する

Dir関数

Dir (*pathname*)

pathname---ファイル名

ブックを開くときはOpenメソッドを使います。開きたいブックの名前を引数に指定すると、当たり前ですがそのブックが存在していないとエラーになります。ブックを開くなどファイルを扱うマクロでは、まずファイルの存在を確認することが重要です。ファイルの存在を確認するには、Dir関数を使います。Dir関数の引数に指定したファイルが存在すると、Dir関数は「パスを含まないファイル名」を返します。もし存在しない場合は、Dir関数が空欄("")を返します。

```
Sub Sample1()
    Const TargetFile As String = "C:¥Work¥Book1.xlsx"
    If Dir(TargetFile) = "" Then →「Book1.xlsx」が存在するか判定
        MsgBox "存在しません"
    Else
        MsgBox "存在します"
    End If
End Sub
```

実行結果

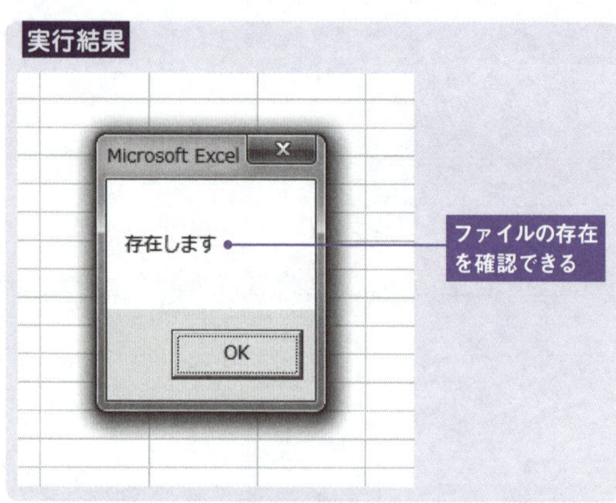

関連項目 03.006 ファイルのサイズを取得する→p.349
03.007 ファイルのタイムスタンプを取得する→p.350

パス

03.002 フルパスからファイル名を抜き出す

Dir関数

Dir (*pathname*)

pathname---ファイル名

ファイルの場所を特定するには、どのフォルダに存在しているかというパスを指定します。例えば「C:¥Work¥Book1.xlsx」のようになります。この場合、パスが「C:¥Work」でファイル名が「Book1.xlsx」です。プログラミングでファイルを扱うとき、ファイルの場所を明確にするために、一般的にはパスを含んだファイル名で指定することが多くなります。しかし、ときには純粋なファイル名だけが欲しい場合もあります。そんなとき、フルパスの中から「¥」の位置を探して……などと苦労する必要はありません。Dir関数は、引数に指定したファイルが存在するとき「ファイル名だけ」を返すからです。

```
Sub Sample2()
    Const TargetFile As String = "C:¥Work¥Book1.xlsx"
    Dim buf As String
    buf = Dir(TargetFile) →「Book1.xlsx」のファイル名を取得
    MsgBox TargetFile & " のファイル名は" & vbCrLf & buf
End Sub
```

実行結果

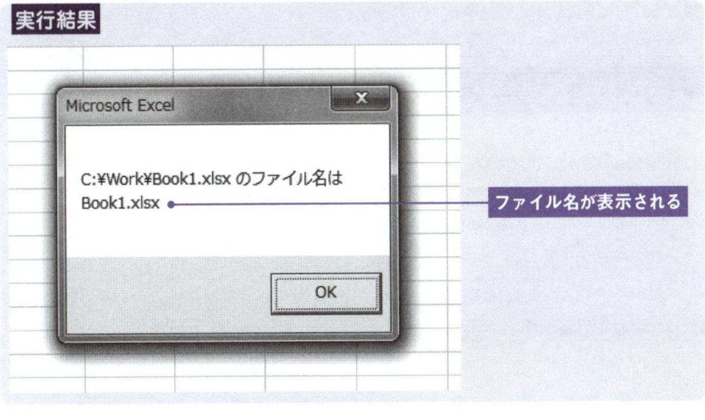

関連項目 03.003 フルパスからパスを抜き出す→p.346

パス

03.003 フルパスからパスを抜き出す

Dir関数、Replace関数

Dir (*pathname*)、**Replace** (*expression, find, replace*)

pathname---ファイル名、*expression*---置換する文字列、*find*---検索する文字列
replace---置換する文字列

Dir関数がファイル名を返すという特徴を利用すると、フルパスからパス部分を抜き出すのも簡単です。例えば「C:¥Work¥Book1.xlsx」というファイルは、パスが「C:¥Work」でファイル名が「Book1.xlsx」です。つまり、パスは「フルパスからファイル名を除いた部分」です。したがって「C:¥Work¥Book1.xlsx」から「Book1.xlsx」を消せば、パスが分かります。任意の文字列を消すには、Replace関数を使います。

```
Sub Sample3()
    Const TargetFile As String = "C:¥Work¥Book1.xlsx"
    Dim buf As String
    buf = Dir(TargetFile)  →「Book1.xlsx」のファイル名を取得
    MsgBox TargetFile & " のパス名は" & vbCrLf & _
    Replace(TargetFile, buf, "")  →フルパスからパスを取得
End Sub
```

実行結果

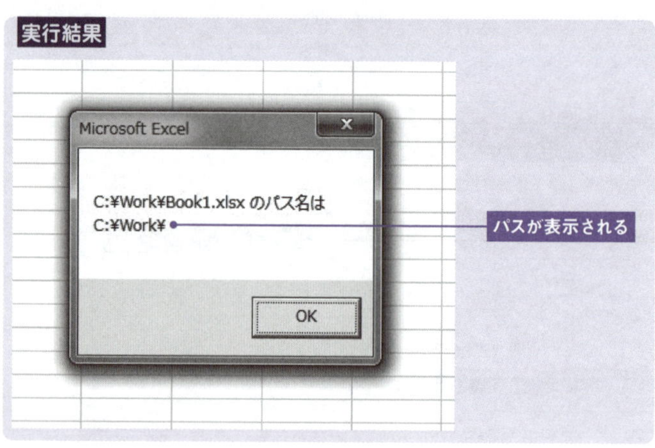

関連項目 03.002 フルパスからファイル名を抜き出す→p.345

コピー

03.004 ファイルをコピーする

FileCopyステートメント

FileCopy *source, destination*

source---コピーするファイル名、*destination*---コピー後のファイル名

VBAには、ファイルやフォルダを操作する命令も用意されています。任意のファイルをコピーするには、FileCopyステートメントを使います。FileCopyステートメントは、引数に「コピー元」と「コピー先」のファイル名をフルパスで指定します。もしコピー先のファイル名にパスを含めないと、それはカレントフォルダのファイルとして認識されます。

```
Sub Sample4()
    Const TargetFile As String = "C:¥Work¥Book1.xlsx"
    FileCopy TargetFile, "C:¥Work¥Sub¥Sample.xlsx"
End Sub
```

「Book1.xlsx」を「C:¥Work¥Sub」にコピーしてファイル名を「Sample.xlsx」とする

実行結果

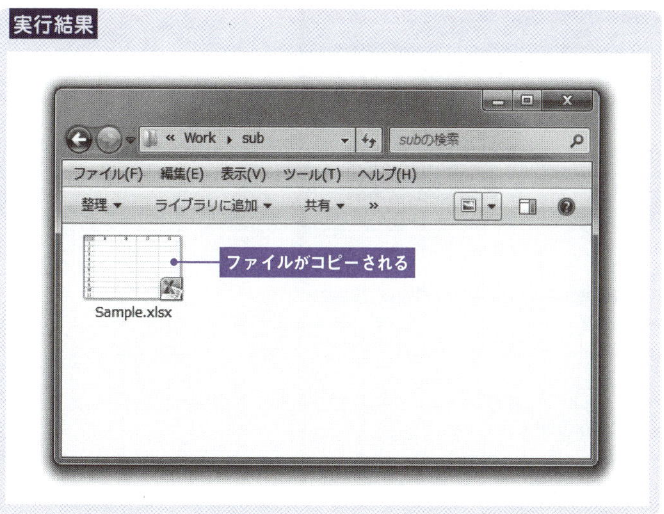

関連項目 03.008 ファイルを削除する→p.351
03.009 [ファイルの削除] ダイアログボックスでファイルを削除する→p.352

名前

03.005 ファイルの名前を変更する

Nameステートメント

Name *oldpathname* As *newpathname*

oldpathname---名前を変更するファイル、*newpathname*---新しいファイル名

ファイルの名前を変更するには、Nameステートメントを使います。Nameステートメントの引数には「元のファイル名」と「新しいファイル名」を指定しますが、両者をカンマで区切るのではなく「元のファイル名 As 新しいファイル名」と「As」を使うので注意してください。

```
Sub Sample5()
    Name "C:¥Work¥Sub¥Sample.xlsx" As "C:¥Work¥Sub¥Test.xlsx"
End Sub
```

ファイル名「Sample.xlsx」を「Test.xlsx」に変更

実行結果

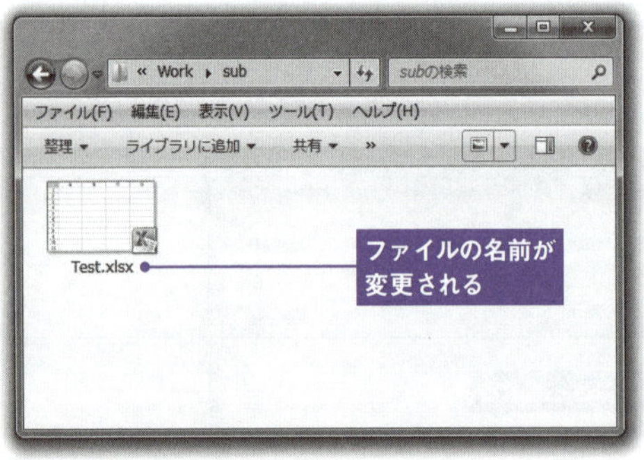

ファイルの名前が変更される

memo

▶「新しいファイル名」には、任意のフォルダを指定できるので、Nameステートメントを使って、ファイルを移動することも可能です。

関連項目 03.014 フォルダの名前を変更する→p.357

サイズ

03.006 ファイルのサイズを取得する

FileLen関数

FileLen (*pathname*)

pathname---ファイル名

ファイルのサイズは、FileLen関数で取得できます。単位はバイト(Byte)です。3桁カンマを付けて表示したいときは、Format関数で加工してください。なお、現在開いているファイルに対してFileLen関数を実行すると、開く前のファイルサイズが返ります。

```
Sub Sample6()
    Const TargetFile As String = "C:¥Work¥Sub¥Test.xlsx"
    MsgBox Format(FileLen(TargetFile), "#,###") & " Byte"
End Sub
```

ファイルのサイズをMsgBoxに表示

実行結果

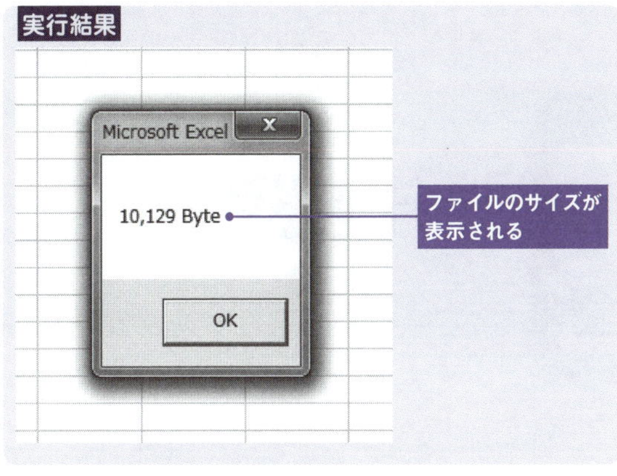

関連項目
01.036 3桁カンマ区切りの表示形式を設定する→p.38
03.001 ファイルの存在を確認する→p.344
03.007 ファイルのタイムスタンプを取得する→p.350
03.010 ファイルの属性を調べる→p.353

タイムスタンプ

03.007 ファイルのタイムスタンプを取得する

FileDateTime関数

FileDateTime (*pathname*)

pathname---ファイル名

ファイルが更新されたタイムスタンプ(最後に修正した日)を取得するには、FileDateTime関数を使います。FileDateTime関数は、ファイルが更新された日付と時刻を返します。

```
Sub Sample7()
    Const TargetFile As String = "C:¥Work¥Sub¥Test.xlsx"
    MsgBox FileDateTime(TargetFile) → ファイルのタイムスタンプをMsgBoxに表示
End Sub
```

実行結果

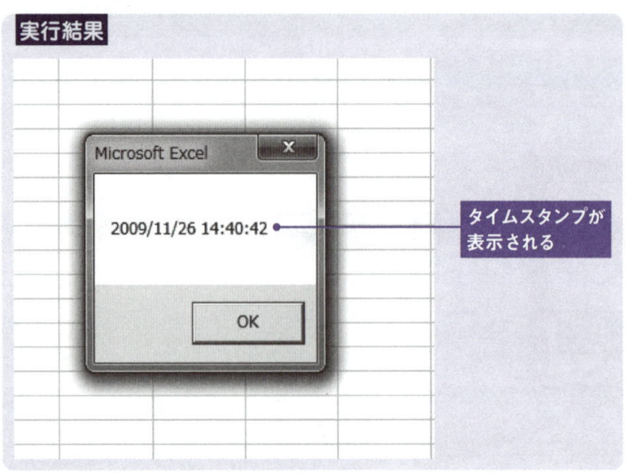

memo

▶日付だけ、あるいは時刻だけを取得したいときは、FileDateTime関数の返り値をFormat関数などで加工してください。

関連項目 03.001 ファイルの存在を確認する→p.344
03.006 ファイルのサイズを取得する→p.349
03.010 ファイルの属性を調べる→p.353

削除

03.008 ファイルを削除する

Killステートメント

Kill *pathname*

pathname---ファイル名

VBAにはファイルを削除する命令も用意されています。それはKillステートメントです。Killステートメントを実行すると、引数で指定したファイルが、確認なしに削除されます。なお、Killステートメントは「ファイルをゴミ箱に移動する」のではなく、ディスクから削除する命令です。Killステートメントを実行した後で、ゴミ箱から復活させることはできないので注意してください。

```
Sub Sample8()
    Const TargetFile As String = "C:¥Work¥Sub¥Test.xlsx"
    If Dir(TargetFile) <> "" Then  →「Test.xlsx」の存在を判定
        Kill TargetFile  →ファイルを削除
    End If
End Sub
```

実行結果

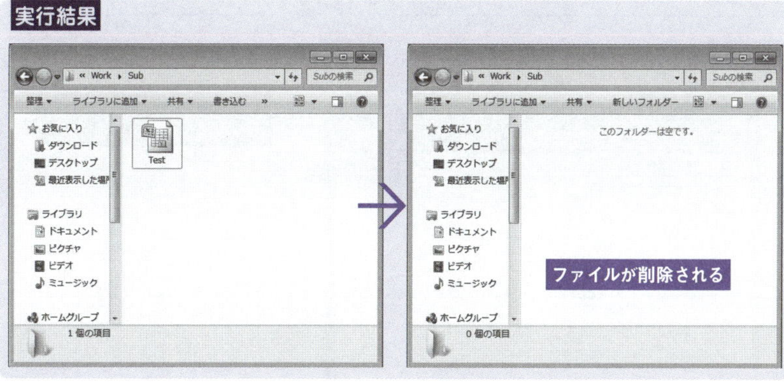

memo

▶Killステートメントは、引数で指定したファイルが存在しないとエラーになります。削除する前には、念のためファイルの存在を確認しておきましょう。

関連項目
03.009 [ファイルの削除] ダイアログボックスでファイルを削除する→p.352
03.034 隠し属性ファイルを削除する→p.377
03.035 ごみ箱へ削除する→p.378

削除

03.009 [ファイルの削除]ダイアログボックスでファイルを削除する

Dialogsプロパティ

object.**Dialogs**(xlDialogFileDelete).Show

object---対象となるApplicationオブジェクト

Killステートメントで削除するファイル名は、あらかじめコードの中に記述しておかなければなりません。そうではなく、ユーザーが指定したファイルを削除するのであれば[ファイルの削除]ダイアログボックスを表示する方法もあります。Excelではほとんど見かけませんが、実は[ファイルの削除]ダイアログボックスも内部に用意されています。そうしたExcelが持つ内部のダイアログボックスを表示するには、ApplicationオブジェクトのDialogsプロパティを使って、Dialogsコレクションを呼び出します。[ファイルの削除]ダイアログボックスを呼び出すための定数はxlDialogFileDeleteです。

```
Sub Sample9()
    Application.Dialogs(xlDialogFileDelete).Show   → [ファイルの削除]ダイアログボックスを表示
End Sub
```

実行結果

関連項目
03.008 ファイルを削除する→p.351
03.034 隠し属性ファイルを削除する→p.377
03.035 ごみ箱へ削除する→p.378

属性

03.010 ファイルの属性を調べる

GetAttr関数

GetAttr (*pathname*)

pathname---ファイル名

ファイルには「読み取り専用」や「隠しファイル」などの属性があります。こうした属性はWindowsが管理しているのですが、VBAから属性を調べることができます。それがGetAttr関数です。GetAttr関数は、ファイルの属性を数値で返します。属性を表す数値には定数が割り当てられているので、サンプルのようにAnd演算子を使って比較できます。

```
Sub Sample10()
    Const TargetFile As String = "C:¥Work¥Book1.xlsx"
    If GetAttr(TargetFile) And vbReadOnly Then →「Book1.xlsx」の属性を判定
        MsgBox "読み取り専用です"
    Else
        MsgBox "読み取り専用ではありません"
    End If
End Sub
```

実行結果
- 03.011 ファイルの属性を設定する→p.354
- 03.018 ファイルの種類を調べる→p.361

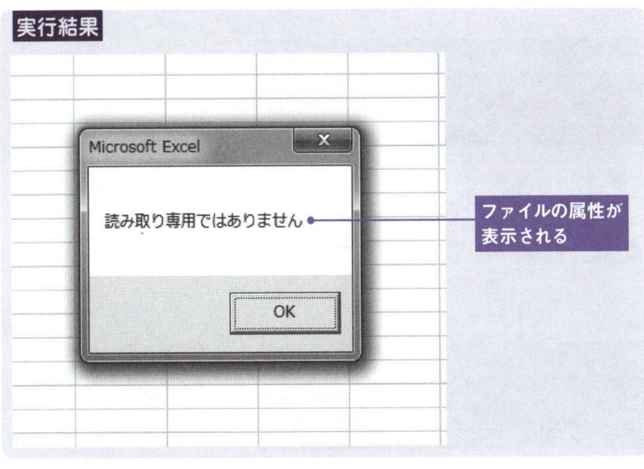

属性

03.011 ファイルの属性を設定する

SetAttrステートメント

SetAttr *pathname*, vbNormal

pathname---ファイル名

VBAには、ファイルの属性を調べるGetAttr関数だけでなく、ファイルの属性を設定するSetAttrステートメントも用意されています。CD-ROMやDVDなどからハードディスクにコピーしたファイルは、自動的に「読み取り専用」の属性が設定される場合があります。そうした読み取り専用のファイルをExcelで開き、上書き保存しようとするエラーになります。そんなときは、事前にファイルの属性を調べて、設定し直しておくと便利です。

```
Sub Sample11()
    Const TargetFile As String = "C:¥Work¥Book1.xlsx"
    If GetAttr(TargetFile) And vbReadOnly Then → 「Book1.xlsx」が読み取り専用か判定
        SetAttr TargetFile, vbNormal → 「Book1.xlsx」を通常ファイルに設定
    End If
End Sub
```

実行結果

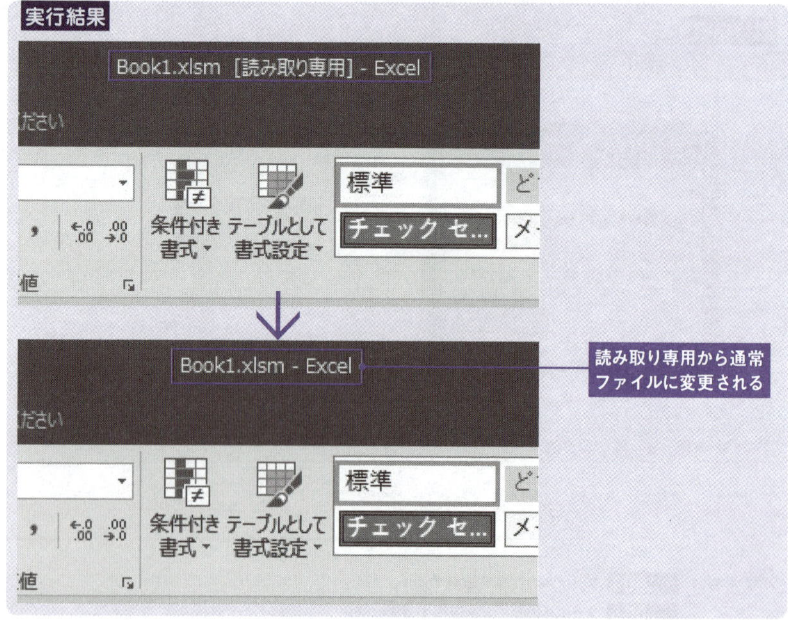

関連項目 03.010 ファイルの属性を調べる→p.353

フォルダ

03.012 フォルダを作成する

MkDirステートメント

MkDir *path*

path---フォルダ名

VBAでフォルダを作成するときは、MkDirステートメントを使います。MkDirはMake Directoryの略称です。サンプルでは「C:¥Work」フォルダに「2010」というサブフォルダ存在しなかったとき、「2010」フォルダを作成しています。フォルダの存在確認にはDir関数を使っています。

```
Sub Sample12()
    If Dir("C:¥Work¥2010", vbDirectory) = "" Then →フォルダ「2010」の存在を判定
        MkDir "C:¥Work¥2010" →フォルダ「2010」を作成
    End If
End Sub
```

実行結果

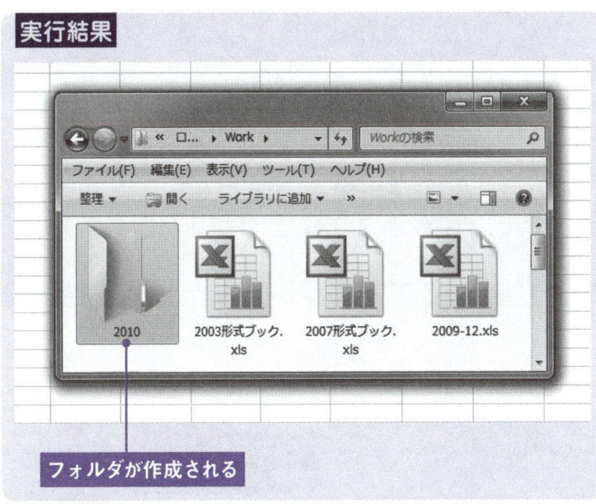

フォルダが作成される

memo

▶現在のWindowsでは、ファイルを保存する小部屋のことをフォルダと呼びますが、昔のMS-DOS時代にはディレクトリと呼んでいました。両者は呼び名が違うだけで、同じものを指しています。

関連項目

03.001 ファイルの存在を確認する→p.344
03.013 フォルダを削除する→p.356
03.014 フォルダの名前を変更する→p.357
03.015 フォルダを移動する→p.358
03.016 フォルダ内のファイル一覧を取得する (1)→p.359

フォルダ／削除

03.013 フォルダを削除する

RmDirステートメント

RmDir *path*

path---フォルダ名

VBAでは、フォルダを削除することもできます。そのための命令がRmDirステートメントです。RmDirはRemove Directoryの略称です。存在しないフォルダを削除しようとするとエラーになるので、削除する前にDir関数で存在を確認しています。

```
Sub Sample13()
    If Dir("C:¥Work¥2010", vbDirectory) <> "" Then → フォルダ「2010」の存在を判定
        RmDir "C:¥Work¥2010" → フォルダを削除
    End If
End Sub
```

実行結果

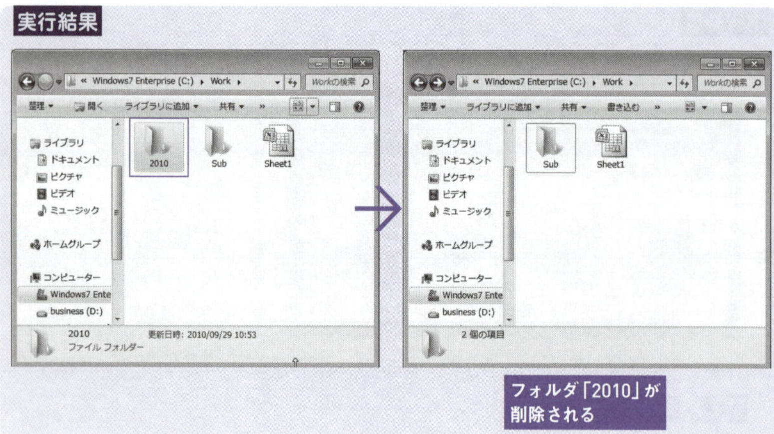

フォルダ「2010」が削除される

関連項目
03.012 フォルダを作成する→p.355
03.014 フォルダの名前を変更する→p.357
03.015 フォルダを移動する→p.358
03.016 フォルダ内のファイル一覧を取得する（1）→p.359

フォルダ／フォルダ名

03.014 フォルダの名前を変更する

Nameステートメント

Name *oldpath* As *newpath*

oldpath---名前を変更するフォルダ名、*newpath*---新しいフォルダ名

ファイルの名前を変更するのはNameステートメントでした。同じNameステートメントを使って、フォルダの名前を設定することもできます。

```
Sub Sample14()
    Name "C:¥Work¥2009" As "C:¥Work¥2010"  → フォルダ名「2009」を「2010」に変更
End Sub
```

実行結果

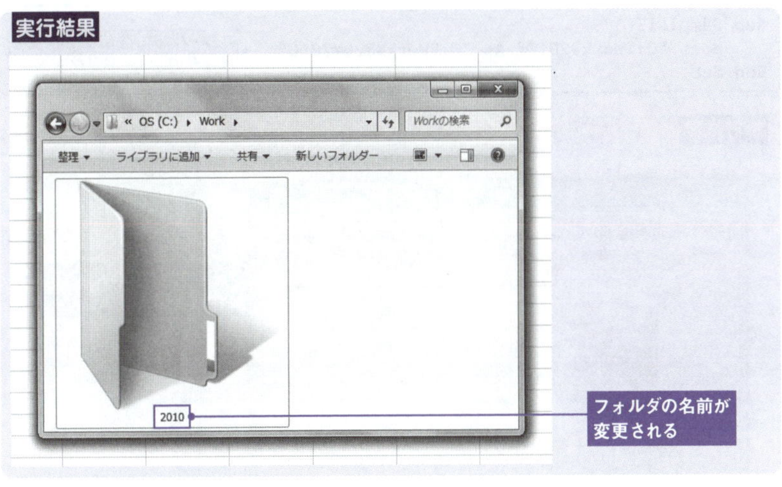

関連項目
03.005 ファイルの名前を変更する→p.348
03.012 フォルダを作成する→p.355
03.013 フォルダを削除する→p.356
03.015 フォルダを移動する→p.358
03.016 フォルダ内のファイル一覧を取得する (1) →p.359

フォルダ／移動

03.015 フォルダを移動する

Nameステートメント

Name *oldpath* As *newpath*

oldpath---移動するフォルダ名、*newpath*---移動先のフォルダ名

VBAには、ファイルをコピーするFileCopyステートメントはありますが、ファイルを移動するFileMoveステートメントのような命令はありません。では、ファイルを移動するときはどうするかというと、Nameステートメントを使って、ファイルが存在しているパスを変更します。同じ発想で、フォルダを移動することも可能です。

```
Sub Sample15()
    Name "C:¥Work¥2010" As "C:¥Work¥Sub¥2010"
End Sub
```

→ フォルダ「2010」を「C:¥Work」から「C:¥Work¥Sub」に移動

実行結果

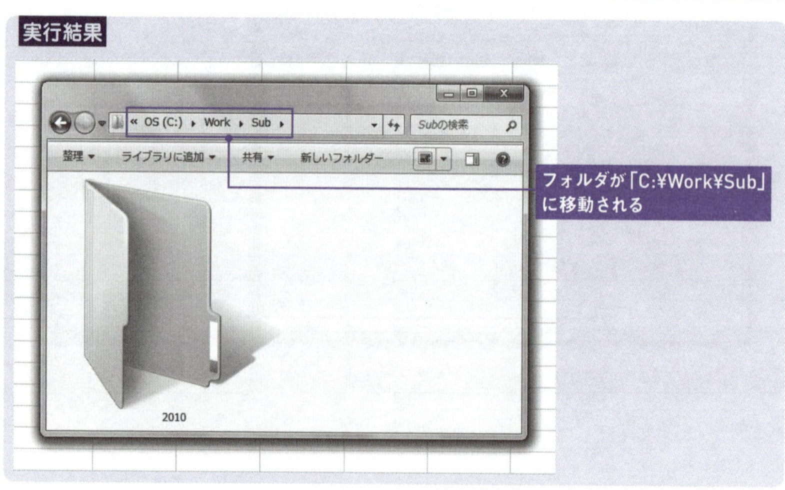

フォルダ／ファイル一覧

03.016 フォルダ内のファイル一覧を取得する(1)

Dir関数

Dir (*pathname*)

pathname---ファイル名

Dir関数は、引数に指定したファイルの存在を調べる関数です。ファイルが存在するときは、そのファイル名を返します。また、Dir関数の引数には「*.xls?」のようなワイルドカードを指定することができます。ワイルドカードを指定した場合、最初に見つかったファイルの名前が返ります。さらに、Dir関数には便利な特徴があります。引数を省略して実行すると「直前に指定した引数が指定されたもの」とみなされ、さらに「一度見つかったファイルは除外する」という特徴もあります。つまり、最初にDir関数で「*.xls?」を探し、そのあとで引数を省略した「Dir()」を実行すれば、次々とフォルダ内のファイルを探し出すことができるのです。すべてのファイルを返すと、Dir関数は空欄("")を返します。

```
Sub Sample16()
    Dim buf As String, cnt As Long
    buf = Dir("C:¥Work¥*.xls?")  →「C:¥Work」内の「.xls」を含むファイル名を判定
    Do While buf <> ""
        cnt = cnt + 1
        Cells(cnt, 1) = buf  →A列にファイル名を表示
        buf = Dir()
    Loop
End Sub
```

実行結果

	A	B	C	D
1	2009-12.xls			
2	Book1.xls			
3	Book1.xlsm			
4	Book1.xlsx			
5	Book2.xlsm			
6	会議資料.xls			
7	売上集計.xls			
8	顧客台帳.xls			
9				
10				
11				

フォルダ内のファイルの一覧が表示される

関連項目 03.019 フォルダ内のファイル一覧を取得する (2) →p.362
03.020 サブフォルダの一覧を取得する→p.363

テキストファイル

03.017 テキストファイルの行数を調べる

OpenTextFileメソッド、Lineプロパティ

object.**OpenTextFile**(*filename*, 8).**Line**

object---対象となるFileSystemObjectオブジェクト、*filename*---開くファイル名

例えばCSVファイルをワークシートに読み込むとき、読み込む前にデータの行数を知りたいときがあります。言うまでもありませんが、ワークシートの行数より大きなデータは読み込めないからです。CSV形式などのテキストファイルは、FileSystemObjectを使うと行数が簡単にわかります。FileSystemObjectのOpenTextFileメソッドで、テキストファイルを「追記モード」で開くと、書き込みポインタがファイルの最終行にセットされます。実際に書き込まなくても、その行位置がファイルの行数だとわかります。

```
Sub Sample17()
    Dim LastRow As Long
    With CreateObject("Scripting.FileSystemObject")
        LastRow = .OpenTextFile("C:¥Work¥Sample.csv", 8).Line
    End With
    MsgBox LastRow & "行あります"
End Sub
```

「Sample.csv」を追記モードで開き、ポインタの位置を行番号で取得

実行結果

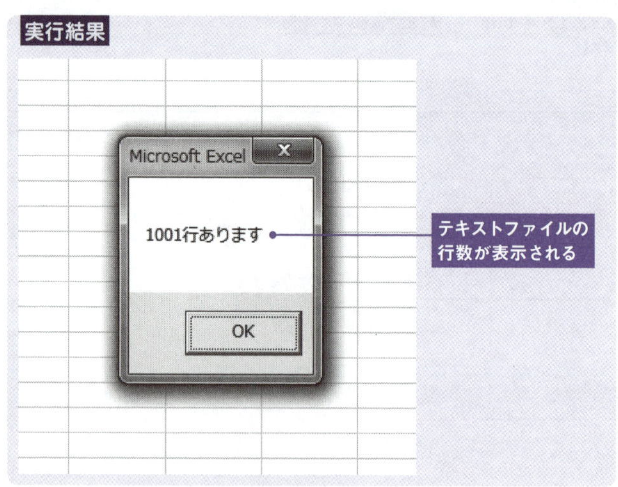
Microsoft Excel
1001行あります
OK
テキストファイルの行数が表示される

関連項目 03.021 テキストファイルに書き込む→p.364
03.022 テキストファイルに追記する→p.365

セル ブックとシート ファイル グラフとオブジェクト メニュー UserForm プログラミング 高度な使い方

ファイルの種類

03.018 ファイルの種類を調べる

Typeプロパティ

object.**Type**

object---対象となるFileオブジェクト

Windowsのファイルシステムは、拡張子によって種類が分かれています。例えば、拡張子bmpはビットマップ形式の画像ファイル、拡張子xlsxはExcelのデータファイルで、Excel 2007形式のマクロなしブックです。そうしたファイルの種類を簡単に調べるには、FileSystemObjectが便利です。FileSystemObjectのFileオブジェクトにはTypeプロパティがあります。Typeプロパティは、その名の通りファイルのタイプを表すプロパティですが、うれしいことにファイルの形式を文字列で教えてくれます。

```
Sub Sample18()
    Dim Target As String
    Target = Application.GetOpenFilename() → [ファイルを開く]ダイアログボックスを表示
    With CreateObject("Scripting.FileSystemObject")
        MsgBox .GetFile(Target).Type → 選択したファイルの種類をMsgBoxに表示
    End With
End Sub
```

実行結果

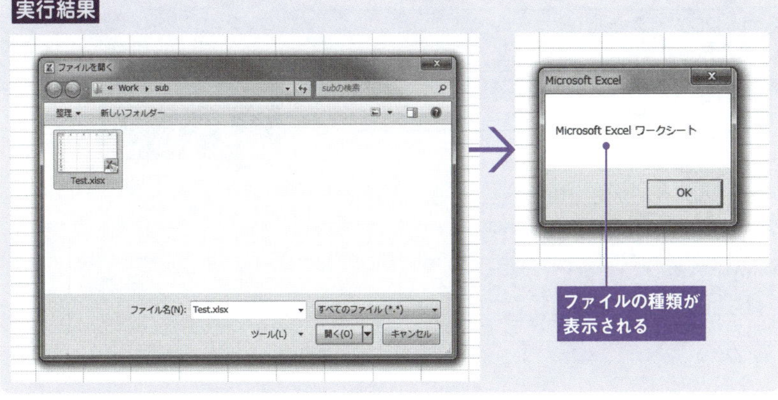

関連項目 03.010 ファイルの属性を調べる→p.353
03.031 拡張子を取得する (1) →p.374
03.032 拡張子を取得する (2) →p.375

フォルダ／ファイル一覧

03.019 フォルダ内のファイル一覧を取得する（2）

Filesプロパティ

あるフォルダに存在するファイルの一覧を取得するには、いろいろな方法があります。ここでは、FileSystemObjectを使ってみましょう。FileSystemObjectでフォルダを特定するにはGetFolderメソッドを使います。特定したフォルダに存在するファイル群は、Filesコレクションで表せます。サンプルでは、ファイルの形式がExcelに関連しているものだけをワークシートに代入しています。

```
Sub Sample19()
    Dim f As Object, cnt As Long
    With CreateObject("Scripting.FileSystemObject")
        For Each f In .GetFolder("C:¥Work").Files   → 「C:¥Work」内の全ファイルを1つずつ調べる
            If InStr(f.Type, "Excel") > 0 Then   → Excelに関連するファイルを判定
                cnt = cnt + 1
                Cells(cnt, 1) = f.Name   → A列にファイル名を表示
            End If
        Next f
    End With
End Sub
```

実行結果

	A	B	C	D
1	2009-12.xls			
2	Book1.xls			
3	Book1.xlsm			
4	Book1.xlsx			
5	Book2.xlsm			
6	会議資料.xls			
7	売上集計.xls			
8	顧客台帳.xls			
9				
10				
11				
12				

フォルダ内のファイルの一覧が表示される

関連項目 03.016 フォルダ内のファイル一覧を取得する（1）→p.359
03.020 サブフォルダの一覧を取得する→p.363

フォルダ／フォルダ一覧

03.020 サブフォルダの一覧を取得する

SubFoldersプロパティ

***object*.SubFolders**

object---対象となるFolderオブジェクト

FileSystemObjectを使うと、サブフォルダの一覧を取得するのも簡単です。FileSystemObjectのFolderオブジェクトには、SubFoldersプロパティがあります。SubFoldersプロパティは、そのフォルダに存在するサブフォルダのコレクションです。For Eachステートメントを使って取り出せば、サブフォルダの一覧が手軽に取得できます。

```
Sub Sample20()
    Dim f As Object, cnt As Long
    With CreateObject("Scripting.FileSystemObject")
        For Each f In .GetFolder("C:¥Work").SubFolders → 「C:¥Work」内のサブフォルダを取得
            cnt = cnt + 1
            Cells(cnt, 1) = f.Name → A列にフォルダ名を表示
        Next f
    End With
End Sub
```

実行結果

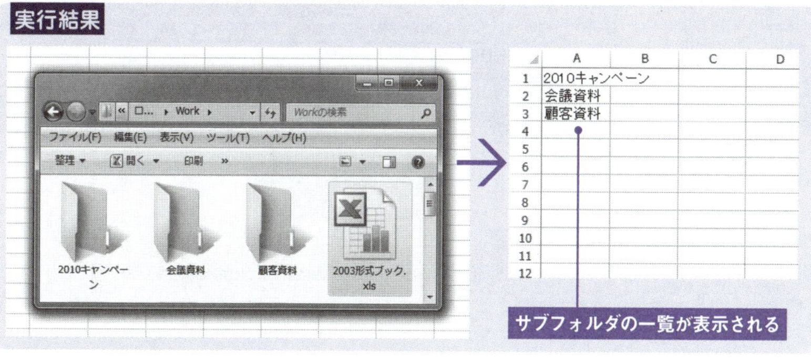

関連項目 03.016 フォルダ内のファイル一覧を取得する (1) →p.359
03.019 フォルダ内のファイル一覧を取得する (2) →p.362

テキストファイル／書き込み

03.021 テキストファイルに書き込む

Openステートメント、Printステートメント、Closeステートメント

Open *pathname* For Output As #、**Print** # *outputlist*、**Close** #

pathname---ファイル名、*outputlist*---出力する文字列

テキストファイルに文字列を書き込むには、対象のファイルをOutPutモードで開き、Printステートメントで書き込みます。Printステートメントは、末尾に改行を追加して書き込みます。OutPutモードはファイルを上書きします。既存のデータは消えて、書き込んだデータだけが保存されます。

```
Sub Sample21()
    Dim i As Long
    Open "C:¥Work¥Sample.txt" For Output As #1 →「Sample.txt」を開き上書きする
        For i = 1 To 3
            Print #1, Cells(i, 1) →A列のデータをテキストファイルに書き込む
        Next i
    Close #1 →ファイルを閉じる
End Sub
```

実行結果

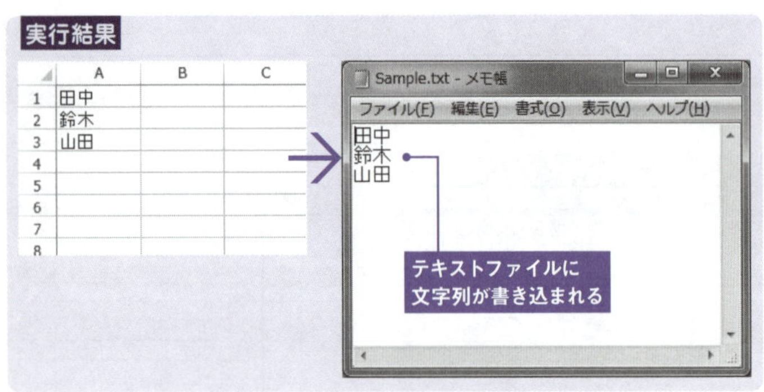

関連項目
03.022 テキストファイルに追記する→p.365
03.023 テキストファイルを読み込む (1) →p.366
03.024 テキストファイルを読み込む (2) →p.367
03.025 テキストファイルを読み込む (3) →p.368

テキストファイル／追記

03.022 テキストファイルに追記する

Openステートメント、Printステートメント、Closeステートメント

Open *pathname* For Append As #、**Print** # *outputlist*、**Close** #

pathname---ファイル名、*outputlist*---出力する文字列

テキストファイルに文字列を追記するには、対象のファイルをAppendモードで開き、Printステートメントで書き込みます。Printステートメントは、末尾に改行を追加して書き込みます。Appendモードで開いたファイルは、Printステートメントで書き込むデータが、ファイルの末尾に書き込まれます。

```
Sub Sample22()
    Dim i As Long
    Open "C:¥Work¥Sample.txt" For Append As #1 →「Sample.txt」を追記モードで開く
        For i = 1 To 3
            Print #1, Cells(i, 1) →A列のデータをテキストファイルに書き込む
        Next i
    Close #1 →ファイルを閉じる
End Sub
```

実行結果

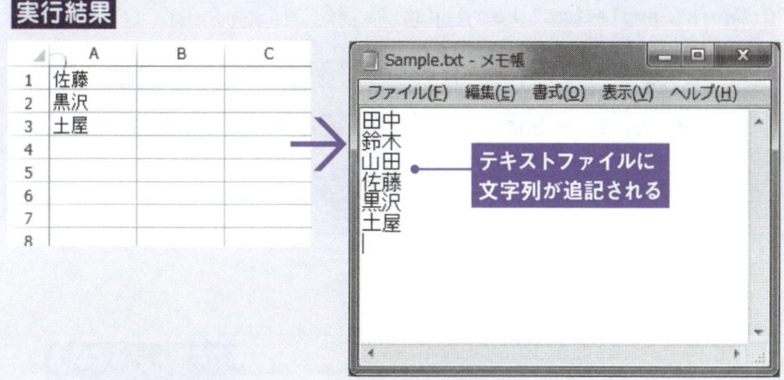

関連項目
03.021 テキストファイルに書き込む→p.364
03.023 テキストファイルを読み込む (1)→p.366
03.024 テキストファイルを読み込む (2)→p.367
03.025 テキストファイルを読み込む (3)→p.368

テキストファイル／読み込み

03.023 テキストファイルを読み込む(1)

Openステートメント、Line Inputステートメント、Closeステートメント

Open *pathname* For Input As #、**Line Input** #, *varname*
Close #

pathname---ファイル名、*varname*---変数

テキストファイルを読み込むには、まず対象のファイルをInput (読み込み) モードで開きます。テキストファイルから1行ずつ読み込むには、Line Inputステートメントを使います。Line Inputステートメントは、1行分(改行までのデータ)を読み込んで、指定した変数に格納します。「Range("A1") = Line Input #1」のように、読み込んだデータを直接代入することはできません。ファイルの終端まで読み込んだかどうかは、EOF関数で判定します。EOF関数は、ファイルの読み取りポイントが終端に達するとTrueを返します。サンプルは、テキストファイルを読み込んでワークシートに展開する、とてもポピュラーな方法です。

```
Sub Sample23()
    Dim buf As String, cnt As Long
    Open "C:¥Work¥Sample.txt" For Input As #1  →「Sample.txt」をInputモードで開く
        Do Until EOF(1)
            Line Input #1, buf   →ファイルからデータを読み込み、変数に格納
            cnt = cnt + 1
            Cells(cnt, 1) = buf  →A列にデータを表示
        Loop
    Close #1 →ファイルを閉じる
End Sub
```

実行結果

テキストファイルが読み込まれる

🔗 関連項目
03.021 テキストファイルに書き込む→p.364
03.022 テキストファイルに追記する→p.365
03.024

テキストファイル／読み込み

03.024 テキストファイルを読み込む(2)

Openステートメント、Getステートメント、Closeステートメント

Open *pathname* For Binary As #、**Get** #, ,*varname*、**Close** #

pathname---ファイル名、*varname*---変数

テキストファイルの全データを一気に読むこともできます。対象のファイルをBinaryモードで開きます。Binaryモードは、バイナリデータを操作するためのモードです。全データを格納するための変数(ここではbuf)を、これから読み込む全データの大きさにしておきます。ここでは、FileLen関数でファイルサイズを取得し、その数だけのスペースをSpace関数で代入しています。Getステートメントは、指定した変数のサイズに見合う大きさのデータをファイルから一気に取得します。サンプルは、取得したテキストファイルのデータをセルA1に代入しています。テキストファイルに複数行の文字列が保存されていた場合、改行で区切られてそれぞれのセルに代入されるのではなく、すべてのデータが(セル内改行されて)セルA1に代入されます。

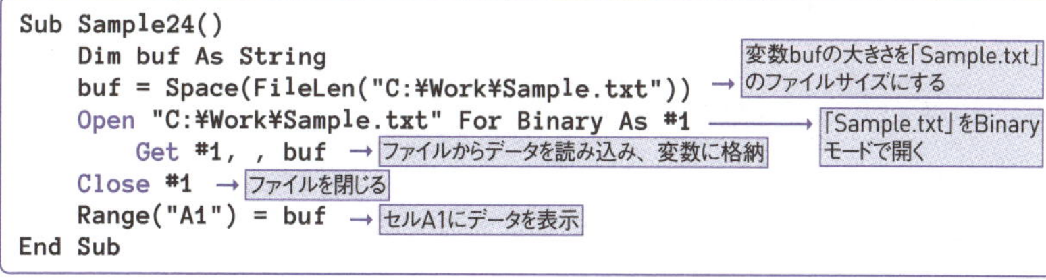

```
Sub Sample24()
    Dim buf As String
    buf = Space(FileLen("C:¥Work¥Sample.txt")) → 変数bufの大きさを「Sample.txt」のファイルサイズにする
    Open "C:¥Work¥Sample.txt" For Binary As #1 → 「Sample.txt」をBinaryモードで開く
        Get #1, , buf → ファイルからデータを読み込み、変数に格納
    Close #1 → ファイルを閉じる
    Range("A1") = buf → セルA1にデータを表示
End Sub
```

実行結果

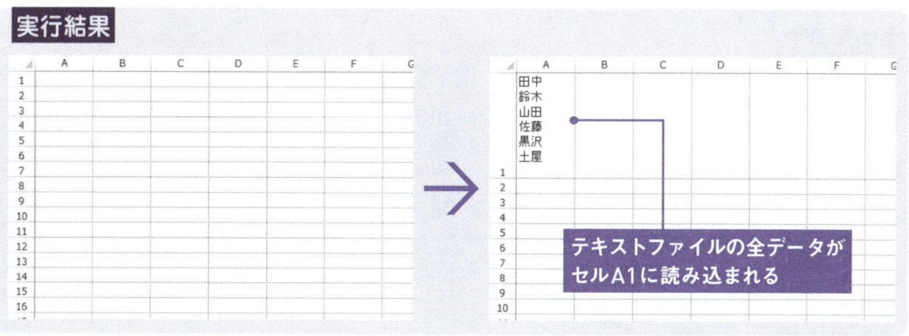
田中
鈴木
山田
佐藤
黒沢
土屋
テキストファイルの全データがセルA1に読み込まれる

関連項目
03.021 テキストファイルに書き込む→p.364
03.022 テキストファイルに追記する→p.365
03.023 テキストファイルを読み込む (1) →p.366
03.025 テキストファイルを読み込む (3) →p.368

テキストファイル／読み込み

03.025 テキストファイルを読み込む(3)

Openステートメント、Getステートメント、Closeステートメント、Split関数、UBound関数

Open *pathname* For Binary As #、**Get** #, ,*varname*、**Close** #
Split(*expression, delimiter*)、**UBound**(*arrayname*)

pathname---ファイル名、*varname*---変数、*expression*---文字列と区切り文字を含んだ文字列形式、*delimiter*---文字列の区切りを識別する文字(省略可)、*arrayname*---配列変数の名前

Binaryモードで開いたファイルから、Getステートメントで全データを読み込んだ場合、それをセルに代入すると、1つのセルにすべてのデータが代入されてしまいます。そうではなく、改行で区切られた各行を、ワークシート上の行ごとに代入したい場合は、取得したテキストデータを、Split関数で改行コードごとに分割します。Split関数は分割した結果を配列形式で返します。配列の大きさはUBound関数で取得します。

```
Sub Sample25()
    Dim buf As String, i As Long, tmp As Variant  変数bufの大きさを「Sample.txt」
    buf = Space(FileLen("C:¥Work¥Sample.txt")) → のファイルサイズにする
    Open "C:¥Work¥Sample.txt" For Binary As #1 → 「Sample.txt」をBinaryモードで開く
        Get #1, , buf → ファイルからデータを読み込み、変数に格納
    Close #1 → ファイルを閉じる
    tmp = Split(buf, vbCrLf) → テキストデータを改行コードごとに分割
    For i = 0 To UBound(tmp) → 配列の大きさを取得し、大きさに合わせて以下の処理を行う
        Cells(i + 1, 1) = tmp(i) → A列にデータを表示
    Next i
End Sub
```

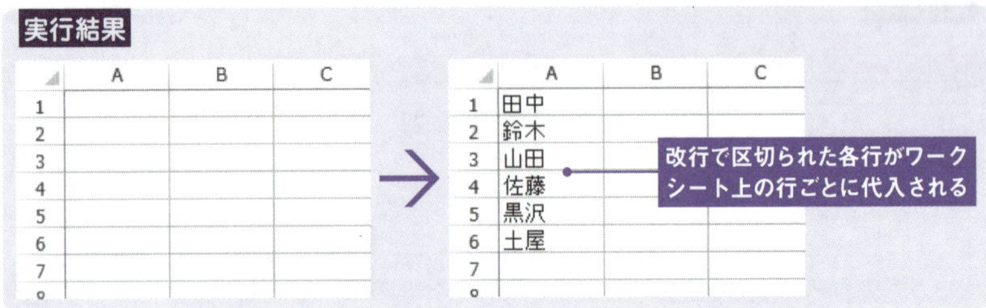

関連項目

03.021 テキストファイルに書き込む→p.364
03.022 テキストファイルに追記する→p.365
03.023 テキストファイルを読み込む (1) →p.366
03.024 テキストファイルを読み込む (2) →p.367

CSV／読み込み

03.026 CSVデータをワークシートに読み込む(1)

Openステートメント、Line Inputステートメント、Closeステートメント、Split関数、UBound関数

Open *pathname* For Input As #、**Line Input** #, *varname*
Close #、**Split** (*expression, delimiter*)、**UBound** (*arrayname*)

pathname---ファイル名、*varname*---変数、*expression*---文字列と区切り文字を含んだ文字列形式、*delimiter*---文字列の区切りを識別する文字(省略可)、*arrayname*---配列変数の名前

CSV形式のデータは、Excelにブックとして読み込むのではなく、テキストファイルとして操作します。サンプルは、CSVデータを読み込む最もオーソドックスな方法です。CSVファイルをInput（読み込み）モードで開き、Line Inputステートメントで１行ずつ読み込みます。読み込んだ１行分のデータをSplit関数を使って、カンマで区切ります。DO LoopステートメントとEOF関数でファイルの終端まですべてのデータを読み込み、それぞれのデータをセルに代入します。

```
Sub Sample26()
    Dim cnt As Long, buf As String, i As Long
    Open ThisWorkbook.Path & "¥Data.csv" For Input As #1
        Do Until EOF(1)
            Line Input #1, buf
            cnt = cnt + 1
            For i = 0 To UBound(Split(buf, ","))
                Cells(cnt, i + 1) = Split(buf, ",")(i)
            Next i
        Loop
    Close #1
End Sub
```

「Data.csv」をInputモードで開く
ファイルからデータを読み込み、変数に格納
1行分のデータを取得し、データの数に合わせて以下の処理を行う
カンマで区切ったデータを表示
ファイルを閉じる

実行結果

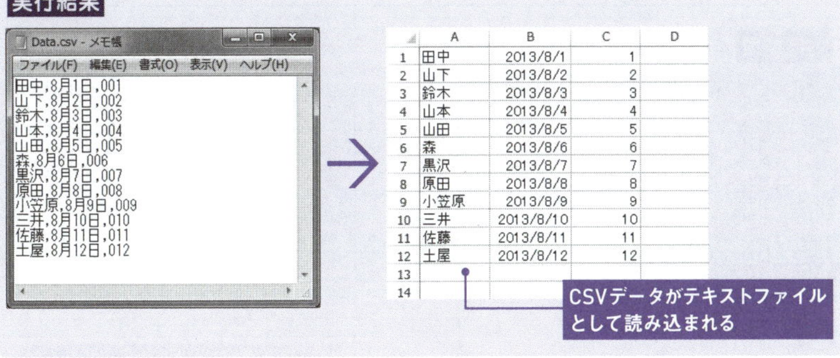

	A	B	C	D
1	田中	2013/8/1	1	
2	山下	2013/8/2	2	
3	鈴木	2013/8/3	3	
4	山本	2013/8/4	4	
5	山田	2013/8/5	5	
6	森	2013/8/6	6	
7	黒沢	2013/8/7	7	
8	原田	2013/8/8	8	
9	小笠原	2013/8/9	9	
10	三井	2013/8/10	10	
11	佐藤	2013/8/11	11	
12	土屋	2013/8/12	12	
13				
14				

関連項目 03.027 CSVデータをワークシートに読み込む（2）→p.370

CSV／読み込み

03.027 CSVデータをワークシートに読み込む(2)

Openステートメント、Line Inputステートメント、Closeステートメント、Split関数

Open *pathname* For Input As #、**Line Input** #, *varname*
Close #、**Split**(*expression, delimiter*)

pathname---ファイル名、*varname*---変数、*expression*---文字列と区切り文字を含んだ文字列形式、*delimiter*---文字列の区切りを識別する文字(省略可)

CSV形式のファイルは、ブックとして開くのではなく、テキストファイルとして開いて、データを読み込みます。テキストファイルとして開けば、Excelのお節介な機能によって、勝手に日付の表示形式が設定されたり、数値の前の「0」が除去されるのを防ぐことが可能です。サンプルでは、A列の名前からスペースを取り除き、B列の日付に表示形式を設定し、C列の数値から「0」が除去されないよう文字列の表示形式を設定しています。

```
Sub Sample27()
    Dim cnt As Long, buf As String, i As Long
    Open ThisWorkbook.Path & "¥Data.csv" For Input As #1
        Do Until EOF(1)
            Line Input #1, buf
            cnt = cnt + 1
            Cells(cnt, 1) = Replace(Split(buf, ",")(0), " ", "")
            Cells(cnt, 2) = Format(Split(buf, ",")(1), "yyyy/m/d")
            With Cells(cnt, 3)
                .NumberFormat = "@"
                .Value = Split(buf, ",")(2)
            End With
        Loop
    Close #1
End Sub
```

- Open ThisWorkbook.Path & "¥Data.csv" For Input As #1 → 「Data.csv」をInputモードで開く
- Line Input #1, buf → ファイルからデータを読み込み、変数に格納
- Cells(cnt, 1) = Replace(Split(buf, ",")(0), " ", "") → カンマで区切ったデータのカンマを削除して表示
- Cells(cnt, 2) = Format(Split(buf, ",")(1), "yyyy/m/d") → カンマで区切ったデータを日付の表示形式で表示
- .NumberFormat = "@" / .Value = Split(buf, ",")(2) → カンマで区切ったデータを文字列の表示形式で表示
- Close #1 → ファイルを閉じる

実行結果

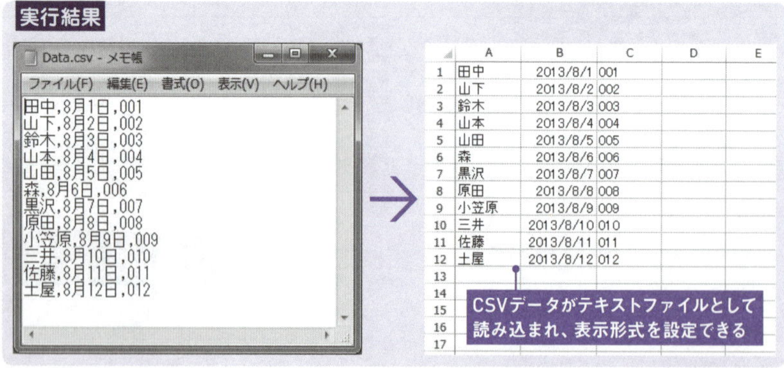

関連項目 03.026 CSVデータをワークシートに読み込む(1) →p.369

カレントフォルダ

03.028 カレントフォルダを調べる

CurDir関数

カレントフォルダとは、Excelが現在注目しているフォルダです。例えば、[ファイルを開く]ダイアログボックスなどを開いたときに表示されるフォルダが、カレントフォルダです。カレントフォルダは、CurDir関数で調べられます。

```
Sub Sample28()
    MsgBox "カレントドライブ:" & Left(CurDir, 1) & vbCrLf & _
           "カレントフォルダ:" & CurDir
End Sub
```

カレントフォルダ名の左から1文字目を取得

実行結果

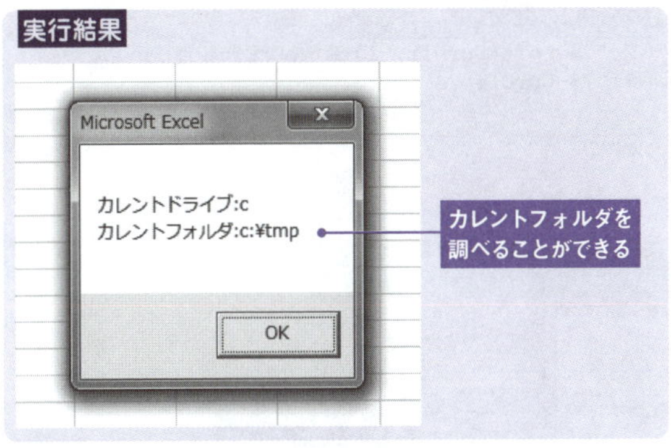

memo

▶CurDirの「Cur」は「カレント (Current) 」の略です。「Dir」は「ディレクトリ (Directory)」の略です。MS-DOSの時代、フォルダのことをディレクトリと呼んでいた名残です。なお、カレントドライブを返す関数はありません。

関連項目 03.029 カレントフォルダを移動する→p.372
03.030 ネットワークドライブに移動する→p.373
03.033 特殊フォルダを取得する→p.376

カレントフォルダ／移動

03.029 カレントフォルダを移動する

ChDirステートメント、ChDriveステートメント

ChDrive *drive*、**ChDir** *path*

drive---ドライブ名、*path*---フォルダ名

Excelでブックを開いたり、ブックに名前を付けて保存したりすると、カレントフォルダは自動的に変更されます。そうした操作をしないで、カレントフォルダを変更するには、ChDirステートメントやChDriveステートメントを使います。

```
Sub Sample29()
    ChDrive "E"  → カレントドライブを「E」に変更
    ChDir "E:¥Work"  → カレントフォルダを「E:¥Work」に変更
    MsgBox "カレントドライブ:" & Left(CurDir, 1) & vbCrLf & _
           "カレントフォルダ:" & CurDir
End Sub
```
カレントドライブとカレントフォルダをMsgBoxに表示

実行結果

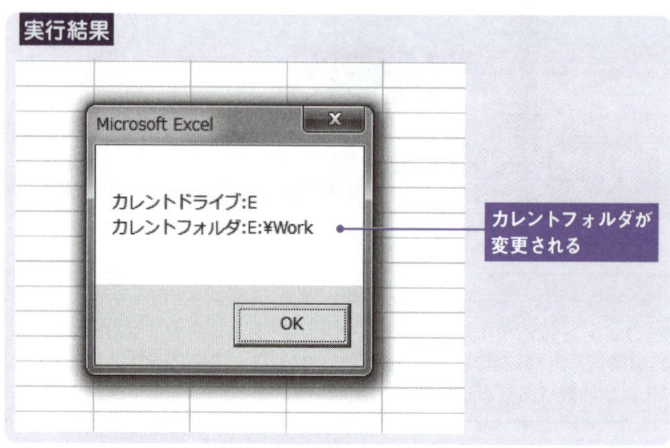

関連項目 03.028 カレントフォルダを調べる→p.371
03.030 ネットワークドライブに移動する→p.373

カレントフォルダ／移動

03.030 ネットワークドライブに移動する

CurDir関数

カレントドライブを変更するChDriveステートメントは、ドライブ文字を割り当てていないネットワークドライブに移動することはできません。そんなときは、Windows Scripting Host(WSH)を利用します。

```
Sub Sample30()
    With CreateObject("WScript.Shell")
        .CurrentDirectory = "¥¥PC-2¥D¥Work"      → WSHを使ってカレントドライブをネットワークドライブに変更
    End With
    MsgBox CurDir  → カレントドライブをMsgBoxに表示
End Sub
```

実行結果

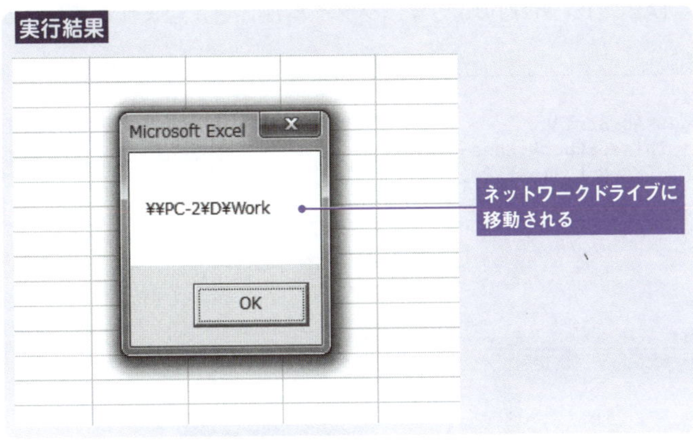

関連項目 03.028 カレントフォルダを調べる→p.371
03.029 カレントフォルダを移動する→p.372

拡張子

03.031 拡張子を取得する(1)

InStrRev関数、Mid関数

InStrRev(*stringcheck, stringmatch*)、**Mid**(*string, start*)

stringcheck---検索先の文字列、*stringmatch*---検索する文字列、*string*---元の文字列
start---どの位置から文字列を抜き出すか指定

ファイルの拡張子を取得するには、どうしたらいいでしょう。単純に、ファイル名の右3文字と判断してはいけません。Office 2007からは、ブックや文書の拡張子が「xlsx」「docx」など4文字に変わりましたし、ホームページで使うファイルにも「html」や「jpeg」などがあります。拡張子は「.」から後ろですから、「.」の位置を調べて、その右を抜き出してみましょう。その際、ファイル名の左から調べてはいけません。「ABC.DEF.xlsx」のように、ファイル名に「.」が含まれることもあるからです。

```
Sub Sample31()
    Dim Target As String
    Target = ThisWorkbook.Name
    MsgBox Mid(Target, InStrRev(Target, ".") + 1)
End Sub
```

ファイル名の「.」の位置を調べてその右の文字列を抜き出し、MsgBoxに表示

実行結果

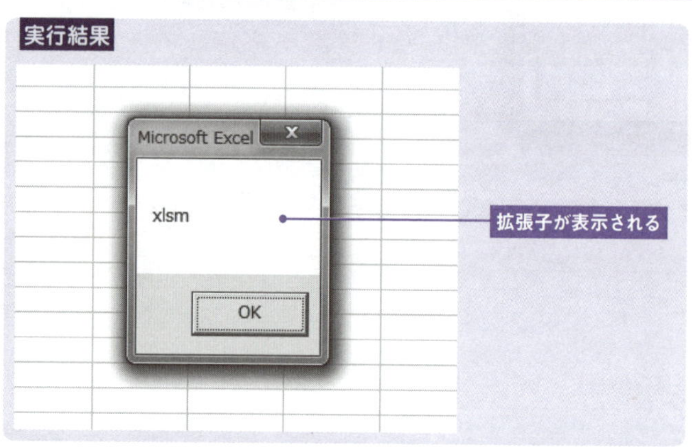

関連項目 03.018 ファイルの種類を調べる→p.361
03.032 拡張子を取得する (2)→p.375

拡張子

03.032 拡張子を取得する（2）

GetExtensionNameメソッド

object.**GetExtensionName**(*path*)

object---対象となるFileSystemObjectオブジェクト
path---拡張子を取得するファイルのフルパス

FileSystemObjectオブジェクトには、拡張子を返す命令があります。FileSystemObjectオブジェクトの、GetExtensionNameメソッドです。引数には、拡張子を取得するファイルのフルパスを指定します。実際に存在しないファイルでも、拡張子を取得できます。

```
Sub Sample32()
    Dim Target As String, Extension As String
    Target = ThisWorkbook.FullName → フルパスを取得
    With CreateObject("Scripting.FileSystemObject")
        Extension = .GetExtensionName(Target) → フルパスから拡張子を取得
    End With
    MsgBox Extension
End Sub
```

実行結果

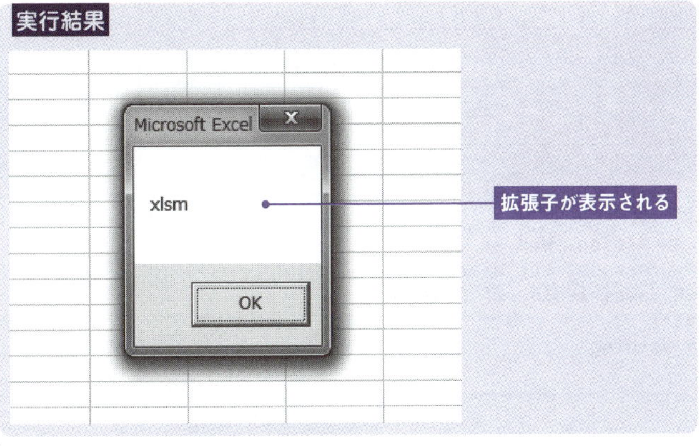

関連項目 03.018 ファイルの種類を調べる→p.361
03.031 拡張子を取得する（1）→p.374

特殊フォルダ

03.033 特殊フォルダを取得する

CreateObject関数

CreateObject(*class*)

class---作成するオブジェクトのクラスとアプリケーションの名前

ブックを、デスクトップやマイドキュメントフォルダに保存したいときはどうしたらいいでしょう。デスクトップフォルダのパスは(Windows 7以降の場合)「C:¥Users¥<ログインユーザー名>¥Desktop¥」となるので、PCの環境やログインしているユーザー名によって、フォルダの位置は異なります。そんなときは、Windows Scripting Host (WSH) を使います。WSHのSpecialFoldersプロパティでは、次のようなフォルダを取得できます。

AllUsersDesktop	すべてのユーザーに共通のデスクトップ
AllUsersPrograms	すべてのユーザーに共通のプログラムメニュー
AllUsersStartup	すべてのユーザーに共通のスタートアップ
Desktop	ログインユーザーのデスクトップ
Programs	ログインユーザーのプログラムメニュー
Startup	ログインユーザーのスタートアップ
Favorites	お気に入り
Fonts	フォント
MyDocuments	マイドキュメント
Recent	最近使ったファイル
SendTo	送る
StartMenu	スタートメニュー
Templates	新規作成のテンプレート
AppData	アプリ用のデータ

```
Sub Sample33()
    Dim Path As String, WSH As Variant
    Set WSH = CreateObject("WScript.Shell")
    Path = WSH.SpecialFolders("Desktop")
    MsgBox Path
    Set WSH = Nothing
End Sub
```

WSHを使ってデスクトップのパスを取得

実行結果

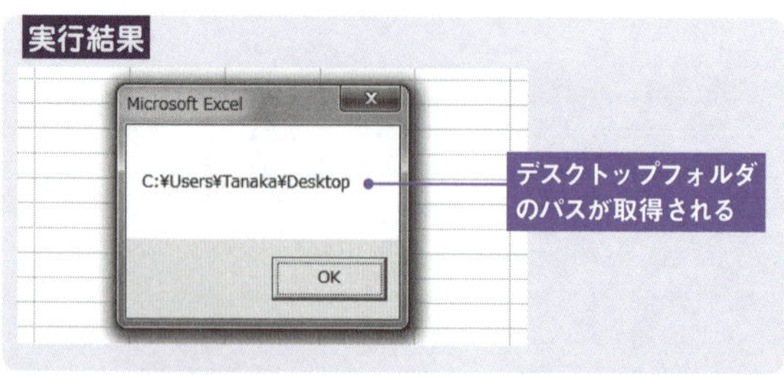

関連項目 03.002 フルパスからファイル名を抜き出す→p.345
03.028 カレントフォルダを調べる→p.371

削除

03.034 隠し属性ファイルを削除する

CreateObject関数

CreateObject(*class*)

class---作成するオブジェクトのクラスとアプリケーションの名前

VBAにはファイルを削除するKillステートメントがありますが、Killステートメントは「隠し属性」が設定されているファイルを削除できません。隠し属性のファイルを削除するときは、FileSystemObject (FSO) を使います。DeleteFileメソッドは、Killステートメントと同じようにファイルを削除しますが、隠し属性のファイルも削除できます。

```
Sub Sample34()
    With CreateObject("Scripting.FileSystemObject")
        .DeleteFile "C:¥Work¥Book1.xlsx"  →「Book1.xlsx」を削除
    End With
End Sub
```

実行結果

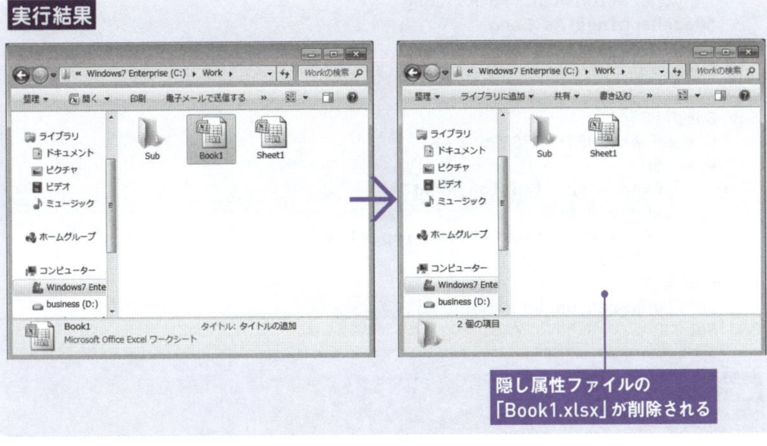

関連項目 03.010 ファイルの属性を調べる→p.353
03.035 ごみ箱へ削除する→p.378

削除

03.035 ごみ箱へ削除する

Declareステートメント

Private Declare Function *name* Lib "*libname*" As *type*

name---プロシージャ名、*libname*---宣言するプロシージャが含まれるDLLまたはコードリソース名、*type*---Functionプロシージャの戻り値のデータ形式

VBAのKillステートメントも、FileSystemObjectのDeleteFileメソッドも、どちらも削除されたファイルは、ごみ箱に移動しないで、完全に削除されます。そうではなく、ごみ箱に削除(移動)したいのであれば、Windows APIを使います。

```
Private Declare Function SHFileOperation Lib "shell32.dll" _
                             (lpFileOp As SHFILEOPSTRUCT) As Long

Private Type SHFILEOPSTRUCT
    hwnd As Long
    wFunc As Long
    pFrom As String
    pTo As String
    fFlags As Integer
    fAnyOperationsAborted As Long
    hNameMappings As Long
    lpszProgressTitle As String
End Type

Sub Sample35()
    Dim SH As SHFILEOPSTRUCT
    With SH
        .hwnd = Application.hwnd
        .wFunc = &H3
        .pFrom = "C:¥Work¥Book1_rep.xlsx"
        .fFlags = &H40
    End With
    SHFileOperation SH  → APIを使ってごみ箱へ削除
End Sub
```

実行結果

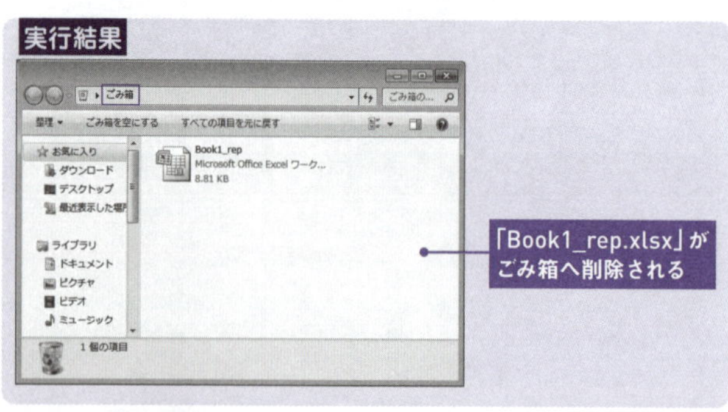

「Book1_rep.xlsx」がごみ箱へ削除される

関連項目
03.008 ファイルを削除する→p.351
03.034 隠し属性ファイルを削除する→p.377

第4章

グラフとオブジェクトの操作

グラフ／挿入

✖非対応バージョン 2003

04.001 グラフを挿入する

AddChartメソッド

object.**AddChart**

object---対象となるShapesオブジェクト

ワークシートの埋め込みグラフを作成するには、AddChartメソッドを実行します。AddChartメソッドは、Excel 2007で追加された機能です。データ範囲を指定しないでAddChartメソッドを実行すると、アクティブセルを含むセル範囲からグラフを作成します。

```
Sub Sample1()
    ActiveSheet.Shapes.AddChart   → アクティブシートにグラフを挿入
End Sub
```

実行結果

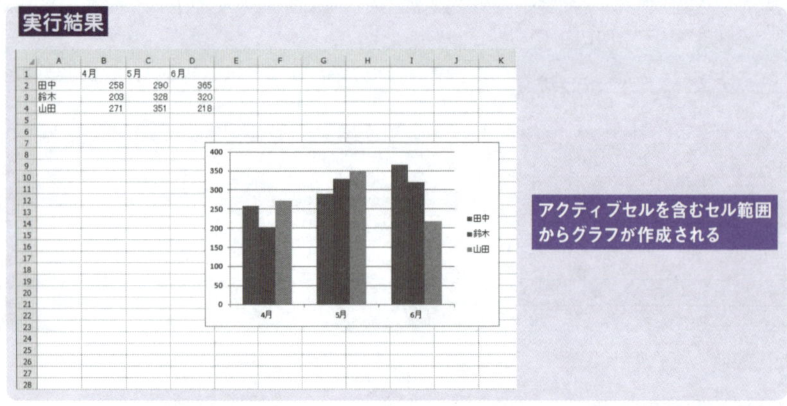

関連項目
04.002 種類を指定してグラフを挿入する→p.381
04.003 位置を指定してグラフを挿入する→p.382
04.004 大きさを指定してグラフを挿入する→p.383

グラフ／挿入

✕ 非対応バージョン 2003

04.002 種類を指定してグラフを挿入する

AddChartメソッド

object.**AddChart**(*Type*)

object---対象となるShapesオブジェクト、*Type*---グラフを表す定数(p.658参照)

グラフの挿入と同時に、作成するグラフの種類を指定するには、AddChartメソッドの1番目の引数に、グラフを表す定数を指定します。定数の一覧はp.658を参照してください。

```
Sub Sample2()
    ActiveSheet.Shapes.AddChart xlLine → アクティブシートに折れ線グラフを挿入
End Sub
```

実行結果

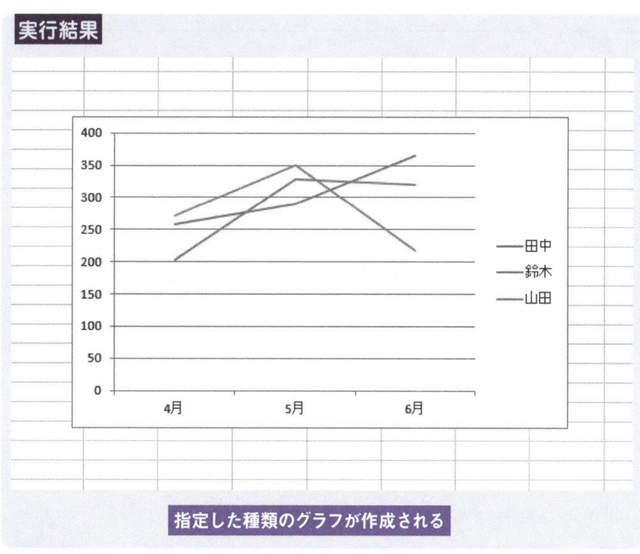

指定した種類のグラフが作成される

memo

▶ヘルプでは、AddChartメソッドの引数Typeにグラフの種類を表す定数を指定すると書かれていますが、「AddChart Type:=xlLine」のように、名前付き引数として指定するとエラーになります。名前付き引数としてではなく、定数だけを1番目の引数に指定してください。

関連項目
04.001 グラフを挿入する→p.380
04.003 位置を指定してグラフを挿入する→p.382
04.004 大きさを指定してグラフを挿入する→p.383
付録001 グラフを表す定数→p.658

グラフ／挿入

非対応バージョン 2003

04.003 位置を指定してグラフを挿入する

AddChartメソッド

object.**AddChart**(*Left*, *Top*)

object---対象となるShapesオブジェクト、*Left*---グラフの左端の位置
Top---グラフの上端の位置

AddChartの引数Leftと引数Topを指定すると、任意の位置にグラフを挿入できます。サンプルは、セルB6を左上とした位置にグラフを挿入しています。

```
Sub Sample3()
    With Range("B6")
        ActiveSheet.Shapes.AddChart Left:=.Left, Top:=.Top
    End With
End Sub
```

セルB6を左上とした位置にグラフを挿入

実行結果

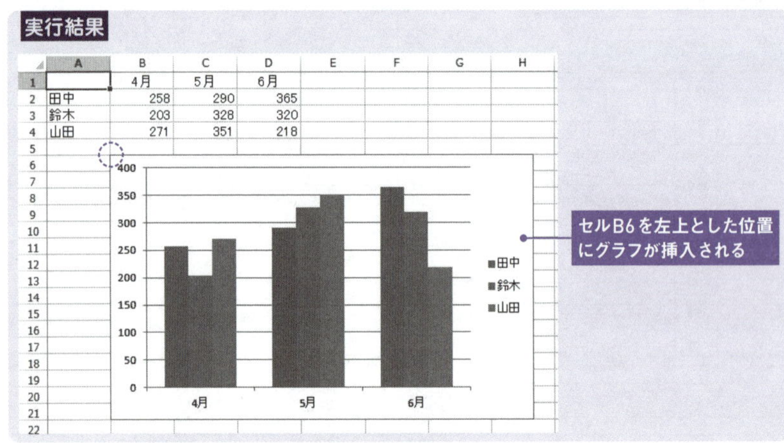

	A	B	C	D
1		4月	5月	6月
2	田中	258	290	365
3	鈴木	203	328	320
4	山田	271	351	218

関連項目
04.001 グラフを挿入する→p.380
04.002 種類を指定してグラフを挿入する→p.381
04.004 大きさを指定してグラフを挿入する→p.383

グラフ／挿入

✕ 非対応バージョン 2003

04.004 大きさを指定してグラフを挿入する

AddChartメソッド

object.**AddChart**(*Left, Top, Width, Height*)

object---対象となるShapesオブジェクト、*Left*---グラフの左端の位置
Top---グラフの上端の位置、*Width*---グラフの幅、*Height*---グラフの高さ

AddChartの引数Widthと引数Heightを指定すると、任意の位置にグラフを挿入できます。サンプルは、セル範囲B6:E13に合うようなグラフを挿入しています。

```
Sub Sample4()
    With Range("B6")
        ActiveSheet.Shapes.AddChart Left:=.Left, Top:=.Top, _
                                    Width:=Range("B6:E13").Width, _
                                    Height:=Range("B6:E13").Height
    End With
End Sub
```

セルB6を左上とした位置にセル範囲B6:E13に入るグラフを挿入

実行結果

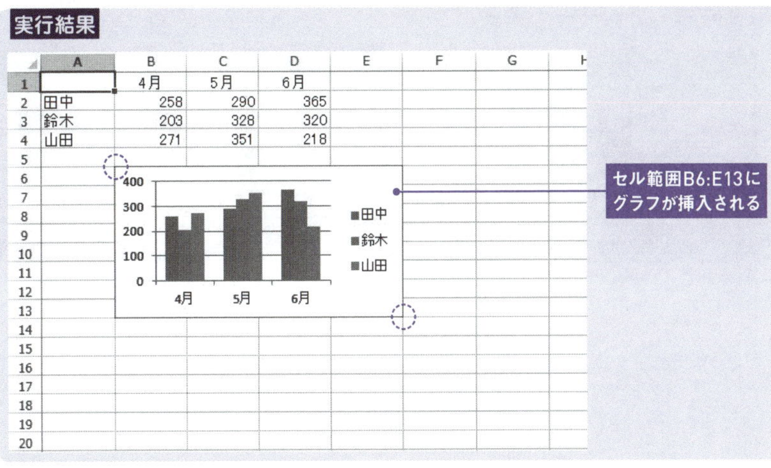

関連項目
04.001 グラフを挿入する→p.380
04.002 種類を指定してグラフを挿入する→p.381
04.003 位置を指定してグラフを挿入する→p.382

グラフ／数

04.005 グラフの数を取得する

ChartObjectsコレクション、Countプロパティ

ChartObjects.Count

ワークシート上に挿入されたグラフは、ChartObjectオブジェクトとして操作できます。挿入されているグラフの数を取得するには、ChartObjectsコレクションのCountプロパティを調べます。

```
Sub Sample5()
    With ActiveSheet
        MsgBox .ChartObjects.Count   → グラフの数をMsgBoxに表示
    End With
End Sub
```

実行結果

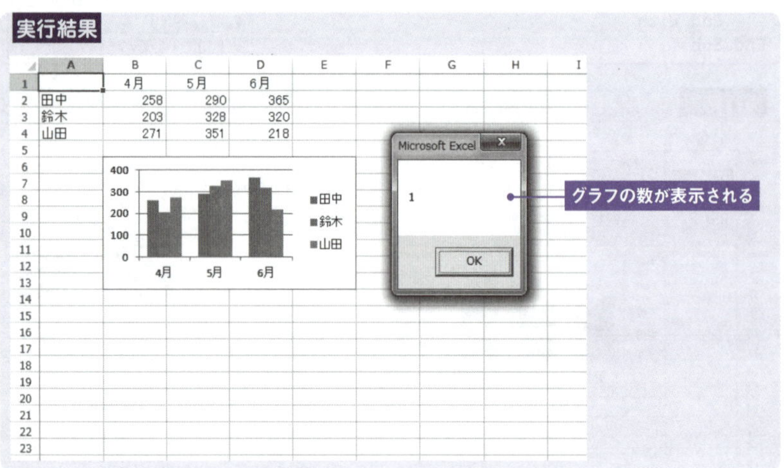

関連項目
04.006 グラフの名前を設定する→p.385
04.007 グラフの位置を調べる→p.386
04.008 グラフの大きさや位置を調べる→p.387

グラフ／名前

04.006 グラフの名前を設定する

ChartObjectオブジェクト、Nameプロパティ

ChartObjects.Name

ワークシート上のグラフを操作するときは、何番目に挿入したかを表すIndexプロパティを使うことが多くなります。あるいは、グラフには名前が設定されているので、名前を指定することも可能です。グラフの名前はExcelが便宜的に付けます。サンプルは、グラフの名前を設定しています。

```
Sub Sample6()
    With ActiveSheet
        If .ChartObjects.Count > 0 Then →グラフの存在を判定
            .ChartObjects(1).Name = "棒グラフ1" →グラフの名前を設定
        End If
    End With
End Sub
```

実行結果

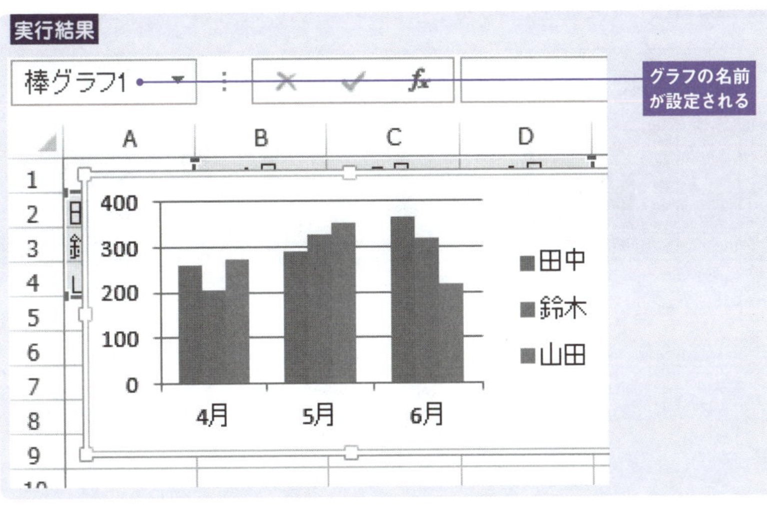

関連項目
04.005 グラフの数を取得する→p.384
04.007 グラフの位置を調べる→p.386
04.008 グラフの大きさや位置を調べる→p.387

グラフ／位置

04.007 グラフの位置を調べる

ChartObjectオブジェクト、TopLeftCellプロパティ、BottomRightCellプロパティ

ChartObjects.TopLeftCell、ChartObjects.BottomRightCell

グラフが、どのセル範囲に挿入されているかは、グラフ(ChartObjectオブジェクト)のTopLeftCellプロパティとBottomRightCellプロパティで調べられます。TopLeftCellプロパティは、グラフの左上端にあるセルを返し、BottomRightCellプロパティは右下端のセルを返します。

```
Sub Sample7()
    With ActiveSheet
        MsgBox .ChartObjects(1).TopLeftCell.Address & vbCrLf & _
               .ChartObjects(1).BottomRightCell.Address
    End With
End Sub
```

グラフの左上端、右下端のセルのアドレスをMsgBoxに表示

実行結果

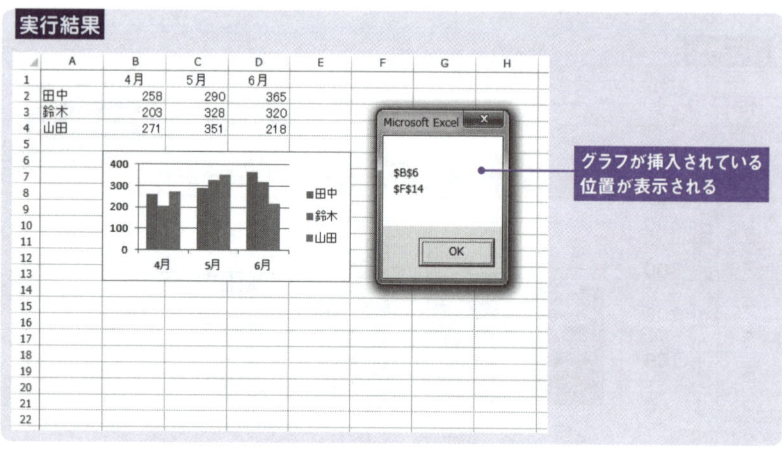

関連項目
04.005 グラフの数を取得する→p.384
04.006 グラフの名前を設定する→p.385
04.008 グラフの大きさや位置を調べる→p.387

グラフ／位置

04.008 グラフの大きさや位置を調べる

ChartObjectオブジェクト、Leftプロパティ、Topプロパティ、Widthプロパティ、Heightプロパティ

ChartObjects.Left、ChartObjects.Top、ChartObjects.Width、ChartObjects.Height

グラフの大きさや位置を数値で管理したいときは、ChartObjectオブジェクトのLeftプロパティ、Topプロパティ、Widthプロパティ、Heightプロパティを操作します。値を設定することも可能です。それぞれの単位はポイントです。

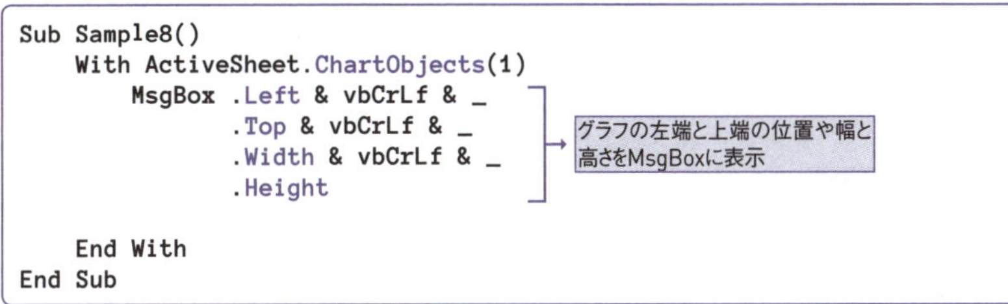

```
Sub Sample8()
    With ActiveSheet.ChartObjects(1)
        MsgBox .Left & vbCrLf & _
               .Top & vbCrLf & _
               .Width & vbCrLf & _
               .Height

    End With
End Sub
```


実行結果

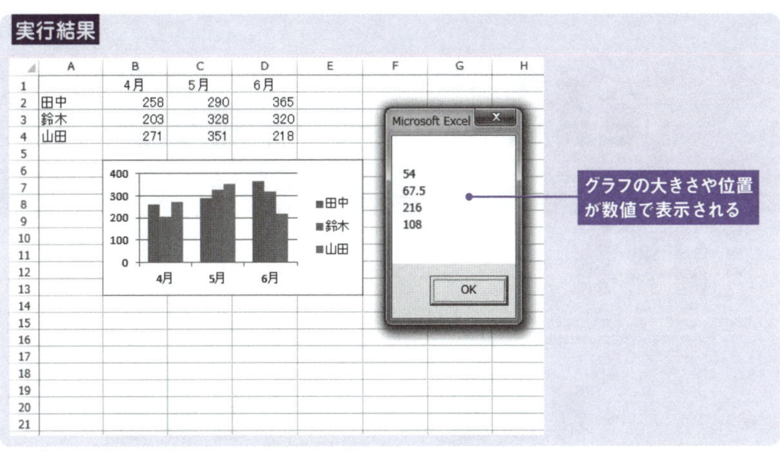

関連項目
04.005 グラフの数を取得する→p.384
04.006 グラフの名前を設定する→p.385
04.007 グラフの位置を調べる→p.386

グラフ／位置

04.009 すべてのグラフの左端を揃える

ChartObjectオブジェクト、Leftプロパティ

ChartObjects.Left

ワークシートに挿入した複数のグラフを、すべて同じ位置に揃えたいときは、ChartObjectオブジェクトのLeftプロパティやTopプロパティを、基準となるグラフに合わせます。サンプルは、1番目のグラフに合わせています。

```
Sub Sample9()
    Dim i As Long
    With ActiveSheet
        If .ChartObjects.Count = 0 Then Exit Sub      ' グラフの存在を判定
        For i = 2 To .ChartObjects.Count              ' グラフの数を取得して数に合わせて以下の処理を行う
            .ChartObjects(i).Left = .ChartObjects(1).Left   ' 1番目のグラフに左端を揃える
        Next i
    End With
End Sub
```

実行結果

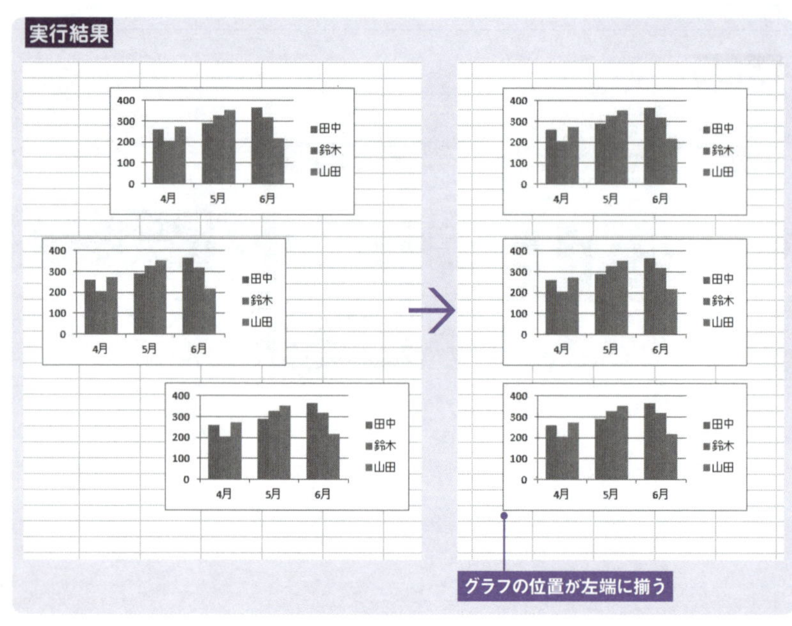

関連項目 04.010 すべてのグラフの大きさを揃える→p.389

グラフ／サイズ

04.010 すべてのグラフの大きさを揃える

ChartObjectオブジェクト、Widthプロパティ、Heightプロパティ

ChartObjects.Width、ChartObjects.Height

ワークシートに挿入した複数のグラフを、すべて同じ大きさに揃えたいときは、ChartObjectオブジェクトのWidthプロパティとHeightプロパティを、基準となるグラフに合わせます。サンプルは、1番目のグラフに合わせています。

```
Sub Sample10()
    Dim i As Long
    With ActiveSheet
        If .ChartObjects.Count = 0 Then Exit Sub
        For i = 2 To .ChartObjects.Count
            .ChartObjects(i).Width = .ChartObjects(1).Width
            .ChartObjects(i).Height = .ChartObjects(1).Height
        Next i
    End With
End Sub
```

グラフの数を取得して数に合わせて以下の処理を行う

グラフの存在を判定

高さを1番目のグラフに揃える

幅を1番目のグラフに揃える

実行結果

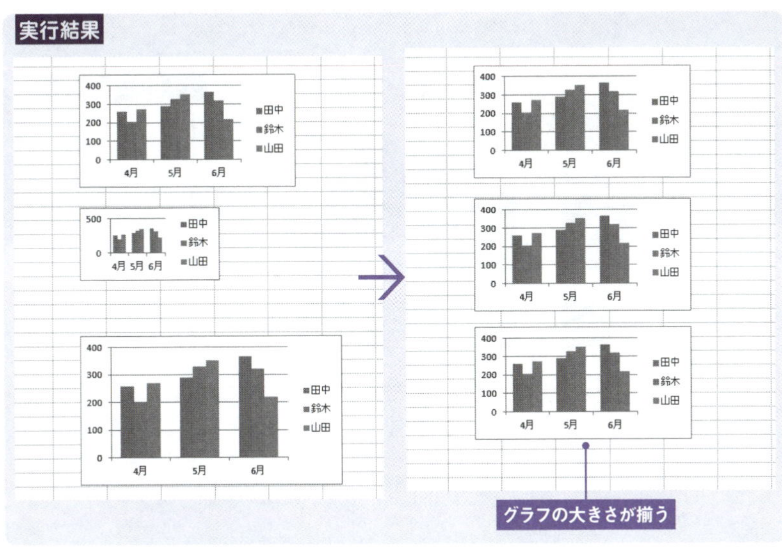

関連項目 04.009 すべてのグラフの左端を揃える→p.388

グラフ／タイトル

04.011 グラフにタイトルを設定する

ChartObjectオブジェクト、HasTitleプロパティ、ChartTitleプロパティ

ChartObjects.Chart.**HasTitle**、**ChartObjects**.**ChartTitle**.Text

グラフにタイトルを設定するには、ChartTitleオブジェクトのTextプロパティに文字列を指定します。ただし、グラフにタイトルが表示されていないと、エラーになります。タイトルが表示されているかどうかは、ChartObjectオブジェクトのHasTitleプロパティで判定できます。

```
Sub Sample11()
    With ActiveSheet.ChartObjects(1).Chart
        .HasTitle = True                    ' タイトルを表示
        .ChartTitle.Text = "タイトル"        ' タイトルを設定
    End With
End Sub
```

実行結果

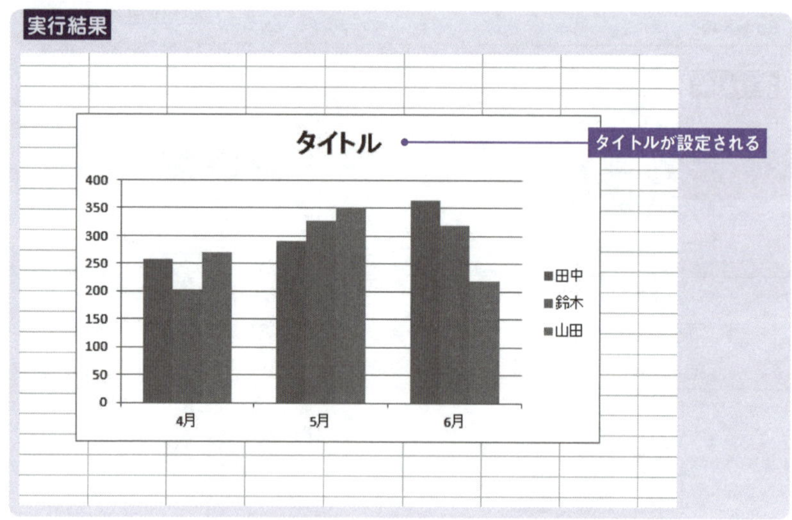

関連項目 04.012 タイトルとセルをリンクさせる→p.391

グラフ/タイトル

04.012 タイトルとセルをリンクさせる

ChartObjectオブジェクト、ChartTitleプロパティ

ChartObjects.Chart.**ChartTitle**.Text

グラフのタイトルをセルとリンクさせるには、ChartTitleオブジェクトのTextプロパティに、リンクさせたいセルのアドレスを指定します。

```
Sub Sample12()
    ActiveSheet.ChartObjects(1).Chart.ChartTitle.Text = "=Sheet1!A1"
End Sub
```

セルA1の文字列をグラフのタイトルに設定

実行結果

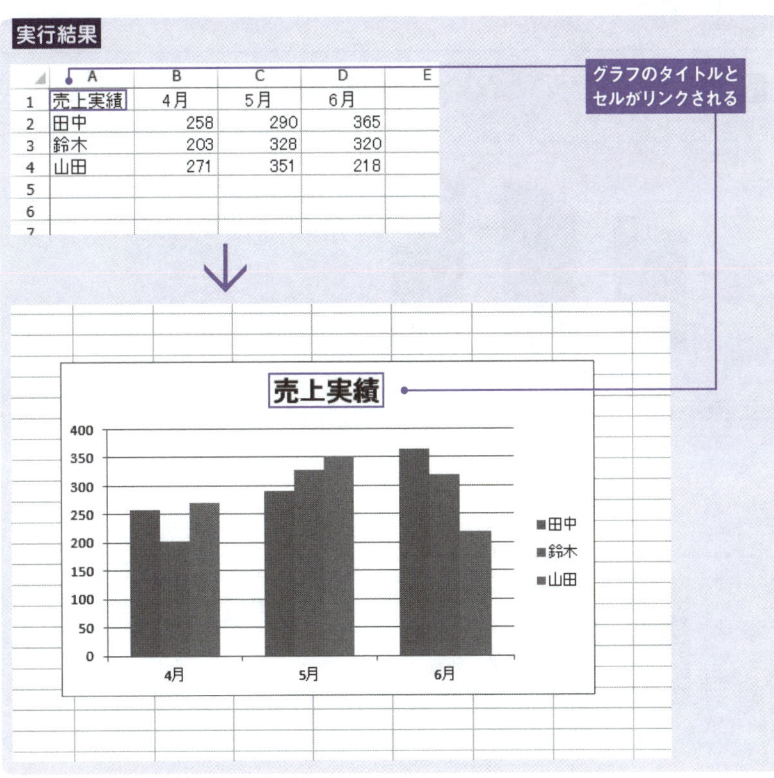

関連項目 04.011 グラフにタイトルを設定する→p.390

グラフ／凡例

04.013 凡例を表示する

ChartObjectオブジェクト、HasLegendプロパティ

ChartObjects.Chart.**HasLegend**

グラフに凡例を表示するかどうかは、HasLegendプロパティで指定します。

```
Sub Sample13()
    With ActiveSheet.ChartObjects(1).Chart
        If .HasLegend = False Then
            .HasLegend = True
        End If
    End With
End Sub
```

凡例が非表示の場合は表示する

実行結果

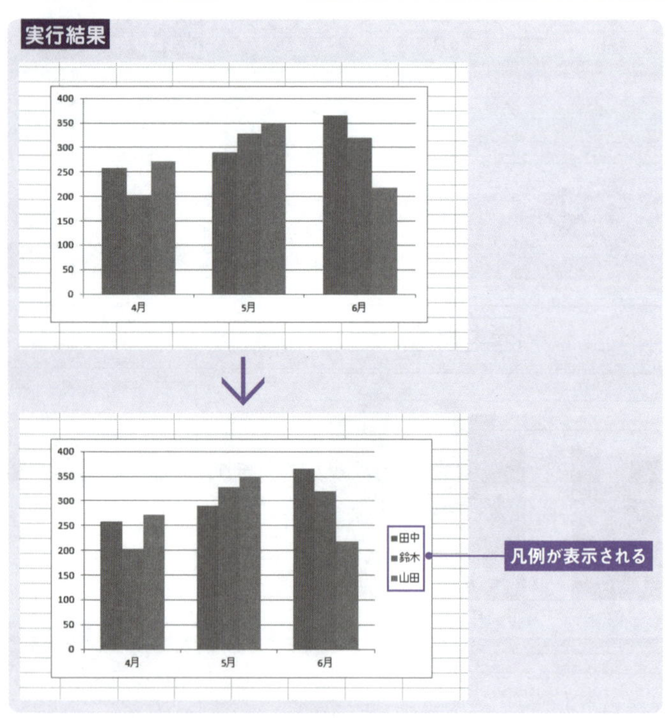

関連項目
04.014 凡例の位置を指定する→p.393
04.015 凡例をグラフに重ねる→p.394
04.016 凡例を塗りつぶす（1）→p.395
04.017 凡例を塗りつぶす（2）→p.396

グラフ／凡例

04.014 凡例の位置を指定する

Legendオブジェクト、Positionプロパティ

Legend.Position

凡例の位置は、LegendオブジェクトのPositionプロパティで指定します。Positionプロパティには、次の定数を指定できます。

xlLegendPositionBottom	グラフの下
xlLegendPositionCorner	グラフの輪郭線の右上隅
xlLegendPositionCustom	任意の位置
xlLegendPositionLeft	グラフの左
xlLegendPositionRight	グラフの右
xlLegendPositionTop	グラフの上

```
Sub Sample14()
    With ActiveSheet.ChartObjects(1).Chart
        .HasLegend = True
        .Legend.Position = xlLegendPositionTop → 凡例をグラフの上に表示
    End With
End Sub
```

実行結果

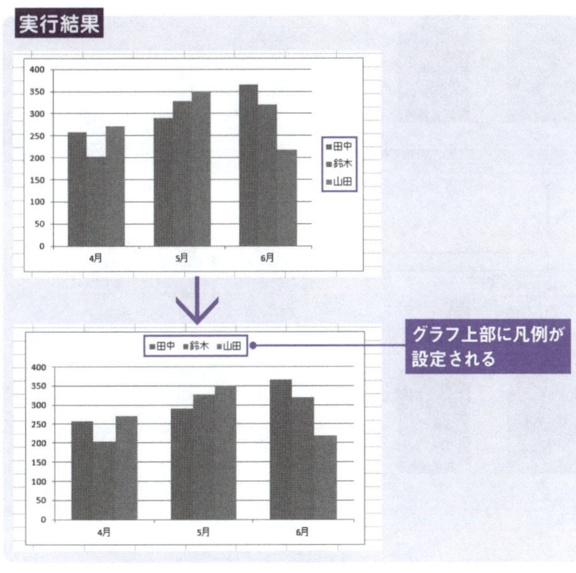

04.013 凡例を表示する→p.392
04.015 凡例をグラフに重ねる→p.394
04.016 凡例を塗りつぶす (1) →p.395
04.017 凡例を塗りつぶす (2) →p.396

グラフ／凡例

✖非対応バージョン 2003

04.015 凡例をグラフに重ねる

Legendオブジェクト、IncludeInLayoutプロパティ

Legend.IncludeInLayout

凡例をグラフに重ね合わせるには、LegendオブジェクトのIncludeInLayoutプロパティにFalseを指定します。

```
Sub Sample15()
    With ActiveSheet.ChartObjects(1).Chart
        .HasLegend = True →凡例を表示
        .Legend.IncludeInLayout = False →凡例をグラフに重ねる
    End With
End Sub
```

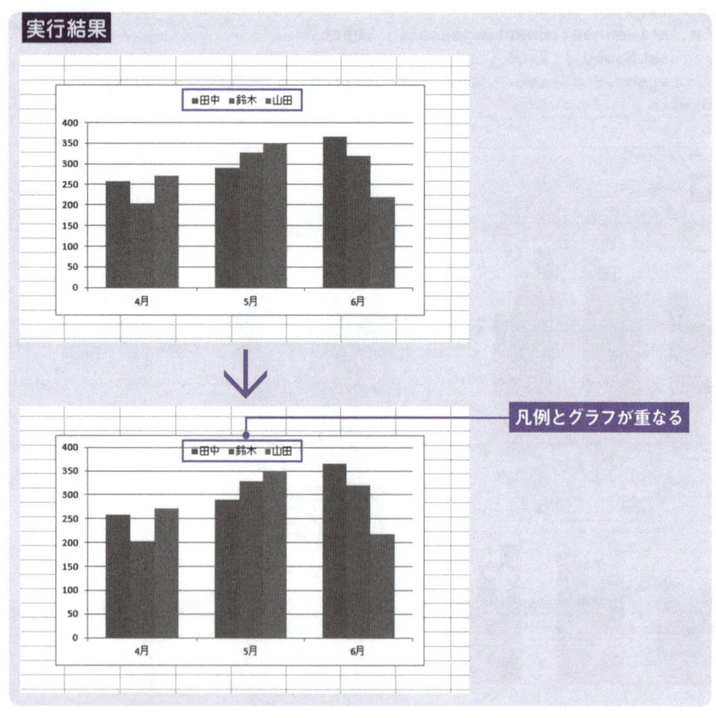

グラフ／凡例

✕ 非対応バージョン 2003

04.016 凡例を塗りつぶす (1)

ForeColorオブジェクト、ObjectThemeColorプロパティ

ForeColor.ObjectThemeColor

凡例を塗りつぶすには、まずLegend.Format.Fill.Visibleプロパティに定数msoTrueを指定します。テーマの色で塗りつぶすには、ForeColorオブジェクトのObjectThemeColorプロパティに、テーマの色を表す定数(p.404参照)を指定します。

```
Sub Sample16()
    With ActiveSheet.ChartObjects(1).Chart.Legend.Format.Fill   ' 凡例を表示する
        .Visible = msoTrue
        .ForeColor.ObjectThemeColor = msoThemeColorAccent1   ' 凡例を薄い青のテーマ色で塗りつぶす
    End With
End Sub
```

実行結果

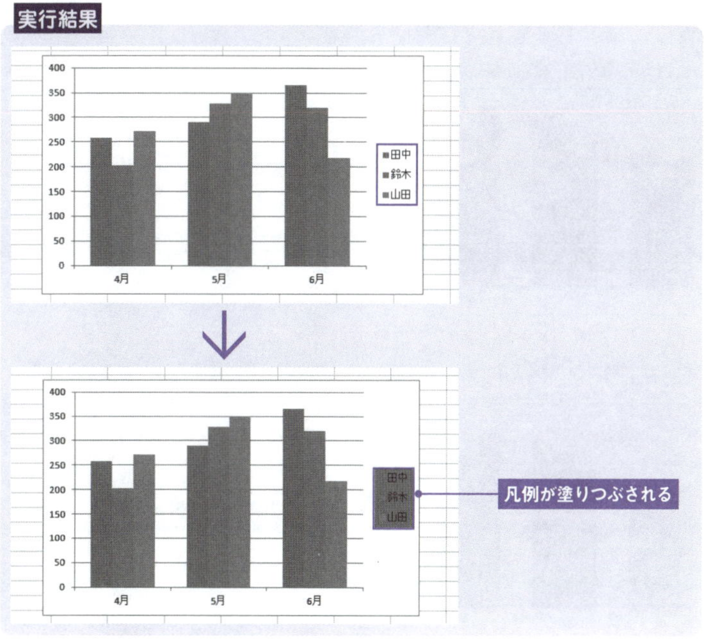

関連項目
04.013 凡例を表示する→p.392
04.014 凡例の位置を指定する→p.393
04.015 凡例をグラフに重ねる→p.394
04.017 凡例を塗りつぶす (2)→p.396
04.025 系列の塗りつぶしを設定する (1)→p.404

グラフ／凡例

非対応バージョン 2003

04.017 凡例を塗りつぶす（2）

ForeColorオブジェクト、RGBプロパティ、RGB関数

ForeColor.RGB、RGB(*red, green, blue*)

red---赤の割合、*green*---緑の割合、*blue*---青の割合

凡例の塗りつぶしを色で指定するには、ForeColorオブジェクトのRGBプロパティに、RGB関数で変換した色を指定します。TintAndShadeプロパティは、色の明暗を指定しています。

```
Sub Sample17()
    With ActiveSheet.ChartObjects(1).Chart.Legend.Format.Fill
        .Visible = msoTrue
        .ForeColor.RGB = RGB(255, 0, 0) → 凡例の色を赤に設定
        .ForeColor.TintAndShade = 0.5  → 色の明暗を設定
    End With
End Sub
```

実行結果

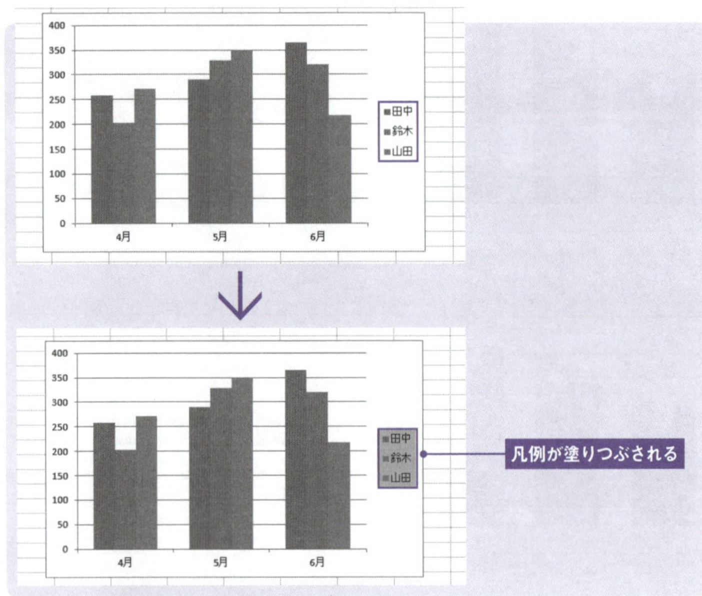

関連項目
04.013 凡例を表示する→p.392
04.014 凡例の位置を指定する→p.393
04.015 凡例をグラフに重ねる→p.394
04.016 凡例を塗りつぶす（1）→p.395
04.028 系列の色の明暗を設定する→p.407

グラフ／系列

04.018 系列を調べる

SeriesCollectionコレクション、Seriesオブジェクト、Countプロパティ、Nameプロパティ

SeriesCollection.Count、SeriesCollection.Name

系列はSeriesオブジェクトで表されます。Seriesオブジェクトの集合体がSeriesCollectionコレクションです。Nameプロパティで、凡例に表示される文字列を取得できます。

```
Sub Sample18()
    Dim i As Long, msg As String
    With ActiveSheet.ChartObjects(1).Chart
        msg = "系列の数：" & .SeriesCollection.Count & vbCrLf
        For i = 1 To .SeriesCollection.Count
            msg = msg & .SeriesCollection(i).Name & vbCrLf
        Next i
    End With
    MsgBox msg
End Sub
```

系列の数をMsgBoxに表示

系列の名前をMsgBoxに表示

系列の数を取得して、その数に合わせて以下の処理を行う

実行結果

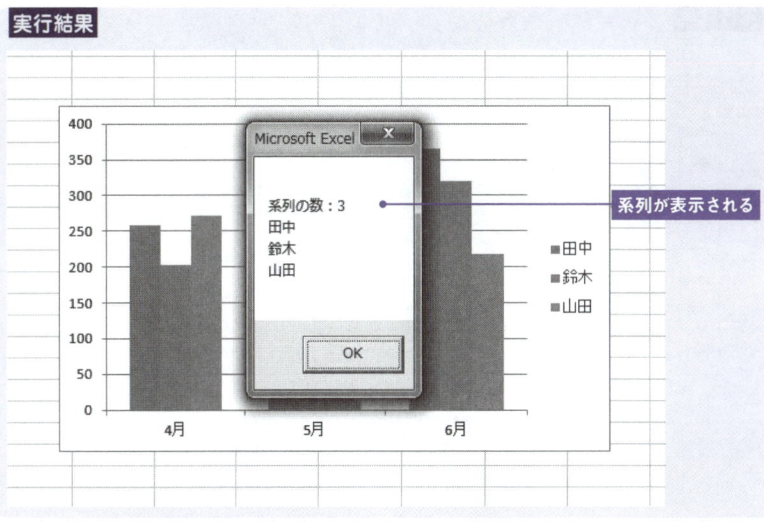

関連項目
04.022 系列の一部だけ色を変える→p.401
04.023 データの位置や大きさを取得する→p.402
04.024 グラフ上にオートシェイプを挿入する→p.403

グラフ／系列

非対応バージョン 2003

04.019 系列にデータラベルを表示する(1)

ChartObjectオブジェクト、SetElementメソッド、SeriesCollectionコレクション

ChartObjects.Chart.**SetElement**(*Element*)

Element---MsoChartElementTypeの定数(p.665参照)

データラベルを表示するには、SetElementメソッドを使います。サンプルでは、系列全体に「外側上」のデータラベルを表示し、系列「鈴木」だけ「内側軸寄り」のデータラベルを表示しています。

```
Sub Sample19()
    With ActiveSheet.ChartObjects(1).Chart
        .SetElement msoElementDataLabelOutSideEnd
        .SeriesCollection("鈴木").Select
        .SetElement msoElementDataLabelInsideBase
    End With
    ActiveCell.Activate
End Sub
```

系列の外側上にデータラベルを設定

系列「鈴木」の内側軸寄りにデータラベルを設定

実行結果

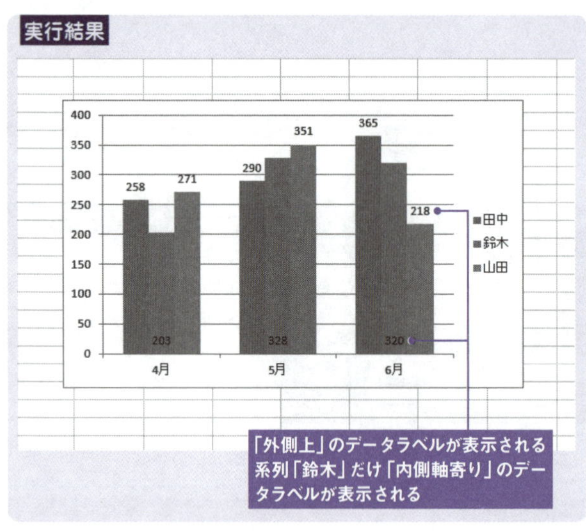

関連項目 04.020 系列にデータラベルを表示する (2) →p.399
04.021 データラベルの種類を指定する →p.400

グラフ／系列

04.020 系列にデータラベルを表示する(2)

Seriesオブジェクト、HasDataLabelsプロパティ

object.**HasDataLabels**

object---対象となるSeriesオブジェクト

ChartObjectオブジェクトのSetElementメソッドは、グラフに対してさまざまな設定を行う命令です。系列のデータラベルは、それぞれの系列(Seriesオブジェクト)のHasDataLabelsプロパティを操作することでも表示／非表示を切り替えられます。

```
Sub Sample20()
    Dim i As Long
    With ActiveSheet.ChartObjects(1).Chart
        For i = 1 To .SeriesCollection.Count  → 系列の数を取得してその数に合わせて以下の処理を行う
            .SeriesCollection(i).HasDataLabels = True  → データラベルを表示
        Next i
    End With
End Sub
```

実行結果

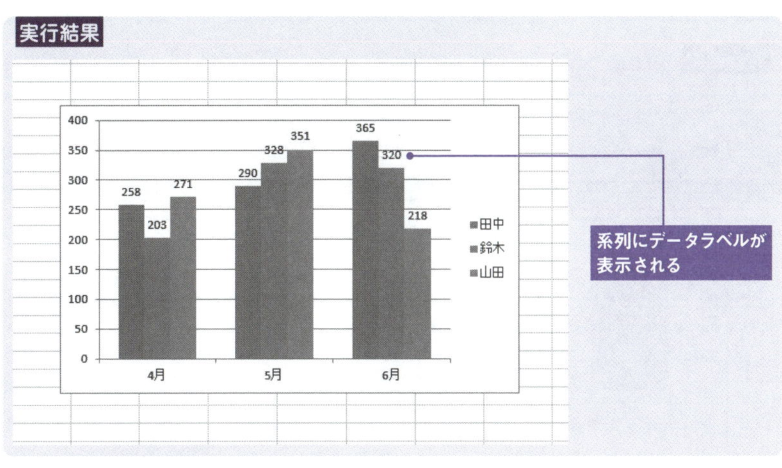

関連項目 04.019 系列にデータラベルを表示する(1)→p.398
04.021 データラベルの種類を指定する→p.400

グラフ／データラベル

04.021 データラベルの種類を指定する

DataLabelsオブジェクト、ShowSeriesNameプロパティ
ShowCategoryNameプロパティ、ShowValueプロパティ

object.**DataLabels.ShowSeriesName**、*object*.**DataLabels.ShowCategoryName**、*object*.**DataLabels.ShowValue**

object---対象となるSeriesオブジェクト

データラベルには「系列名」「分類名」「値」を表示できます。それぞれの内容は、DataLabelsオブジェクトのShowSeriesNameプロパティ、ShowCategoryNameプロパティ、ShowValueプロパティで指定します。

```
Sub Sample21()
    With ActiveSheet.ChartObjects(1).Chart
        .SeriesCollection(1).HasDataLabels = True
        .SeriesCollection(1).DataLabels.ShowSeriesName = True
        .SeriesCollection(1).DataLabels.ShowCategoryName = False
        .SeriesCollection(1).DataLabels.ShowValue = False
    End With
End Sub
```

系列「田中」のデータラベルに系列名を表示

実行結果

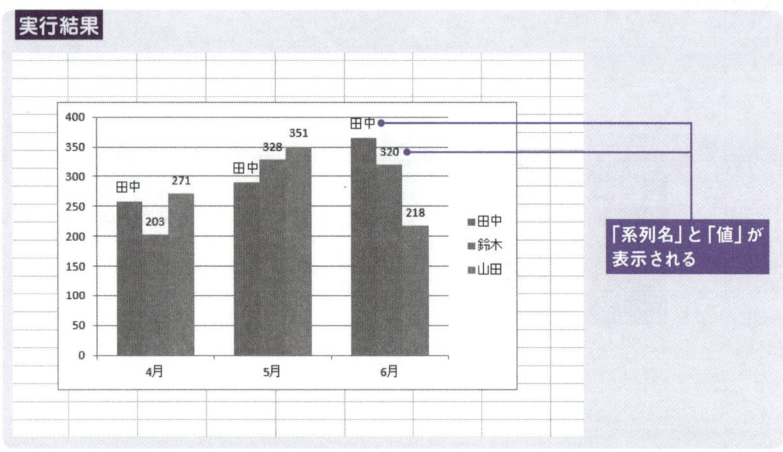

関連項目
04.019 系列にデータラベルを表示する (1) →p.398
04.020 系列にデータラベルを表示する (2) →p.399

グラフ／系列

04.022 系列の一部だけ色を変える

Seriesオブジェクト、Valuesプロパティ、Pointsプロパティ

object.**Values**、*object*.**Points**

object---対象となるSeriesオブジェクト

系列には複数のデータがプロットされています。例えばサンプルのグラフなら、系列「田中」は「258」「290」「365」という3つのデータで構成されています。グラフから、これらのデータの値を調べるには、SeriesオブジェクトのValuesプロパティを使います。Valuesプロパティは、プロットに使用している値群を配列で返します。それぞれの値が配列に格納されているので、個々の値を調べることで、系列内のデータを個別に操作することが可能です。サンプルでは、系列「田中」の値を調べて、250以上の場合は、棒を赤色で塗りつぶしています。

```
Sub Sample22()
    Dim tmp As Variant, i As Long
    With ActiveSheet.ChartObjects(1).Chart
        tmp = .SeriesCollection(1).Values → 系列「田中」のデータの値を配列として取得
        For i = 1 To UBound(tmp)
            If tmp(i) >= 250 Then
                With .SeriesCollection(1).Points(i)
                    .Interior.ColorIndex = 3
                    .Interior.Pattern = xlSolid
                End With
            End If
        Next i
    End With
End Sub
```

（注：`If tmp(i) >= 250 Then` ～ `.Interior.Pattern = xlSolid` → 系列「田中」の値が250以上の場合は赤で塗りつぶす）

実行結果

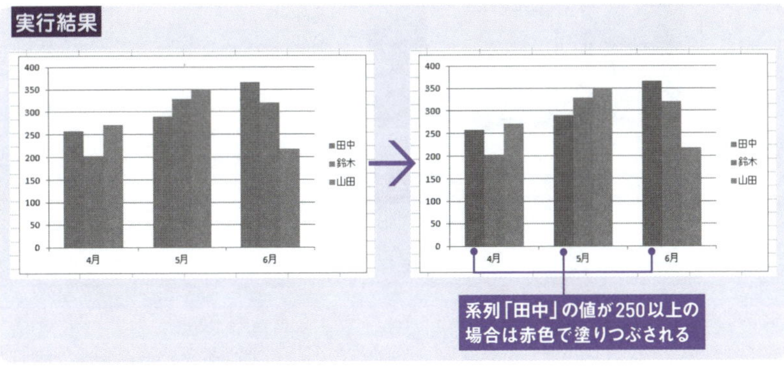

関連項目 04.018 系列を調べる→p.397
04.025 系列の塗りつぶしを設定する (1) →p.404

グラフ

✕ 非対応バージョン 2003

04.023 データの位置や大きさを取得する

Seriesオブジェクト、Pointsプロパティ

object.**Points**

object---対象となるSeriesオブジェクト

系列はSeriesオブジェクトで表されます。系列「田中」は、「SeriesObjects("田中")」です。系列内のデータは、Pointsコレクションで指定できます。サンプルの棒グラフでは、系列「田中」の、1番目の棒(長方形)は「SeriesCollection("田中").Points(1)」で表されます。TopプロパティやWightプロパティを調べることで、棒(長方形)の位置や大きさを取得できます。

```
Sub Sample23()
    With ActiveSheet.ChartObjects(1).Chart
        MsgBox .SeriesCollection(1).Points(1).Left & vbCrLf & _
               .SeriesCollection(1).Points(1).Top & vbCrLf & _
               .SeriesCollection(1).Points(1).Width & vbCrLf & _
               .SeriesCollection(1).Points(1).Height
    End With
End Sub
```

系列「田中」の1番目の棒の左端と上端の位置や幅と高さをMsgBoxに表示

実行結果

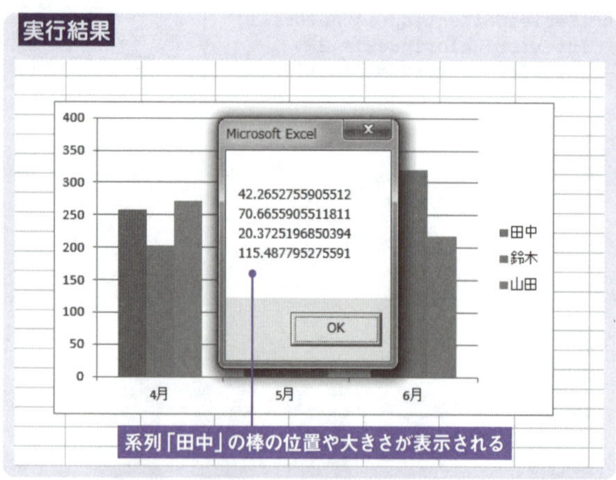

系列「田中」の棒の位置や大きさが表示される

関連項目 04.018 系列を調べる→p.397
04.024 グラフ上にオートシェイプを挿入する→p.403

グラフ／オブジェクト

非対応バージョン 2003

04.024 グラフ上にオートシェイプを挿入する

AddShapeメソッド

object.**AddShape**(*Type, Left, Top, Width, Height*)

object---対象となるShapesコレクション、*Type*---MsoAutoShapeTypeクラスの定数
Left---オートシェイプの左端の位置、*Top*---オートシェイプの上端の位置
Width---オートシェイプの幅、*Height*---オートシェイプの高さ

グラフ上に、オートシェイプの「吹き出し」を挿入してみましょう。まず、特定の位置に吹き出しを挿入してみます。吹き出しの内部に「最大値」という文字列を表示し、立体的な書式を設定します。挿入する位置は、系列「田中」内で、最も値が大きいデータ（棒）の上です。

```
Sub Sample24()
    Dim S_T, S_L, tmp, i As Long, MAX As Long
    With ActiveSheet.ChartObjects(1).Chart
        tmp = .SeriesCollection(1).Values
        For i = 1 To UBound(tmp)
            If WorksheetFunction.MAX(tmp) = tmp(i) Then MAX = i
        Next i
        S_T = ActiveSheet.ChartObjects(1).Top + _
              .SeriesCollection(1).Points(MAX).Top
        S_L = ActiveSheet.ChartObjects(1).Left + _
              .SeriesCollection(1).Points(MAX).Left
        With ActiveSheet.Shapes.AddShape(msoShapeRectangularCallout, _
                                         S_L, S_T - 30, 56, 30)
            .TextFrame2.TextRange.Characters.Text = "最大値"
            With .TextFrame2
                .TextRange.ParagraphFormat.Alignment = msoAlignCenter
                .VerticalAnchor = msoAnchorMiddle
            End With
            .ShapeStyle = msoShapeStylePreset38
        End With
    End With
End Sub
```

系列「田中」の最大値を取得
最大値の上端と左端の位置を取得
四角形の吹き出しを最大値の上部に設定
文字をオートシェイプの中央に配置
オートシェイプの光沢アクセントを設定

実行結果

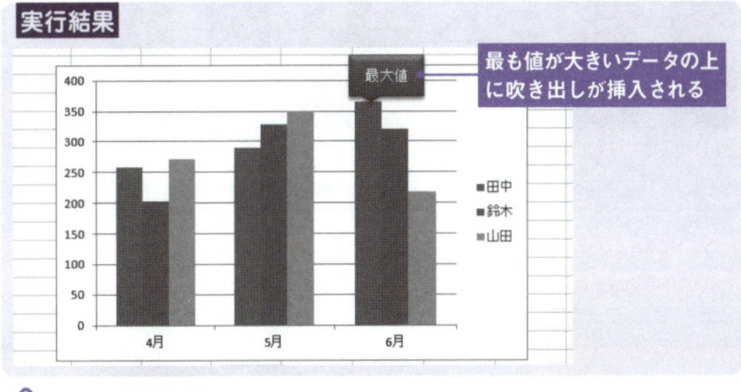

関連項目 04.018 系列を調べる→p.397
04.023 データの位置や大きさを取得する→p.402

グラフ／色

✕ 非対応バージョン 2003

04.025 系列の塗りつぶしを設定する(1)

ObjectThemeColorプロパティ

*object.***ObjectThemeColor**

object---対象となるObjectThemeColorオブジェクト

系列全体を塗りつぶすには、塗りつぶしたいSeriesオブジェクトを特定して、ForeColorオブジェクトのObjectThemeColorプロパティに、テーマの色を表す定数を指定します。指定する定数は、下表の通りです。設定される色は、テーマによって異なります。

msoThemeColorBackground1	白
msoThemeColorDark1	黒
msoThemeColorBackground2	グレー
msoThemeColorDark2	青
msoThemeColorAccent1	薄い青
msoThemeColorAccent2	赤
msoThemeColorAccent3	緑
msoThemeColorAccent4	紫
msoThemeColorAccent5	ペールブルー
msoThemeColorAccent6	オレンジ

```
Sub Sample25()
    ActiveSheet.ChartObjects(1).Chart. _
        SeriesCollection(1).Format.Fill. _
            ForeColor.ObjectThemeColor = msoThemeColorAccent6
End Sub
```

系列「田中」の塗りつぶし色をテーマの色に設定

実行結果

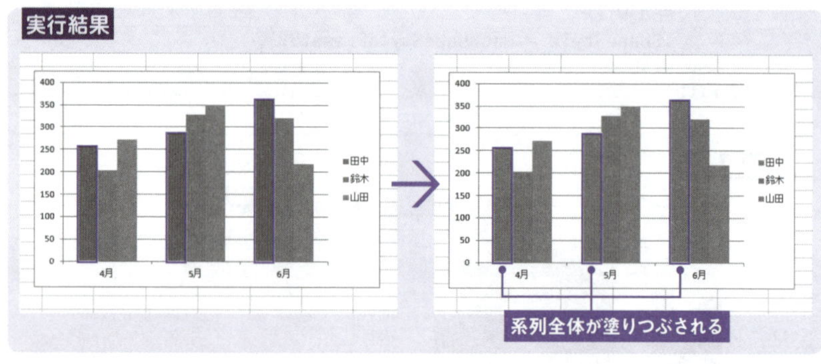

memo

▶設定される色は、テーマによって異なります。

関連項目 04.022 系列の一部だけ色を変える→p.401
04.027 系列の透明度を設定する→p.406

グラフ／色

✖非対応バージョン 2003

04.026 系列の塗りつぶしを設定する(2)

RGBプロパティ

object.**RGB**

object---対象となるChartColorFormatオブジェクト

系列の塗りつぶしを色で指定する場合は、ForeColorオブジェクトのRGBプロパティに、RGB関数で生成した数値を指定します。

```
Sub Sample26()
    ActiveSheet.ChartObjects(1).Chart. _
        SeriesCollection(1).Format.Fill. _
            ForeColor.RGB = RGB(255, 0, 0) → 系列「田中」の色を設定
End Sub
```

実行結果

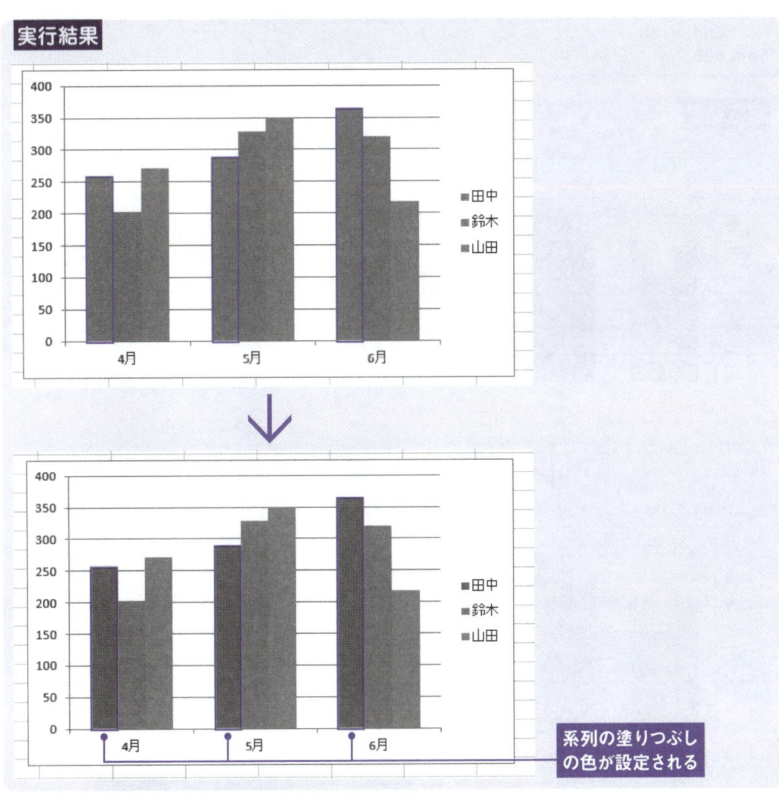

関連項目 04.022 系列の一部だけ色を変える→p.401
04.028 系列の明暗を設定する→p.407

グラフ／色

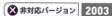

✕非対応バージョン 2003

04.027 系列の色の透明度を設定する

Transparencyプロパティ

object.**Transparency**

object---対象となるFillFormatオブジェクト

色の透明度は、FillFormatオブジェクトのTransparencyプロパティに、「0」（不透明）～「1」（透明）の数値を指定します。パターンやテクスチャが指定されているなど、透明度が反映されない場合もあります。

```
Sub Sample27()
    With ActiveSheet.ChartObjects(1).Chart. _
         SeriesCollection(1).Format.Fill
            .ForeColor.RGB = RGB(255, 0, 0)
            .Transparency = 0.5   → 系列「田中」の色の透明度を設定
    End With
End Sub
```

実行結果

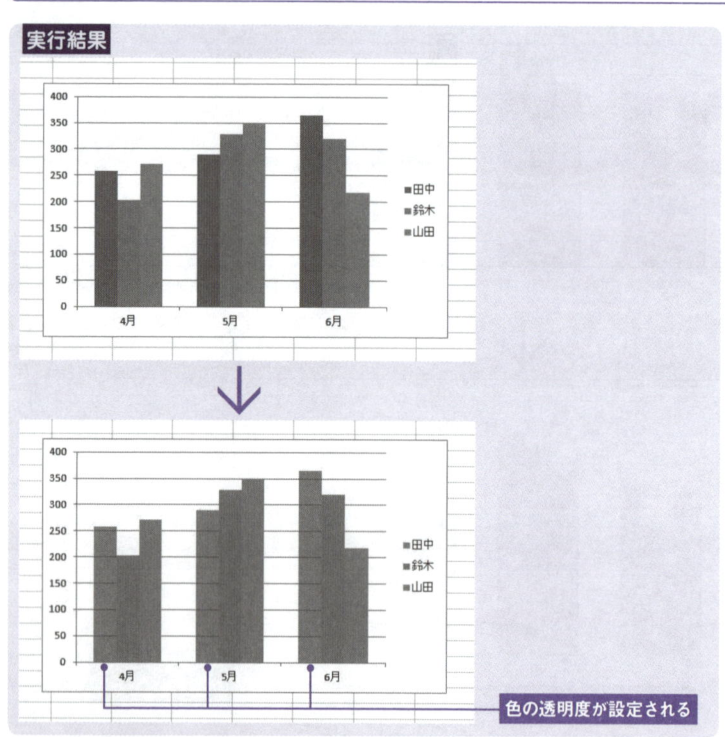

関連項目 04.022 系列の一部だけ色を変える→p.401
04.029 系列の色のグラデーションを設定する (1) →p.408

グラフ／色

✕ 非対応バージョン 2003

04.028 系列の色の明暗を設定する

TintAndShadeプロパティ

object.**TintAndShade**

object---対象となるForeColorオブジェクト

色の明暗は、ForeColorオブジェクトのTintAndShadeプロパティに、「-1」（最も暗い）～「1」（最も明るい）の数値を指定します。

```
Sub Sample28()
    With ActiveSheet.ChartObjects(1).Chart. _
         SeriesCollection(1).Format.Fill
           .ForeColor.RGB = RGB(255, 0, 0)
           .ForeColor.TintAndShade = 0.5   → 系列「田中」の色の明暗を設定
    End With
End Sub
```

実行結果

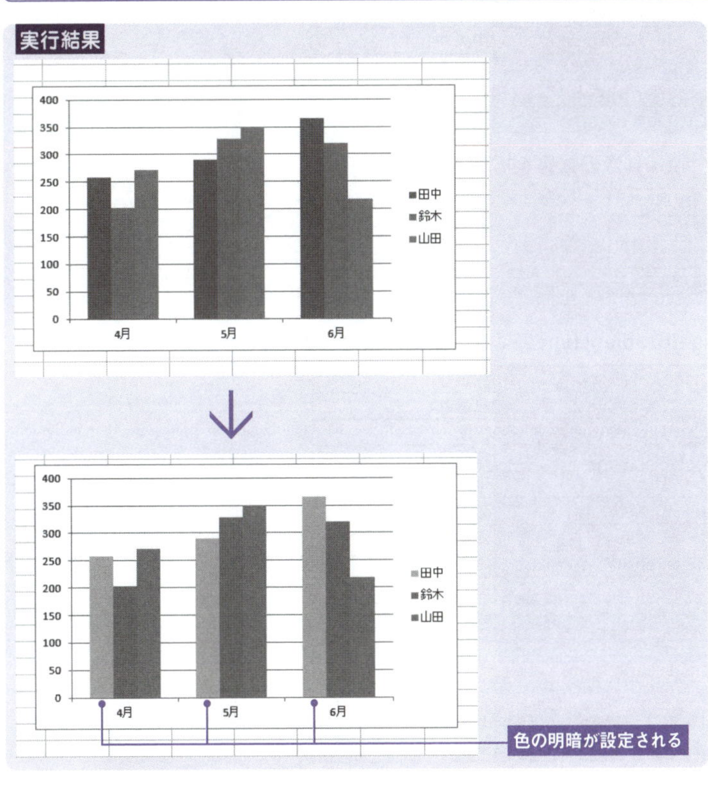

関連項目
04.022 系列の一部だけ色を変える→p.401
04.031 系列の内部に画像ファイルを設定する→p.411

グラフ／色

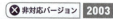

2003

04.029 系列の色のグラデーションを設定する(1)

PresetGradientメソッド

object.**PresetGradient**(*Style, Variant, PresetGradientType*)

object---対象となるFillFormatオブジェクト、*Style*---MsoGradientStyleの定数
Variant---グラデーションのバリエーション
PresetGradientType---MsoPresetGradientTypeの定数

系列を既定のグラデーションで塗りつぶすには、PresetGradientメソッドを使います。PresetGradientメソッドの書式は次の通りです。

```
PresetGradient Style, Variant, PresetGradientType
```

引数Styleには次の定数を指定します。

msoGradientDiagonalDown	右下対角線
msoGradientDiagonalUp	右上対角線
msoGradientFromCenter	中央から
msoGradientFromCorner	角から
msoGradientHorizontal	横
msoGradientVertical	縦

引数Variantには次の数値を指定します。

1	線形
2	放射
3	四角
4	パス

引数PresetGradientTypeには次の定数を指定します。

msoGradientEarlySunset	夕焼け
msoGradientLateSunset	日暮れ
msoGradientNightfall	夕闇
msoGradientDaybreak	夜明け
msoGradientHorizon	地平線
msoGradientDesert	砂漠
msoGradientOcean	海
msoGradientCalmWater	凪
msoGradientFire	炎
msoGradientFog	霧
msoGradientMoss	こけ
msoGradientPeacock	くじゃく
msoGradientWheat	小麦
msoGradientParchment	セーム皮
msoGradientMahogany	マホガニー

msoGradientRainbow	虹
msoGradientRainbowII	虹2
msoGradientGold	ゴールド
msoGradientGoldII	ゴールド2
msoGradientBrass	ブロンズ
msoGradientChrome	クロム
msoGradientChromeII	クロム2
msoGradientSilver	シルバー
msoGradientSapphire	サファイヤ

```
Sub Sample29()
    With ActiveSheet.ChartObjects(1).Chart. _
         SeriesCollection(1).Format.Fill
            .PresetGradient msoGradientDiagonalDown, 1, _
            msoGradientEarlySunset
    End With
End Sub
```

系列「田中」に右下対角線、線形、夕焼けタイプのグラデーションを設定

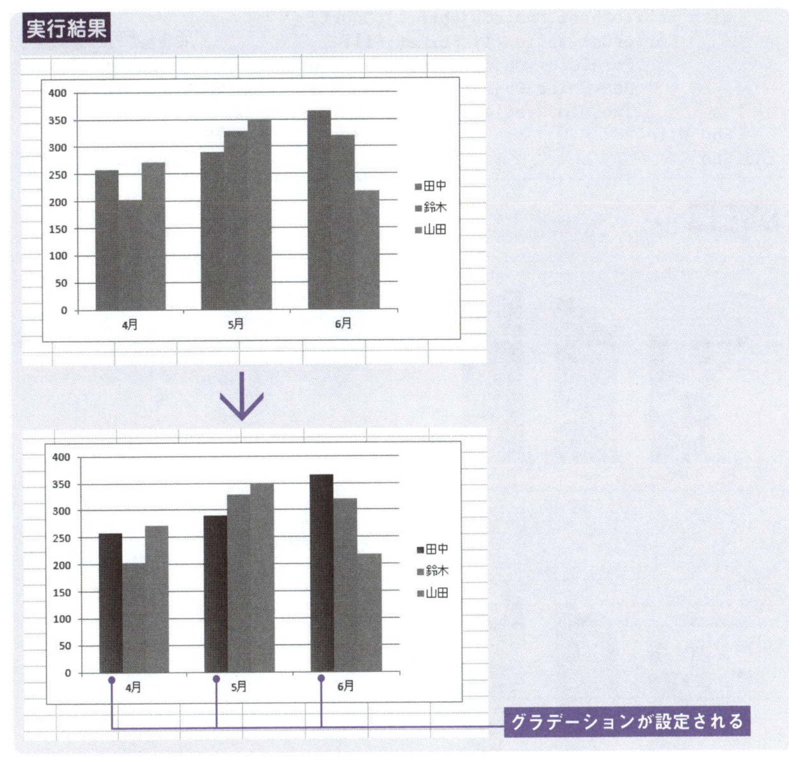

関連項目
04.031 系列の内部に画像ファイルを設定する→p.411
04.032 系列に組み込みのテクスチャを設定する→p.412
04.033 系列にパターンを設定する→p.414

グラフ／色

非対応バージョン 2003

04.030 系列の色のグラデーションを設定する(2)

TwoColorGradientメソッド

object.**TwoColorGradient**(*Style, Variant*)

object---対象となるFillFormatオブジェクト、*Style*---MsoGradientStyleの定数(p.408参照)、*Variant*---グラデーションのバリエーション(p.408参照)

系列を独自のグラデーションで塗りつぶすには、ForeColorとBackColorの2色を設定します。次に、TwoColorGradientメソッドを実行します。TwoColorGradientメソッドの書式は、PresetGradientメソッド(p.408参照)を参考にしてください。

```
Sub Sample30()
    With ActiveSheet.ChartObjects(1).Chart. _
         SeriesCollection(1).Format.Fill
            .ForeColor.ObjectThemeColor = msoThemeColorAccent1
            .BackColor.ObjectThemeColor = msoThemeColorAccent6
            .TwoColorGradient msoGradientHorizontal, 1
    End With
End Sub
```

前景色のテーマ色を設定

背景色のテーマ色を設定

横方向、線形のグラデーションを設定

実行結果

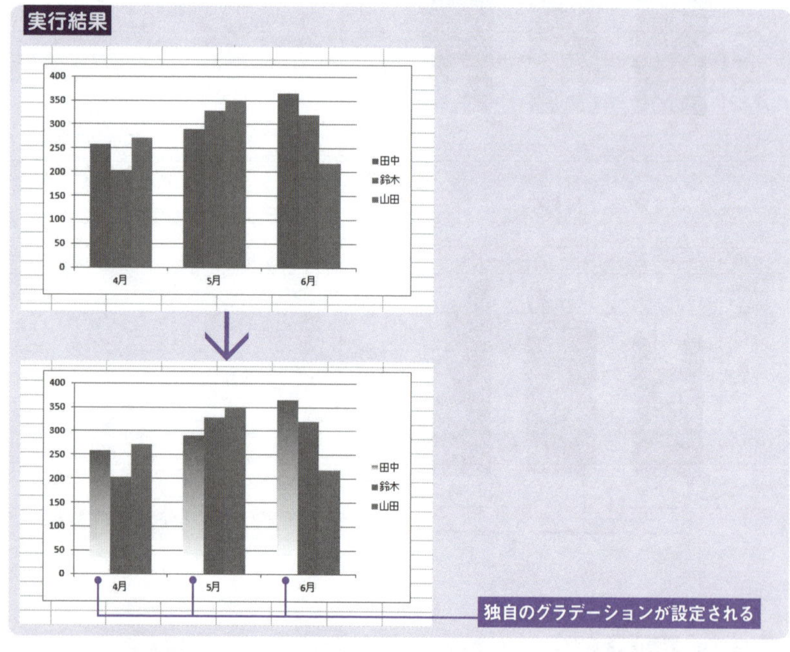

関連項目 04.032 系列に組み込みのテクスチャを設定する→p.412
04.033 系列にパターンを設定する→p.414

グラフ／画像

✕ 非対応バージョン 2003

04.031 系列の内部に画像ファイルを設定する

UserPictureメソッド

object.**UserPicture** (*picturefile*)

object---対象となるFillFormatオブジェクト、*picturefile*---画像ファイル

系列の内部に画像ファイルを表示するには、UserPictureメソッドを使います。

```
Sub Sample31()
    With ActiveSheet.ChartObjects(1).Chart. _
         SeriesCollection(1).Format.Fill
            .UserPicture "E:¥Work¥Heart.bmp" → 系列「田中」の内部に画像ファイル「Heart.bmp」を設定
            .TextureTile = msoFalse → 画像をタイル状に配置しない
            .TextureAlignment = msoTextureBottom → 下揃えで画像を表示
    End With
End Sub
```

実行結果

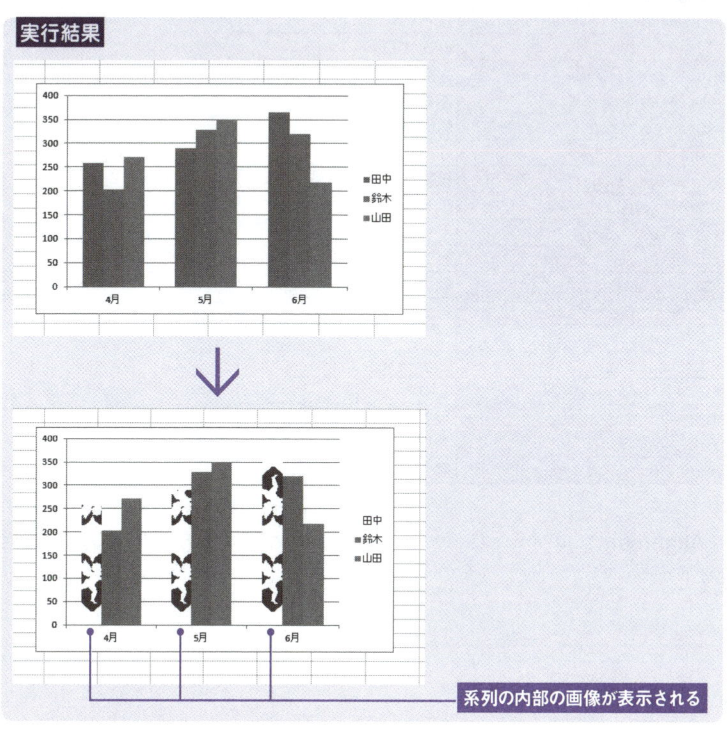

関連項目 04.032 系列に組み込みのテクスチャを設定する→p.412
04.033 系列にパターンを設定する→p.414

グラフ／色

非対応バージョン 2003

04.032 系列に組み込みのテクスチャを設定する

PresetTexturedメソッド

object.**PresetTextured** (*PresetTexture*)

object---対象となるFillFormatオブジェクト
PresetTexture---MsoPresetTextureの定数

系列内に組み込みのテクスチャを表示するには、PresetTexturedメソッドを使います。PresetTexturedメソッドの引数には、次の定数を指定します。

msoTextureBlueTissuePaper	青の画用紙
msoTextureBouquet	ブーケ
msoTextureBrownMarble	大理石(茶)
msoTextureCanvas	キャンバス
msoTextureCork	コルク
msoTextureDenim	デニム
msoTextureFishFossil	化石
msoTextureGranite	みかげ石
msoTextureGreenMarble	大理石(緑)
msoTextureMediumWood	木目
msoTextureNewsprint	新聞紙
msoTextureOak	オーク
msoTexturePaperBag	紙袋
msoTexturePapyrus	紙
msoTextureParchment	セーム皮
msoTexturePinkTissuePaper	ピンクの画用紙
msoTexturePurpleMesh	紫のメッシュ
msoTextureRecycledPaper	再生紙
msoTextureSand	砂
msoTextureStationery	ステーショナリー
msoTextureWalnut	くるみ
msoTextureWaterDroplets	しずく
msoTextureWhiteMarble	大理石(白)
msoTextureWovenMat	麻

TextureAlignmentプロパティには、テクスチャを表示する方向を次の定数で指定します。

msoTextureBottom	下揃え
msoTextureBottomLeft	左下揃え
msoTextureBottomRight	右下揃え
msoTextureCenter	中央揃え
msoTextureLeft	左揃え
msoTextureRight	右揃え
msoTextureTop	上揃え
msoTextureTopLeft	左上揃え
msoTextureTopRight	右上揃え

```
Sub Sample32()
    With ActiveSheet.ChartObjects(1).Chart. _
         SeriesCollection(1).Format.Fill
            .PresetTextured msoTextureWaterDroplets → 系列「田中」の内部にしずくのテクスチャを設定
            .TextureTile = msoTrue → テクスチャをタイル状に配置
            .TextureAlignment = msoTextureTopLeft → 左上揃えでテクスチャを表示
    End With
End Sub
```

実行結果

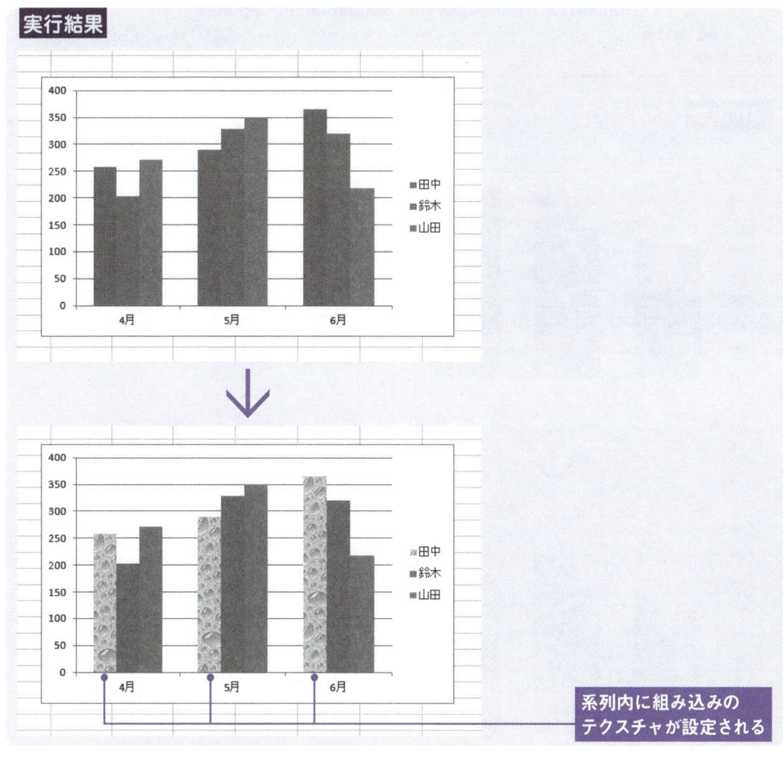

関連項目 04.022 系列の一部だけ色を変える →p.401
04.025 系列の塗りつぶしを設定する (1) →p.404

グラフ／色

非対応バージョン 2003

04.033 系列にパターンを設定する

Patternedメソッド

object.**Patterned**(*Pattern*)

object---対象となるFillFormatオブジェクト、*Pattern*---MsoPatternTypeの定数

系列内にパターンを設定するには、Patternedメソッドを使います。Patternedメソッドのパターンを表す定数の一覧はp.659を参照してください。

```
Sub Sample33()
    With ActiveSheet.ChartObjects(1).Chart. _
        SeriesCollection(1).Format.Fill
        .Visible = msoTrue
        .ForeColor.ObjectThemeColor = msoThemeColorText1
        .BackColor.ObjectThemeColor = msoThemeColorBackground1
        .Patterned msoPatternWideDownwardDiagonal
    End With
End Sub
```

前面の色と背景の色を設定

系列「田中」の内部に右下がり対角線(太)のパターンを設定

実行結果

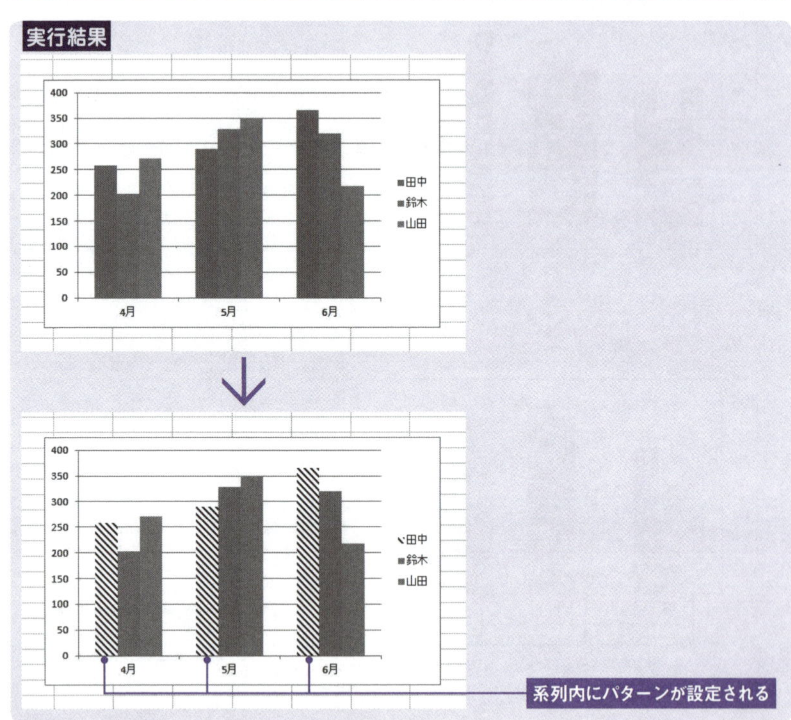

関連項目 04.022 系列の一部だけ色を変える→p.401
付録002 系列内のパターンを表す定数→p.659

グラフ／リセット

✕ 非対応バージョン 2003

04.034 書式をリセットする

ClearToMatchStyleメソッド

***object*.ClearToMatchStyle**

object---対象となるChartオブジェクト

ClearToMatchStyleメソッドを実行すると、グラフに設定したすべての変更はリセットされて、テーマの標準書式に戻ります。

```
Sub Sample34()
    ActiveSheet.ChartObjects(1).Chart.ClearToMatchStyle
End Sub
```

系列「田中」の書式をリセット

実行結果

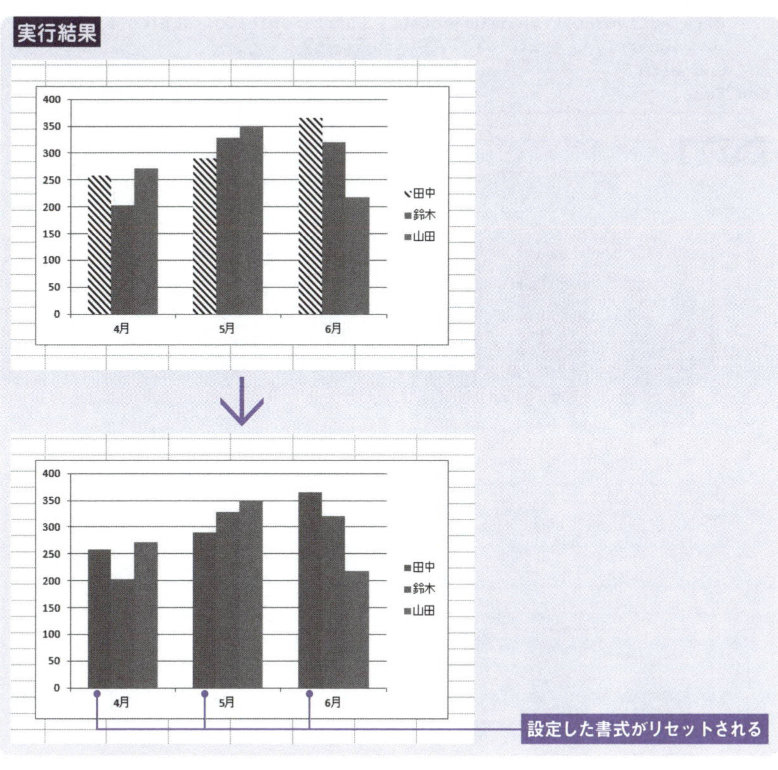

関連項目 04.037 グラフの種類を設定する→p.418

グラフ／種類

✕ 非対応バージョン 2003

04.035 系列の一部だけグラフの種類を変える

ChartTypeプロパティ

object.**ChartType**

object---対象となるSeriesオブジェクト

系列の一部だけグラフの種類を変えるには、変更したいSeriesオブジェクトを特定して、ChartTypeプロパティにグラフを表す定数を指定します。2-Dグラフの一部だけ3-Dグラフにするなど、無理なことはできません。なお、グラフを表す定数の詳細はp.658を参照してください。

```
Sub Sample35()
    With ActiveSheet.ChartObjects(1).Chart.SeriesCollection(1)
        .ChartType = xlLine  → 系列「田中」を折れ線グラフに設定
    End With
End Sub
```

実行結果

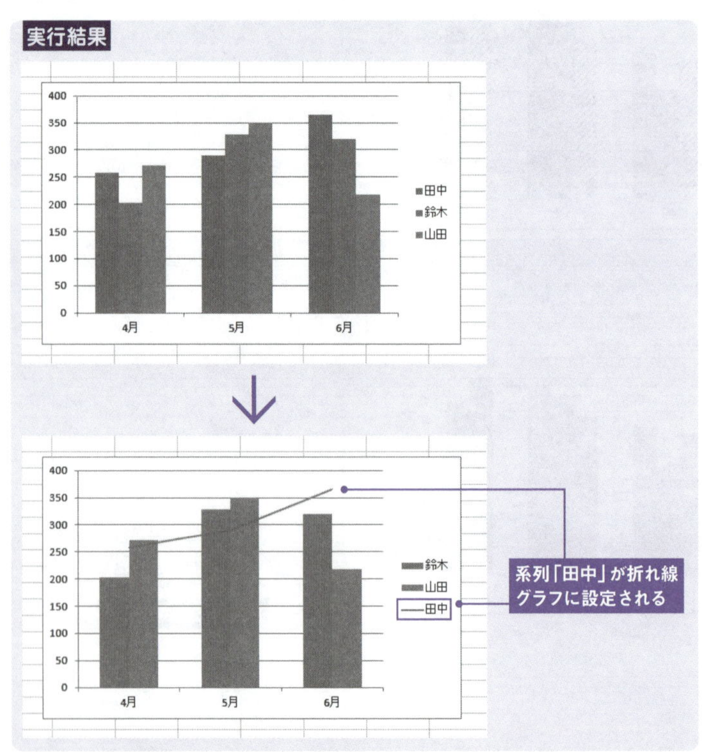

関連項目 04.037 グラフの種類を設定する→p.418
付録001 グラフを表す定数→p.658

グラフ／種類

❌非対応バージョン 2003

04.036 第2軸にプロットする

AxisGroupプロパティ

object.**AxisGroup**

object---対象となるSeriesオブジェクト

系列の一部だけ第2軸にプロットするには、変更したいSeriesオブジェクトを特定して、AxisGroupプロパティに「2」を設定します。

```
Sub Sample36()
    With ActiveSheet.ChartObjects(1).Chart.SeriesCollection(1)
        .ChartType = xlLine
        .AxisGroup = 2  → 系列「田中」を第2軸にプロット
    End With
End Sub
```

実行結果

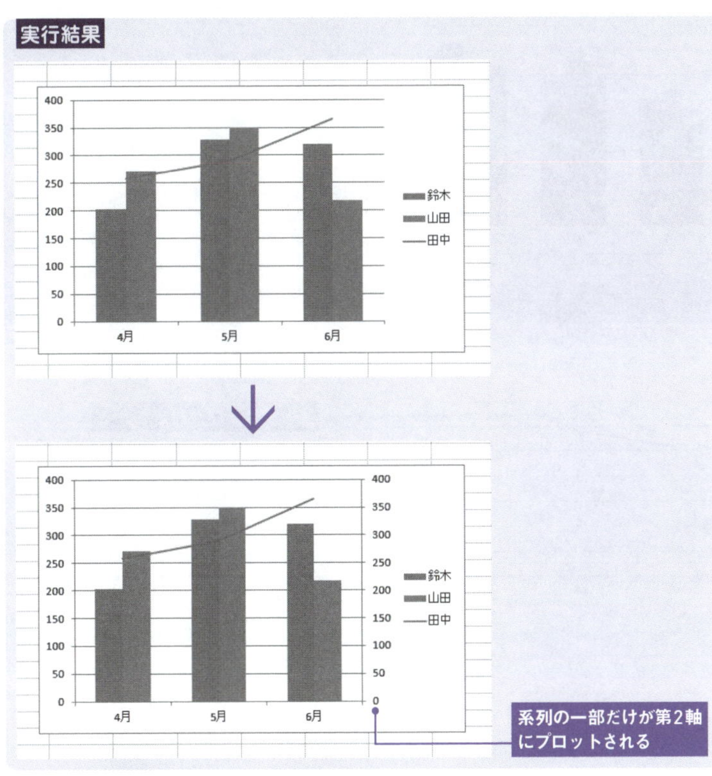

関連項目
04.038 線の太さを設定する→p.419
04.039 マーカーを設定する→p.420
04.040 スムージングする→p.421

グラフ／種類

✖ 非対応バージョン 2003

04.037 グラフの種類を設定する

ChartTypeプロパティ

object.**ChartType**

object---対象となるChartオブジェクト

グラフ全体の種類を設定するには、ChartオブジェクトのChartTypeプロパティに、グラフを表す定数(p.658参照)を指定します。

```
Sub Sample37()
    ActiveSheet.ChartObjects(1).Chart.ChartType = xlLine
End Sub
```

折れ線グラフを設定

実行結果

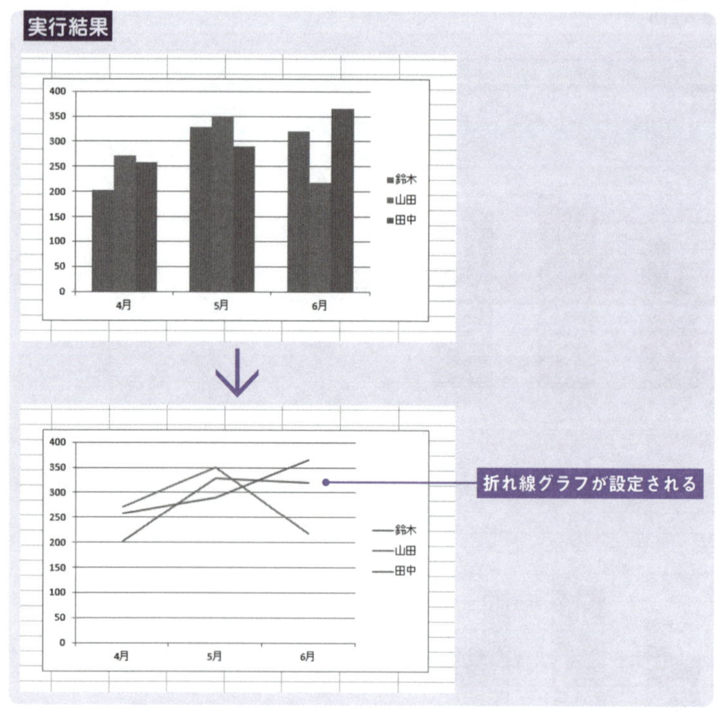

関連項目 04.035 系列の一部だけグラフの種類を変える→p.416
付録001 グラフを表す定数→p.658

グラフ／線

⊗非対応バージョン 2003

04.038 線の太さを設定する

Weightプロパティ

object.**Weight**

object---対象となるLineオブジェクト

折れ線グラフで線の太さを設定するには、すべてのSeriesオブジェクトに対して、Weightプロパティに太さを表す数値を指定します。特定の線だけ太さを変えることも可能です。

```
Sub Sample38()
    Dim i As Long
    With ActiveSheet.ChartObjects(1).Chart.SeriesCollection
        For i = 1 To .Count
            .Item(i).Format.Line.Weight = 6   → 折れ線グラフの線の太さを設定
        Next i
    End With
End Sub
```

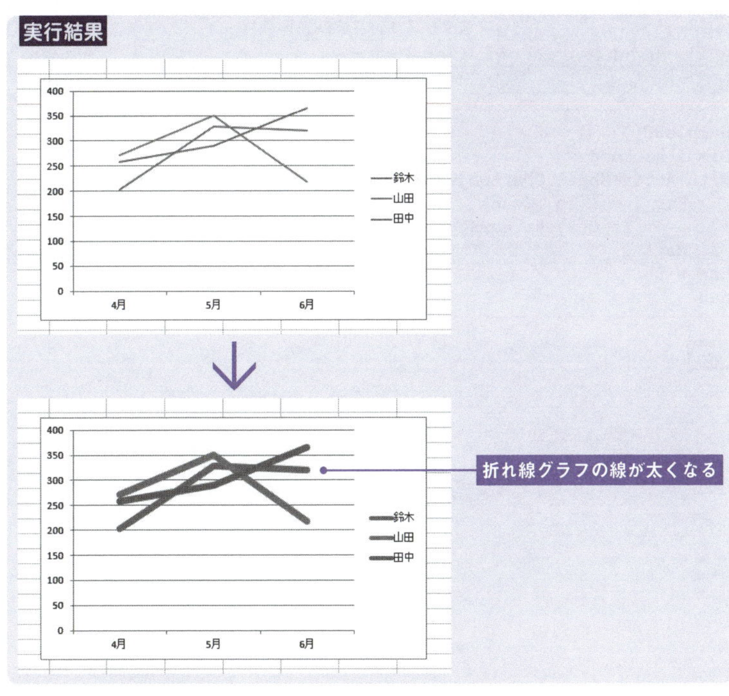

関連項目
04.036 第2軸にプロットする→p.417
04.039 マーカーを設定する→p.420
04.040 スムージングする→p.421

グラフ／マーカー

非対応バージョン 2003

04.039 マーカーを設定する

MarkerStyleプロパティ

object.**MarkerStyle**

object---対象となるSeriesオブジェクト

折れ線グラフのマーカーを設定するには、MarkerStyleプロパティにマーカーを表す次の定数を指定します。

xlMarkerStyleAutomatic	自動マーカー
xlMarkerStyleCircle	円形のマーカー
xlMarkerStyleDash	長い棒のマーカー
xlMarkerStyleDiamond	ひし形のマーカー
xlMarkerStyleDot	短い棒のマーカー
xlMarkerStyleNone	マーカーなし
xlMarkerStylePicture	画像マーカー
xlMarkerStylePlus	正符号(+)付きの四角形のマーカー
xlMarkerStyleSquare	四角形のマーカー
xlMarkerStyleStar	アスタリスク付きの四角形のマーカー
xlMarkerStyleTriangle	三角形のマーカー
xlMarkerStyleX	X印付きの四角形のマーカー

```
Sub Sample39()
    Dim i As Long
    With ActiveSheet.ChartObjects(1).Chart.SeriesCollection
        For i = 1 To .Count
            .Item(i).MarkerStyle = xlMarkerStyleSquare
        Next i
    End With
End Sub
```

折れ線グラフに四角形のマーカーを設定

実行結果

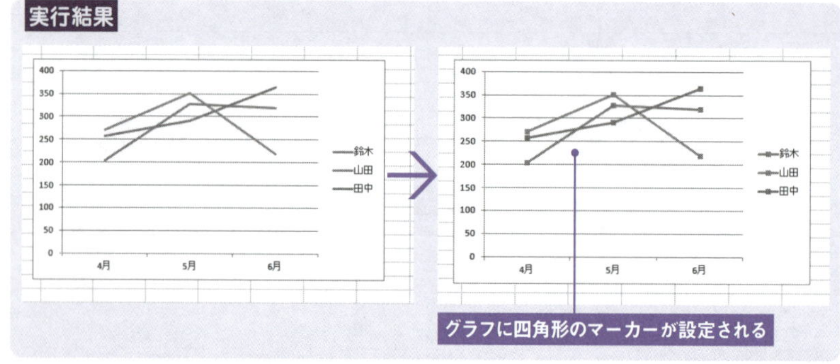

関連項目
04.036 第2軸にプロットする→p.417
04.038 線の太さを設定する→p.419
04.040 スムージングする→p.421

グラフ／種類

❌非対応バージョン 2003

04.040 スムージングする

Smoothプロパティ

object.**Smooth**

object---対象となるSeriesオブジェクト

折れ線をスムージングするには、スムージングしたいSeriesオブジェクトを特定して、SmoothプロパティにTrueを設定します。サンプルは、すべての折れ線をスムージングしています。

```
Sub Sample40()
    Dim i As Long
    With ActiveSheet.ChartObjects(1).Chart.SeriesCollection
        For i = 1 To .Count
            .Item(i).Smooth = True  → 折れ線グラフをスムージング
        Next i
    End With
End Sub
```

実行結果

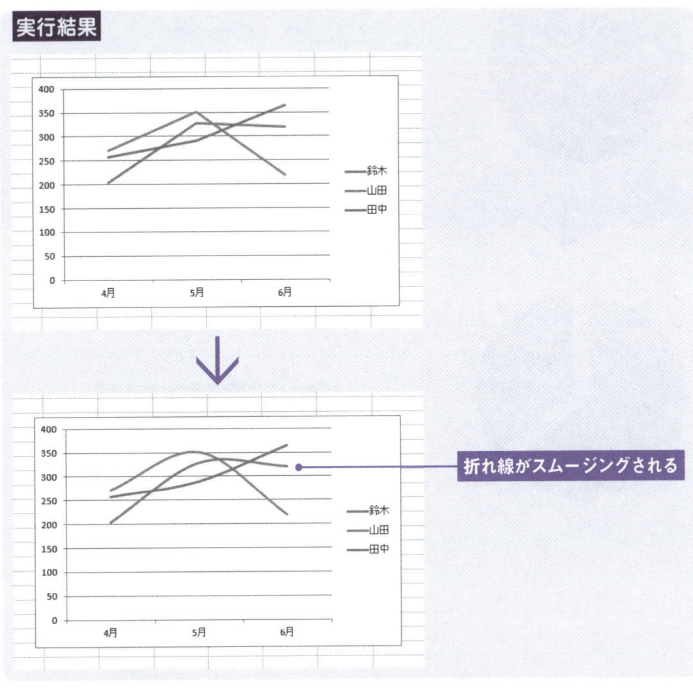

関連項目
04.036 第2軸にプロットする→p.417
04.038 線の太さを設定する→p.419
04.039 マーカーを設定する→p.420

グラフ

⊗非対応バージョン 2003

04.041 円グラフの一部を切り離す

Explosionプロパティ

object.**Explosion**

object---対象となるSeriesオブジェクト

円グラフの一部を外側に切り離すには、Explosionプロパティに切り離す量を設定します。

```
Sub Sample41()
    ActiveSheet.ChartObjects(1).Chart.SeriesCollection(1). _
                                    Points(1).Explosion = 15
End Sub
```

系列「田中」を切り離す

実行結果

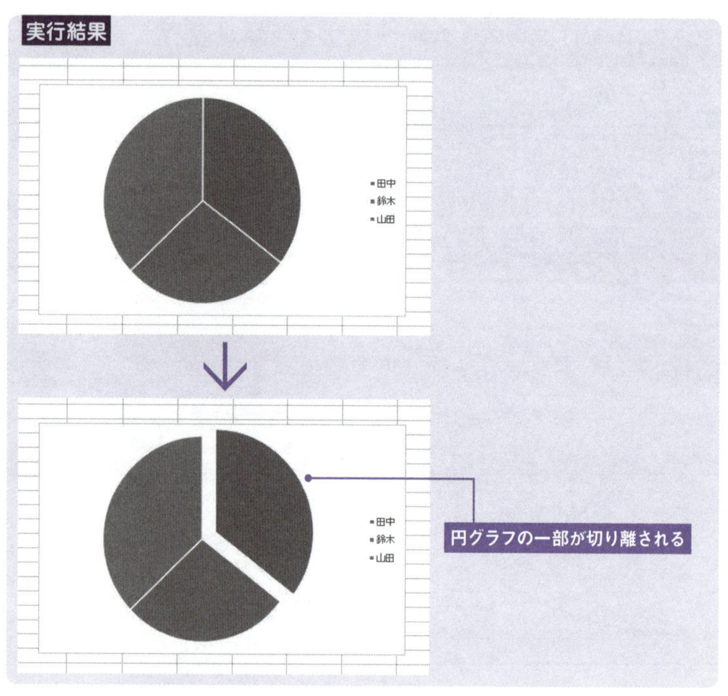

関連項目 04.037 グラフの種類を設定する→p.418

オブジェクト／挿入

04.042 オートシェイプを挿入する

Shapeオブジェクト、AddShapeメソッド

Shapes.AddShape (*Type, Left, Top, Width, Height*)

Type---MsoAutoShapeType クラスの定数(p.661参照)
Left---オートシェイプの左端の位置、*Top*---オートシェイプの上端の位置
Width---オートシェイプの幅、*Height*---オートシェイプの高さ

オートシェイプを挿入するには、ShapesコレクションのAddShapeメソッドを使います。AddShapeメソッドには、オートシェイプの種類を表す定数と、左・上・幅・高さを表す数値を指定します。サンプルは、セル範囲B2:D5の位置に四角形を挿入しています。なお、オートシェイプの種類を表す定数の一覧はp.661を参照してください。

```
Sub Sample42()
    With Range("B2:D5")
        ActiveSheet.Shapes.AddShape msoShapeRectangle, _
                                    .Left, .Top, .Width, .Height
    End With
End Sub
```

セル範囲B2:D5に四角形を挿入

実行結果

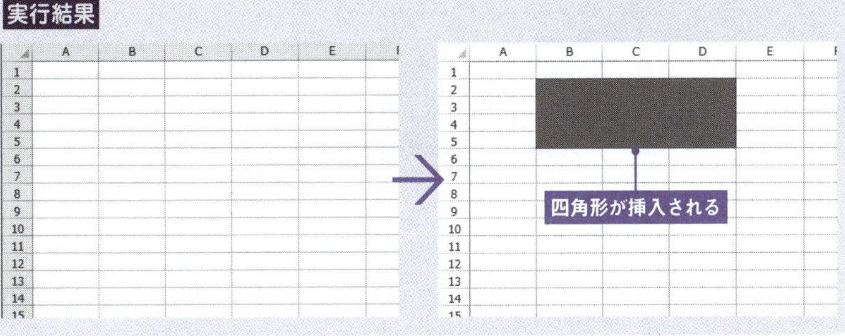

オブジェクト／削除

04.043 オートシェイプを削除する

Shapeオブジェクト、Deleteメソッド

Shapes.Delete

オートシェイプを削除するときは、Deleteメソッドを使います。

```
Sub Sample43()
    ActiveSheet.Shapes(1).Delete   →オートシェイプを削除
End Sub
```

実行結果

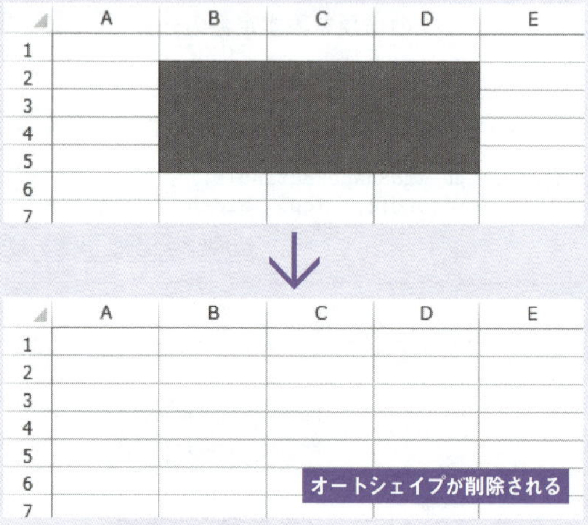

オートシェイプが削除される

関連項目
04.042 オートシェイプを挿入する→p.423
04.044 オートシェイプの名前を設定／取得する→p.425
04.045 オートシェイプの種類を設定する→p.426
04.046 オートシェイプのスタイルを設定する→p.427

オブジェクト／名前

04.044 オートシェイプの名前を設定／取得する

Shapeオブジェクト、Nameプロパティ

Shapes.Name

挿入したオートシェイプには、Excelが便宜的な名前を設定します。オートシェイプの名前はNameプロパティで設定／取得が可能です。

```
Sub Sample44()
    ActiveSheet.Shapes(1).Name = "俺の四角形"  → オートシェイプの名前を設定
    MsgBox ActiveSheet.Shapes(1).Name  → 名前をMsgBoxに表示
End Sub
```

実行結果

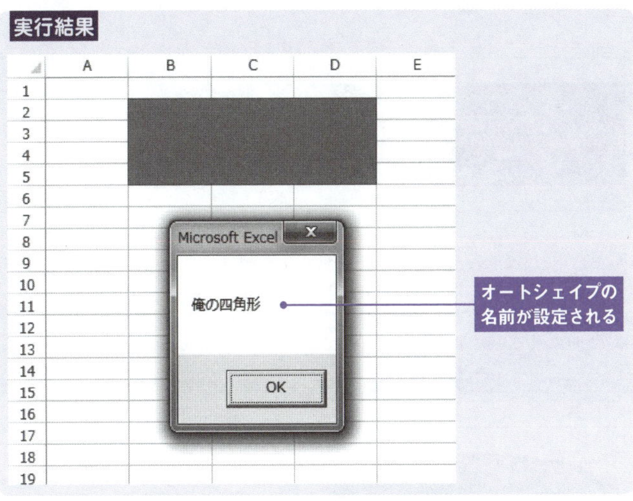

関連項目
04.042 オートシェイプを挿入する→p.423
04.043 オートシェイプを削除する→p.424
04.045 オートシェイプの種類を設定する→p.426
04.046 オートシェイプのスタイルを設定する→p.427

オブジェクト／種類

04.045 オートシェイプの種類を設定する

Shapeオブジェクト、AutoShapeTypeプロパティ

Shapes.AutoShapeType

オートシェイプの種類を設定するには、AutoShapeTypeプロパティにオートシェイプを表す定数(p.661参照)を設定します。

```
Sub Sample45()
    ActiveSheet.Shapes(1).AutoShapeType = msoShapeOval
End Sub
```

オートシェイプの種類を楕円に設定

実行結果

	A	B	C	D	E	F
1						
2						
3						
4						
5						
6						
7						
8						
9						
10						
11						

↓

	A	B	C	D	E	F
1						
2						
3						
4						
5						
6						
7						
8						
9						
10						
11						

オートシェイプの種類が設定される

関連項目
04.042 オートシェイプを挿入する→p.423
04.043 オートシェイプを削除する→p.424
04.044 オートシェイプの名前を設定／取得する→p.425
04.046 オートシェイプのスタイルを設定する→p.427
付録003 オートシェイプの種類を表す定数→p.661

オブジェクト／スタイル

❌非対応バージョン 2003

04.046 オートシェイプのスタイルを設定する

Shapeオブジェクト、ShapeStyleプロパティ

Shapes.ShapeStyle

オートシェイプのスタイルを設定するには、ShapeStyleプロパティに既定のスタイルを表す定数を指定します。スタイルを表す定数の一覧はp.664を参照してください。

```
Sub Sample46()
    ActiveSheet.Shapes(1).ShapeStyle = msoShapeStylePreset38
End Sub
```

オートシェイプのスタイルを光沢アクセント2に設定

実行結果

	A	B	C	D	E	F
1						
2						
3						
4						
5						
6						
7						
8						
9						
10						
11						

↓

	A	B	C	D	E	F
1						
2						
3						
4						
5						
6						
7						
8						
9						
10						
11						

オートシェイプのスタイル（光沢アクセント2）が設定される

関連項目
04.042 オートシェイプを挿入する→p.423
04.043 オートシェイプを削除する→p.424
04.044 オートシェイプの名前を設定／取得する→p.425
04.045 オートシェイプの種類を設定する→p.426
付録004 オートシェイプのスタイルを表す定数→p.664

オブジェクト／直線

04.047 直線を引く

Shapeオブジェクト、AddConnectorメソッド

Shapes.AddConnector (*Type*, *BeginX*, *BeginY*, *EndX*, *EndY*)

Type---MsoConnectorTypeクラスの定数、*BeginX*---始点の水平位置
BeginY---始点の垂直位置、*EndX*---終点の水平位置、*EndY*---終点の垂直位置

直線を引くには、AddConnectorメソッドを使います。AddConnectorメソッドの書式は次の通りです。

```
AddConnector  Type, BeginX, BeginY, EndX, EndY
```

引数Typeには、線の種類を表す次の定数を指定します。

msoConnectorElbow	カギ線
msoConnectorCurve	曲線
msoConnectorStraight	直線

```
Sub Sample47()
    ActiveSheet.Shapes.AddConnector msoConnectorStraight, _
                          Range("B3").Left, Range("B3").Top, _
                          Range("E3").Left, Range("E3").Top
End Sub
```

セルB3～D3の上部に直線を設定

実行結果

直線が設定される

関連項目
04.048 矢印を引く→p.429
04.049 線の太さを設定する→p.430
04.050 線の色を設定する→p.431
04.051 線の種類を設定する→p.432

セル
ブックとシート
ファイル
グラフとオブジェクト
メニュー
UserForm
プログラミング
高度な使い方

オブジェクト／矢印

04.048 矢印を引く

Shapeオブジェクト、AddConnectorメソッド、EndArrowheadStyleプロパティ

Shapes.AddConnector (*Type, BeginX, BeginY, EndX, EndY*)
object.**EndArrowheadStyle**

Type---MsoConnectorTypeクラスの定数、*BeginX*---始点の水平位置
BeginY---始点の垂直位置、*EndX*---終点の水平位置、*EndY*---終点の垂直位置
object---対象となるLineFormatオブジェクト

矢印は、まず直線を引き、その直線で終点部のスタイルを指定します。終点部のスタイルを表すEndArrowheadStyleプロパティには、次の定数を指定します。

msoArrowheadNone	矢印なし
msoArrowheadOval	丸
msoArrowheadDiamond	ひし形
msoArrowheadOpen	開いた矢印
msoArrowheadStealth	塗りつぶし矢印
msoArrowheadTriangle	三角形

終点部ではなく、始点部に矢印を付けるときは、BeginArrowheadStyleプロパティに定数を指定します。

```
Sub Sample48()
    With ActiveSheet.Shapes.AddConnector(msoConnectorStraight, _
                                   Range("B3").Left, Range("B3").Top, _
                                   Range("E3").Left, Range("E3").Top)
        .Line.EndArrowheadStyle = msoArrowheadOpen
    End With
End Sub
```

直線に開いた矢印を設定

セルB3～D3の上部に直線を設定

実行結果

	A	B	C	D	E	F
1						
2						
3						
4						
5						
6						
7						
8						
9						
10						
11						

開いた矢印が設定される

関連項目
04.047 直線を引く→p.428
04.049 線の太さを設定する→p.430
04.050 線の色を設定する→p.431
04.051 線の種類を設定する→p.432

オブジェクト／太さ

04.049 線の太さを設定する

Weightプロパティ

object.**Weight**

object---対象となるLineFormatオブジェクト

線の太さは、Weightプロパティで設定します。

```
Sub Sample49()
    ActiveSheet.Shapes(1).Line.Weight = 6 →線の太さを設定
End Sub
```

実行結果

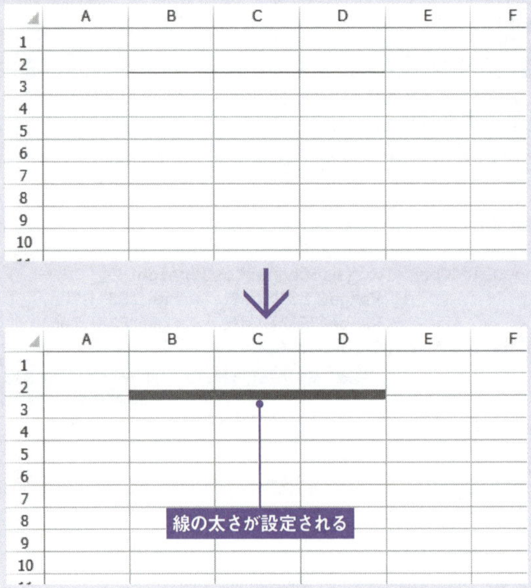

関連項目
04.047 直線を引く→p.428
04.048 矢印を引く→p.429
04.050 線の色を設定する→p.431
04.051 線の種類を設定する→p.432

オブジェクト／色

非対応バージョン 2003

04.050 線の色を設定する

ForeColorプロパティ

object.**ForeColor**

object---対象となるLineFormatオブジェクト

線の色は、ForeColorプロパティで設定します。サンプルでは、TintAndShadeプロパティで少し明るくしています。

```
Sub Sample50()
    With ActiveSheet.Shapes(1).Line
        .ForeColor.ObjectThemeColor = msoThemeColorAccent2  ← 線のテーマ色を赤に設定
        .ForeColor.TintAndShade = 0.5  → 線の色の明暗を設定
    End With
End Sub
```

実行結果

色の明るさが設定される

関連項目
04.047 直線を引く→p.428
04.048 矢印を引く→p.429
04.049 線の太さを設定する→p.430
04.051 線の種類を設定する→p.432

オブジェクト／種類

04.051 線の種類を設定する

DashStyleプロパティ

object.**DashStyle**

object---対象となるLineFormatオブジェクト

線の種類はDashStyleプロパティで設定します。DashStyleプロパティには、次の定数を指定できます。

定数	種類
msoLineDash	破線
msoLineDashDot	一点鎖線
msoLineDashDotDot	二点鎖線
msoLineLongDash	長破線
msoLineLongDashDot	長鎖線
msoLineLongDashDotDot	長二点鎖線
msoLineRoundDot	点線（丸）
msoLineSolid	直線
msoLineSquareDot	点線（角）
msoLineSysDash	点線（角）
msoLineSysDot	点線（丸）
msoLineSysDashDot	一点鎖線

```
Sub Sample51()
    ActiveSheet.Shapes(1).Line.DashStyle = msoLineRoundDot
End Sub
```
線の種類を点線（丸）に設定

実行結果

線の種類として点線（丸）が設定される

関連項目
04.047 直線を引く→p.428
04.048 矢印を引く→p.429
04.049 線の太さを設定する→p.430
04.050 線の色を設定する→p.431

オブジェクト／色

❌非対応バージョン 2003

04.052 オートシェイプの塗りつぶしを設定する(1)

ObjectThemeColorプロパティ

object.**ObjectThemeColor**

object---対象となるColorFormatオブジェクト

オートシェイプの内部をテーマの色で塗りつぶすには、ObjectThemeColorプロパティにテーマの色を表す定数(p.404参照)を指定します。

```
Sub Sample52()
    With ActiveSheet.Shapes(1).Fill
        .ForeColor.ObjectThemeColor = msoThemeColorBackground2
        .Solid
    End With
End Sub
```

オートシェイプの内部のテーマ色をグレーに設定

実行結果

オートシェイプの内部がテーマの色で塗りつぶされる

🔗関連項目　04.053

（2）➡p.434
04.054 オートシェイプをテクスチャで塗りつぶす➡p.435
04.055 オートシェイプを画像で塗りつぶす➡p.436
04.056

オブジェクト／色

非対応バージョン 2003

04.053 オートシェイプの塗りつぶしを設定する（2）

RGBプロパティ

object.**RGB**

object---対象となるColorFormatオブジェクト

オートシェイプの内部を特定の色で塗りつぶすには、RGBプロパティにRGB関数で生成した色の数値を指定します。

```
Sub Sample53()
    With ActiveSheet.Shapes(1).Fill
        .ForeColor.RGB = RGB(255, 255, 0) → オートシェイプの内部の色を設定
        .Solid
    End With
End Sub
```

実行結果

	A	B	C	D	E	F
1						
2						
3						
4						
5						
6						
7						
8						
9						
10						
11						

オートシェイプの内部が特定の色で塗りつぶされる

関連項目
04.052 オートシェイプの塗りつぶしを設定する（1）→p.433
04.054 オートシェイプをテクスチャで塗りつぶす→p.435
04.055 オートシェイプを画像で塗りつぶす→p.436
04.056 オートシェイプの塗りつぶしにグラデーションを設定する→p.437

オブジェクト

オブジェクト／色

✕非対応バージョン 2003

04.054 オートシェイプをテクスチャで塗りつぶす

PresetTexturedメソッド

object.**PresetTextured**(*PresetTexture*)

object---対象となるFillFormatオブジェクト
PresetTexture---MsoPresetTextureの定数(p.412参照)

オートシェイプの内部を組み込みのテクスチャで塗りつぶすには、PresetTexturedメソッドにテクスチャを表す定数(p.412参照)を付けて実行します。

```
Sub Sample54()
    With ActiveSheet.Shapes(1).Fill
        .PresetTextured msoTextureWaterDroplets → オートシェイプの内部にしずくの組み込みテクスチャを設定
    End With
End Sub
```

実行結果

	A	B	C	D	E	F
1						
2						
3						
4						
5						
6						
7						
8						
9						
10						
11						

オートシェイプの内部を組み込みのテクスチャが設定される

関連項目
04.032 系列に組み込みのテクスチャを設定する→p.412
04.052 オートシェイプの塗りつぶしを設定する (1) →p.433
04.053 オートシェイプの塗りつぶしを設定する (2) →p.434
04.055 オートシェイプを画像で塗りつぶす→p.436
04.056 オートシェイプの塗りつぶしにグラデーションを設定する→p.437

セル
ブックとシート
ファイル
グラフとオブジェクト
メニュー
UserForm
プログラミング
高度な使い方

オブジェクト／色

✕ 非対応バージョン 2003

04.055 オートシェイプを画像で塗りつぶす

UserPictureメソッド

object.**UserPicture**(*PictureFile*)

object---対象となるFillFormatオブジェクト、*PictureFile*---画像ファイル

オートシェイプの内部を画像で塗りつぶすには、UserPictureメソッドに画像ファイルの名前を付けて実行します。

```
Sub Sample55()
    With ActiveSheet.Shapes(1).Fill
        .UserPicture "E:¥Work¥Heart.bmp" → オートシェイプの内部に画像ファイル「Heart.bmp」を設定
        .TextureAlignment = msoTextureLeft  → 左揃えで画像を配置
    End With
End Sub
```

実行結果

	A	B	C	D	E	F
1						
2						
3						
4						
5						
6						
7						
8						
9						
10						
11						

オートシェイプの内部を画像が設定される

関連項目
04.031 系列の内部に画像ファイルを設定する→p.411
04.052 オートシェイプの塗りつぶしを設定する (1)→p.433
04.053 オートシェイプの塗りつぶしを設定する (2)→p.434
04.054 オートシェイプをテクスチャで塗りつぶす→p.435
04.056 オートシェイプの塗りつぶしにグラデーションを設定する→p.437

オブジェクト／色 　　　　　　　　　　　　　　　　　非対応バージョン　2003

04.056 オートシェイプの塗りつぶしにグラデーションを設定する

TwoColorGradientメソッド

object.**TwoColorGradient**(*Style, Variant*)

object---対象となるFillFormatオブジェクト、*Style*---MsoGradientStyleの定数（p.408参照）、*Variant*---グラデーションのバリエーション（p.408参照）

オートシェイプの内部を独自のグラデーションで塗りつぶすには、ForeColorとBackColorの2色を設定します。次に、TwoColorGradientメソッドを実行します。TwoColorGradientメソッドの書式は、PresetGradientメソッド（p.408参照）を参考にしてください。

```
Sub Sample56()
    With ActiveSheet.Shapes(1).Fill
        .ForeColor.ObjectThemeColor = msoThemeColorAccent2   ← 前景色のテーマ色を設定
        .BackColor.ObjectThemeColor = msoThemeColorAccent3   ← 背景色のテーマ色を設定
        .TwoColorGradient msoGradientVertical, 2             ← 縦、放射のグラデーションを設定
    End With
End Sub
```

実行結果：オートシェイプの内部にグラデーションが設定される

🔗 関連項目
- 04.029 系列の色のグラデーションを設定する (1) →p.408

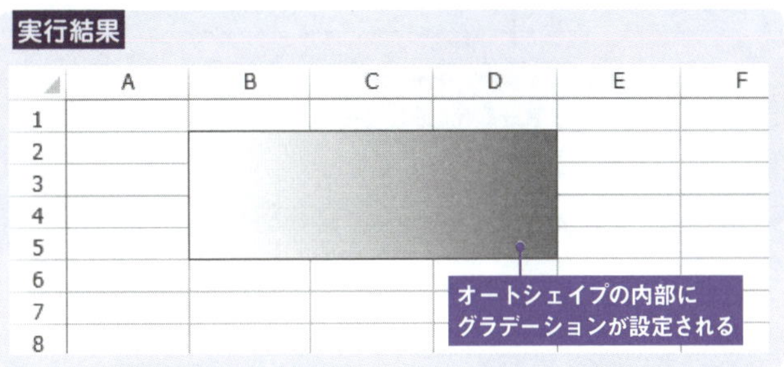

- 04.052 オートシェイプの塗りつぶしを設定する (1) →p.433
- 04.053 オートシェイプの塗りつぶしを設定する (2) →p.434
- 04.054 オートシェイプをテクスチャで塗りつぶす →p.435
- 04.055 オートシェイプを画像で塗りつぶす →p.436

オブジェクト／色

04.057 枠線の色を設定する

ForeColorプロパティ

object.**ForeColor**

object---対象となるLineFormatオブジェクト

枠線の色は、ForeColorオブジェクトに色を設定します。

```
Sub Sample57()
    ActiveSheet.Shapes(1).Line.ForeColor.RGB = RGB(255, 0, 0)
End Sub
```
オートシェイプの枠線の色を赤に設定

実行結果

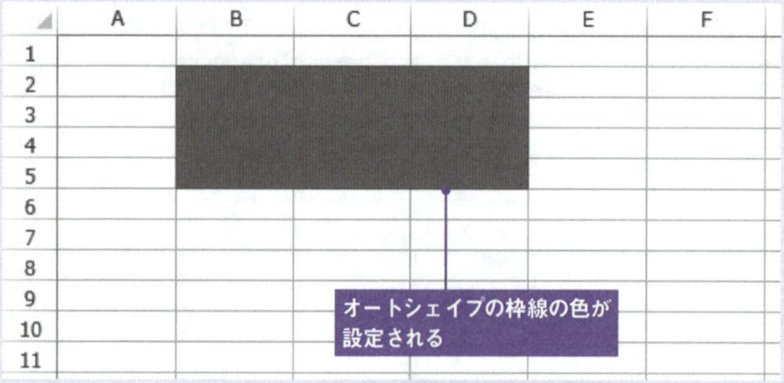

関連項目
04.058 枠線の太さを設定する→p.439
04.059 枠線の種類を設定する→p.440

オブジェクト／太さ

04.058 枠線の太さを設定する

Weightプロパティ

object.**Weight**

object---対象となるLineFormatオブジェクト

枠線の太さは、LineFormatオブジェクトのWeightプロパティに数値を指定します。

```
Sub Sample58()
    ActiveSheet.Shapes(1).Line.Weight = 10 → オートシェイプの枠線の太さを設定
End Sub
```

実行結果

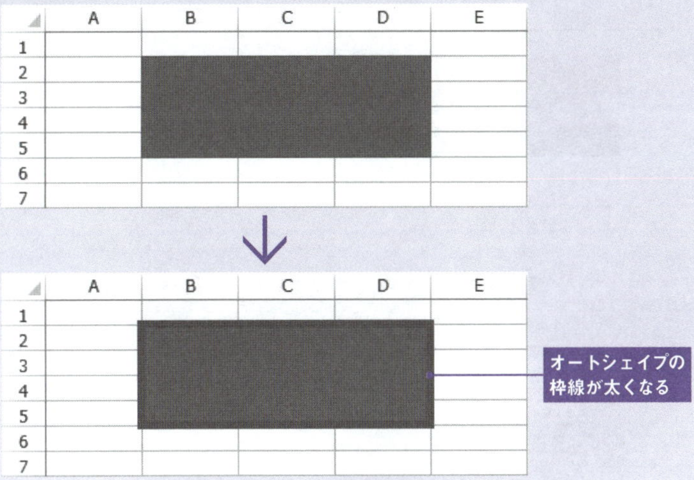

オートシェイプの枠線が太くなる

関連項目 04.057 枠線の色を設定する→p.438
04.059 枠線の種類を設定する→p.440

オブジェクト／種類

❌非対応バージョン 2003

04.059 枠線の種類を設定する

DashStyleプロパティ

object.**DashStyle**

object---対象となるLineFormatオブジェクト

枠線の種類は、LineFormatオブジェクトのDashStyleプロパティに、線の種類を表す定数(p.432参照)を指定します。

```
Sub Sample59()
    ActiveSheet.Shapes(1).Line.DashStyle = msoLineSysDot
End Sub
```

オートシェイプの枠線に点線を設定

実行結果

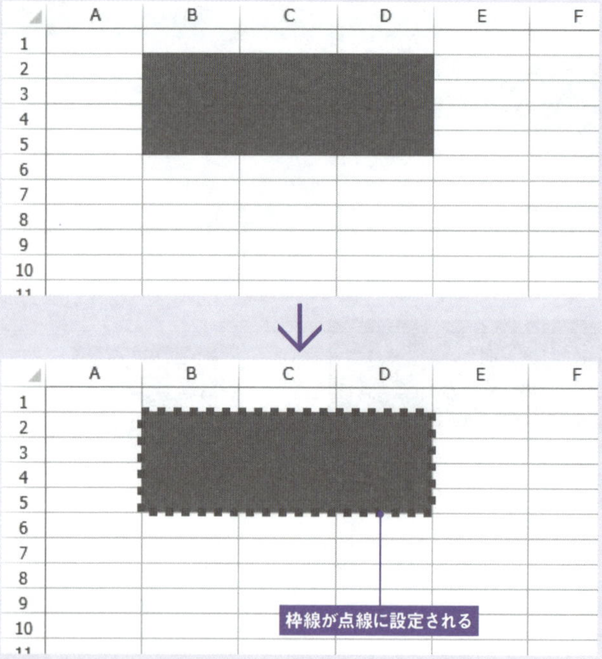

	A	B	C	D	E	F
1						
2						
3						
4						
5						
6						
7						
8						
9						
10						

↓

	A	B	C	D	E	F
1						
2						
3						
4						
5						
6						
7						
8						
9						
10						

枠線が点線に設定される

関連項目 04.057 枠線の色を設定する→p.438
04.058 枠線の太さを設定する→p.439

オブジェクト／スタイル

✕ 非対応バージョン 2003

04.060 オートシェイプの影を設定する

Shadowプロパティ

Shapes.Shadow.Type

オートシェイプに影を設定するには、ShadowオブジェクトのTypeプロパティに影を表す定数を指定します。定数はmsoShadow1 ～ 20は影スタイル1 ～ 20に対応し、それ以外は以下のようになります。

定数	内容	定数	内容
msoShadow21	オフセット(斜め右下)	msoShadow33	内側(左)
msoShadow22	オフセット(下)	msoShadow34	内側(中央)
msoShadow23	オフセット(斜め左下)	msoShadow35	内側(右)
msoShadow24	オフセット(右)	msoShadow36	内側(斜め左下)
msoShadow25	オフセット(中央)	msoShadow37	内側(下)
msoShadow26	オフセット(左)	msoShadow38	内側(斜め右下)
msoShadow27	オフセット(斜め右上)	msoShadow39	透視投影(斜め左上)
msoShadow28	オフセット(上)	msoShadow40	透視投影(斜め右上)
msoShadow29	オフセット(斜め左上)	msoShadow42	透視投影(斜め左下)
msoShadow30	内側(斜め左上)	msoShadow43	透視投影(斜め右下)
msoShadow31	内側(上)	msoShadow41	透視投影(下)
msoShadow32	内側(斜め右上)		

影の効果をクリアするには、ShadowオブジェクトのVisibleプロパティに定数msoFalseを指定します。

```
Sub Sample60()
    ActiveSheet.Shapes(1).Shadow.Type = msoShadow21  →オートシェイプに影を設定
End Sub
```

実行結果

	A	B	C	D	E	F
1						
2						
3						
4						
5						
6						
7						
8						
9						

オートシェイプに影が設定される

関連項目
04.061 オートシェイプの反射を設定する→p.442
04.062 オートシェイプの光沢を設定する→p.443
04.063 オートシェイプのぼかしを設定する→p.444
04.064 オートシェイプの面取りを設定する→p.445

オブジェクト／スタイル

⊗ 非対応バージョン 2003

04.061 オートシェイプの反射を設定する

Reflectionプロパティ

Shapes.Reflection. Type

オートシェイプに反射を設定するには、ReflectionオブジェクトのTypeプロパティに反射を表す定数を指定します。なお、定数は以下のようになります。

msoReflectionType1	反射(弱)オフセットなし
msoReflectionType2	反射(中)オフセットなし
msoReflectionType3	反射(強)オフセットなし
msoReflectionType4	反射(弱) 4ptオフセット
msoReflectionType5	反射(中) 4ptオフセット
msoReflectionType6	反射(強) 4ptオフセット
msoReflectionType7	反射(弱) 8ptオフセット
msoReflectionType8	反射(中) 8ptオフセット
msoReflectionType9	反射(強) 8ptオフセット

反射の効果をクリアするには、ReflectionオブジェクトのTypeプロパティに定数msoReflectionTypeNoneを指定します。

```
Sub Sample61()
    ActiveSheet.Shapes(1).Reflection.Type = msoReflectionType9
End Sub
```

オートシェイプの反射を設定

実行結果

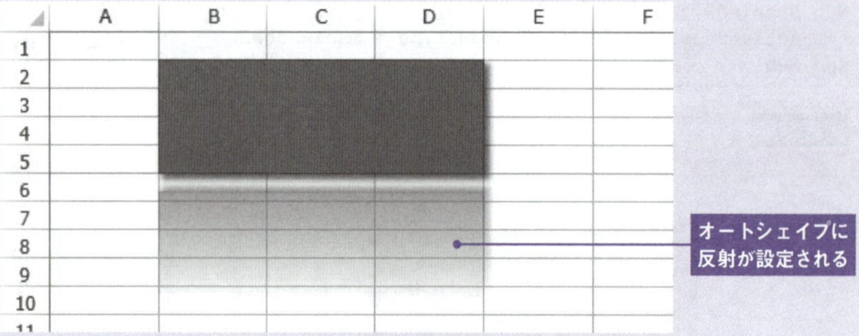

関連項目
04.060 オートシェイプの影を設定する→p.441
04.062 オートシェイプの光沢を設定する→p.443
04.063 オートシェイプのぼかしを設定する→p.444
04.064 オートシェイプの面取りを設定する→p.445

オブジェクト/スタイル

⊗非対応バージョン 2003

04.062 オートシェイプの光沢を設定する

Shapeオブジェクト、Glowプロパティ、Radiusプロパティ

Shapes.Glow、Shapes.Radius

オートシェイプに光沢を設定するには、Glowオブジェクトに光沢部分の色を設定し、Transparencyプロパティに色の透明度、Radiusプロパティに光沢効果の半径値を設定します。光沢の効果をクリアするには、GlowオブジェクトのRadiusプロパティに「0」を指定します。

```
Sub Sample62()
    With ActiveSheet.Shapes(1).Glow
        .Color.ObjectThemeColor = msoThemeColorAccent2 → 光沢の色を赤に設定
        .Transparency = 0.599999994  → 色の透明度を設定
        .Radius = 18  → 光彩効果の半径値を設定
    End With
End Sub
```

実行結果

	A	B	C	D	E	F
1						
2						
3						
4						
5						
6						
7						
8						
9						
10						

オートシェイプに光沢の効果が設定される

関連項目
04.060 オートシェイプの影を設定する→p.441
04.061 オートシェイプの反射を設定する→p.442
04.063 オートシェイプのぼかしを設定する→p.444
04.064 オートシェイプの面取りを設定する→p.445

オブジェクト／スタイル

✕非対応バージョン 2003

04.063 オートシェイプのぼかしを設定する

Shapeオブジェクト、SoftEdgeプロパティ

Shapes.SoftEdge.Type

オートシェイプにぼかしを設定するには、SoftEdgeオブジェクトのTypeプロパティにぼかしを表す定数を指定します。ぼかしの効果をクリアするには、SoftEdgeオブジェクトのTypeプロパティに定数msoSoftEdgeTypeNoneを指定します。

```
Sub Sample63()
    ActiveSheet.Shapes(1).SoftEdge.Type = msoSoftEdgeType3
End Sub
```

オートシェイプにぼかし効果を設定

実行結果

関連項目
04.060 オートシェイプの影を設定する→p.441
04.061 オートシェイプの反射を設定する→p.442
04.062 オートシェイプの光沢を設定する→p.443
04.064 オートシェイプの面取りを設定する→p.445

オブジェクト／スタイル

✕ 非対応バージョン 2003

04.064 オートシェイプの面取りを設定する

Shapeオブジェクト、ThreeDプロパティ、BevelTopTypeプロパティ

Shapes.ThreeD.BevelTopType

オートシェイプに面取りを設定するには、ThreeDオブジェクトのBevelTopTypeプロパティに面取りを表す定数を指定します。なお、定数は以下のようになります。

msoBevelNone	面取りを指定しません
msoBevelCircle	丸
msoBevelRelaxedInset	額縁風
msoBevelCross	二段
msoBevelCoolSlant	クールスラント
msoBevelAngle	角度
msoBevelSoftRound	ソフトラウンド
msoBevelConvex	浮き上がり
msoBevelSlope	スロープ
msoBevelDivot	溝
msoBevelRiblet	スケール
msoBevelHardEdge	ハードエッジ
msoBevelArtDeco	アールデコ

面取りの効果をクリアするには、ThreeDオブジェクトのVisibleプロパティに定数msoFalseを指定します。

```
Sub Sample64()
    With ActiveSheet.Shapes(1).ThreeD
        .BevelTopType = msoBevelHardEdge → オートシェイプの面取りをハードエッジに設定
        .BevelTopInset = 6
        .BevelTopDepth = 6
    End With
End Sub
```

実行結果

関連項目
04.060 オートシェイプの影を設定する→p.441
04.061 オートシェイプの反射を設定する→p.442
04.062 オートシェイプの光沢を設定する→p.443
04.063 オートシェイプのぼかしを設定する→p.444

オブジェクト／スタイル

非対応バージョン 2003

04.065 オートシェイプの3-D回転を設定する

Shapeオブジェクト、ThreeDプロパティ、SetPresetCameraプロパティ

Shapes.ThreeD.SetPresetCamera (*PresetCamera*)

PresetCamera---MsoPresetCameraの定数

オートシェイプに3-D回転を設定するには、ThreeDオブジェクトのSetPreset Cameraプロパティに視点の方向を表す定数を指定します。RotationXプロパティ、RotationYプロパティ、RotationZプロパティにはそれぞれ、X軸、Y軸、Z軸方向の傾きを指定します。3-D回転の効果をクリアするには、定数msoCamera OrthographicFrontを指定してSetPresetCameraメソッドを実行し、RotationXプロパティ、RotationYプロパティ、RotationZプロパティにそれぞれ「0」を指定します。

```
Sub Sample65()
    With ActiveSheet.Shapes(1).ThreeD
        .SetPresetCamera msoCameraPerspectiveHeroicExtremeLeftFacing
        .RotationX = -34.4606833333
        .RotationY = 8.12245
        .RotationZ = 2.9085833333
        .FieldOfView = 80
    End With
End Sub
```

X、Y、Z軸方向の傾きを指定

実行結果

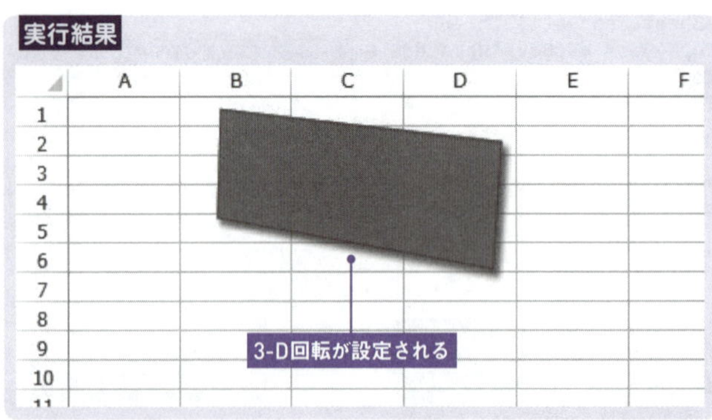

関連項目 04.046 オートシェイプのスタイルを設定する→p.427

オブジェクト／文字列

✕ 非対応バージョン 2003

04. 066 オートシェイプに文字列を挿入する

Shapeオブジェクト、TextFrame2オブジェクト、Textプロパティ

TextFrame2.Text

オートシェイプの中に文字列を挿入するには、TextFrame2オブジェクトを操作します。TextFrame2オブジェクトはExcel 2007で追加された機能です。文字列はTextプロパティに代入します。

```
Sub Sample66()
    With ActiveSheet.Shapes(1).TextFrame2
        .TextRange.Characters.Text = "Excel VBA" → オートシェイプに文字列「Excel VBA」を挿入
    End With
End Sub
```

実行結果

関連項目

オブジェクト／文字列

⊗非対応バージョン 2003

04.067 文字列の大きさを指定する

TextFrame2オブジェクト、Sizeプロパティ

object.**Size**

object---対象となるFontオブジェクト

文字列の大きさは、FontオブジェクトのSizeプロパティで設定します。

```
Sub Sample67()
    With ActiveSheet.Shapes(1).TextFrame2
        .TextRange.Font.Size = 34  → 文字列の大きさを設定
    End With
End Sub
```

実行結果

	A	B	C	D	E	F
1						
2		Excel VBA				
3						
4						
5						
6						
7						
8						
9						
10			文字列の大きさが設定される			
11						

関連項目
04.066 オートシェイプに文字列を挿入する→p.447
04.068 文字列を中央揃えに設定する→p.449
04.070 テキストボックスを段組みにする→p.451

オブジェクト／文字列

× 非対応バージョン 2003

04.068 文字列を中央揃えに設定する

TextFrame2オブジェクト

TextFrame2.VerticalAnchor、**TextFrame2**.HorizontalAnchor

VerticalAnchorプロパティは垂直方向の配置位置を次の定数で指定します。

msoAnchorBottom	レイアウト枠の下部にテキストを配置
msoAnchorBottomBaseLine	文字列の下部を現在の位置にアンカー設定
msoAnchorMiddle	テキストを垂直方向に中央揃え
msoAnchorTop	レイアウト枠の上部にテキストを配置
msoAnchorTopBaseline	文字列の上部を現在の位置にアンカー設定

HorizontalAnchorプロパティは水平方向の配置位置を次の定数で指定します。

msoAnchorCenter	中央揃え
msoAnchorNone	設定なし

```
Sub Sample68()
    With ActiveSheet.Shapes(1).TextFrame2
        .VerticalAnchor = msoAnchorMiddle  → 文字列を垂直方向中央揃えに設定
        .HorizontalAnchor = msoAnchorCenter  → 文字列を水平方向中央揃えに設定
    End With
End Sub
```

実行結果

関連項目 04.066 オートシェイプに文字列を挿入する→p.447
04.067 文字列の大きさを指定する→p.448
04.070 テキストボックスを段組みにする→p.451

オブジェクト／画像

04.069 画像を挿入する

Picturesコレクション、Insertメソッド

Pictures.Insert (*Filename*)

Filename---画像ファイル

ワークシートに画像を挿入するには、PicturesコレクションのInsertメソッドを実行します。

```
Sub Sample69()
    ActiveSheet.Pictures.Insert "C:¥Work¥Sample.jpg" ←ワークシートに画像ファイル「Sample.jpg」を挿入
End Sub
```

実行結果

画像が挿入される

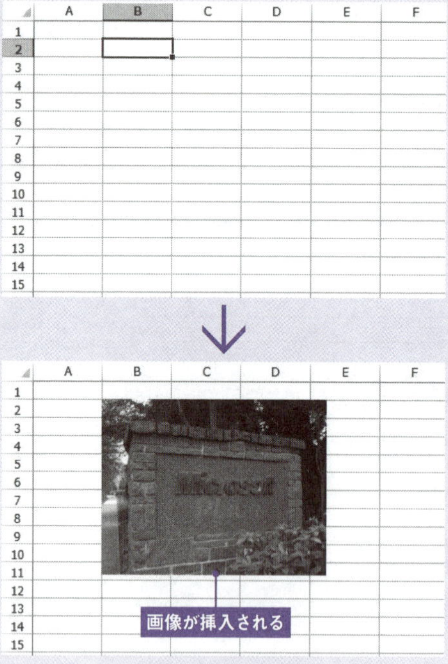

関連項目 04.042 オートシェイプを挿入する→p.423
04.055 オートシェイプを画像で塗りつぶす→p.436

オブジェクト／テキストボックス

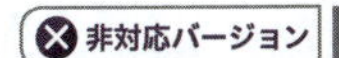

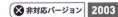

04.070 テキストボックスを段組みにする

TextFrame2オブジェクト、Columnプロパティ

TextFrame2.Column.Number、**TextFrame2.Column**.Spacing

テキストボックスを段組みにするには、Numberプロパティに段組みの段数を指定し、Spacingプロパティに段の間のスペースを指定します。

```
Sub Sample70()
    With ActiveSheet.Shapes(1).TextFrame2
        .Column.Number = 2   → テキストボックスを2段組に設定
        .Column.Spacing = 8.5   → 段の間のスペースを設定
    End With
End Sub
```

実行結果

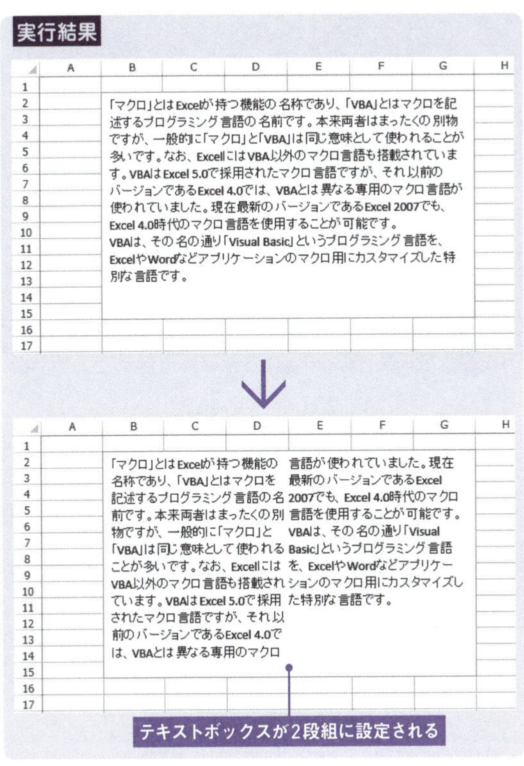

関連項目

04.066 オートシェイプに文字列を挿入する→p.447
04.067 文字列の大きさを指定する→p.448
04.068 文字列を中央揃えに設定する→p.449

第5章

メニューの操作

コンテキストメニュー

05.001 メニューにコマンドを登録する

CommandBarオブジェクト、Controlsコレクション、Addメソッド、Captionプロパティ

CommandBars("Cell")**.Controls.Add**、*object*.**Caption**

object---対象となるCommandBarControlオブジェクト

Excel 2007からメニューバーとツールバーが廃止されました。しかし、右クリックした際に表示されるコンテキストメニューは従来通りの機能が残されています。独自のマクロなどを、コンテキストメニューに登録すれば、従来のバージョンと同じ操作性を実現します。メニューはCommandBarオブジェクトで操作します。セルのコンテキストメニューの名前は「Cell」です。メニュー項目を表すControlsコレクションに、新しいコマンドをAddメソッドで追加します。メニューに表示される文字列は、Captionプロパティに指定します。

```
Sub Sample1()
    With CommandBars("Cell").Controls.Add  →コンテキストメニューに新しいコマンドを追加
        .Caption = "Macro1"  →メニューに表示される文字列を設定
    End With
End Sub
```

関連項目
05.002 コマンドを削除する→p.455
05.004 登録する位置を指定する→p.457
05.005 コマンドにマクロを登録する→p.458

コンテキストメニュー／削除

05.002 コマンドを削除する

CommandBarオブジェクト、Controlsコレクション、Deleteメソッド

CommandBars("Cell")**.Controls**(*string*)**.Delete**

string---削除するコマンド名

登録したコマンドを削除するときは、Deleteメソッドを実行します。存在しないコマンドを削除しようとするとエラーになります。

```
Sub Sample2()
    CommandBars("Cell").Controls("Macro1").Delete  →コマンド「Macro1」を削除
End Sub
```

実行結果

関連項目
05.001 メニューにコマンドを登録する→p.454
05.003 メニューを初期化する→p.456
05.004 登録する位置を指定する→p.457
05.005 コマンドにマクロを登録する→p.458
05.014 安全にコマンドを削除する→p.467

コンテキストメニュー／初期化

05.003 メニューを初期化する

CommandBarオブジェクト、Resetメソッド

CommandBars("Cell").Reset

メニューを初期状態に戻すには、CommandBarオブジェクトのResetメソッドを実行します。ただし、安易にResetメソッドを実行しないように注意してください。初期化すると、他のアドインなどが登録したコマンドなども、すべて消えてしまいます。自分で登録したコマンドを消すのであれば、初期状態にするのではなく、自分で登録したコマンドだけを削除してください。メニューは、共有スペースです。

```
Sub Sample3()
    CommandBars("Cell").Reset    →コンテキストメニューを初期化
End Sub
```

関連項目 05.002 コマンドを削除する→p.455
05.014 安全にコマンドを削除する→p.467

コンテキストメニュー／位置

05.004 登録する位置を指定する

CommandBarオブジェクト、Controlsコレクション、Addメソッド

CommandBars("Cell").Controls.Add(*Before*)

Before---コマンドの位置

コマンドを登録するAddメソッドでは、登録する位置を指定できます。引数Beforeに数値を指定すると、指定された数の位置にあるコマンドの上に、新しいコマンドが登録されます。

```
Sub Sample4()
    With CommandBars("Cell").Controls.Add(Before:=1)  → コマンドをメニューの1番上に設定
        .Caption = "Macro1"
    End With
End Sub
```

実行結果

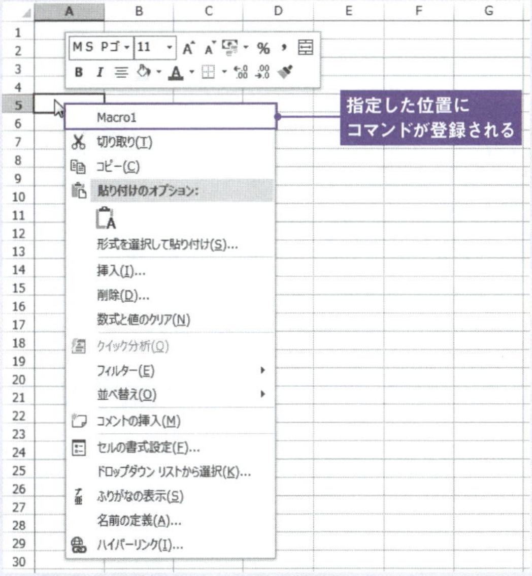

関連項目
05.001 メニューにコマンドを登録する→p.454
05.002 コマンドを削除する→p.455
05.005 コマンドにマクロを登録する→p.458
05.008 既存の機能を割り当てる→p.461

コンテキストメニュー／マクロ

05.005 コマンドにマクロを登録する

CommandBarオブジェクト、Controlsコレクション、Addメソッド、OnActionプロパティ

CommandBars("Cell").Controls.Add、*object*.**OnAction**

object---対象となるCommandBarControlオブジェクト

登録したコマンドにマクロを設定するには、OnActionプロパティに実行したいプロシージャの名前を登録します。

```
Sub Sample5()
    With CommandBars("Cell").Controls.Add(Before:=1) → コマンドをメニューの1番上に設定
        .Caption = "Macro1"
        .OnAction = "myMacro1" → コマンドにプロシージャ「myMacro1」を設定
    End With
End Sub

Sub myMacro1() → プロシージャ「myMacro1」
    MsgBox "Hello World"
End Sub
```

実行結果

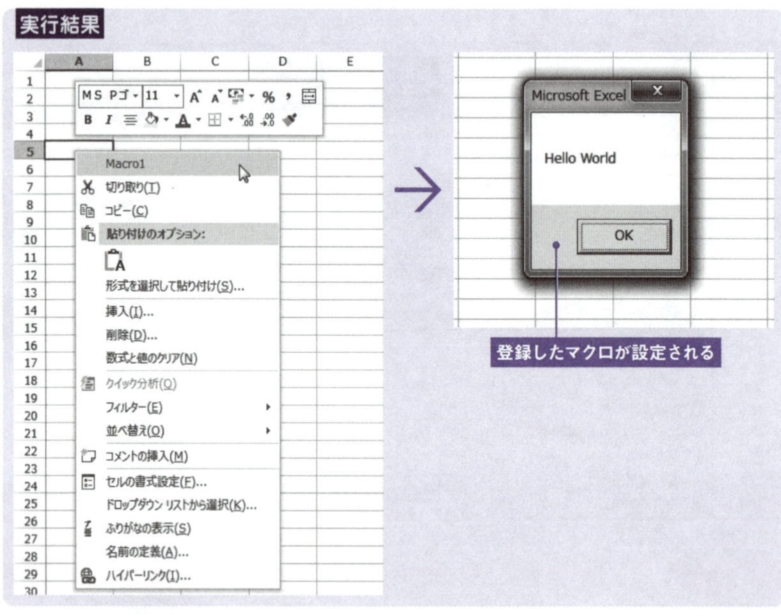

関連項目
05.001 メニューにコマンドを登録する→p.454
05.002 コマンドを削除する→p.455
05.007 コマンドにアイコンを表示する→p.460
05.008 既存の機能を割り当てる→p.461

コンテキストメニュー／表示

05.006 コマンドに区切り線を付ける

CommandBarオブジェクト、Controlsコレクション、Addメソッド、BeginGroupプロパティ

CommandBars("Cell").**Controls.BeginGroup**
CommandBars("Cell").**Controls.Add**(*Before*)

Before---コマンドの位置

コマンド間の区切り線は、コマンドとコマンドの間に線を引いているのではなく、区切り線の下になるコマンドに「ここからグループの始まり」という設定をします。サンプルでは、Addメソッドによって、新しいコマンドを「1番目にあるコマンドの手前」に登録しています。そこで、それまで1番上にあったコマンドに、あらかじめ「グループの始まり」であると設定しておきます。それが「BeginGroup = True」です。区切り線を消すには「BeginGroup = False」とします。

```
Sub Sample6()
    CommandBars("Cell").Controls(1).BeginGroup = True
    With CommandBars("Cell").Controls.Add(Before:=1)
        .Caption = "Macro1"
        .OnAction = "myMacro1"
    End With
End Sub
```

1番上のコマンドを「グループの始まり」に設定
コマンドをメニューの1番上に設定

実行結果

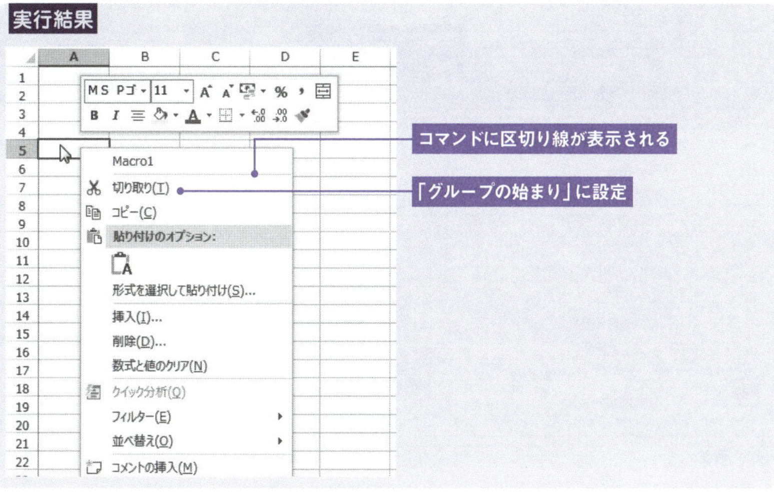

関連項目
05.001 メニューにコマンドを登録する→p.454
05.002 コマンドを削除する→p.455
05.005 コマンドにマクロを登録する→p.458
05.008 既存の機能を割り当てる→p.461

コンテキストメニュー／アイコン

05.007 コマンドにアイコンを表示する

CommandBarオブジェクト、Controlsコレクション、Addメソッド、FaceIdプロパティ

CommandBars("Cell").Controls.Add、*object*.**FaceId**

object---対象となるCommandBarControlオブジェクト

コマンドにアイコンを表示するには、FaceIdプロパティに、アイコンを表す数値を指定します。

```
Sub Sample7()
    CommandBars("Cell").Controls(1).BeginGroup = True
    With CommandBars("Cell").Controls.Add(Before:=1)
        .Caption = "Macro1"
        .OnAction = "myMacro1"
        .FaceId = 59   → コマンドにアイコンを設定
    End With
End Sub
```

実行結果

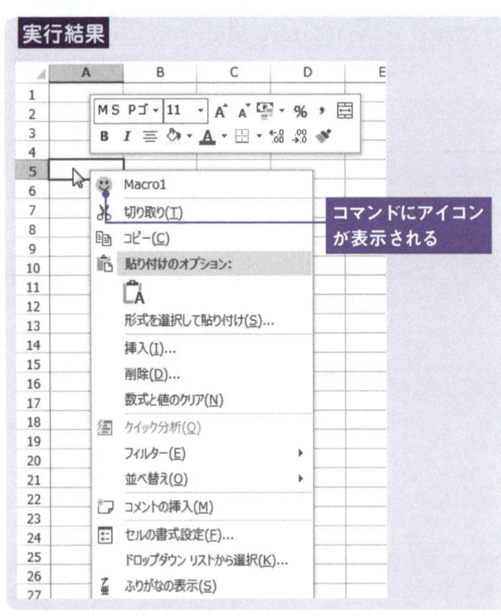

memo

▶どの数値がどんなアイコンなのかは、ヘルプなどでは公開されていません。

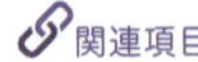関連項目

05.001 メニューにコマンドを登録する→p.454
05.004 登録する位置を指定する→p.457
05.005 コマンドにマクロを登録する→p.458
05.006 コマンドに区切り線を付ける→p.459

コンテキストメニュー

05.008 既存の機能を割り当てる

CommandBarオブジェクト、Controlsコレクション、Addメソッド、IDプロパティ

CommandBars("Cell").Controls.Add(*Before, ID*)

Before---コマンドの位置、*ID*---機能を表すID番号

メニューに登録するコマンドには、自作のマクロだけでなく、Excelが標準で有している機能を登録することも可能です。標準機能を割り当てるには、Addメソッドの引数IDに、機能を表すID番号を指定します。サンプルは、[ファイルを開く]の機能を登録して、コマンド名を「Macro1」としました。

```
Sub Sample8()
    CommandBars("Cell").Controls(1).BeginGroup = True
    With CommandBars("Cell").Controls.Add(Before:=1, ID:=23)
        .Caption = "Macro1"
    End With
End Sub
```

[ファイルを開く]機能のコマンドをメニューの1番上に設定

実行結果

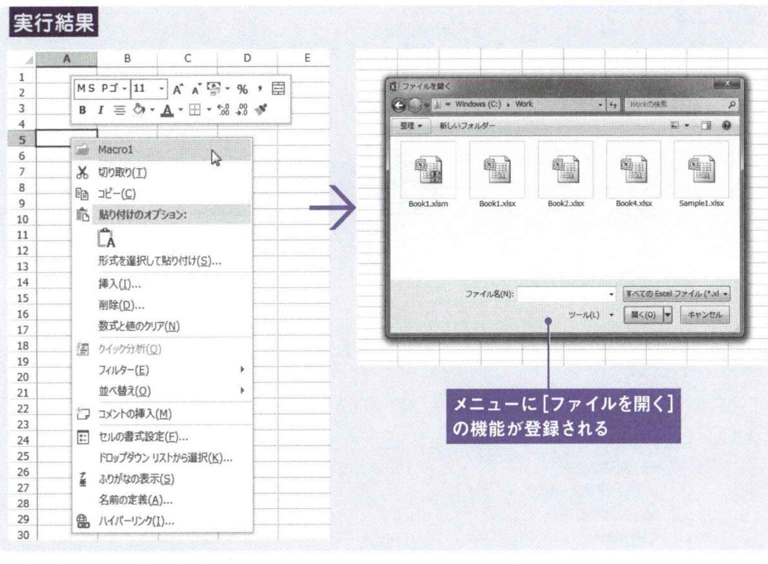

memo

▶どの機能のIDが何番かは、ヘルプなどでは公開されていません。

関連項目

05.001 メニューにコマンドを登録する→p.454
05.002 コマンドを削除する→p.455
05.004 登録する位置を指定する→p.457
05.005 コマンドにマクロを登録する→p.458

コンテキストメニュー

05.009 コマンドが押された状態にする

CommandBarオブジェクト、Controlsコレクション、Addメソッド、Stateプロパティ

CommandBars("Cell").**Controls.Add**、*object*.**State**

object---対象となるCommandBarControlオブジェクト

コマンドのアイコンが押された状態にするには、StateプロパティにTrueを設定します。FaceIdが設定されていると、そのアイコンが押されたように表示され、FaceIdが設定されていないと下の画面のようにチェックマークが表示されます。

```
Sub Sample9()
    With CommandBars("Cell").Controls.Add(Before:=1) → コマンドをメニューの1番上に設定
        .Caption = "Macro1"
        .OnAction = "myMacro1"
        .State = True  → アイコンを押された状態に設定
    End With
End Sub
```

実行結果

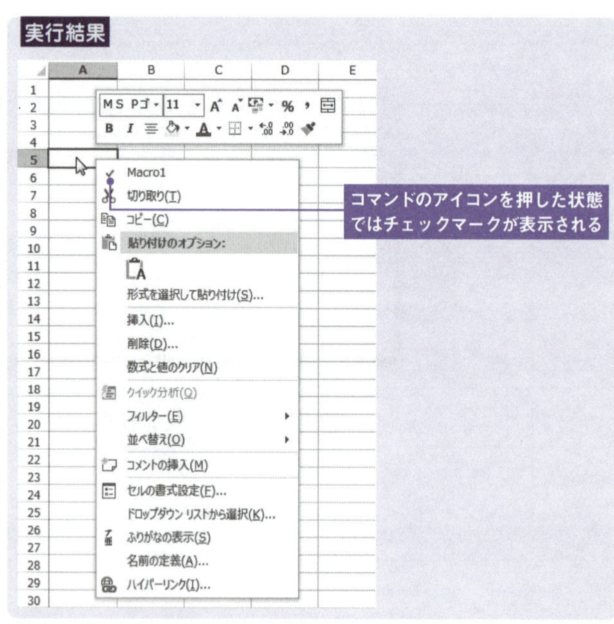

関連項目
05.011 実行されたコマンドを判定する→p.464
05.012 コマンドを表示／非表示にする→p.465
05.013 状況に応じて変化するメニューを設定する→p.466

コンテキストメニュー／サブメニュー

05.010 サブメニューを追加する

CommandBarオブジェクト、Controlsコレクション、Addメソッド

CommandBars("Cell").**Controls.Add**(*Before*, msoControlPopup)

Before---コマンドの位置

メニューに、サブメニューを登録するには、Addメソッドの引数Typeに定数msoControlPopupを指定します。こうして登録したコントロールはサブメニューになるので、そのサブメニューに新たなコマンドを登録します。

```
Sub Sample10()
    Call Sample3
    With CommandBars("Cell").Controls.Add(Before:=1, _
    Type:=msoControlPopup)
        .Caption = "Macro1"
        With .Controls.Add
            .Caption = "Command1"
            .OnAction = "myMacro1"
        End With
        With .Controls.Add
            .Caption = "Command2"
            .OnAction = "myMacro2"
        End With
    End With
End Sub
```

サブメニューを設定できるようにする

サブメニュー「Command1」を設定

サブメニュー「Command2」を設定

実行結果

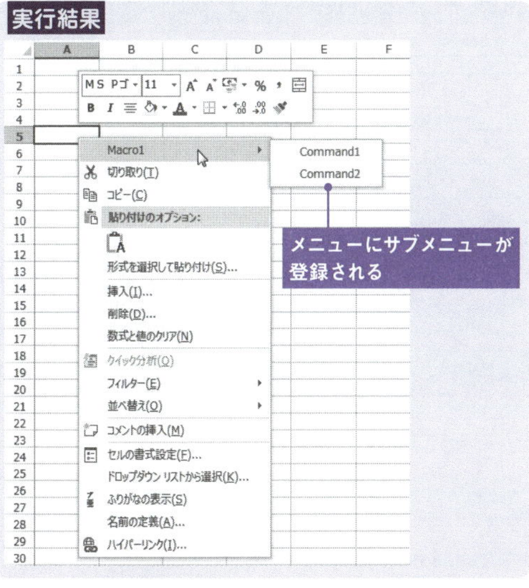

関連項目 05.001 メニューにコマンドを登録する→p.454

コンテキストメニュー

05.011 実行されたコマンドを判定する

CommandBarオブジェクト、Controlsコレクション、ActionControlプロパティ

CommandBars("Cell").**Controls**.Add
CommandBars.**ActionControl**.Caption

プロシージャ側で、実行されたコマンドを取得するには、CommandBarsコレクションのActionControlプロパティを使います。ActionControlプロパティには、実行されたコマンドが格納されるので、Captionプロパティを調べればコマンドの文字列がわかります。

```
Sub Sample11()
    With CommandBars("Cell").Controls.Add(Before:=1, _
    Type:=msoControlPopup)
        .Caption = "Macro1"
        With .Controls.Add
            .Caption = "Command1"
            .OnAction = "myMacro"
        End With
        With .Controls.Add
            .Caption = "Command2"
            .OnAction = "myMacro"
        End With
    End With
End Sub

Sub myMacro()
    MsgBox CommandBars.ActionControl.Caption
End Sub
```

サブメニューを設定できるようにする

サブメニュー「Command1」を設定

サブメニュー「Command2」を設定

実行されたコマンドの文字列をMsgBoxに表示

実行結果

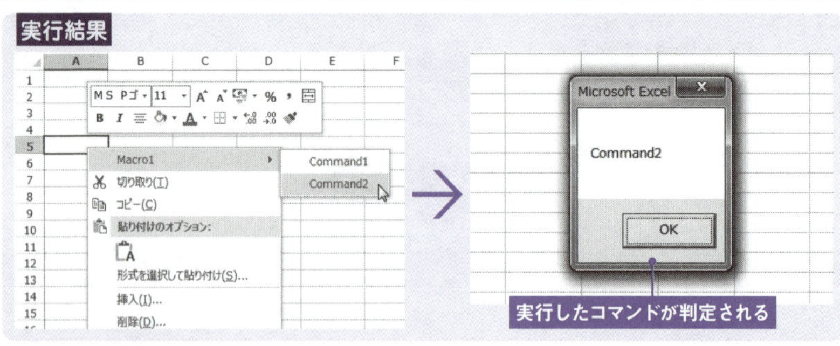

memo

▶Indexプロパティを調べれば、サブメニュー内での位置がわかります。

関連項目
05.009 コマンドが押された状態にする→p.462
05.012 コマンドを表示／非表示にする→p.465
05.013 状況に応じて変化するメニューを設定する→p.466

コンテキストメニュー／表示

05.012 コマンドを表示／非表示にする

CommandBarオブジェクト、Controlsコレクション、Visibleプロパティ

CommandBars("Cell").Controls.Visible

コマンドの表示／非表示を切り替えるには、VisibleプロパティにTrueまたはFalseを設定します。

```
Sub Sample12()
    Call Sample3
    With CommandBars("Cell").Controls.Add(Before:=1, _
    Type:=msoControlPopup)
        .Caption = "Macro1"
        With .Controls.Add
            .Caption = "Command1"
            .OnAction = "myMacro"
        End With
        With .Controls.Add
            .Caption = "Command2"
            .OnAction = "myMacro"
        End With
    End With
End Sub

Sub myMacro()
    With CommandBars("Cell").Controls("Macro1")
        Select Case CommandBars.ActionControl.Caption
        Case "Command1"
            .Controls("Command1").Visible = False
            .Controls("Command2").Visible = True
        Case "Command2"
            .Controls("Command1").Visible = True
            .Controls("Command2").Visible = False
        End Select
    End With
End Sub
```

サブメニューを設定できるようにする

サブメニュー「Command1」を設定

サブメニュー「Command2」を設定

「Command1」が実行された場合は「Command1」を非表示、「Command2」を表示

「Command2」が実行された場合は「Command1」を表示、「Command2」を非表示

実行結果

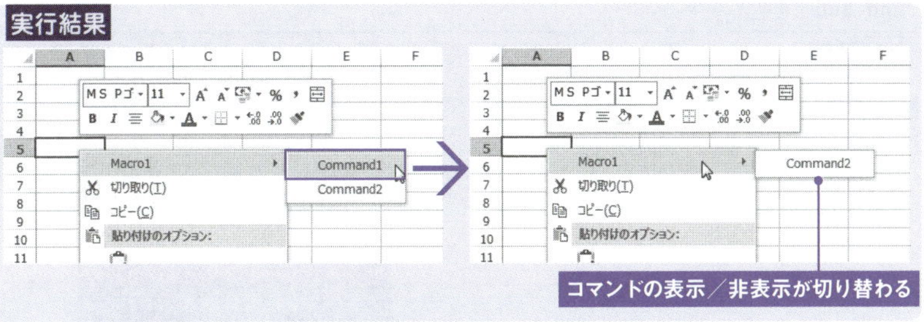

05.009 コマンドが押された状態にする→p.462
05.011 実行されたコマンドを判定する→p.464
05.013 状況に応じて変化するメニューを設定する→p.466

コンテキストメニュー

05.013 状況に応じて変化するメニューを設定する

CommandBarオブジェクト、Controlsコレクション、OnActionプロパティ

CommandBars("Cell").**Controls**.Add、*object*.**OnAction**

object---対象となるCommandBarControlオブジェクト

サブメニューは、クリックしたり、マウスポインタを合わせたとき下位のメニューが表示されます。このとき、サブメニューのOnActionプロパティに設定したプロシージャが実行されます。それを応用すれば、状況に合わせて自動的にメニューの内容を変更できます。サンプルでは、サブメニューの「Command1」と「Command2」に、アクティブセルのアドレスや行番号を表示しています。

```
Sub Sample13()
    With CommandBars("Cell").Controls.Add(Before:=1, _    ' サブメニューを設定できるようにする
    Type:=msoControlPopup)
        .Caption = "Macro1"
        .OnAction = "ChangeMenu"    ' → コマンドにプロシージャ「ChangeMenu」を設定
        With .Controls.Add
            .Caption = "Command1"
            .OnAction = "myMacro"    ' サブメニュー「Command1」を設定
        End With
        With .Controls.Add
            .Caption = "Command2"
            .OnAction = "myMacro"    ' サブメニュー「Command2」を設定
        End With
    End With
End Sub

Sub ChangeMenu()
    With CommandBars("Cell").Controls("Macro1")
        .Controls(1).Caption = _
            ActiveCell.Address(False, False) & "を削除する"    ' サブメニューにアクティブセルのアドレスを表示
        .Controls(2).Caption = _
            ActiveCell.Row & "行目を削除する"    ' サブメニューにアクティブセルの行番号を表示
    End With
End Sub
```

実行結果

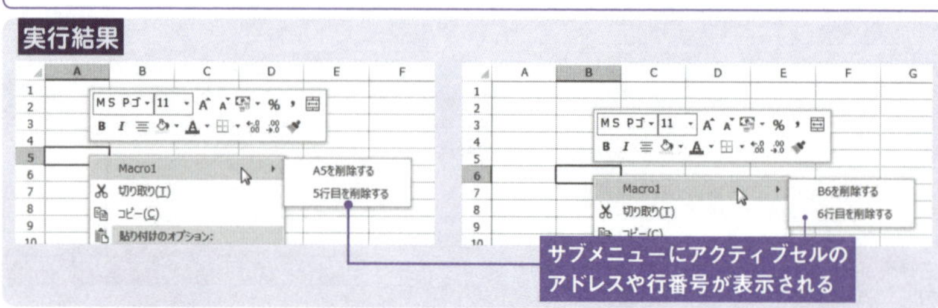

関連項目
05.009 コマンドが押された状態にする→p.462
05.011 実行されたコマンドを判定する→p.464
05.012 コマンドを表示／非表示にする→p.465

コンテキストメニュー／削除

05.014 安全にコマンドを削除する

CommandBarオブジェクト、Controlsコレクション、Tagプロパティ、Deleteメソッド

CommandBars("Cell").**Controls**.Add
object.**Tag**、*object*.**Delete**

object---対象となるCommandBarControlオブジェクト

メニューは共有スペースです。自分で登録したコマンドを削除するときは、自分で登録したコマンドだけを確実に削除するようにしてください。くれぐれも安易にリセットしてはいけません。コマンド名だけでは、それが本当に自分でマクロを登録したか判断できないときは、登録するときにあらかじめTagプロパティに印を付けておきます。削除するときは、そのTagプロパティを確認してから削除します。

```
Sub Sample14()
    With CommandBars("Cell").Controls.Add(Before:=1)
        .Caption = "Macro1"
        .Tag = ThisWorkbook.Name →追加したコマンドにタグを設定
    End With
End Sub

Sub Sample14_2()
    Dim c As CommandBarControl
    For Each c In CommandBars("Cell").Controls
        If c.Tag = ThisWorkbook.Name Then ┐→タグを判定して一致する場合はコマンドを
            c.Delete                      ┘  削除
        End If
    Next c
End Sub
```

実行結果

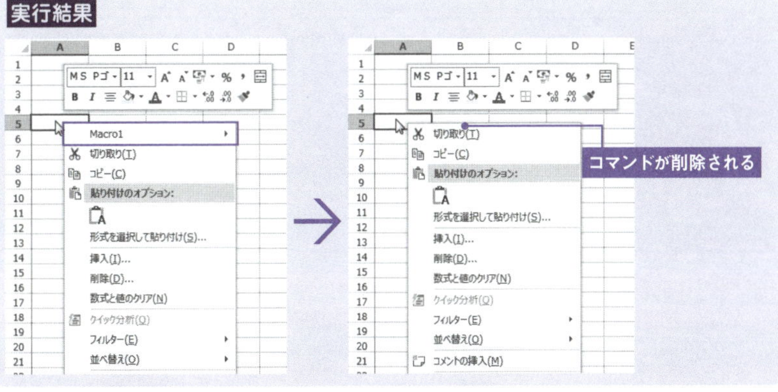

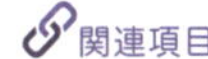

05.002 コマンドを削除する→p.455
05.003 メニューを初期化する→p.456

第6章

UserFormの操作

※「003 コマンドボタンにマクロを登録する」以降のサンプルコードはフォームフォルダに入っています。項目番号と同じ番号が付いたUserFormがサンプルです。

表示

06.001 UserFormを表示する

Showメソッド

object.**Show**

object---対象となるUserFormsオブジェクト

UserFormは、ユーザーが独自にデザインしてマクロから利用できるダイアログボックスです。VBEでデザインしたUserFormを画面に表示するには、Showメソッドを実行します。

```
Sub Sample1()
    UserForm1.Show  → UserForm1を表示
End Sub
```

実行結果

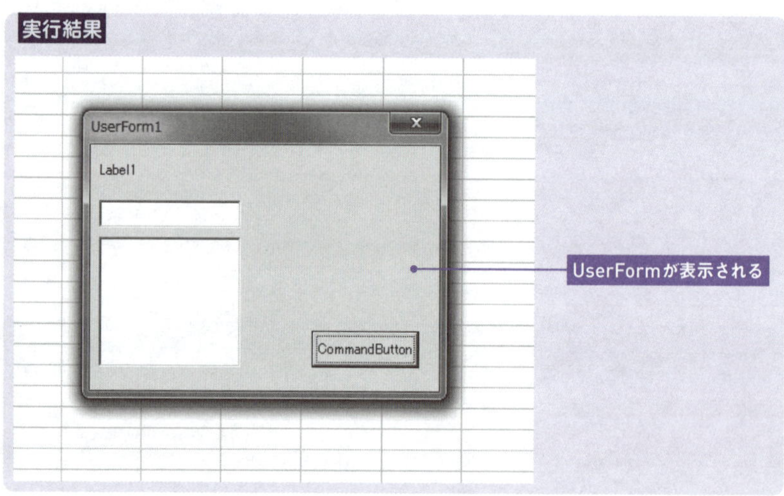

関連項目
06.002 UserFormをモードレスで表示する→p.471
06.004 UserFormを閉じる→p.473
06.005 UserFormを隠す→p.474
06.006 UserFormのタイトルバーを設定する→p.475

表示

06.002 UserFormをモードレスで表示する

Showメソッド

object.**Show** vbModeless

object---対象となるUserFormsオブジェクト

ShowメソッドでUserFormを表示すると、そのUserFormを閉じるまで、Excelを操作することはできません。そうした状態を「モーダル」と呼びます。そうではなく、UserFormを表示したままでExcelを操作できるようにするには、Showメソッドに定数vbModelessを指定します。UserFormを表示したままでExcelを操作できる状態を「モードレス」と呼びます。

```
Sub Sample2()
    UserForm1.Show vbModeless    → UserForm1をモードレスで表示
End Sub
```

実行結果

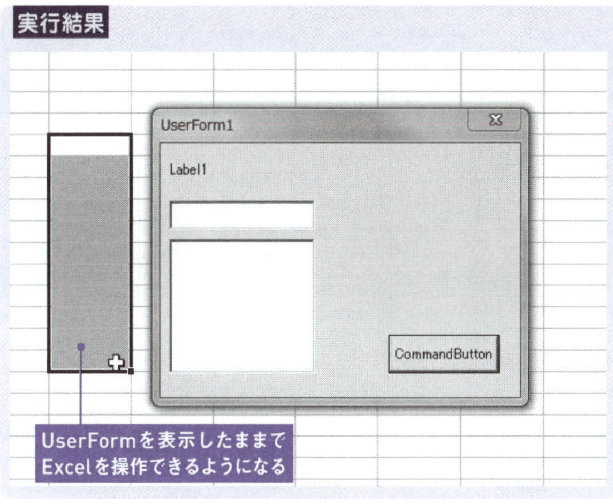

関連項目
06.001 UserFormを表示する → p.470
06.004 UserFormを閉じる → p.473
06.005 UserFormを隠す → p.474
06.006 UserFormのタイトルバーを設定する → p.475

マクロ／コマンドボタン

06.003 コマンドボタンにマクロを登録する

Clickイベント

Private Sub CommandButton1_**Click**()

UserFormに配置したコマンドボタンにマクロを登録するには、VBEのデザイン画面で、配置したコマンドボタンをダブルクリックします。実行すると自動的に「Private Sub CommandButton1_Click()」というプロシージャが作成されます。コマンドボタンをクリックすると、この「Private Sub CommandButton1_Click()」が実行されるので、ここに必要なマクロを記述します。

```
Private Sub CommandButton1_Click() → コマンドボタンがクリックされると以下を実行する
    MsgBox "Hello World"
End Sub
```

実行結果

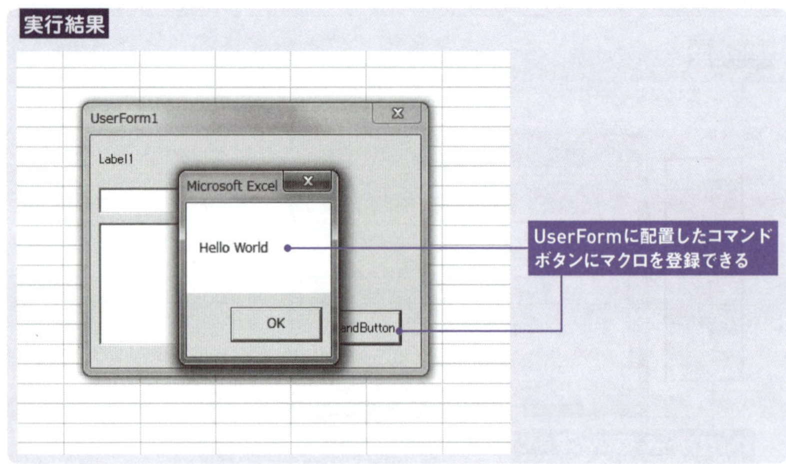

関連項目
06.001 UserFormを表示する→p.470
06.002 UserFormをモードレスで表示する→p.471
06.005 UserFormを隠す→p.474
06.006 UserFormのタイトルバーを設定する→p.475

閉じる

06.004 UserFormを閉じる

Unloadステートメント

Unload *object*

object---対象となるUserFormsオブジェクト

表示しているUserFormを閉じるには、Unloadステートメントを実行します。Unloadステートメントには、閉じるUserFormを引数にしていますが、一般的には表示しているUserFormから「自分自身」を閉じるケースが多くなります。そんなときは「Unload UserForm1」のように名前を指定してもいいのですが、UserFormモジュールの中で「Me」というキーワードは「自分自身」を表します。したがって、一般的には「Unload Me」と記述する場合が多くなります。

```
Private Sub CommandButton1_Click()
    Unload Me   →コマンドボタンがクリックされるとUserFormが閉じる
End Sub
```

実行結果

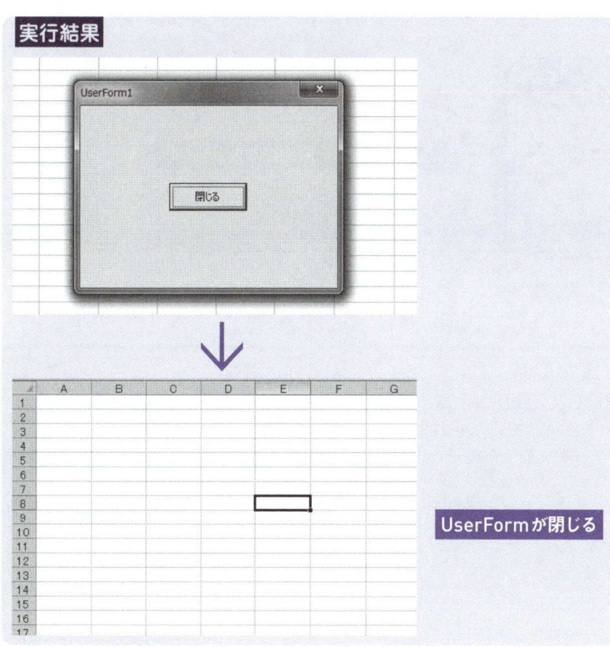

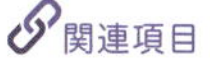関連項目

06.001 UserFormを表示する→p.470
06.002 UserFormをモードレスで表示する→p.471
06.005 UserFormを隠す→p.474
06.006 UserFormのタイトルバーを設定する→p.475

表示

06.005 UserFormを隠す

Hideメソッド

object.**Hide**

object---対象となるUserFormオブジェクト

UserFormのShowメソッドは、デザインしたUserFormを画面に表示します。また、Unloadステートメントは、引数で指定したUserFormをメモリ内から除去し、当然ながら画面からも消し去ります。そうではなく、一時的にUserFormを画面から見えなくするときは、Hideメソッドを使います。

```
Private Sub CommandButton1_Click()
    Me.Hide ─────────────→ UserFormを非表示にする
    MsgBox "UserFormを隠しました"
    Me.Show ─────────────→ UserFormを表示
End Sub
```

実行結果

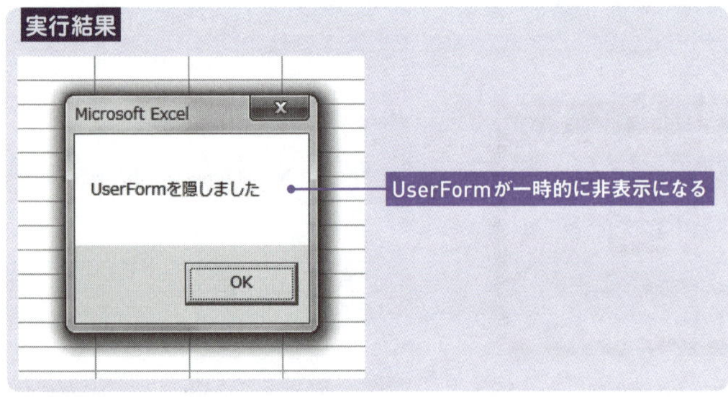
Microsoft Excel
UserFormを隠しました
OK
UserFormが一時的に非表示になる

memo

▶Hideメソッドを実行したUserFormは、画面から消えただけでメモリ内には残っていますので、再びShowメソッドで表示すれば、それまでの状態を再現できます。

関連項目
06.001 UserFormを表示する→p.470
06.002 UserFormをモードレスで表示する→p.471
06.004 UserFormを閉じる→p.473
06.006 UserFormのタイトルバーを設定する→p.475

タイトルバー

06.006 UserFormのタイトルバーを設定する

Captionプロパティ

object.**Caption**

object---対象となるLabelオブジェクト

UserFormのタイトルバー（上部）には、標準では「UserForm1」などの名前が表示されています。このタイトルバーに表示する文字列は、プロパティウィンドウで指定することもできますが、コードで動的に設定することも可能です。タイトルバーの文字列は、UserFormのCaptionプロパティで操作できます。

```
Private Sub CommandButton1_Click()
    Me.Caption = "Sample"  → タイトルバーに「Sample」と表示
End Sub
```

実行結果

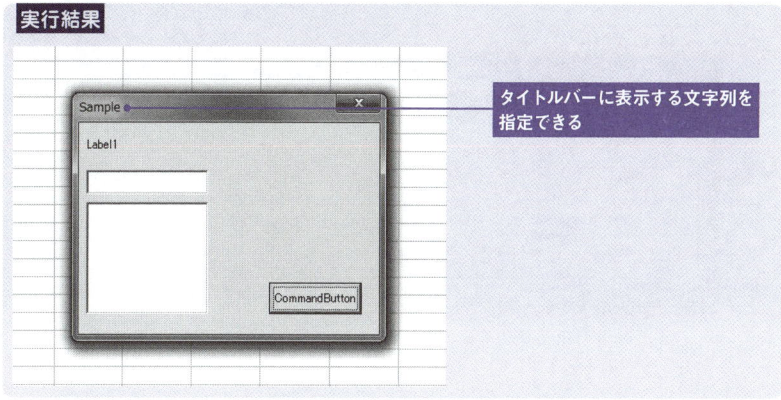

関連項目
06.001 UserFormを表示する→p.470
06.002 UserFormをモードレスで表示する→p.471
06.004 UserFormを閉じる→p.473
06.005 UserFormを隠す→p.474

ラベル

06.007 ラベルに文字列を表示する(1)

Captionプロパティ

object.**Caption**

object---対象となるLabelオブジェクト

ラベルに表示する文字列は、Captionプロパティで操作できます。プロパティウィンドウで設定することもできますが、マクロのコードで動的に設定することも可能です。

```
Private Sub CommandButton1_Click()
    Label1.Caption = "Sample"   →ラベルに「Sample」と表示
End Sub
```

実行結果

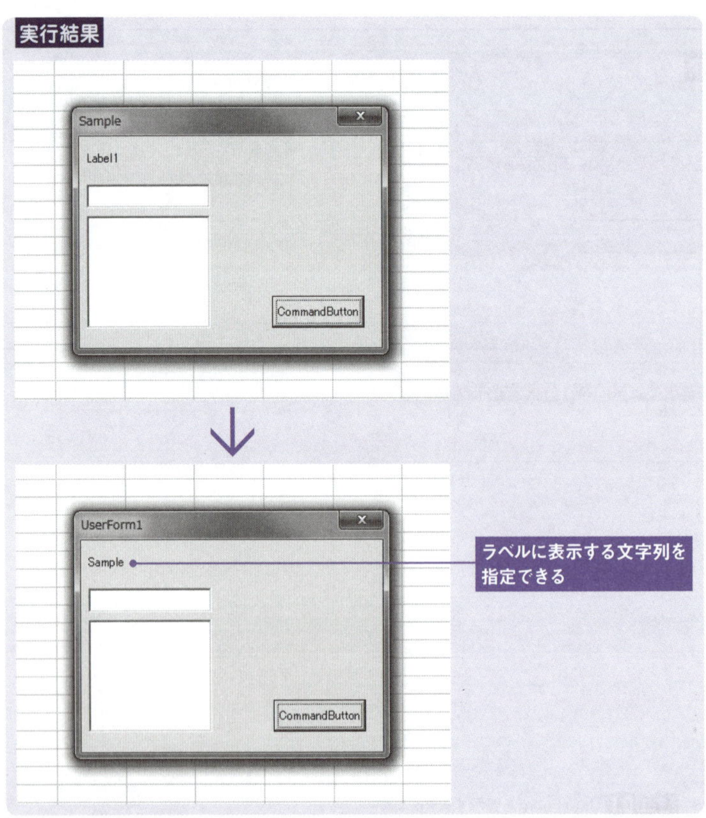

関連項目 06.008 ラベルに文字列を表示する(2) →p.477

ラベル

06.008 ラベルに文字列を表示する(2)

Captionプロパティ、DoEvents関数

*object.***Caption**

object---対象となるLabelオブジェクト

ラベルは「名前：」や「ファイル名：」のように、近くに配置したコントロールの意味を表すために使うだけでなく、現在の状況をユーザーに知らせるときに便利です。例えば、サンプルは、1000回の処理を実行するたび、ラベルに「○回目」と表示しています。しかし、このような処理では、For Nextステートメントの処理が終わるまで画面の更新がされず、いきなり「1000回目」と表示されてしまうことがあります。そんなときは、DoEvents関数を実行して、CPUの制御を戻します。

```
Private Sub CommandButton1_Click()
    Dim i As Long
    For i = 1 To 1000
        Label1.Caption = i & "回目"  →ラベルに処理の回数を表示
        DoEvents
    Next i
End Sub
```

実行結果

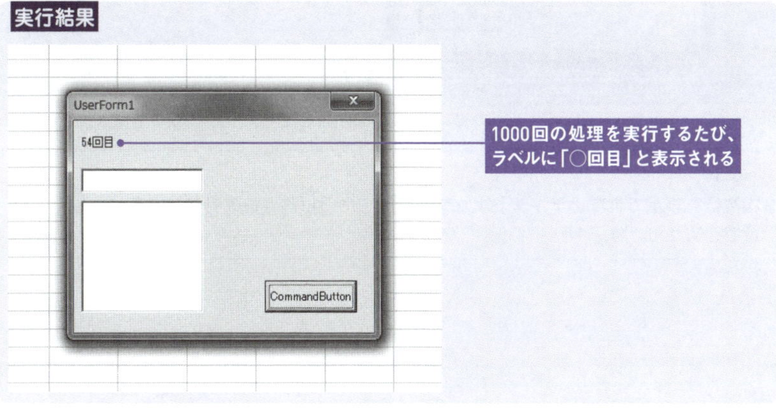

関連項目 06.007 ラベルに文字列を表示する(1) →p.476

テキストボックス

06.009 テキストボックスに文字列を代入する

Textプロパティ

***object*.Text**

object---対象となるTextBoxオブジェクト

テキストボックスに表示される文字列は、Textプロパティで操作します。任意の文字列を代入したり、代入されている文字列を取得することができます。

```
Private Sub CommandButton1_Click()
    TextBox1.Text = "Sample"   →テキストボックスに文字列「Sample」を表示
End Sub
```

実行結果

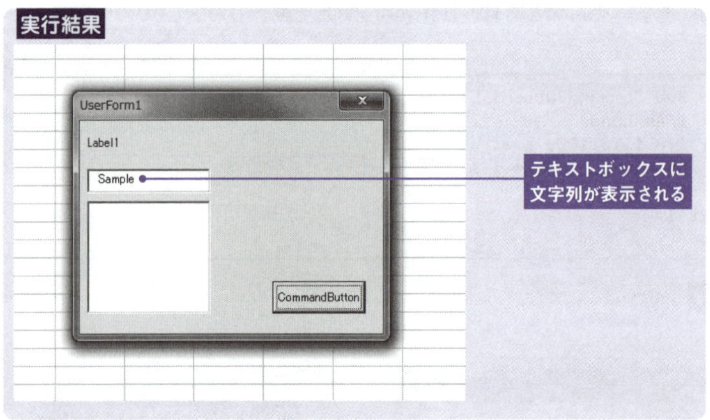

memo

▶複数行を表示できないテキストボックスには、vbCrLfなどの改行コードを代入しても改行できません。

関連項目
06.011 テキストボックスに大文字しか入力させない→p.480
06.012 テキストボックスに入力できる文字数を制限する (1) →p.481
06.013 テキストボックスに入力できる文字数を制限する (2) →p.482

テキストボックス

06.010 テキストボックスが変更されたら処理する

Textプロパティ

object.**Text**

object---対象となるTextBoxオブジェクト

テキストボックス内の文字列が変更されると、Changeイベントが発生します。このときに実行されるプロシージャが「Private Sub TextBox1_Change()」です。「TextBox1」部分は、配置しているテキストボックスの名前です。このプロシージャは、テキストボックスをダブルクリックすると自動的に表示されます。

```
Private Sub TextBox1_Change()  → テキストボックス内の文字列が変更されると実行
    Label1.Caption = TextBox1.Text  → テキストボックスの文字列をラベルに表示
End Sub
```

実行結果

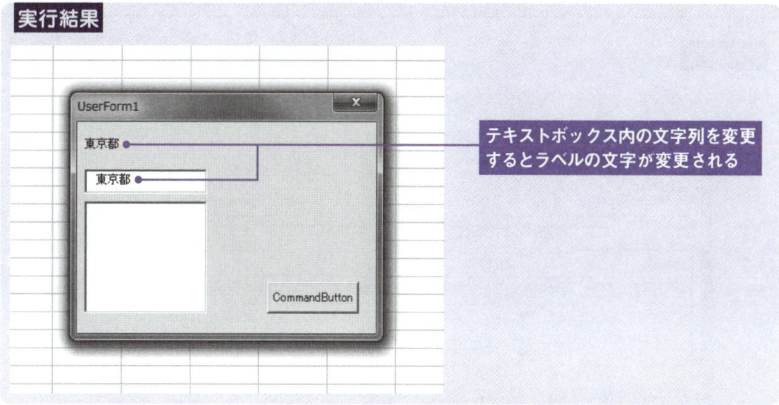
UserForm1
東京都
東京都
CommandButton
テキストボックス内の文字列を変更するとラベルの文字が変更される

関連項目 06.014 テキストボックス内の文字列を選択状態にする→p.483
06.015 テキストボックス内を検索する→p.484

テキストボックス

06.011 テキストボックスに大文字しか入力させない

Textプロパティ

object.**Text**

object---対象となるTextBoxオブジェクト

テキストボックス内の文字列が変更されると、Changeイベントが発生します。これを利用すると、例えば「大文字しか入力できないテキストボックス」を作ることができます。サンプルは、テキストボックスが変更されるたびに、テキストボックス内の文字列を大文字に変換して、代入し直しています。結果的に、テキストボックスに入力したアルファベットは、すべて大文字になります。

```
Private Sub TextBox1_Change()  → テキストボックス内の文字列が変更されると実行
    TextBox1.Text = UCase(TextBox1.Text) → テキストボックス内の文字列を大文字に変換して代入し直す
End Sub
```

実行結果

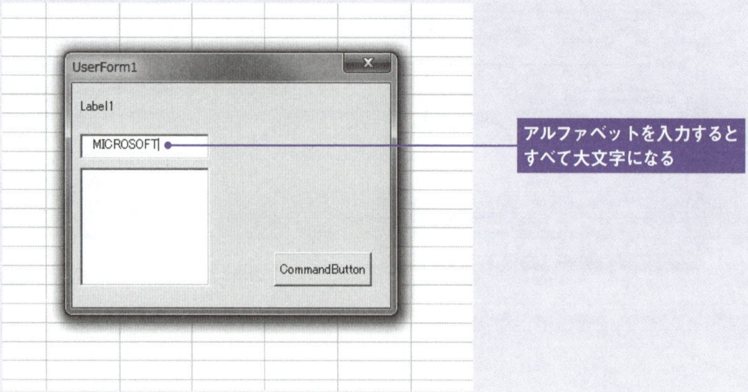

関連項目
01.075 大文字と小文字を変換する→p.79
06.012 テキストボックスに入力できる文字数を制限する (1) →p.481
06.013 テキストボックスに入力できる文字数を制限する (2) →p.482
06.014 テキストボックス内の文字列を選択状態にする→p.483

テキストボックス

06.012 テキストボックスに入力できる文字数を制限する(1)

Textプロパティ

object.**Text**

object---対象となるTextBoxオブジェクト

テキストボックスに入力できる文字数を制限するには、2つの方法があります。1つは、テキストボックスのChangeイベントを使って、文字数を超えた文字列が入力されたときは、左側から抜き出した文字列を代入し直す方法です。

```
Private Sub TextBox1_Change()
    If Len(TextBox1.Text) > 3 Then
        TextBox1.Text = Left(TextBox1.Text, 3)
    End If
End Sub
```

テキストボックス内の文字数が3文字以上の場合は既に入力されている3文字を表示

実行結果

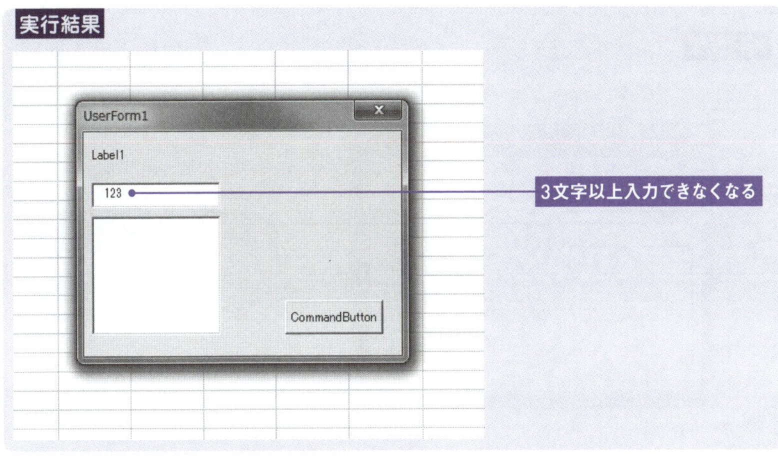

関連項目
06.011 テキストボックスに大文字しか入力させない→p.480
06.013 テキストボックスに入力できる文字数を制限する(2)→p.482
06.014 テキストボックス内の文字列を選択状態にする→p.483
06.015 テキストボックス内を検索する→p.484

テキストボックス

06.013 テキストボックスに入力できる文字数を制限する(2)

MaxLengthプロパティ

object.**MaxLength**

object---対象となるTextBoxオブジェクト

テキストボックスに入力できる文字数を制限するには、テキストボックスのMaxLengthプロパティに文字数を設定する方法もあります。MaxLengthプロパティはその名の通り、入力できる最大文字数を表します。サンプルのようにマクロで動的に設定してもいいですし、プロパティウィンドウで設定することもできます。

```
Private Sub CommandButton1_Click()
    TextBox1.MaxLength = 3    →入力できる最大文字数を「3」に設定
End Sub
```

実行結果

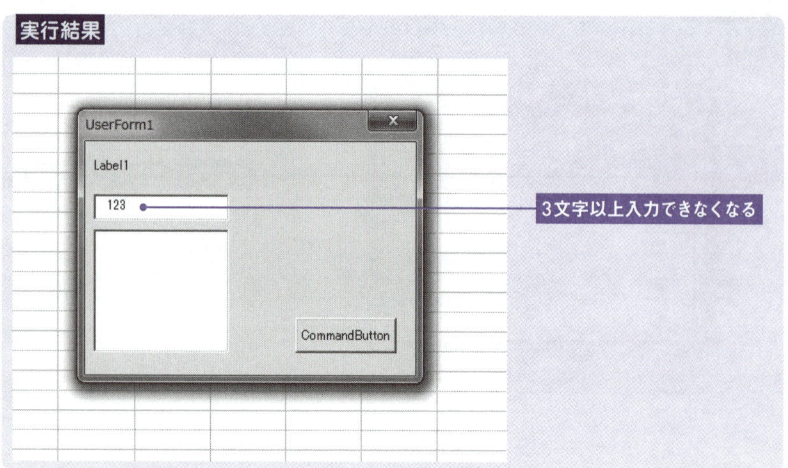

関連項目
06.011 テキストボックスに大文字しか入力させない→p.480
06.012 テキストボックスに入力できる文字数を制限する(1)→p.481
06.014 テキストボックス内の文字列を選択状態にする→p.483
06.015 テキストボックス内を検索する→p.484

テキストボックス

06.014 テキストボックス内の文字列を選択状態にする

SetFocusメソッド、SelStartプロパティ、SelLengthプロパティ

object.**SetFocus**、*object*.**SelStart**、*object*.**SelLength**

object---対象となるTextBoxオブジェクト

例えば、テキストボックスにパスワードを入力するとします。ユーザーが入力したパスワードが間違っていた場合、再度入力をしやすくするために、テキストボックス内の文字列が選択状態になると便利です。そうした処理を行うには、テキストボックスのSelStartプロパティとSelLengthプロパティを使います。SelStartプロパティは、選択する文字列の先頭位置を決め、SelLengthプロパティは何文字選択するかを決めます。ただし、この２つのプロパティは、テキストボックスにフォーカスがないと効果がありません。そこで、SetFocusメソッドを使ってテキストボックスにフォーカスを移動しておきます。

```
Private Sub CommandButton1_Click()
    With TextBox1
        .SetFocus      → テキストボックスをフォーカス
        .SelStart = 0
        .SelLength = Len(.Text)  ]→ 入力されている文字数分を選択
    End With
End Sub
```

実行結果

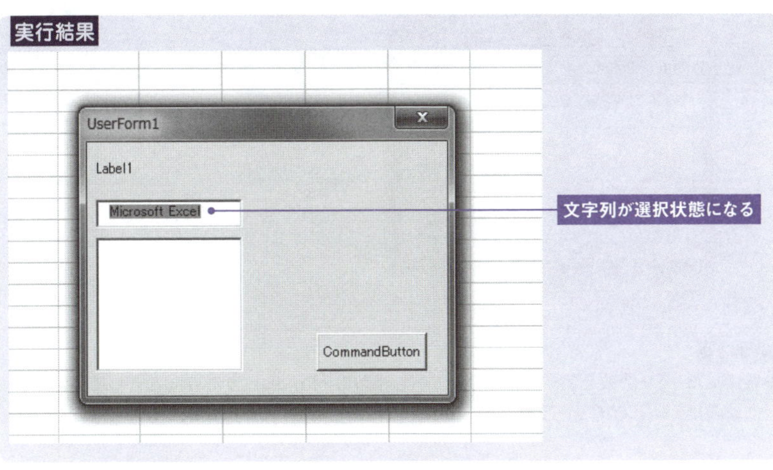

関連項目
06.010 テキストボックスが変更されたら処理する→p.479
06.012 テキストボックスに入力できる文字数を制限する（1）→p.481
06.013 テキストボックスに入力できる文字数を制限する（2）→p.482
06.015 テキストボックス内を検索する→p.484

検索／テキストボックス

06.015 テキストボックス内を検索する

InStr関数、SelStartプロパティ、SelLengthプロパティ

InStr (*string1*, *string2*)、*object*.**SelStart**、*object*.**SelLength**

string1---検索対象となる文字列、*string2*---検索する文字列
object---対象となるTextBoxオブジェクト

VBAには、テキストボックス内を検索する命令がありません。そこで、テキストボックス内の文字列を検索するには、InStr関数などを使って、自分で探すしかありません。サンプルは、テキストボックス内で「tanaka」という文字列を探し、もし見つかった場合はその文字列を選択状態にします。

```
Private Sub CommandButton1_Click()
    With TextBox1
        If InStr(.Text, "tanaka") > 0 Then      → テキストボックスに「tanaka」が入力されているか判定
            .SetFocus    → テキストボックスをフォーカス
            .SelStart = InStr(.Text, "tanaka") - 1   ┐→ 「tanaka」を選択
            .SelLength = Len("tanaka")               ┘
        End If
    End With
End Sub
```

実行結果

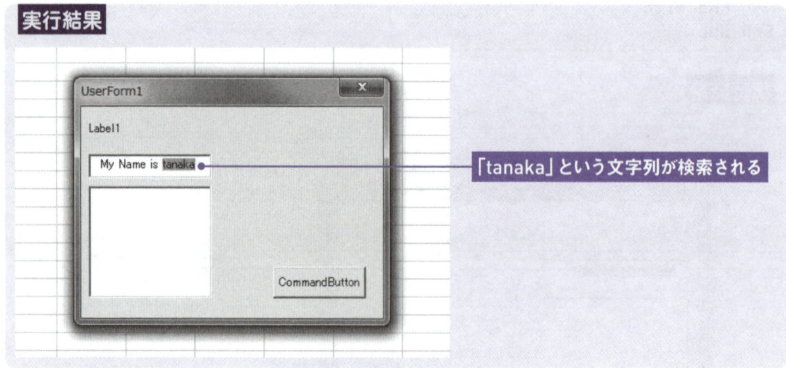

memo

▶検索にはInStr関数を使っているので、もし複数の「tanaka」が存在したとしても、見つかるのは先頭だけです。すべての「tanaka」を探すには、さらに工夫が必要です。

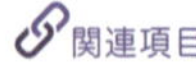関連項目

06.010 テキストボックスが変更されたら処理する→p.479
06.012 テキストボックスに入力できる文字数を制限する（1）→p.481
06.013 テキストボックスに入力できる文字数を制限する（2）→p.482
06.014 テキストボックス内の文字列を選択状態にする→p.483

リストボックス

06.016 リストボックスにデータを登録する(1)

RowSourceプロパティ

object.**RowSource**

object---対象となるListBoxオブジェクト

リストボックスにデータを登録するには、いくつかの方法があります。1つはリストボックスのRowSourceプロパティを使ってリストボックスとワークシートのセルを連動させる方法です。RowSourceプロパティには「Sheet1!A1:A5」のようにアドレスを文字列で指定します。「Sheets("Sheet1").Range("A1:A5")」ではないので注意してください。RowSourceプロパティでデータを登録したリストボックスでは、AddItemメソッドで新しいデータを追加したり、リストボックスからデータを削除することはできません。

```
Private Sub UserForm_Initialize()
    ListBox1.RowSource = "Sheet1!A1:A5" → セル範囲A1:A5のデータをリストボックスの登録
End Sub
```

実行結果

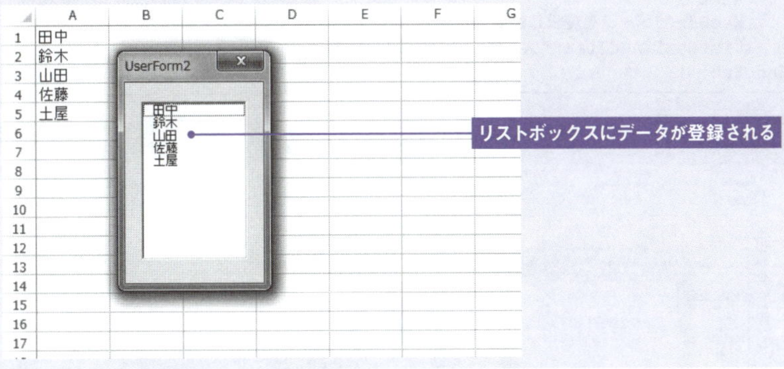

関連項目
06.017 リストボックスにデータを登録する(2) →p.486
06.018 リストボックスにデータを登録する(3) →p.487
06.019 リストボックスのデータを削除する →p.488

リストボックス

06.017 リストボックスにデータを登録する(2)

AddItemメソッド

object.**AddItem** (*item*)

object---対象となるListBoxオブジェクト、*item*---追加する項目

リストボックスにデータを登録する一般的な方法は、リストボックスのAddItemメソッドを使うことです。AddItemメソッドは「AddItem データ, 位置」のように、登録する位置を指定することも可能です。For Nextステートメントで繰り返しAddItemメソッドを実行すると、さぞかし時間がかかると誤解しているユーザーもいますが、現在のPCはかなり高速です。For Nextステートメントでセルの値を登録する場合、少なくとも数百〜数千件程度なら一瞬で終わります。AddItemメソッドでデータを個別に登録したリストボックスは、あとからデータを追加したり削除することもできます。

```
Private Sub CommandButton1_Click()
    Dim i As Long
    For i = 1 To 5
        ListBox1.AddItem Cells(i, 1) → セル範囲A1:A5のデータをリストボックスに登録
    Next i
    MsgBox "データを登録します"
    ListBox1.AddItem "大久保"   → 「大久保」をリストボックスに追加
End Sub
```

実行結果

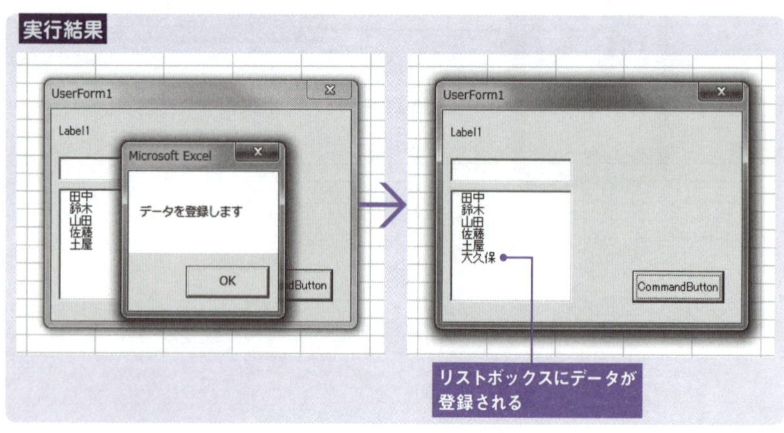

関連項目
06.016 リストボックスにデータを登録する (1) →p.485
06.018 リストボックスにデータを登録する (3) →p.487
06.019 リストボックスのデータを削除する →p.488

リストボックス

06.018 リストボックスにデータを登録する(3)

Listプロパティ

***object*.List**

object---対象となるListBoxオブジェクト

最も高速にデータを登録するには、リストボックスのListプロパティにセルデータの配列を直接代入します。リストボックスに登録されているデータはListプロパティに配列形式で格納されているので、ここに任意の配列を代入すればリストボックスに反映されます。サンプルでは5つのセルデータしか代入していませんが、数万件や数十万件のデータでも一瞬で格納されます。セルデータを配列として代入するには、Rangeオブジェクトの後ろにValueプロパティを付けるのを忘れないでください。

```
Private Sub UserForm_Initialize()
    ListBox1.List = Range("A1:A5").Value
End Sub
```

→ セル範囲A1:A5のデータを配列としてリストボックスに代入

実行結果

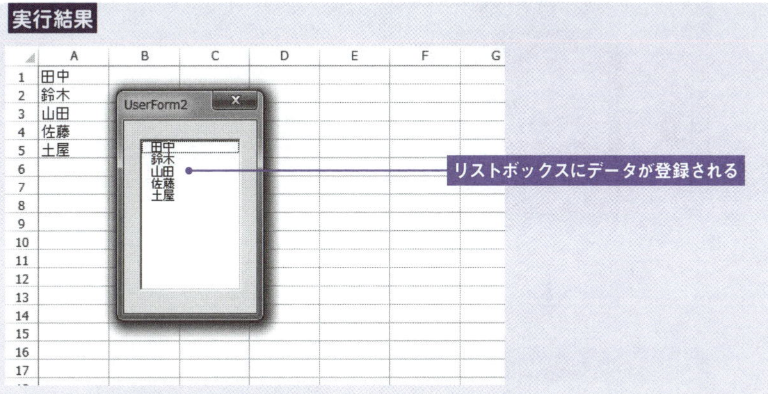

関連項目
06.016 リストボックスにデータを登録する(1)→p.485
06.017 リストボックスにデータを登録する(2)→p.486
06.019 リストボックスのデータを削除する→p.488

リストボックス/削除

06.019 リストボックスのデータを削除する

RemoveItemメソッド

***object*.RemoveItem(*index*)**

object---対象となるListBoxオブジェクト、*index*---削除する行を表す数値

リストボックスのデータを削除するには、RemoveItemメソッドを使います。RemoveItemメソッドは、引数に削除したい位置を指定しますが、このとき、先頭(一番上)が「0」であることに留意してください。

```
Private Sub CommandButton1_Click()
    ListBox1.List = Range("A1:A5").Value  → セル範囲A1:A5のデータを配列として
                                            リストボックスに代入
    MsgBox "2番目のデータを削除します"
    ListBox1.RemoveItem 1  → 2番目のデータを削除
End Sub
```

実行結果

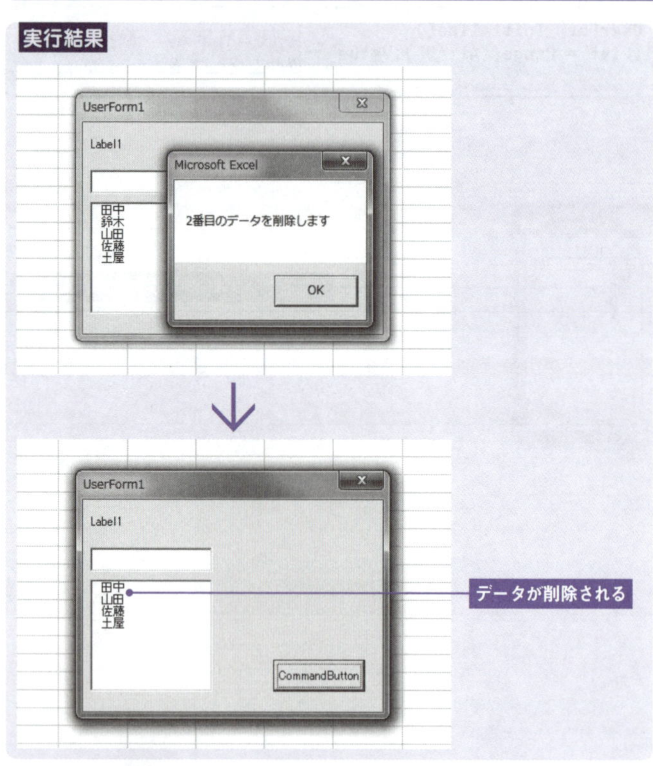

関連項目
06.016 リストボックスにデータを登録する(1) →p.485
06.017 リストボックスにデータを登録する(2) →p.486
06.018 リストボックスにデータを登録する(3) →p.487

リストボックス

06.020 リストボックスの選択位置を指定する

ListIndexプロパティ

object.**ListIndex**

object---対象となるListBoxオブジェクト

リストボックスで「何番目のデータが選択されているか」は、ListIndexプロパティで操作できます。ListIndexプロパティに任意の数値を指定すれば、リストボックスで選択されているデータの位置も変化します。このとき、先頭(一番上)が「0」になる点に留意してください。

```
Private Sub CommandButton1_Click()
    ListBox1.List = Range("A1:A5").Value  → セル範囲A1:A5のデータを配列として リストボックスに代入
    MsgBox "2番目のデータを選択します"
    ListBox1.ListIndex = 1  → 2番目のデータを選択
End Sub
```

実行結果

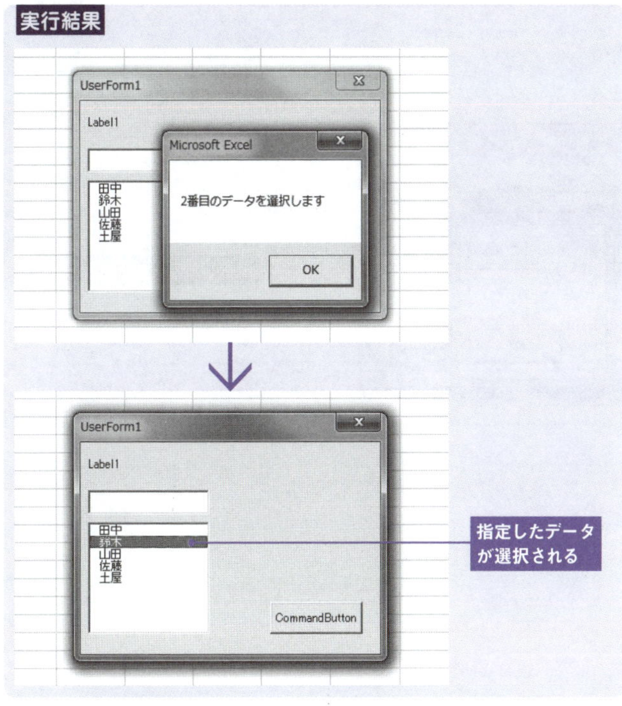

関連項目
06.021 リストボックスで選択されているデータを取得する (1) →p.490
06.022 リストボックスで選択されているデータを取得する (2) →p.491
06.023 複数選択可能なリストボックスで選択されているデータを取得する →p.492

リストボックス

06.021 リストボックスで選択されているデータを取得する(1)

Textプロパティ

object.**Text**

object---対象となるListBoxオブジェクト

リストボックスで選択されているデータは、Textプロパティで取得できます。Textプロパティは読み取り専用です。リストボックスでは、もう1つValueプロパティでも選択されているデータを取得できますが、両者は「何も選択されていない」ときに違いがあります。リストボックスで何もデータが選択されていないとき、Textプロパティは空欄("")を返しますが、何もデータが選択されていない状態でValueプロパティを操作(取得)するとエラーになります。

```
Private Sub CommandButton1_Click()
    MsgBox ListBox1.Text    → 選択されているデータをMsgBoxに表示
End Sub
```

実行結果

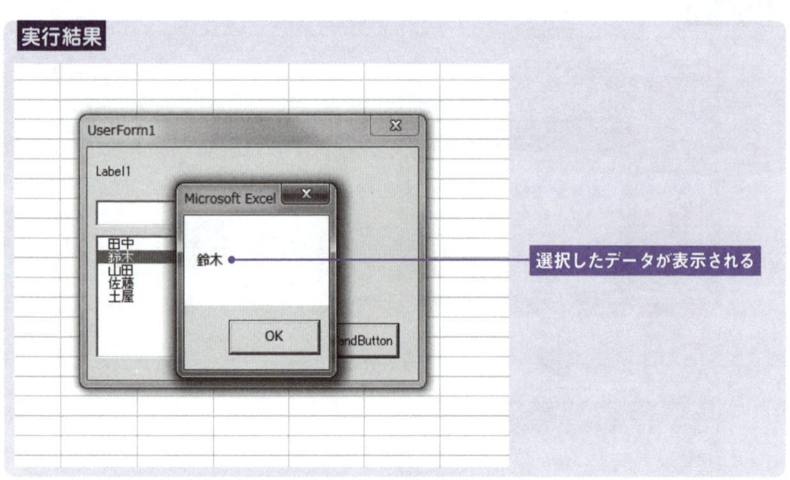

関連項目
06.020 リストボックスの選択位置を指定する→p.489
06.022 リストボックスで選択されているデータを取得する (2) →p.491
06.023 複数選択可能なリストボックスで選択されているデータを取得する→p.492

リストボックス／移動

06.022 リストボックスで選択されているデータを取得する(2)

Listプロパティ、ListIndexプロパティ

object.**List**(.ListIndex)

object---対象となるListBoxオブジェクト

リストボックスに登録されているデータは、Listプロパティに配列形式で格納されています。また、リストボックス上で選択されているデータの位置は、ListIndexプロパティでわかります。ということは、Listプロパティの配列内で、ListIndexプロパティの位置が、選択されているデータだということです。リストボックスで選択されている位置が必要になるケースは意外と多くなります。ぜひ、ListIndexプロパティを覚えてください。

```
Private Sub CommandButton1_Click()
    With ListBox1
        MsgBox .List(.ListIndex)  → リストボックスで選択されているデータの位置をMsgBoxに表示
    End With
End Sub
```

実行結果

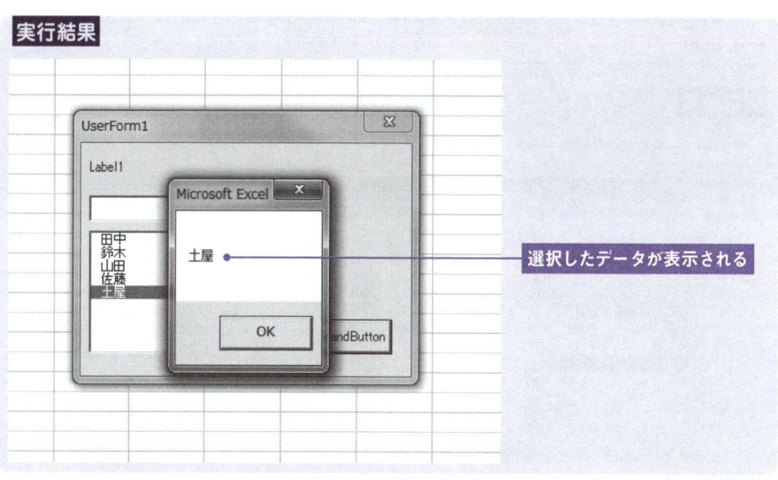
UserForm1
Label1
田中
鈴木
山田
佐藤
土屋
Microsoft Excel
土屋
OK
andButton
選択したデータが表示される

関連項目
06.020 リストボックスの選択位置を指定する→p.489
06.021 リストボックスで選択されているデータを取得する（1）→p.490
06.023 複数選択可能なリストボックスで選択されているデータを取得する→p.492

リストボックス

06.023 複数選択可能なリストボックスで選択されているデータを取得する

MultiSelectプロパティ、Selectedプロパティ

object.**Selected**(*index*)

object---対象となるListBoxオブジェクト、*index*---データの位置を表す整数

通常のリストボックスは、1つのデータしか選択できない単一形式です。複数のデータを選択できるようにするには、リストボックスのMultiSelectプロパティに、定数fmMultiSelectMultiか、定数fmMultiSelectExtendedを指定します。選択されているデータは、Selectedプロパティを調べます。

```
Private Sub CommandButton1_Click()
    Dim i As Long, buf As String
    With ListBox1
        For i = 0 To .ListCount - 1
            If .Selected(i) Then
                buf = buf & .List(i) & vbCrLf
            End If
        Next i
    End With
    MsgBox buf
End Sub
```

選択されているデータを判定

データをMsgBoxに表示

実行結果

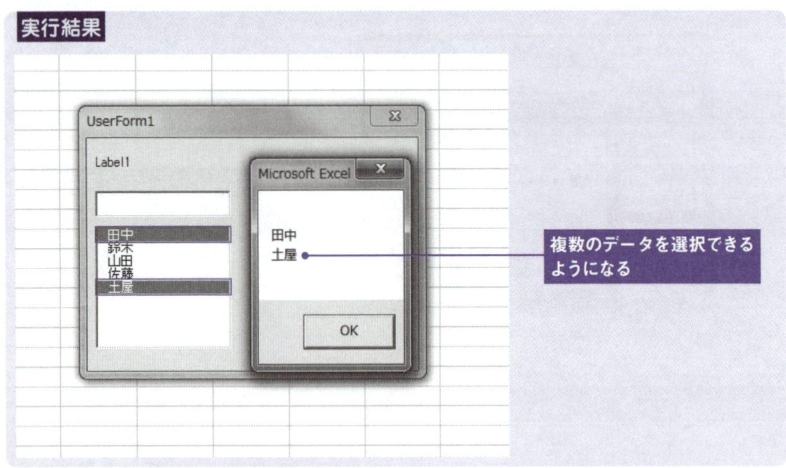

関連項目
06.020 リストボックスの選択位置を指定する→p.489
06.021 リストボックスで選択されているデータを取得する（1）→p.490
06.022 リストボックスで選択されているデータを取得する（2）→p.491

リストボックス

06.024 リストボックス内のデータを移動する

RemoveItemメソッド、AddItemメソッド

object.**RemoveItem** (*index*)、*object*.**AddItem** (*item,varIndex*)

object---対象となるListBoxオブジェクト、*index*---削除する行を表す数値
item---追加する項目または行、*varIndex*---新しい項目を挿入する位置

リストボックス内でデータを移動するための命令はありません。データを移動する場合は、移動するデータを変数に格納してから削除し、移動したい位置にAddItemメソッドで追加します。

```
Private Sub CommandButton1_Click()
    Dim buf As String
    MsgBox "2番目と3番目を入れ替えます"
    buf = ListBox1.List(1)  → 2番目のデータを変数に格納
    ListBox1.RemoveItem 1   → 2番目のデータを削除
    ListBox1.AddItem buf, 2  → 格納したデータを3番目に挿入
End Sub
```

実行結果

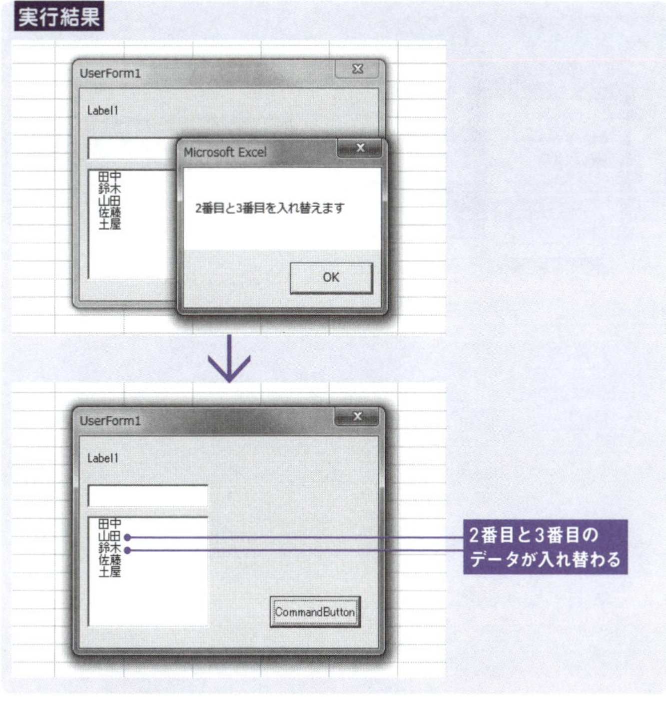

関連項目 06.019 リストボックスのデータを削除する→p.488
06.021 リストボックスで選択されているデータを取得する (1)→p.490

リストボックス

06.025 リストボックスに登録されているデータの個数を取得する

ListCountプロパティ

object.**ListCount**

object---対象となるListBoxオブジェクト

リストボックスに登録されているデータの件数は、ListCountプロパティでわかります。リストボックス内のデータはListプロパティに配列形式で格納されていますが、先頭が「0」である点に留意してください。最終データを取得するには「ListCount - 1」を調べます。

```
Private Sub CommandButton1_Click()
    MsgBox "件数：" & ListBox1.ListCount & vbCrLf & _      →データの登録数を取得
           "最終行：" & ListBox1.List(ListBox1.ListCount - 1)
End Sub                                                  最終行のデータを取得
```

実行結果

関連項目 06.021 リストボックスで選択されているデータを取得する (1) →p.490
06.022 リストボックスで選択されているデータを取得する (2) →p.491

リストボックス

06.026 複数列のリストボックスを設定する

ColumnCountプロパティ、ColumnWidthsプロパティ、Listプロパティ

object.**ColumnCount**、*object*.**ColumnWidths**

object---対象となるListBoxオブジェクト

複数列を表示できるリストボックスは、まずColumnCountプロパティで列数を指定します。表示する列の幅は、ColumnWidthsプロパティで指定できます。複数列のデータを取得するときは、Listプロパティを二次元配列として操作します。

```
Private Sub UserForm_Initialize()
    Dim i As Long
    With ListBox1
        .ColumnCount = 2  → 列数を「2」の設定
        .ColumnWidths = "50;40"  → 列幅を設定
        For i = 1 To 5
            .AddItem ActiveSheet.Cells(i, 1)
            .List(i - 1, 1) = Cells(i, 2)
        Next i
    End With
End Sub

Private Sub CommandButton1_Click()
    With ListBox1
        MsgBox .List(.ListIndex, 0) & vbCrLf & .List(.ListIndex, 1)
    End With
End Sub
```

（セル範囲A1:B5のデータをリストボックスに代入）
（選択されているデータをMsgBoxに表示）

実行結果

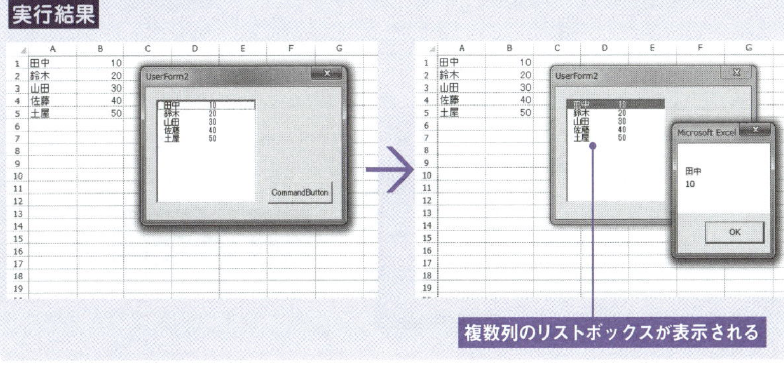

関連項目 06.023 複数選択可能なリストボックスで選択されているデータを取得する→p.492

リストボックス

06.027 リストボックスが選択されたとき処理を行う

Clickイベント

Private Sub ListBox_**Click**()

リストボックスが選択されたとき何かの処理を行うには、リストボックスのClickイベントにマクロを記述します。リストボックスのClickイベントは、リストボックスの標準イベントなので、デザインしているリストボックスをダブルクリックすると、プロシージャが自動的に作成されます。

```
Private Sub ListBox1_Click()  → リストボックスが選択された際に以下の処理を行う
    MsgBox Cells(ListBox1.ListIndex + 1, 2)  → リストボックスが選択されると対応するB列のデータをMsgBoxに表示
End Sub
```

実行結果

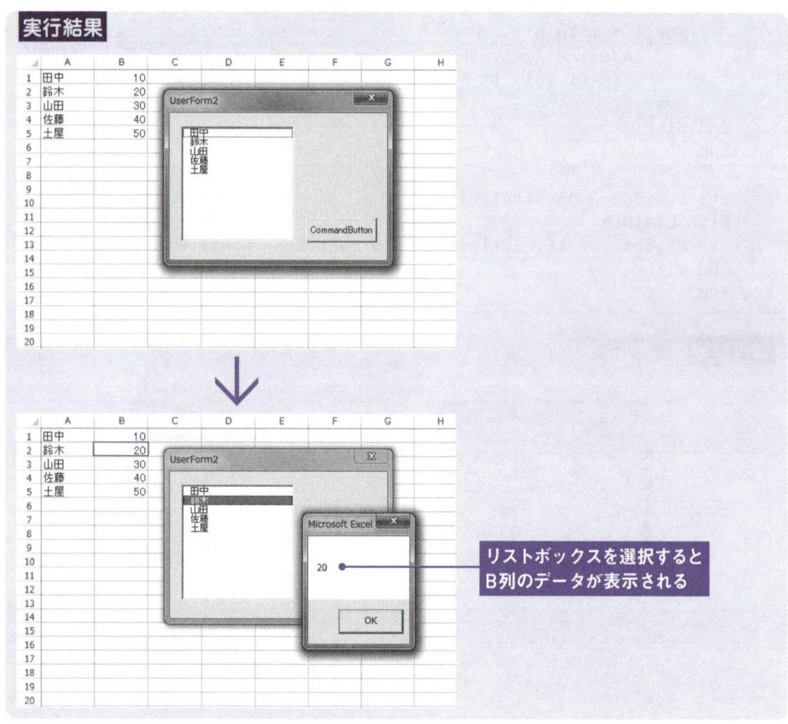
リストボックスを選択すると
B列のデータが表示される

関連項目
06.020 リストボックスの選択位置を指定する→p.489
06.021 リストボックスで選択されているデータを取得する (1) →p.490
06.022 リストボックスで選択されているデータを取得する (2) →p.491
06.023 複数選択可能なリストボックスで選択されているデータを取得する→p.492

リストボックス

06.028 2つのリストボックスを連動させる

Clearメソッド

object.**Clear**

object---対象となるListBoxオブジェクト

VBAには、異なるリストボックス同士を連動させるような便利な自動機能はありません。しかし、難しく考えることはありません。左のリストボックスで選択されたデータに応じて、右のリストボックスに表示するデータを毎回書き換えればいいのです。リストボックスのデータをすべて消すにはClearメソッドを使います。

```
Private Sub ListBox1_Click()
    ListBox2.Clear  → リストボックス2をクリア
    Select Case ListBox1.Text
    Case "東京"
        ListBox2.List = Range("A2:A6").Value → 「東京」が選択された場合はリストボックス2にセル範囲A2:A6のデータを代入
    Case "横浜"
        ListBox2.List = Range("B2:B6").Value → 「横浜」が選択された場合はリストボックス2にセル範囲B2:B6のデータを代入
    End Select
End Sub
```

実行結果

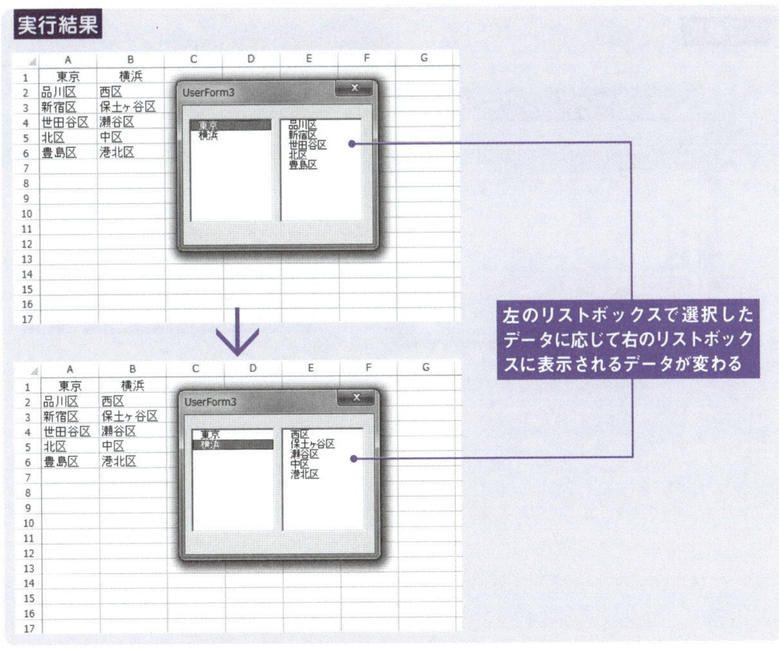

関連項目 06.027 リストボックスが選択されたとき処理を行う→p.496

リストボックス／表示

06.029 リストボックスで常に最下行を表示する

ListCountプロパティ、ListIndexプロパティ

***object*.ListCount、*object*.ListIndex**

object---対象となるListBoxオブジェクト

リストボックスにデータを追加すると、通常はリストボックスの上部が表示されています。リストボックスの幅を超えるデータ数を登録した場合、最下行を表示するにはスクロールバーを移動させなければなりません。そうではなく、新しいデータを最下行に追加したとき、常に最下行を表示させるには、ListIndexプロパティを操作します。サンプルのDoEventsは、画面の更新を行う命令です。

```
Private Sub CommandButton1_Click()
    Dim i As Long
    For i = 1 To 1000
        ListBox1.AddItem Cells(i, 1)  →リストボックスにデータを代入
        ListBox1.ListIndex = ListBox1.ListCount - 1  ←データの数を判定して最終行のデータを選択
        DoEvents
    Next i
End Sub
```

実行結果

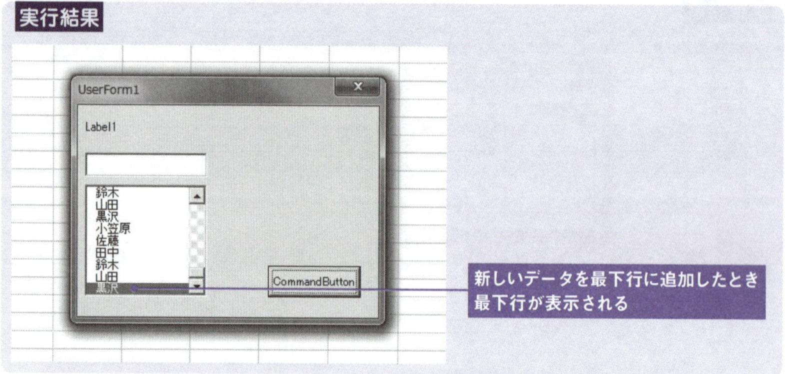

関連項目 06.020 リストボックスの選択位置を指定する→p.489

リストボックス

06.030 リストボックスに重複データを登録しない

AddItemメソッド、Listプロパティ

object.**AddItem** (*item*)、*object*.**List**

object---対象となるListBoxオブジェクト、*item*---追加する項目

リストボックスにデータを登録するとき、すでに登録済みのデータは登録せず、新しいデータだけを登録したいときがあります。これもまた、VBAにそんな便利な自動機能やプロパティはないので、そのようにプログラミングをします。サンプルでは、登録しようとしているデータが、すでに登録済みかどうかを毎回判定し、もし初登場だったら登録しています。

```
Private Sub CommandButton1_Click()
    Dim i As Long, j As Long, flag As Boolean
    With ListBox1
        For i = 1 To 100
            If .ListCount = 0 Then
                .AddItem Cells(i, 1)
            Else
                flag = False
                For j = 0 To .ListCount - 1
                    If Cells(i, 1) = .List(j) Then
                        flag = True
                        Exit For
                    End If
                Next j
                If flag = False Then .AddItem Cells(i, 1)
            End If
        Next i
    End With
End Sub
```

データが登録されていない場合はA列のデータを登録

A列のデータがリストボックスのデータと一致する場合は登録しない

一致しない場合は登録

実行結果

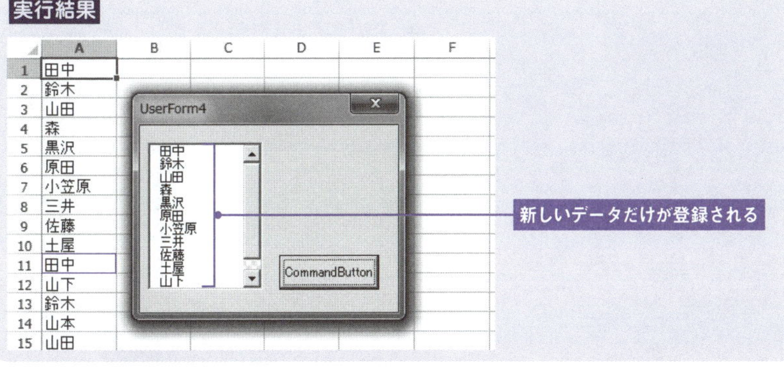

関連項目 06.016 リストボックスにデータを登録する (1) →p.485
06.019 リストボックスのデータを削除する →p.488

コンボボックス

06.031 コンボボックスにデータを登録する

AddItemメソッド

object.**AddItem** (*item*)

object---対象となるComboBoxオブジェクト、*item*---追加する項目

コンボボックスは、リストボックスとテキストボックスが合体したようなコントロールです。コンボボックスのリスト部分にデータを登録するときは、リストボックスと同じように、AddItemメソッドで登録します。

```
Private Sub CommandButton1_Click()
    Dim i As Long
    For i = 1 To 5
        ComboBox1.AddItem Cells(i, 1) → コンボボックスにA列のデータを登録
    Next i
End Sub
```

実行結果

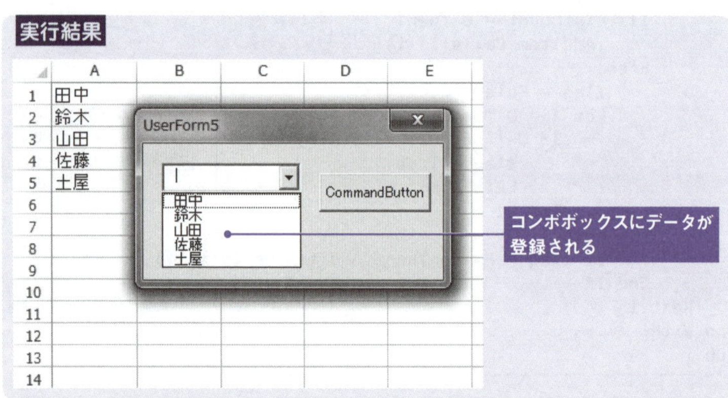

関連項目 06.032 コンボボックスにテキストを代入する→p.501
06.033 コンボボックスで入力された文字列をリストに登録する→p.502

コンボボックス

06.032 コンボボックスにテキストを代入する

Textプロパティ

object.**Text**

object---対象となるComboBoxオブジェクト

コンボボックスでは、ユーザーがリスト部分で選択したデータが、上部のテキスト部分に表示されます。標準的なコンボボックスでは、リストから選択するだけでなく、テキスト部分に直接文字列を代入することも可能です。テキスト部分の文字列は、Textプロパティで操作します。

```
Private Sub CommandButton1_Click()
    ComboBox1.Text = "桜木"  →コンボボックスに文字列「桜木」を代入
End Sub
```

実行結果

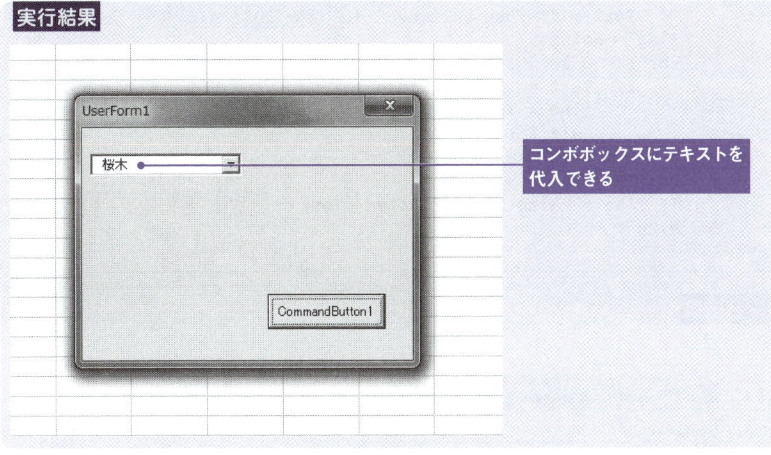

関連項目 06.031 コンボボックスにデータを登録する→p.500
06.033 コンボボックスで入力された文字列をリストに登録する→p.502

コンボボックス

06.033 コンボボックスで入力された文字列をリストに登録する

Textプロパティ、AddItemメソッド

object.**Text**、*object*.**AddItem**

object---対象となるComboBoxオブジェクト

コンボボックスのテキスト部分はTextプロパティで取得できます。リスト部分はリストボックスと同じように操作できるので、テキスト部分に入力された文字列をリスト部分に登録するには「ComboBox1.AddItem ComboBox1.Text」というコードで実現できます。サンプルは、同じ文字列は登録しないように判定しています。

```
Private Sub CommandButton1_Click()
    Dim i As Long, flag As Boolean
    With ComboBox1
        If .Text = "" Then Exit Sub  → 文字列が入力されているか判定
        flag = False
        For i = 0 To .ListCount - 1
            If .Text = .List(i) Then → 入力された文字列がリストと一致するか判定
                flag = True
                Exit For
            End If
        Next i
        If flag = False Then .AddItem .Text → 一致しない場合はリストに登録
    End With
End Sub
```

実行結果

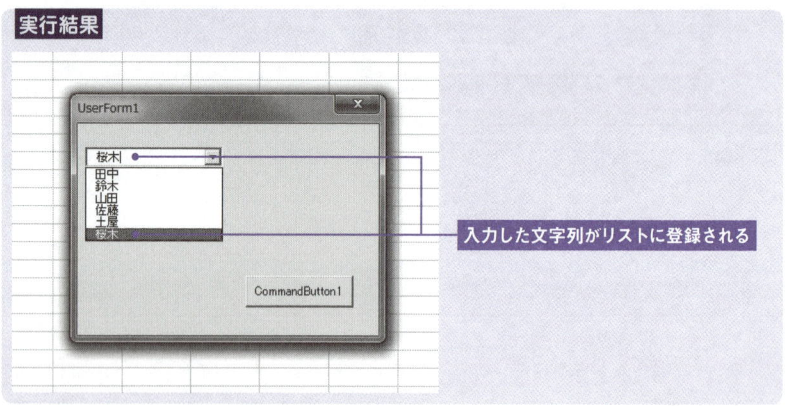

関連項目 06.031 コンボボックスにデータを登録する→p.500
06.032 コンボボックスにテキストを代入する→p.501

チェックボックス

06.034 チェックボックスの状態を判定する

Valueプロパティ

object.**Value**

object---対象となるCheckBoxオブジェクト

チェックボックスは、ユーザーがオンとオフを切り替えられるコントロールです。UserForm上に複数配置でき、それぞれ独立して、オンとオフを切り替えられます。チェックボックスの状態は、Valueプロパティで取得できます。チェックボックスがオンになっていると、ValueプロパティがTrueになります。

```
Private Sub CommandButton1_Click()
    If CheckBox1.Value = True Then  → チェックボックスがオンであるか判定
        MsgBox "オンです"
    Else
        MsgBox "オフです"
    End If
End Sub
```

実行結果

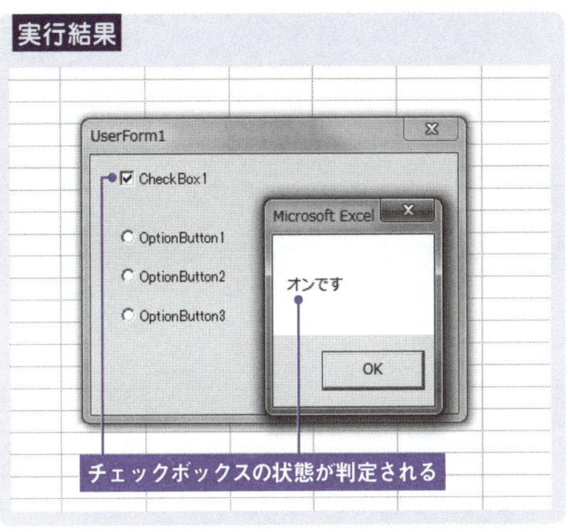

関連項目 06.035 チェックボックスで淡色表示を判定する→p.504

チェックボックス

06.035 チェックボックスで淡色表示を判定する

TripleStateプロパティ、Valueプロパティ

object.**Value**

object---対象となるCheckBoxオブジェクト

標準のチェックボックスは、オンとオフの2種類の状態を切り替えます。チェックボックスのTripleStateプロパティをTrueに設定すると、オンとオフの他に中間の「淡色表示」状態にすることができます。このように、3種類の状態を判定するときはサンプルのようにします。オンとオフの状態は、通常のようにValueプロパティを判定します。中間の淡色表示の状態は、チェックボックスがNullになっています。これを判定するには、IsNull関数を使います。

```
Private Sub CommandButton1_Click()
    If IsNull(CheckBox1.Value) Then  → チェックボックスが淡色表示(Null)か判定
        MsgBox "淡色表示です"
    Else
        If CheckBox1.Value = True Then  → チェックボックスがオンであるか判定
            MsgBox "オンです"
        Else
            MsgBox "オフです"
        End If
    End If
End Sub
```

実行結果

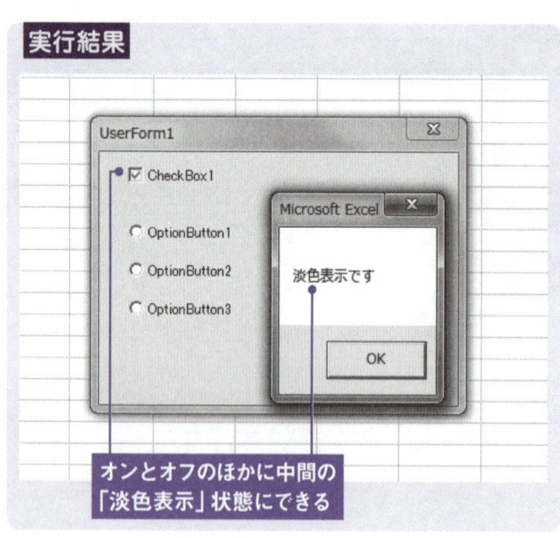

関連項目 06.034 チェックボックスの状態を判定する→p.503

オプションボタン

06.036 オプションボタンの状態を判定する(1)

Valueプロパティ

object.**Value**

object---対象となるOptionButtonオブジェクト

オプションボタンは、UserForm上に複数配置し、どれか1つだけをオンにすることができるコントロールです。オプションボタンがオンかどうかは、Valueプロパティで判定できます。オンのときは、ValueプロパティがTrueになります。

```
Private Sub CommandButton1_Click()
    Dim n As Long
    Select Case True
    Case OptionButton1.Value = True
        n = 1
    Case OptionButton2.Value = True
        n = 2
    Case OptionButton3.Value = True
        n = 3
    End Select
    MsgBox n & "番目がオンです"
End Sub
```

各オプションボタンがオンであるか判定

実行結果

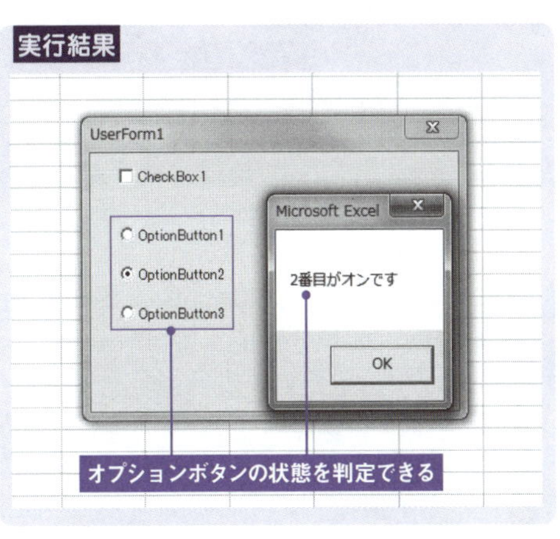

関連項目 06.037 オプションボタンの状態を判定する(2) →p.506

オプションボタン

06.037 オプションボタンの状態を判定する(2)

Controlsプロパティ

Controls("OptionButton")

多くのオプションボタンを配置しているとき、どのオプションボタンがオンかを調べるには、すべてのオプションボタンについてValueプロパティを判定しなければなりません。IfステートメントやSelect Caseステートメントを使った判定では、コードが冗長になる場合もあります。そんなときは、Controlsコレクションを使います。Controlsコレクションは、UserFormに配置されているすべてのコントロールが属するコレクションです。例えば「OptionButton1」というコントロールは、Controlsコレクションを使って「Controls("OptionButton1")」と表されます。オプションボタンのオブジェクト名を、標準のままの「OptionButton1」「OptionButton2」のようにしておけば、末尾の数値を変えることで、複数のオプションボタンを判定できます。

```
Private Sub CommandButton1_Click()
    Dim i As Long
    For i = 1 To 3
        If Controls("OptionButton" & i).Value = True Then
            Exit For
        End If
    Next i
    MsgBox i & "番目がオンです"
End Sub
```

各オプションボタンがオンであるか判定

実行結果

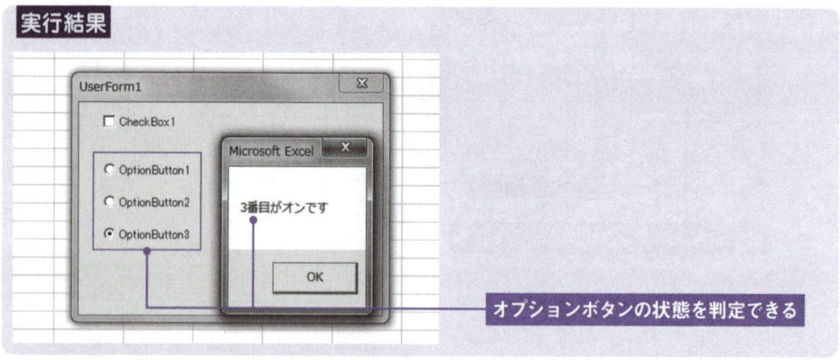

memo

▶この考え方は、オプションボタンだけでなく、他のコントロールを操作するときにも役立ちます。

関連項目 06.036 オプションボタンの状態を判定する(1) →p.505

マルチページ

06.038 マルチページを操作する

Pagesプロパティ、Valueプロパティ

***object*.Pages、*object*.Value**

object---対象となるMultiPageオブジェクト

マルチページは、複数のページを切り替えられるコントロールです。ウィザードの画面や、VBEの[オプション]ダイアログボックスなどで使われています。マルチページの外観はデザイン時に決めることが多く、マクロのコードで動的に変化させることはまれです。何ページが存在し、それぞれのページ名や、現在開いているページを判定するには、サンプルのようにします。個々のページはPagesコレクションに属しているので、ページ数はPagesコレクションのCountプロパティを調べます。ページのタイトルはCaptionプロパティです。現在開いているページは、マルチページのValueプロパティで表されます。

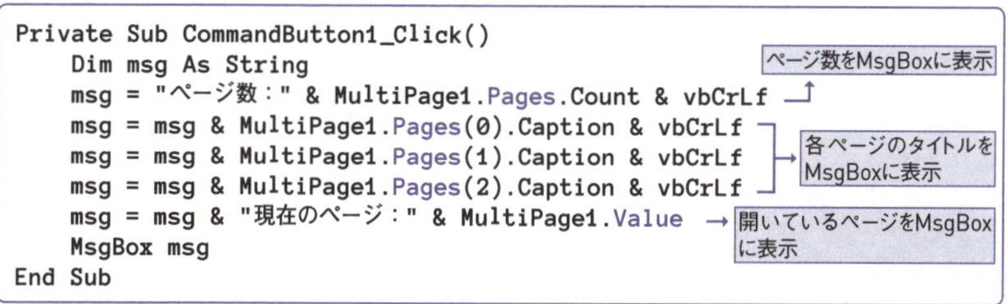

```
Private Sub CommandButton1_Click()
    Dim msg As String
    msg = "ページ数：" & MultiPage1.Pages.Count & vbCrLf
    msg = msg & MultiPage1.Pages(0).Caption & vbCrLf
    msg = msg & MultiPage1.Pages(1).Caption & vbCrLf
    msg = msg & MultiPage1.Pages(2).Caption & vbCrLf
    msg = msg & "現在のページ：" & MultiPage1.Value
    MsgBox msg
End Sub
```


実行結果

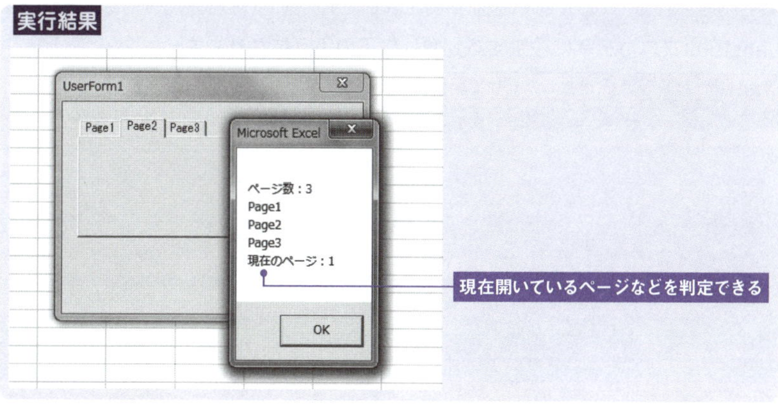

memo

▶Valueプロパティに数値を指定することで、任意のページを開くことも可能です。

関連項目 06.039 リストビューを使う（初期設定）→p.508
06.043 ツリービューを使う（初期設定）→p.513

リストビュー

06.039 リストビューを使う(初期設定)

Viewプロパティ、LabelEditプロパティ、HideSelectionプロパティ
AllowColumnReorderプロパティ、FullRowSelectプロパティ、Gridlinesプロパティ
ColumnHeadersプロパティ、Addメソッド

object.**View**、*object*.**LabelEdit**、*object*.**HideSelection**
object.**AllowColumnReorder**、*object*.**FullRowSelect**
object.**Gridlines**
object.**ColumnHeaders.Add**(*Name, Caption*)

object---対象となる*ListView*オブジェクト、*Name*---追加するオブジェクト名
Caption---タブに表示するキャプション

リストビューは、Windowsでお馴染みのコントロールで、エクスプローラの右側に使われています。Excel 2000以降であれば、UserFormでリストビューを使うことができます。ListViewコントロールを組み込むには、UserFormの設計画面[ツールボックス]を右クリックして[その他のコントロール]を実行し「Microsoft ListView Control 6.0」にチェックを入れます。
なお、ListViewコントロールのViewプロパティに設定する定数は以下のようになります。

lvwIcon	アイコンで表示
lvwList	リスト形式で表示
lvwReport	レポート形式で表示
lvwSmallIcon	小さいアイコンで表示

LabelEditプロパティに設定する定数は以下のようになります。

lvwAutomatic	選択しただけで編集状態になる
lvwManual	ラベルはコードで編集する

```
Private Sub UserForm_Initialize()
    With ListView1
        .View = lvwReport
        .LabelEdit = lvwManual
        .HideSelection = False
        .AllowColumnReorder = True
        .FullRowSelect = True
        .Gridlines = True
        .ColumnHeaders.Add , "名前", "名前"
        .ColumnHeaders.Add , "住所", "住所"
        .ColumnHeaders.Add , "年齢", "年齢"
    End With
End Sub
```

一覧とサブアイテムを表示する形式を設定
項目を選択しただけで編集できないように設定
別のコントロールにフォーカスを移動したときに選択状態を解除できないように設定
実行中に列幅を変更できるように設定
行全体が選択されるように設定
グリッド線を表示
タブ情報を設定

実行結果

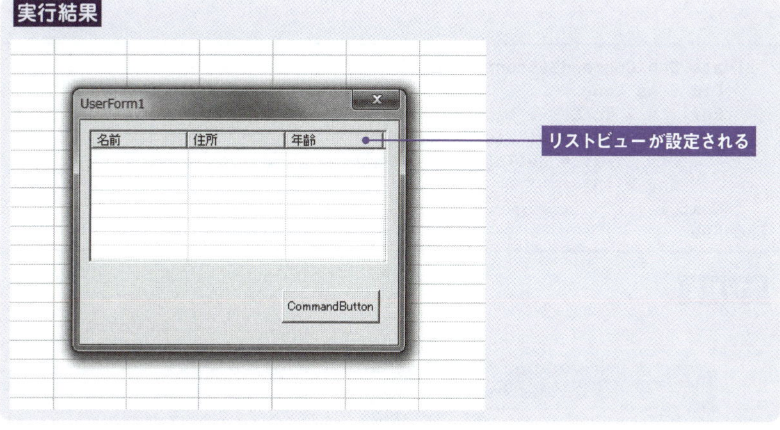

関連項目
06.040 リストビューを使う（データの登録）→p.510
06.041 リストビューを使う（2列目以降のデータの登録）→p.511
06.042 リストビューを使う（選択されたときの処理）→p.512

リストビュー

06.040 リストビューを使う(データの登録)

Addメソッド、Textプロパティ

object.**Add**、*object*.**Text**

object---対象となるListItemオブジェクト

リストビューを表形式で使うとき、リストビューのデータは左端と2列目以降にわかれて管理されています。データは1行単位で追加します。左端に表示されるデータは、1行分データ(ListItemオブジェクト)のTextプロパティで操作できます。

```
Private Sub CommandButton1_Click()
    Dim i As Long
    For i = 2 To 8
        With ListView1.ListItems.Add
            .Text = Cells(i, 1)   → リストビューの左端にA列のデータを登録
        End With
    Next i
End Sub
```

実行結果

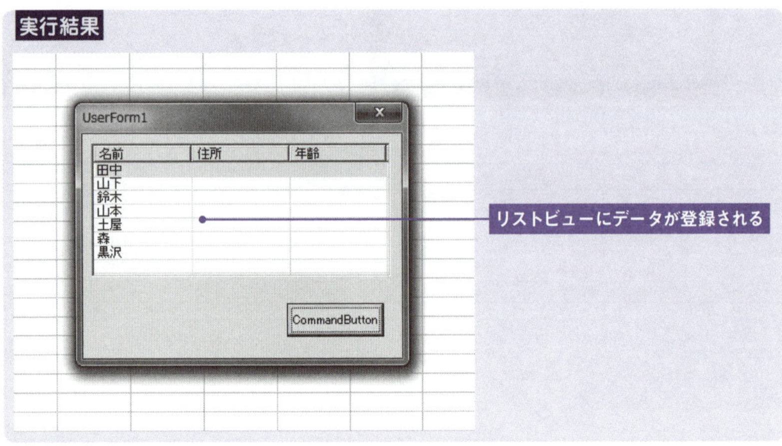

関連項目
06.039 リストビューを使う(初期設定)→p.508
06.041 リストビューを使う(2列目以降のデータの登録)→p.511
06.042 リストビューを使う(選択されたときの処理)→p.512

リストビュー

06.041 リストビューを使う（2列目以降のデータの登録）

SubItemsコレクション

リストビューの2列目以降は、SubItemsコレクションとして管理されます。インデックス値は、2列目が「1」、3列目が「2」になります。

```
Private Sub CommandButton1_Click()
    Dim i As Long
    For i = 2 To 8
        With ListView1.ListItems.Add
            .Text = Cells(i, 1)          → 1列目にA列のデータを登録
            .SubItems(1) = Cells(i, 2) → 2列目にB列のデータを登録
            .SubItems(2) = Cells(i, 3) → 3列目にC列のデータを登録
        End With
    Next i
End Sub
```

実行結果

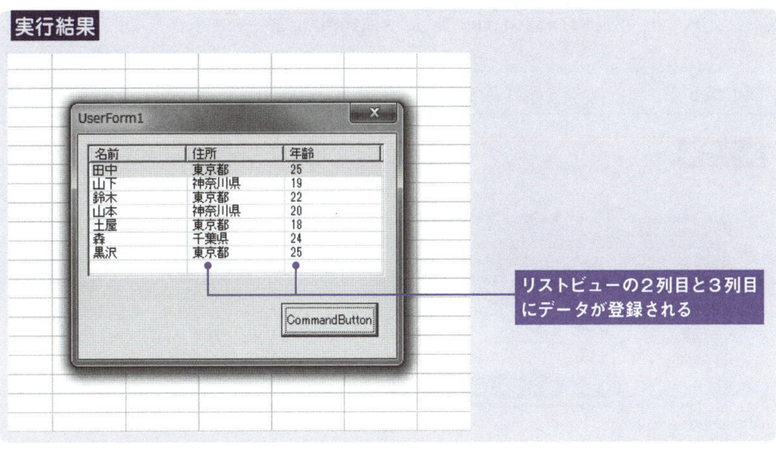

関連項目
06.039 リストビューを使う（初期設定）→p.508
06.040 リストビューを使う（データの登録）→p.510
06.042 リストビューを使う（選択されたときの処理）→p.512

リストビュー

06.042 リストビューを使う（選択されたときの処理）

SelectedItemプロパティ、Indexプロパティ

object.**SelectedItem.Index**

object---対象となるListViewオブジェクト

リストビュー内で任意のデータが選択されると、リストビューのClickイベントが発生します。クリックされたデータ(現在選択されているデータ)は、SelectedItemプロパティで取得できます。選択されている行は、Indexプロパティです。先頭(最上行)が「1」になります。

```
Private Sub ListView1_Click()
    With ListView1
        MsgBox "選択されたのは" & _
               .SelectedItem.Index & _   → 選択されているデータの行番号を取得
               "行目の" & _
               .SelectedItem & _   → 選択されているデータを取得
               "です"
    End With
End Sub
```

実行結果

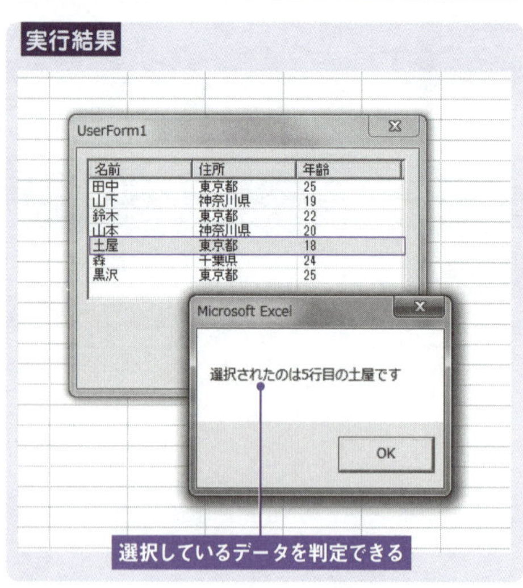

関連項目 06.039 リストビューを使う（初期設定）→p.508
06.040 リストビューを使う（データの登録）→p.510
06.041 リストビューを使う（2列目以降のデータの登録）→p.511

ツリービュー

06.043 ツリービューを使う(初期設定)

Indentationプロパティ、LabelEditプロパティ、BorderStyleプロパティ
HideSelectionプロパティ、LineStyleプロパティ

object.**Indentation**、*object*.**LabelEdit**、*object*.**BorderStyle**
object.**HideSelection**、*object*.**LineStyle**

object---対象となるTreeViewオブジェクト

ツリービューは、Windowsエクスプローラの左側にあるような、項目をツリー状に表示するコントロールです。Excel 2000以降であれば、UserFormでツリービューを使うことができます。TreeViewコントロールを組み込むには、UserFormの設計画面で[ツールボックス]を右クリックして[その他のコントロール]を実行し「Microsoft TreeView Control 6.0」にチェックを入れます。

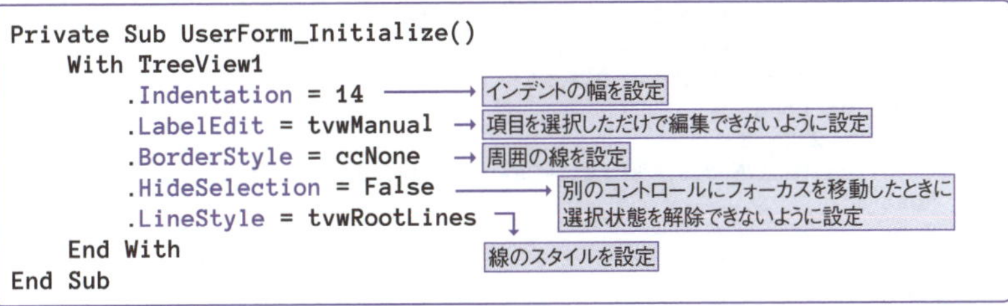

```
Private Sub UserForm_Initialize()
    With TreeView1
        .Indentation = 14
        .LabelEdit = tvwManual
        .BorderStyle = ccNone
        .HideSelection = False
        .LineStyle = tvwRootLines
    End With
End Sub
```

インデントの幅を設定
項目を選択しただけで編集できないように設定
周囲の線を設定
別のコントロールにフォーカスを移動したときに選択状態を解除できないように設定
線のスタイルを設定

実行結果

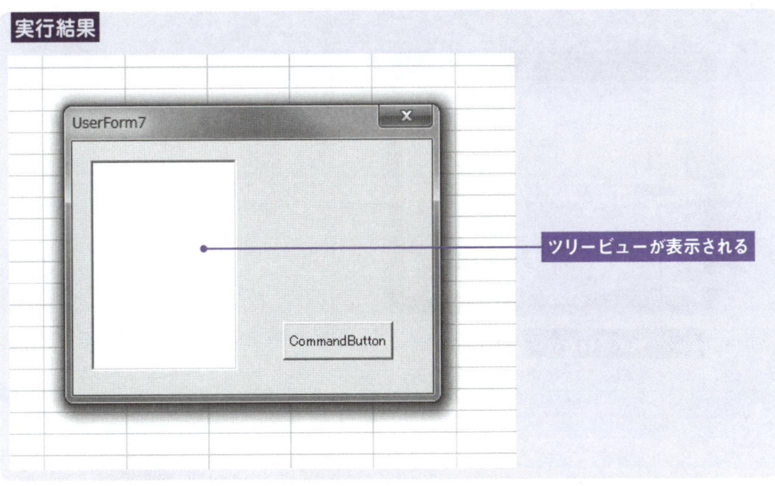
UserForm7
CommandButton
ツリービューが表示される

関連項目
06.044 ツリービューを使う(親ノードの登録)→p.514
06.045 ツリービューを使う(子ノードの登録)→p.515
06.046 ツリービューを使う(ツリーを展開する)→p.516
06.047 ツリービューを使う(選択されたときの処理)→p.517

ツリービュー

06.044 ツリービューを使う（親ノードの登録）

Nodesプロパティ、Addメソッド

object.**Nodes.Add**(*Key*, *Text*)

object---対象となるTreeViewオブジェクト、*Key*---重複しない文字列
Text---表示する文字列

ツリービューに登録するデータを「ノード」と呼びます。ノードは、最上位のノードと、そのノードの下にツリー状で表示されるノードに分かれます。下に表示されるノードは、上位のノードから見て「子ども」にあたります。ノードを登録するときは、NodesコレクションのAddメソッドを使います。引数にはKeyとTextを指定します。Textは表示される文字列で、Keyには全ノードで重複しない文字列を指定します。サンプルでは、同じ名前が存在することを考慮して、Keyにセルのアドレスを指定しています。

```
Private Sub CommandButton1_Click()
    Dim i As Long
    For i = 2 To 8
        TreeView1.Nodes.Add Key:=Cells(i, 1).Address, Text:=Cells(i, 1)
    Next i
End Sub
```

A列のデータをツリービューの親ノードとして登録

実行結果

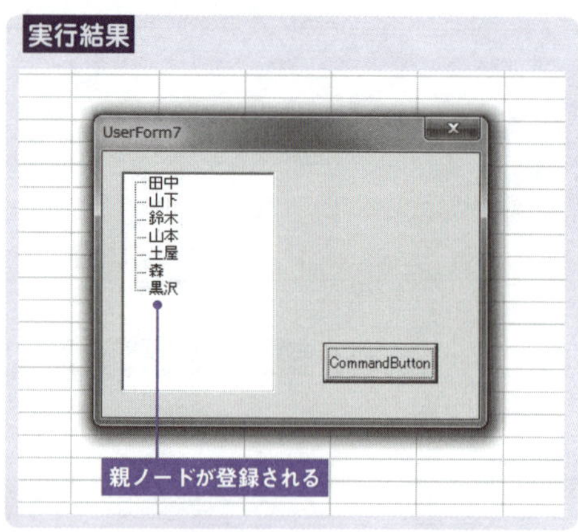

関連項目
06.043 ツリービューを使う（初期設定）→p.513
06.045 ツリービューを使う（子ノードの登録）→p.515
06.046 ツリービューを使う（ツリーを展開する）→p.516
06.047 ツリービューを使う（選択されたときの処理）→p.517

ツリービュー

06.045 ツリービューを使う（子ノードの登録）

Nodesプロパティ、Addメソッド

object.**Nodes.Add**(*Relative, Relationship, Key, Text*)

object---対象となるTreeViewオブジェクト、*Relative*---どの親の子ノードになるのか指定、*Relationship*---子ノードを登録する場合は定数tvwChildを指定
Key---重複しない文字列、*Text*---表示する文字列

子ノードを登録するときも、NodesコレクションのAddメソッドを使います。指定する引数のKeyとTextも同じです。ただし、子ノードは「どの親に属する子か」を指定します。親ノードを示すのが引数Relativeです。ここに、親ノードのKeyを指定します。そして、自分は子どもであることを示すために、引数Relationshipに定数tvwChildを指定します。

```
Private Sub CommandButton1_Click()
    Dim i As Long
    For i = 2 To 8
        TreeView1.Nodes.Add Key:=Cells(i, 1).Address, Text:=Cells(i, 1)
        TreeView1.Nodes.Add Relative:=Cells(i, 1).Address, _
                            Relationship:=tvwChild, Key:=Cells(i, 2). _
                            Address, Text:=Cells(i, 2)
        TreeView1.Nodes.Add Relative:=Cells(i, 1).Address, _
                            Relationship:=tvwChild, Key:=Cells(i, 3). _
                            Address, Text:=Cells(i, 3)
    Next i
End Sub
```

B列のデータを子ノードとして登録
A列のデータを親ノードとして登録
C列のデータを子ノードとして登録

実行結果

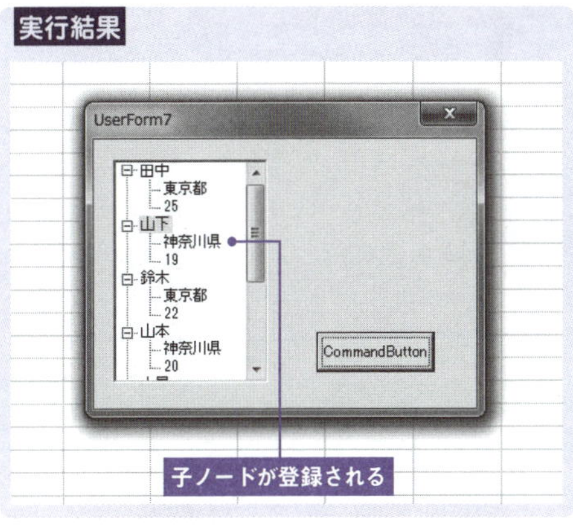

関連項目
06.043 ツリービューを使う（初期設定）→p.513
06.044 ツリービューを使う（親ノードの登録）→p.514
06.046 ツリービューを使う（ツリーを展開する）→p.516
06.047 ツリービューを使う（選択されたときの処理）→p.517

ツリービュー

06.046 ツリービューを使う（ツリーを展開する）

Expandedプロパティ

object.**Expanded**

object---対象となるNodeオブジェクト

ツリーを展開する（開く）には、開きたいノード（Nodeオブジェクト）のExpandedプロパティにTrueを設定します。

```
Private Sub CommandButton1_Click()
    Dim i As Long
    For i = 2 To 8
        TreeView1.Nodes.Add Key:=Cells(i, 1).Address, Text:=Cells(i, 1)
        TreeView1.Nodes.Add Relative:=Cells(i, 1).Address, _
                            Relationship:=tvwChild, Key:=Cells(i, 2). _
                            Address, Text:=Cells(i, 2)
        TreeView1.Nodes.Add Relative:=Cells(i, 1).Address, _
                            Relationship:=tvwChild, Key:=Cells(i, 3). _
                            Address, Text:=Cells(i, 3)
    Next i
    TreeView1.Nodes(1).Expanded = True → ノード1を展開
End Sub
```

実行結果

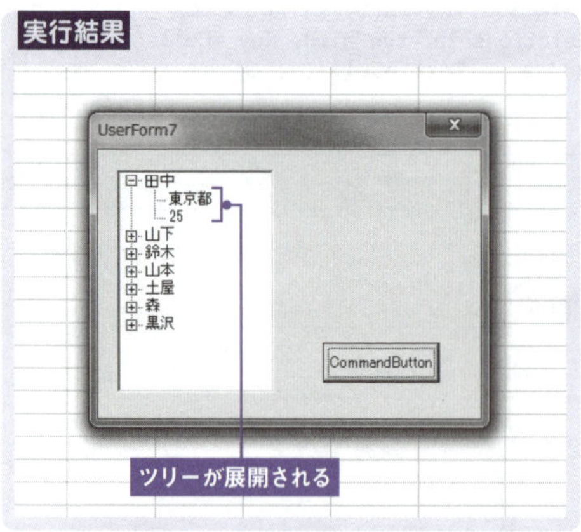

関連項目
06.043 ツリービューを使う（初期設定）→p.513
06.044 ツリービューを使う（親ノードの登録）→p.514
06.045 ツリービューを使う（子ノードの登録）→p.515
06.047 ツリービューを使う（選択されたときの処理）→p.517

ツリービュー

06.047 ツリービューを使う（選択されたときの処理）

Childlenプロパティ、Nodesプロパティ、Parentプロパティ、Indexプロパティ

object1.**Parent**、*object1*.**Index**、*object2*.**Nodes**

object1---対象となるNodeオブジェクト、*object2*---対象となるTreeViewオブジェクト

ツリービュー内のノードがクリックされると、NodeClickイベントが発生します。クリックされたノードは、引数Nodeに格納されます。サンプルは、選択されたデータの「名前」「住所」「年齢」を表示しています。まず、クリックされたノードが親か子かを判定します。これにはChildlenプロパティを使います。Childlenプロパティは、子ノードの数を返します。もし子ノードが「0」だったら、クリックされたノードが子どもであるということなので、親ノードを取得します。これにはParentプロパティを使います。ノード全体は、上から順番にインデックスが振られているので、今回は親から3つ分のノードを取得して表示しています。

```
Private Sub TreeView1_NodeClick(ByVal Node As MSComctlLib.Node)
    Dim msg As String, n As Long
    If Node.Children = 0 Then  →クリックされたノードが子ノードであるか判定
        n = Node.Parent.Index
        msg = msg & Node.Parent.Text & vbCrLf  →親ノードのデータを格納
        msg = msg & TreeView1.Nodes(n + 1).Text & vbCrLf ┐→子ノードのデータ
        msg = msg & TreeView1.Nodes(n + 2).Text & vbCrLf ┘  を格納
    Else
        n = Node.Index
        msg = msg & Node.Text & vbCrLf  →親ノードのデータを格納
        msg = msg & TreeView1.Nodes(n + 1).Text & vbCrLf ┐→子ノードのデータ
        msg = msg & TreeView1.Nodes(n + 2).Text & vbCrLf ┘  を格納
    End If
    MsgBox msg
End Sub
```

実行結果

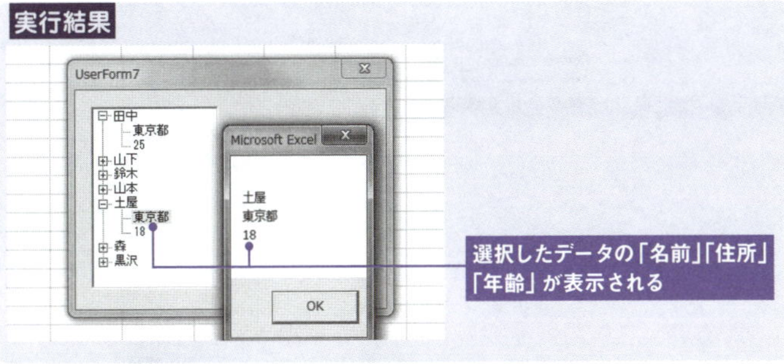

関連項目
06.043 ツリービューを使う（初期設定）→p.513
06.044 ツリービューを使う（親ノードの登録）→p.514
06.045 ツリービューを使う（子ノードの登録）→p.515
06.046 ツリービューを使う（ツリーを展開する）→p.516

スクロールバー

06.048 スクロールバーを使う（初期設定）

Minプロパティ、Maxプロパティ、LargeChangeプロパティ

object.**Min**、*object*.**Max**、*object*.**LargeChange**

object---対象となるScrollBarオブジェクト

スクロールバーは、スクロールすることで数値を取得するコントロールです。UserForm上にデザインするとき、ドラッグする方向によって縦のスクロールバーと横のスクロールバーにできます。スクロールバーは、選択できる数値の最小値と最大値を設定できます。それぞれ、MinプロパティとMaxプロパティです。デザイン時にプロパティウィンドウで設定することも可能ですが、マクロの実行中に動的に変化させることもできます。また、スクロールボックスの背景部分をクリックされたときに変化する分量はLargeChangeプロパティに指定します。

```
Private Sub CommandButton1_Click()
    ScrollBar1.Min = 1      →最小値を設定
    ScrollBar1.Max = 100    →最大値を設定
    ScrollBar1.LargeChange = 20  →背景部分がクリックされたときの変化量を設定
End Sub
```

実行結果

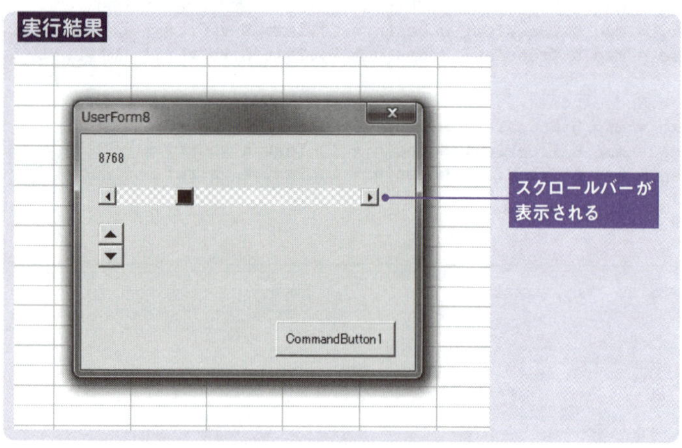

関連項目 06.049 スクロールバーを使う（変更されたときの処理）→p.519
06.050 スピンボタンを使う→p.520

スクロールバー

06.049 スクロールバーを使う（変更されたときの処理）

Valueプロパティ

***object*.Value**

object---対象となるScrollBarオブジェクト

スクロールバーの数値は、Valueプロパティで取得できます。また、Valueプロパティに任意の数値を指定して、スクロールバーのスクロール位置を設定することも可能です。

```
Private Sub ScrollBar1_Change()
    Label1.Caption = ScrollBar1.Value  →ラベルにスクロールバーの位置を表示
End Sub
```

実行結果

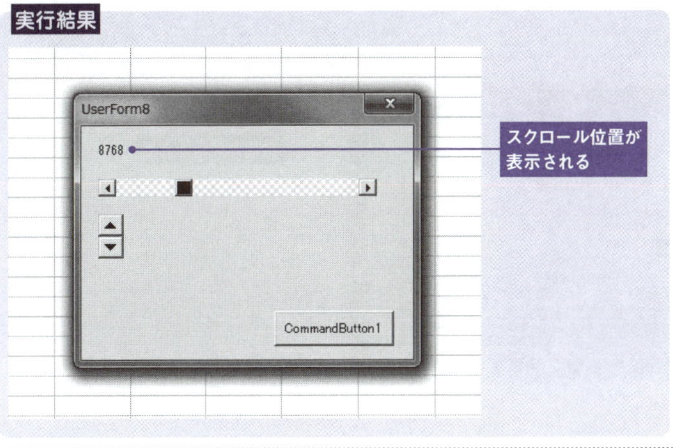

memo

▶Minプロパティと Maxプロパティで指定した範囲を超えるような数値を指定するとエラーになります。

関連項目 06.048 スクロールバーを使う（初期設定）→p.518
06.050 スピンボタンを使う→p.520

スピンボタン

06.050 スピンボタンを使う

Valueプロパティ

object.**Value**

object---対象となるSpinButtonオブジェクト

スピンボタンも、使い方はスクロールボタンと同じです。両者はいずれも、増減する数値は整数です。小数単位で数値を増減させたい場合は、サンプルのように、Valueプロパティを「10」で割ります。

```
Private Sub SpinButton1_Change()
    Label1.Caption = SpinButton1.Value / 10 → ラベルにスピンボタンの数値(小数単位)を表示
End Sub
```

実行結果

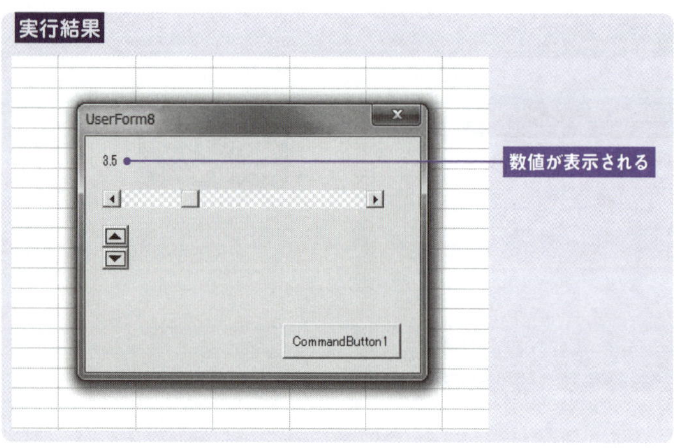

関連項目 06.048 スクロールバーを使う（初期設定）→p.518
06.049 スクロールバーを使う（変更されたときの処理）→p.519

右クリックメニュー

06.051 右クリックメニューを作る

ShowPopupメソッド、Addメソッド、OnActionプロパティ

object.**ShowPopup**、*object*.**Add**、*object*.**OnAction**

object---対象となるCommandBarオブジェクト

コントロールを右クリックしたときにメニューを表示するには、独自のメニューを作成して、コントロールの右クリックに割り当てます。メニューを作成するには、CommandBarsコレクションのAddメソッドを使います。メニューに表示するコマンド名や、クリックされたときに実行するマクロ名などを追加するのは、一般的なメニューの操作と同じです。ポイントはメニューを表示するタイミングです。サンプルでは、リストボックスを右クリックしたときに表示しています。MouseDownイベントはマウスのボタンが押し下げられたときに発生します。Shiftには押されたボタンを表す数値が格納されるので、右ボタン(2)だったらShowPopupメソッドを実行してメニューを表示します。

```
Dim myBar As Variant

Private Sub ListBox1_MouseDown(ByVal Button As Integer, ByVal Shift As _
Integer, ByVal X As Single, ByVal Y As Single)
    If Button = 2 Then myBar.ShowPopup  →作成した右クリックメニューを表示
End Sub

                                              右クリックメニューを作成
Private Sub UserForm_Initialize()
    Set myBar = CommandBars.Add(Position:=msoBarPopup, Temporary:=True)
    With myBar
        With .Controls.Add
            .Caption = "データを削除"
            .OnAction = "UpToOne"
        End With
    End With
End Sub
```

実行結果

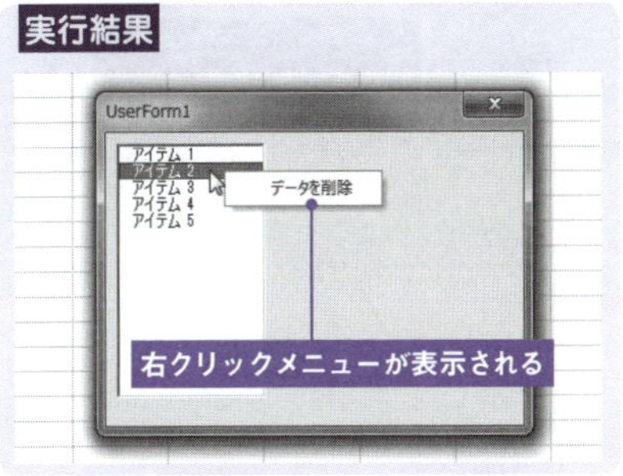

関連項目 05.001 メニューにコマンドを登録する→p.454

表示位置

06.052 最初に表示する位置を指定する(1)

StartUpPositionプロパティ

***object*.StartUpPosition**

object---対象となるUserFormオブジェクト

UserFormを表示したとき、最初に表示する位置はStartUpPositionプロパティで指定します。StartUpPositionプロパティには次の数値を指定します。

0	手動
1	オーナーフォームの中央
2	画面の中央
3	Windowsの既定値

StartUpPositionプロパティは、UserFormのデザイン時にプロパティウィンドウで設定しておくことも多くなります。

```
Private Sub UserForm_Initialize()
    StartUpPosition = 2  →UserFormを画面中央に表示
End Sub
```

実行結果

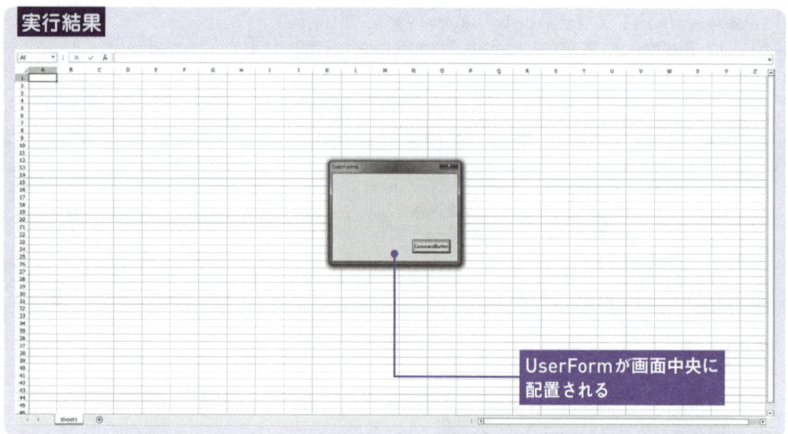

関連項目 06.053 最初に表示する位置を指定する(2) →p.523
06.054 前回の表示位置を再現する →p.524

表示位置

06.053 最初に表示する位置を指定する(2)

StartUpPositionプロパティ、Topプロパティ、Leftプロパティ

***object*.StartUpPosition、*object*.Top、*object*.Left**

object---対象となるUserFormオブジェクト

UserFormが表示される位置は、TopプロパティとLeftプロパティで指定できます。しかし、UserFormの初期化処理(Initializeイベント)で両者を指定しても、反映されないことがあります。それは、UserFormを表示する位置を決めるStartUpPositionプロパティに「0 手動」が設定されていないからです。

```
Private Sub UserForm_Initialize()
    StartUpPosition = 0  → UserFormの表示位置を「手動」に設定
    Top = 100   ┐
    Left = 200  ┘→ UserFormの表示位置を設定
End Sub
```

実行結果

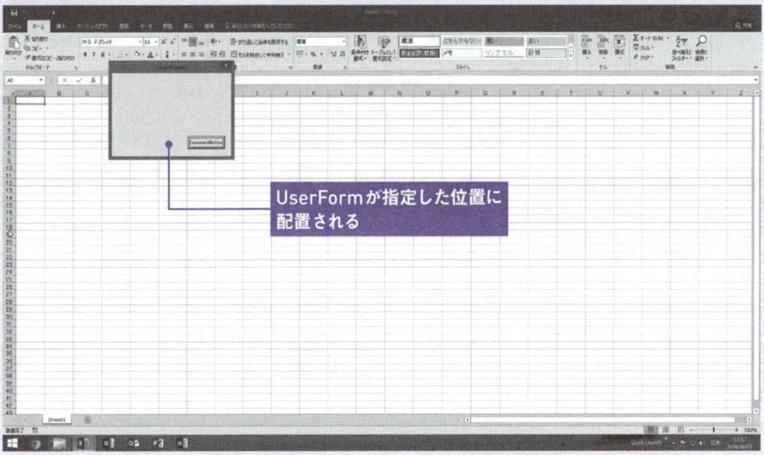

UserFormが指定した位置に配置される

関連項目 06.052 最初に表示する位置を指定する (1) →p.522
06.054 前回の表示位置を再現する →p.524

表示位置

06.054 前回の表示位置を再現する

StartUpPositionプロパティ、Topプロパティ、Leftプロパティ、SaveSettingステートメント
GetSetting関数

object.**StartUpPosition**、*object*.**Top**、*object*.**Left**
SaveSetting (*appname, section, key, setting*)
GetSetting (*appname, section, key, default*)

object---対象となるUserFormオブジェクト、*appname*---プロジェクト名
section---キー設定を保存するセクション名、*key*---保存／取得するキー名
setting---keyに設定する値、*default*---キー名が設定されていない場合に返す文字列

ユーザーがUserFormで何かの処理をして閉じます。再びUserFormを呼び出すとき、前回表示していた位置に表示すると、ユーザーの使い勝手がよくなるでしょう。そこで、UserFormを閉じるとき、その時点のTopプロパティとLeftプロパティを記録しておき、次回表示するときに反映させます。では、どこに記録しておけばいいのでしょう。一般的にこうした値はレジストリに記録することが多くなります。

```
Private Sub UserForm_Initialize()
    StartUpPosition = 0
    Top = Val(GetSetting("MyAppli", "Form", "Top", 100))
    Left = Val(GetSetting("MyAppli", "Form", "Left", 200))
End Sub

Private Sub UserForm_QueryClose(Cancel As Integer, CloseMode As Integer)
    SaveSetting "MyAppli", "Form", "Top", Me.Top
    SaveSetting "MyAppli", "Form", "Left", Me.Left
End Sub
```

UserFormを表示する際にレジストリから前回の表示位置を取得

UserFormを閉じる際にその時点のTopとLeftをレジストリに書き込む

実行結果

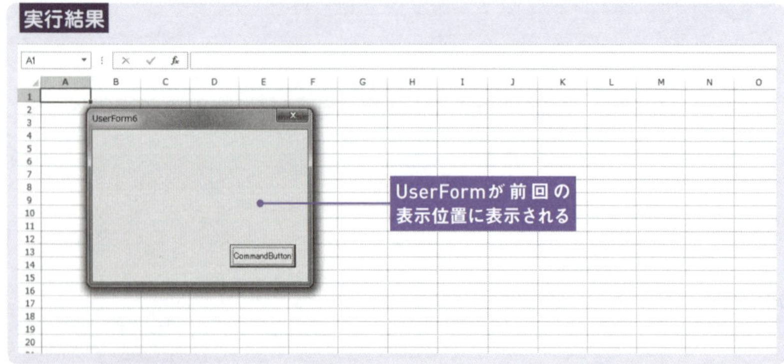
UserForm6
CommandButton
UserFormが 前 回 の 表示位置に表示される

関連項目 06.052 最初に表示する位置を指定する (1) →p.522
06.053 最初に表示する位置を指定する (2) →p.523

第7章

プログラミング

変数

07.001 変数を使う

Dimステートメント

Dim *varname* As *type*

varname---定義する変数、*type*---データ型

変数を使うときは、VBEのオプション画面で[変数の宣言を強制する]チェックボックスをオンにします。こうしておくと、宣言しないで変数を使えなくなります。変数は必ず宣言してください。変数を宣言しないで使用すると、変数名のミスによる重大なバグを引き起こします。もし[変数の宣言を強制する]がオフになっていると、タイプミスした変数でもエラーにならないので、誤動作や誤計算の原因になります。

```
Sub Sample1()
    Dim A As Long, B As Long, C As Long  → 長整数型(Long)変数A、B、Cを宣言
    A = 1
    B = A + 1
    MsgBox A & vbCrLf & B & vbCrLf & C
End Sub
```

実行結果

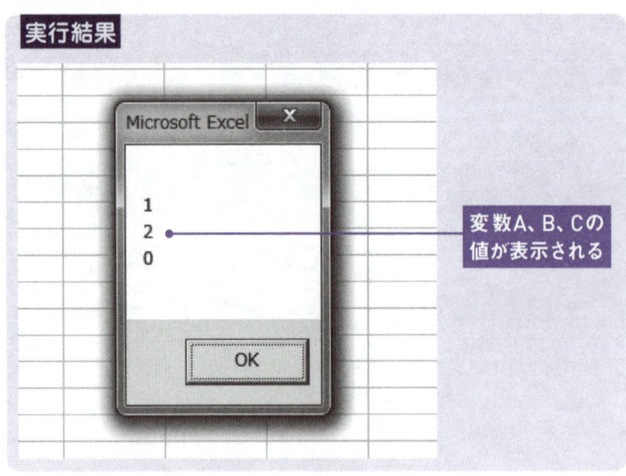

関連項目
07.002 広域変数を使う→p.527
07.007 静的変数を使う→p.532
07.008 ユーザー定義変数を使う→p.533
07.009 オブジェクト型変数を使う→p.534

変数

07.002 広域変数を使う

Dimステートメント、Publicステートメント

Dim *varname* As *type*、**Public** *varname* As *type*

varname---定義する変数、*type*---データ型

プロシージャの内部で宣言した変数は、宣言したプロシージャの中でしか使えません。別のプロシージャで利用することはできません。複数のプロシージャで変数を共有したいときは、宣言セクションで変数を宣言します。このとき、Dimステートメントで宣言した変数は、宣言したモジュール内にあるすべてのプロシージャで使用できますが、他のモジュールでは使えません。宣言セクションで、Publicステートメントで宣言した変数は、すべてのモジュールのすべてのプロシージャで使用可能です。

```
Dim A As Long          → 長整数型(Long)変数Aを宣言
Public B As Long       → 長整数型(Long)変数Bを宣言

Sub Sample2()
    Dim C As Long      → 長整数型(Long)変数Cを宣言
    A = 1
    B = 2
    C = 3
    MsgBox A + B + C
End Sub
```

実行結果

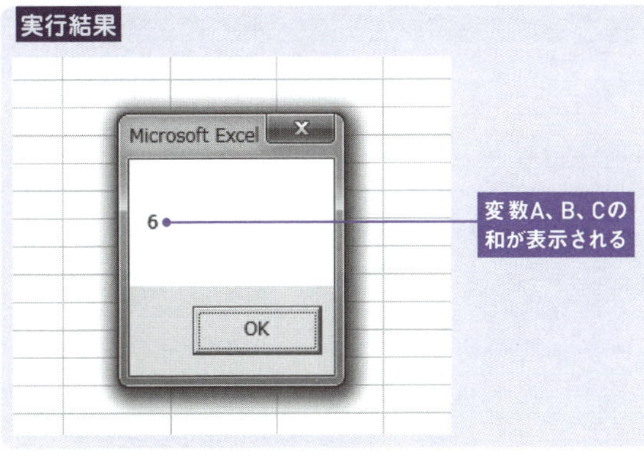

関連項目

07.001 変数を使う→p.526
07.007 静的変数を使う→p.532
07.008 ユーザー定義変数を使う→p.533
07.009 オブジェクト型変数を使う→p.534

定数

07.003 定数を使う

Constステートメント

Const *constname* As *type*

constname---定数の名前、*type*---データ型

定数は、数値や文字列に付けるニックネームのようなものです。定数を宣言するときはConstステートメントを使います。変数は、宣言時に初期値を設定できませんが、定数は逆に、宣言時に初期値を設定しなければいけません。なぜなら、一度宣言した定数は、プログラム中で値を変更できないからです。

```
Sub Sample3()
    Const A As Long = 3     → 定数Aを「3」に設定
    Const S As String = "Excel"  → 定数Sを「Excel」に設定
    Dim i As Long
    For i = 1 To A
        Cells(i, 1) = S
    Next i
End Sub
```

実行結果

	A	B	C	D	E
1	Excel				
2	Excel				
3	Excel				
4					
5					
6					
7					
8					
9					
10					
11					
12					
13					

A列の1～3（定数A）行目に「Excel」（定数S）が表示される

関連項目 07.001 変数を使う→p.526
07.004 配列を使う→p.529

配列

07.004 配列を使う

Dimステートメント

Dim *varname* (*subscripts*) As *type*

varname---定義する変数、*subscripts*---配列変数の次元、*type*---データ型

一般的な変数には1つの値しか格納できません。別の値を格納すると、それまで入っていた値は消えてしまいます。これは、いわば一戸建て住宅のようなものです。対して配列は、集合住宅のようなものです。例えば、3部屋のアパートなら、3家族が入居できます。そして、各部屋にアクセスするときは「配列名(番号)」のように部屋番号を特定します。配列を使うときは、宣言時に要素の番号を指定します。VBAの配列は、基本的に要素「0」（0号室）から始まります。サンプルの宣言「Dim S(3)」は「3部屋の配列」ではなく「0号室から始まって、最も大きい部屋番号が3」の配列ということです。

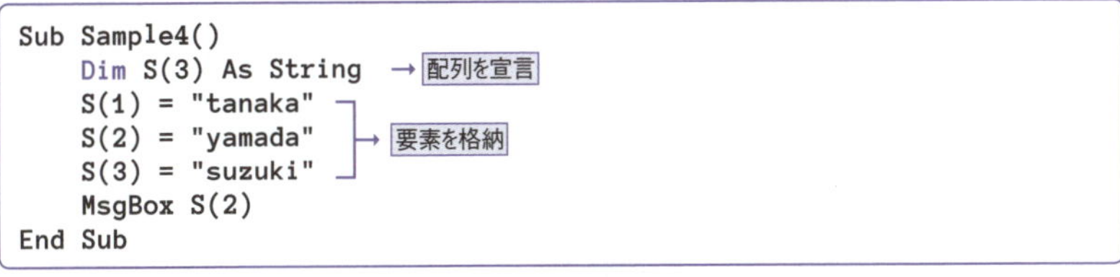

```
Sub Sample4()
    Dim S(3) As String      → 配列を宣言
    S(1) = "tanaka"  ┐
    S(2) = "yamada"  ├→ 要素を格納
    S(3) = "suzuki"  ┘
    MsgBox S(2)
End Sub
```

実行結果

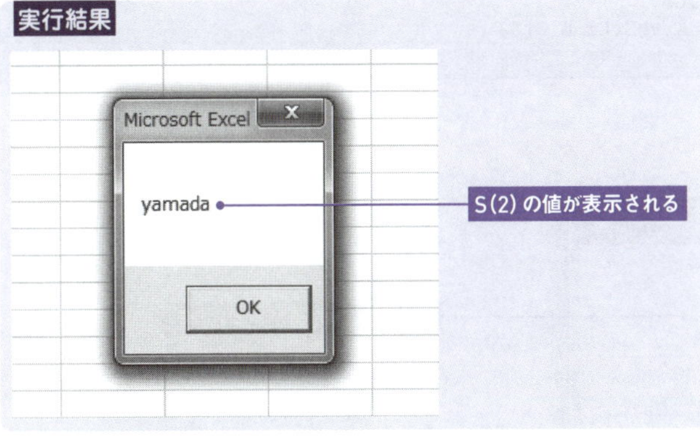

関連項目 07.005 動的配列を使う→p.530
07.006 配列をコピーする→p.531

配列

07.005 動的配列を使う

Dimステートメント、ReDimステートメント

Dim *varname* (*subscripts*) As *type*
ReDim *varname* (*subscripts*) As *type*

varname---定義する変数、*subscripts*---配列変数の次元、*type*---データ型

宣言する時点では、いくつの要素(部屋)を用意すればいいのかがわからないようなとき、とりあえず部屋を区切っていない配列を宣言し、後から要素数(部屋数)を変更します。こうした配列を動的配列と呼びます。動的配列を宣言するときは、要素数(部屋数)を指定しません。コード中で要素数を変更するときは、ReDimステートメントを使います。要素数の変更は、プログラム中で何度も行えますが、ただReDimステートメントで要素数を変更すると、それまで格納されていた値がすべて消えてしまいます。そうではなく、既存の値を残したまま、要素数だけを変更したいときは、ReDimステートメントにキーワードPreserveを付けて実行します。

```
Sub Sample5()
    Dim S() As String ──→ 配列を宣言
    ReDim S(2) ──────────→ 要素数を変更
    S(2) = "suzuki"
    ReDim Preserve S(3)→ 要素数だけを変更
    S(3) = "yamada"
    MsgBox S(2) & vbCrLf & S(3)
End Sub
```

実行結果

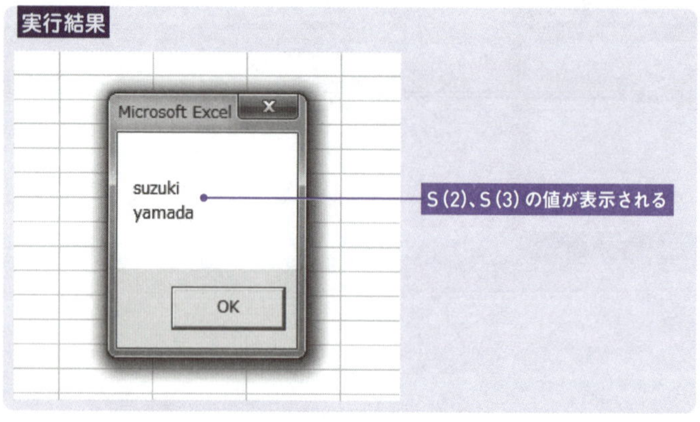

関連項目 07.004 配列を使う→p.529
07.006 配列をコピーする→p.531

配列／コピー

07.006 配列をコピーする

Dimステートメント

Dim *varname*(*subscripts*) As *type*

varname---定義する変数、*subscripts*---配列変数の次元、*type*---データ型

VBAでは、配列同士の一括代入はできません。例えば、2つの配列「S(3)」と「T(3)」を宣言しておき、「T = S」のように配列をコピーすることはできません。そんなときは、受け手側をバリアント型変数とします。バリアント型変数は、どんな形式の値でも格納できる万能の型です。どんな値でも格納できるので、もちろん配列を格納することも可能です。サンプルのようにすれば、配列「S(3)」をコピーできます。

```
Sub Sample6()
    Dim S(3) As String, T As Variant
    S(1) = "tanaka"
    S(2) = "yamada"
    S(3) = "suzuki"
    T = S ————→ バリアント型変数Tに配列を格納
    MsgBox T(2)
End Sub
```

実行結果

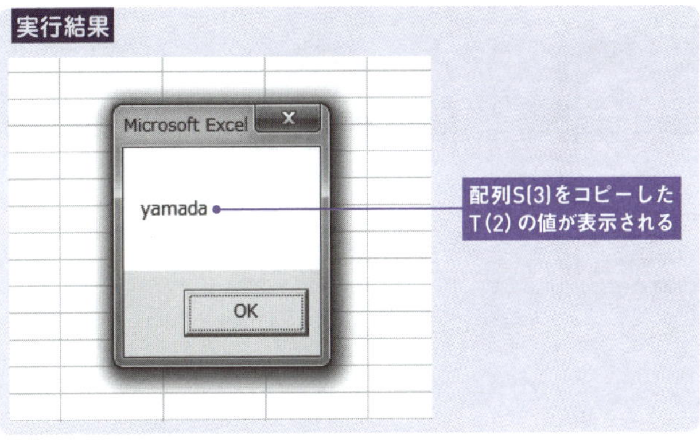

関連項目 07.004 配列を使う→p.529
07.005 動的配列を使う→p.530

静的変数

07.007 静的変数を使う

Staticステートメント

Static *varname* As *type*

varname---定義する変数、type---データ型

一般的な変数は、マクロが終了すると値が消えてしまいます。マクロが終了しても、格納した値を保持したままで、次回のマクロ実行時に再利用できるような変数を静的変数と呼びます。静的変数を宣言するときは、Staticステートメントを使います。サンプルでは、プロシージャが終了しても変数Aの値が保持されるので、実行するたびに表示される数値が増加します。静的変数は、プロシージャ内でしか宣言できません。

```
Sub Sample7()
    Static A As Long   → 静的変数Aを宣言
    A = A + 1
    MsgBox A
End Sub
```

実行結果

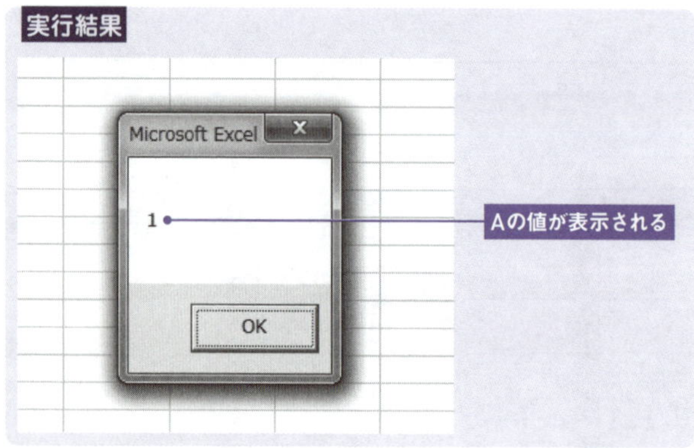

関連項目
07.001 変数を使う→p.526
07.002 広域変数を使う→p.527
07.008 ユーザー定義変数を使う→p.533
07.009 オブジェクト型変数を使う→p.534

ユーザー定義型

07.008 ユーザー定義変数を使う

Typeステートメント

Type *varname*
elementname As *type*

varname---定義するユーザー定義型変数、*elementname*---要素の名前、*type*---データ型

ユーザー定義型とは、異なる型の変数を組み合わせて、独自の型セットを作るような仕組みです。C言語の構造体と同じです。ユーザー定義型の宣言は、宣言セクションで行います。ユーザー定義型の変数を宣言すると、変数名の後にピリオド(.)を入力すると、宣言している型名がリスト表示されます。

```
Type myData
    Name As String
    Age As Long
End Type

Sub Sample8()
    Dim Users(3) As myData, i As Long
    For i = 1 To 3
        Users(i).Name = Cells(i, 1)
        Users(i).Age = Cells(i, 2)
    Next i
    MsgBox Users(2).Name & vbCrLf & Users(2).Age
End Sub
```

ユーザー定義型変数myDataを宣言

セルA1～A3、B1～B3のデータをmyDataに格納

実行結果

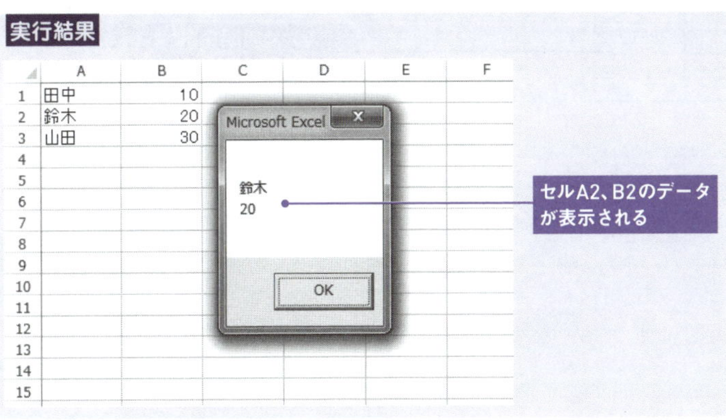

関連項目
07.001 変数を使う→p.526
07.002 広域変数を使う→p.527
07.007 静的変数を使う→p.532
07.009 オブジェクト型変数を使う→p.534

オブジェクト型

07.009 オブジェクト型変数を使う

Setステートメント

Set *objectvar*

objectvar---変数の名前

オブジェクトを格納する変数を「オブジェクト型変数」と呼びます。変数の宣言で、オブジェクト型を指定するのですが、オブジェクト型変数の宣言には3通りの方法があります。1つは「As Worksheet」のように格納するオブジェクトの型を明確に指定する方法です。このような型を「固有オブジェクト型」と呼びます。また、VBAには「ようするにオブジェクト」と、すべてのオブジェクトを表す「総称オブジェクト型」があります。これは「As Object」と宣言します。最後に、何でも格納できる万能のバリアント型にも、オブジェクトを格納できます。

```
Sub Sample9()
    Dim WS As Worksheet, R As Object   →オブジェクト型変数WS、Rを宣言
    Set WS = Worksheets.Add
    Set R = WS.Range("A1:B5")
    R.Borders.LineStyle = True
End Sub
```

実行結果

	A	B	C	D	E
1					
2					
3					
4					
5					
6					
7					
8					
9					
10					
11					
12					
13					
14					
15					

セル範囲A1:B5に格子罫線が設定される

関連項目

07.001 変数を使う→p.526
07.002 広域変数を使う→p.527
07.007 静的変数を使う→p.532
07.008 ユーザー定義変数を使う→p.533

連想配列

07.010 連想配列を使う

Collectionオブジェクト

Dim *varname* As New **Collection**

varname---定義する連想配列

一般的な配列は、添え字に数値を使います。そうではなく、文字列の要素を、文字列の添え字で操作するような配列を連想配列と呼びます。例えば、都道府県名と県庁所在地のような関係です。連想配列は、C++やJava、.NET Frameworkなど、多くのプログラミング言語で使用できます。もちろん、VBAも標準で連想配列をサポートしています。それが、Collectionオブジェクトです。連想配列(ここでは「Member」)に要素を登録するには、Addメソッドを使います。

```
Sub Sample10()
    Dim Member As New Collection   → 連想配列Memberを宣言
    Member.Add "田中", "S001"
    Member.Add "鈴木", "S002"
    Member.Add "山田", "S003"
    MsgBox "S002は" & Member("S002") & "です"
End Sub
```

実行結果

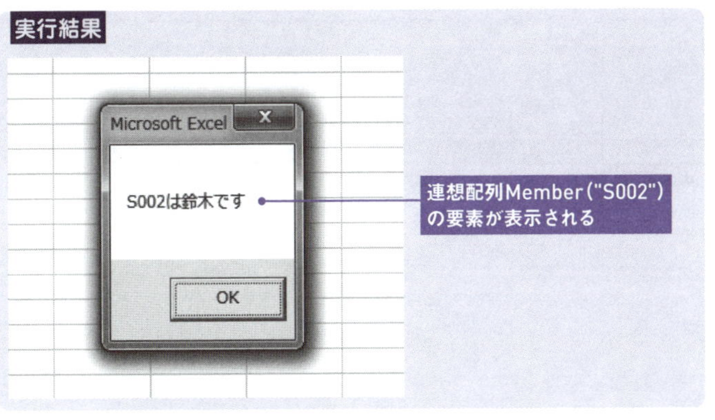

関連項目 07.011 列挙型変数を使う→p.536

列挙型

07.011 列挙型変数を使う

Enumステートメント

Enum *name*

name---定義する列挙型変数

数値を列挙して、独自の型のように利用する仕組みを列挙型変数と呼びます。列挙型変数は、宣言セクションで、Enumステートメントを使って定義します。サンプルでは、ColorNumberという列挙型を定義し、そのメンバーとして4種類の数値を定義しました。プロシージャ内で「ColorNumber.」まで入力すると、定義したメンバーがリスト表示されるので、コードの入力が簡単になります。

```
Enum ColorNumber
    Red = 3
    Green = 4
    Yellow = 5
    Blue = 6
End Enum

Sub Sample11()
    ActiveCell.Interior.ColorIndex = ColorNumber.Red
End Sub
```

列挙型変数ColorNumberを宣言

実行結果

	A	B	C	D	E	F
1						
2						
3						
4						
5						
6						
7						
8						
9						
10						
11						
12						
13						
14						
15						

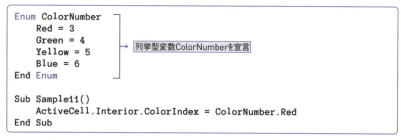

アクティブセルが赤色になる

関連項目 07.010 連想配列を使う→p.535

呼び出し

07.012 他のプロシージャを呼び出す

Callステートメント

Call *name*

name---プロシージャの名前

プロシージャから、他のプロシージャを呼び出すには、Callステートメントを使います。VBAでは、Callステートメントを省略して、ただプロシージャ名を記述するだけでも呼び出すことができますが、他のプロシージャを呼び出しているということを明示的に表すためにも、Callステートメントの使用をお勧めします。

```
Sub Sample12()
    Call Sample12_2   → プロシージャ「Sample12_2」を呼び出す
    MsgBox "処理終了"
End Sub

Sub Sample12_2()
    MsgBox "呼び出されたプロシージャ"
End Sub
```

実行結果

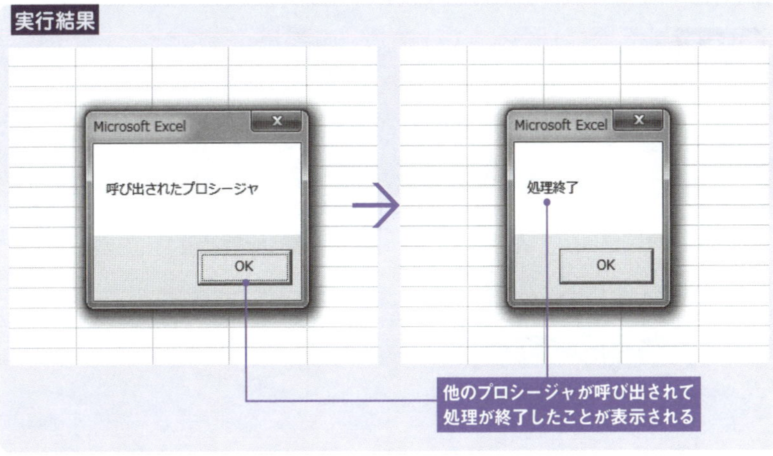
Microsoft Excel
呼び出されたプロシージャ
OK
Microsoft Excel
処理終了
OK
他のプロシージャが呼び出されて
処理が終了したことが表示される

関連項目
02.057 他ブックのマクロを実行する→p.281
07.035 値を返すFunctionプロシージャ→p.560
07.036 プロシージャに引数を渡す→p.561
07.058 自分自身を呼び出すプロシージャ→p.583

マクロ／強制終了

07.013 マクロの強制終了（1）

Exitステートメント

Exit Sub

実行中のマクロを強制終了させるには、2つの方法があります。1つはExitステートメントです。Exit Subを実行すると、現在実行中の「プロシージャが終了」します。Exit Subはプロシージャを終了させるだけですから、サンプルのように他のプロシージャを呼び出している場合、終了するのは呼び出されたプロシージャだけです。

```
Sub Sample13()
    Call Sample13_2    → プロシージャ「Sample13_2」を呼び出す
    MsgBox "処理終了"
End Sub

Sub Sample13_2()
    Exit Sub ——→ プロシージャを終了
    MsgBox "呼び出されたプロシージャ"
End Sub
```

実行結果

関連項目 07.014 マクロの強制終了（2）→p.539

マクロ／強制終了

07.014 マクロの強制終了（2）

Endステートメント

実行中のマクロを終了させるには、Endステートメントを使う方法もあります。こちらは、プロシージャを終了させるのではなく「実行中のマクロ」を終了します。Endステートメントには、マクロを終了させるだけでなく、他の副作用もあります。例えば、Endステートメントを実行すると、静的変数に保持していた値がクリアされます。サンプルで、「Sample14」内で宣言している変数Aは、静的変数です。実行するたびに値が増加するはずですが、「Sample14_2」で実行したEndステートメントによって、保持していた値がクリアされてしまいます。

```
Sub Sample14()
    Static A As Long
    A = A + 1
    MsgBox A
    Call Sample14_2   → プロシージャ「Sample14_2」を呼び出す
    MsgBox "処理終了"
End Sub

Sub Sample14_2()
    End   → 実行中のマクロを終了
    MsgBox "呼び出されたプロシージャ"
End Sub
```

実行結果

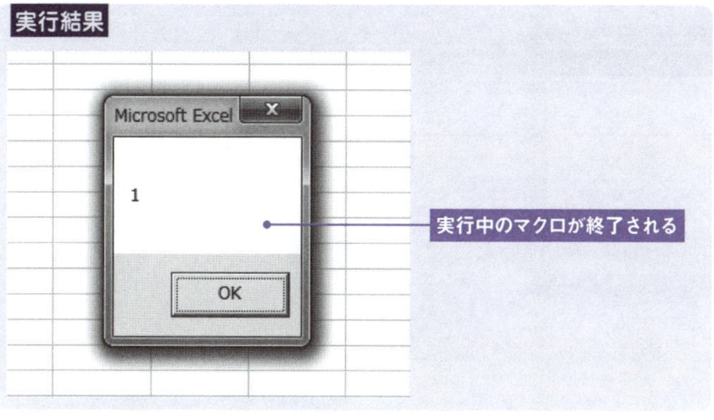

関連項目 07.013 マクロの強制終了（1）→p.538

条件分岐

07.015 条件分岐（If）

If Then Elseステートメント

If *condition* **Then** *statements* **Else** *elsestatements*

condition---評価する数式または文字列形式
statements---conditionがTrueの場合に実行されるステートメント
elsestatements---conditionがFalseの場合に実行されるステートメント

ある条件によって処理を分岐するときは、Ifステートメントを使います。Ifステートメントは、1行で書く書式と、複数行で書く書式があります。実行する処理が複数行にわたるときは、もちろん複数行で記述しなければなりませんが、処理が1行だけの場合でも、可読性を高めるために、あえて複数行で記述するときがあります。

```
Sub Sample15()
    If ActiveCell > 0 Then
        If ActiveCell > 5 Then MsgBox "Big"
    Else
        If ActiveCell < 0 Then MsgBox "Minus"
    End If
End Sub
```

アクティブセルの値が「0」より大きい場合はMsgBoxに「Big」を表示

「0」より小さい場合は「Minus」を表示

実行結果

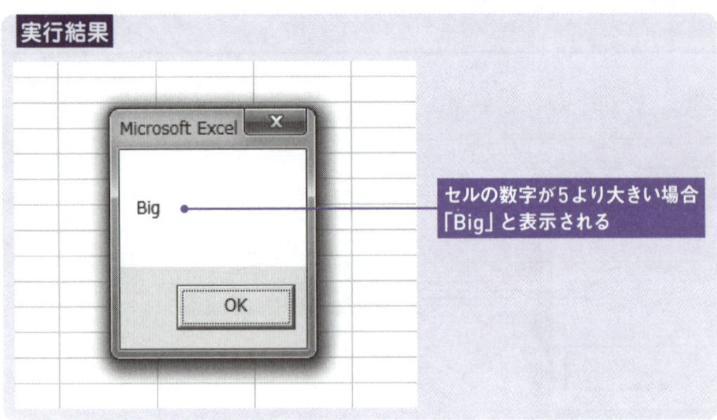

関連項目 07.016 条件分岐（Select Case）→p.541

条件分岐

07.016 条件分岐(Select Case)

Select Caseステートメント

Select Case *testexpression*
Case *expressionlist-n*
statements-n

testexpression---数式または文字列形式、*expressionlist-n*---分岐する条件
statements-n---testexpressionがexpressionlist-nに一致する場合に実行するステートメント

条件分岐の処理で、最もよく使われるIfステートメントは「○か、○でないか」「月曜か、月曜でないか」という相反する条件によって処理を分岐する命令です。一方、「○か、△か、×か」「月曜か、火曜か、水曜か」のように、条件が複数存在する場合は、Ifステートメントではなく Select Caseステートメントを使います。Select Caseステートメントでは、Caseの後ろに条件を記述します。最後に「Case Else」として、どの条件にも一致しなかったときの処理を指定できます。

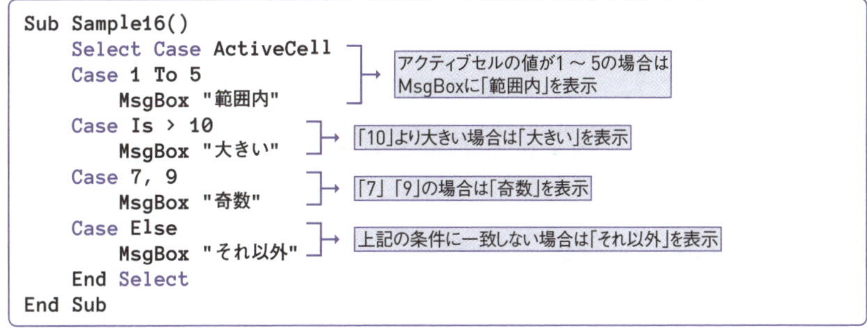

```
Sub Sample16()
    Select Case ActiveCell
    Case 1 To 5
        MsgBox "範囲内"
    Case Is > 10
        MsgBox "大きい"
    Case 7, 9
        MsgBox "奇数"
    Case Else
        MsgBox "それ以外"
    End Select
End Sub
```


実行結果

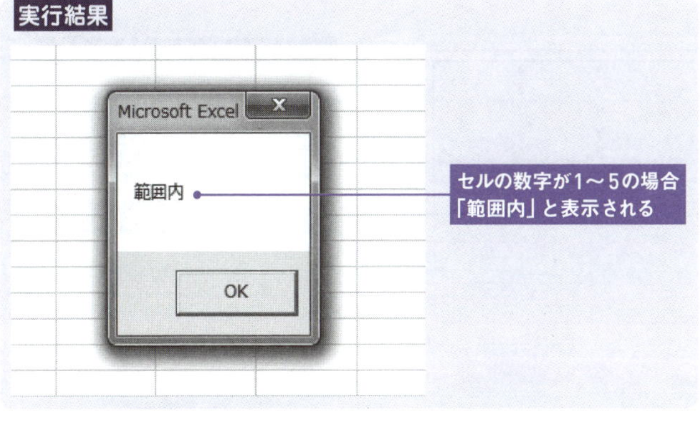

関連項目 07.015 条件分岐(If) →p.540
07.059 複雑な条件分岐→p.584

繰り返し

07.017 繰り返し(For Next)

For Nextステートメント

For *counter* = *start* To *end* Step *step*
statements
Next *counter*

counter---カウンタに使う数値変数、*start*---counterの初期値、*end*---counterの最終値
step---ループを繰り返すごとにcounterに加算される値
statements---ループ内で実行されるステートメント

For Nextステートメントは、指定した回数だけ処理を行う命令です。使用するカウンタ変数には、一般的に小文字の「i」「j」「k」などを使います。また、1つのFor Nextが終了した後であれば、同じカウンタ変数を使い回すこともできます。初期値と終了値を指定した後ろに「Step」をつけると、カウンタ変数の増減幅を指定できます。

```
Sub Sample17()
    Dim i As Long, j As Long
    For i = 1 To 5                        ← セルA1～A5に「A」を表示
        Cells(i, 1) = "A"
        For j = 5 To 2 Step -1            ← セル範囲B1:E5のB列に「2」、C列に「3」、
            Cells(i, j) = j                  D列に「4」、E列に「5」を表示
        Next j
    Next i
    For i = 1 To 5                        ← セル範囲A6:E6に「B」を表示
        Cells(6, i) = "B"
    Next i
End Sub
```

実行結果

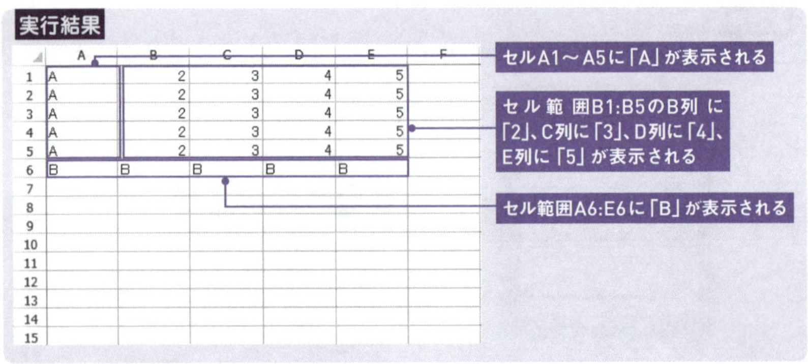

	A	B	C	D	E	F
1	A	2	3	4	5	
2	A	2	3	4	5	
3	A	2	3	4	5	
4	A	2	3	4	5	
5	A	2	3	4	5	
6	B	B	B	B	B	
7						
8						
9						
10						
11						
12						
13						
14						
15						

関連項目
07.018 繰り返し (Do Loop) →p.543
07.019 繰り返し (For Each) →p.544
07.020 繰り返しの強制終了→p.545

繰り返し

07.018 繰り返し（Do Loop）

Do Loopステートメント

Do While *condition*
statements
Loop

condition---評価する数式または文字列
statements---*condition*がTrueまたはTrueになるまで実行するステートメント

ある条件の間だけ処理を繰り返す命令がDo Loopステートメントです。条件を、Doの後ろに記述する書式と、Loopの後ろに記述する書式がありますが、ほとんどの場合はDoの後ろに書きます。条件には「～である間」を表す「While」と、「～でない間」を表す「Until」を指定します。どんな条件も、WhileとUntilの両方で表せるので、Whileだけ覚えておけばいいでしょう。

```
Sub Sample18()
    Dim cnt As Long
    cnt = 1
    Do While Cells(cnt, 1) <> ""
        Cells(cnt, 1).Interior.ColorIndex = 3
        cnt = cnt + 1
    Loop
End Sub
```

A列が空欄でない場合はセルに色の設定を繰り返す

実行結果

	A	B	C	D	E	F	G
1	A	2	3	4	5		
2	A	2	3	4	5		
3	A	2	3	4	5		
4	A	2	3	4	5		
5	A	2	3	4	5		
6	B	B	B	B	B		
7							
8							
9							
10							
11							
12							
13							
14							
15							
16							

A列が空欄でない場合に色が設定される

関連項目
07.017 繰り返し（For Next）→p.542
07.019 繰り返し（For Each）→p.544
07.020 繰り返しの強制終了→p.545

繰り返し

07.019 繰り返し(For Each)

For Eachステートメント

For Each *element* In *group*
statements
Next *element*

element---コレクションや配列の各要素を繰り返す変数、*group*---配列名
statements---実行するステートメント

For Eachステートメントは、指定したコレクションのメンバーを順に取り出して、処理を行う命令です。サンプルでは「In Selection」のように、選択されているセル範囲を指定しています。したがって、選択されているセルが1つずつ取り出され、制御変数の「c」に格納されます。For Eachステートメントの制御変数は、オブジェクト型またはバリアント型を指定します。制御変数はオブジェクト型変数として扱われます。

```
Sub Sample19()
    Dim c As Variant
    If TypeName(Selection) <> "Range" Then Exit Sub
    For Each c In Selection
        c.Offset(0, 1) = c.Value * 2
    Next c
End Sub
```

A列の数値を2倍して隣のセルに表示

実行結果

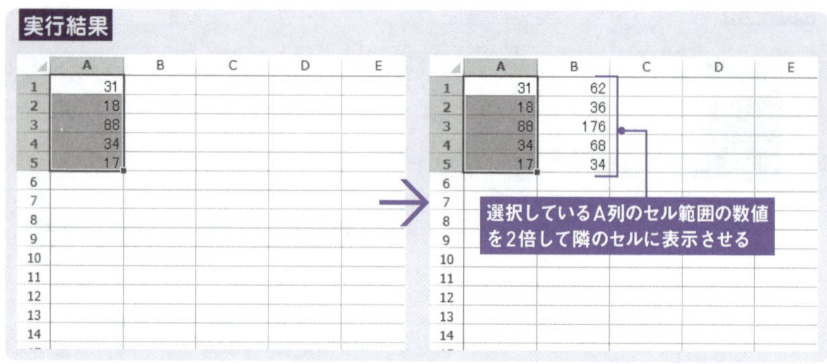
選択しているA列のセル範囲の数値を2倍して隣のセルに表示させる

関連項目
07.017 繰り返し(For Next) →p.542
07.018 繰り返し(Do Loop) →p.543
07.020 繰り返しの強制終了 →p.545

繰り返し

07.020 繰り返しの強制終了

Exitステートメント

For NextステートメントやDo Loopステートメントなどの繰り返し命令は、指定した回数に達するまでや、指定した条件に一致する間は、ずっと同じ命令が繰り返されます。こうした繰り返し処理を、途中で強制的に終了(ループから脱出)するには、Exitステートメントを使います。Exitステートメントの後ろにForを付けて「Exit For」とすると、実行中のFor NextステートメントまたはFor Eachステートメントを終了して、次の行に制御を移します。Do Loopステートメントを終了させるには「Exit Do」とします。

```
Sub Sample20()
    Dim i As Long, c As Range
    For i = 1 To 10
        If Cells(i, 1) = "" Then Exit For
        For Each c In Range(Cells(i, 1), Cells(i, 5))
            If c = "" Then Exit For
            c.Interior.ColorIndex = 3
        Next c
    Next i
End Sub
```

→ A列に空欄がある場合は処理を終了

セル範囲A1:E10に空欄がある場合はくり返し処理を終了

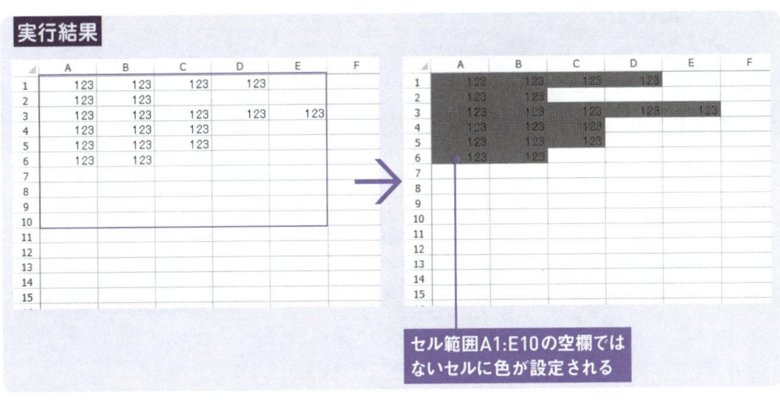

実行結果
セル範囲A1:E10の空欄ではないセルに色が設定される

関連項目
07.017 繰り返し（For Next）→p.542
07.018 繰り返し（Do Loop）→p.543
07.019 繰り返し（For Each）→p.544

With

07.021 オブジェクトを省略する

Withステートメント

With *object*
statements
End **With**

object---オブジェクト名またはユーザー定義型名
statements---objectに対して実行するステートメント

VBAのオブジェクト式は「オブジェクト.プロパティ」または「オブジェクト.メソッド」のように、まず対象となるオブジェクトを指定します。同じオブジェクトを続けて指定する場合には、Withステートメントを使って、オブジェクトの記述を省略することができます。省略するオブジェクトをWithステートメントの後ろに書くと、それ以降End Withまでの間は「ピリオドで始まる記述はオブジェクトを省略している」とみなされます。

```
Sub Sample21()
    Dim i As Long
    With Sheets("Sheet2")  → オブジェクト「Sheets("Sheets2")」を省略
        For i = 1 To .Cells(.Rows.Count, 1).End(xlUp).Row
            .Range(.Cells(i, 1), .Cells(i, 5)).Interior.ColorIndex = 6
        Next i
    End With
End Sub
```

実行結果

	A	B	C	D	E	F
1	123	123	123	123	123	
2	123	123	123	123	123	
3	123	123	123	123	123	
4	123	123	123	123	123	
5	123	123	123	123	123	
6						
7						
8						
9						

Sheet2のセル範囲A1:E5に色が設定される

関連項目 07.037 引数を省略可能にする→p.562

マクロ／停止

07.022 [Esc]キーでマクロを停止する

EnableCancelKeyプロパティ

***object*.EnableCancelKey**

object---対象となるApplicationオブジェクト

マクロ実行中にユーザーが[Esc]キーを押すと、マクロはデバッグモードになります。マクロの開発中ではいいのですが、Excelに不慣れなユーザーにとっては、いきなりVBEが開いてマクロのソースが表示されるので、驚いてしまうかもしれません。マクロ実行中に[Esc]キーが押されたとき、マクロをデバッグモードにするのではなく、[Esc]キーが押されたことを感知して、別の処理に移行することができます。それには、ApplicationオブジェクトのEnableCancelKeyプロパティに定数xlErrorHandlerを指定します。こうすると、[Esc]キーが押されるとエラーが発生するので、On Errorステートメントなどで処理を分岐できます。

```
Sub Sample22()
    Dim i As Long
    Application.EnableCancelKey = xlErrorHandler → [ESC]キーが押されるとエラーを発生
    On Error GoTo MyError
    For i = 1 To 100000
        Application.StatusBar = i
    Next i
    Application.StatusBar = False
    Exit Sub
MyError:
    MsgBox "Escキーが押されました"
    Application.StatusBar = False
End Sub
```

実行結果

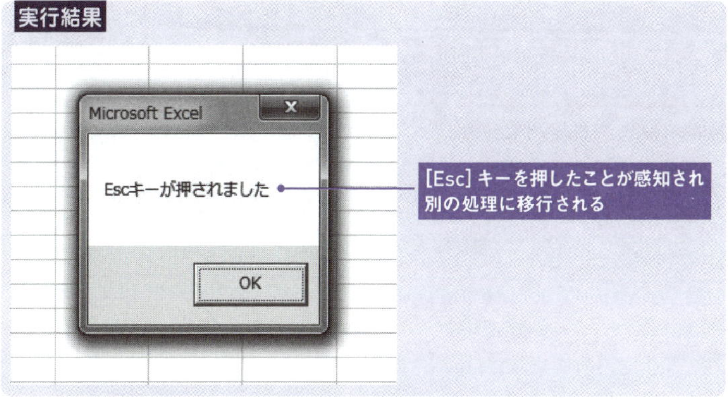
Microsoft Excel
Escキーが押されました
OK
[Esc] キーを押したことが感知され別の処理に移行される

関連項目 07.055 マクロを一時停止する（1）→p.580
07.056 マクロを一時停止する（2）→p.581

ユーザーとの対話

07.023 ユーザーからデータを受け取る

InputBox関数

InputBox(*prompt*, *title* , *default*)

prompt---メッセージとして表示する文字列、*title*---タイトルバーに表示する文字列(省略可)、*default*---テキストボックスに既定値として表示する文字列(省略可)

マクロ実行中にユーザーから値を受け取るときは、InputBox関数が便利です。InputBox関数は、引数に指定した文字列を表示して、ユーザーが入力できるダイアログボックスを開きます。InputBox関数の返り値は文字列です。受け取る変数は、原則として文字列型を指定します。サンプルのように数値を受け取る場合は、Val関数で数値に変換しましょう。また、InputBox関数では[キャンセル]ボタンがクリックされると空欄("")を返します。ユーザーがキャンセルしたときの処理を忘れないようにしましょう。

```
Sub Sample23()
    Dim i As Long, n As Long, buf As String
    n = Val(InputBox("回数を指定してください"))→ InputBoxに入力された値を数値として取得
    If n < 1 Then Exit Sub   → 入力された回数分、処理を繰り返す
    buf = InputBox("名前を入力してください", , "tanaka") → InputBoxに最初から「tanaka」を表示
    If buf = "" Then Exit Sub
    For i = 1 To n
        Cells(i, 1) = buf  → 入力された名前をA列に表示
    Next i
End Sub
```

実行結果

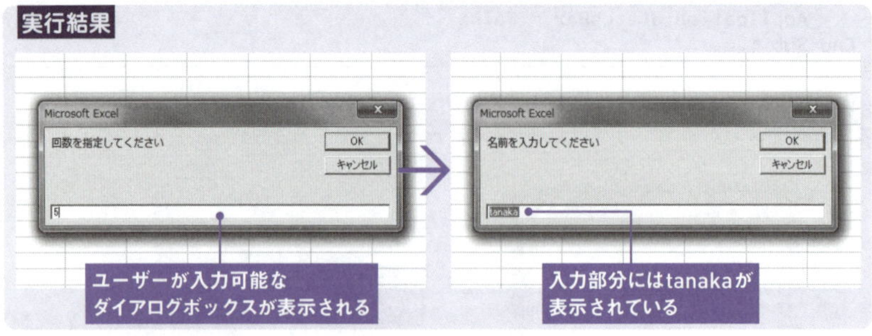
Microsoft Excel
回数を指定してください
OK
キャンセル
5
ユーザーが入力可能な
ダイアログボックスが表示される
Microsoft Excel
名前を入力してください
OK
キャンセル
tanaka
入力部分にはtanakaが
表示されている

関連項目
07.024 ユーザーに処理を選択させる→p.549
07.025 InputBoxで空欄を認識する→p.550
07.026 IMEをオンにしてInputBoxを開く→p.551

ユーザーとの対話

07.024 ユーザーに処理を選択させる

MsgBox関数

MsgBox(*prompt*, *buttons*)

prompt---メッセージとして表示する文字列、*buttons*---ボタンの種類(省略可)

画面にメッセージを表示するときに多用するMsgBoxは、実は関数です。関数ということは、何らかの値を返す命令ですが、いったいMsgBox関数は何を返すのでしょう。MsgBox関数は、複数のボタンを表示して「ユーザーがクリックしたボタンの種類を返す」関数です。表示するボタンは引数に指定します。また、どのボタンがクリックされたかは、定数で判定できます。一般的に使われる「MsgBox "メッセージ"」では、MsgBox関数の返り値(どのボタンがクリックされたか)を使っていません。VBAでは、返り値を使う場合は引数を括弧で囲み、返り値を使わない場合は括弧で囲んではいけないというルールがあります。

```
Sub Sample24()
    If MsgBox("続けますか？", vbYesNo) = vbYes Then  → メッセージで「はい」が選択されたか判定
        MsgBox "処理を行います"
    Else
        MsgBox "終了します"
    End If
End Sub
```

実行結果

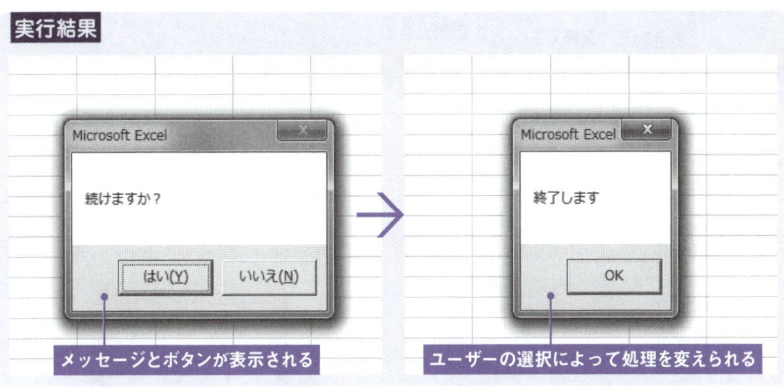
Microsoft Excel
続けますか？
はい(Y)
いいえ(N)
Microsoft Excel
終了します
OK
メッセージとボタンが表示される
ユーザーの選択によって処理を変えられる

07.023 ユーザーからデータを受け取る→p.548
07.025 InputBoxで空欄を認識する→p.550
07.026 IMEをオンにしてInputBoxを開く→p.551

ユーザーとの対話

07.025 InputBoxで空欄を認識する

InputBoxメソッド

object.**InputBox**(*prompt*)

object---対象となるApplicationオブジェクト
prompt---メッセージとして表示する文字列

マクロ実行中にユーザーからデータを受け取るには、InputBox関数が便利です。InputBox関数は、ユーザーが[キャンセル]ボタンをクリックすると空欄("")を返します。しかし、入力ボックスを空欄のまま[OK]ボタンをクリックしても、同じように空欄を返します。両者を区別するにはどうしたらいいのでしょう。そもそも、空欄のまま[OK]ボタンが押された場合は、処理を中止するケースがほとんどです。[OK]ボタンの空欄と[キャンセル]ボタンの空欄を区別しなければならないようなケースは、実務ではほとんどないでしょう。万が一、どうしても区別しなければならないのなら、InputBox関数ではなく、Applicationオブジェクトのlnputboxメソッドを使います。こちらは、キャンセルされるとFalseが返るので、簡単に両者を区別できます。

```
Sub Sample25()
    Dim Result As String
    Result = Application.InputBox("名前を入力してください")
    Select Case Result
    Case ""
        MsgBox "空欄です"
    Case "False"
        MsgBox "キャンセルされました"
    Case Else
        MsgBox Result
    End Select
End Sub
```

InputBoxメソッドでInputBoxを表示
空欄の場合
[キャンセル]ボタンがクリックされた場合

実行結果

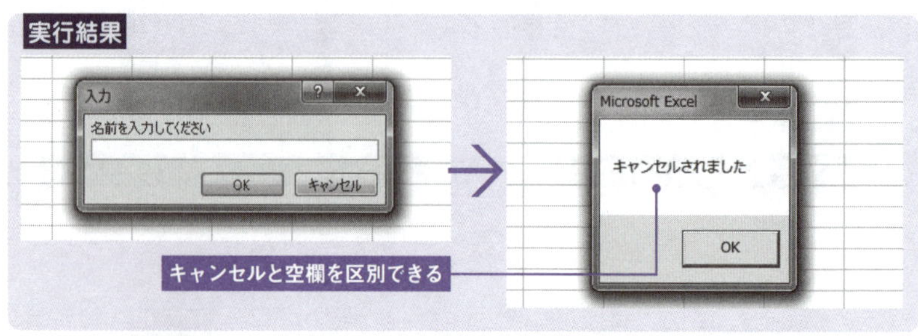
入力
名前を入力してください
OK
キャンセル
Microsoft Excel
キャンセルされました
OK
キャンセルと空欄を区別できる

関連項目
07.023 ユーザーからデータを受け取る→p.548
07.024 ユーザーに処理を選択させる→p.549
07.026 IMEをオンにしてInputBoxを開く→p.551
07.027 マクロ実行中にセルを選択させる→p.552

ユーザーとの対話

07.026 IMEをオンにしてInputBoxを開く

Validationプロパティ、Addメソッド、IMEModeプロパティ

***object*.IMEMode**

object----対象となるValidationオブジェクト

InputBox関数を使うと、ユーザーからデータを受け取れます。もし日本語のデータを受け取るのなら、InputBoxを表示すると同時に、日本語変換ソフト(IME)をオンにすると親切ですね。しかし、InputBox関数にはIMEを制御する機能がありません。Windows APIなどを使わずに、Excelの機能だけで実現するなら、入力規則を利用する手があります。マクロ中で仮のブックを開き、アクティブセルに「IMEを自動的にオンにする」という入力規則を設定します。設定した段階でIMEがオンになるので、それからInputBoxを開きます。処理が終わったら、仮のブックはこっそりと閉じます。

```
Sub Sample26()
    Dim buf As String
    With Workbooks.Add  → ブックを開く
        With ActiveCell.Validation
            .Add Type:=xlValidateInputOnly  → 入力規則の種類を「すべての値」に設定
            .IMEMode = xlIMEModeOn  → IMEをオンにする
        End With
        buf = InputBox("名前を入力してください。")
        .Close SaveChanges:=False  → ブックを閉じる(ファイルの変更は保存しない)
    End With
    If buf <> "" Then MsgBox buf  → InputBoxが空欄ではない場合はMsgBoxに名前を表示
End Sub
```

実行結果

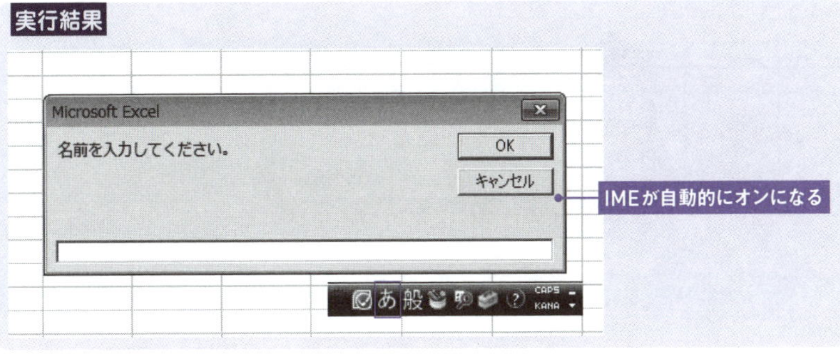

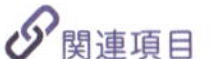関連項目

07.023 ユーザーからデータを受け取る→p.548
07.024 ユーザーに処理を選択させる→p.549
07.025 InputBoxで空欄を認識する→p.550
07.027 マクロ実行中にセルを選択させる→p.552

ユーザーとの対話

07.027 マクロ実行中にセルを選択させる

InputBoxメソッド

***object*.InputBox** *(prompt, type)*

object---対象となるApplicationオブジェクト
prompt---メッセージとして表示する文字列、*type*---返されるデータ型(省略可)

ApplicationオブジェクトのInputBoxメソッドを使うと、マクロ実行中にユーザーがセル範囲を選択できます。ユーザーが選択したセルを、その後マクロで処理できるのですが、キャンセルの処理が面倒です。まず、正規にセルを選択した場合、Rangeオブジェクトが返るので、受け取る変数はRange型で宣言し、Setステートメントを使います。しかし、キャンセルされるとFalseが返るため、Setステートメントがエラーになります。そこで、エラーが発生したらジャンプするようにOn Errorステートメントを実行しておきます。

```
Sub Sample27()
    Dim Target As Range   → 受け取る変数TargetをRange型で宣言
    On Error GoTo myError→ エラーが発生したらジャンプするように設定
    Set Target = Application.InputBox("対象を選択してください", Type:=8)
    Target.Interior.ColorIndex = 3
myError:
End Sub
```

InputBoxが返すデータ型をセル範囲に設定
選択されたセル範囲の色を設定

実行結果

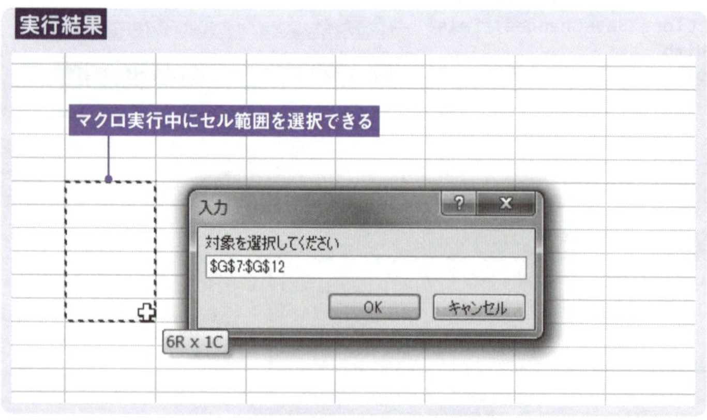

関連項目 07.025 InputBoxで空欄を認識する→p.550
07.026 IMEをオンにしてInputBoxを開く→p.551

エラー処理

07.028 エラーが発生したらジャンプする

On Errorステートメント

On Error GoToラベル名

マクロの実行中に何らかの原因でエラーが発生したとき、そのままではマクロがデバッグモードで停止してしまいます。エラーが起きてもデバッグモードにしないためには、エラーが発生したときの挙動を組み込んでおかなければなりません。「On Error GoTo」の後ろにラベル名を指定しておくと、それ以降、エラーが発生すると処理がラベルの行に移行します。ラベル行の後ろに、エラーに対する処理を記述しておきます。

```
Sub Sample28()
    Dim NewName As String
    On Error GoTo myError    → エラーが発生した場合は「myError」に移行
    NewName = InputBox("シート名を入力してください")
    If NewName = "" Then Exit Sub
    ActiveSheet.Name = NewName
    Exit Sub
myError:
    MsgBox "変更できませんでした"  → エラーが発生した場合はMsgBoxを表示
End Sub
```

実行結果

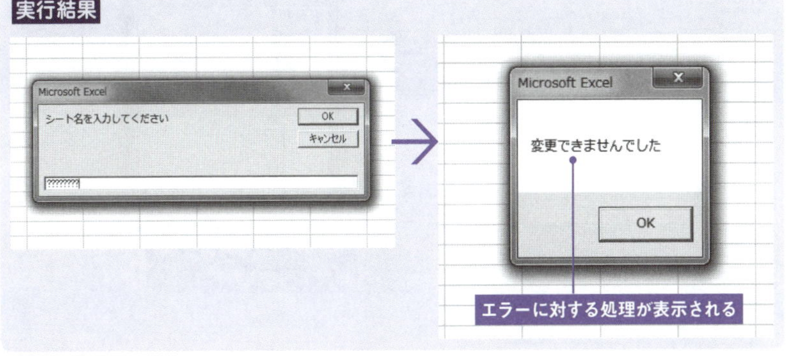

関連項目
07.022 [Esc] キーでマクロを停止する→p.547
07.031 エラーを無視する→p.556
07.032 発生したエラーの種類を調べる→p.557

デバッグ

07.029 イミディエイトウィンドウに出力する

Debugオブジェクト、Printメソッド

object.**Print** (*outputlist*)

object---対象となるオブジェクト（省略可）、*outputlist*---出力する式や式のリスト

マクロの実行中に、イミディエイトウィンドウに出力するには、Debugオブジェクトのprintメソッドを使います。マクロ実行中に、変数やプロパティの値を確認するときなどに便利です。なお、イミディエイトウィンドウは表示できる行数に制限があるので、あまり大量の文字列を出力すると、最初の方の文字列は消えてしまう場合もあります。

```
Sub Sample29()
    Dim i As Long
    For i = 1 To 10
        Debug.Print i & " - " & Cells(i, 1) → イミディエイトウィンドウにセルA1～A10の文字列を出力
    Next i
End Sub
```

実行結果

イミディエイトウィンドウに文字列が出力される

関連項目
07.022 [Esc] キーでマクロを停止する→p.547
07.030 ログを出力する→p.555
08.030 イミディエイトウィンドウを開く→p.628

デバッグ

07.030 ログを出力する

Openステートメント、Printメソッド

Open *pathname* For Append As #、*object*.**Print**(*outputlist*)

pathname---ファイル名、*object*---対象となるオブジェクト（省略可）
outputlist---出力する式や式のリスト

マクロが正しく実行されたかどうかを後で検証するときは、マクロの動作をログファイルに記録しておくと便利です。ログファイルは一般的にテキストファイルなので、追記モードで開きます。また、いろいろな場所からログを書き込むため、ファイルに出力する部分を、別プロシージャとしておくといいでしょう。

```
Sub Sample30()
    Dim i As Long
    On Error GoTo myError
    For i = 1 To 10
        If Cells(i, 1) = "" Then
            WriteLog (i & "は空欄です")
        Else
            Cells(i, 1) = Cells(i, 1) * 2
        End If
    Next i
    Call WriteLog("正常終了しました")
    Exit Sub
myError:
   Call WriteLog("エラーです")
End Sub

Sub WriteLog(str As String)
    Open ThisWorkbook.Path & "¥Log.txt" For Append As #1
        Print #1, Now & " " & str
    Close #1
End Sub
```

セルA1～A10が空欄の場合はログファイルに書き込む
空欄ではない場合は数を2倍する
「Log.txt」を追記モードで開く
「Log.txt」に現在の日時とメッセージを追記

実行結果

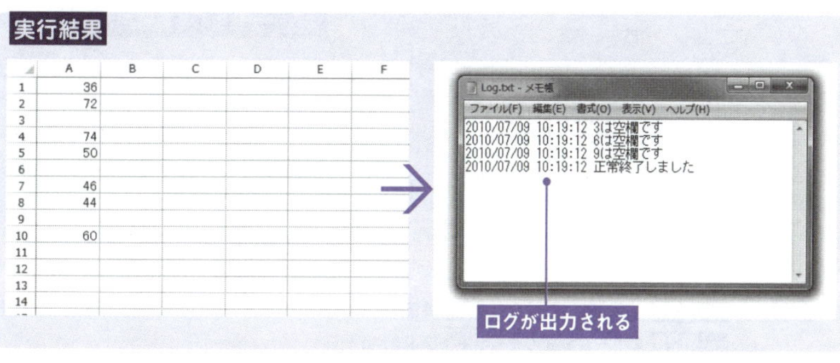

関連項目 07.029 イミディエイトウィンドウに出力する→p.554

エラー処理

07.031 エラーを無視する

On Errorステートメント

On Error Resume Next

On Errorステートメントを使うと「発生したエラーを無視して、次の行から処理を再開させる」ことができます。それには、「On Error Resume Next」と記述します。これ以降のコードでエラーが発生しても無視され、次の行に制御が移ります。シート名に指定できない文字が入力された場合、「ActiveSheet.Name = NewName」でシート名の変更を試みます。しかし、ここでエラーが発生しても無視され、次のMsgBoxが実行されます。

```
Sub Sample31()
    Dim NewName As String
    On Error Resume Next    →エラーが発生しても無視する
    NewName = InputBox("シート名を入力してください")
    If NewName = "" Then Exit Sub
    ActiveSheet.Name = NewName    →アクティブシートのワークシート名を変更
    MsgBox "終了しました"
End Sub
```

実行結果

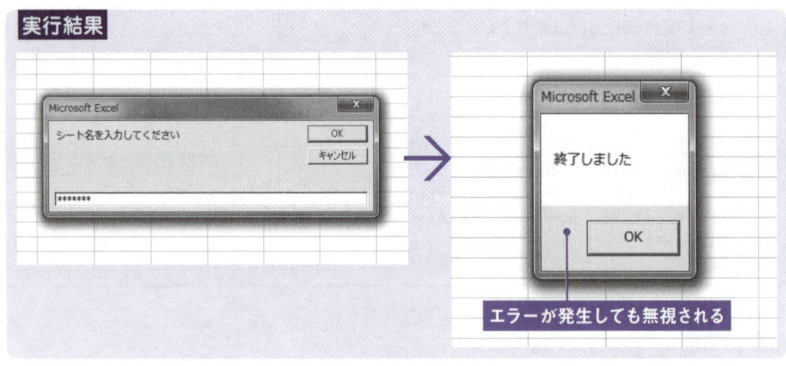
Microsoft Excel
シート名を入力してください
OK
キャンセル
****
Microsoft Excel
終了しました
OK
エラーが発生しても無視される

関連項目
07.022 [Esc] キーでマクロを停止する→p.547
07.028 エラーが発生したらジャンプする→p.553
07.032 発生したエラーの種類を調べる→p.557
07.033 エラー情報をクリアする→p.558
07.034 エラーへの対応をやめる→p.559

エラー処理

07.032 発生したエラーの種類を調べる

On Errorステートメント、Errオブジェクト、Numberプロパティ

On Error GoToラベル名、Err.Number

発生したエラーの情報は、Errオブジェクトに格納されます。ErrオブジェクトのNumberプロパティは、発生したエラーの番号が格納されます。また、エラー時に表示されるメッセージは、ErrオブジェクトのDescriptionプロパティで取得できます。エラーの種類によって処理を分岐したり、エラーメッセージを取得するには、Errオブジェクトを使ってください。

```
Sub Sample32()
    Dim NewName As String
    On Error GoTo myError  →エラーが発生した場合は「myError」に移行
    NewName = InputBox("シート名を入力してください")
    If NewName = "" Then Exit Sub
    ActiveSheet.Name = NewName
    Exit Sub
myError:
    Select Case Err.Number  →エラーの種類を判定
    Case 1004
        MsgBox Err.Description  →エラーメッセージを取得してMsgBoxに表示
    Case Else
        MsgBox "予期せぬエラーです"
    End Select
End Sub
```

実行結果

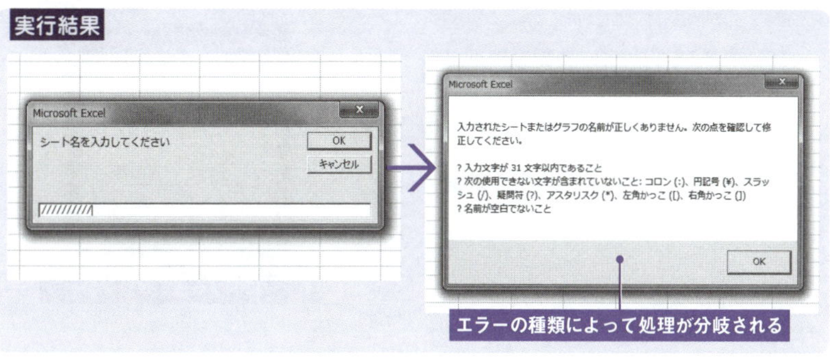

関連項目

07.022 [Esc] キーでマクロを停止する→p.547
07.028 エラーが発生したらジャンプする→p.553
07.031 エラーを無視する→p.556
07.033 エラー情報をクリアする→p.558
07.034 エラーへの対応をやめる→p.559

エラー処理

07.033 エラー情報をクリアする

Errオブジェクト、Clearステートメント

Err.Clear

マクロ実行中に発生したエラーはErrオブジェクトに格納されます。格納されたエラーは、マクロが終了するまで保持されます。エラー処理を細かく制御するときは、先に発生したエラーに関する情報をクリアしておかないと、誤った判断をする場合もあります。Errオブジェクトに格納されているエラーに関する情報をクリアするには、ErrオブジェクトのClearメソッドを実行します。

```
Sub Sample33()
    Dim NewName As String
    On Error Resume Next
    Err.Clear ───────→ エラー情報をクリア
    NewName = InputBox("シート名を入力してください")
    If NewName = "" Then Exit Sub
    ActiveSheet.Name = NewName
    If Err.Number > 0 Then
        MsgBox "変更できませんでした"
    Else
        MsgBox "終了しました"
    End If
End Sub
```

実行結果

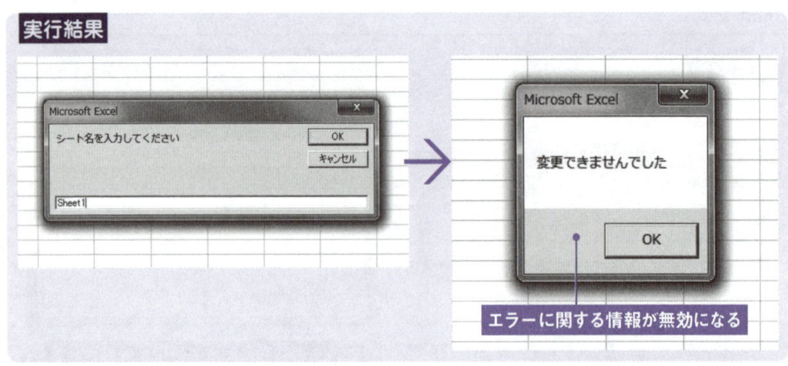

関連項目
07.031 エラーを無視する→p.556
07.032 発生したエラーの種類を調べる→p.557
07.034 エラーへの対応をやめる→p.559

エラー処理

07.034 エラーへの対応をやめる

On Errorステートメント

On Error GoTo 0

サンプルは、アクティブシートの名前をユーザーから受け取った文字列に変更します。シート名に使用できない文字が入力されたり、すでに存在する名前を指定されるとエラーになるので、On Errorステートメントでエラーを無視しています。その後、ブックを保存するのですが、もし同名のファイルが存在した場合「置き換えますか？」という確認メッセージが表示されます。ここで[いいえ]ボタンか[キャンセル]ボタンをクリックすると、SaveAsメソッドがエラーになります。しかし、先に「On Error Resume Next」を実行していると、このエラーまで無視されてしまいます。On Errorステートメントで設定したエラーへの対応をやめるには、「On Error GoTo 0」を実行します。最後は数字の「0」です。

```
Sub Sample34()
    Dim NewName As String
    On Error Resume Next  → エラーが発生しても無視する
    Err.Clear
    NewName = InputBox("シート名を入力してください")
    If NewName = "" Then Exit Sub
    ActiveSheet.Name = NewName
    If Err.Number > 0 Then
        MsgBox "変更できませんでした"
    Else
        MsgBox "変更しました"
    End If
    On Error GoTo 0  → エラー処理ルーチンを無効にする
    ActiveWorkbook.SaveAs
End Sub
```

実行結果

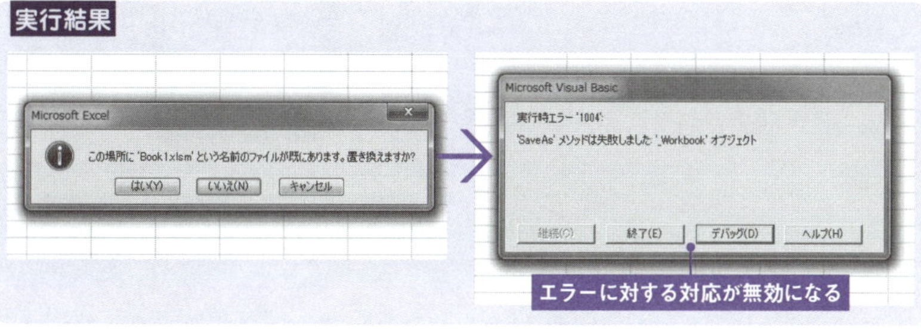

関連項目
07.031 エラーを無視する→p.556
07.032 発生したエラーの種類を調べる→p.557
07.033 エラー情報をクリアする→p.558

Function

07.035 値を返すFunctionプロシージャ

Functionステートメント

Function *name*

name---プロシージャの名前

VBAには、Subで始まるSubプロシージャと、Functionで始まるFunctionプロシージャがあります。プロシージャから別のプロシージャを呼び出したとき、処理の結果を呼び出し元に返せるのがFunctionプロシージャです。Functionプロシージャで結果を返すときは、Functionプロシージャの名前に値を代入します。

```
Sub Sample35()
    If ChkData = 0 Then
        MsgBox "田中は存在しません"
    Else
        MsgBox "田中は" & ChkData & "件あります"    → Functionプロシージャの結果をMsgBoxに表示
    End If
End Sub

Function ChkData()
    Dim c As Range, cnt As Long
    For Each c In Range("A1:A10")
        If c.Value = "田中" Then cnt = cnt + 1    → セルA1～A10の「田中」の数を判定
    Next c
    ChkData = cnt
End Function
```

実行結果

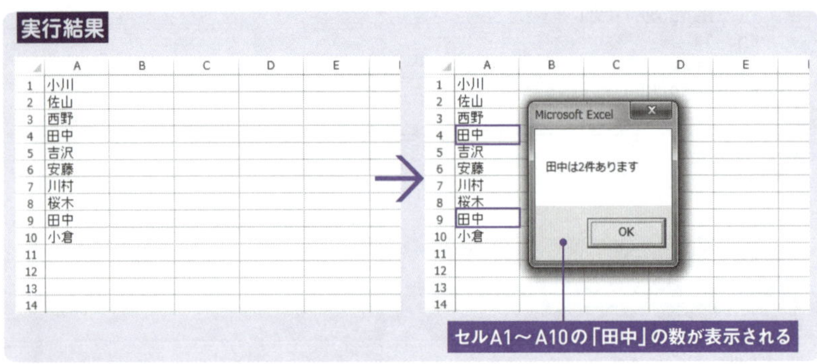

memo

▶一般に、別のSubプロシージャを呼び出すときは、それがSubプロシージャであることを明示的に表すため、Callステートメントを使います。対して、Functionプロシージャは関数のように使われるため、Callステートメントを使わないことが多くなります。

関連項目 07.012 他のプロシージャを呼び出す→p.537
07.036 プロシージャに引数を渡す→p.561

引数

07.036 プロシージャに引数を渡す

Functionプロシージャ

Function *name*(*arglist*) As *type*

name---プロシージャの名前、*arglist*---Functionプロシージャを呼び出す際に渡す変数のリスト(省略可)、*type*---Functionプロシージャから返すデータ型(省略可)

プロシージャを作成するとき、あらかじめ値を受け取るように定義しておくと、呼び出すプロシージャから値を渡すことができます。プロシージャに渡す値は、括弧内に記述しておきます。サンプルのFunctionプロシージャは、セル範囲(Rangeオブジェクト)と文字列を受け取ります。このように汎用性を高めておくと、呼び出すプロシージャでは、対象の範囲や検索文字列などを自由に設定でき、自作関数のように使えます。

```
Sub Sample36()
    Dim Result As Long
    Result = ChkData(Range("A1:A10"), "田中")
    If Result = 0 Then
        MsgBox "田中は存在しません"
    Else
        MsgBox "田中は" & Result & "件あります"
    End If
End Sub

Function ChkData(Target As Range, Str As String) As Long
    Dim c As Range, cnt As Long
    For Each c In Target
        If c.Value = Str Then cnt = cnt + 1
    Next c
    ChkData = cnt
End Function
```

→ Functionプロシージャを呼び出し検索範囲をセルA1～A10、検索文字列を「田中」とする

→ セル範囲と文字列を受け取るFunctionプロシージャ

実行結果

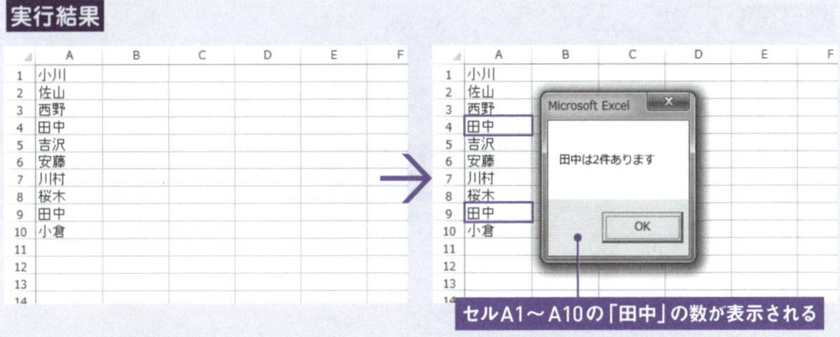

関連項目 07.012 他のプロシージャを呼び出す→p.537
07.035 値を返すFunctionプロシージャ→p.560
07.058 自分自身を呼び出すプロシージャ→p.583

引数

07.037 引数を省略可能にする

Optionalキーワード

Sub *name* (**Optional** *varname* As *type*)

name---プロシージャの名前、*varname*---変数の名前
type---プロシージャに渡す引数のデータ型(省略可)

プロシージャに渡す値は、呼び出されるプロシージャ側の括弧「( )」内に定義しておきます。呼び出すプロシージャは、括弧内で定義された値を引数として渡さなければなりません。この引数は、省略を許すことができます。「引数○には×を指定する。ただし引数○が省略された場合は△とみなす」というような定義を行うには、括弧内の引数定義に、Optionalキーワードを付けます。Optionalは引数定義の途中では使えません。Optionalキーワードの引数から後ろも、すべてOptionalで省略可能でなければなりません。例えば「(A As Long, Optional B As Long, C As Long)」は、省略可能とした引数Bの後ろで定義した引数Cが、必須となっているためエラーになります。省略可能引数を省略されたときのデフォルト値は、サンプルのように定義中で指定できます。

```
Sub Sample37()
    Call Sample37_2("A") → 2番目の引数nを省略して呼び出す
End Sub

Sub Sample37_2(str As String, Optional n As Long = 3)
    Dim i As Long, buf As String
    For i = 1 To n
        buf = buf & str
    Next i
    MsgBox buf
End Sub
```
引数nは省略可能にして省略した場合は「3」とみなす

実行結果

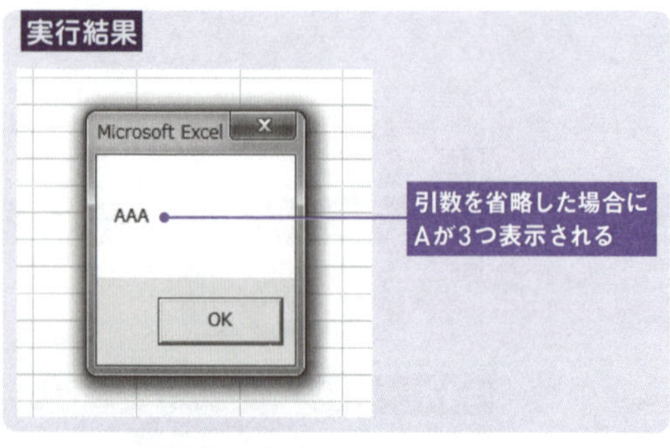
Microsoft Excel
AAA
OK
引数を省略した場合に
Aが3つ表示される

関連項目
07.038 引数が省略されたかどうか判定する→p.563
07.039 引数を可変にする→p.564
07.040 引数に配列を受け取る→p.565

引数

07.038 引数が省略されたかどうか判定する

Optionalキーワード、IsMissing関数

Sub *name* (**Optional** *varname* As *type*)、**IsMissing** (*argname*)

name---プロシージャの名前、*varname*---変数の名前、*type*---プロシージャに渡す引数のデータ型(省略可)、*argname*---バリアント型の引数の名前

引数が省略されたときのデフォルト値は、括弧内の引数定義で初期値を指定できます。そうではなく「引数が省略されたかどうか」を判定するときは、IsMissing関数を使います。IsMissing関数は、指定した引数が省略されたときTrueを返します。ただし、IsMissing関数で判定できる引数は、バリアント型でなければなりません。IsMissing関数を使って、引数の省略を判定したいときは、その引数をバリアント型で宣言してください。

```
Sub Sample38()
    Call Sample38_2("A")  → 2番目の引数nを省略して呼び出す
End Sub

Sub Sample38_2(str As String, Optional n As Variant)  → 引数nは省略可能
    Dim i As Long, buf As String
    If IsMissing(n) Then n = 4
    For i = 1 To n
        buf = buf & str
    Next i
    MsgBox buf
End Sub
```

実行結果

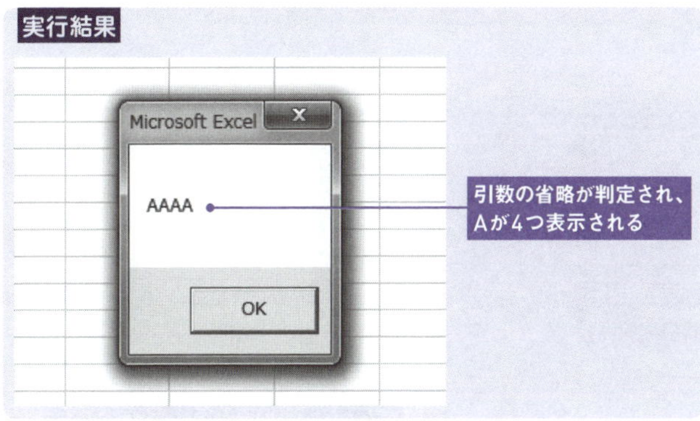
Microsoft Excel
AAAA
OK
引数の省略が判定され、Aが4つ表示される

関連項目
07.037 引数を省略可能にする→p.562
07.039 引数を可変にする→p.564
07.040 引数に配列を受け取る→p.565

引数

07.039 引数を可変にする

ParamArrayキーワード

Sub *name*(**ParamArray** *varname* As *type*)

name---プロシージャの名前、*varname*---変数の名前
type---プロシージャに渡す引数のデータ型(省略可)

例えば、ワークシート関数のSUM関数は、複数の引数をカンマで区切って指定できます。引数の数は1つでも2つでも正しく計算されます。これは、呼び出されるプロシージャで、受け取る引数を可変にしているからです。可変の引数を定義するには、ParamArrayキーワードを付けます。ParamArrayキーワードで可変にできる引数は、引数リストの最後でなければなりません。また、ParamArrayキーワードで可変にできる引数は、バリアント型の配列に限られます。

```
Sub Sample39()
    Call Sample39_2("合計", 1, 2, 3, 4, 5)
    Call Sample39_2("合計", Range("A1"), Range("A2"), Range("A3"))
End Sub

Sub Sample39_2(str As String, ParamArray A() As Variant)
    Dim i As Long, Result As Long
    For i = 0 To UBound(A)
        Result = Result + A(i)
    Next i
    MsgBox str & ":" & Result
End Sub
```

引数Aを可変にする

実行結果

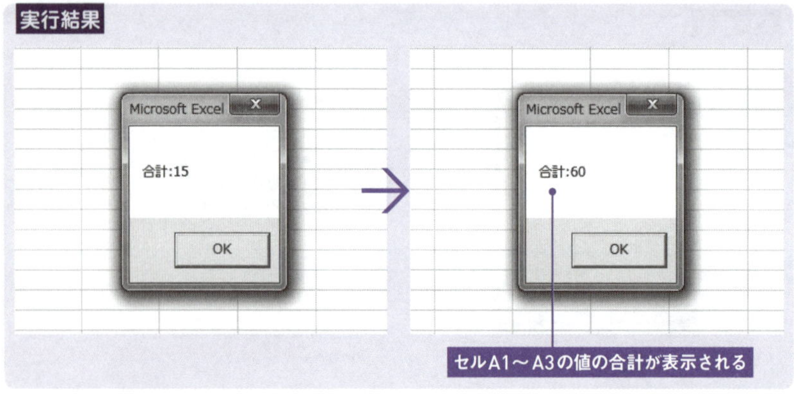

関連項目
07.036 プロシージャに引数を渡す→p.561
07.037 引数を省略可能にする→p.562
07.038 引数が省略されたかどうか判定する→p.563
07.040 引数に配列を受け取る→p.565

引数

07.040 引数に配列を受け取る

UBound関数

UBound (*arrayname*)

arrayname---配列変数の名前

引数に配列を渡すときは、呼び出されるプロシージャで、引数を動的配列として宣言します。サンプルでは、呼び出すプロシージャの配列bufを「buf(3)」として宣言しています。標準のVBAでは、配列は要素0から始まるので「buf(3)」は実際には「buf(0)」「buf(1)」「buf(2)」「buf(3)」の4つの要素を持ちますが、先頭の「buf(0)」は使っていません。呼び出されるプロシージャでも「For i = 1 To UBound(A)」と、要素「0」は無視しています。

```
Sub Sample40()
    Dim buf(3) As String
    buf(1) = "tanaka"
    buf(2) = "suzuki"
    buf(3) = "yamada"
    Call Sample40_2(buf)
End Sub

Sub Sample40_2(A() As String)  → 引数Aを動的配列として宣言
    Dim i As Long, buf As String
    For i = 1 To UBound(A)  → 配列の数を判定してそれに合わせて以下の処理を実行
        buf = buf & A(i) & vbCrLf
    Next i
    MsgBox buf
End Sub
```

実行結果

関連項目
07.036 プロシージャに引数を渡す→p.561
07.037 引数を省略可能にする→p.562
07.038 引数が省略されたかどうか判定する→p.563
07.039 引数を可変にする→p.564
07.041 配列を返す→p.566

引数

07.041 配列を返す

Functionプロシージャ

Function *name*(*arglist*) As *type*

name---プロシージャの名前、*arglist*---Functionプロシージャを呼び出す際に渡す変数のリスト(省略可)、*type*---Functionプロシージャから返すデータ型(省略可)

Functionプロシージャは、何らかの値を返すプロシージャです。返す値の型は「Fucntion　名前(引数)　As　型」と、プロシージャの最後で定義できます。配列を返すFunctionプロシージャは、最後の型指定の後ろに括弧「()」を付けます。サンプルでは、文字列型の配列を返しています。

```
Sub Sample41()
    Dim tmp As Variant
    tmp = Sample41_2("tanaka,suzuki,yamada") →引数に文字列を渡す
    MsgBox tmp(1)
End Sub

Function Sample41_2(str As String) As String() →プロシージャで返す値を配列で宣言
    Sample41_2 = Split(str, ",")  →引数で渡された文字列をカンマで区切って配列にする
End Function
```

実行結果

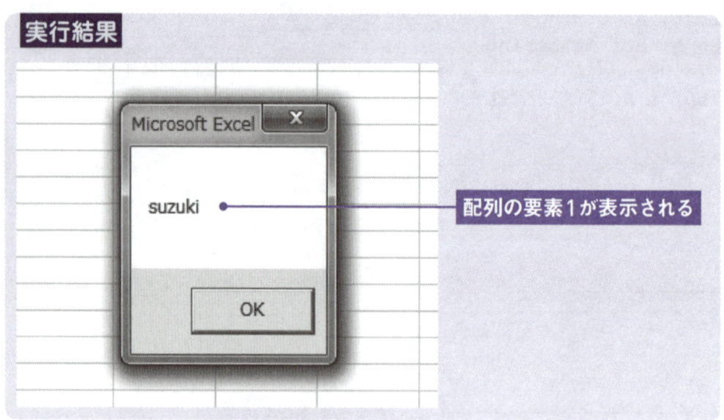

関連項目 07.040 引数に配列を受け取る→p.565

ユーザー定義関数

07.042 ユーザー定義関数を作る

Functionプロシージャ

Function *name*(*arglist*) As *type*

name---プロシージャの名前、*arglist*---Functionプロシージャを呼び出す際に渡す変数のリスト(省略可)、*type*---Functionプロシージャから返すデータ型(省略可)

Functionプロシージャは、ワークシート上のセルに入力して呼び出すこともできます。そうした、ワークシート上で使用するFunctionプロシージャを「ユーザー定義関数」と呼びます。ユーザー定義関数では、次のことができません。

- セルの挿入/削除
- 他セルの値の変更
- アクティブセルや選択範囲の変更
- シートの挿入/削除や名前の変更
- Excelの設定の変更

```
Function StrMerge(Target As Range) As String   → ユーザー定義関数を宣言
    Dim c As Range, buf As String
    For Each c In Target
        buf = buf & c.Value                     → 引数で指定したセルのデータを結合
    Next c
    StrMerge = buf
End Function
```

実行結果

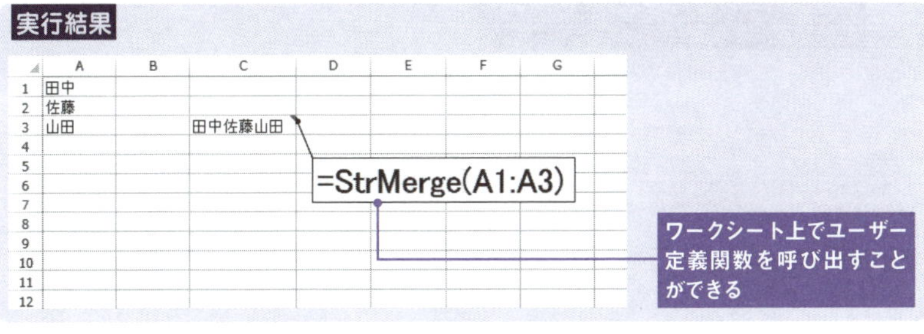

関連項目 07.043 入力されたセルを取得する→p.568
07.044 自動再計算の関数にする→p.569

ユーザー定義関数

07.043 入力されたセルを取得する

ThisCellプロパティ、Parentプロパティ

object.**ThisCell.Parent**

object---対象となるApplicationオブジェクト

ユーザー定義関数で、その関数が「入力されているセル」は、ApplicationオブジェクトのThisCellプロパティで取得できます。サンプルでは、入力されたセルの親(ワークシート)をParentプロパティで調べ、その名前を返しています。「Parent.Parent.Name」とすれば、その関数が入力されているセルのブック名を返します。

```
Function SheetName() As String  → ユーザー定義関数を宣言
    SheetName = Application.ThisCell.Parent.Name → 入力されたセルのシート名を取得
End Function
```

実行結果

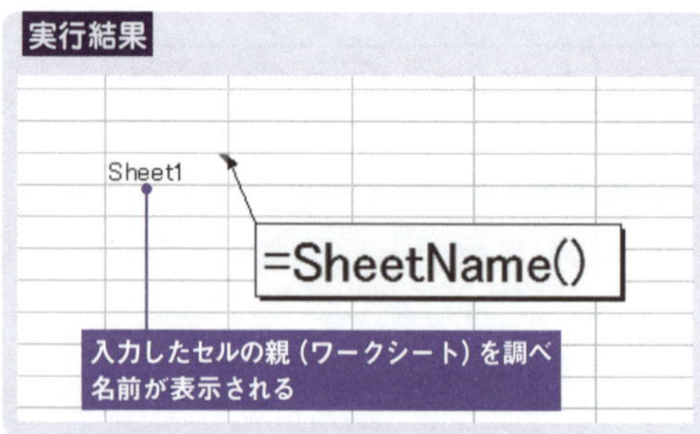

関連項目 07.042 ユーザー定義関数を作る→p.567
07.044 自動再計算の関数にする→p.569

ユーザー定義関数

07.044 自動再計算の関数にする

Volatileメソッド

object.**Volatile**

object---対象となるApplicationオブジェクト

ユーザー定義関数は、ワークシート上で、引数に指定された値が変更されたときだけ再計算を行います。そうではなく、一般的なワークシート関数のように、任意のセルが変更されたときにも自動的に再計算を行うには、ユーザー定義関数(Functionプロシージャ)の先頭で、ApplicationオブジェクトのVolatileメソッドを実行します。

```
Function SheetName() As String → ユーザー定義関数を宣言
    Application.Volatile → 自動的に再計算されるように設定
    SheetName = Application.ThisCell.Parent.Name → 入力されたセルのシート名を取得
End Function
```

実行結果

関連項目 07.042 ユーザー定義関数を作る→p.567
07.043 入力されたセルを取得する→p.568

その他

07.045 画面の更新を止める

ScreenUpdatingプロパティ

object.**ScreenUpdating** = False

object---対象となるApplicationオブジェクト

マクロの実行中は、実行したコマンドによって、画面が更新されます。画面の更新を抑止するには、ApplicationオブジェクトのScreenUpdatingプロパティにFalseを指定します。これ以降は画面が止まり、更新されません。

```
Sub Sample45()
    Dim i As Long
    Application.ScreenUpdating = False → 画面の更新を止める
    For i = 1 To 100
        Cells(i, 1).Select           → セルA1～A100を選択
    Next i
    Application.ScreenUpdating = True → 画面を更新
End Sub
```

実行結果

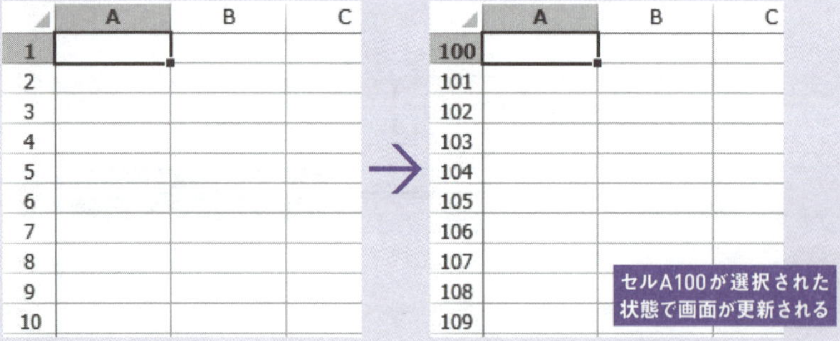

	A	B	C
1			
2			
3			
4			
5			
6			
7			
8			
9			
10			

→

	A	B	C
100			
101			
102			
103			
104			
105			
106			
107			
108			
109			

セルA100が選択された状態で画面が更新される

memo

▶画面の更新を抑止すると、一般的にはマクロの実行速度が速くなります。

関連項目 07.046 確認メッセージを表示させない→p.571

その他

07.046 確認メッセージを表示させない

DisplayAlertsプロパティ

object.**DisplayAlerts**

object---対象となるApplicationオブジェクト

ワークシートを削除するとき「削除しますか？」というExcelからの確認メッセージが表示されます。こうしたExcelからの確認メッセージを表示させないようにするには、ApplicationオブジェクトのDisplayAlertsプロパティにFalseを指定します。再び確認メッセージが表示されるようにするにはTrueを設定してください。

```
Sub Sample46()
    Application.DisplayAlerts = False → 確認メッセージが表示されないように設定
    ActiveSheet.Delete   → アクティブシートを削除
    Application.DisplayAlerts = True  → 再び確認メッセージが表示されるように設定
End Sub
```

実行結果

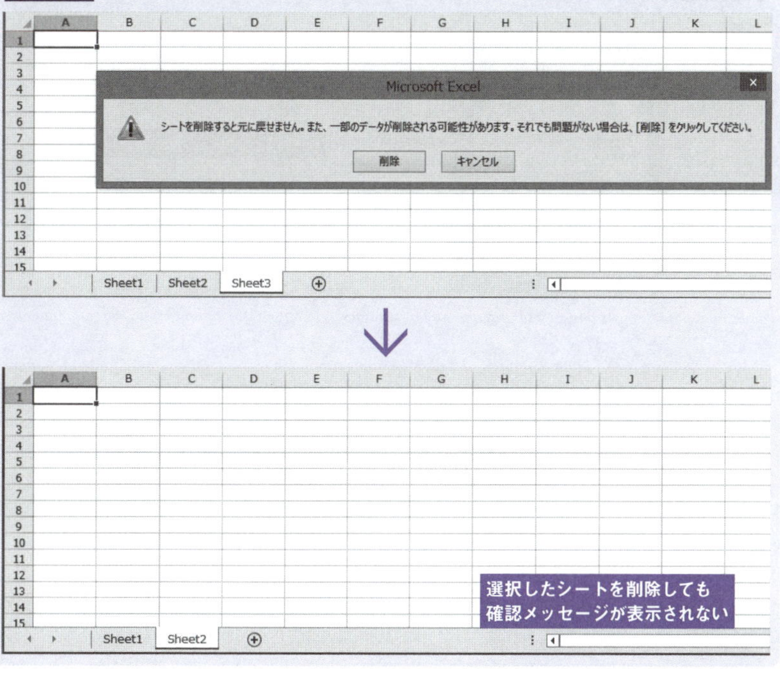

関連項目 07.045 画面の更新を止める→p.570

その他

07.047 Split関数の結果を直接操作する

Split関数

Split(*expression, delimiter*)

expression---区切り文字を含めた文字列、*delimiter*---文字区切りを識別する文字列

Split関数は、文字列を区切り文字で分割した配列を返します。一般的には、Split関数の結果(返り値)は、バリアント型変数に格納し、以降はそのバリアント型変数を配列として操作することが多くなります。しかし、Split関数自体が配列を返すのですから、Split関数の後ろに添え字を付ければ、Split関数が返す配列を直接操作できます。

```
Sub Sample47()
    Dim buf As String
    buf = "tanaka,suzuki,yamada"
    MsgBox Split(buf, ",")(1)  → Split関数が返す配列の2つ目を取得してMsgBoxに表示
End Sub
```

実行結果

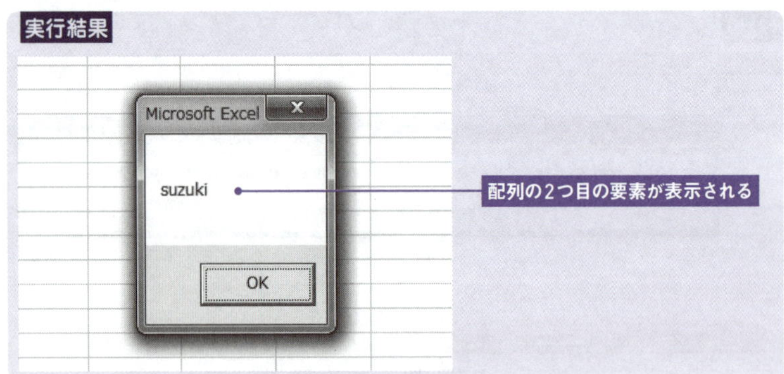

関連項目 07.049 スペースで文字列を分割する→p.574

文字列

07.048 特定のデータが含まれているか判定する

InStr関数

InStr (*string1, string2*)

string1---検索対象となる文字列、*string2*---検索する文字列

データが等しいかどうかは「=」演算子で判定できます。では、任意の文字列に、ある文字が含まれているかどうかを判定するには、どうしたらいいでしょう。含まれているかどうかを判定する演算子は、VBAにありません。そんなときは、InStr関数を使います。InStr関数の返り値が「0」ということは、文字が含まれていないということになります。

```
Sub Sample48()
    Dim i As Long
    For i = 1 To 10
        If InStr(Cells(i, 1), " ") = 0 Then
            Cells(i, 2) = "×"
        End If
    Next i
End Sub
```

→ セルA1～A10の文字列に空白が含まれているか判定

実行結果

	A	B	C
1	北村 佐美		
2	内海 典子		
3	戸田友子		
4	三輪 孝幸		
5	松下 奈保子		
6	本田 哲		
7	日野 三郎		
8	宮城恭子		
9	三宅 愛		
10	鎌田 誠子		
11			
12			
13			

→

	A	B	C
1	北村 佐美		
2	内海 典子		
3	戸田友子	×	
4	三輪 孝幸		
5	松下 奈保子		
6	本田 哲		
7	日野 三郎		
8	宮城恭子	×	
9	三宅 愛		
10	鎌田 誠子		
11			
12			
13			

空白が含まれているかが判定される

関連項目
01.020 大文字と小文字を区別しない→p.21
07.050 文字列を後ろから検索する→p.575

文字列

07.049 スペースで文字列を分割する

Split関数

Split (*expression, delimiter*)

expression---区切り文字を含めた文字列、*delimiter*---文字区切りを識別する文字列

苗字と名前がスペースで区切られているとき、スペースの位置によって苗字と名前を分割するには、どうしたらいいでしょう。スペースの位置をInStr関数で調べて、Left関数とMid関数を使って……と難しく考えることはありません。スペースを区切り文字として、Split関数を使えばいいのです。

```
Sub Sample49()
    Dim i As Long
    For i = 1 To 10
        If InStr(Cells(i, 1), " ") > 0 Then
            Cells(i, 2) = Split(Cells(i, 1), " ")(0)
            Cells(i, 3) = Split(Cells(i, 1), " ")(1)
        End If
    Next i
End Sub
```

セルA1～A10の文字列に空白が含まれているか判定

Split関数が返す配列の1つ目をB列に表示

Split関数が返す配列の2つ目をC列に表示

実行結果

	A	B	C
1	北村 佐美		
2	内海 典子		
3	戸田 友子		
4	三輪 孝幸		
5	松下 奈保子		
6	本田 哲		
7	日野 三郎		
8	宮城 恭子		
9	三宅 愛		
10	鎌田 誠子		
11			
12			
13			

→

	A	B	C
1	北村 佐美	北村	佐美
2	内海 典子	内海	典子
3	戸田 友子	戸田	友子
4	三輪 孝幸	三輪	孝幸
5	松下 奈保子	松下	奈保子
6	本田 哲	本田	哲
7	日野 三郎	日野	三郎
8	宮城 恭子	宮城	恭子
9	三宅 愛	三宅	愛
10	鎌田 誠子	鎌田	誠子
11			
12			
13			

苗字と名前が分割される

関連項目 07.047 Split関数の結果を直接操作する →p.572

文字列／検索

07.050 文字列を後ろから検索する

InStrRev関数

InstrRev (*stringcheck, stringmatch*)

stringcheck---検索先の文字列、*stringmatch*---検索する文字列

InStr関数は、任意の文字列内に、指定した文字列が存在した場合、先頭からの位置を返す関数です。先頭から探すのではなく、文字列の後ろから探すときは、InStrRev関数を使います。「C:¥Work¥Sub¥Book1.xlsm」のようなファイルのフルパスから、ファイル名だけを取り出すには、最後に登場する「¥」から右を取得します。そんなとき役立つのがInStrRev関数です。

```
Sub Sample50()
    Dim n As Long, Target As String
    Target = ThisWorkbook.FullName
    n = InStrRev(Target, "¥") → ファイルのフルパスの最後に登場する「¥」から右を取得
    MsgBox Mid(Target, n + 1)
End Sub
```

実行結果

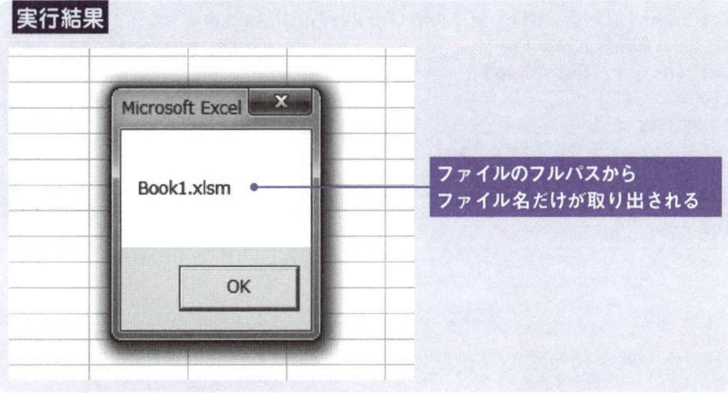

関連項目 07.048 特定のデータが含まれているか判定する→p.573

文字列

07.051 文字の個数をカウントする(1)

InStr関数

InStr (*start, string1, string2*)

start---検索の開始位置、*string1*---検索対象となる文字列、*string2*---検索する文字列

ある文字列の中に、特定の文字が何個含まれているかを返すVBAの関数はありません。文字列内で、特定の文字が出現する個数をカウントするには、自分で計算しなければなりません。InStr関数は、文字を検索する位置を指定できるので、最初に見つかった位置の右から、見つからなくなるまで検索を繰り返します。こうした処理を何度も行うのなら、サンプルのようにFunctionプロシージャとして作成しておくと便利です。

```
Sub Sample51()
    Dim Source As String
    Source = "田中 鈴木 山田 佐藤"
    MsgBox StrCount(Source, " ") → 空白の個数をカウントしてMsgBoxに表示
End Sub

Function StrCount(Str As String, Sep As String) As Long → プロシージャ定義型関数を宣言
    Dim cnt As Long, n As Long
    n = InStr(n + 1, Str, Sep)         ┐
    Do While n > 0                     │
        cnt = cnt + 1                  ├→ 文字の個数をカウント
        n = InStr(n + 1, Str, Sep)     │
    Loop                               ┘
    StrCount = cnt
End Function
```

実行結果

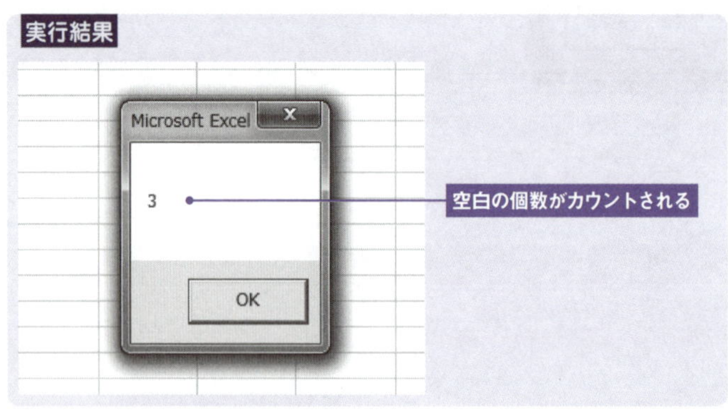

関連項目 07.052 文字の個数をカウントする (2) →p.577

文字列

07.052 文字の個数をカウントする(2)

Split関数、UBound関数

Split (*string1, string2*)、**Ubound** (*arrayname*)

string1---検索対象となる文字列、string2---検索する文字列、*arrayname*---配列変数の名前

検索したい文字が1文字の場合は、簡単に調べることができます。例えば「Split("A,B,C",",")」は、CSV形式のデータをカンマで分割して、配列に格納できます。この配列の要素数を調べれば、結果的に「カンマがいくつあったか」がわかります。配列の要素数は、UBound関数で取得します。

```
Sub Sample52()
    Dim Source As String
    Source ="田中 鈴木 山田 佐藤"
    MsgBox UBound(Split(Source, " ")) → 文字列から空白を取得して要素数を調べMsgBoxに表示
End Sub
```

実行結果

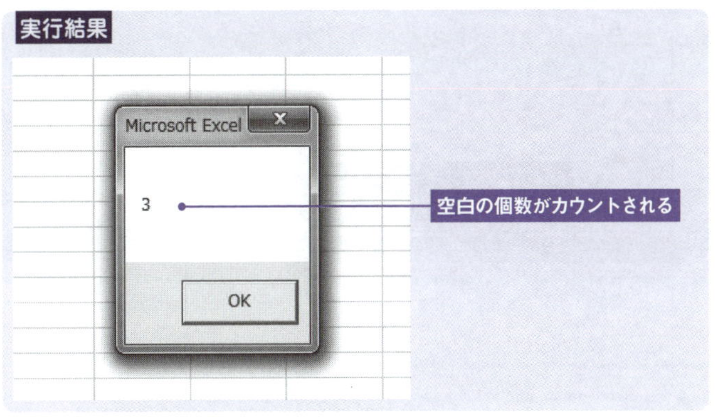

関連項目 07.051 文字の個数をカウントする（1）→p.576

文字列

07.053 数値で文字を表す

Chr関数

Chr(*charcode*)

charcode---文字を特定するための長整数型(Long)の値

コンピュータでは、すべての文字をコードで管理しています。例えば、半角大文字のアルファベット「A」のアスキーコードは「65」です。こうしたコード番号から、該当する文字に変換してくれるのがChr関数です。

```
Sub Sample53()
    Dim i As Long
    For i = 1 To 10
        Cells(i, 1) = Chr(i + 64)  →A列に65 ～ 74のアスキーコードに対応する文字を表示
    Next i
End Sub
```

実行結果

	A	B
1	A	
2	B	
3	C	
4	D	
5	E	
6	F	
7	G	
8	H	
9	I	
10	J	
11		
12		

65～74のアスキーコードに対応する文字が表示される

関連項目 01.028 数値から列番号を調べる→p.30
07.054 アスキーコードを調べる→p.579

文字列

07.054 アスキーコードを調べる

Asc関数

Asc(*String*)

String---文字列

半角アルファベット「A」のアスキーコードは「65」です。数値の「65」から「A」に変換するには、Chr関数を使います。反対に、文字「A」のアスキーコードを調べるときは、Asc関数を使います。

```
Sub Sample54()
    Dim Str As String, i As Long, msg As String
    Str = "ABC"
    For i = 1 To Len(Str)
        msg = msg & Asc(Mid(Str, i, 1)) & " "
    Next i
    MsgBox msg
End Sub
```

文字列「ABC」のアスキーコードを1文字ずつ取得

実行結果

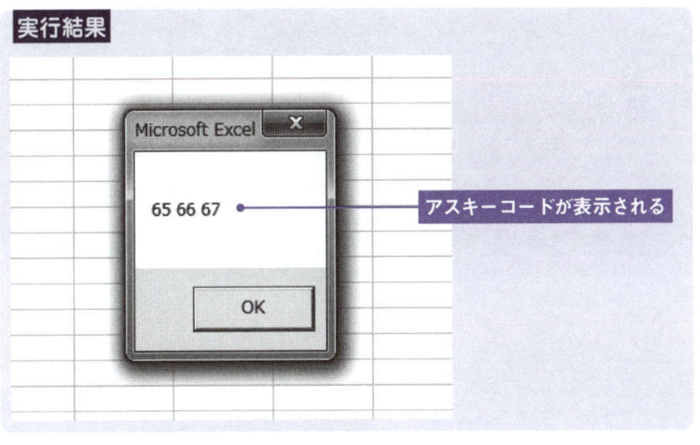

関連項目 07.053 数値で文字を表す→p.578

デバッグ

07.055 マクロを一時停止する(1)

Stopステートメント

マクロの実行を一時停止してデバッグモードにするには、Stopステートメントを使います。Stopステートメントは、その他のステートメントと同じ、VBAのステートメントです。ブレークポイントを設定するより柔軟で、ウォッチウィンドウよりも使いやすいのが特徴です。サンプルは、変数iの値が「50」になったら、マクロを一時停止します。

```
Sub Sample55()
    Dim i As Long
    For i = 1 To 100
        If i = 50 Then Stop  → 変数iが「50」になったらマクロを停止
    Next i
End Sub
```

実行結果

```
Sub Sample58()
    Dim i As Long
    For i = 1 To 100
        If i = 50 Then Stop
    Next i
End Sub
```

変数iの値が50になったら、マクロが一時停止される

関連項目
07.022 [Esc] キーでマクロを停止する→p.547
07.029 イミディエイトウィンドウに出力する→p.554
07.056 マクロを一時停止する (2) →p.581

デバッグ

07.056 マクロを一時停止する（2）

Debugオブジェクト、Assertメソッド

Debug.Assert *booleanexpression*

booleanexpression---TrueまたはFalseとして評価される式

マクロを一時停止するには、DebugオブジェクトのAssertメソッドを使う手もあります。Assertメソッドは「Debug.Assert [式]」のように指定し、式がFalseのときだけデバッグモードになります。

```
Sub Sample56()
    Dim i As Long
    For i = 1 To 100
        Debug.Assert Cells(i, 1) <> ""  → セルA1 ～A100の中で空白セルがない場合はマクロを停止する
        Cells(i, 2) = Split(Cells(i, 1), " ")(0)
        Cells(i, 3) = Split(Cells(i, 1), " ")(1)
    Next i
End Sub
```

実行結果

```
Sub Sample59()
    Dim i As Long
    For i = 1 To 100
        Debug.Assert Cells(i, 1) <> ""
        Cells(i, 2) = Split(Cells(i, 1), " ")(0)
        Cells(i, 3) = Split(Cells(i, 1), " ")(1)
    Next i
End Sub
```

マクロが一時停止される

関連項目
07.022 [Esc] キーでマクロを停止する→p.547
07.029 イミディエイトウィンドウに出力する→p.554
07.055 マクロを一時停止する（1）→p.580

配列

07.057 配列かどうか調べる

IsArray関数

IsArray (*varname*)

varname---変数の識別子

[ファイルを開く]ダイアログボックスを表示して、ユーザーにファイルを選択してもらうときには、ApplicationオブジェクトのGetOpenFilenameメソッドが便利です。GetOpenFilenameメソッドでは、引数MultiSelectにTrueを指定すると、複数のファイルを選択できるようになります。選択された複数のファイルは、配列形式で返されます。しかし、[キャンセル]ボタンがクリックされると、配列ではなくFalseが返ります。そこで、ユーザーが[キャンセル]ボタンをクリックしたかどうかは、返り値が配列かどうかを判定しなければなりません。配列かどうかを判定するには、IsArray関数を使います。

```
Sub Sample57()
    Dim Target As Variant
    Target = Application.GetOpenFilename(MultiSelect:=True)
    If Not IsArray(Target) Then   →複数のファイルが選択されているか判定
        MsgBox "キャンセルされました"
    Else
        MsgBox "ファイルが選択されました"
    End If
End Sub
```

実行結果

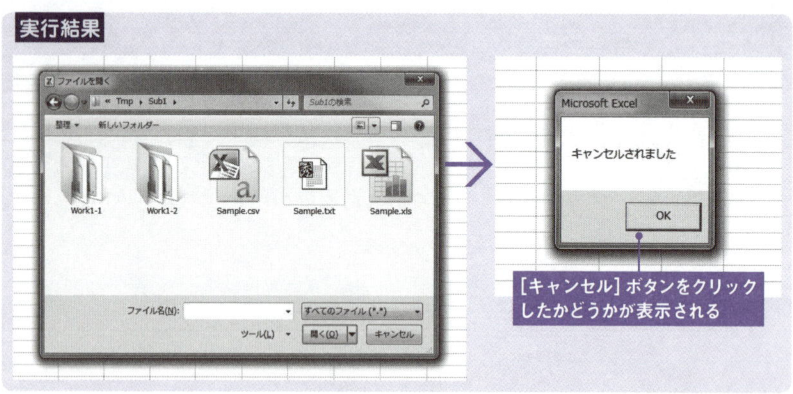

[キャンセル]ボタンをクリックしたかどうかが表示される

関連項目 07.040 引数に配列を受け取る→p.565
07.041 配列を返す→p.566

その他

07. 058 自分自身を呼び出すプロシージャ

Callステートメント

Call *name*

name---呼び出すプロシージャの名前

あるプロシージャが、自分自身を呼び出すことを「再帰」と呼びます。サンプルでは、プロシージャGetFolderInfoは、引数に指定されたフォルダのパスと、フォルダ内に保存されているファイルの数をアクティブシートに書き出します。GetFolderInfoは、引数で渡されたフォルダに、サブフォルダが1つ以上存在した場合、それらのサブフォルダを引数にして自分自身を呼び出します。

```
Sub Sample58()
    Call GetFolderInfo("C:¥tmp")
End Sub

Sub GetFolderInfo(Target As String)
    With CreateObject("Scripting.FileSystemObject")
        If .GetFolder(Target).SubFolders.Count > 0 Then
            Dim f As Object
            For Each f In .GetFolder(Target).SubFolders
                Call GetFolderInfo(f.Path)
            Next f
        End If
        Dim n As Long
        n = .GetFolder(Target).Files.Count
        With Cells(Rows.Count, 1).End(xlUp)
            .Offset(1, 0) = Target
            .Offset(1, 1) = n
        End With
    End With
End Sub
```

サブフォルダの存在を判定

指定したフォルダにサブフォルダがあった場合は自分自身を呼び出す

フォルダ名とフォルダ内のファイルの数をセルに表示

実行結果

	A	B	C
1	フォルダ名	ファイル数	
2	C:¥Tmp¥pic	0	
3	C:¥Tmp¥sub1¥Work1-1	3	
4	C:¥Tmp¥sub1¥Work1-2	3	
5	C:¥Tmp¥sub1	3	
6	C:¥Tmp¥sub2¥Work2-1¥woek2-2	3	
7	C:¥Tmp¥sub2¥work2-1	3	
8	C:¥Tmp¥sub2	3	
9	C:¥Tmp¥tanaka	0	
10	C:¥Tmp	10	
11			
12			

引数に指定されたフォルダのパスとフォルダ内に保存されているファイルの数が書き出される

関連項目 07.012 他のプロシージャを呼び出す→p.537
07.036 プロシージャに引数を渡す→p.561

繰り返し

07.059 複雑な条件分岐

Select Caseステートメント

Select Case *true*
Case *Function*

statements

Function---評価に使う関数
statements---Functionが成立する場合に実行されるステートメント

Select Caseステートメントでは、Caseの後ろで指定した「対象」を、Case節の評価内ではIsキーワードとして利用できます。例えば、次のように使います。

```
Select Case Range("A1").Value
Case Is < 10
Case Is >= 20
End Select
```

しかし、Isキーワードは、評価式の左辺にしか使えません。評価に関数を使ったり、あるいはもっと複雑な判定を行うときは、Select Caseステートメントの「対象」にTrueを指定します。

```
Sub Sample59()
    Select Case True
    Case Left(Range("A1"), 1) = "A"   → セルA1の1文字目が「A」の場合
        MsgBox "処理1"
    Case Right(Range("A1"), 1) = "B"  → セルA1の最後の文字が「B」の場合
        MsgBox "処理2"
    End Select
End Sub
```

実行結果

セルA1の文字の先頭に「A」が入力されている場合は処理1が実行される

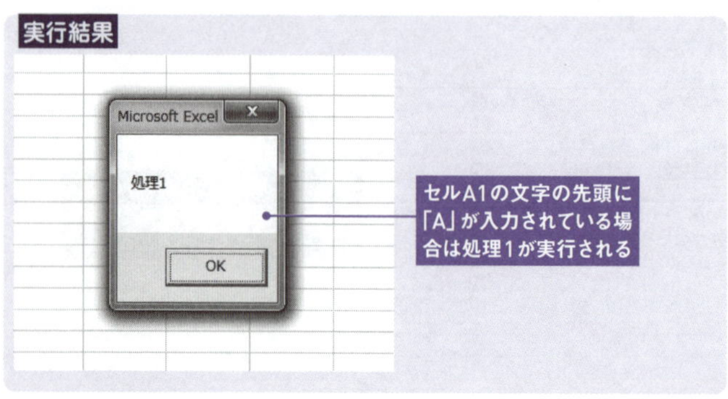

関連項目 07.016 条件分岐 (Select Case) →p.541

その他

07. 060 一定範囲の乱数を生成する

Randomizeメソッド、Rnd関数、Int関数

Int(Rnd * *Max*) + *Min*

Max---乱数の最大値、*Min*---乱数の最小値

Rnd関数は0より大きく1未満のランダムな小数を返します。任意の幅の乱数を生成するときは「Int(Rnd * 最大値) + 最小値」とします。サンプルでは、1～6の乱数を生成しています。Rnd関数の前にRandomizeメソッドを実行すると、乱数テーブルを初期化します。

```
Sub Sample60()
    Dim msg As String, i As Long, j As Long
    For i = 1 To 5
        For j = 1 To 6
            Randomize
            msg = msg & Int(Rnd * 6) + 1 & " "
        Next j
        msg = msg & vbCrLf
    Next i
    MsgBox msg
End Sub
```

→ 最大値「6」最小値「1」の乱数を発生

実行結果

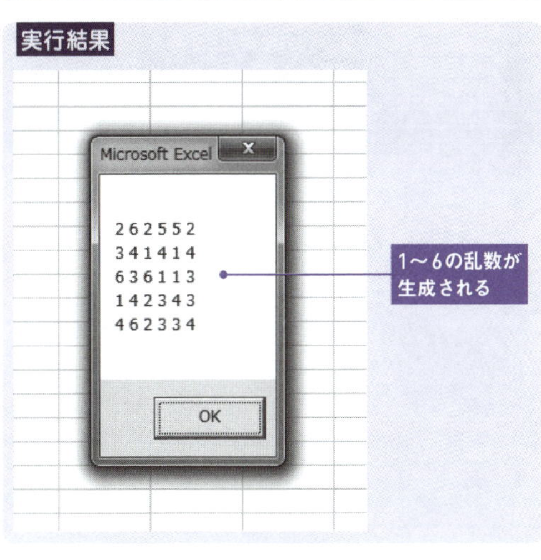

関連項目 01.190 連続データを作成する→p.198
07.067 同じ文字を続ける→p.592

文字列

07.061 文字列の左側を抜き出す

Left関数

Left (*string, length*)

string---元の文字列、*length*---文字数

文字列の左側を抜き出すには、Left関数を使います。Left関数の書式は次の通りです。

```
Left(元の文字列, 文字数)
```

```
Sub Sample61()
    MsgBox Left("ABCDEFGH", 3)  → 文字列の左から3文字を取得してMsgBoxに表示
End Sub
```

実行結果

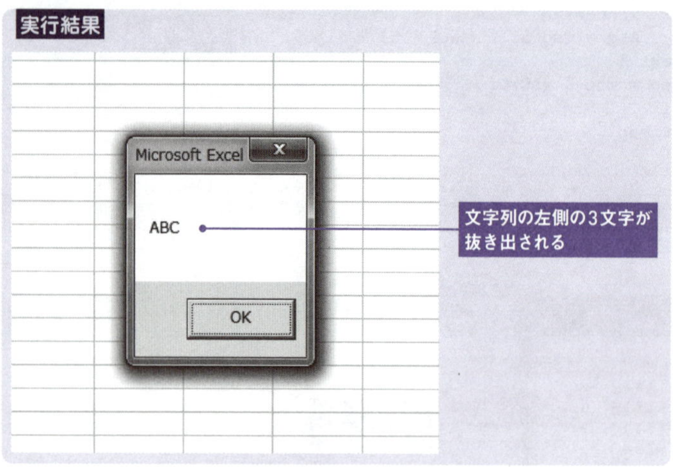
Microsoft Excel
ABC
OK
文字列の左側の3文字が抜き出される

関連項目
07.062 文字列の右側を抜き出す→p.587
07.063 文字列の中を抜き出す→p.588
07.064 文字列の右側全部を抜き出す→p.589

文字列

07.062 文字列の右側を抜き出す

Right関数

Right(*string, length*)

string---元の文字列、*length*---文字数

文字列の右側を抜き出すには、Right関数を使います。Right関数の書式は次の通りです。

```
Right(元の文字列, 文字数)
```

```
Sub Sample62()
    MsgBox Right("ABCDEFGH", 3)   → 文字列の右から3文字を取得してMsgBoxに表示
End Sub
```

実行結果

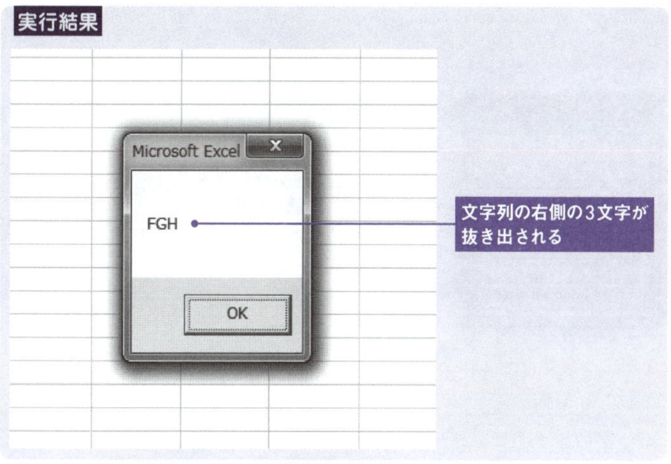
Microsoft Excel
FGH
OK
文字列の右側の3文字が抜き出される

関連項目
07.061 文字列の左側を抜き出す→p.586
07.063 文字列の中を抜き出す→p.588
07.064 文字列の右側全部を抜き出す→p.589

文字列

07.063 文字列の中を抜き出す

Mid関数

Mid(*string, start, length*)

string---元の文字列、*start*---開始位置、*length*---取り出す文字数(省略可)

文字列の中を抜き出すには、Mid関数を使います。Mid関数の書式は次の通りです。

```
Mid(元の文字列, 開始位置, 文字数)
```

```
Sub Sample63()
    MsgBox Mid("ABCDEFGH", 3, 2) → 文字列の3文字目から2文字分を取得してMsgBoxに表示
End Sub
```

実行結果

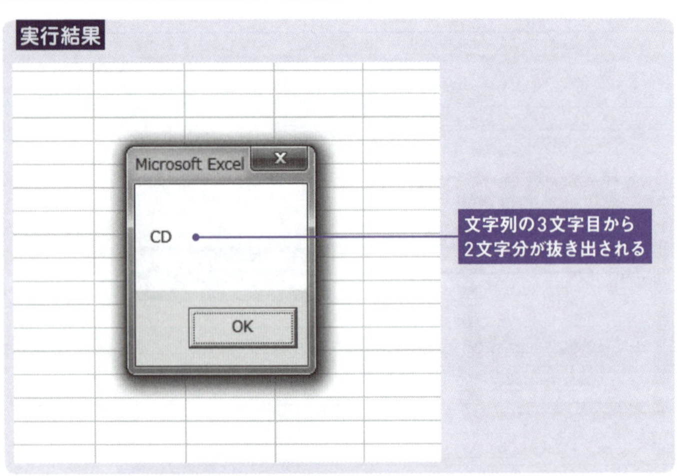
Microsoft Excel
CD
OK
文字列の3文字目から
2文字分が抜き出される

関連項目
07.061 文字列の左側を抜き出す→p.586
07.062 文字列の右側を抜き出す→p.587
07.064 文字列の右側全部を抜き出す→p.589

セル
ブックとシート
ファイル
グラフとオブジェクト
メニュー
UserForm
プログラミング
高度な使い方

文字列

07.064 文字列の右側全部を抜き出す

Mid関数

Mid (*string, start*)

string---元の文字列、*start*---開始位置

Mid関数は、文字列中の、指定した位置から、指定した文字数を抜き出す関数です。Mid関数の3番目の引数「文字数」を省略すると、開始位置から右側全部を返します。

```
Sub Sample64()
    MsgBox Mid("ABCDEFGH", 3)  → 文字列の3文字目以降を取得してMsgBoxに表示
End Sub
```

実行結果

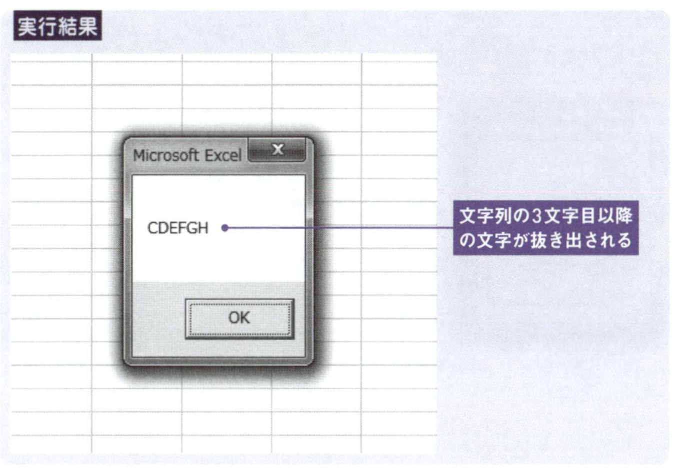
Microsoft Excel
CDEFGH
OK
文字列の3文字目以降の文字が抜き出される

関連項目
07.061 文字列の左側を抜き出す→p.586
07.062 文字列の右側を抜き出す→p.587
07.063 文字列の中を抜き出す→p.588

文字列

07.065 文字列の長さを調べる

Len関数

Len(*string*)

string---文字列

Len関数は、引数に指定した文字列の長さ（文字数）を返します。半角文字と全角文字は区別しません。

```
Sub Sample65()
    MsgBox Len("東京Excel") → 文字列「東京Excel」の文字数を取得してMsgBoxに表示
End Sub
```

実行結果

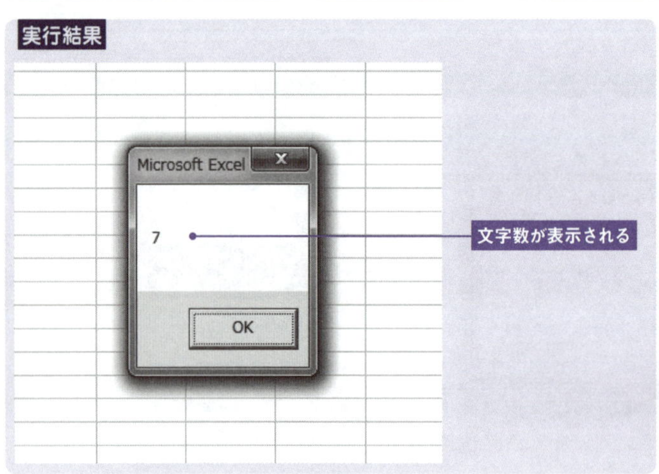

関連項目 07.051 文字の個数をカウントする（1）→p.576
07.052 文字の個数をカウントする（2）→p.577

文字列

07.066 MsgBox内の文字列を右寄せにする

MsgBox関数

MsgBox(*prompt*, buttoms)

prompt---メッセージとして表示する文字列

MsgBoxには、さまざまなオプションが用意されています。MsgBox内の文字列を右寄せで表示するには、引数buttomsに定数vbMsgBoxRightを指定します。

```
Sub Sample66()
    MsgBox "住所は" & vbCrLf & _
           "東京都新宿区舟町" & vbCrLf & _
           "です", vbMsgBoxRight
End Sub
```

メッセージを右寄せで表示

実行結果

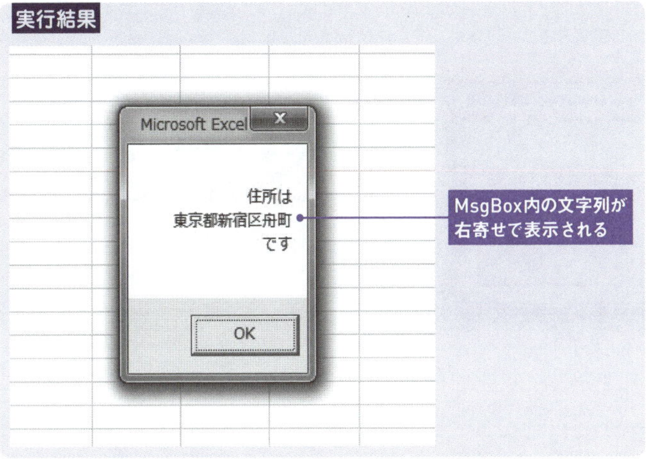
Microsoft Excel
住所は
東京都新宿区舟町
です
OK
MsgBox内の文字列が
右寄せで表示される

関連項目 08.012 自動的に閉じるMsgBox→p.609
08.020 ステータスバーにメッセージを表示する→p.617

文字列

07.067 同じ文字を続ける

String関数

String(*number, character*)

number---文字を並べる数、*character*---numberの回数繰り返す文字列

String関数は、2番目の引数で指定した文字を、1番目の引数で指定した数だけ続けた文字列を返します。ワークシート上で使うREPT関数と同じ働きです。

```
Sub Sample67()
    MsgBox String(10, "+")  → 「+」を10個並べてMsgBoxに表示
End Sub
```

実行結果

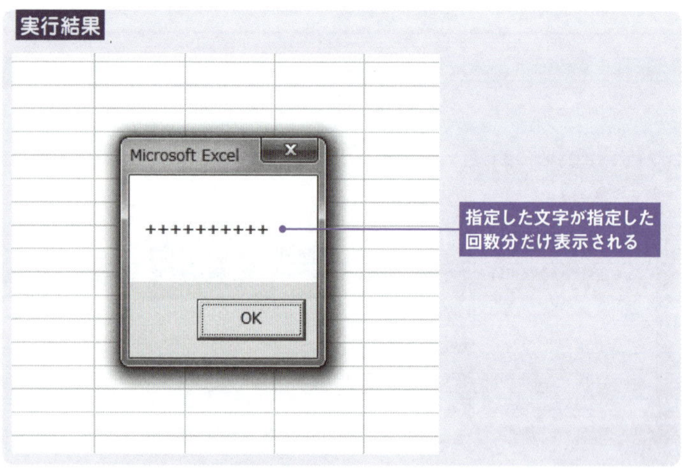

関連項目 01.190 連続データを作成する→p.198
07.065 文字列の長さを調べる→p.590

マッチング

07.068 正規表現のようなマッチング

Like演算子

string **Like** *pattern*

string---文字列、*pattern*---パターンマッチング規則に従った文字列

VBAのLike演算子は、「*」や「?」のワイルドカードよりも、もう少しだけ柔軟なマッチングができます。サンプルでは、A列に入力された名前のうち「た行」の名前だけをC列にコピーしています。Like演算子では、次の記号が使えます。

?	任意の1文字
*	文字数を問わない任意の文字
#	任意の数値
[charlist]	charlist内の1文字（[A-Z]や[1-6]など）
[!charlist]	charlist内の文字に一致しない1文字

```
Sub Sample68()
    Dim i As Long
    For i = 2 To 9
        If Cells(i, 1).Phonetic.Text Like "[タ-ト]*" Then
            Cells(i, 1).Copy Range("C10").End(xlUp).Offset(1, 0)
        End If
    Next i
End Sub
```

セルA2～A9の文字列のフリガナを取得して「た行」か判定

実行結果

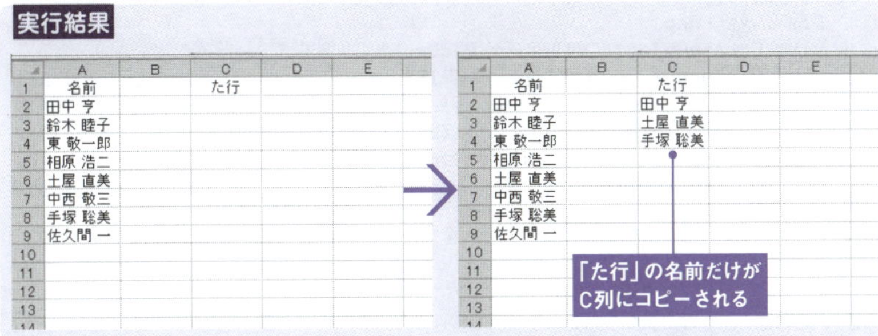

マッチング

07.069 正規表現によるマッチング

CreateObject関数

CreateObject (*class*)

class---作成するオブジェクトのクラスとアプリケーションの名前

VBAから、VBScriptのRegExpオブジェクトを呼び出すと、正規表現によるマッチングが行えます。正規表現では次の記号が使えます。

記号	意味
^	文字列の先頭
$	文字列の末尾
¥n	改行
.	改行を除く任意の1文字
*	直前のパターンの0回以上の繰り返し
+	直前のパターンの1回以上の繰り返し
?	直前のパターンが0回または1回現れる
¥d	任意の数値
¥D	任意の数値以外の文字
¥s	任意のスペース文字
¥S	任意のスペース以外の文字
( )	パターンのグループ化
|	パターンの論理和
[]	キャラクタクラス

```
Sub Sample69()
    Dim i As Long
    With CreateObject("VBScript.RegExp")  →正規表現を使えるようにする
        .Pattern = "^田(中|口).*(子|美)$"  →正規表現のパターンを登録
        For i = 2 To 9
            If .Test(Cells(i, 1)) Then  →正規表現で検索
                Cells(i, 1).Copy Range("C10").End(xlUp).Offset(1, 0)
            End If
        Next i
    End With
End Sub
```

実行結果

「田中」もしくは「田口」で始まり「子」もしくは「美」で終わる文字列が検索される

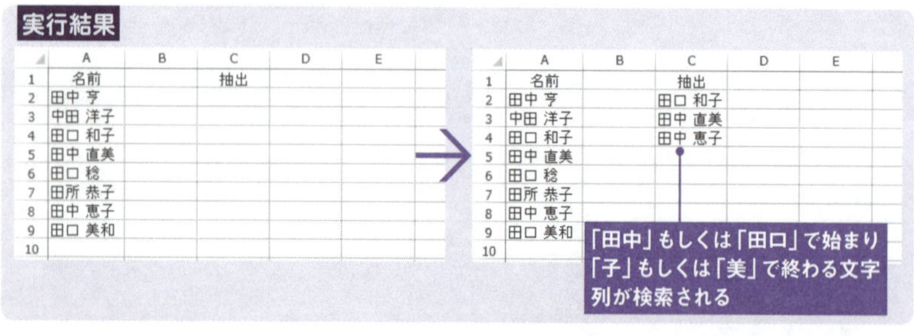

関連項目 07.068 正規表現のようなマッチング→p.593

数値

07.070 数値の桁数を指定する

Format関数

Format(*expression, format*)

expression---任意の式、*format*---桁数分「0」を指定

数値の先頭に「0」を付けて、指定した桁数に変換するには、Format関数を使います。

```
Sub Sample70()
    MsgBox Format(123, "00000") →「123」を5桁で取得してMsgBoxに表示
End Sub
```

実行結果

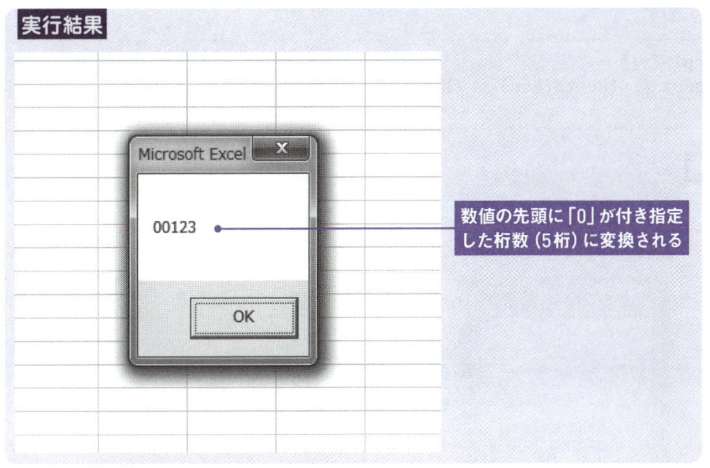

関連項目 01.008 セルに表示形式を設定する→p.9

論理値

07.071 論理値を計算に使う

Abs関数

Abs(*number*)

number---数式

VBAでは、論理値のTrueは「-1」、Falseは「0」として扱われます。これを利用すると、Ifステートメントを使用しないで、論理値の結果を計算に使えます。サンプルでは、今日の月が「7」のとき「Month(Now) = 7」が「True(-1)」になります。そのまま乗算すると数値がマイナスになりますので、Abs関数で「-1」を「1」に変換しています。今日が7月ではないときは、「False(0)」と「100」を乗算するので、「0」になります。

```
Sub Sample71()
    MsgBox Abs(Month(Now) = 7) * 100    → 現在が7月の場合はMsgBoxに「100」を表示
End Sub
```

実行結果

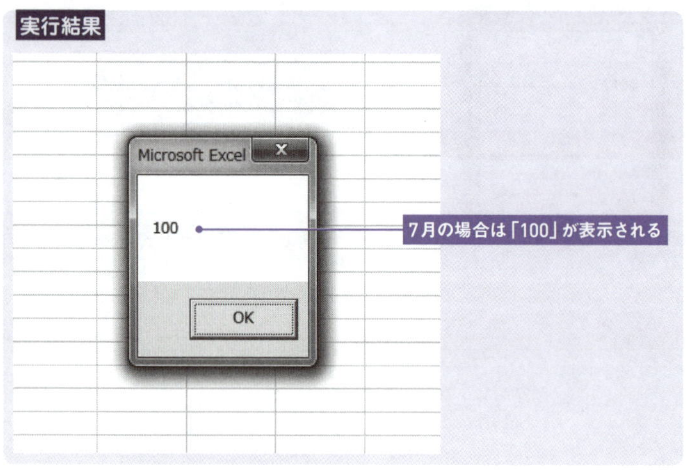

関連項目 01.206 特定の集計結果を取得する→p.214

第8章

高度な使い方

レジストリ／登録

08.001 レジストリにデータを登録する

SaveSettingステートメント

SaveSetting *appname, section, key, setting*

appname---キー設定を適用するアプリケーション名またはプロジェクト名、*section*---キー設定を保存するセクション名、*key*---保存するキー名、*setting*---keyに設定する値を含む式

レジストリには、Windowsやアプリケーションの実行に必要な重要データが保存されています。安易に編集して、誤ったデータを書き込むと、Windowsが起動しなくなるなどの恐れもあります。VBAには、レジストリのデータを読み書きする命令が用意されています。VBAの命令で操作できるのは、

```
HKEY_CURRENT_USER¥Software¥VB and VBA Program Settings
```

の配下です。ここは、独自のプログラムがデータを書き込む専用の場所なので、いくら編集しても、Windowsや他のアプリケーションに影響を与えることはありません。PCごとにデータを保存するような場合、レジストリは便利に活用できます。

```
Sub Sample1()
    SaveSetting "myAppli", "Main", "Data", "tanaka" → 「myAppli」→「Main」にキー名「Data」を登録
End Sub
```

実行結果

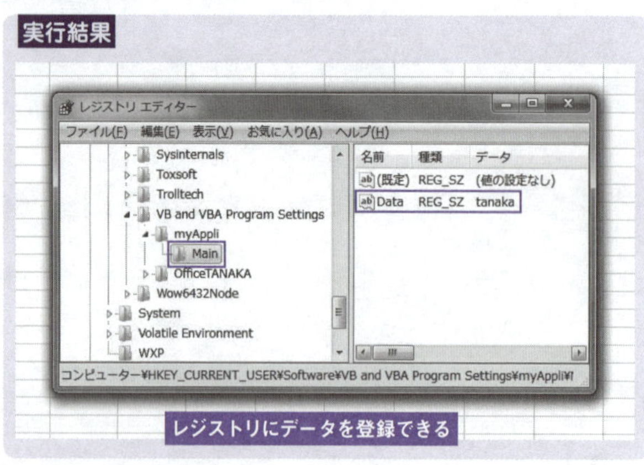

レジストリにデータを登録できる

関連項目 08.002 レジストリのデータを取得する→p.599
08.003 レジストリのデータを削除する→p.600
08.004 レジストリのデータをまとめて取得する→p.601

レジストリ

08.002 レジストリのデータを取得する

GetSetting関数

GetSetting (*appname, section, key, default*)

appname---キー設定を取得するアプリケーション名またはプロジェクト名
section---対象となるキー設定があるセクション名、*key*---取得するキー名
default---キー設定が設定されていない場合に返す値(省略可)

レジストリデータを取得するには、GetSetting関数を使います。GetSetting関数の第4引数には、指定したレジストリのデータが存在しないときのデフォルト値を指定できます。

```
Sub Sample2()
    Dim buf As String
    buf = GetSetting("myAppli", "Main", "Data", "標準値")
    MsgBox buf
End Sub
```

「myAppli」→「Main」のキー名「Data」のレジストリデータを取得

実行結果

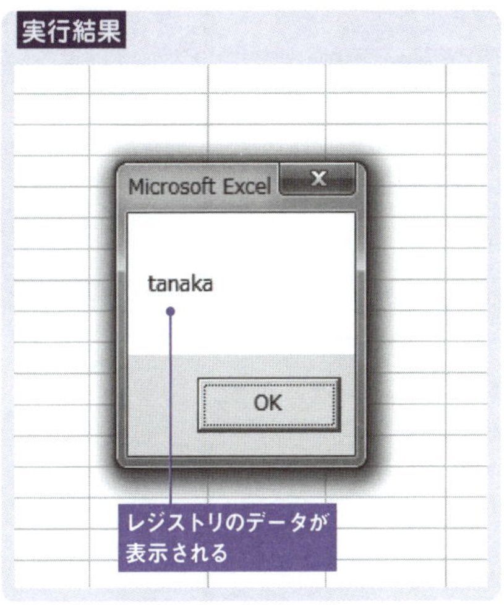
Microsoft Excel
tanaka
OK
レジストリのデータが表示される

関連項目
08.001 レジストリにデータを登録する→p.598
08.003 レジストリのデータを削除する→p.600
08.004 レジストリのデータをまとめて取得する→p.601

レジストリ／削除

08.003 レジストリのデータを削除する

DeleteSettingステートメント

DeleteSetting *appname, section, key*

appname---キー設定を適用するアプリケーション名またはプロジェクト名
section---キー設定を削除するセクション名、*key*---削除するキー名(省略可)

レジストリのデータを削除するには、DeleteSettingステートメントを使います。存在しないキーやデータを削除しようとするとエラーになります。

```
Sub Sample3()
    DeleteSetting "myAppli", "Main", "Data"
End Sub
```

→「myAppli」→「Main」のキー名「Data」のレジストリデータを削除

実行結果

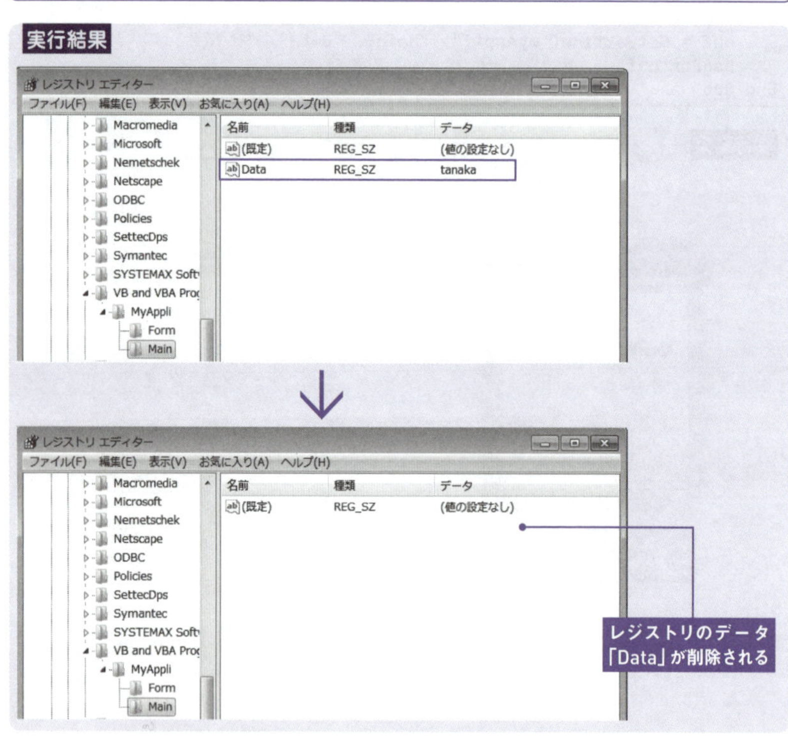

関連項目
08.001 レジストリにデータを登録する→p.598
08.002 レジストリのデータを取得する→p.599
08.004 レジストリのデータをまとめて取得する→p.601

レジストリ

08.004 レジストリのデータをまとめて取得する

GetAllSettings関数、UBound関数

GetAllSettings (*appname, section*)、**UBound** (*arrayname*)

appname---キー設定を適用するアプリケーション名またはプロジェクト名
section---キー設定を取得するセクション名、*arrayname*---配列変数の名前

単一のレジストリデータを取得するには、GetSetting関数を使います。あるキーに存在する、すべてのレジストリデータを一気に取得するには、GetAllSettings関数を使います。GetAllSettings関数は、取得したレジストリデータを二次元配列で返します。

```
Sub Sample4()
    Dim i As Long, tmp As Variant, msg As String
    SaveSetting "myAppli", "Main", "Data1", "tanaka"
    SaveSetting "myAppli", "Main", "Data2", "suzuki"
    SaveSetting "myAppli", "Main", "Data3", "yamada"
    tmp = GetAllSettings("myAppli", "Main")
    For i = 0 To UBound(tmp)
        msg = msg & tmp(i, 0) & " " & tmp(i, 1) & vbCrLf
    Next i
    MsgBox msg
End Sub
```

→ レジストリデータを登録（SaveSetting 3行）
→「myAppli」→「Main」のレジストリデータを取得（GetAllSettings）
→ 配列の数を取得してその数に合わせて以下の処理を実行（For ～ Next）

実行結果

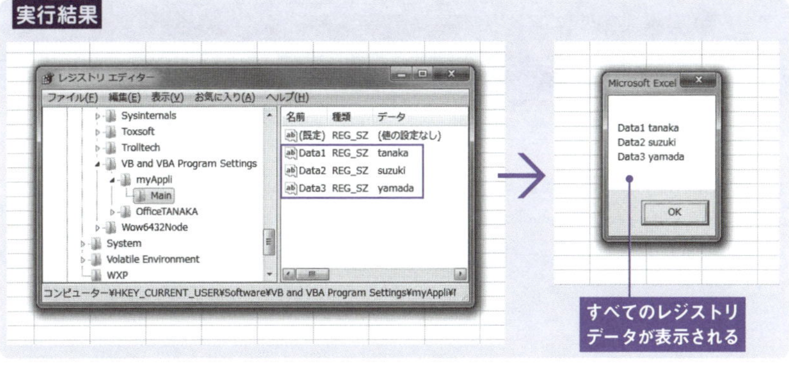

関連項目
08.001 レジストリにデータを登録する→p.598
08.002 レジストリのデータを取得する→p.599
08.003 レジストリのデータを削除する→p.600

終了

08.005 Excelを終了させる

Applicationオブジェクト、Quitメソッド

Application.Quit

Excel自体を終了させるには、Excelを表すApplicationオブジェクトのQuitメソッドを実行します。開いているブックの変更を保存していないと、変更を保存するかどうかの確認が表示されます。

```
Sub Sample5()
    Application.Quit →Excelを終了
End Sub
```

実行結果

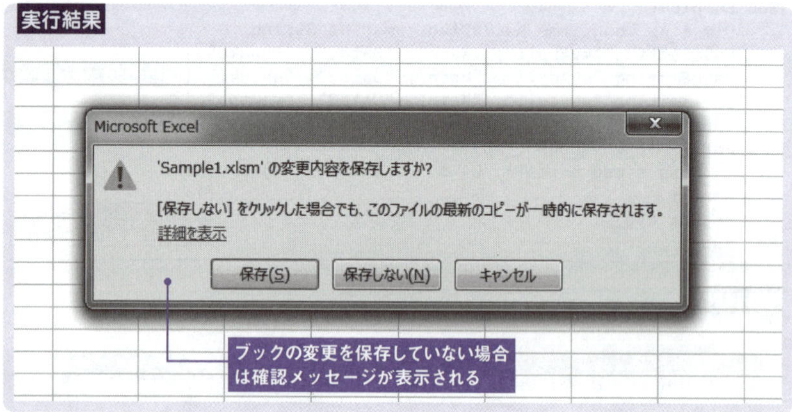

関連項目 08.008 PCの電源を切る→p.605

フォルダの選択

08.006 [フォルダの選択]ダイアログボックスを開く(1)

Applicationオブジェクト、FileDialogプロパティ、Showメソッド

Application.FileDialog (*fileDialogType*)、*object*.**Show**

fileDialogType---MsoFileDialogTypeクラスの定数
object---対象となるDialogオブジェクト

Excelには標準で[フォルダを開く]ダイアログボックスが用意されています。表示するには、FileDialogプロパティにダイアログボックスの種類を表す定数を指定して、Showメソッドを実行します。指定できる定数は次の通りです。

msoFileDialogFilePicker	[参照]ダイアログボックス
msoFileDialogFolderPicker	[フォルダの選択]ダイアログボックス
msoFileDialogOpen	[ファイルを開く]ダイアログボックス
msoFileDialogSaveAs	[名前を付けて保存]ダイアログボックス

選択されたファイルのフルパスは、SelectedItemsコレクションに格納されます。

```
Sub Sample6()
    With Application.FileDialog(msoFileDialogFolderPicker)
        If .Show = True Then
            MsgBox .SelectedItems(1)
        End If
    End With
End Sub
```

[フォルダの選択]ダイアログボックスを設定
[フォルダの選択]ダイアログボックスを表示して[OK]ボタンがクリックされたか判定
MsgBoxにフルパスを表示

実行結果

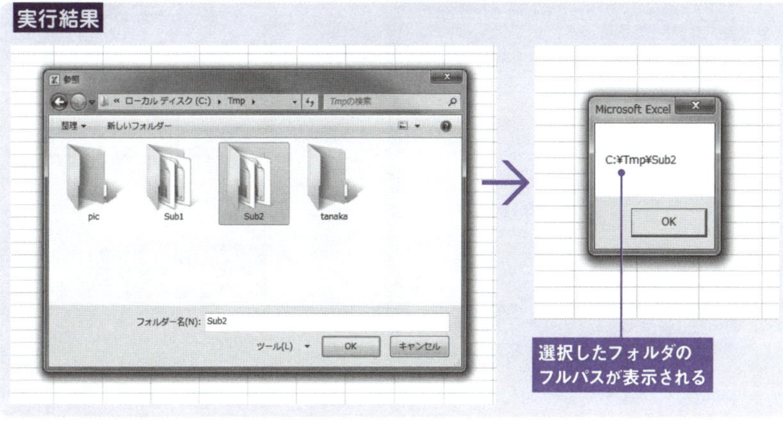

関連項目 08.007 [フォルダの選択] ダイアログボックスを開く (2) →p.604

フォルダの選択

08.007 [フォルダの選択]ダイアログボックスを開く(2)

CreateObjectメソッド

CreateObject(*ObjectName*)

ObjectName---作成するオブジェクトのクラス名

Windowsや他のアプリケーションで見かけるような[フォルダの選択]ダイアログボックスを表示するには、Windows Scripting Host (WSH) のBrowseForFolderメソッドを利用します。4番目の引数に指定した「C:¥」は、フォルダを選択するツリーの最上位に表示されるフォルダです。

```
Sub Sample7()
    Dim WSH As Object, myPath As Object → WSHへの参照を作成
    Set WSH = CreateObject("Shell.Application")
    Set myPath = WSH.BrowseForFolder(0, "フォルダを選んでください", 0, "C:¥")
    If Not myPath Is Nothing Then → [OK]ボタンがクリックされたか判定
        MsgBox myPath.Items.Item.Path
    End If
    Set WSH = Nothing
    Set myPath = Nothing
End Sub
```

（BrowseForFolderの行 → [フォルダの選択]ダイアログボックスを表示）
（Set WSH = Nothing / Set myPath = Nothing → オブジェクト型変数への参照を解放）

実行結果

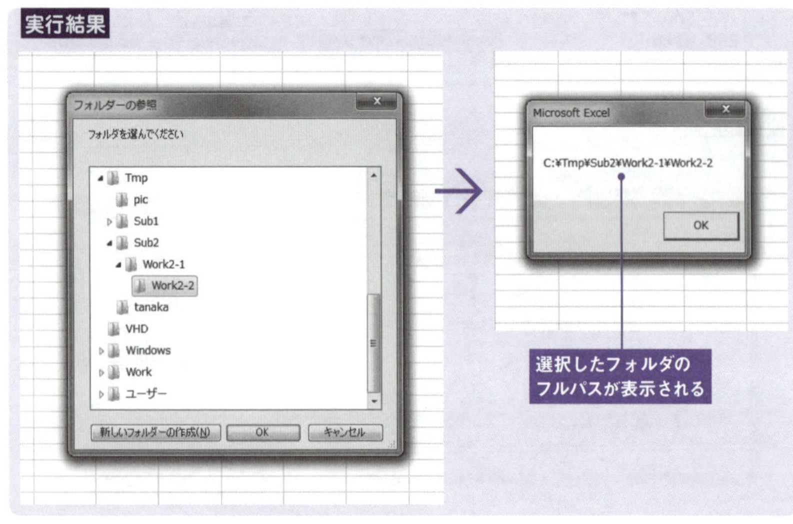

関連項目 08.006 [フォルダの選択] ダイアログボックスを開く (1) →p.603

終了

08.008 PCの電源を切る

CreateObjectメソッド

CreateObject (*ObjectName*)

ObjectName---作成するオブジェクトのクラス名

Excel VBAにはPCの電源を管理する命令がありませんが、Windows Scripting Host（WSH）を使えば実現可能です。ShutdownWindowsメソッドを実行すると、終了の方法を選択する、Windowsのダイアログボックスが開きます。

```
Sub Sample8()
    Dim WSH As Object
    Set WSH = CreateObject("Shell.Application") → WSHへの参照を作成
    WSH.ShutdownWindows → Windowsを終了
End Sub
```

実行結果

関連項目 08.005 Excelを終了させる→p.602

Windows

08.009 コントロールパネルの機能を呼び出す

CreateObjectメソッド

CreateObject(*ObjectName*)

ObjectName---作成するオブジェクトのクラス名

Windowsのコントロールパネルで提供される機能は、VBAから直接呼び出すことができません。しかし、Windows Scripting Host（WSH）の機能を使えば可能です。「nusrmgr.cpl」は、ユーザーアカウントの画面を表します。

```
Sub Sample9()
    Dim WSH As Object
    Set WSH = CreateObject("WScript.Shell") → WSHへの参照を作成
    WSH.Run "control.exe nusrmgr.cpl" → ユーザーアカウントの名前を表示
End Sub
```

実行結果

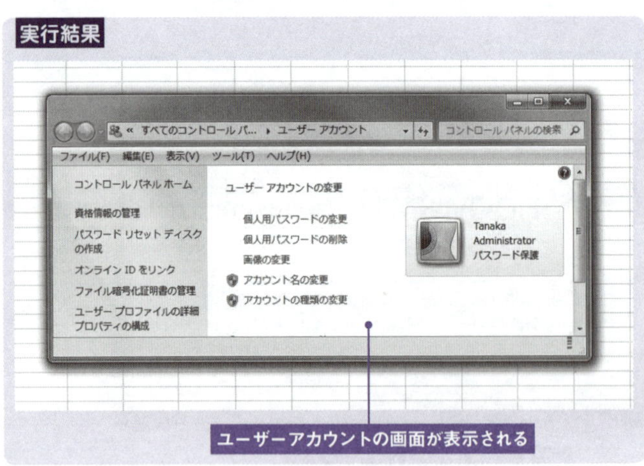

ユーザーアカウントの画面が表示される

関連項目 08.010 すべて最小化する→p.607

Windows／表示

08.010 すべて最小化する

CreateObjectメソッド

CreateObject(*ObjectName*)

ObjectName---作成するオブジェクトのクラス名

VBAでは、WindowsオブジェクトのArrangeプロパティで、Excel上に開いているブックをすべて最小化することができます。Windows Scripting Host (WSH) を利用すると、Excelだけでなく、Windows上で同時に起動しているアプリケーションを、すべて最小化することも可能です。

```
Sub Sample10()
    Dim WSH As Object
    Set WSH = CreateObject("Shell.Application") → WSHへの参照を作成
    WSH.MinimizeAll → アプリケーションの表示をすべて最小化
End Sub
```

実行結果

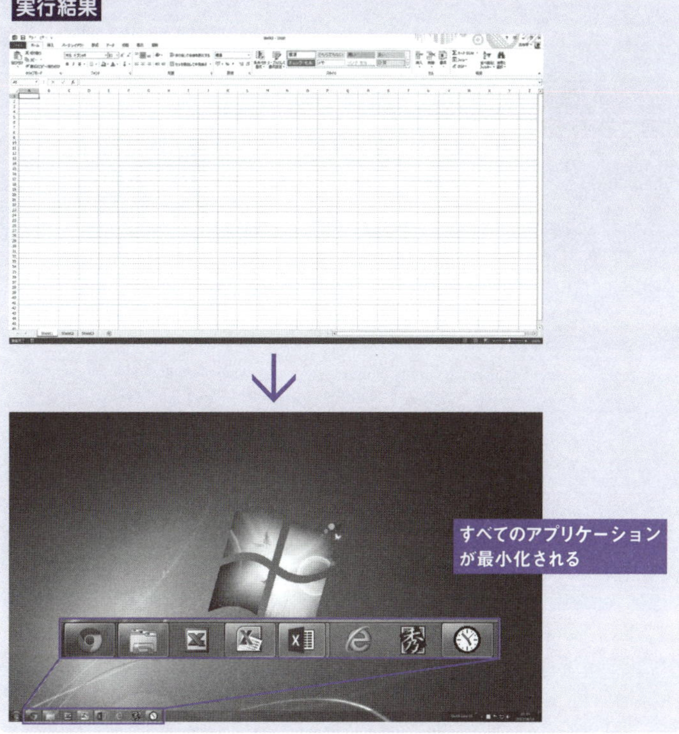

関連項目 08.009 コントロールパネルの機能を呼び出す→p.606

起動

08.011 拡張子関連づけで起動する

CreateObjectメソッド

CreateObject(*ObjectName*)

ObjectName---作成するオブジェクトのクラス名

エクスプローラなどで、データファイルのアイコンをダブルクリックすると、そのファイルが関連づけられているアプリケーションが起動します。そのように、任意のファイルが関連づけられているアプリケーションを起動するには、Windows Scripting Host(WSH)のRunメソッドを利用します。

```
Sub Sample11()
    Dim WSH As Object
    Set WSH = CreateObject("WScript.Shell") → WSHへの参照を作成
    WSH.Run "C:¥Work¥Report.txt" → 「Report.txt」を関連づけられているアプリケーションで開く
End Sub
```

実行結果

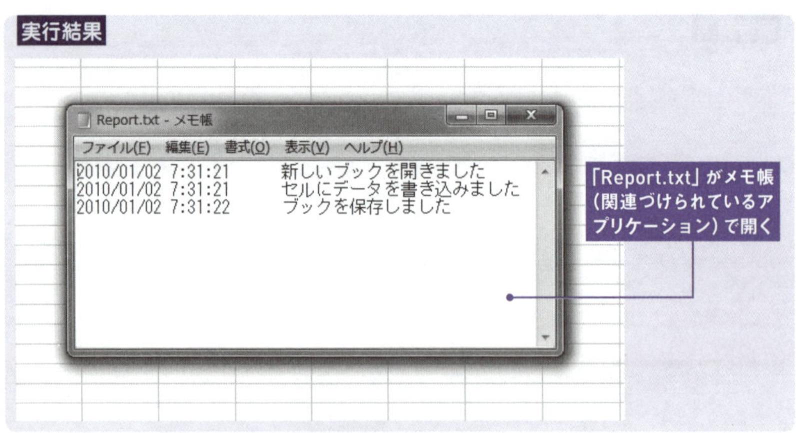

関連項目 08.013 他のアプリを起動する →p.610

MsgBox

08.012 自動的に閉じるMsgBox

CreateObjectメソッド

CreateObject(*ObjectName*)

ObjectName---作成するオブジェクトのクラス名

Excel VBAのMsgBoxは、ユーザーがボタンを操作しない限りずっと画面に表示されています。そうではなく、指定した時間だけ表示して、ユーザーが操作しなくても自動的に閉じるようなMsgBoxは、Windows Scripting Host (WSH) を利用すると実現可能です。

```
Sub Sample12()
    Dim WSH As Object
    Set WSH = CreateObject("WScript.Shell") →WSHへの参照を作成
    WSH.Popup "5秒後、自動的に閉じます", 5, "テスト", vbInformation
    Set WSH = Nothing
End Sub
```

実行結果

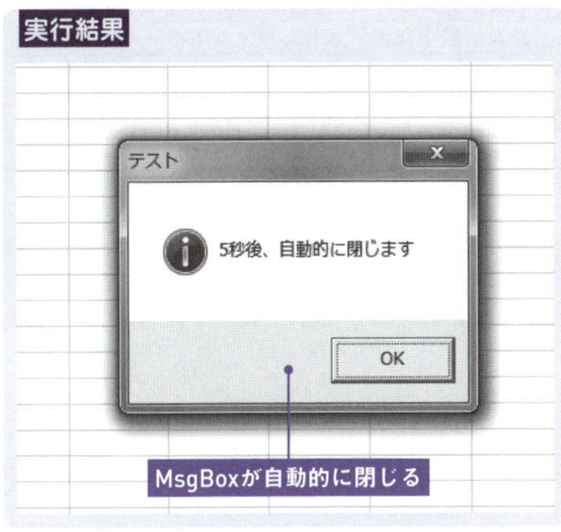

関連項目 07.066 MsgBox内の文字列を右寄せにする→p.591
08.020 ステータスバーにメッセージを表示する→p.617

起動

08.013 他のアプリを起動する

Shell関数

Shell(*pathname, windowstyle*)

pathname---実行するアプリケーション名
windowstyle---実行するアプリケーションのウィンドウ形式を表す定数(省略可)

VBAから他のアプリケーションを起動するには、Shell関数を使います。Shell関数の第1引数には、起動したいアプリケーションを指定します。アプリケーションの保存されているパスがWindowsに登録されている場合には、サンプルのようにファイル名だけを指定できますが、そうでないときはフルパスで指定します。2番目の引数には、次の定数を指定できます。

vbHide	フォーカスを持った非表示のウィンドウ
vbNormalFocus	フォーカスを持った元のサイズと位置に復元されるウィンドウ
vbMinimizedFocus	フォーカスを持った最小化表示されるウィンドウ
vbMaximizedFocus	フォーカスを持った最大化表示されるウィンドウ
vbNormalNoFocus	フォーカスを持たない元のサイズと位置に復元されるウィンドウ
vbMinimizedNoFocus	フォーカスを持たない最小化表示されるウィンドウ

```
Sub Sample13()
    Shell "calc.exe", vbNormalFocus →電卓をフォーカスに持ち、元のサイズと位置に
                                      復元されるウィンドウで起動
End Sub
```

実行結果

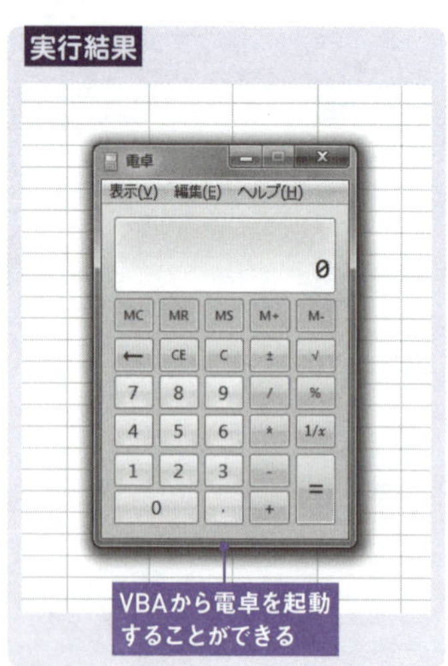

VBAから電卓を起動することができる

関連項目 08.011 拡張子関連づけで起動する→p.608

計測

08.014 ミリ秒単位の時間を計測する

Declareステートメント

Declare Function *name* Lib *"libname"* As *type*

name---プロシージャ名、*libname*---宣言するプロシージャが含まれるDLLまたはコードリソースの名前、*type*---Functionプロシージャの戻り値のデータ型

VBAのNow関数やTime関数で現在の時刻を取得できます。何かの処理を始める前に、現在の時刻を記録しておき、処理が終わった時刻との差を求めることで、その処理に要した時間を計測できます。ただし、Now関数やTime関数は秒単位での時間しか取得できません。秒よりも短い時間を計測したいときは、WindowsのAPIを使います。GetTickCountは、Windowsが起動してからの経過時間をミリ秒単位で返します。

```
Declare Function GetTickCount Lib "kernel32" () As Long → APIの宣言

Sub Sample14()
    Dim i As Long, ST As Long
    ST = GetTickCount ————→ ミリ秒単位の時間を計測
    For i = 1 To 500
        Cells(i, 1) = "Sample" & i
    Next i
    MsgBox (GetTickCount - ST) / 1000 & "秒"
End Sub
```

実行結果

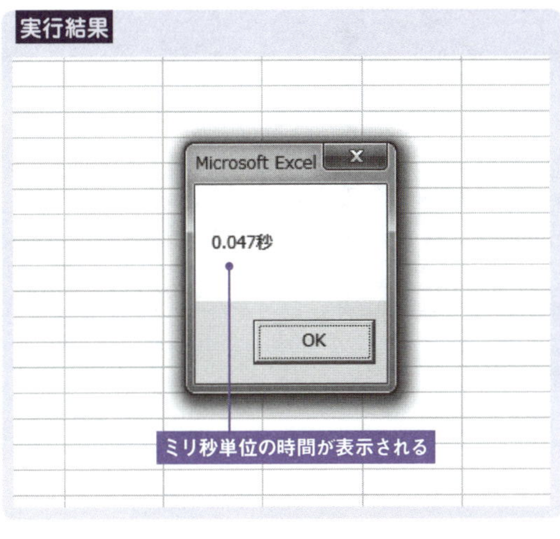

関連項目 08.026 指定した時刻にマクロを実行する→p.623

環境変数

08.015 環境変数のパスを取得する

Environ関数、Split関数

Environ (*envstring*)、**Split** (*expression, delimiter*)

envstring---環境変数の名前、*expression*---文字列と区切り文字を含んだ文字列形式
delimiter---文字列と区切り文字を識別する文字列形式

環境変数に登録されている情報は、VBAのEnviron関数で取得できます。環境変数のPathにパスを登録しておくと、ファイルの場所（パス）を指定しないで実行形式ファイルを起動しようとしたとき、登録されている場所（パス）に存在するものとみなされます。

```
Sub Sample15()
    Dim tmp As Variant, i As Long, buf As String
    tmp = Split(Environ("Path"), ";") → 環境変数の情報を配列として取得
    For i = 0 To UBound(tmp) → 配列の数を取得してその数に合わせて以下の処理を実行
        buf = buf & tmp(i) & vbCrLf
    Next i
    MsgBox buf
End Sub
```

実行結果

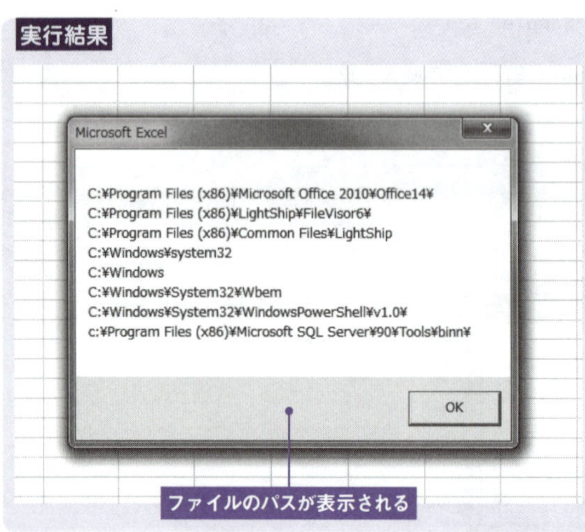

ファイルのパスが表示される

関連項目
08.016 ログインユーザー名を取得する→p.613
08.017 PCの名前を取得する→p.614
08.018 CPUの名称を取得する→p.615

ユーザー名

08.016 ログインユーザー名を取得する

Environ関数

Environ("USERNAME")

現在稼働しているWindowsにログインしているユーザー名は、環境変数のUSERNAMEで取得できます。

```
Sub Sample16()
    MsgBox Environ("USERNAME") → ユーザー名をMsgBoxに表示
End Sub
```

実行結果

Microsoft Excel
Tanaka
OK
ログインユーザー名が表示される

関連項目
08.015 環境変数のパスを取得する→p.612
08.017 PCの名前を取得する→p.614
08.018 CPUの名称を取得する→p.615

コンピュータ名

08.017 PCの名前を取得する

Environ関数

Environ("USERDOMAIN")

PCの名前は、環境変数のUSERDOMAINで取得できます。

```
Sub Sample17()
    MsgBox Environ("USERDOMAIN") → PCの名前をMsgBoxに表示
End Sub
```

実行結果

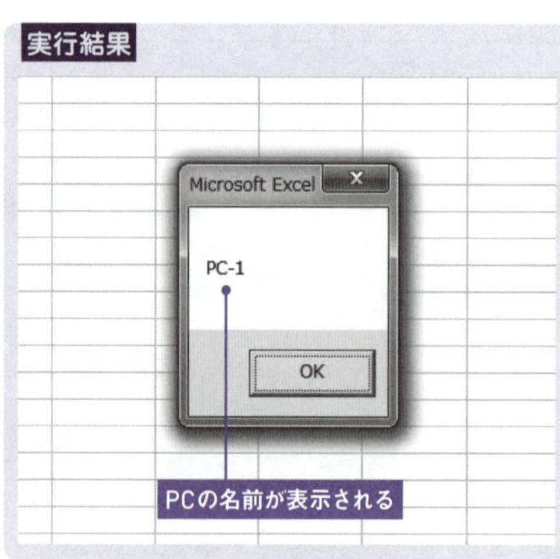
Microsoft Excel
PC-1
OK
PCの名前が表示される

関連項目
08.015 環境変数のパスを取得する→p.612
08.016 ログインユーザー名を取得する→p.613
08.018 CPUの名称を取得する→p.615

Windows

08.018 CPUの名称を取得する

Environ関数

Environ("PROCESSOR_IDENTIFIER")

CPUの名称は、環境変数のPROCESSOR_IDENTIFIERで取得できます。

```
Sub Sample18()
    MsgBox Environ("PROCESSOR_IDENTIFIER") → CPUの名称をMsgBoxに表示
End Sub
```

実行結果

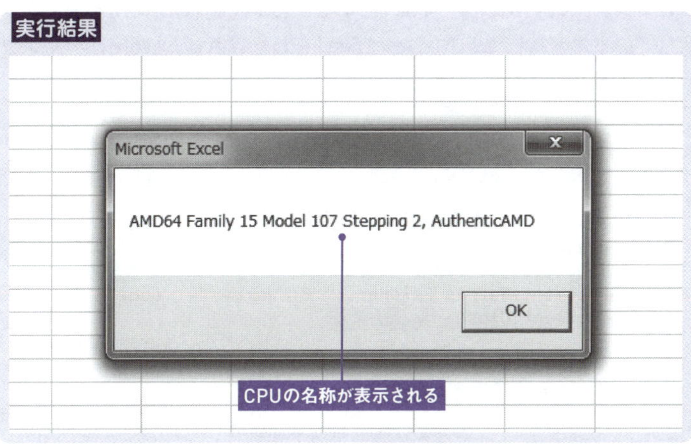

関連項目 08.015 環境変数のパスを取得する→p.612
08.016 ログインユーザー名を取得する→p.613
08.017 PCの名前を取得する→p.614

Word

08.019 ExcelからWordを制御する

CreateObjectメソッド

CreateObject(*ObjectName*)

ObjectName---作成するオブジェクトのクラス名

OLEオートメーションを使うと、Excel VBAから他のアプリケーションを制御できます。サンプルは、Wordを起動して新規文書を挿入し、「Wordを制御」という文字列を書き込んだ後で、文書に名前を付けて保存しています。最後に、Word自体も終了します。「.Visible = True」とすることで起動したWordをディスプレイに表示していますが、「.Visible = True」をしなければ、Wordはディスプレイに表示されません。

```
Sub Sample19()
    Dim word As Object
    Set word = CreateObject("Word.Application") → Wordへの参照を作成
    With word
        .Visible = True → 起動したWordを表示
        .Documents.Add
        .Selection.TypeText Text:="Wordを制御" → 「Wordを制御」と書き込む
        .ActiveDocument.SaveAs Filename:="C:¥Work¥テスト.docx" → ファイル名と保存場所を指定して保存
        .ActiveDocument.Close → Wordを閉じる
        .Quit
    End With
    Set word = Nothing → Wordへの参照を解放
End Sub
```

実行結果

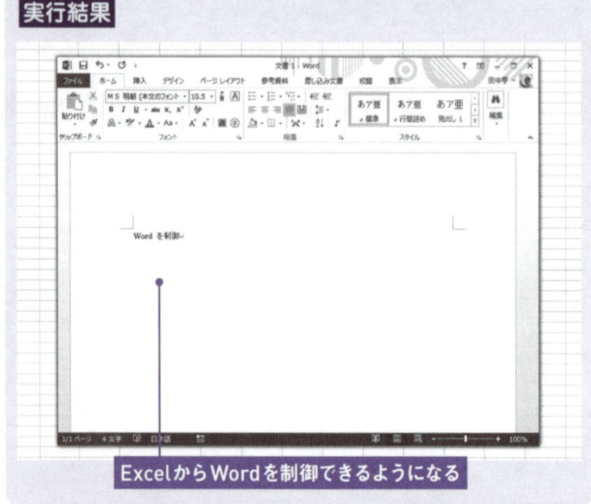

Excelから Wordを制御できるようになる

関連項目 08.050 インターネットのページを表示する→p.648

メッセージ

08.020 ステータスバーにメッセージを表示する

Applicationオブジェクト、StatusBarプロパティ

Application.StatusBar

画面の最下行にあるステータスバーに文字列を表示するには、ApplicationオブジェクトのStatusBarプロパティに、表示したい文字列を指定します。ステータスバーは、本来Excelからの情報が表示される場所です。マクロから、そこを一時的に借りるので、使用が終わったらExcelに返します。それがサンプルの6行目の「StatusBar = False」です。これを忘れると、Excelからの情報がステータスバーに表示されなくなります。

```
Sub Sample20()
    Dim i As Long
    For i = 1 To 1000
        Application.StatusBar = i & "回目の処理をしています" → ステータスバーに文字を表示
    Next i
    Application.StatusBar = False → ステータスバーの表示を既定値に戻す
End Sub
```

実行結果

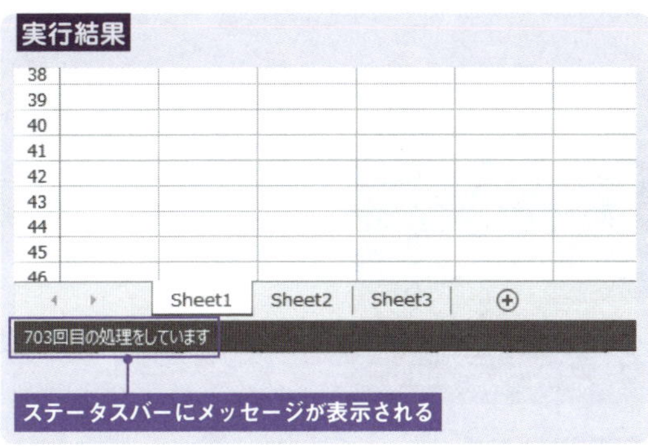

関連項目 07.066 MsgBox内の文字列を右寄せにする→p.591
08.012 自動的に閉じるMsgBox→p.609

サウンド

08.021 サウンドを再生する(1)

Shell関数

Shell (*pathname*)

pathname---実行するアプリケーション名

VBAには、拡張子wavなどのサウンドファイルを再生する機能がありません。それでも何とかしてサウンドを再生したいのであれば、Windows標準ツールのメディアプレーヤーを使います。サンプルでは、メディアプレーヤー（wmplayer.exe）やサウンドファイル（TADA.wav）をフルパスで指定しています。この設定は、使用環境に合わせてください。

```
Sub Sample21()
    Dim Prg As String, Snd As String
    Prg = "C:¥Program Files (x86)¥Windows Media Player¥wmplayer.exe"
    Snd = "C:¥Windows¥Media¥TADA.wav"
    Shell Prg & " " & Snd → wmplayerを起動して「TADA.wav」を再生
End Sub
```

実行結果

関連項目 08.022 サウンドを再生する (2) →p.619

サウンド

08.022 サウンドを再生する(2)

Declareステートメント

Declare Function *name* Lib *"libname"* As *type*

name---プロシージャ名、*libname*---宣言するプロシージャが含まれるDLLまたはコードリソースの名前、*type*---Functionプロシージャの戻り値のデータ型

メディアプレーヤーを使ってサウンドファイルを再生すると、メディアプレーヤーが表示されます。バックグラウンドでサウンドを再生したいときは、Windows APIを使います。APIのsndPlaySound関数では、2つの引数を指定します。1番目の引数にはサウンドファイルを指定し、2番目の引数には、再生の同期／非同期を表す数値を指定します。「0」を指定すると、再生が終了するまで次のコードは実行されませんが、「1」を指定すると、再生の終了を待たずに次のコードが実行されます。

```
Declare Function sndPlaySound Lib "winmm.dll" Alias _
          "sndPlaySoundA" (ByVal lpszSoundName As String, _
          ByVal uFlags As Long) As Long

Sub Sample22()
    sndPlaySound lpszSoundName:="C:¥Windows¥Media¥TADA.wav", uFlags:=0
    MsgBox "再生しました"
End Sub
```

APIを宣言

ファイルを再生

実行結果

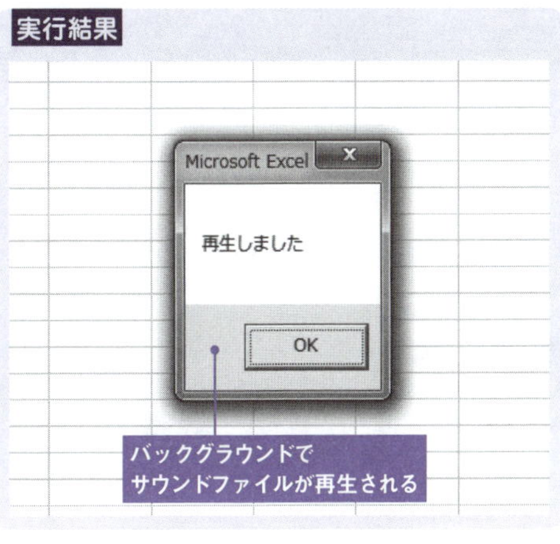

関連項目 08.021 サウンドを再生する (1) →p.618

計算

08.023 再計算を手動にする

Applicationオブジェクト、Calculationプロパティ

Application.Calculation

ワークシートに大量の計算式が挿入されているときなど、マクロでセルを書き換える前に、Excelの再計算を手動にすると、マクロの実行速度が向上します。Excelの再計算を手動にするには、ApplicationオブジェクトのCalculationプロパティに、定数xlCalculationManualを設定します。

```
Sub Sample23()
    Dim i As Long
    Application.Calculation = xlCalculationManual →再計算を手動にする
    For i = 1 To 5
        Cells(i, 1) = Int(Rnd() * 10) + 1
    Next i
    MsgBox "再計算を自動にします"
    Application.Calculation = xlCalculationAutomatic →再計算を自動にする
End Sub
```

実行結果

[OK]ボタンをクリックすると再計算が自動になる

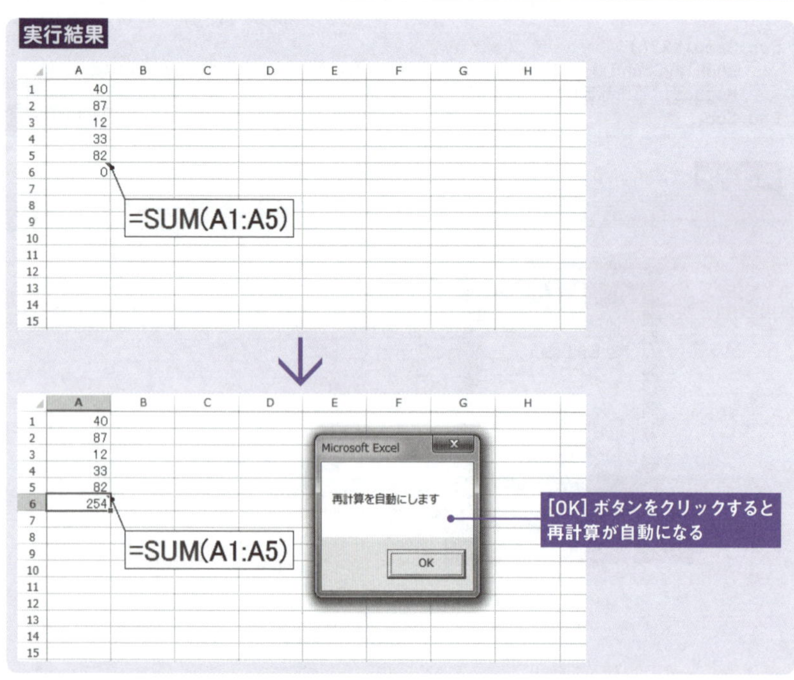

関連項目 08.024 特定のセルだけ再計算させる→p.621

計算

08.024 特定のセルだけ再計算させる

Rangeオブジェクト、Calculateメソッド

Range.Calculate

再計算の方法が手動になっているとき、再計算を行うには3つの方法があります。

Application.Calculate	Excel全体を再計算する
Worksheet.Calculate	特定のワークシートだけ再計算する
Range.Calculate	特定のセルだけ再計算する

「Application.Calculate」は、「Application」を省略して「Calculate」とだけ書くこともできます。

```
Sub Sample24()
    Dim i As Long
    Application.Calculation = xlCalculationManual →再計算を手動にする
    For i = 1 To 5
        Cells(i, 1) = Int(Rnd() * 10) + 1
        Cells(i, 2) = Int(Rnd() * 10) + 1
    Next i
    Range("B6").Calculate →セルB6だけ再計算する
    MsgBox "セルB6を再計算しました"
    Application.Calculation = xlCalculationAutomatic →再計算を自動にする
End Sub
```

実行結果

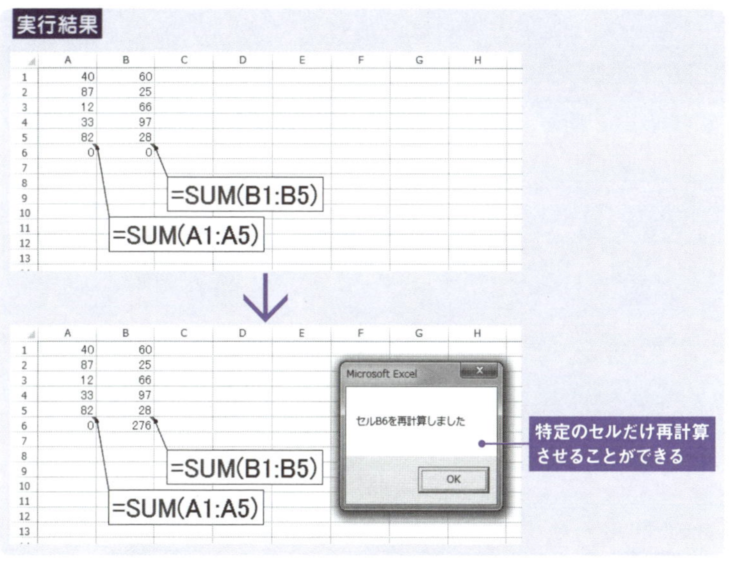

関連項目 08.023 再計算を手動にする→p.620

サウンド

08.025 Excelの読み上げ機能を使う

Speechオブジェクト、Speakメソッド

object.**Speak**、**Speech.Speak**(*Text*)

object---対象となるRangeオブジェクト、*Text*---読み上げるテキスト

Excelには、データを読み上げる機能が2つあります。1つは、RangeオブジェクトのSpeakメソッドです。これは、セル内に入力されているデータを読み上げます。
もう1つは、SpeechオブジェクトのSpeakメソッドです。こちらは、引数で指定した任意の文字列を読み上げます。

```
Sub Sample25()
    Range("A1").Speak → セルA1の文字列を読み上げる
    Application.Speech.Speak "Microsoft Excel" → 「Microsoft Excel」を読み上げる
End Sub
```

memo

▶読み上げで使われる音声合成は、Windowsの環境に依存するので、日本語を読めないこともあります。コントロールパネル「音声認識のプロパティ」で確認してください。また、Windowsの種類や、インストールされているOfficeによっては、日本語による読み上げ機能が使えないことがあります。

関連項目
08.027 Excelの組み込みダイアログを使う→p.624
08.028 枠線の表示／非表示を切り替える→p.626
08.029 入力後の移動方向を設定する→p.627

マクロ

08.026 指定した時刻にマクロを実行する

Applicationオブジェクト、OnTimeメソッド

Application.OnTime (*EarliestTime, Procedure*)

EarliestTime---プロシージャを実行する時刻、*Procedure*---実行するプロシージャ名

ApplicationオブジェクトのOnTimeメソッドは、指定した時間に指定したプロシージャを実行するようにする機能です。OnTimeメソッドの書式は次の通りです。

```
OnTime EarliestTime, Procedure, LatestTime, Schedule
```

EarliestTime	マクロを実行する時刻を指定する
Procedure	指定した時刻に実行するプロシージャ名を指定する
LatestTime	待ち時間を指定する
Schedule	Trueを指定するとスケジュールが有効になる

指定した時間がきたとき、他のマクロが起動中の場合は、引数LatestTimeに指定した時間だけ待ちます。引数ScheduleにFalseを指定すると、スケジュールを取り消します。

```
Sub TimeMessage()
    MsgBox "時間です"
End Sub

Sub Sample26()
    Application.OnTime EarliestTime:=TimeValue("18:56:00"), _
                       Procedure:="TimeMessage"
End Sub
```

18:56にプロシージャ「TimeMessage」を実行

実行結果

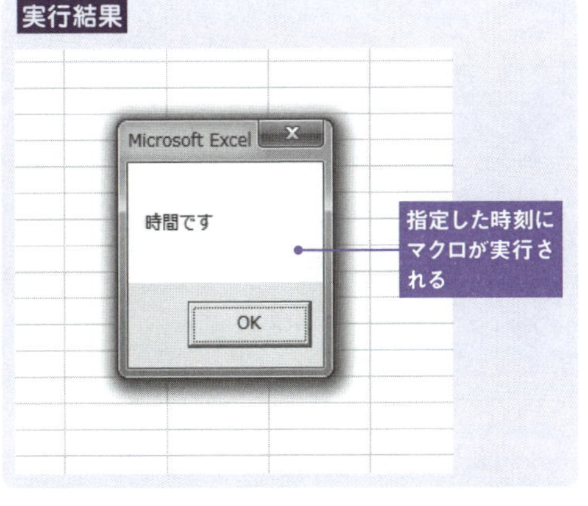

関連項目 08.033 マクロにショートカットキーを設定する→p.631

ダイアログ

08.027 Excelの組み込みダイアログを使う

Dialogsコレクション

object. **Dialogs** (xlDialogPrint).Show Arg4

object---対象となるApplicationオブジェクト

PrintOutメソッドを使うと、ワークシートを印刷することができます。しかし、印刷するつど印刷ページ数や用紙の向きなどを指定できるようにするには、どうしたらいいでしょう。そんなときは、Excelの標準機能である[印刷]ダイアログボックスを開いて、ユーザーに制御を渡します。Excelが標準で持っている組み込みダイアログボックスを使うには、Dialogsコレクションに、ダイアログボックスを表す定数xlDialogPrintを指定して、Showメソッドを実行します。サンプルは、「印刷部数＝3」を設定して、ダイアログボックスを呼び出しています。[印刷]ダイアログボックスでは、次の引数を使用できます。

Arg1	印刷範囲
Arg2	開始
Arg3	終了
Arg4	部数
Arg5	簡易印刷
Arg6	印刷プレビュー
Arg7	メモ印刷
Arg8	カラー印刷
Arg9	紙送り
Arg10	印刷品質
Arg11	縦方向の解像度
Arg12	印刷対象
Arg13	プリンタ名
Arg14	ファイルへ出力
Arg15	部単位で印刷

memo

▶Excel 2010からは、印刷の設定をバックステージビューで行うようになりましたが、サンプルのようなマクロを使えば、従来の［印刷］ダイアログボックスを表示できます。

```
Sub Sample27()
    Application.Dialogs(xlDialogPrint).Show Arg4:=3
End Sub
```

→ [印刷]ダイアログボックスを開いて印刷部数を「3」に指定

実行結果

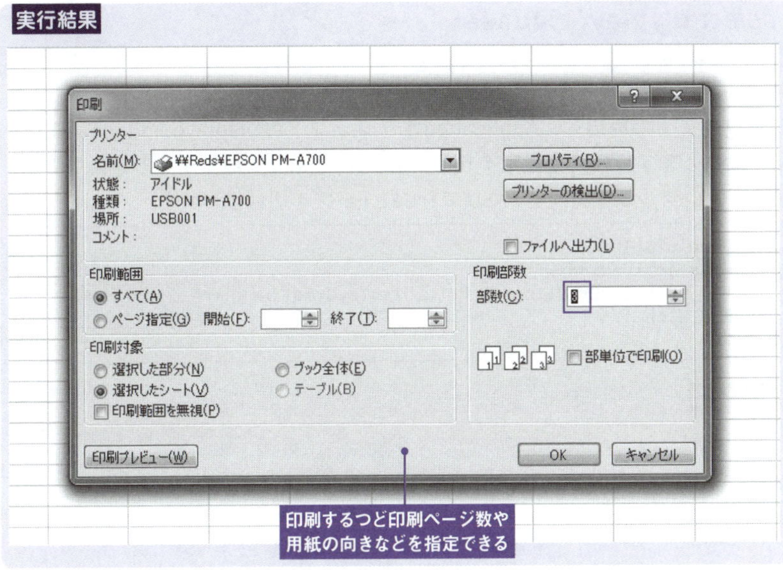

関連項目
08.025 Excelの読み上げ機能を使う→p.622
08.028 枠線の表示／非表示を切り替える→p.626
08.029 入力後の移動方向を設定する→p.627

枠線／表示

08.028 枠線の表示／非表示を切り替える

DisplayGridlinesプロパティ

object.**DisplayGridlines**

object---対象となるWindowオブジェクト

ワークシートの枠線は、ApplicationオブジェクトのDisplayGridlinesプロパティで操作します。Trueを設定すると表示され、Falseを設定すると非表示になります。サンプルは、実行するたびにTrueとFalseを切り替えます。

```
Sub Sample28()
    With ActiveWindow
        .DisplayGridlines = Not .DisplayGridlines → ワークシートの枠線の表示／非表示を切り替える
    End With
End Sub
```

実行結果

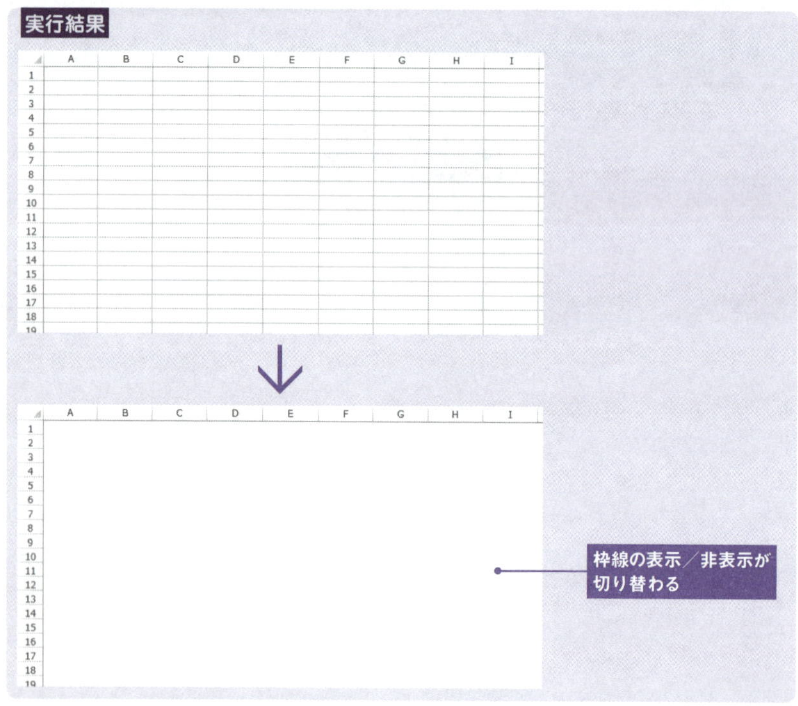

関連項目
08.025 Excelの読み上げ機能を使う→p.622
08.027 Excelの組み込みダイアログを使う→p.624
08.029 入力後の移動方向を設定する→p.627

その他

08.029 入力後の移動方向を設定する

MoveAfterReturnDirectionプロパティ

***object*.MoveAfterReturnDirection**

object---対象となるApplicationオブジェクト

セルに情報を入力して[Enter]キーを押すと、アクティブセルが下のセルに移動します。この移動する方向は、ApplicationオブジェクトのMoveAfterReturnDirectionプロパティで設定可能です。サンプルを実行すると、移動する方向が上→左→右→下と変わります。

```
Sub Sample29()
    Select Case Application.MoveAfterReturnDirection
    Case xlDown
        Application.MoveAfterReturnDirection = xlUp → [Enter]キーを押すと上へ移動
    Case xlUp
        Application.MoveAfterReturnDirection = xlToLeft → [Enter]キーを押すと左へ移動
    Case xlToLeft
        Application.MoveAfterReturnDirection = xlToRight → [Enter]キーを押すと右へ移動
    Case xlToRight
        Application.MoveAfterReturnDirection = xlDown → [Enter]キーを押すと下へ移動
    End Select
End Sub
```

実行結果

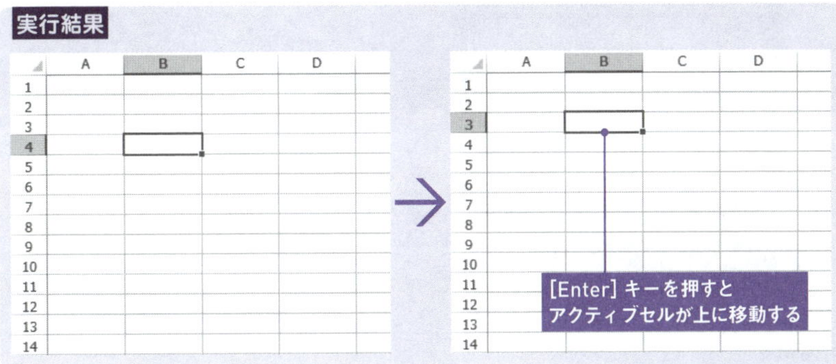

関連項目
08.025 Excelの読み上げ機能を使う→p.622
08.027 Excelの組み込みダイアログを使う→p.624
08.028 枠線の表示／非表示を切り替える→p.626

デバッグ／開く

08.030 イミディエイトウィンドウを開く

VBEオブジェクト

object.**VBE**.Windows("イミディエイト").Visible = True

object---対象となるApplicationオブジェクト

イミディエイトウィンドウに出力するには、DebugオブジェクトのPrintメソッドを使います。そのイミディエイトウィンドウを、VBAのコードで表示するには、VBEオブジェクトを使って、イミディエイトウィンドウのWindowオブジェクトに「Visible = True」を設定します。

```
Sub Sample30()
    Dim i As Long
    Application.VBE.Windows("イミディエイト").Visible = True
    For i = 1 To Worksheets.Count
        Debug.Print Worksheets(i).Name
    Next i
End Sub
```

イミディエイトウィンドウを表示

シート名を出力

実行結果

memo

▶サンプルのマクロを実行するには、Excelのオプションで［VBAプロジェクトオブジェクトモデルへのアクセスを信頼する］チェックボックスがオンになっていなければなりません。

関連項目 07.029 イミディエイトウィンドウに出力する→p.554

Windows

08.031 .Net Frameworkを使う

CreateObject関数

CreateObject(*ObjectName*)

ObjectName---作成するオブジェクトのクラス名

.Net Frameworkで提供されるクラスの中には、VBAから利用できるものもあります。サンプルは、.Net Framework「System.Collections名前空間のArrayListクラス」を利用して、配列を並べ替えています。サンプルのマクロを実行するには、.Net Frameworkが正常にインストールされている必要があります。

```
Sub Sample31()
    Dim DataList, i As Long, msg As String
    Set DataList = CreateObject("System.Collections.ArrayList")
    For i = 1 To 5
        DataList.Add Int(Rnd() * 100) + 1
    Next i
    DataList.Sort
    For i = 0 To DataList.Count - 1
        msg = msg & DataList(i) & vbCrLf
    Next i
    MsgBox msg
    Set DataList = Nothing
End Sub
```

.Net frameworkのクラスへの参照を作成

1～100の乱数を5つ生成して配列にする

配列を並べ替える

実行結果

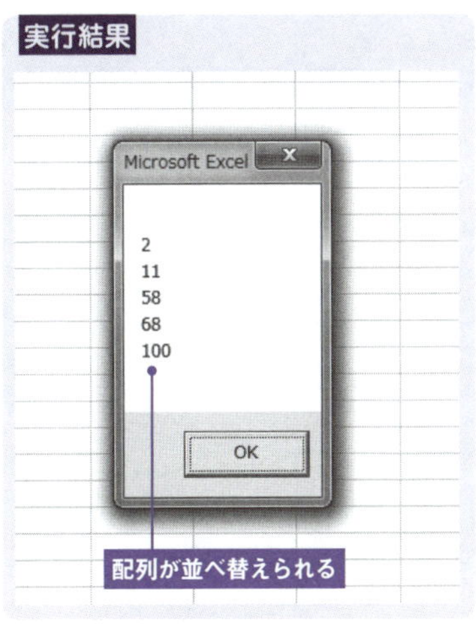

関連項目
08.032 CPUの使用率を抑える→p.630
08.036 コマンドプロンプトの標準出力を取得する→p.634
08.037 画面をキャプチャする→p.635

Windows

08.032 CPUの使用率を抑える

Declareステートメント

Declare Sub *name* Lib *"libname" arglist*

name---プロシージャ名、*libname*---宣言するプロシージャが含まれるDLLまたはコードリソースの名前、*arglist*---プロシージャを渡す引数を表す変数のリスト(省略可)

処理に多大な時間がかかるマクロでは、マクロが終了するまで、CPUの使用率が100%近くに上昇してしまうことがあります。CPUの使用率を下げ、他の作業を行えるようにするには、Windows APIのSleepを使います。Sleepは、ミリ秒単位で処理を中断する働きがあります。サンプルでは、毎回0.001秒だけ処理を中断します。計算上は、その分だけマクロの処理時間も延びますが、その間に別の作業を行えるので、結果的には時間短縮になります。

```
Declare Sub Sleep Lib "kernel32" (ByVal dwMilliseconds As Long) ─ APIを宣言

Sub Sample32()
    Dim buf As String
    Const LogFile As String = "C:¥巨大なファイル.txt"
    Open LogFile For Input As #1
        Do Until EOF(1)
            Line Input #1, buf
            Debug.Print buf
            Sleep 1 → CPUを1/1000秒だけ止める
        Loop
    Close #1
End Sub
```

関連項目 08.031 .Net Frameworkを使う→p.629
08.036 コマンドプロンプトの標準出力を取得する→p.634
08.037 画面をキャプチャする→p.635

マクロ

08.033 マクロにショートカットキーを設定する

OnKeyメソッド

object.**OnKey**(*Key*, *Procedure*)

object---対象となるApplicationオブジェクト、*Key*---押すキーを示す文字列
Procedure---実行するプロシージャ名

作成したマクロにショートカットキーを設定するには、ApplicationオブジェクトのOnKeyメソッドを使います。OnKeyメソッドの引数に、設定したいキーと、起動したいプロシージャを指定すると、そのキーでプロシージャを起動できます。解除するときは、プロシージャ名を省略します。OnKeyメソッドでは、次の記号が使えます。

+	[Shift] キー
^	[Ctrl] キー
%	[Alt] キー

```
Sub Sample33()  '設定
    Application.OnKey "^%{PGUP}", "ActivateTopSheet"
    Application.OnKey "^%{PGDN}", "ActivateLastSheet"
End Sub

Sub Sample33_2()  '解除
    Application.OnKey "^%{PGUP}"
    Application.OnKey "^%{PGDN}"
End Sub

Sub ActivateTopSheet()
    Worksheets(1).Activate
End Sub

Sub ActivateLastSheet()
    Worksheets(Worksheets.Count).Activate
End Sub
```

[Ctrl]+[Alt]+[PageUp]キーを押した際に「ActivateTopSheet」を実行

[Ctrl]+[Alt]+[PageDown]キーを押した際に「ActivateLastSheet」を実行

ショートカットを解除

1枚目のワークシートをアクティブにする

最後のワークシートをアクティブにする

実行結果

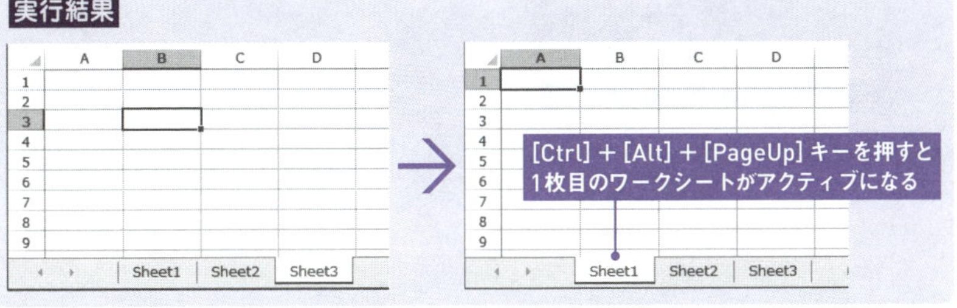

関連項目 08.026 指定した時刻にマクロを実行する→p.623

Windows

08.034 Windowsのバージョンを取得する

CreateObject関数

CreateObject(*ObjectName*)

ObjectName---作成するオブジェクトのクラス名

VBAには、Windowsのバージョンを調べる機能がありません。Windowsのバージョンを調べるには、Windows Management Instrumentation(WMI)という機能を使います。

```
Sub Sample34()
    Dim Locator, Service, OsSet, os, msg As String
    Set Locator = CreateObject("WbemScripting.SWbemLocator")
    Set Service = Locator.ConnectServer
    Set OsSet = Service.ExecQuery("Select * From _
    Win32_OperatingSystem")
    For Each os In OsSet
        msg = msg & os.Caption & vbCrLf
        msg = msg & os.Version
    Next os
    MsgBox msg
    Set Service = Nothing
    Set OsSet = Nothing
    Set Locator = Nothing
End Sub
```

WMIへの参照を作成

Windowsのバージョンを取得

実行結果

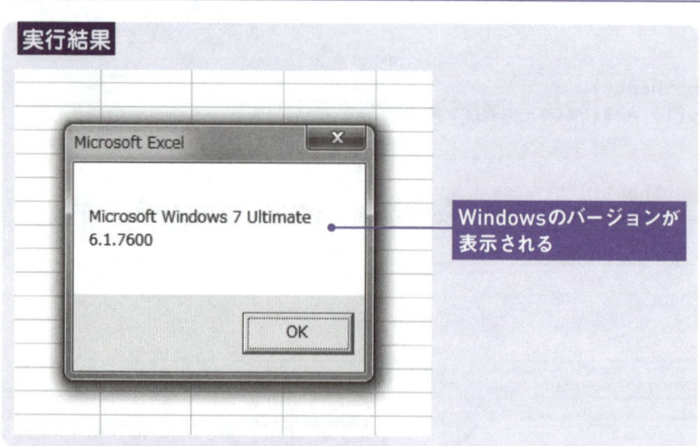

関連項目 08.035 Excelのバージョンを取得する→p.633

バージョン

08.035 Excelのバージョンを取得する

Versionプロパティ

object.**Version**

object---対象となるApplicationオブジェクト

Excelのバージョンは、ApplicationオブジェクトのVersionプロパティで調べられます。Versionプロパティは、次の値を文字列で返します。

Excel 2016	16.0
Excel 2013	15.0
Excel 2010	14.0
Excel 2007	12.0
Excel 2003	11.0
Excel 2002	10.0
Excel 2000	9.0
Excel 97	8.0
Excel 95	7.0
Excel 5.0	5.0

```
Sub Sample35()
    MsgBox Application.Version    →ExcelのバージョンをMsgBoxに表示
End Sub
```

実行結果

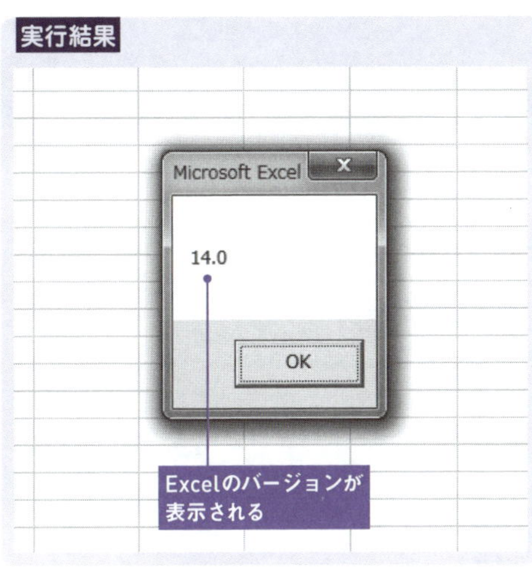

関連項目 08.034 Windowsのバージョンを取得する→p.632

Windows

08.036 コマンドプロンプトの標準出力を取得する

CreateObject関数

CreateObject(*ObjectName*)

ObjectName---作成するオブジェクトのクラス名

コマンドプロンプトの標準出力をVBAで利用するには、Windows Scripting Host（WSH）を使います。サンプルは、「C:¥Tmpフォルダ」のファイル一覧を、MS-DOSのDirを使って取得しています。

```
Sub Sample36()
    Dim Exec, Cmd As String, Result As String
    With CreateObject("WScript.Shell") →WSHへの参照を作成
        Cmd = "dir C:¥Tmp"
        Set Exec = .Exec("%ComSpec% /c " & Cmd) →コマンドプロンプトを実行
        Do While Exec.Status = 0
            DoEvents
        Loop
        Result = Exec.StdOut.ReadAll →実行結果を取得
        MsgBox Result
        Set Exec = Nothing
    End With
End Sub
```

実行結果

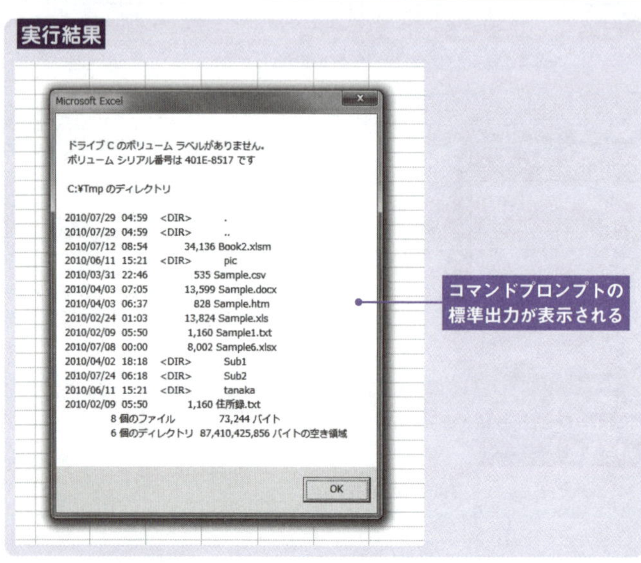

コマンドプロンプトの標準出力が表示される

関連項目
08.031 .Net Frameworkを使う→p.629
08.032 CPUの使用率を抑える→p.630
08.037 画面をキャプチャする→p.635

Windows

08.037 画面をキャプチャする

Declareステートメント

Declare Sub *name* Lib *"libname" arglist*

name---プロシージャ名、*libname*---宣言するプロシージャが含まれるDLLまたはコードリソースの名前、*arglist*---プロシージャを渡す引数を表す変数のリスト(省略可)

Windowsでは、[PrintScrn]キーを押すと、画面をキャプチャできます。VBAから[PrintScrn]キーを押したことにすれば、マクロで画面のキャプチャが可能です。しかし、キーが押されたことにするSendKeysステートメントやSendKeysメソッドではうまくいきません。そんなときは、Windows APIのkeybd_eventを使います。サンプルは、マクロを実行後5秒後に[PrintScrn]キーが押されたことにします。続いて、キャプチャした画像をアクティブシートに貼り付けます。マクロは、VBEから実行してはいけません。必ずワークシート画面で[マクロ]ダイアログボックスなどから実行してください。

```
Declare Sub keybd_event Lib "user32.dll" (ByVal bVk As Byte, _
                                          ByVal bScan As Byte, _
                                          ByVal dwFlags As Long, _
                                          ByVal dwExtraInfo As Long)

Sub Sample37()
    Application.Wait Now + TimeSerial(0, 0, 5)
    keybd_event &H2C, 0, &H1, 0
    keybd_event &H2C, 0, &H1 Or &H2, 0
    AppActivate Application.Caption
    ActiveSheet.Paste
End Sub
```

APIを宣言

画像をキャプチャしてアクティブシートに貼り付ける

実行結果

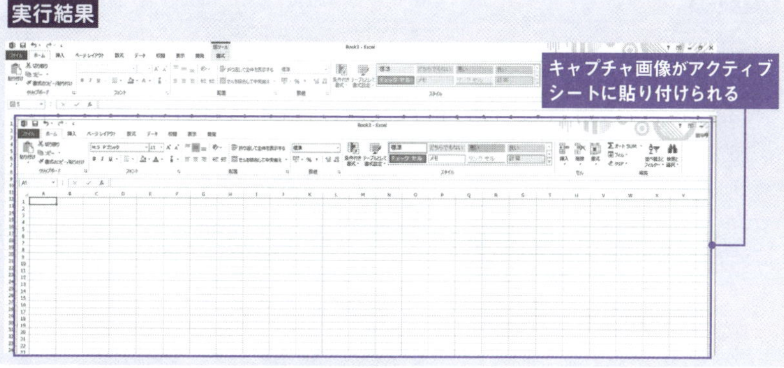

関連項目
08.031 .Net Frameworkを使う→p.629
08.032 CPUの使用率を抑える→p.630
08.036 コマンドプロンプトの標準出力を取得する→p.634

VBE

08.038 標準モジュールが含まれているかどうか調べる

VBProjectオブジェクト、VBComponentオブジェクト

object.**VBProject**

object---対象となるWorkbookオブジェクト

VBAからVBEを操作するときは、[Visual Basicプロジェクトへのアクセスを信頼する]チェックボックスをオンにしてください。このチェックボックスは、Excel 2003までは、[ツール]→[マクロ]→[セキュリティ]で表示される[セキュリティ]ダイアログボックスの[信頼のおける発行元]タブにあります。Excel 2007以降は、[セキュリティセンター]ダイアログボックスの[マクロの設定]にあります。サンプルは、現在開いているブックで、標準モジュールが存在するブックを表示します。

```
Sub Sample38()
    Dim wb As Workbook, msg As String, i As Long
    For Each wb In Workbooks
        With wb.VBProject
            For i = 1 To .VBComponents.Count
                If .VBComponents(i).Type = 1 Then
                    msg = msg & wb.Name & " - " & _
                          .VBComponents(i).Name & vbCrLf
                End If
            Next i
        End With
    Next wb
    MsgBox msg
End Sub
```

開いているブックの標準モジュールの数を判定してその数に合わせて以下の処理を実行

ブックに標準モジュールがある場合はブック名とモジュール名を取得

実行結果

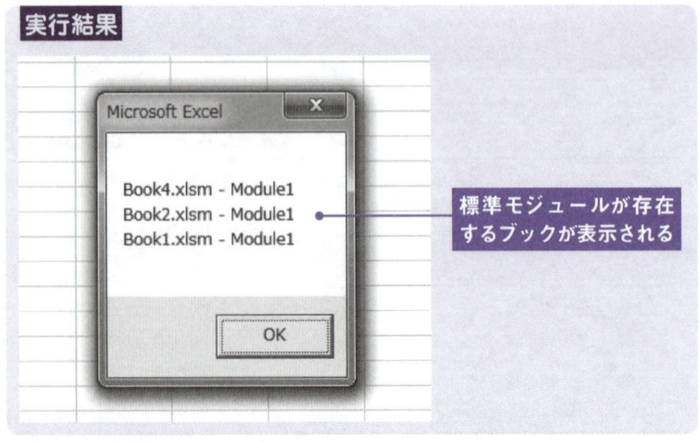

関連項目 08.039 モジュールを他のブックにコピーする→p.637
08.040 モジュールを解放する→p.638

VBE／コピー

08.039 モジュールを他のブックにコピーする

VBProjectオブジェクト、VBComponentオブジェクト、Exportメソッド、Importメソッド

***object*.VBProject.VBComponents.Export (*Filename*)**
***object*.VBProject.VBComponents.Import (*Filename*)**

object---対象となるWorkbookオブジェクト
Filename---エクスポート／インポートするファイル名

「Book1.xlsm」の標準モジュール(Module1)を、「Book2.xlsm」にコピーします。ここでは、モジュールのエクスポートとインポートを使いましょう。2つのブックを開いた状態で実行してください。「Book2.xlsm」に、すでに「Module1」が存在する場合は、「Module11」という名前でインポートされます。

```
Sub Sample39()
    Const Filename As String = "C:¥Work¥Book1_Module.bas"
    Workbooks("Book1.xlsm").VBProject.VBComponents("Module1").Export _
    Filename → 「Book1.xlsm」の「Module1」をエクスポート
    Workbooks("Book2.xlsm").VBProject.VBComponents.Import Filename
End Sub                                     インポート先を「Book2.xlsm」にする
```

実行結果

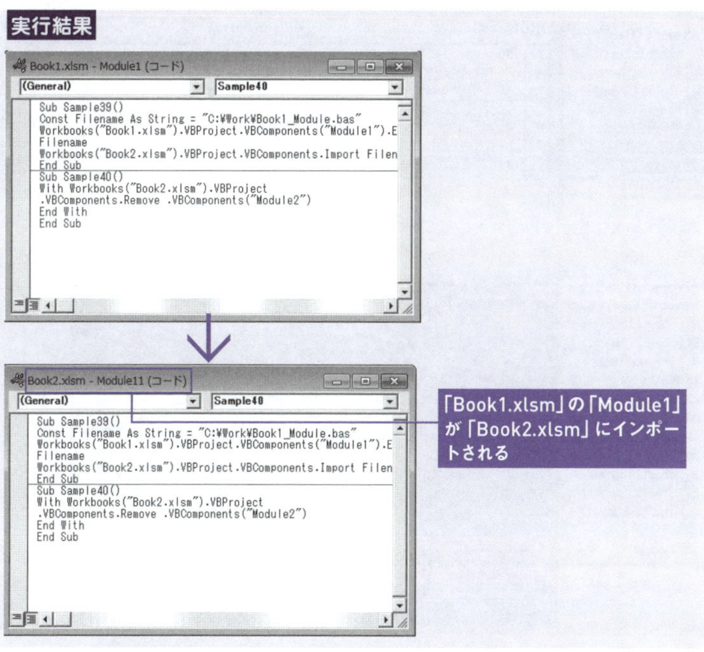

関連項目 08.038 標準モジュールが含まれているかどうか調べる→p.636
08.040 モジュールを解放する→p.638

VBE

08.040 モジュールを解放する

VBProjectオブジェクト、VBComponentオブジェクト、Removeメソッド

object.**Remove**

object---対象となるVBAComponentオブジェクト

モジュールを削除するときは、プロジェクトエクスプローラから[Moduleの解放]を実行します。サンプルでは、「Book2.xlsm」の「Module2」を解放します。

```
Sub Sample40()
    With Workbooks("Book2.xlsm").VBProject
        .VBComponents.Remove .VBComponents("Module2")
    End With
End Sub
```

「Book2.xlsm」の「Module2」を解放

実行結果

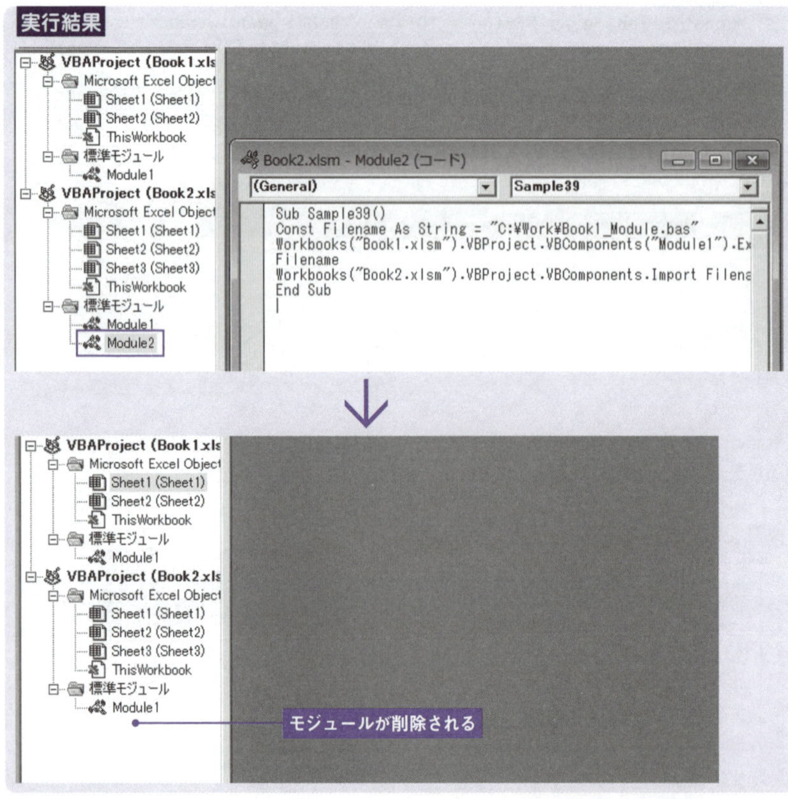

関連項目 08.038 標準モジュールが含まれているかどうか調べる→p.636
08.039 モジュールを他のブックにコピーする→p.637

VBE

08.041 プロシージャの一覧を取得する

CountOfLinesプロパティ、ProcOfLineプロパティ

object.**CountOfLines**、*object*.**ProcOfLine**

object---対象となるCodeModuleオブジェクト

モジュールの中に記述されているプロシージャの一覧を一発で取得するプロパティなどはありません。コードペイン(CodeModuleオブジェクト)を先頭行から1行ずつチェックして、それぞれの行が属しているプロシージャ名を取得します。

```
Sub Sample41()
    Dim buf As String, i As Long, cnt As Long
    With Workbooks("Book1.xlsm").VBProject.VBComponents("Module1"). _
    CodeModule
        For i = 1 To .CountOfLines
            If buf <> .ProcOfLine(i, 0) Then
                buf = .ProcOfLine(i, 0)
                cnt = cnt + 1
                Cells(cnt, 1) = buf
            End If
        Next i
    End With
End Sub
```

→ プロシージャ名を取得

実行結果

	A	B	C
1	Sample1		
2	Sample2		
3	Sample3		
4	Sample4		
5	Sample5		
6	Sample6		
7	Sample7		
8	Sample8		
9			
10			
11			
12			
13			

プロシージャ名が表示される

関連項目 08.042 プロシージャのコードを取得する→p.640
08.043 プロシージャを削除する→p.641

VBE

08.042 プロシージャのコードを取得する

ProcBodyLineプロパティ、ProcCountLinesプロパティ、Linesプロパティ

object.**ProcBodyLine**、*object*.**ProcCountLines**、*object*.**Lines**

object---対象となるCodeModuleオブジェクト

ProcBodyLineプロパティは、指定したプロシージャの先頭行を返します。ProcCountLinesプロパティは、指定したプロシージャの行数を返します。Linesプロパティは、指定した行から、指定した行数のコードを返します。サンプルは、プロシージャ「Sample4」のコードを画面に表示します。

```
Sub Sample42()
    Dim S As Long, L As Long
    With Workbooks("Book1.xlsm").VBProject.VBComponents("Module1"). _
    CodeModule
        S = .ProcBodyLine("Sample4", 0)
        L = .ProcCountLines("Sample4", 0)
        MsgBox .Lines(S, L)
    End With
End Sub
```

プロシージャのコードを取得

実行結果

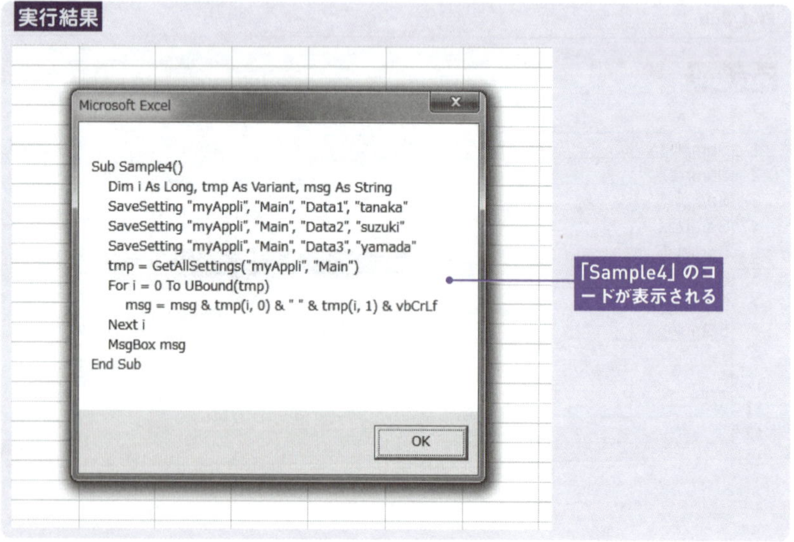

関連項目 08.041 プロシージャの一覧を取得する→p.639

VBE／削除

08.043 プロシージャを削除する

ProcBodyLineプロパティ、ProcCountLinesプロパティ、DeleteLinesメソッド

object.**ProcBodyLine**、*object*.**ProcCountLines**
object.**DeleteLines**

object---対象となるCodeModuleオブジェクト

コードペイン(モジュール)に記述されているコードの一部を削除するには、DeleteLinesメソッドを使います。DeleteLinesメソッドには、削除開始行と、削除する行数を指定します。

```
Sub Sample43()
    Dim S As Long, L As Long, buf As String
    With Workbooks("Book1.xlsm").VBProject.VBComponents("Module1"). _
    CodeModule
        S = .ProcBodyLine("Sample2", 0)
        L = .ProcCountLines("Sample2", 0)
        buf = .Lines(S, L)
        .DeleteLines S, L → プロシージャを削除
    End With
    MsgBox buf & vbCrLf & "を削除しました"
End Sub
```

実行結果

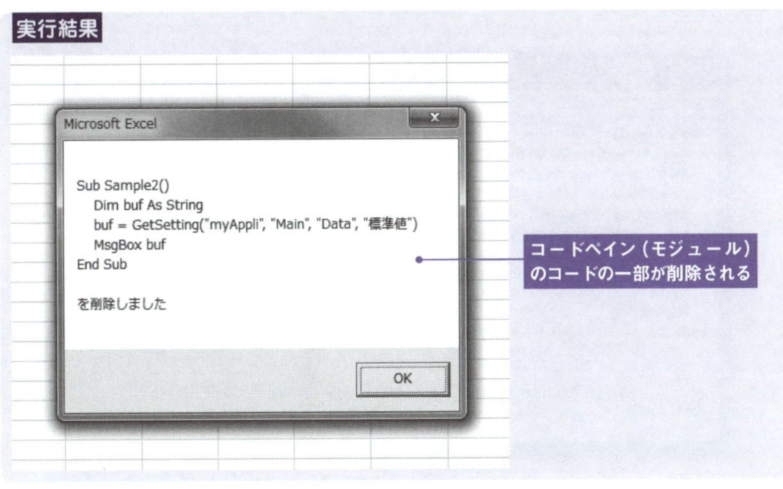

VBE ／置換

08.044 コードの一部を置換する

ProcBodyLineプロパティ、ProcCountLinesプロパティ、ReplaceLineメソッド

object.**ProcBodyLine**、*object*.**ProcCountLines**
object.**ReplaceLine**

object---対象となるCodeModuleオブジェクト

コードの指定した行を置換するには、ReplaceLineメソッドを使います。引数には、行位置と、置換後の新しい文字列を指定します。

```
Sub Sample44()
    Dim i As Long, n As Long
    With Workbooks("Book1.xlsm").VBProject.VBComponents("Module1"). _
    CodeModule
        n = .ProcBodyLine("Sample4", 0)
        For i = n To n + .ProcCountLines("Sample4", 0) - 1
            .ReplaceLine i, Replace(.Lines(i, 1), "myAppli", _
"mySystem")
        Next i
    End With
End Sub
```

コードを置き換える

実行結果

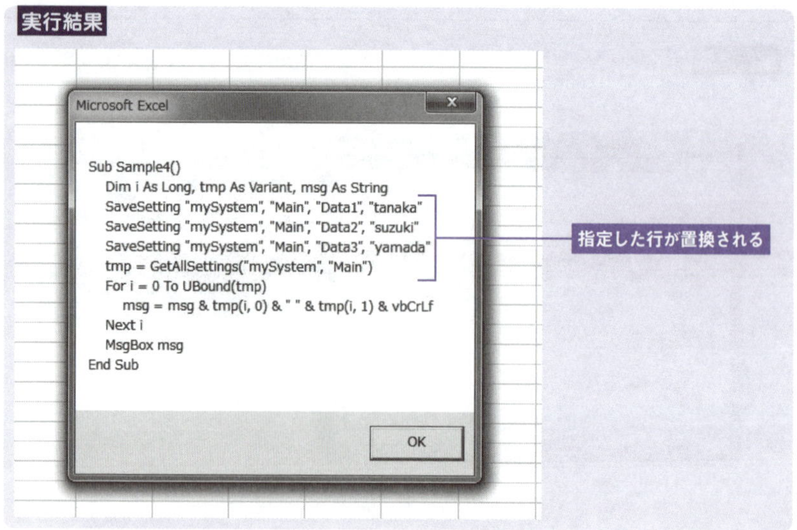

関連項目
08.043 プロシージャを削除する→p.641
08.045 モジュールに文字列を挿入する→p.643
08.046 モジュールにテキストファイルを挿入する→p.644

VBE／挿入

08.045 モジュールに文字列を挿入する

AddFromStringメソッド

*object.*AddFromString

object---対象となるCodeModuleオブジェクト

CodeModuleオブジェクトのAddFromStringメソッドは、指定した文字列を、コードペインに挿入します。挿入する場所は、最も上にあるプロシージャの上です。

```
Sub Sample45()
    With Workbooks("Book1.xlsm").VBProject.VBComponents("Module1"). _
    CodeModule
        .AddFromString "Public buf As String" →文字列を挿入
    End With
End Sub
```

実行結果

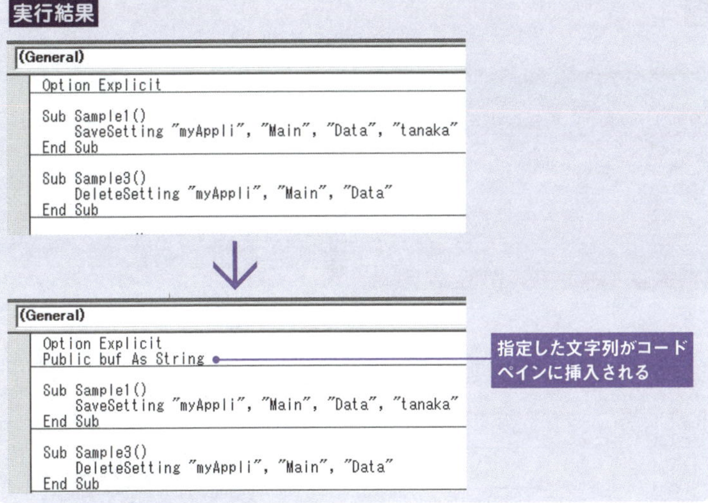

関連項目
08.043 プロシージャを削除する→p.641
08.044 コードの一部を置換する→p.642
08.046 モジュールにテキストファイルを挿入する→p.644

VBE／挿入

08. 046 モジュールにテキストファイルを挿入する

AddFromFileメソッド

***object*.AddFromFile**

object---対象となるCodeModuleオブジェクト

CodeModuleオブジェクトのAddFromFileメソッドは、指定したテキストファイルを、コードペインに挿入します。挿入する場所は、最も上にあるプロシージャの上です。

```
Sub Sample46()
    With Workbooks("Book1.xlsm").VBProject.VBComponents("Module1"). _
    CodeModule
        .AddFromFile "C:¥Work¥Macro.txt" →「Macro.txt」をコードペインに挿入
    End With
End Sub
```

実行結果

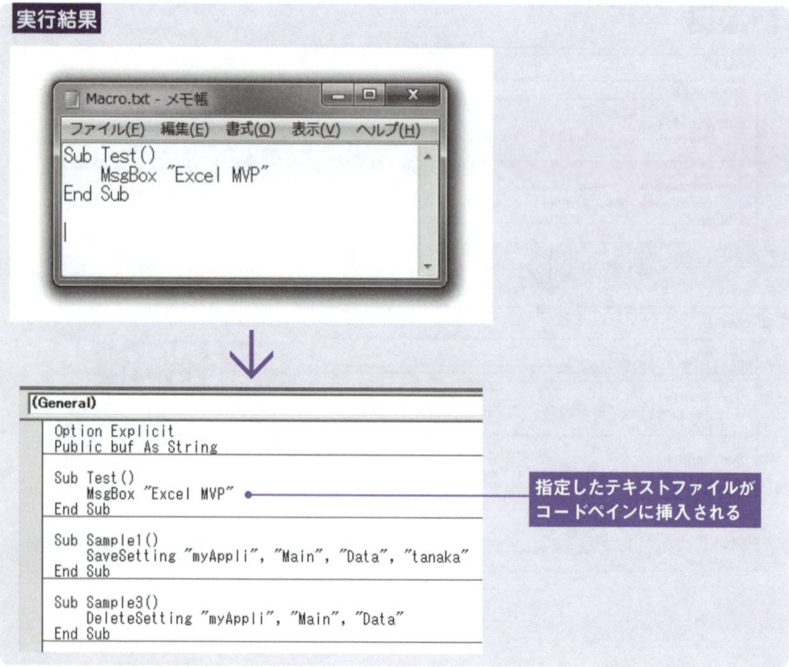

関連項目 08.043 プロシージャを削除する→p.641
08.044 コードの一部を置換する→p.642
08.045 モジュールに文字列を挿入する→p.643

クリップボード

08.047 クリップボードが空かどうか調べる

Applicationオブジェクト、ClipboardFormatsプロパティ

Application.ClipboardFormats

クリップボードに、どんな形式のデータが格納されているかは、ApplicationオブジェクトのClipboardFormatsプロパティでわかります。ClipboardFormatsプロパティは、クリップボードに格納されているデータを、数値の配列形式で返します。クリップボードが空のときは、配列の先頭(「0」ではなく「1」)にTrueが格納されます。

```
Sub Sample47()
    Dim CB As Variant
    CB = Application.ClipboardFormats ——→ クリップボードに格納されているデータを取得
    If CB(1) = True Then ——→ クリップボードが空か判定
        MsgBox "クリップボードは空です"
    End If
End Sub
```

実行結果

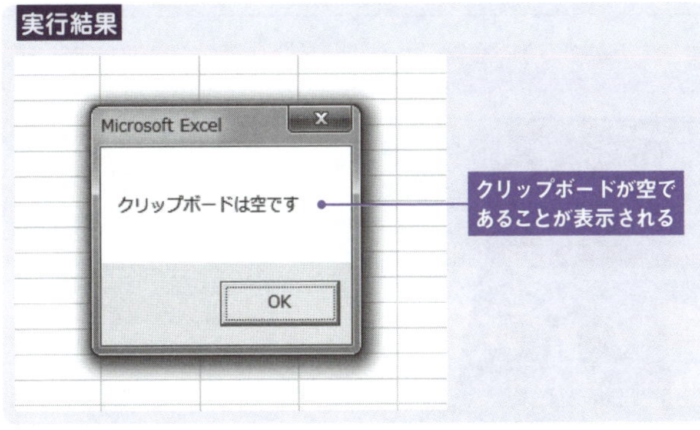
Microsoft Excel
クリップボードは空です
OK
クリップボードが空であることが表示される

関連項目 08.048 クリップボードの形式を調べる→p.646
08.049 クリップボードを直接操作する→p.647

クリップボード

08.048 クリップボードの形式を調べる

Applicationオブジェクト、ClipboardFormatsプロパティ

Application.ClipboardFormats

クリップボードには、1つのデータが、複数の形式で格納されることがあります。どんな形式のデータが格納されているかは、ClipboardFormatsプロパティが返す配列を定数と比較します。定数xlClipboardFormatBitmapは、ビットマップ形式の画像データです。

```
Sub Sample48()
    Dim CB As Variant, i As Long
    CB = Application.ClipboardFormats → クリップボードに格納されているデータを取得
    For i = 1 To UBound(CB)
        If CB(i) = xlClipboardFormatBitmap Then
            ActiveSheet.Paste
            Exit For
        End If
    Next i
End Sub
```

格納されているデータがビットマップの場合はアクティブシートにペースト

実行結果

関連項目 08.047 クリップボードが空かどうか調べる→p.645
08.049 クリップボードを直接操作する→p.647

クリップボード

08.049 クリップボードを直接操作する

SetTextメソッド、PutInClipboardメソッド、GetFromClipboardメソッド、GetTextメソッド

object.**SetText**(*StoreData*)、*object*.**PutInClipboard**
object.**GetFromClipboard**、String = *object*.**GetText**

object---対象となるDataObjectオブジェクト
StoreData---DataObjectオブジェクトに格納するデータ

クリップボードを直接操作するには、DataObjectオブジェクトを使います。DataObjectオブジェクトは、MSFormsのメンバなので、使用するには、Microsoft Forms 2.0 Object Libraryを参照設定するか、UserFormを挿入します。SetTextメソッドは、指定したテキストをDataObjectオブジェクトにコピーします。PutInClipboardメソッドは、DataObjectオブジェクトのデータをクリップボードに格納します。GetFromClipboardメソッドは、クリップボードのデータをDataObjectオブジェクトにコピーします。GetTextメソッドは、DataObjectオブジェクトからテキストを取り出します。

```
Sub Sample49()
    Dim buf As String, buf2 As String, CB As New DataObject
    buf = "Excel MVP"
    With CB
        .SetText buf          → 文字列をDataObject オブジェクトにコピー
        .PutInClipboard       → データをクリップボードに格納
        .GetFromClipboard     → クリップボードのデータをDataObject オブジェクトにコピー
        buf2 = .GetText       → DataObject オブジェクトからテキストを取り出す
    End With
    MsgBox buf2
End Sub
```

実行結果

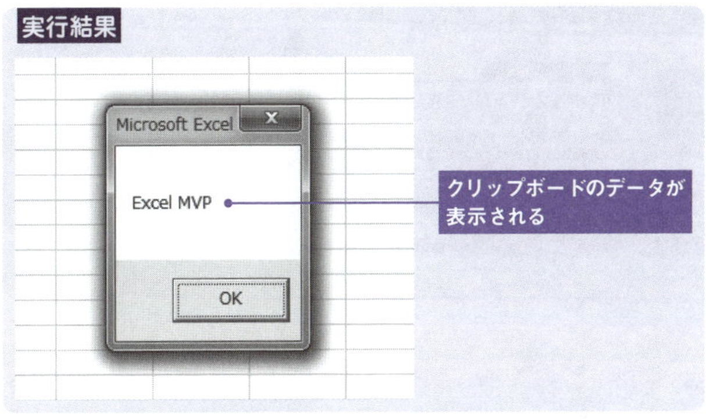

関連項目 08.047 クリップボードが空かどうか調べる→p.645
08.048 クリップボードの形式を調べる→p.646

インターネット／表示

08.050 インターネットのページを表示する

Dialogsコレクション

object.**Dialogs**(xlDialogNewWebQuery)

object---対象となるApplicationオブジェクト

Excelには、インターネットのデータを直接ワークシートに取り込む「Webクエリ機能」があります。しかし、[データ]→[外部データの取り込み]→[新しいWebクエリ]の操作をマクロ記録しても、QueryTableオブジェクトが追加される様子が記録されるだけで、[新しいWebクエリ]ダイアログボックスを開くという操作は記録されません。こんなときはDialogsコレクションの出番です。[新しいWebクエリ]ダイアログボックスを開く定数はxlDialogNewWebQueryです。サンプルは、[新しいWebクエリ]ダイアログボックスでインターネットのページを開きます。

```
Sub Sample50()
    Application.Dialogs(xlDialogNewWebQuery).Show _
    "http://officetanaka.net"
End Sub
```

[新しいWebクエリ]ダイアログボックスでインターネットのページを表示

実行結果

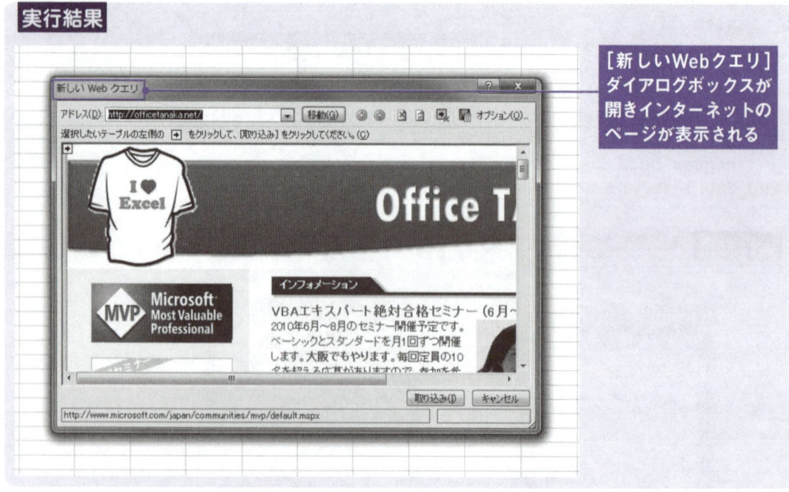

関連項目
08.051 ハイパーリンクを設定してインターネットのページを表示する→p.649
08.052 拡張子に関連づけてインターネットのページを表示する→p.650
08.053 IEでインターネットのページを表示する (1) →p.651
08.054 IEでインターネットのページを表示する (2) →p.652

インターネット／表示

08.051 ハイパーリンクを設定してインターネットのページを表示する

Hyperlinkオブジェクト、Followメソッド

Hyperlinks.Follow

ブラウザを起動して、指定したページを表示する方法は、いくつかあります。まず、Excelのハイパーリンクを使う方法です。セルA1にハイパーリンクを設定して、すぐリンク先を開きます。ブラウザが起動し、設定したページが表示されます。その後、セルA1はクリアしておきましょう。

```
Sub Sample51()
    With ActiveSheet
        .Hyperlinks.Add(Anchor:=.Range("A1"), _
                        Address:="http://officetanaka.net", _
                        TextToDisplay:="Sample").Follow
        .Range("A1") = ""  → セルA1をクリア
    End With
End Sub
```

セルA1にハイパーリンクを設定してリンク先を開く

実行結果

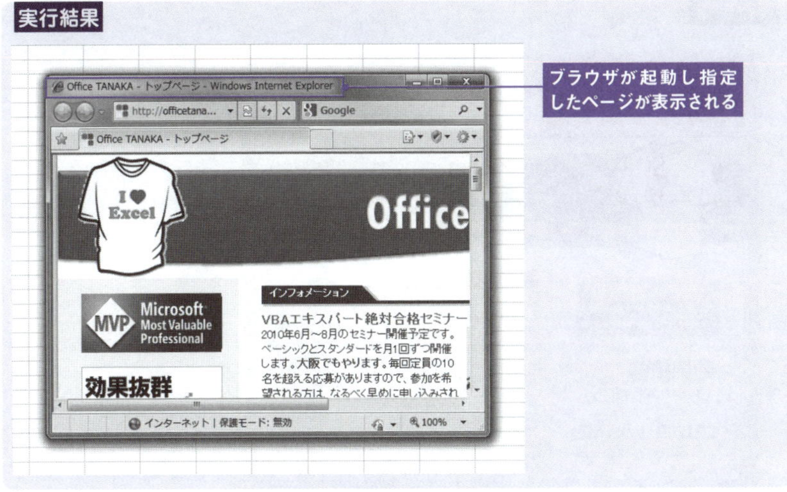

関連項目
08.050 インターネットのページを表示する→p.648
08.052 拡張子に関連づけてインターネットのページを表示する→p.650
08.053 IEでインターネットのページを表示する (1) →p.651
08.054 IEでインターネットのページを表示する (2) →p.652

インターネット／表示

08.052 拡張子に関連づけてインターネットのページを表示する

CreateObject関数

CreateObject (*ObjectName*)

ObjectName---作成するオブジェクトのクラス名

インターネットで開きたいページの拡張子が「htm」や「html」の場合、拡張子関連づけで開くことができます。拡張子「htm」や「html」のファイルをダブルクリックすると、ブラウザが起動して、ページが読み込まれます。これと同じ動作です。拡張子関連づけで実行するには、Windows Scripting Host (WSH)のRunメソッドを使います。

```
Sub Sample52()
    With CreateObject("Wscript.Shell") → WSHへの参照を作成
        .Run "http://officetanaka.net", 1 → 拡張子関連づけでWebページを開く
    End With
End Sub
```

実行結果

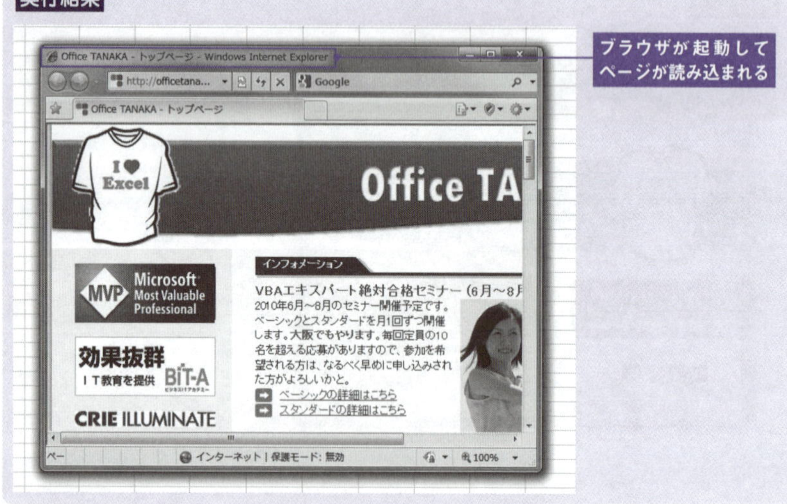

関連項目
08.050 インターネットのページを表示する→p.648
08.051 ハイパーリンクを設定してインターネットのページを表示する→p.649
08.053 IEでインターネットのページを表示する (1) →p.651
08.054 IEでインターネットのページを表示する (2) →p.652

インターネット／表示

08.053 IEでインターネットのページを表示する(1)

Shell関数

Shell (*pathname*)

pathname---実行するプログラム名

もし、Internet Explorer (IE) がインストールされていたら、IEを起動してページを開くことも可能です。IEの実体ファイル(IEXPLORER.EXE)にはパスが通っていないので、IEではなくWindowsのエクスプローラにURLを渡して起動します。すると、エクスプローラは自動的にIEを起動してくれます。

```
Sub Sample53()
    Shell "EXPLORER.EXE http://officetanaka.net" → エクスプローラにURLを渡す
End Sub
```

実行結果

関連項目
08.050 インターネットのページを表示する→p.648
08.051 ハイパーリンクを設定してインターネットのページを表示する→p.649
08.052 拡張子に関連づけてインターネットのページを表示する→p.650
08.054 IEでインターネットのページを表示する (2) →p.652

インターネット／表示

08.054 IEでインターネットのページを表示する(2)

CreateObject関数

CreateObject(*ObjectName*)

ObjectName---作成するオブジェクトのクラス名

OLEオートメーションを使って、IEのインスタンスを生成します。この方法なら、VBAからIEを自在に制御できるので、より細かい作業が可能です。

```
Sub Sample54()
    Dim URL As String, IE As Object
    Set IE = CreateObject("InternetExplorer.Application")→IEへの参照を作成
    URL = "http://officetanaka.net"
    With IE
        .Navigate URL →IEでWebページを開く
        .Visible = True ——→IEを表示
        MsgBox "IEを起動しました"
        .Quit
    End With
    Set IE = Nothing
End Sub
```

実行結果

関連項目
08.050 インターネットのページを表示する→p.648
08.051 ハイパーリンクを設定してインターネットのページを表示する→p.649
08.052 拡張子に関連づけてインターネットのページを表示する→p.650
08.053 IEでインターネットのページを表示する (1) →p.651

インターネット

08.055 ページのテキストを取得する

CreateObject関数

CreateObject (*ObjectName*)

ObjectName---作成するオブジェクトのクラス名

OLEオートメーションで起動したIEは、InnerTextプロパティで、ページに表示されている文字列を取得できます。ただし、InnerTextプロパティを取得できるのは、ページを完全に読み終えた後なので、IEが読み込み中は処理を待ちます。

```
Sub Sample55()
    Dim URL As String, IE As Object, buf As String
    Set IE = CreateObject("InternetExplorer.Application")→IEへの参照を作成
    URL = "http://www.shoeisha.co.jp/book/qa/"
    With IE
        .Navigate URL →IEでWebページを開く
        .Visible = True ——→IEを表示
        Do While .Busy = True
            DoEvents
        Loop
        Do While .Document.ReadyState <> "complete"→読み込みが終了するまで待つ
            DoEvents
        Loop
        buf = .Document.Body.InnerText→ページのテキストを取得
        .Quit
    End With
    Set IE = Nothing
    MsgBox Left(buf, 256) →取得したテキストの先頭256文字をMsgBoxに表示
End Sub
```

実行結果

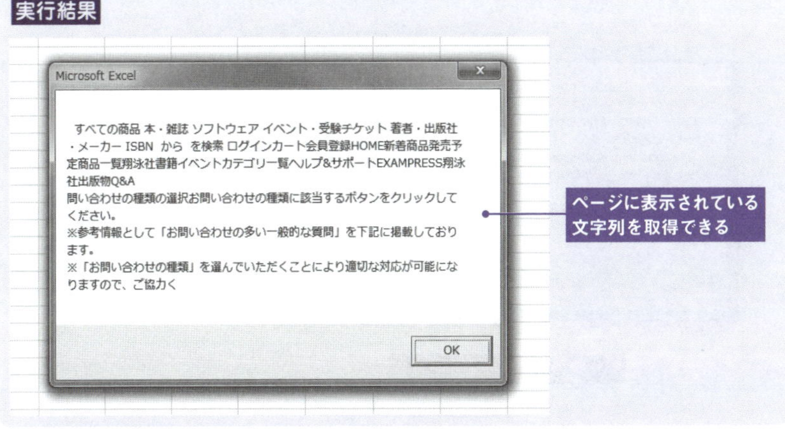

関連項目 08.056 ページのHTMLを取得する→p.654
08.057 ページにデータを書き込む→p.655

インターネット

08.056 ページのHTMLを取得する

CreateObject関数

CreateObject(*ObjectName*)

ObjectName---作成するオブジェクトのクラス名

OLEオートメーションで起動したIEは、InnerHtmlプロパティで、ページのHTMLを取得できます。

```
Sub Sample56()
    Dim URL As String, IE As Object, buf As String
    Set IE = CreateObject("InternetExplorer.Application") → IEへの参照を作成
    URL = "http://www.shoeisha.co.jp/book/qa/"
    With IE
        .Navigate URL → IEでWebページを開く
        .Visible = True → IEを表示
        Do While .Busy = True
            DoEvents
        Loop
        Do While .Document.ReadyState <> "complete" → 読み込みが終了するまで待つ
            DoEvents
        Loop
        buf = .Document.Body.InnerHtml → ページのHTMLを取得
        .Quit
    End With
    Set IE = Nothing
    MsgBox Left(buf, 256) → 取得したテキストの先頭256文字をMsgBoxに表示
End Sub
```

実行結果

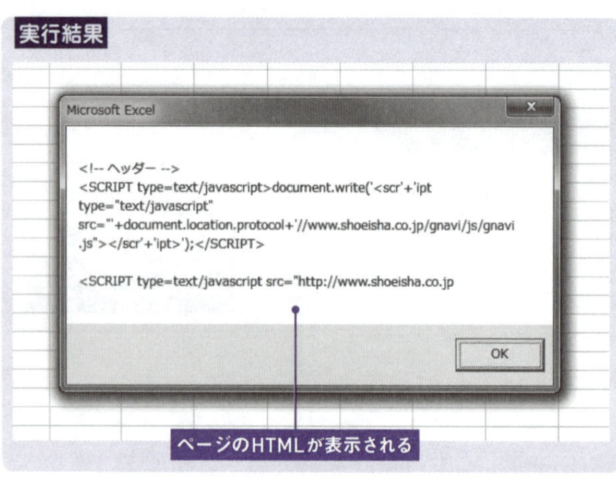

関連項目
08.055 ページのテキストを取得する→p.653
08.057 ページにデータを書き込む→p.655

インターネット

08.057 ページにデータを書き込む

CreateObject関数

CreateObject(*ObjectName*)

ObjectName---作成するオブジェクトのクラス名

IEで表示されている入力ボックスや、ドロップダウンリストなども、VBAから操作が可能です。サンプルでは、検索の種類で「本・雑誌」を選択し、検索ボックスに「Excel VBA」と入力しています。最後に、[検索]ボタンをクリックして、検索ページを表示しています。こうした、コントロールの操作は、ページごとに解析が必要です。また、HTMLの知識やDOMの知識も要求されます。

```
Sub Sample57 ()
    Dim URL As String, IE As Object, buf As String
    Set IE = CreateObject("InternetExplorer.Application") →IEへの参照を作成
    URL = "http://www.seshop.com/"
    With IE
        .Navigate URL →IEでWebページを開く
        .Visible = True  →IEを表示
        Do While .Busy = True
            DoEvents
        Loop
        Do While .Document.ReadyState <> "complete" →読み込みが終了するまで待つ
            DoEvents
        Loop
        .Document.Forms(0).Elements("select").Value = "本・雑誌"
        .Document.Forms(0).Elements("keyword").Value = "Excel VBA"
        .Document.Forms(0).Submit
    End With
    Set IE = Nothing
End Sub
```

ページにデータを書き込む
※HTMLに合わせる

実行結果

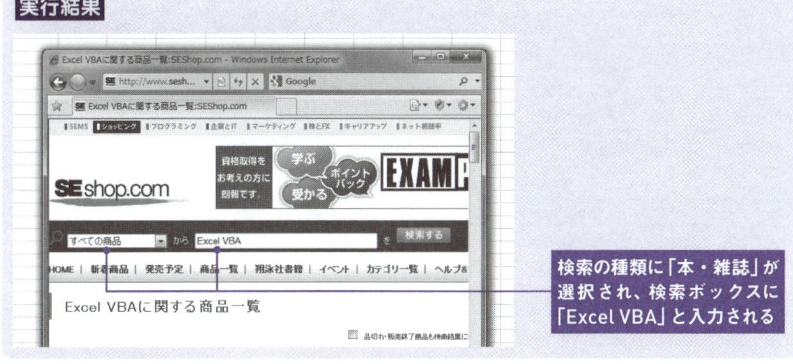

検索の種類に「本・雑誌」が選択され、検索ボックスに「Excel VBA」と入力される

関連項目
08.055 ページのテキストを取得する→p.653
08.056 ページのHTMLを取得する→p.654

付　録

付録001 グラフを表す定数

xl3DArea	3-D面
xl3DAreaStacked	3-D積み上げ面
xl3DAreaStacked100	100%積み上げ面
xl3DBarClustered	3-D集合横棒
xl3DBarStacked	3-D積み上げ横棒
xl3DBarStacked100	3-D 100%積み上げ横棒
xl3DColumn	3-D縦棒
xl3DColumnClustered	3-D集合縦棒
xl3DColumnStacked	3-D積み上げ縦棒
xl3DColumnStacked100	3-D 100%積み上げ縦棒
xl3DLine	3-D折れ線
xl3DPie	3-D円
xl3DPieExploded	分割3-D円
xlArea	面
xlAreaStacked	積み上げ面
xlAreaStacked100	100%積み上げ面
xlBarClustered	集合横棒
xlBarOfPie	補助縦棒グラフ付き円
xlBarStacked	積み上げ横棒
xlBarStacked100	100%積み上げ横棒
xlBoxwhisker	箱ひげ図
xlBubble	バブル
xlBubble3DEffect	3-D効果付きバブル
xlColumnClustered	集合縦棒
xlColumnStacked	積み上げ縦棒
xlColumnStacked100	100%積み上げ縦棒
xlConeBarClustered	集合円錐型横棒
xlConeBarStacked	積み上げ円錐型横棒
xlConeBarStacked100	100%積み上げ円錐型横棒
xlConeCol	3-D円錐型縦棒
xlConeColClustered	集合円錐型縦棒
xlConeColStacked	積み上げ円錐型縦棒
xlConeColStacked100	100%積み上げ円錐型縦棒
xlCylinderBarClustered	集合円柱型横棒
xlCylinderBarStacked	積み上げ円柱型横棒
xlCylinderBarStacked100	100%積み上げ円柱型横棒
xlCylinderCol	3-D円柱型縦棒
xlCylinderColClustered	集合円錐型縦棒
xlCylinderColStacked	積み上げ円錐型縦棒
xlCylinderColStacked100	100%積み上げ円柱型縦棒
xlDoughnut	ドーナツ
xlDoughnutExploded	分割ドーナツ
xlFunnel	じょうご
xlHistogram	ヒストグラム
xlLine	折れ線

xlLineMarkers	マーカー付き折れ線
xlLineMarkersStacked	マーカー付き積み上げ折れ線
xlLineMarkersStacked100	マーカー付き100%積み上げ折れ線
xlLineStacked	積み上げ折れ線
xlLineStacked100	100%積み上げ折れ線
xlPareto	パレート図
xlPie	円
xlPieExploded	分割円
xlPieOfPie	補助円グラフ付き円
xlPyramidBarClustered	集合ピラミッド型横棒
xlPyramidBarStacked	積み上げピラミッド型横棒
xlPyramidBarStacked100	100%積み上げピラミッド型横棒
xlPyramidCol	3-Dピラミッド型縦棒
xlPyramidColClustered	集合ピラミッド型縦棒
xlPyramidColStacked	積み上げピラミッド型縦棒
xlPyramidColStacked100	100%積み上げピラミッド型横棒
xlRadar	レーダー
xlRadarFilled	塗りつぶしレーダー
xlRadarMarkers	データマーカー付きレーダー
xlStockHLC	高値-安値-終値
xlStockOHLC	始値-高値-安値-終値
xlStockVHLC	出来高-高値-安値-終値
xlStockVOHLC	出来高-始値-高値-安値-終値
xlSunburst	サンバースト
xlSurface	3-D表面
xlSurfaceTopView	表面(トップビュー)
xlSurfaceTopViewWireframe	表面(トップビューーワイヤーフレーム)
xlSurfaceWireframe	3-D表面(ワイヤーフレーム)
xlTreemap	ツリーマップ
xlWaterfall	ウォーターフォール
xlXYScatter	散布図
xlXYScatterLines	折れ線付き散布図
xlXYScatterLinesNoMarkers	折れ線付き散布図(データマーカーなし)
xlXYScatterSmooth	平滑線付き散布図
xlXYScatterSmoothNoMarkers	平滑線付き散布図(データマーカーなし)

付録 002 系列内のパターンを表す定数

msoPattern5Percent	前景色の 5%
msoPattern10Percent	前景色の 10%
msoPattern20Percent	前景色の 20%
msoPattern25Percent	前景色の 25%
msoPattern30Percent	前景色の 30%
msoPattern40Percent	前景色の 40%

msoPattern50Percent	前景色の 50%
msoPattern60Percent	前景色の 60%
msoPattern70Percent	前景色の 70%
msoPattern75Percent	前景色の 75%
msoPattern80Percent	前景色の 80%
msoPattern90Percent	前景色の 90%
msoPatternCross	交差
msoPatternDarkDownwardDiagonal	右下がり対角線(反転)
msoPatternDarkHorizontal	横線(太)
msoPatternDarkUpwardDiagonal	右上がり対角線(反転)
msoPatternDarkVertical	縦線(太)
msoPatternDashedDownwardDiagonal	右下がり対角線(破線)
msoPatternDashedHorizontal	横線(破線)
msoPatternDashedUpwardDiagonal	右上がり対角線(破線)
msoPatternDashedVertical	縦線(破線)
msoPatternDiagonalBrick	れんが(斜め)
msoPatternDiagonalCross	交差(斜め)
msoPatternDivot	切り込み
msoPatternDottedDiamond	ひし形(点)
msoPatternDottedGrid	格子(点)
msoPatternDownwardDiagonal	右下対角線
msoPatternHorizontal	横
msoPatternHorizontalBrick	れんが(横)
msoPatternLargeCheckerBoard	市松模様(大)
msoPatternLargeConfetti	紙ふぶき(大)
msoPatternLargeGrid	格子(大)
msoPatternLightDownwardDiagonal	右下がり対角線
msoPatternLightHorizontal	横線
msoPatternLightUpwardDiagonal	右上がり対角線
msoPatternLightVertical	縦線
msoPatternMixed	混在パターン
msoPatternNarrowHorizontal	横線(反転)
msoPatternNarrowVertical	縦線(反転)
msoPatternOutlinedDiamond	ひし形(枠のみ)
msoPatternPlaid	編み込み
msoPatternShingle	うろこ
msoPatternSmallCheckerBoard	市松模様(小)
msoPatternSmallConfetti	紙ふぶき(小)
msoPatternSmallGrid	格子(小)
msoPatternSolidDiamond	ひし形(強調)
msoPatternSphere	球
msoPatternTrellis	ざらざら
msoPatternUpwardDiagonal	右上対角線
msoPatternVertical	縦
msoPatternWave	小波
msoPatternWeave	網目
msoPatternWideDownwardDiagonal	右下がり対角線(太)
msoPatternWideUpwardDiagonal	右上がり対角線(太)
msoPatternZigZag	大波

付録003 オートシェイプの種類を表す定数

msoShape16pointStar	星 16
msoShape24pointStar	星 24
msoShape32pointStar	星 32
msoShape4pointStar	星 4
msoShape5pointStar	星 5
msoShape8pointStar	星 8
msoShapeActionButtonBackorPrevious	戻るボタン
msoShapeActionButtonBeginning	先頭ボタン
msoShapeActionButtonCustom	ボタン
msoShapeActionButtonDocument	書類マークボタン
msoShapeActionButtonEnd	最終へボタン
msoShapeActionButtonForwardorNext	進むボタン
msoShapeActionButtonHelp	ヘルプボタン
msoShapeActionButtonHome	ホームボタン
msoShapeActionButtonInformation	情報ボタン
msoShapeActionButtonMovie	映写機マークボタン
msoShapeActionButtonReturn	戻るボタン
msoShapeActionButtonSound	スピーカマークボタン
msoShapeArc	円弧
msoShapeBalloon	角丸四角形吹き出し
msoShapeBentArrow	曲折矢印
msoShapeBentUpArrow	屈折矢印
msoShapeBevel	傾斜ボタン
msoShapeBlockArc	アーチ
msoShapeCan	円柱
msoShapeChevron	山形
msoShapeCircularArrow	環状矢印
msoShapeCloudCallout	雲形吹き出し
msoShapeCross	十字型
msoShapeCube	直方体
msoShapeCurvedDownArrow	下カーブ矢印
msoShapeCurvedDownRibbon	下カーブリボン
msoShapeCurvedLeftArrow	左カーブ矢印
msoShapeCurvedRightArrow	右カーブ矢印
msoShapeCurvedUpArrow	上カーブ矢印
msoShapeCurvedUpRibbon	上カーブリボン
msoShapeDiamond	ひし形
msoShapeDonut	ドーナッツ
msoShapeDoubleBrace	中かっこ
msoShapeDoubleBracket	大かっこ
msoShapeDoubleWave	小波
msoShapeDownArrow	下矢印
msoShapeDownArrowCallout	下矢印吹き出し
msoShapeDownRibbon	下リボン
msoShapeExplosion1	爆発 1

msoShapeExplosion2	爆発 2
msoShapeFlowchartAlternateProcess	フローチャート：代替処理
msoShapeFlowchartCard	フローチャート：カード
msoShapeFlowchartCollate	フローチャート：照合
msoShapeFlowchartConnector	フローチャート：結合子
msoShapeFlowchartData	フローチャート：データ
msoShapeFlowchartDecision	フローチャート：判断
msoShapeFlowchartDelay	フローチャート：論理積ゲート
msoShapeFlowchartDirectAccessStorage	フローチャート：直接アクセス記号
msoShapeFlowchartDisplay	フローチャート：表示
msoShapeFlowchartDocument	フローチャート：書類
msoShapeFlowchartExtract	フローチャート：抜出し
msoShapeFlowchartInternalStorage	フローチャート：内部記憶
msoShapeFlowchartMagneticDisk	フローチャート：磁気ディスク
msoShapeFlowchartManualInput	フローチャート：手操作入力
msoShapeFlowchartManualOperation	フローチャート：手作業
msoShapeFlowchartMerge	フローチャート：組合わせ
msoShapeFlowchartMultidocument	フローチャート：複数書類
msoShapeFlowchartOffpageConnector	フローチャート：他ページ結合子
msoShapeFlowchartOr	フローチャート：論理和
msoShapeFlowchartPredefinedProcess	フローチャート：定義済み処理
msoShapeFlowchartPreparation	フローチャート：準備
msoShapeFlowchartProcess	フローチャート：処理
msoShapeFlowchartPunchedTape	フローチャート：せん孔テープ
msoShapeFlowchartSequentialAccessStorage	フローチャート：順次アクセス記憶
msoShapeFlowchartSort	フローチャート：分類
msoShapeFlowchartStoredData	フローチャート：記憶データ
msoShapeFlowchartSummingJunction	フローチャート：和接合
msoShapeFlowchartTerminator	フローチャート：端子
msoShapeFoldedCorner	メモ
msoShapeHeart	ハート
msoShapeHexagon	六角形
msoShapeHorizontalScroll	横巻き
msoShapeIsoscelesTriangle	二等辺三角形
msoShapeLeftArrow	左矢印
msoShapeLeftArrowCallout	左矢印吹き出し
msoShapeLeftBrace	左中かっこ
msoShapeLeftBracket	左大かっこ
msoShapeLeftRightArrow	左右矢印
msoShapeLeftRightArrowCallout	左右矢印吹き出し
msoShapeLeftRightUpArrow	三方向矢印
msoShapeLeftUpArrow	二方向矢印
msoShapeLightningBolt	稲妻
msoShapeLineCallout1	線吹き出し 1（枠つき）
msoShapeLineCallout1AccentBar	強調線吹き出し 1
msoShapeLineCallout1BorderandAccentBar	強調線吹き出し 1
msoShapeLineCallout1NoBorder	線吹き出し 1
msoShapeLineCallout2	線吹き出し 2（枠つき）
msoShapeLineCallout2AccentBar	強調線吹き出し 2

msoShapeLineCallout2BorderandAccentBar	強調線吹き出し2
msoShapeLineCallout2NoBorder	線吹き出し2
msoShapeLineCallout3	線吹き出し3（枠つき）
msoShapeLineCallout3AccentBar	強調線吹き出し3
msoShapeLineCallout3BorderandAccentBar	強調線吹き出し3
msoShapeLineCallout3NoBorder	線吹き出し3
msoShapeLineCallout4	線吹き出し4（枠つき）
msoShapeLineCallout4AccentBar	強調線吹き出し4
msoShapeLineCallout4BorderandAccentBar	強調線吹き出し4
msoShapeLineCallout4NoBorder	線吹き出し4
msoShapeMoon	月
msoShapeNoSymbol	禁止
msoShapeNotchedRightArrow	V字型矢印
msoShapeNotPrimitive	透明
msoShapeOctagon	八角形
msoShapeOval	楕円
msoShapeOvalCallout	円形吹き出し
msoShapeParallelogram	平行四辺形
msoShapePentagon	ホームベース
msoShapePlaque	ブローチ
msoShapeQuadArrow	四方向矢印
msoShapeQuadArrowCallout	四方向矢印吹き出し
msoShapeRectangle	四角形
msoShapeRectangularCallout	四角形吹き出し
msoShapeRegularPentagon	五角形
msoShapeRightArrow	右矢印
msoShapeRightArrowCallout	右矢印吹き出し
msoShapeRightBrace	右中かっこ
msoShapeRightBracket	右大かっこ
msoShapeRightTriangle	直角三角形
msoShapeRoundedRectangle	角丸四角形
msoShapeRoundedRectangularCallout	角丸四角形吹き出し
msoShapeSmileyFace	スマイル
msoShapeStripedRightArrow	ストライプ矢印
msoShapeSun	太陽
msoShapeTrapezoid	台形
msoShapeUpArrow	上矢印
msoShapeUpArrowCallout	上矢印吹き出し
msoShapeUpDownArrow	上下矢印
msoShapeUpDownArrowCallout	上下矢印吹き出し
msoShapeUpRibbon	上リボン
msoShapeUTurnArrow	Uターン矢印
msoShapeVerticalScroll	縦巻き
msoShapeWave	大波

付録004 オートシェイプのスタイルを表す定数

msoShapeStylePreset1	枠線のみ 濃色1
msoShapeStylePreset2	枠線のみ アクセント1
msoShapeStylePreset3	枠線のみ アクセント2
msoShapeStylePreset4	枠線のみ アクセント3
msoShapeStylePreset5	枠線のみ アクセント4
msoShapeStylePreset6	枠線のみ アクセント5
msoShapeStylePreset7	枠線のみ アクセント6
msoShapeStylePreset8	塗りつぶし 濃色1
msoShapeStylePreset9	塗りつぶし アクセント1
msoShapeStylePreset10	塗りつぶし アクセント2
msoShapeStylePreset11	塗りつぶし アクセント3
msoShapeStylePreset12	塗りつぶし アクセント4
msoShapeStylePreset13	塗りつぶし アクセント5
msoShapeStylePreset14	塗りつぶし アクセント6
msoShapeStylePreset15	枠線 淡色1、塗りつぶし 濃色1
msoShapeStylePreset16	枠線 淡色1、塗りつぶし アクセント1
msoShapeStylePreset17	枠線 淡色1、塗りつぶし アクセント2
msoShapeStylePreset18	枠線 淡色1、塗りつぶし アクセント3
msoShapeStylePreset19	枠線 淡色1、塗りつぶし アクセント4
msoShapeStylePreset20	枠線 淡色1、塗りつぶし アクセント5
msoShapeStylePreset21	枠線 淡色1、塗りつぶし アクセント6
msoShapeStylePreset22	パステル 濃色1
msoShapeStylePreset23	パステル アクセント1
msoShapeStylePreset24	パステル アクセント2
msoShapeStylePreset25	パステル アクセント3
msoShapeStylePreset26	パステル アクセント4
msoShapeStylePreset27	パステル アクセント5
msoShapeStylePreset28	パステル アクセント6
msoShapeStylePreset29	グラデーション 濃色1
msoShapeStylePreset30	グラデーション アクセント1
msoShapeStylePreset31	グラデーション アクセント2
msoShapeStylePreset32	グラデーション アクセント3
msoShapeStylePreset33	グラデーション アクセント4
msoShapeStylePreset34	グラデーション アクセント5
msoShapeStylePreset35	グラデーション アクセント6
msoShapeStylePreset36	光沢 濃色1
msoShapeStylePreset37	光沢 アクセント1
msoShapeStylePreset38	光沢 アクセント2
msoShapeStylePreset39	光沢 アクセント3
msoShapeStylePreset40	光沢 アクセント4
msoShapeStylePreset41	光沢 アクセント5
msoShapeStylePreset42	光沢 アクセント6

付録005 データラベルの表示を表す定数

msoElementChartFloorNone	グラフの床面を表示しない
msoElementChartFloorShow	グラフの床面を表示
msoElementChartTitleAboveChart	グラフの上にタイトルを表示
msoElementChartTitleCenteredOverlay	タイトルを中央揃えで重ねて表示
msoElementChartTitleNone	グラフタイトルを表示しない
msoElementChartWallNone	グラフの壁面を表示しない
msoElementChartWallShow	グラフの壁面を表示
msoElementDataLabelBestFit	データラベルを自動調整
msoElementDataLabelBottom	データラベルを下に表示
msoElementDataLabelCenter	データラベルを中央に表示
msoElementDataLabelInsideBase	データラベルを内側の底部に表示
msoElementDataLabelInsideEnd	データラベルを内側の末尾に表示
msoElementDataLabelLeft	データラベルを左側に表示
msoElementDataLabelNone	データラベルを表示しない
msoElementDataLabelOutSideEnd	データラベルを外側の末尾に表示
msoElementDataLabelRight	データラベルを右側に表示
msoElementDataLabelShow	データラベルを表示
msoElementDataLabelTop	データラベルを上に表示
msoElementDataTableNone	データテーブルを表示しない
msoElementDataTableShow	データテーブルを表示
msoElementDataTableWithLegendKeys	凡例マーカー付きでデータテーブルを表示
msoElementErrorBarNone	誤差範囲を表示しない
msoElementErrorBarPercentage	誤差範囲をパーセンテージで表示
msoElementErrorBarStandardDeviation	誤差範囲を標準偏差で表示
msoElementLegendBottom	凡例を下に表示
msoElementLegendLeft	凡例を左に表示
msoElementLegendLeftOverlay	凡例を左に重ねて配置
msoElementLegendNone	凡例を表示しない
msoElementLegendRight	凡例を右に表示
msoElementLegendRightOverlay	凡例を右に重ねて配置
msoElementLegendTop	凡例を上に表示
msoElementLineDropHiLoLine	降下線／高低線を表示
msoElementLineDropLine	降下線を表示
msoElementLineHiLoLine	高低線を表示
msoElementLineNone	線を表示しない
msoElementLineSeriesLine	区分線を表示
msoElementPlotAreaNone	プロットエリアを表示しない
msoElementPlotAreaShow	プロットエリアを表示
msoElementPrimaryCategoryAxisTitleAdjacentToAxis	主項目軸の横に軸ラベルを表示
msoElementPrimaryCategoryAxisTitleBelowAxis	主項目軸の下に軸ラベルを表示
msoElementPrimaryCategoryAxisTitleHorizontal	主項目軸の軸ラベルを水平に表示
msoElementPrimaryCategoryAxisTitleNone	主項目軸の軸ラベルを表示しない
msoElementPrimaryCategoryAxisTitleRotated	主項目軸の軸ラベルを回転

msoElementPrimaryCategoryAxisTitleVertical	主項目軸の軸ラベルを垂直に表示
msoElementPrimaryCategoryAxisWithoutLabels	主項目軸を軸ラベルなしで表示
msoElementPrimaryValueAxisNone	主数値軸を表示しない
msoElementPrimaryValueAxisShow	主数値軸を表示
msoElementPrimaryValueAxisTitleAdjacentToAxis	主数値軸の横に軸ラベルを配置
msoElementPrimaryValueAxisTitleBelowAxis	主数値軸の下に軸ラベルを配置
msoElementPrimaryValueAxisTitleHorizontal	主数値軸の軸ラベルを水平に表示
msoElementPrimaryValueAxisTitleNone	主数値軸の軸ラベルを表示しない
msoElementPrimaryValueAxisTitleRotated	主数値軸の軸ラベルを回転
msoElementPrimaryValueAxisTitleVertical	主数値軸の軸ラベルを垂直に表示
msoElementSecondaryCategoryAxisNone	第2項目軸を表示しない
msoElementSecondaryCategoryAxisReverse	第2項目軸を逆順で表示
msoElementSecondaryCategoryAxisShow	第2項目軸を表示
msoElementSecondaryCategoryAxisTitleAdjacentToAxis	第2項目軸の横に軸ラベルを表示
msoElementSecondaryCategoryAxisTitleBelowAxis	第2項目軸の下に軸ラベルを表示
msoElementSecondaryCategoryAxisTitleHorizontal	第2項目軸の軸ラベルを水平に表示
msoElementSecondaryCategoryAxisTitleNone	第2項目軸の軸ラベルを表示しない
msoElementSecondaryCategoryAxisTitleRotated	第2項目軸の軸ラベルを回転
msoElementSecondaryCategoryAxisTitleVertical	第2項目軸の軸ラベルを垂直に表示
msoElementSecondaryCategoryAxisWithoutLabels	第2項目軸を軸ラベルなしで表示
msoElementSecondaryValueAxisNone	第2数値軸を表示しない
msoElementSecondaryValueAxisShow	第2数値軸を表示
msoElementSecondaryValueAxisTitleAdjacentToAxis	第2数値軸の横に軸ラベルを表示
msoElementSecondaryValueAxisTitleBelowAxis	第2数値軸の下に軸ラベルを表示
msoElementSecondaryValueAxisTitleHorizontal	第2数値軸の軸ラベルを水平に表示
msoElementSecondaryValueAxisTitleNone	第2数値軸の軸ラベルを表示しない
msoElementSecondaryValueAxisTitleRotated	第2数値軸の軸ラベルを回転
msoElementSecondaryValueAxisTitleVertical	第2数値軸の軸ラベルを垂直に表示
msoElementSeriesAxisNone	系列軸を表示しない
msoElementSeriesAxisReverse	系列軸を逆順に表示
msoElementSeriesAxisShow	系列軸を表示
msoElementSeriesAxisTitleHorizontal	系列軸の軸ラベルを水平に表示
msoElementSeriesAxisTitleNone	系列軸の軸ラベルを表示しない
msoElementSeriesAxisTitleRotated	系列軸の軸ラベルを回転
msoElementSeriesAxisTitleVertical	系列軸の軸ラベルを垂直に表示
msoElementSeriesAxisWithoutLabeling	ラベルなしで系列軸を表示
msoElementTrendlineAddExponential	指数近似曲線を追加
msoElementTrendlineAddLinear	線形近似曲線を追加
msoElementTrendlineAddLinearForecast	線形予測を追加
msoElementTrendlineAddTwoPeriodMovingAverage	2区間の移動平均を追加
msoElementTrendlineNone	近似曲線を表示しない
msoElementUpDownBarsNone	ローソクを表示しない
msoElementUpDownBarsShow	ローソクを表示

オブジェクト／メソッド／プロパティ／関数／ステートメント

A

B

C

D

E

F

G

H

I

K

L

M

N

O

P

Q

R

S

T

U

用語

数字

アルファベット

あ

か

さ

た

な

は

ま

や

ら

わ

目的別 index

移動

入れ替え

印刷

解除

カウント

書き込み

起動

強制終了

クリア

グループ化

計算

検索

罫線を引く

コピー

削除

作成

参照

実行

取得

初期化

調べる

新規作成

スクロール

整列

設定

選択

挿入

代入

置換

追記

停止

登録

閉じる

並べ替え

入力

判定

表示

開く

分割

変換

変更

保護

保存

呼び出し

読み込み

リセット

著者略歴

田中 亨（たなか とおる）

1959年神奈川県横浜市生まれ。法政大学社会学部卒業。書籍・雑誌などで活躍するExcel関連のライター兼プログラマ。パソコン通信の時代から現在まで数千件の質問に答えてきた。中でもVBAに強く、マイクロソフトからマクロ作成の依頼を受けたほど。最近では、セミナーや講演の仕事が中心になり、今まで30000人を超すユーザーにExcelを教えてきた。分かりやすい教え方と話術には定評がある。一般社団法人実践ワークシート協会代表理事。
ホームページ：http://officetanaka.net

ブックデザイン　森 裕昌（森デザイン室）
本文デザイン・DTP　BUCH+（http://buch-plus.jp/）

Excel VBA 逆引き辞典パーフェクト 第3版（エクセル ブイビーエー）

2016年 7月14日　初版第1刷発行
2018年 8月 5日　初版第3刷発行

著 者　田中 亨
発行人　佐々木 幹夫
発行所　株式会社 翔泳社　(https://www.shoeisha.co.jp)
印刷・製本　大日本印刷 株式会社

ISBN978-4-7981-4658-4　Printed in Japan